Cepheid

세페이드

사람은 누구나 창의적이랍니다.
창의력 과학의 세계로 오심을 환영합니다!

세페이드 시리즈의 구성

이제 편안하게 과학공부를 즐길 수 있습니다.

1F 중등과학 기초

2F 중등과학 완성

3F 고등과학 Ⅰ

4F 고등과학 Ⅱ

5F 실전 문제 풀이

세페이드 모의고사

세페이드 고등 통합과학

세페이드 고등학교 물리학 Ⅰ

https://sangsangedu.ac

창의력과학의 대표 브랜드

과학 학습의 지평을 넓히다!
특목고 | 영재학교 대비
창의력과학 세페이드 시리즈!

imagine
Infinite!

무한 상상하는 법

1. 고개를 숙인다.
2. 고개를 든다.
3. 뛰어간다.
4. 무한상상한다.

창의력과학

세페이드

3F. 화학(상)

개정2판

단원별 내용 구성

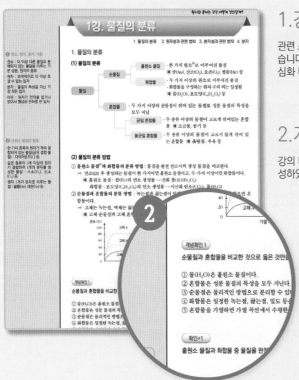

1. 강의

관련 소단원 내용을 4~6편으로 나누어 강의용/학습용으로 구성했습니다. 개념에 대한 이해를 돕기 위해 보조단에는 풍부한 자료와 심화 내용을 수록했습니다.

2. 개념확인, 확인+,

강의 내용을 이용하여 쉽게 풀고 내용을 정리할 수 있는 문제로 구성하였습니다.

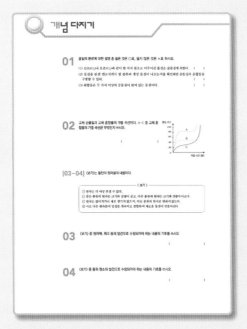

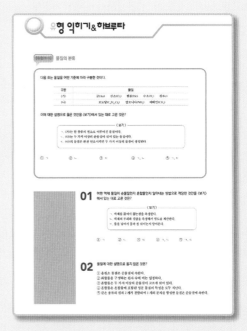

3. 개념 다지기

관련 소단원 내용을 전반적으로 이해하고 있는지 테스트합니다. 내용에 국한하여 쉽게 해결할 수 있는 문제로 구성하였습니다.

4. 유형 익히기 & 하브루타

관련 소단원 내용을 유형별로 나누어서 각 유형에 따른 대표 문제를 구성하였고, 연습문제를 제시하였습니다.

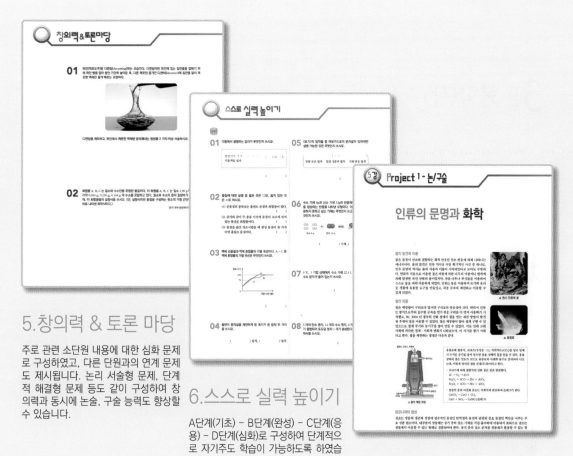

5.창의력 & 토론 마당

주로 관련 소단원 내용에 대한 심화 문제로 구성하였고, 다른 단원과의 연계 문제도 제시됩니다. 논리 서술형 문제, 단계적 해결형 문제 등도 같이 구성하여 창의력과 동시에 논술, 구술 능력도 향상할 수 있습니다.

6.스스로 실력 높이기

A단계(기초) – B단계(완성) – C단계(응용) – D단계(심화)로 구성하여 단계적으로 자기주도 학습이 가능하도록 하였습니다.

7.Project

대단원이 마무리될 때마다 읽기 자료, 실험 자료 등을 제시하여 서술형/논술형 답안을 작성하도록 하였고, 단원의 주요 실험을 자기주도적으로 실시하여 실험보고서 작성을 할 수 있도록 하였습니다.

〈온라인 문제풀이〉

「스스로 실력 높이기」는
동영상 문제풀이를 합니다.
http://cafe.naver.com/creativeini

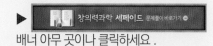

배너 아무 곳이나 클릭하세요 .

CONTENTS | 목차

3F 화학(상)

3F 화학(하)

01

화학의 언어

화학의 언어에서 알파벳은 원소 기호이고, 단어는 화학식이며,
문장은 화학 반응식이다. 화학의 언어에 대해 알아보자

1강. 물질의 분류

1. 물질의 분류   2. 원자설과 관련 법칙   3. 분자설과 관련 법칙   4. 분자

1. 물질의 분류

(1) 물질의 분류

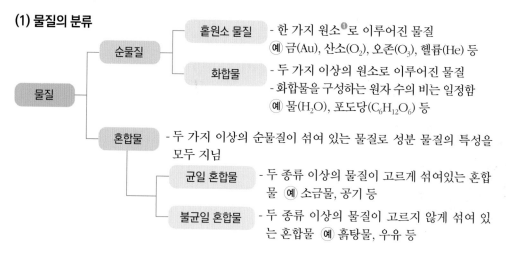

물질
- 순물질
  - 홑원소 물질 - 한 가지 원소[1]로 이루어진 물질
    예 금(Au), 산소(O_2), 오존(O_3), 헬륨(He) 등
  - 화합물 - 두 가지 이상의 원소로 이루어진 물질
    - 화합물을 구성하는 원자 수의 비는 일정함
    예 물(H_2O), 포도당($C_6H_{12}O_6$) 등
- 혼합물 - 두 가지 이상의 순물질이 섞여 있는 물질로 성분 물질의 특성을 모두 지님
  - 균일 혼합물 - 두 종류 이상의 물질이 고르게 섞여있는 혼합물 예 소금물, 공기 등
  - 불균일 혼합물 - 두 종류 이상의 물질이 고르지 않게 섞여 있는 혼합물 예 흙탕물, 우유 등

(2) 물질의 분류 방법

① **홑원소 물질[2]과 화합물의 분류 방법** : 물질을 완전 연소시켜 생성 물질을 비교한다.
➡ 연소[미니] 후 생성되는 물질이 한 가지이면 홑원소 물질이고, 두 가지 이상이면 화합물이다.
예 홑원소 물질 : 철(Fe)의 연소 생성물 → 산화 철(Ⅲ)(Fe_2O_3)
화합물 : 포도당($C_6H_{12}O_6$)의 연소 생성물 → 이산화 탄소(CO_2), 물(H_2O)
② **순물질과 혼합물의 분류 방법** : 녹는점과 끓는점이 일정하면 순물질이고, 일정하지 않으면 혼합물이다.
➡ 고체는 녹는점, 액체는 끓는점으로 순물질과 혼합물을 구별할 수 있다.
예 고체 순물질과 고체 혼합물의 가열 곡선

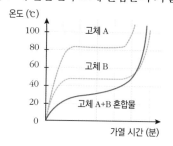

고체 A와 고체 B는 녹는점이 일정하지만 혼합물은 녹고 있는 동안에도 온도가 계속 높아진다.

개념확인 1

순물질과 혼합물을 비교한 것으로 옳은 것만을 있는 대로 고르시오.

① 물(H_2O)은 홑원소 물질이다.
② 혼합물은 성분 물질의 특성을 모두 지닌다.
③ 순물질은 물리적인 방법으로 분리할 수 있다.
④ 화합물은 일정한 녹는점, 끓는점, 밀도 등을 갖는다.
⑤ 혼합물을 가열하면 가열 곡선에서 수평한 구간이 나타난다.

확인+1

홑원소 물질과 화합물 중 물질을 완전 연소시켰을 때 생성되는 물질이 한 가지인 것은 어떤 것인지 쓰시오.

(   )

---

❶ 원소, 원자, 분자, 이온

· 원소 : 더 이상 다른 물질로 분해되지 않는 물질을 이루는 기본 성분, 원자의 종류
· 원자 : 화학적으로 더 이상 쪼갤 수 없는 입자
· 분자 : 물질의 특성을 지닌 가장 작은 입자
· 이온 : 원자가 전자를 잃거나 얻어서 형성된 전하를 띤 입자

❷ 홑원소 물질의 종류

· 한 가지 종류의 원자가 계속 결합되어 있는 물질(공유 결합 물질) : 다이아몬드(C) 등
· 같은 종류의 2개 이상의 원자가 결합하여 1개의 분자를 형성한 물질 : 수소(H_2), 산소(O_2) 등
· 원자 1개가 분자를 이루는 물질 : 헬륨(He), 네온(Ne) 등

미니사전

연소 [燃 불이 타다 燒 사르다] 물질이 산소와 결합하여 빛과 열을 내는 현상

2. 원자설①과 원자설 관련 법칙

(1) 돌턴의 원자설 (1803년)

① **돌턴의 원자설** : 질량 보존 법칙과 일정 성분비 법칙을 설명하기 위해 원자설을 제안했다.

> 1. 원자는 더 이상 쪼갤 수 없다.
> 2. 같은 종류의 원자는 크기와 질량이 같고, 다른 종류의 원자는 크기와 질량이 다르다.
> 3. 원자는 없어지거나 새로 생기지 않으며, 다른 종류의 원자로 변하지 않는다.
> 4. 서로 다른 원자들이 일정한 개수비로 결합하여 새로운 물질이 만들어진다.

② **돌턴의 원자설 중 수정되어야 할 내용**
  · 원자는 원자핵과 전자와 같은 더 작은 입자로 쪼갤 수 있다 ②
  · 같은 원소이지만 질량이 다른 동위 원소③가 존재한다.
  · 핵반응이 일어날 경우 원자는 다른 원자로 변할 수 있다.

(2) 질량 보존 법칙 (라부아지에, 1774년)

① **질량 보존 법칙** : 화학 변화가 일어날 때 반응 전 각 물질의 질량의 합은 반응 후 각 물질의 질량의 합과 같다.
② 질량 보존 법칙은 모든 물리 변화와 화학 반응에서 성립한다.
③ 돌턴의 원자설에 의하면 화학 변화가 일어나도 물질을 이루는 원자의 종류와 수가 변하지 않기 때문에 질량이 보존된다.

(3) 일정 성분비 법칙 (프루스트, 1779년)

① **일정 성분비 법칙**④ : 어떤 화합물을 구성하는 성분 원소의 질량 사이에는 항상 일정한 비가 성립한다.
② 일정 성분비 법칙은 화합물에서는 성립하지만 혼합물에서는 성립하지 않는다.⑤
③ 돌턴의 원자설에 의하면 서로 다른 원자들이 일정한 개수비로 결합하여 새로운 화합물이 생성되므로 일정 성분비 법칙이 성립한다.

수소 8g　　　　　산소 32g　　　　　　　물 36g　　　　　수소 4g 남음

▲ 물의 합성 반응 – 수소와 산소의 질량비는 항상 1 : 8로 일정

① 고대의 원자설

데모크리토스는 모든 물질은 더 이상 나눌 수 없는 기본 입자로 이루어져 있으며, 원자의 배열이나 모양이 달라지면 다른 물질이 된다고 주장했다.

② 원자를 쪼개는 방법

에너지를 가하거나, 힘을 작용하는 등의 물리적인 방법으로는 원자를 원자핵과 전자 등으로 쪼갤 수 있으나 화학 반응 등의 화학적인 방법으로는 원자는 더 이상 분해되지 않는다.

③ 동위 원소

같은 원소는 양성자의 수가 같다. 그러나 중성자의 수가 모두 같지는 않다. 이렇게 양성자의 수는 같아서 화학적 성질은 같지만 중성자의 수가 달라 질량이 다른 원소를 동위 원소라고 한다.

④ 일정 성분비 법칙의 발견

프루스트는 탄산 구리의 성분비를 조사하는 과정에서 자연 상태에 존재하는 탄산 구리와 실험을 통해 합성된 탄산 구리 모두 성분 원소의 질량비가 일정하다는 것을 발견했다.

⑤ 일정 성분비 법칙이 혼합물에서 성립하지 않는 이유

두 가지 이상의 순물질을 섞을 때, 임의의 비율로 섞어서 혼합물을 만들 수 있기 때문에 일정 성분비 법칙이 성립하지 않는다.

개념확인2　　　　　　　　　　　　　　　　　　　정답 및 해설 02쪽

일정 성분비 법칙이 성립하지 않는 경우는?

① 철을 연소시켰더니 산화 철이 되었다.
② 물에 설탕을 녹여서 설탕물을 만들었다.
③ 철과 황을 반응시켜 황화 철을 생성했다.
④ 산화 은을 분해시켜 산소와 은이 생성되었다.
⑤ 탄소와 산소를 반응시켜 이산화 탄소를 만들었다.

확인+2

이산화 탄소를 구성하는 탄소와 산소 원자의 질량비는 3 : 8이다. 12g의 탄소를 완전 연소시켜 이산화 탄소를 생성시킬 때 필요한 산소의 질량은 몇 g인지 구하시오.

(　　　　　　　　　) g

3. 분자설과 분자설 관련 법칙

(1) 아보가드로의 분자설 (1811년)

① **아보가드로[①]의 분자설** : 기체 반응 법칙을 설명하기 위해 분자설을 제안했다.

> 1. 물질의 고유한 성질을 가지고 있는 가장 작은 입자를 분자라고 하며, 분자는 2개 이상의 원자가 결합하여 만들어진다.
> 2. 분자가 반응하여 원자 상태가 되면 그 물질의 성질을 잃게 된다.
> 3. 기체의 종류에 관계없이 같은 온도와 압력에서 기체들은 일정한 부피 속에 같은 수의 분자가 들어 있다.

(2) 기체 반응 법칙 (게이뤼삭, 1808년)

① **기체 반응 법칙[②]** : 기체들이 반응하여 새로운 기체가 생성될 때, 반응하는 기체와 생성되는 기체의 부피 사이에는 일정한 정수비가 성립한다.

② 수소 기체와 산소 기체가 반응하여 수증기가 생성되는 경우
→ 기체의 부피비는 수소 : 산소 : 수증기 = 2 : 1 : 2이다.

| 수소 기체 부피 | 산소 기체 부피 | 수증기 부피 |
| 2 : | 1 : | 2 |

▲ 기체 반응 모형

③ 분자설이 등장한 이유 : 수소 기체와 산소 기체가 분자가 아닌 한 개의 원자로 이루어졌다고 생각한다면 기체 반응 법칙이 성립하지 않는다.

| 수소 기체 부피 | 산소 기체 부피 | 수증기 부피 |
| 2 : | 1 : | 2 |

▲ 돌턴의 원자설에 의한 기체 반응 모형

→ 돌턴의 원자설만으로는 기체 반응 법칙 설명 불가[③] → 아보가드로의 분자설 발표(분자의 개념을 도입함)

(3) 아보가드로 법칙

① **아보가드로 법칙[④]** : 기체의 종류에 관계없이 같은 온도와 압력에서 기체들은 일정한 부피 속에 같은 수의 분자가 들어 있다.

② 모든 기체는 0℃, 1기압 상태에서 22.4L 속에 6.02×10^{23}개의 분자가 들어 있다.

개념확인3

기체 반응 법칙을 설명하기 위해 아보가드로가 제시한 입자는 무엇인지 쓰시오.

(   )

확인+3

10L의 질소 기체와 30L의 수소 기체가 모두 반응하여 20L의 암모니아 기체를 생성할 때, 질소 : 수소 : 암모니아의 부피비를 구하시오.

(   )

4. 분자

(1) 분자

① **분자** : 1개[1]이거나 2개 이상의 원자가 결합하여 만들어진다.

② **분자**[2]**의 성질**
· 물질의 특성을 가지고 있는 가장 작은 입자이다.
· 분자는 독립적으로 존재할 수 있다.
· 분자를 구성하는 성분 원자와는 다른 성질을 갖는다.

(2) 분자 사이의 거리

① **온도와 분자 사이의 거리** : 온도에 따라 분자 간의 거리가 변하므로, 온도에 따라 물질은 고체, 액체, 기체 상태로 존재한다.

▲ -10 ℃ 얼음   ▲ 10 ℃ 물   ▲ 100 ℃ 수증기

② 분자 간의 거리는 분자 내의 원자들 사이의 거리보다 매우 길기 때문에 분자 간의 인력이 분자 내의 원자들 사이의 결합력보다 매우 약하다.

(3) 분자의 종류 : 원자 수 기준으로 구분하는 경우

① **일원자 분자** : 헬륨(He), 네온(Ne), 아르곤(Ar) 등
② **이원자 분자** : 수소(H_2)[3], 산소(O_2), 염화 수소(HCl), 일산화 탄소(CO) 등

▲ 수소(H_2)   ▲ 산소(O_2)   ▲ 염화 수소(HCl)   ▲ 일산화 탄소(CO)

③ **삼원자 분자** : 물(H_2O), 오존(O_3), 이산화 탄소(CO_2) 등

▲ 물(H_2O)   ▲ 오존(O_3)   ▲ 이산화 탄소(CO_2)

④ **사원자 분자** : 암모니아(NH_3), 플루오린화 붕소(BF_3) 등
⑤ **고분자** : 단백질, 폴리 에틸렌 등

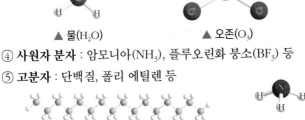

▲ 폴리 에틸렌   ▲ 암모니아(NH_3)   ▲ 플루오린화 붕소(BF_3)

개념확인4

정답 및 해설 **02쪽**

분자에 대한 설명으로 옳은 것은 ○표, 옳지 않은 것은 ×표 하시오.

(1) 분자는 2개 이상의 원자가 공유 결합한 독립적인 입자이다.   (   )

(2) 분자는 분자를 구성하는 성분 원자의 성질을 모두 지닌다.   (   )

(3) 이산화 탄소는 원자 3개로 구성된 분자이다.   (   )

확인+4

단백질, 폴리에틸렌과 같이 많은 수의 원자가 결합하여 이루어진 분자량이 큰 분자를 무엇이라 하는지 명칭을 쓰시오.

(   )

---

❶ 단원자 분자

일반적으로 2개 이상의 원자가 결합하여 만들어지지만 He, Ne, Ar 처럼 1개의 원자로 이루어진 분자도 존재한다. 이를 일원자 분자 또는 단원자 분자라고 한다.

❷ 분자의 조건

일정한 수의 원자가 공유 결합한 독립적인 입자를 분자라고 한다. 따라서 염화 나트륨(NaCl)과 같은 이온 결정 또는 다이아몬드(C)와 같은 공유 결정은 분자라고 할 수 없다.

❸ 수소 분자(H_2)와 수소 원자(H)의 성질

수소 분자(H_2)는 물에 잘 녹지 않지만 수소 원자(H)는 이온화되어 수소 이온(H^+)이 되면 물에 잘 녹는다.

● 분자의 극성에 따른 분류

분자는 분자의 극성 유무에 따라 극성 분자와 무극성 분자로 구분할 수 있다.

· 극성 분자 : 분자 내의 양전하와 음전하의 중심이 일치하지 않아 극성을 띠는 분자
　예) 물(H_2O), 염화 수소(HCl), 암모니아(NH_3) 등

· 무극성 분자 : 분자 내에서 전하가 균일하게 분포되어 극성을 띠지 않는 분자
　예) 이산화 탄소(CO_2), 플루오린화 붕소(BF_3), 메테인(CH_4) 등

● 광합성 반응과 화학

광합성은 식물이 빛에너지를 이용하여 이산화 탄소와 물로부터 유기물(포도당)과 산소를 얻는 과정이다.

이산화 탄소   물   포도당   산소

여기서 원소는 탄소, 산소, 수소이다. 분자는 이산화 탄소, 물, 산소, 포도당이 해당된다. 이 중 산소는 홑원소 물질이고, 물, 이산화 탄소, 포도당은 화합물이다.

미니사전

고분자(polymer) 분자량이 큰 화합물로, 일반적으로 분자량이 1만 이상인 분자

01 물질의 분류에 대한 설명 중 옳은 것은 ○표, 옳지 않은 것은 ×표 하시오.

(1) 산소(O_2)나 오존(O_3)과 같이 한 가지 원소로 이루어진 물질은 순물질에 속한다. (   )

(2) 물질을 완전 연소시켜서 몇 종류의 생성 물질이 나오는지를 확인하면 순물질과 혼합물을 구별할 수 있다. (   )

(3) 화합물은 두 가지 이상의 순물질이 섞여 있는 물질이다. (   )

02 고체 순물질과 고체 혼합물의 가열 곡선이다. A~C 중 고체 혼합물의 가열 곡선은 무엇인지 쓰시오.

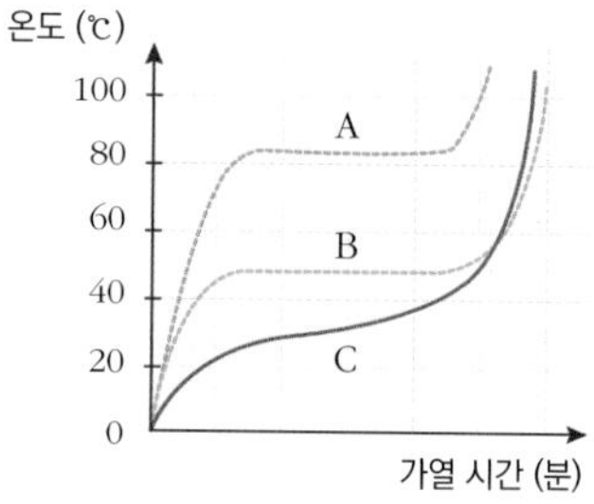

(   )

[03~04] 〈보기〉는 돌턴의 원자설의 내용이다.

─── 〈 보기 〉 ───

㉠ 원자는 더 이상 쪼갤 수 없다.
㉡ 같은 종류의 원자는 크기와 질량이 같고, 다른 종류의 원자는 크기와 질량이 다르다.
㉢ 원자는 없어지거나 새로 생기지 않으며, 다른 종류의 원자로 변하지 않는다.
㉣ 서로 다른 원자들이 일정한 개수비로 결합하여 새로운 물질이 만들어진다.

03 〈보기〉 중 원자핵, 쿼크 등의 발견으로 수정되어야 하는 내용의 기호를 쓰시오.

(   )

04 〈보기〉 중 동위 원소의 발견으로 수정되어야 하는 내용의 기호를 쓰시오.

(   )

05 아보가드로의 분자설에 대한 설명 중 옳은 것은 ○표, 옳지 않은 것은 ×표 하시오.

(1) 물질의 고유한 성질을 가지고 있는 가장 작은 입자를 분자라고 한다. ( )
(2) 분자가 반응하여 원자 상태가 되어도 그 물질의 성질은 변하지 않는다. ( )
(3) 같은 온도와 압력에서 모든 종류의 기체들은 일정한 부피 속에 같은 수의 분자가 들어 있다. ( )

06 아보가드로의 분자설이 나오게 된 계기가 된 법칙은?

① 질량 보존 법칙   ② 일정 성분비 법칙   ③ 기체 반응 법칙
④ 보일 법칙   ⑤ 샤를 법칙

07 10L의 수소 기체와 5L의 산소 기체가 완전히 반응하여 10L의 수증기를 생성할 때, 수소 : 산소 : 수증기의 부피비로 옳은 것은?

① 1 : 1 : 1   ② 1 : 2 : 1   ③ 1 : 1 : 2   ④ 2 : 1 : 2   ⑤ 1 : 2 : 3

08 분자 모형 중 홑원소 물질인 것만을 있는 대로 고르시오.

①   ②   ③   ④   ⑤

[유형 1-1] 물질의 분류

다음 표는 물질을 어떤 기준에 따라 구분한 것이다.

구분	물질
(가)	금(Au) 산소(O_2) 헬륨(He) 수소(H_2) 철(Fe)
(나)	포도당($C_6H_{12}O_6$) 암모니아(NH_3) 메테인(CH_4)

이에 대한 설명으로 옳은 것만을 〈보기〉에서 있는 대로 고른 것은?

─── 〈 보기 〉 ───
ㄱ. (가)는 한 종류의 원소로 이루어진 물질이다.
ㄴ. (나)는 두 가지 이상의 순물질이 섞여 있는 물질이다.
ㄷ. (나)의 물질은 완전 연소시키면 두 가지 이상의 물질이 생성된다.

① ㄱ   ② ㄴ   ③ ㄷ   ④ ㄱ, ㄴ   ⑤ ㄱ, ㄷ

01 어떤 액체 물질이 순물질인지 혼합물인지 알아내는 방법으로 적당한 것만을 〈보기〉에서 있는 대로 고른 것은?

─── 〈 보기 〉 ───
ㄱ. 액체를 끓여서 끓는점을 측정한다.
ㄴ. 액체의 부피와 질량을 측정해서 밀도를 계산한다.
ㄷ. 물을 넣어서 물과 잘 섞이는지 알아본다.

① ㄱ   ② ㄴ   ③ ㄷ   ④ ㄱ, ㄴ   ⑤ ㄱ, ㄷ

02 물질에 대한 설명으로 옳지 <u>않은</u> 것은?

① 홑원소 물질은 순물질에 속한다.
② 화합물을 구성하는 원자 수의 비는 일정하다.
③ 혼합물은 두 가지 이상의 순물질이 고르게 섞여 있다.
④ 혼합물은 혼합물에 포함된 성분 물질의 특성을 모두 지닌다.
⑤ 같은 종류의 원자 2 개가 결합하여 1 개의 분자를 형성한 물질은 순물질에 속한다.

[유형 1-2] 원자설과 원자설 관련 법칙

다음은 돌턴이 제안한 가설이다.

> 1. 원자는 더 이상 쪼갤 수 없다.
> 2. 같은 종류의 원자는 크기와 질량이 같고, 다른 종류의 원자는 크기와 질량이 다르다.
> 3. 원자는 없어지거나 새로 생기지 않으며, 다른 종류의 원자로 변하지 않는다.
> 4. 서로 다른 원자들이 일정한 개수비로 결합하여 새로운 물질이 만들어진다.

이 가설을 제안하게 된 계기가 된 화학 법칙만을 〈보기〉에서 있는 대로 고른 것은?

〈 보기 〉

ㄱ. 질량 보존 법칙   ㄴ. 기체 반응 법칙   ㄷ. 일정 성분비 법칙

① ㄱ   ② ㄴ   ③ ㄷ   ④ ㄱ, ㄴ   ⑤ ㄱ, ㄷ

---

03 탄소(C) 12 g 이 산소(O_2) 32 g 과 반응하여 완전 연소되면 이산화 탄소(CO_2) 44 g 이 생성된다. 이 과정에서 확인 가능한 화학 법칙만을 있는 대로 고르시오.

① 질량 보존 법칙   ② 일정 성분비 법칙   ③ 기체 반응 법칙
④ 보일 법칙   ⑤ 샤를 법칙

---

04 돌턴의 원자설 일부를 표현한 모형이다. 이 모형과 관련된 설명으로 옳은 것만을 〈보기〉에서 있는 대로 고른 것은?

〈 보기 〉

ㄱ. 질량 보존 법칙을 설명할 수 있는 모형이다.
ㄴ. 연금술이 실패한 원인을 설명할 수 있는 모형이다.
ㄷ. 핵반응에 의해 원자는 다른 원자로 변할 수 있으므로 이 모형이 표현하는 원자설의 내용은 수정되어야 한다.

① ㄱ   ② ㄴ   ③ ㄷ   ④ ㄱ, ㄴ   ⑤ ㄱ, ㄴ, ㄷ

유형 익히기&하브루타

[유형 1-3] 분자설과 분자설 관련 법칙

수소 기체와 질소 기체가 반응하여 암모니아 기체가 생성되는 반응을 모형으로 나타낸 것이다.

온도와 압력을 일정하게 유지시키며 수소 기체와 질소 기체를 각각 3 L 씩 혼합하여 모두 반응시켰을 때, 반응한 수소 기체, 질소 기체 각각의 부피와 생성된 암모니아 기체의 부피를 옳게 짝지은 것은?

	반응한 수소 기체	반응한 질소 기체	생성된 암모니아 기체
①	1 L	1 L	1 L
②	1 L	2 L	2 L
③	2 L	3 L	3 L
④	3 L	1 L	2 L
⑤	3 L	3 L	2 L

05 기체 반응 법칙에 대한 설명으로 옳은 것만을 〈보기〉에서 있는 대로 고른 것은?

〈 보기 〉
ㄱ. 기체 반응 법칙은 돌턴의 원자설로 설명이 가능하다.
ㄴ. 기체 반응 법칙을 설명하기 위해 아보가드로는 분자설을 제안했다.
ㄷ. 기체가 일정한 질량비로 반응한다는 법칙이다.

① ㄱ ② ㄴ ③ ㄷ ④ ㄱ, ㄴ ⑤ ㄱ, ㄷ

06 수소 기체와 산소 기체가 반응하여 수증기를 생성하는 반응을 모형으로 나타낸 것이다.

수소 기체   산소 기체   수증기

0 ℃, 1 기압 상태에서 수소 기체 22.4 L 가 모두 반응했다면 생성된 수증기에 포함된 분자 수는 몇 개인가?

(   ) 개

[유형 1-4] 분자

이산화 탄소의 분자 모형이다.

이에 대한 설명으로 옳은 것만을 〈보기〉에서 있는 대로 고른 것은?

〈 보기 〉

ㄱ. 온도가 증가하면 탄소 원자와 산소 원자 사이의 거리가 멀어져 상태가 변하게 된다.
ㄴ. 이산화 탄소는 삼원자 분자이다.
ㄷ. 이산화 탄소는 탄소 원자와 산소 원자가 전자를 주고 받아 결합한 분자이다.

① ㄱ   ② ㄴ   ③ ㄷ   ④ ㄱ, ㄴ   ⑤ ㄱ, ㄴ, ㄷ

07 광합성 반응을 나타낸 것이다. 이 반응에 쓰여진 분자의 이름(화학식명)을 모두 쓰시오.

$$6CO_2 + 6H_2O \rightarrow C_6H_{12}O_6 + 6O_2$$

(   )

08 분자에 대한 설명으로 옳은 것만을 〈보기〉에서 있는 대로 고른 것은?

〈 보기 〉

ㄱ. 물질의 특성을 가지고 있는 가장 작은 입자이다.
ㄴ. 1 개의 원자 또는 일정한 수의 원자가 공유 결합한 독립적인 입자이다.
ㄷ. 분자가 반응하여 원자 상태가 되어도 그 물질의 성질은 유지된다.

① ㄱ   ② ㄴ   ③ ㄷ   ④ ㄱ, ㄴ   ⑤ ㄱ, ㄷ

01 와인(적포도주)을 디캔팅(decanting)하는 모습이다. 디캔팅이란 와인에 있는 침전물을 없애기 위해 와인 병을 얼마 동안 가만히 놓아둔 후, 다른 깨끗한 용기인 디캔터(decanter)에 침전물 없이 깨끗한 액체만 옮겨 따르는 과정이다.

디캔팅을 제외하고, 와인에서 깨끗한 액체만 분리해내는 방법을 2 가지 이상 서술하시오.

02 화합물 A, B, C 는 질소와 수소만을 포함한 물질이다. 이 화합물 A, B, C 는 질소 1.00 g 에 대하여 각각 0.024 g, 0.216 g, 0.144 g 의 수소를 포함하고 있다. 질소와 수소의 원자 질량비가 14 : 1 일 때, 이 화합물들의 실험식을 쓰시오. (단, 실험식이란 물질을 구성하는 원소의 가장 간단한 원자수 비로 나타낸 화학식이다.)

[한국 화학 올림피아드 기출 유형]

03 0 ℃, 1 기압의 환경에서 부피 2 L 의 플라스크 세 개에 각각 수소 기체, 산소 기체, 염소 기체가 담겨 있다. 수소 원자, 산소 원자, 염소 원자의 원자 질량비와 원자 반지름은 다음 표와 같다. 이를 이용하여 기체의 밀도를 비교하여 서술하시오.

원자	원자 질량비	원자 반지름(pm)
수소	1	38
산소	16	73
염소	35.5	99

04 탄소와 수소로만 구성된 화합물 X를 산소 9.88 g 과 모두 반응시켜 이산화 탄소 11.33 g과 물 1.85 g 을 얻었으며, 그 외의 다른 생성물은 없었다. 화합물 X 에서 수소의 질량 백분률 ($\dfrac{\text{화합물 X 에서 수소가 차지하는 질량}}{\text{화합물 X 의 질량}} \times 100$)을 구하시오.

05 1 개의 질량이 10 g 인 블록 (가) 150 g 과 1 개의 질량이 5 g 인 블록 (나) 100 g 이 있다. 블록 (가) 와 블록 (나)가 1 : 3 의 개수비로 결합할 수 있을 때, 만들 수 있는 모형 중 질량이 가장 큰 모형은 무엇인지 서술하고, 그 모형의 질량을 계산하시오.

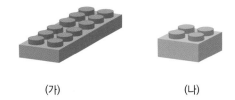

(가)   (나)

06 그림 (가)는 막대 저울 양쪽에 10 g 의 똑같은 강철솜을 매달아 평형이 되게 한 후 오른쪽 강철솜만 가열하는 모습을 나타낸 것이고, 그림 (나)는 오른쪽의 강철솜이 공기 중의 산소와 완전히 반응한 후 기울어진 막대 저울의 모습을 나타낸 것이다.

(가)   (나)

막대 저울의 한 칸이 2 g 의 질량에 해당한다면, 그림 (나)의 막대 저울을 다시 수평으로 만들기 위해서 가열한 오른쪽의 강철솜을 어느 쪽으로 몇 칸 이동시켜야 하는가? 그 이유와 함께 서술하시오. (단, 철과 산소의 반응에서 철 : 산소 의 질량비는 5 : 2 이고, 막대 저울의 무게는 무시한다.)

01 다음에서 설명하는 입자가 무엇인지 쓰시오.

> 화학적인 방법으로는 더 이상 쪼갤 수 없는 가장 기본적인 입자

(   )

02 물질에 대한 설명 중 옳은 것은 ○표, 옳지 않은 것은 ×표 하시오.

(1) 순물질의 종류로는 홑원소 물질과 화합물이 있다. (   )

(2) 공기와 같이 두 종류 이상의 물질이 고르게 섞여 있는 물질은 화합물이다. (   )

(3) 물질을 완전 연소시켰을 때 생성 물질이 한 가지 이면 홑원소 물질이다. (   )

03 액체 순물질과 액체 혼합물의 가열 곡선이다. A ~ C 중 액체 혼합물의 가열 곡선은 무엇인지 쓰시오.

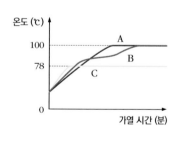

(   )

04 돌턴이 원자설을 제안하게 된 계기가 된 법칙 두 가지를 쓰시오.

(   ) 법칙, (   ) 법칙

05 〈보기〉의 법칙들 중 아보가드로의 분자설이 있어야만 설명 가능한 것은 무엇인지 쓰시오.

> ─── 〈 보기 〉───
>
> 질량 보존 법칙   일정 성분비 법칙   기체 반응 법칙

(   )

06 수소 기체 8g과 산소 기체 32g이 반응하여 물(수증기)를 생성하는 반응을 나타낸 모형이다. 이 반응에서 반응하지 못하고 남는 기체는 무엇인지 쓰고, 몇 g이 남는 것인지 쓰시오.

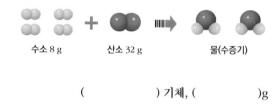

수소 8 g   산소 32 g   물(수증기)

(   ) 기체, (   )g

07 0 ℃, 1 기압 상태에서 수소 기체 22.4 L 속에 몇 개의 수소 분자가 들어 있는지 쓰시오.

(   ) 개

08 6 개의 탄소 원자, 12 개의 수소 원자, 6 개의 산소 원자가 결합되어 포도당 분자 1 개가 생성된다. 포도당의 화학식을 쓰시오.

(   )

09 수소 기체와 질소 기체가 반응하여 암모니아가 생성되는 과정을 나타낸 것이다. 이 화학 반응에 참여하는 물질 중 화합물은 무엇인지 쓰시오.

수소 기체(H_2)   질소 기체(N_2)   암모니아(NH_3)

(   )

10 물의 분자 모형이다. 이에 대한 설명으로 옳은 것만을 〈보기〉에서 있는 대로 고르시오.

H   H

── 〈 보기 〉 ──
ㄱ. 물 분자는 두 가지 원소로 이루어져 있다.
ㄴ. 물 분자는 3개의 원자로 이루어져 있다.
ㄷ. 물 분자는 홑원소 물질이다.

(   )

B

11 여러 가지 물질을 분류하는 과정을 나타낸 것이다. ㉠과 ㉡에 들어갈 기준으로 알맞은 것을 바르게 짝지은 것은?

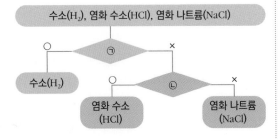

수소(H_2), 염화 수소(HCl), 염화 나트륨(NaCl)
○   ×
㉠
수소(H_2)   ○   ×
㉡
염화 수소   염화 나트륨
(HCl)   (NaCl)

	㉠	㉡
①	홑원소 물질인가?	분자로 구성된 물질인가?
②	홑원소 물질인가?	화합물인가?
③	화합물인가?	분자로 구성된 물질인가?
④	화합물인가?	홑원소 물질인가?
⑤	순물질인가?	화합물인가?

12 돌턴의 원자설의 내용을 각각 표현한 모형이다. 이에 대한 설명으로 옳지 않은 것은?

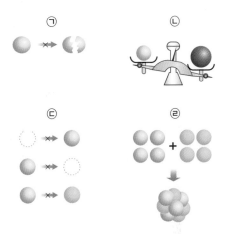

㉠   ㉡

㉢   ㉣

① ㉠은 원자핵과 쿼크의 발견으로 수정되어야 한다.
② ㉡은 동위 원소의 존재를 설명할 수 있다.
③ ㉢은 질량 보존 법칙을 뒷받침하는 내용이다.
④ ㉢으로 연금술이 실패한 이유를 설명할 수 있다.
⑤ ㉣은 일정 성분비 법칙을 설명할 수 있다.

13 이산화 탄소(CO_2)를 구성하는 탄소와 산소의 질량비는 3 : 8 이다. 15 g 의 탄소를 완전 연소시켜 이산화 탄소를 생성시킬 때 필요한 산소의 질량과 생성된 이산화 탄소의 질량을 바르게 짝지은 것은?

	필요한 산소의 질량	생성된 이산화 탄소의 질량
①	10 g	25 g
②	20 g	35 g
③	30 g	45 g
④	40 g	55 g
⑤	80 g	95 g

14 온도와 압력을 0 ℃, 1 기압으로 유지하면서 수소 기체 100 mL 와 산소 기체 100 mL 를 완전하게 반응시켰다. 이때 생성되는 수증기의 부피와 남아 있는 기체의 부피를 바르게 짝지은 것은?

	수증기의 부피	남아 있는 기체의 부피
①	50 mL	수소 50 mL
②	50 mL	산소 50 mL
③	100 mL	수소 50 mL
④	100 mL	산소 50 mL
⑤	150 mL	산소 50 mL

[15-16] 수소 기체(H_2)와 질소 기체(N_2)가 반응하여 암모니아(NH_3)를 생성하는 반응 모형이다. 다음 물음에 답하시오. (단, 수소 원자와 질소 원자의 질량비는 1 : 14 이다.)

수소 기체(H_2) 질소 기체(N_2) 암모니아(NH_3)

15 온도와 압력을 0 ℃, 1 기압으로 유지하면서 위의 반응을 실험으로 진행하였다면, 반응한 수소 기체와 질소 기체, 그리고 생성된 암모니아 기체의 질량비로 알맞은 것은?

	수소 기체	:	질소 기체	:	암모니아 기체
①	1	:	14	:	15
②	2	:	1	:	2
③	2	:	7	:	9
④	3	:	1	:	2
⑤	3	:	14	:	17

16 온도와 압력을 0 ℃, 1 기압으로 유지하면서 위의 반응을 실험으로 진행하였다면, 반응한 수소 기체와 질소 기체, 그리고 생성된 암모니아 기체의 부피비로 알맞은 것은?

	수소 기체	:	질소 기체	:	암모니아 기체
①	1	:	14	:	15
②	2	:	1	:	2
③	2	:	7	:	9
④	3	:	1	:	2
⑤	3	:	14	:	17

17 아보가드로의 분자설에 대한 설명으로 옳지 않은 것은?

① '분자'라는 입자가 처음으로 제시되었다.
② 기체 반응 법칙은 분자설로 설명이 가능하다.
③ 일정 성분비 법칙을 설명하기 위해서 분자설이 제안되었다.
④ 모든 기체들은 일정 부피 속에 같은 수의 분자가 들어 있다.
⑤ 분자가 분해되어 원자 상태가 되면 그 물질의 성질을 잃게 된다.

18 식물에서 일어나는 광합성 반응을 모형으로 나타낸 그림과 화학 반응식이다.

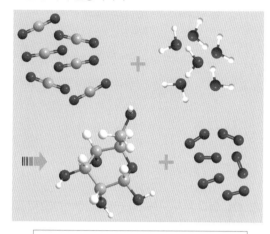

$$6CO_2 + 6H_2O \rightarrow C_6H_{12}O_6 + 6O_2$$

이에 대한 설명으로 옳은 것만을 〈보기〉에서 있는 대로 고른 것은?

― 〈 보기 〉 ―

ㄱ. 광합성 반응에 포함된 원소는 수소, 산소, 탄소이다.
ㄴ. 이 반응에 참여하는 물질 중 홑원소 물질은 산소뿐이다.
ㄷ. 이 반응에 참여하는 이원자 분자로는 이산화 탄소와 물이 있다.

① ㄱ   ② ㄴ   ③ ㄷ
④ ㄱ, ㄴ   ⑤ ㄱ, ㄴ, ㄷ

19 어떤 화학 반응에 대한 설명이다. 이에 대한 설명으로 옳은 것만을 〈보기〉에서 있는 대로 고른 것은?

물질 (가)를 완전 연소시키면 물(H_2O)과 이산화 탄소(CO_2)가 생성된다.

― 〈 보기 〉 ―

ㄱ. 물질 (가)는 화합물이다.
ㄴ. 물질 (가)는 4가지 이상의 원소로 이루어져 있다.
ㄷ. 반응시킨 물질 (가)의 질량은 생성된 물과 이산화 탄소의 질량의 합보다 작다.

① ㄱ   ② ㄴ   ③ ㄷ
④ ㄱ, ㄴ   ⑤ ㄱ, ㄷ

20 사방황과 단사황은 황(S) 원소로 이루어진 물질로 황(S) 동소체이다. 사방황과 단사황이 황(S) 원소로 이루어진 홑원소 물질이라는 것을 확인하는 방법으로 가장 적절한 것은?

① 녹는점을 비교한다.
② 끓는점을 비교한다.
③ 겉보기 성질을 비교한다.
④ 연소 생성물을 비교한다.
⑤ 물에 대한 용해도를 비교한다.

21 다음 글에서 확인할 수 있는 화학 법칙으로 옳은 것만을 〈보기〉에서 있는 대로 고른 것은?

> 수소 8 g 과 산소 32 g 을 완전히 반응시켜 물 36 g 이 생성되고, 수소 4 g 이 남았다.

─── 〈 보기 〉 ───
ㄱ. 질량 보존 법칙   ㄴ. 일정 성분비 법칙
ㄷ. 기체 반응 법칙   ㄹ. 아보가드로 법칙

① ㄱ, ㄴ   ② ㄱ, ㄷ   ③ ㄴ, ㄷ
④ ㄷ, ㄹ   ⑤ ㄱ, ㄴ, ㄷ

22 산소와 일산화 탄소가 반응하여 이산화 탄소를 생성하는 반응의 화학 반응식이다.

$$O_2(g) \ + \ 2CO(g) \ \rightarrow \ 2CO_2(g)$$

0 ℃, 1 기압을 유지한 상태에서 일산화 탄소 22.4 L 를 산소와 모두 반응시켜 이산화 탄소를 생성했다면 반응에 참여한 산소의 분자 수와 생성된 이산화 탄소의 분자 수를 바르게 짝지은 것은? (단, 아보가드로 수는 6.02×10^{23} 이다.)

	산소의 분자 수	이산화 탄소의 분자 수
①	3.01×10^{23} 개	3.01×10^{23} 개
②	3.01×10^{23} 개	6.02×10^{23} 개
③	6.02×10^{23} 개	3.01×10^{23} 개
④	6.02×10^{23} 개	6.02×10^{23} 개
⑤	6.02×10^{23} 개	1.204×10^{24} 개

[23-24] 몇 가지 물질을 모형으로 나타낸 것이다.

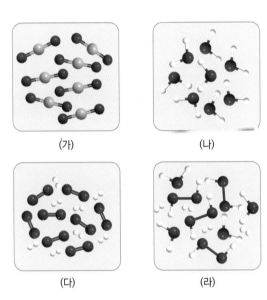

(가)   (나)

(다)   (라)

23 위의 모형에 대한 설명으로 옳은 것만을 〈보기〉에서 있는 대로 고른 것은?

─── 〈 보기 〉 ───
ㄱ. 순물질은 (가)와 (나)이다.
ㄴ. (다)는 화합물이다.
ㄷ. (라)에 포함된 원소는 두 가지이다.
ㄹ. (가)~(라)는 모두 분자로 이루어져 있다.

① ㄱ, ㄴ   ② ㄱ, ㄷ   ③ ㄴ, ㄷ
④ ㄷ, ㄹ   ⑤ ㄱ, ㄷ, ㄹ

24 그래프는 위의 물질 중 한 가지를 가열하여 시간에 따른 온도를 측정해 나타낸 가열 곡선이다.

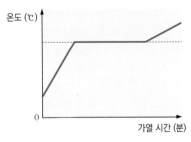

(가)~(라) 중 이와 같은 결과가 나타날 것으로 예상되는 물질을 모두 고른 것은?

① (가), (나)   ② (가), (다)   ③ (나), (다)
④ (다), (라)   ⑤ (가), (나), (라)

심화

25 다음은 아보가드로 법칙이다.

> 모든 기체는 기체의 종류에 관계없이 같은 온도와 압력에서 일정한 부피 속에 같은 수의 분자가 들어 있다.

아보가드로 법칙이 모든 기체에서 성립할 수 있는 이유를 분자의 크기와 분자 간의 거리를 사용하여 서술하시오.

26 이 실험에 대한 설명으로 옳은 것만을 〈보기〉에서 있는 대로 고른 것은?

> 〈 보기 〉
>
> ㄱ. 마그네슘 조각에 묽은 황산이 닿으면 산소 기체가 발생한다.
> ㄴ. 산화 구리와 수소 기체가 반응하여 구리와 물을 생성시킨다.
> ㄷ. 생성된 수증기는 장치 (C)에서 물로 응결된다.

① ㄱ   ② ㄴ   ③ ㄷ
④ ㄱ, ㄴ   ⑤ ㄴ, ㄷ

[26-27] 무한이는 일정 성분비 법칙이 성립되는지 확인하기 위하여 다음과 같이 물이 합성되는 실험 장치를 설계하고, 실험을 진행하였다.

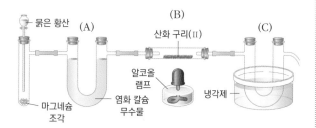

> 〈 실험 과정 〉
>
> 1. 장치 (B)와 장치 (C)의 질량을 측정한다.
> 2. 충분한 양의 마그네슘에 묽은 황산을 조금씩 넣으면서 기체를 발생시킨다.
> 3. 기체를 발생시킨 후 3분 정도가 지나면 장치 (B)에 있는 공기를 밀어내기 위해 장치 (B)를 가열한다.
> 4. 장치 (B)가 가열되면 산화 구리(II)는 장치 (A)를 통과한 기체와 반응을 일으킨다.
> 5. 반응이 모두 끝나면 실험 장치를 실온까지 식힌다.
> 6. 장치 (B)와 장치 (C)의 질량을 측정한다.

27 위의 실험을 여러 번 반복하여 측정한 질량의 평균값이다.

> · 장치 (B)의 처음 질량 = ⓐ g
> · 장치 (B)의 나중 질량 = ⓑ g
> · 장치 (C)의 처음 질량 = ⓒ g
> · 장치 (C)의 나중 질량 = ⓓ g

위 결과를 이용하여 수소와 산소의 질량비를 나타내시오.

[28-29] 세 가지 질소 산화물을 이루는 질소와 산소의 질량비를 나타낸 것이다.

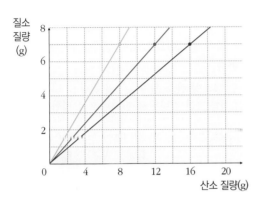

28 그래프를 이용하여 설명할 수 있는 법칙은 무엇인가?

① 샤를 법칙 ② 일정 성분비 법칙
③ 보일 법칙 ④ 아보가드로 법칙
⑤ 질량 보존 법칙

29 그래프를 이용하여 구성 성분 원소의 질량비를 구할 수 없는 질소 화합물은? (단, 원자의 상대적 질량이 질소는 14 이고, 산소는 16 이다.)

① NO   ② NO_2 ③ N_2O
④ N_2O_3 ⑤ N_2O_4

[30-31] 몇 가지 질소 산화물의 질소 질량과 산소 질량을 나타낸 표이다.

질소 산화물	질소 질량	산소 질량
산화 질소(I)	28 g	16 g
산화 질소(II)	14 g	16 g
산화 질소(III)	28 g	48 g
산화 질소(IV)	14 g	32 g
산화 질소(V)	28 g	80 g

30 제시된 5 개의 질소 산화물에서 질소 1 g 과 결합하는 산소의 질량비를 구하시오.

(I) : (II) : (III) : (IV) : (V)

= ( ) : ( ) : ( ) : ( ) : ( )

31 제시된 5 개의 질소 산화물의 질소와 산소의 개수비를 나타내시오. (단, 원자의 상대적 질량이 질소는 14 이고, 산소는 16 이다.)

질소 산화물	개수비 (N : O)
산화 질소(I)	① ( )
산화 질소(II)	② ( )
산화 질소(III)	③ ( )
산화 질소(IV)	④ ( )
산화 질소(V)	⑤ ( )

32 마그네슘과 구리를 산소와 반응시켜 얻은 산화물과 금속의 질량 관계를 나타낸 것이다.

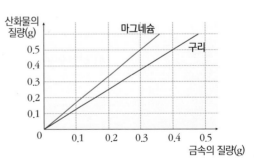

산소 1 g 과 결합하는 구리의 질량과 마그네슘의 질량을 바르게 짝지은 것은?

	구리의 질량(g)	마그네슘의 질량(g)
①	4	1.5
②	3	3
③	2	4.5
④	1	6
⑤	0.5	7.5

2강. 몰과 아보가드로수

1. 화학식량　2. 몰과 아보가드로수　3. 몰과 질량　4. 몰과 기체의 부피

1. 화학식량

(1) 화학식량

① **화학식[1]량** : 물질의 질량을 상대적으로 나타낸 값이다.
② **화학식량의 종류** : 원자량, 분자량, 실험식량, 이온식량[2] 등

(2) 원자량 : 원자는 크기와 질량이 매우 작은 입자이므로 어떤 원자를 기준으로 한 상대적인 질량을 사용하고, 이를 원자량[4][5]이라고 한다.

① **원자량[4][5]의 기준** : 현재는 질량수[6] 12 인 탄소 원자 ^{12}C 의 질량을 12.00 으로 정하고, 이것을 기준으로 하여 다른 원자들의 상대적인 질량값을 원자량으로 정한다.

▲ 탄소와 수소의 원자량 비교　　　▲ 탄소와 산소의 원자량 비교

질량비 ➡ 수소 원자 : 탄소 원자 : 산소 원자 $= \dfrac{1}{12} : 1 : \dfrac{4}{3}$

원자량 ➡ 수소 원자 1, 탄소 원자 12, 산소 원자 16

(3) 분자량 : 분자도 크기와 질량이 매우 작은 입자이므로 분자의 질량도 상대적인 질량을 사용하고, 이를 분자량[7]이라고 한다. 분자량은 분자를 구성하는 모든 원자들의 원자량을 합하여 구한다.

분자식	H_2	O_2	CO_2
분자 모형			
구성 원자	H　　H	O　　O	O　　C　　O
원자량	1.0　　1.0	16.0　　16.0	16.0　　12.0　　16.0
분자량	$1.0 \times 2 = 2.0$	$16.0 \times 2 = 32.0$	$12.0 + 16.0 \times 2 = 44.0$

(4) 실험식량 : 화학식(실험식[8])을 이루는 원자들의 원자량을 모두 합한 값

개념확인 1

화학식량에 대한 설명으로 옳은 것은 ○표, 옳지 않은 것은 ×표 하시오.

(1) 물질의 질량을 상대적으로 나타낸 값이다. 　　　　　　　　　　　　　　　　　(　　　)

(2) 원자량의 기준은 탄소(^{12}C) 원자의 질량으로, 탄소 원자의 원자량을 1.00 으로 정했다. 　(　　　)

(3) 분자량은 분자를 구성하는 모든 원자들의 원자량을 합하여 구한다. 　　　　　　　(　　　)

확인+1

탄소(^{12}C) 원자 1개의 질량이 1.99×10^{-23} g 이고, 질소(N) 원자 1 개의 질량이 2.33×10^{-23} g 일 때, 질소(N)의 원자량을 구하시오.

(　　　　　　　　　　　)

---

❶ 화학식

원소기호를 사용하여 물질을 이루는 기본 입자인 원자, 분자 또는 이온을 나타낸 식

❷ 이온식량

이온식을 구성하고 있는 원자들의 원자량을 모두 합해서 나타내는 이온의 상대적 질량
(예) SO_4^{2-} (황산 이온)의 이온식량 $= 32.0 + 16.0 \times 4 = 96.0$

❸ 평균 원자량

동위 원소의 존재 비율을 고려하여 구한 원자량
(예) 자연계에는 ^{12}C 가 98.892 %, ^{13}C 가 1.108 % 존재하므로 탄소의 평균 원자량은 $12 \times 0.9889 + 13 \times 0.011 = 12.011$이다.

❹ 원자량 단위

원자량의 단위로는 amu (atomic mass unit)를 사용한다.

❺ 원자 1개의 실제 질량

· 수소(H) : 1.67×10^{-24} g
· 탄소(C) : 1.99×10^{-23} g
· 질소(N) : 2.33×10^{-23} g
· 산소(O) : 2.66×10^{-23} g

원소의 표시

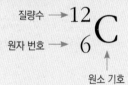

질량수 ➡ 12
원자 번호 ➡ 6 　C
↑
원소 기호

❻ 질량수

질량수 = 양성자 수 + 중성자 수

❼ 분자량과 분자식

분자식은 분자 1 개를 구성하는 원자의 종류와 수를 원소 기호와 숫자로 나타낸 것이므로 분자량은 분자식을 구성하는 원자들의 원자량의 합과 같다.

❽ 실험식

물질을 이루는 원자나 이온의 종류와 수를 가장 간단한 정수의 비로 나타낸 화학식
(예) 염화 나트륨의 화학식NaCl
포도당의 분자식 : $C_6H_{12}O_6$
포도당의 실험식 : CH_2O

2. 몰(mole)과 아보가드로수

(1) 몰(mole)❶ : 원자나 분자, 이온 등과 같이 매우 작은 입자⎡미니⎤ 의 묶음 단위이다.

(2) 아보가드로수(Avogadro's number)

① **아보가드로수** : 1몰의 물질 속에 들어 있는 입자 수로, 6.02×10^{23} ❷를 말한다.❸

② **탄소 원자와 1몰** : 원자량 12인 탄소 원자(^{12}C) 12 g 에 들어 있는 입자 수를 1몰로 정의한다.

➡ 12 g 의 탄소에 6.02×10^{23} 개의 탄소 원자가 들어 있다.

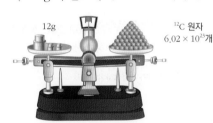

^{12}C 원자
6.02×10^{23}개

> 탄소 원자 1 개의 질량은 1.9926×10^{-23} g 이므로 탄소 12 g 속에 들어 있는 탄소 원자의 수는
>
> $$\dfrac{12g}{1.9926 \times 10^{-23} \text{ g/개}} = 6.02 \times 10^{23} \text{ 개}$$

(3) 몰(mol)과 입자 수❹

① 모든 입자 1몰에는 그 입자가 6.02×10^{23} 개 들어 있다.

⟮예⟯ 수소 원자(H) 1 몰 : 수소 원자(H) 6.02×10^{23} 개

수소 분자(H_2) 1 몰 : 수소 분자(H_2) 6.02×10^{23} 개

수소 이온(H^+) 1 몰 : 수소 이온(H^+) 6.02×10^{23} 개

② **분자 1몰에 들어 있는 원자 수**

분자식	H_2O
분자 모형	⬡
분자 1 몰의 원자 수	물 분자 1 몰 → 수소 원자 2 몰 + 산소 원자 1 몰

③ **이온 결합 화합물에 들어 있는 이온 수**

이온화식	$NaCl$(염화 나트륨) → Na^+ + Cl^-
이온화 모형	Na⁺ Cl⁻ ▶ Na⁺ + Cl⁻
염화 나트륨 1 몰의 입자 수	염화 나트륨 1 몰 → 나트륨 이온 1 몰 + 염화 이온 1 몰

⟮**개념확인 2**⟯　　　　　　　　　　　　　　　　　　　　　　**정답 및 해설 06 쪽**

어떤 물질 1 몰 속에 들어 있는 입자의 수를 무엇이라 하는지 쓰시오.

(　　　　　　　　　　　　)

⟮**확인＋2**⟯

다음 설명 중 옳은 것은 ○표, 옳지 않은 것은 ×표 하시오.

(1) 모든 입자 1 몰의 개수는 6.02×10^{23} 개이다.　　　　　　　　　（　　）

(2) 수소 분자 1 몰에는 수소 원자 1.204×10^{24} 개가 들어 있다.　　　（　　）

(3) 염화 나트륨 2 몰에는 나트륨 이온 1몰과 염화 이온 1 몰이 들어 있다.　（　　）

❶ 몰(mole)을 사용하는 이유

원자나 분자와 같이 작은 입자는 질량이 매우 작기 때문에 물질의 양이 적어도 그 속에는 많은 수의 입자가 들어 있기 때문에 묶음 단위로 개수를 나타낸다.

❷ 6.02×10^{23} 을 아보가드로수라고 하는 이유

1 몰의 물질 속에 들어 있는 입자 수를 아보가드로가 직접 측정하지는 않았지만 분자의 개념을 도입한 그의 업적을 기리기 위해 아보가드로수라고 이름을 붙였다.

❸ 시대에 따른 아보가드로수의 변화

19세기에는 산소(^{16}O)의 원자량을 100으로 정하였다. 이 경우 탄소(^{12}C)의 원자량은 100 ÷ 16 × 12 = 75 가 된다. 탄소(^{12}C) 75 g 에 들어 있는 탄소 원자의 수가 이 당시의 아보가드로수가 되며 이를 계산해 보면 3.76 × 10^{24} 이 된다.

❹ 구성 원자 또는 이온의 몰 수

분자로 구성된 물질이나 이온으로 구성된 물질은 각각 구성 성분이 일정한 수의 원자나 이온으로 되어 있으므로 각 물질의 몰 수를 알면 물질을 구성하는 입자의 몰 수도 알 수 있다.

미니사전

입자 [粒 낟알 -자] 물질을 구성하는 미세한 크기의 물체로, 분자, 원자, 이온, 소립자 등을 말한다.

● 그램화학식량

그램화학식량은 화학식량에 그램(g)을 붙인 질량을 의미한다. 즉, (화학식량)g 을 그램화학식량이라 칭한다. 이는 물질 1몰의 질량을 나타내므로 단위는 'g/몰'을 사용한다.

② 원자나 분자 1개의 질량

원자 1개의 질량은 원자 1 몰의 질량을 아보가드로수로 나눈 값이고, 분자 1 개의 질량은 분자 1 몰의 질량을 아보가드로수로 나눈 값이다.
㉑ 탄소(C) 1몰의 질량 : 12 g
아보가드로수 : 6.02×10^{23}
탄소(C) 1개의 질량 :
$$\frac{12g}{6.02 \times 10^{23}} = 1.99 \times 10^{-23} g$$

● 여러 가지 원소의 평균 원자량

한 원소에 대하여 자연계에 존재하는 동위원소의 조성을 고려하여 평균적인 원자의 질량을 구한다.

원자 번호	원소	평균 원자량 (amu)
1	H	1.008
2	He	4.003
3	Li	6.94
4	Be	9.012
5	B	10.81
6	C	12.01
7	N	14.01
8	O	16.00
9	F	19.00
10	Ne	20.18
11	Na	22.99
12	Mg	24.31
13	Al	26.98
14	Si	28.03
15	P	30.97
16	S	32.06
17	Cl	35.45
18	Ar	39.95
19	K	39.10
20	Ca	40.08

3. 몰과 질량

(1) 물질 1 몰의 질량 : 물질의 화학식량에 g을 붙인 값과 같다.

- 화학식 1 몰(mol)의 질량 = (화학식량)g = 그램화학식량●
- 원자 1 몰(mol)의 질량 = (원자량)g = 그램원자량
- 분자 1 몰(mol)의 질량 = (분자량)g = 그램분자량

㉑ CH_4 1 몰의 질량
= CH_4 의 (분자량)g
= 16 g

(2) 물질의 질량과 몰(mol) 수

- 물질의 질량 = 몰(mol) 수 × 물질 1몰의 질량
- 몰(mol) 수 = $\dfrac{\text{물질의 질량}}{\text{물질 1 몰의 질량}}$

㉑ H_2O 2 몰의 질량
= 2 × H_2O 1 몰의 질량
= 2 × 18 g = 36 g

(3) 여러 가지 물질의 1 몰의 질량②

① 원자 1 몰의 질량

분자식	H	C	N	O	F
분자 모형					
원자량	1	12	14	16	19
1몰의 개수	6.02×10^{23} 개	6.02×10^{23} 개	6.02×10^{23} 개	6.02×10^{23} 개	6.02×10^{23} 개
1몰의 질량	1 g	12 g	14 g	16 g	19 g

② 분자 1 몰의 질량

분자식	H_2	O_2	CO_2	$C_6H_{12}O_6$(포도당)
분자 모형				
분자량	$1 \times 2 = 2.0$	$16 \times 2 = 32$	$12 + 16 \times 2 = 44$	$12 \times 6 + 1 \times 12 + 16 \times 6 = 180$
1몰의 개수	6.02×10^{23} 개	6.02×10^{23} 개	6.02×10^{23} 개	6.02×10^{23} 개
1몰의 질량	2 g	32 g	44 g	180 g

개념확인3

분자량이 44 인 이산화 탄소(CO_2) 440 g 의 몰 수를 구하시오.

(   ) 몰

확인+3

분자량이 44 인 이산화 탄소(CO_2) 440 g 에는 탄소 원자와 산소 원자가 각각 몇 몰씩 들어 있는지 구하시오.

탄소 원자 : (   ) 몰, 산소 원자 : (   ) 몰

4. 몰과 기체의 부피[1]

(1) 아보가드로 법칙

① 기체의 종류에 관계없이 같은 온도와 압력에서 기체들은 일정한 부피 속에 같은 수의 분자가 들어 있다.

② **기체 1 몰의 부피** : $0℃$, 1기압에서 모든 기체 1몰(6.02×10^{23} 개)의 부피는 22.4 L 이다.

분자식	H_2	H_2O	NH_3
(같은 온도, 같은 압력) 기체 분자 모형			
1몰의 분자 수	6.02×10^{23} 개	6.02×10^{23} 개	6.02×10^{23} 개
1몰의 질량	2 g	18 g	17 g
($0℃$, 1기압) 1몰의 부피	22.4 L	22.4 L	22.4 L

(2) 기체의 부피

① 표준 상태[2]($0℃$, 1기압)에서 기체의 몰 수와 부피 사이의 관계

· 기체 1몰의 부피 = 22.4 L · 기체의 부피(L) = 몰(mol) 수 × 22.4 L	**(예)** 수소 2몰의 부피 : $22.4 L \times 2 = 44.8$ L 수소 3몰의 부피 : $22.4 L \times 3 = 67.2$ L

② **기체의 밀도**

$$기체의 밀도 = \frac{기체 1몰의 질량}{기체 1몰의 부피} = \frac{(분자량)g}{22.4 \, L}$$

③ **기체의 밀도비**[3] : 같은 온도와 압력에서 같은 부피 속에 기체 A 와 기체 B 가 있는 경우

$$\frac{기체 B의 밀도}{기체 A의 밀도} = \frac{기체 B의 분자량}{기체 A의 분자량} = \frac{기체 B의 질량}{기체 A의 질량}$$

(3) 기체의 몰(mol) 수 구하기

$$몰(mol) 수 = \frac{기체 분자 수(개)}{6.02 \times 10^{23}(개/몰)} = \frac{기체의 질량(g)}{그램분자량(g/몰)} = \frac{기체의 부피(L)}{22.4(L/몰)} \, (0℃, 1기압)$$

개념확인4

정답 및 해설 06 쪽

$0℃$, 1 기압에서 기체의 부피에 대한 설명으로 옳은 것은 ○표, 옳지 않은 것은 ×표 하시오.

(1) 수소 기체 1 몰의 부피와 탄소 기체 12 몰의 부피는 같다. (   )

(2) 모든 기체의 부피는 기체의 몰 수에 22.4 L 를 곱하면 구할 수 있다. (   )

(3) 같은 부피인 기체의 밀도비는 기체의 질량비와 같다. (   )

확인+4

$0℃$, 1 기압에서 산소 기체 64 g 의 부피는 몇 L 인지 구하시오. (단, 산소의 원자량은 16.0 이다.)

(   ) L

[1] 액체나 고체의 부피

액체나 고체의 경우 물질 1몰의 부피는 물질마다 서로 다르다. 물질이 액체나 고체인 경우 입자 사이의 거리가 비교적 가까우므로 물질의 부피는 입자 고유의 크기에 영향을 많이 받기 때문이다.

[2] 표준 상태(STP)

$0℃$, 1기압의 상태를 표준 상태(Standard Temperature and Pressure)라고 한다.
표준 상태에서 기체 1몰의 부피는 22.4L이나, 온도와 압력이 변하면 기체 1몰의 부피도 변하게 된다. 온도가 증가하면 샤를 법칙에 의해 기체의 부피가 증가하고, 압력이 증가하면 보일 법칙에 의해 기체의 부피는 감소한다.

[3] 질량비와 밀도비

온도와 압력이 같은 두 기체는 일정한 부피 속에 같은 수의 분자가 들어 있으므로 두 기체의 밀도비는 두 기체의 질량비와 같으며, 두 기체의 분자량비와 같다.

미니사전

표준 [標 표하다 準 준하다] 사물의 정도를 알기 위한 근거나 기준

2강 몰과 아보가드로수 **35**

01 원자량에 대한 설명 중 옳은 것은 ○표, 옳지 않은 것은 ×표 하시오.

(1) 원자량이란 원자 1 개의 질량을 말한다. ( )

(2) 수소 원자의 원자량은 1, 산소 원자의 원자량은 8 이다. ( )

(3) 현재는 질량수 12 인 탄소 원자의 질량을 기준으로 정하고, 이것을 기준으로 하여 다른 원자들의 상대적인 질량값을 원자량으로 정한다. ( )

02 다음 분자들의 분자량을 계산하여 쓰시오. (단, 수소의 원자량은 1.0, 탄소의 원자량은 12.0, 산소의 원자량은 16.0 이다.)

분자식	H_2	O_2	CO_2
분자 모형			
분자량	㉠( )	㉡( )	㉢( )

03 ㉠ ~ ㉢에 들어갈 숫자를 모두 곱한 값을 구하시오.

> · 물 분자 1몰에는 수소 원자 ㉠( )몰과 산소 원자 ㉡( )몰이 포함되어 있다.
>
> · 염화 칼슘($CaCl_2$) 1 몰에는 염화 이온이 ㉢( )몰 포함되어 있다.

( )

04 포도당($C_6H_{12}O_6$) 모형을 나타낸 것이다. (단, 수소의 원자량은 1.0, 탄소의 원자량은 12.0, 산소의 원자량은 16.0 이다.)

(1) 포도당($C_6H_{12}O_6$)의 분자량을 구하시오. ( )

(2) 포도당 18 g 의 몰 수는 얼마인가? ( )몰

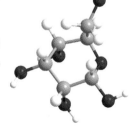

05 물질의 질량에 대한 설명 중 옳은 것은 ○표, 옳지 않은 것은 ×표 하시오.

(1) 물질의 질량은 물질 1 몰의 질량과 몰 수의 곱으로 구할 수 있다. ( )

(2) 원자 1 개의 질량은 원자 1몰의 질량을 아보가드로수로 나눈 값이다. ( )

(3) 원자량이 16 인 산소로 이루어진 산소 기체 1 몰의 질량은 16 g 이다. ( )

06 이산화 탄소(CO_2) 분자 3.01×10^{23} 개에 포함된 탄소의 질량은 몇 g 인가? (단, 탄소의 원자량은 12 이다.)

( ) g

07 기체에 대한 설명 중 옳지 <u>않은</u> 것은?

① 0 ℃, 1 기압에서 모든 기체 1 몰의 질량은 12 g 이다.
② 0 ℃, 1 기압에서 모든 기체 1 몰의 부피는 22.4 L 이다.
③ 표준 상태에서 기체의 부피는 22.4 L 와 기체의 몰 수의 곱으로 구할 수 있다.
④ 기체가 25 ℃, 1 기압에 있으면 기체 1 몰의 부피는 22.4 L 보다 크다.
⑤ 모든 기체들은 같은 온도와 압력에서 일정한 부피 속에 같은 수의 분자가 들어 있다.

08 분자의 수가 가장 많은 것은? (단, 수소의 원자량은 1.0, 탄소의 원자량은 12.0, 질소의 원자량은 14.0, 산소의 원자량은 16.0 이다.)

① 36 g 의 물(H_2O)
② 10 g 의 수소(H_2)
③ 3 몰의 암모니아(NH_3)
④ 0 ℃, 1 기압에서 22.4 L 의 산소(O_2)
⑤ 2.408×10^{24} 개의 이산화 탄소(CO_2)

유형 익히기&하브루타

[유형 2-1] 화학식량

탄소(^{12}C) 원자, A 원자, B 원자 사이의 질량을 비교한 것이다.

^{12}C 원자 1개   A 원자 12개

^{12}C 원자 4개   B 원자 3개

탄소(^{12}C)의 원자량이 12 일 때, 화합물 A_2B_2 의 분자량은? (단, A 와 B 는 임의의 원소 기호이다.)

① 16   ② 18   ③ 32   ④ 34   ⑤ 36

01 화학식량에 대한 설명으로 옳은 것만을 〈보기〉에서 있는 대로 고른 것은?

─〈 보기 〉─

ㄱ. 원자량은 질량수 12인 탄소 원자의 질량을 12.00으로 정하고, 이를 기준으로 하였다.

ㄴ. 수소 분자의 분자량은 수소 원자의 원자량과 동일하다.

ㄷ. 평균 원자량은 동위 원소의 존재 비율을 고려한 원자량이다.

① ㄱ   ② ㄴ   ③ ㄷ   ④ ㄱ, ㄴ   ⑤ ㄱ, ㄷ

02 탄소(^{12}C) 원자 1개의 질량이 1.99×10^{-23} g 이고, 수소(H) 원자 1 개의 질량이 1.67×10^{-24} g 이다. 탄소 원자량이 12 일 때, 수소(H)의 원자량을 구하시오.

(   )

[유형 2-2] 몰과 아보가드로수

물, 이산화 탄소, 암모니아 분자의 모형을 나타낸 것이다.

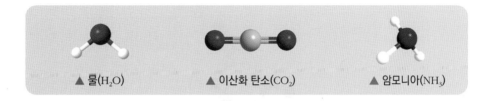

▲ 물(H_2O)　　　▲ 이산화 탄소(CO_2)　　　▲ 암모니아(NH_3)

(1) 이 분자들이 각각 10 몰씩 존재할 때, 원자의 개수가 가장 많은 분자는 무엇인지 이름을 쓰시오.

(　　　　　　)

(2) 물 분자 5 몰에 들어 있는 수소 원자의 개수는 몇 개인지 쓰시오.

(　　　　　　)

03 메테인(CH_4)의 분자 모형이다. 메테인 분자 3.01×10^{24} 개에 들어 있는 수소 원자는 몇 몰인가?

① 0.5 몰　　　② 1 몰　　　③ 5 몰
④ 10 몰　　　⑤ 20 몰

04 탄소 원자(^{12}C) 1 몰의 질량이 12.0 g 이라면, 탄소 원자 한 개의 질량을 구하는 방법으로 옳은 것은?

① $\dfrac{12.0g}{3.01 \times 10^{23}개}$　　　② $\dfrac{12.0g}{6.02 \times 10^{23}개}$　　　③ $\dfrac{12.0g}{3.01 \times 10^{24}개}$

④ $\dfrac{12.0g}{6.02 \times 10^{24}개}$　　　⑤ $\dfrac{6.02 \times 10^{24}개}{12.0g}$

[유형 2-3] 몰과 질량

포도당($C_6H_{12}O_6$) 분자 모형을 나타낸 것이다. 포도당 90 g 에 들어 있는 탄소(C)와 산소(O)의 질량을 바르게 짝지은 것은? (단, 수소의 원자량은 1, 탄소의 원자량은 12, 산소의 원자량은 16 이다.)

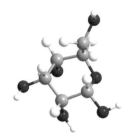

◀ 포도당 분자 모형

	탄소의 질량(g)	산소의 질량(g)
①	3	3
②	6	6
③	12	16
④	36	48
⑤	72	96

05 〈보기〉에서 물질의 질량이 가장 큰 것의 기호를 쓰시오. (단, 수소의 원자량은 1, 탄소의 원자량은 12, 산소의 원자량은 16 이다.)

─〈 보기 〉─
ㄱ. 산소 기체 2 몰의 질량
ㄴ. 물 분자 1.204×10^{24} 개의 질량
ㄷ. 수소 기체 20 몰의 질량

(   )

06 이산화 탄소(CO_2) 220 g 에 들어 있는 산소 원자의 질량과 물(H_2O) 180 g 에 들어 있는 산소 원자의 질량의 합을 구하시오. (단, 수소의 원자량은 1, 탄소의 원자량은 12, 산소의 원자량은 16 이다.)

(   ) g

[유형 2-4] 몰과 기체의 부피

0 ℃, 1 기압 에서 종류가 다른 기체 A~C 의 부피와 분자 수를 나타낸 것이다.

기체의 종류	부피	분자 수
A	22.4 L	㉠
B	㉡	6.02×10^{23} 개
C	44.8 L	㉢

이에 대한 설명으로 옳은 것만을 〈보기〉에서 있는 대로 고른 것은?

〈 보기 〉

ㄱ. ㉠ 과 ㉢ 의 분자 수는 6.02×10^{23} 개이다.
ㄴ. 기체 B 의 부피인 ㉡ 은 22.4 L 이다.
ㄷ. 기체 C 의 질량은 기체 A 질량의 2 배이다.

① ㄱ   ② ㄴ   ③ ㄷ   ④ ㄱ, ㄴ   ⑤ ㄱ, ㄴ, ㄷ

07 0 ℃, 1 기압에서 A_2O 기체 44.8 L 의 질량이 36 g 이었다. A 의 원자량은? (단, A 는 임의의 원소이고, O 의 원자량은 16 이다.)

① 1   ② 2   ③ 4   ④ 8   ⑤ 10

08 〈보기〉의 기체 중 0 ℃, 1기압 에서 기체의 밀도(g/L)가 가장 큰 것을 쓰시오. (단, 수소의 원자량은 1.0, 탄소의 원자량은 12.0, 질소의 원자량은 14.0, 산소의 원자량은 16.0 이다.)

〈 보기 〉

수소   암모니아   이산화 탄소   수증기   메테인

(   )

01 아보가드로수는 원자량의 기준을 어떻게 잡는지에 따라 달라질 수 있다. 19 세기에는 산소(^{16}O)의 원자량을 100 으로 정하였기 때문에 탄소(^{12}C)의 원자량은 75 가 되었고, 탄소(^{12}C) 75 g 에 들어 있는 탄소 원자의 수가 당시의 아보가드로수가 되어 3.76×10^{24} 이 아보가드로수가 되었다.

만약 ^{1}H 의 원자량을 10 으로 정하였다면 아보가드로수는 무엇이 될 지 서술하시오. (단, 수소와 탄소의 질량비는 1 : 12 이고, 탄소 원자 1개의 질량은 1.9926×10^{-23} g 이다.)

02 임의의 원소 X 와 Y 로 이루어진 화합물 (가) ~ (다)에 대한 자료이다.

화합물	분자당 구성 원자 수	분자량
(가)	2	30
(나)	3	
(다)	3	44

화합물 (가) ~ (다)의 화학식과 화합물 (나)의 분자량을 구하시오. (단, X 의 원자량이 Y 의 원자량 보다 크다.)

03

물을 전기 분해하는 모습을 나타낸 그림과 물 분해 반응식이다.

수소 → ← 산소

물 + 수산화 나트륨

백금 전극

(−)   (+)

$$2H_2O(l) \rightarrow 2H_2(g) + O_2(g)$$

표준 상태에서 물을 전기 분해하였더니 산소 기체가 560 mL 발생하였다. 분해된 물의 질량과 생성된 수소 기체의 부피를 계산 과정과 함께 구하시오. (단, 수소의 원자량은 1, 산소의 원자량은 16 이다.)

04

글을 읽고 물음에 답하시오.

얼음이 불에 탈까? 메테인 수화물(methane hydrate)이라는 물질은 회색의 얼음처럼 보이지만 여기에 성냥불을 갖다대면 불에 탄다. 메테인 기체가 물 분자에 의해 잡혀있는 것이 메테인 수화물(methane hydrate)이다. 전 세계 바다의 메테인 수화물의 총 매장량은 대량 지상에 있는 석탄, 석유, 천연가스를 합한 탄소량의 2 배인 10^{13} 톤 정도라고 추정된다. 해양 바닥 침전물에 있는 박테리아는 유기 물질을 소비하고, 메테인 가스를 발생시키는데 이 물질이 연료로서 사용 가치가 크다는 것이 알려지자 메테인을 발굴해 내기 위한 연구가 진행되었다. 하지만 아직 환경을 파괴하지 않고 메테인 수화물을 캐내는 방법을 알아내지 못했다. 메테인 수화물은 해양 바다 침전물을 서로 붙어있게 하는 시멘트와 같은 역할을 하기 때문에 매장된 메테인 수화물을 함부로 다루면 수중 산사태가 일어날 수 있고, 메테인이 대기에 방출되어 심각한 지구 온난화를 일으킬 수 있다.

메테인(CH_4) 한 분자는 물(H_2O) 분자 20 개에 둘러싸이게 된다. 메테인 수화물(methane hydrate) 1 몰에는 총 몇 개의 원자가 포함되는지 서술하시오. (단, 메테인 수화물 입자들은 서로 붙어 있지 않다고 가정한다.)

05 탄산 칼슘의 화학식량을 구하기 위한 실험이다.

〈 실험 과정 〉

1. 탄산 칼슘 가루의 질량(w_1)을 측정한다.
2. 충분한 양의 10 % 염산을 삼각 플라스크에 넣고 질량(w_2)을 측정한다.
3. 질량을 측정한 탄산 칼슘을 10 % 염산에 조금씩 넣는다.
4. 반응이 완전히 끝난 후 용액이 들어 있는 삼각 플라스크의 질량(w_3)을 측정한다.

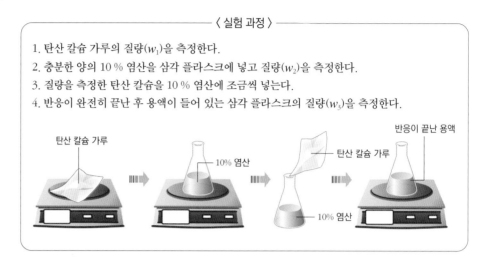

탄산 칼슘과 염산의 반응식은 다음과 같다. (s : 고체(solid), aq : 수용액(aqueous), g : 기체(gas), l : 액체(liquid))

$$CaCO_3(s) + 2HCl(aq) \rightarrow CaCl_2(aq) + CO_2(g) + H_2O(l)$$

이 실험에서 발생한 이산화 탄소의 화학식량을 M 이라고 했을 때, 탄산 칼슘의 화학식량을 구하는 식은 어떻게 세울 수 있는지 그 이유와 함께 쓰시오. (단, 사용한 10 % 염산의 양은 탄산 칼슘이 모두 반응하기에 충분하다.)

06   0 ℃, 1 기압에서 탄소(C), 메테인(CH₄), 철(Fe)이 각각 12 g, 12 g, 84 g 들어 있는 실린더에 산소(O₂)를 각각 32 g, 32 g, 48 g 넣고 점화 장치를 이용하여 각 물질들을 완전 연소시켰다.

(가)   (나)   (다)

각 실린더에서 일어나는 화학 반응식은 다음과 같다.

> (가) $C(s) + O_2(g) \rightarrow CO_2(g)$
>
> (나) $CH_4(g) + 2O_2(g) \rightarrow CO_2(g) + 2H_2O(l)$
>
> (다) $3Fe(s) + 2O_2(g) \rightarrow Fe_3O_4(s)$

반응 후 실린더 내부의 온도를 0 ℃로 다시 냉각시켰을 때 실린더 안 기체의 부피비를 구하시오. (단, 수소의 원자량은 1, 탄소의 원자량은 12, 산소의 원자량은 16, 철의 원자량은 56 이고, 피스톤의 무게와 마찰, 발생하는 고체 및 액체의 부피는 무시한다.)

01 ㄱ과 ㄴ에 들어갈 알맞은 말을 쓰시오.

물질의 질량을 상대적으로 나타낸 값으로 화학식에 포함되어 있는 원자의 원자량 총합을 ㉠( )이라고 한다. 그 중 원자량은 질량수 12인 ㉡( ) 원자의 질량을 기준으로 하여 다른 원자들의 상대적인 질량값을 원자량으로 정한다.

㉠ ( ), ㉡ ( )

02 분자량에 대한 설명 중 옳은 것은 ○표, 옳지 않은 것은 ×표 하시오.

(1) 분자량은 분자를 구성하는 모든 원자들의 원자량을 합한 값이다. ( )
(2) 분자량은 분자 1 개의 질량이다. ( )

03 분자량 ㉠과 ㉡의 합을 구하시오. (단, 수소의 원자량은 1, 질소의 원자량은 14, 산소의 원자량은 16 이다.)

분자식	H₂O	NH₃
분자 모형		
분자량	㉠( )	㉡( )

( )

04 ㉠~㉢에 들어갈 알맞은 값을 쓰시오.

· 수소 분자 1 몰에는 수소 원자 ㉠( )몰이 포함되어 있다.
· 염화 나트륨(NaCl) 1몰에는 염화 이온이 ㉡( )몰, 나트륨 이온이 ㉢( )몰 포함되어 있다.

05 탄소 원자 1 몰에 들어 있는 탄소 원자의 수는 몇 개인가?

( ) 개

06 분자량이 18 인 물(H_2O) 90 g 의 몰 수를 구하시오.

( ) 몰

07 0 ℃, 1 기압에서 수소 기체 44.8 L 와 산소 기체 22.4 L 를 혼합하였다. 혼합된 기체에 포함된 분자는 총 몇 몰인가?

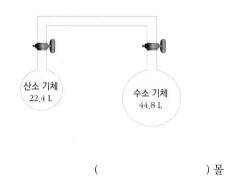

( ) 몰

08 0 ℃, 1 기압에서 풍선 속에 들어 있는 다른 종류의 세 가지 기체를 나타낸 것이다. 풍선 속에 들어 있는 전체 원자의 수를 비교하시오.

( )

09 온도와 압력이 같을 때 산소 기체 1 몰과 질소 기체 1 몰이 같은 값을 갖는 것만을 〈보기〉에서 있는 대로 고르시오.

〈 보기 〉
ㄱ. 분자 수   ㄴ. 원자 수
ㄷ. 부피   ㄹ. 밀도

(   )

10 암모니아(NH_3) 분자 모형을 나타낸 것이다. 부피가 11.2 L 인 암모니아 기체의 밀도(g/L)를 구하시오. (단, 밀도는 소수 둘째 자리까지 구하고, 수소의 원자량은 1, 질소의 원자량은 14 이다.)

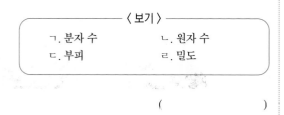

(   )g/L

11 임의의 원자 A, B, C 의 질량을 비교한 것이다.

A 원자 1 개   B 원자 12 개   A 원자 4 개   C 원자 3 개

이에 대한 설명으로 옳은 것만을 〈보기〉에서 있는 대로 고른 것은?

〈 보기 〉
ㄱ. A 의 원자량이 12 라면 B의 원자량은 1 이다.
ㄴ. A 의 원자량이 가장 크다.
ㄷ. C 의 원자량은 B 의 원자량의 16 배이다.

① ㄱ   ② ㄴ   ③ ㄷ
④ ㄱ, ㄴ   ⑤ ㄱ, ㄷ

12 원자량에 대한 설명으로 옳지 <u>않은</u> 것은?

① 원자 1 개의 질량이다.
② ^{12}C 의 질량을 12.00 으로 정했다.
③ 평균 원자량은 동위 원소의 존재비를 고려한 원자량이다.
④ ^{12}C 의 원자량을 기준으로 다른 원자들의 상대적인 질량값이 정해진다.
⑤ 분자를 구성하는 모든 원자의 원자량을 합하여 분자량을 구할 수 있다.

13 세 가지 분자의 분자량을 나타낸 것이다.

분자	분자량
XO_2	44
Y_2O	18
XY_4	16

임의의 원자 X 의 원자량과 Y 의 원자량을 바르게 짝지은 것은?

	X의 원자량	Y의 원자량
①	1	12
②	12	1
③	12	2
④	28	1
⑤	28	2

14 몰과 입자 수에 대한 설명으로 옳은 것은?

① 염화 칼슘 1 몰에는 염화 이온이 1 몰 들어 있다.
② 염화 나트륨 2 몰에는 나트륨 이온이 1몰 들어 있다.
③ 물 분자 1몰에는 산소 원자가 3.01×10^{23} 개 들어 있다.
④ 수소 분자 1 몰에는 수소 원자가 6.02×10^{23} 개 들어 있다.
⑤ 수소 원자 1 몰에는 수소 원자가 아보가드로수만큼 들어 있다.

15 X, Y, Z 의 화학식량을 각각 구하시오.

(1) 원자 0.5 몰의 질량이 6 g 인 X 의 원자량

( )

(2) 0 ℃, 1 기압에서 11.2 L 의 질량이 8 g 인 기체 Y 의 분자량 ( )

(3) 분자 6.02×10^{24} 개의 질량이 440 g 인 기체 Z 의 분자량 ( )

16 가장 많은 수의 수소 원자를 포함하고 있는 것은 무엇인가? (단, 수소의 원자량은 1, 질소의 원자량은 14, 산소의 원자량은 16 이다.)

① 18 g 의 물
② 0.5 몰의 수소 분자
③ 6.02×10^{23} 개의 수소 원자
④ 0 ℃, 1 기압에서 5.6 L 의 메테인
⑤ 0 ℃, 1 기압에서 22.4 L 의 암모니아

17 0 ℃, 1 기압에서 O_2 기체의 밀도는 X g/L 이고, AO_2 기체의 밀도는 $\frac{11}{8}X$ (g/L) 일 때, A 의 원자량은? (단, A 는 임의의 원소이고, O 의 원자량은 16 이다.)

① 1   ② 6   ③ 12
④ 32   ⑤ 44

18 25 ℃, 2 기압에서 기체의 밀도(g/L)가 가장 큰 것은? (단, 수소의 원자량은 1.0, 탄소의 원자량은 12.0, 질소의 원자량은 14.0, 산소의 원자량은 16.0 이다.)

① H_2 ② N_2 ③ O_2
④ CO   ⑤ NH_3

C

19 임의의 원자 A, B 와 탄소(^{12}C) 원자의 질량을 비교한 것이다.

^{12}C 원자 4개   A 원자 3개   A 원자 7개   B 원자 8개

이에 대한 설명으로 옳은 것만을 〈보기〉에서 있는 대로 고른 것은? (단, ^{12}C 의 원자량은 12 이다.)

〈 보기 〉
ㄱ. A 원자의 원자량은 16 이다.
ㄴ. B_2의 분자량은 40 이다.
ㄷ. 원자 A와 B로 이루어진 화합물 BA_2 의 화학식량은 46 이다.

① ㄱ   ② ㄴ   ③ ㄷ
④ ㄱ, ㄴ   ⑤ ㄱ, ㄷ

20 수소 기체(H_2)와 질소 기체(N_2)가 반응하여 암모니아(NH_3)를 생성하는 반응 모형이다.

수소 기체(H_2)   질소 기체(N_2)   암모니아(NH_3)

온도와 압력을 일정하게 유지하며 암모니아 생성 반응을 진행했을 경우, 분자 수의 비가 $H_2 : N_2 : NH_3 = 3 : 1 : 2$ 라면, 양적 관계가 $H_2 : N_2 : NH_3 = 3 : 1 : 2$ 가 될 수 있는 것만을 있는 대로 고르시오. (단, 수소의 원자량은 1.0, 질소의 원자량은 14.0 이다.)

① 몰 수비   ② 분자량비
③ 질량비   ④ 부피비
⑤ 밀도비

21

0 ℃, 1 기압에서 물질 A~C 에 대한 자료이다.

물질	상태	분자량	질량(g)	부피(L)	밀도 (g/mL)
A	액체	18		1	1.00
B	기체		4	44.8	
C	기체	44		11.2	

이에 대한 설명으로 옳은 것만을 〈보기〉에서 있는 대로 고른 것은?

〈 보기 〉

ㄱ. A 의 질량은 1 g 이다.
ㄴ. B 의 분자량은 2 이다.
ㄷ. C 의 밀도가 B 의 밀도보다 크다.

① ㄱ   ② ㄴ   ③ ㄷ
④ ㄱ, ㄴ   ⑤ ㄴ, ㄷ

22

15 ℃, 1 기압에서 실린더 (가)와 (나)에 들어 있는 기체 상태의 질소와 암모니아를 나타낸 것이다.

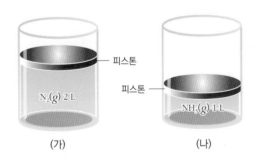

(가)   (나)

이에 대한 설명으로 옳은 것만을 〈보기〉에서 있는 대로 고른 것은? (단, H 의 원자량은 1 이고, N 의 원자량은 14 이다.)

〈 보기 〉

ㄱ. 질량비는 (가) : (나) = 28 : 17 이다.
ㄴ. 분자 수비는 (가) : (나) = 2 : 1 이다.
ㄷ. 밀도비는 (가) : (나) = 1 : 2 이다.

① ㄱ   ② ㄴ   ③ ㄷ
④ ㄱ, ㄴ   ⑤ ㄴ, ㄷ

[23-24]

기체 상태의 X_2 의 분자량을 측정하기 위한 실험을 진행하고, 실험 결과를 얻었다. (단, 수소의 원자량은 1 이고, X는 임의의 원소이다.)

〈 실험 과정 〉

1. 둥근 바닥 플라스크 속의 공기를 빼낸 후 둥근 바닥 플라스크의 질량을 측정한다.
2. 0 ℃, 1 기압에서 플라스크에 수소 기체를 가득 채우 후 질량을 측정한다.
3. 0 ℃, 1 기압에서 플라스크 속의 수소 기체를 빼내고 X_2 를 가득 채운 후 질량을 측정한다.

〈 실험 결과 〉

플라스크의 질량 30 g

수소 기체를 채운 플라스크의 질량 30.6 g

X_2를 채운 플라스크의 질량 39.6 g

23

이 플라스크의 부피는?

① 2.24 L   ② 6.72 L   ③ 11.2 L
④ 22.4 L   ⑤ 67.2 L

24

이 실험에 대한 설명으로 옳은 것만을 〈보기〉에서 있는 대로 고른 것은?

〈 보기 〉

ㄱ. X_2 의 분자량은 32 이다.
ㄴ. X 의 원자량은 16 이다.
ㄷ. 이 플라스크에 질소 기체를 가득 채울 경우, 플라스크 속의 질소 분자 수는 1.806×10^{23} 개이다.

① ㄱ   ② ㄴ   ③ ㄷ
④ ㄱ, ㄴ   ⑤ ㄱ, ㄴ, ㄷ

심화

[25-26] 0 ℃, 1 기압에서 기체 상태인 분자 (가), (나)의 분자당 구성 원자 수와 분자량을 나타낸 것이다. 다음 물음에 답하시오.

분자	구성 원자 수	분자량
(가)	5	16
(나)	4	17

25 분자 (가)와 (나)가 각각 1 g 씩 있다면 1 g 에 있는 원자 수의 비를 계산 과정과 함께 구하시오.

26 0 ℃, 1 기압에서 분자 (가) 와 (나)가 각각 10 g 씩 있다면 부피의 비는 어떻게 될지 서술하시오.

27 그림 (가)와 (나)는 90 ℃, 1 기압에서 실험식이 같은 기체 상태의 물질 A, B 를 각각 10 g 씩 실린더에 넣은 모습을 나타낸 것이다.

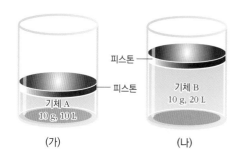

피스톤

기체 A
10 g, 10 L

피스톤

기체 B
10 g, 20 L

(가)   (나)

물질 A 와 B 의 분자량을 비교하여 서술하시오. (단, 90 ℃, 1 기압에서 기체 1 몰의 부피는 30 L 라고 가정하고, 피스톤의 질량과 마찰은 무시한다.)

28 표준 상태에서 요소($(NH_2)_2CO$) 30 g 속에 들어 있는 질소 원자의 수와 같은 수로 존재하는 산소 분자의 부피를 계산 과정과 함께 쓰시오. (단, 수소의 원자량은 1, 탄소의 원자량은 12, 질소의 원자량은 14, 산소의 원자량은 16 이다.)

[28-29] 같이 부피가 다른 세 풍선에 각기 다른 기체가 들어 있다. (단, 세 기체의 온도와 압력은 0 ℃, 1 기압이고, 수소의 원자량은 1, 탄소의 원자량은 12 이다.)

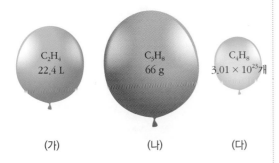

(가)   (나)   (다)

29 (가)~(다) 중 밀도가 가장 큰 것은 어떤 것인지 쓰고, 그 이유를 서술하시오.

30 (가)~(다)에 포함된 전체 원자 수를 비교하여 서술하시오.

31 표준 상태에서 이산화 탄소와 일산화 탄소가 있을 때, 이 두 기체의 밀도(g/L)를 각각 구하시오. (단, 탄소의 원자량은 12, 산소의 원자량은 16 이다.)

32 이산화 탄소(CO_2) 660 g 에 들어 있는 산소 원자의 질량과 물(H_2O) 90 g 에 들어 있는 산소 원자의 질량의 합을 계산 과정과 함께 구하시오. (단, 수소의 원자량은 1, 탄소의 원자량은 12, 산소의 원자량은 16 이다.)

3강. 화학식

1. 물질의 구성 원소 확인 방법   2. 화학식   3. 화학식-실험식의 결정   4. 화학식- 분자식의 결정

1. 물질의 구성 원소 확인 방법

(1) 앙금 생성 반응 : 서로 다른 이온이 녹아 있는 전해질 수용액을 혼합시킬 때 이온들이 반응하여 불용성[미니] 염❶인 앙금이 생성되는 반응이다.

▲ 염화 은(AgCl) 생성 반응

· 화학 반응식
$NaCl + AgNO_3 \rightarrow AgCl\downarrow + NaNO_3$
· 알짜 이온 : 실제로 반응에 참여하여 앙금을 생성하는 이온 ➡ Ag^+, Cl^-
· 구경꾼 이온 : 반응에 참여하지 않는 이온 ➡ Na^+, NO_3^-

검출할 양이온	검출할 음이온	생성되는 앙금(색깔)
Ag^+	Cl^-, Br^-, I^-	AgCl(흰색), AgBr(연노란색), AgI(노란색)
Ca^{2+}	CO_3^{2-}, SO_4^{2-}	$CaCO_3$(흰색), $CaSO_4$(흰색)
Ba^{2+}	CO_3^{2-}, SO_4^{2-}	$BaCO_3$(흰색), $BaSO_4$(흰색)
Pb^{2+}	I^-, S^{2-}	PbI_2(노란색), PbS(검은색)
$Fe^{2+}, Cu^{2+}, Cd^{2+}, Zn^{2+}$	S^{2-}	FeS(검은색), CuS(검은색), CdS(노란색), ZnS(흰색)

(2) 불꽃 반응 : 금속 원소가 포함된 물질을 겉불꽃 속에 넣으면 금속 원소에 따라 각각 고유한 불꽃색이 나타난다.

① 동일한 금속 원소가 포함된 물질은 불꽃색이 같으며, 모든 금속 원소의 불꽃색을 볼 수 있는 것은 아니다.❷

② 여러 가지 금속 원소의 불꽃색

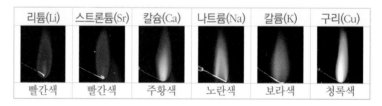

리튬(Li)	스트론튬(Sr)	칼슘(Ca)	나트륨(Na)	칼륨(K)	구리(Cu)
빨간색	빨간색	주황색	노란색	보라색	청록색

(3) 스펙트럼 : 빛을 분광기[미니]에 통과시킬 때 빛이 분산되어 나타나는 여러 가지 색깔의 띠이다.

⑴ 연속 스펙트럼 : 모든 파장에서 색의 띠가 연속적으로 나타나는 스펙트럼이다. 예 햇빛의 스펙트럼

⑵ 선 스펙트럼❸ : 특정한 파장에서만 선으로 나타나는 스펙트럼이다. 예 수소의 스펙트럼

▲ 프리즘을 통과한 햇빛

① 원소에 따라 선 스펙트럼에서 나타나는 선의 색깔이나 위치, 개수, 굵기가 모두 다르다.

② 화합물의 선 스펙트럼에는 각 성분 원소의 선 스펙트럼이 모두 포함되어 나타난다.

[개념확인 1]

물질의 구성 원소 확인 방법에 대한 설명 중 옳은 것은 ○표, 옳지 않은 것은 ×표 하시오.

(1) 모든 이온은 앙금 생성 반응을 이용해서 검출이 가능하다. ( )

(2) 동일한 금속 원소가 포함된 물질은 불꽃색이 같다. ( )

[확인+1]

빛을 분광기에 통과시킬 때 빛이 분산되어 나타나는 여러 가지 색깔의 띠를 무엇이라 하는지 쓰시오.

( )

---

❶ 염

산의 음이온과 염기의 양이온이 정전기적 인력으로 결합하고 있는 이온성 화합물을 말한다. 염 중에서도 물에 잘 녹지 않는 염을 앙금이라 한다.

❷ 불꽃색을 확인할 수 있는 금속

겉불꽃에 넣었을 때 가시광선 영역의 빛을 내는 경우에만 불꽃색을 확인할 수 있다. 예 베릴륨(Be)은 불꽃색이 가시광선 영역이 아니기 때문에 무색으로 나타난다.

❸ 선 스펙트럼 분석

불꽃색이 비슷한 원소라서 구별이 어려울 때는 선 스펙트럼으로 구별할 수 있다.

예 리튬과 스트론튬

▲ 리튬

▲ 스트론튬

미니사전

불용성 [不 아니다 溶 녹다 性 성질] 액체에 녹지 않는 성질

분광기 [分 나누다 光 빛 器 도구] 빛을 분산시켜서 얻게 되는 스펙트럼을 측정하는 장치

2. 화학식 1

(1) 화학식 : 원소 기호와 숫자를 사용하여 물질을 이루는 기본 입자인 원자, 분자 또는 이온을 나타낸 식이다. 화학식에는 실험식, 분자식, 시성식 및 구조식이 있다.

(2) 실험식 : 물질을 이루는 원자나 이온의 종류와 수를 가장 간단한 정수의 비로 나타낸 식

(3) 분자식 : 분자 1개를 이루는 모든 원자들의 종류와 수를 나타낸 식

물질	포도당	아세트산	아세틸렌	벤젠
분자식	$C_6H_{12}O_6$	$C_2H_4O_2$	C_2H_2	C_6H_6
실험식	CH_2O	CH_2O	CH	CH

> 분자로 된 물질의 분자식과 실험식의 관계 : 실험식 $\times n$ = 분자식 (단, n은 정수)

(4) 시성식 : 물질을 이루는 분자의 특성을 알 수 있도록 작용기❶를 따로 구분하여 나타낸 식

물질	메탄올	아세트 알데하이드	아세트산	다이에틸에테르
분자식	CH_4O	C_2H_4O	$C_2H_4O_2$	$C_4H_{10}O$
작용기	$-OH$ (하이드록시기)	$-CHO$ (포밀기)	$-COOH$ (카복시기)	$-O-$ (에테르 결합)
시성식	CH_3OH	CH_3CHO	CH_3COOH	$C_2H_5OC_2H_5$

(5) 구조식 : 분자를 이루는 원자 사이의 결합 모양과 배열 상태를 결합선을 이용하여 나타낸 식

① **원자가와 결합선** : 화합물을 구성하는 원자들은 원자가❷ 만큼의 결합선을 가질 수 있다.

원자	수소(H)	탄소(C)	질소(N)	산소(O)
원자가	1	4	3	2
결합선 수	1	4	3	2
결합 방법	$H-$	$-\overset{\vert}{\underset{\vert}{C}}-\ ,\ >C=$ $=C=\ ,\ -C\equiv$	$-\overset{\vert}{N}-\ ,\ -N=$ $N\equiv$	$-O-\ ,\ O=$

② **구조식 그리는 방법**

> 1. 화합물의 중심 원자(일반적으로 원자가가 큰 원자)에 결합하는 다른 원자의 수를 고려하여 결합선을 그린다.
> 2. 중심 원자에 결합하는 다른 원자들을 중심 원자 결합선 끝에 표시한다.
> 3. 원자들의 결합선 수가 원자가를 만족하는지 확인한다.

$$H-\overset{\overset{\displaystyle H}{\vert}}{\underset{\underset{\displaystyle H}{\vert}}{C}}-\overset{\overset{\displaystyle H}{\vert}}{\underset{\underset{\displaystyle H}{\vert}}{C}}-O-H$$

▲ 에탄올(C_2H_5OH)의 구조식❸

이온 결합 물질의 화학식
화합물을 구성하는 원자들의 결합 비율이 나타나는 실험식으로 나타낸다. 예 염화 나트륨의 화학식 : NaCl

금속 결합 물질의 화학식
금속은 같은 종류의 많은 원자가 질서 있게 결합되어 있으므로, 원소 기호로 그 물질을 나타낸다. 예 철의 화학식 : Fe

❶ 작용기
탄소 화합물 미니 에서 독특한 성질을 나타내는 원자단을 작용기라고 한다.
예

$$H-\overset{\overset{\displaystyle H}{\vert}}{\underset{\underset{\displaystyle H}{\vert}}{C}}-C\!\!\underset{O-H}{\overset{O}{<}}$$

작용기 : 카복시기
▲ 아세트산의 구조식

❷ 원자가
원자 1개가 결합할 수 있는 수소 원자의 수를 원자가라고 한다. 주기율표에서 원소가 속한 족에 따라 원자가는 다르다. 예를 들어 14족 원소인 탄소(C)와 규소(Si)는 4개의 수소와 결합할 수 있으므로 원자가가 4이다.

❸ 에탄올(C_2H_5OH)의 분자 모형

정답 및 해설 **11** 쪽

개념확인 2

물질을 이루는 원자나 이온의 종류와 수를 가장 간단한 정수의 비로 나타낸 식을 무엇이라 하는지 쓰시오.

(   )

확인+2

화학식에 대한 설명 중 옳은 것은 ○표, 옳지 않은 것은 ×표 하시오.

(1) 분자를 이루는 원자 사이의 결합 모양과 배열 상태를 결합선을 이용하여 나타낸 식을 시성식이라고 한다. (   )

(2) 메탄올의 실험식은 분자식과 같다. (   )

미니사전
탄소 화합물 탄소를 중심으로 H, O 등이 결합하여 만들어진 물질

3. 화학식 2 – 실험식의 결정

(1) 질량 백분율 : 화합물에서 각각의 원소가 차지하는 질량의 비율을 말한다.

$$구성\,원소\,X\,의\,질량\,백분율(\%) = \frac{화학식에\,포함된\,X\,원자량의\,합}{화합물의\,화학식량} \times 100$$

예) 물(H_2O)분자 중에서 수소 원자(H)와 산소 원자(O)의 질량 백분율

$$수소\,원자(H)의\,질량\,백분율(\%) = \frac{1 \times 2}{18} \times 100 ≒ 11.11(\%)$$

$$산소\,원자(O)의\,질량\,백분율(\%) = \frac{16 \times 1}{18} \times 100 ≒ 88.89(\%)$$

(2) 원소 분석 : 화합물을 이루는 원소들의 구성 비율을 확인하는 실험이다.

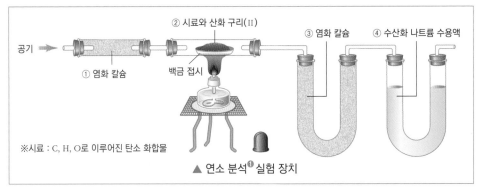

▲ 연소 분석[1] 실험 장치

※시료 : C, H, O로 이루어진 탄소 화합물

① 염화 칼슘($CaCl_2$) : 공기에 포함된 수증기(H_2O)를 제거하여 건조 공기가 통과되도록 한다.
② 산화 구리(Ⅱ)(CuO) : 산화 구리(Ⅱ)는 가열에 의해 구리(Cu)로 환원되고, 산소(O_2)를 발생시킨다. 따라서 시료에 산소(O)를 공급하여 시료가 완전 연소될 수 있도록 한다.
③ 염화 칼슘($CaCl_2$) : 생성된 수증기(H_2O)를 흡수한다.
④ 수산화 나트륨(NaOH)[2] 수용액(또는 수산화 칼륨(KOH) 수용액) : 생성된 이산화 탄소(CO_2)를 흡수[3]한다.

> [4]증가한 염화 칼슘관의 질량 = 생성된 H_2O의 질량 ➡ 수소(H)의 질량을 알 수 있다.
> 증가한 수산화 나트륨관의 질량 = 생성된 CO_2의 질량 ➡ 탄소(C)의 질량을 알 수 있다.

(3) 원소 분석을 통한 실험식의 결정 방법 : 화학식을 알기 위해서는 원소 분석을 통해 화합물을 구성하는 원소들의 질량비 또는 질량 백분율을 알아야 한다.

> 1. 원소 분석을 통해 화합물을 이루는 원소의 질량비 또는 질량 백분율을 구한다.
> 2. 원소의 질량비나 질량 백분율을 각 원소의 원자량으로 나누어 화합물을 이루는 원자들의 개수비(조성비)를 구한다.
> 3. 원자들의 개수비[5]를 이용하여 화합물의 실험식을 결정한다.

개념확인 3

이산화 탄소(CO_2) 분자에 포함된 탄소 원자(C)의 질량 백분율을 구하시오. (단, 탄소의 원자량은 12, 산소의 원자량은 16 이다.)

(   ) %

확인+3

연소 분석 실험 장치에서 물(H_2O)을 흡수하는 물질은 무엇인가?

(   )

4. 화학식 3 – 분자식의 결정

(1) 분자량[1] 측정 방법 : 미지의 화합물의 분자식을 결정하기 위해서는 그 물질의 실험식과 분자량을 알아야 한다.

① **기체의 질량과 부피 이용[2]** : 모든 기체는 표준 상태(0 ℃, 1 기압)에서 1몰의 부피가 22.4 L 이므로, 표준 상태에서의 기체의 질량 w(g)와 기체의 부피 V(L)를 이용해서 분자량(M)을 구할 수 있다.

$$w : V = 분자량(M) : 22.4 \;\rightarrow\; 분자량(M) = 22.4 \times \frac{w}{V} \;(0℃, 1기압)$$

② **기체의 밀도 이용** : 기체의 밀도 d(g/L)는 기체 1L의 질량이므로, 표준 상태에서 기체의 밀도 d(g/L)를 이용해서 기체의 분자량(M)을 구할 수 있다.

$$d(g/L) = \frac{질량}{부피} = \frac{1몰의\ 질량}{1몰의\ 부피} = \frac{분자량(M)}{22.4} \;\rightarrow\; 분자량(M) = d \times 22.4\ (0℃, 1기압)$$

③ **아보가드로 법칙 이용** : 두 기체가 있는 경우, 한 기체의 분자량을 알면 두 기체의 질량비 또는 밀도비로부터 다른 기체의 분자량을 구할 수 있다.

▲ 같은 부피 속 수소 기체와 수증기 (같은 온도, 같은 압력)

$$\frac{기체\ B\ 의\ 밀도}{기체\ A\ 의\ 밀도} = \frac{B\ 분자\ 한\ 개의\ 질량}{A\ 분자\ 한\ 개의\ 질량} = \frac{기체\ B\ 의\ 분자량}{기체\ A\ 의\ 분자량}$$

(2) 분자식의 결정

> 1. 원소 분석을 통해 물질의 실험식을 구한다. ➡ 실험식량을 구한다.
> 2. 분자량 측정을 통해 물질의 분자량을 구한다.
> 3. 물질의 분자량을 실험식량으로 나누어 n을 구한다.(단, n은 정수)
> $$n = \frac{분자량}{실험식량}$$
> 4. 실험식에 n을 곱하여 분자식을 구한다.
> $$실험식 \times n = 분자식$$

❶ 표준 상태에서 고체나 액체로 존재하는 물질의 분자량

표준 상태에서 고체나 액체로 존재하는 물질의 경우 분자량 측정이 어렵다. 액체나 고체의 분자량을 측정하기 위해 일반적으로 많이 쓰이는 방법으로는 질량 분석기를 이용한 분자량 측정이 있다.

❷ 기체의 질량비, 밀도비, 분자량비

온도와 압력이 같은 두 기체는 일정한 부피 속에 같은 수의 분자가 들어 있으므로, 같은 온도와 압력에서 같은 부피의 두 기체의 밀도비는 두 기체의 분자량비와 같고, 두 기체의 질량비와 같다.

개념확인 4　　　　　　　　　　　　　　　　　　　　　　　정답 및 해설 **11** 쪽

0 ℃, 1 기압에서 기체의 분자량을 측정하는 방법에 대한 설명으로 옳은 것은 ○표, 옳지 않은 것은 ×표 하시오.

(1) 기체의 분자량은 기체의 밀도(g/L)에 22.4를 곱하여 구할 수 있다.　　　　　　(　　　)

(2) 두 기체의 밀도비와 한 기체의 분자량을 알면 다른 기체의 분자량을 구할 수 있다　　(　　　)

(3) 기체의 부피를 알면 기체의 분자량을 구할 수 있다.　　　　　　　　　　(　　　)

확인+4

표준 상태에서 기체 A 11.2 L 의 질량이 22 g 일 때, 기체 A 의 분자량을 구하시오.

(　　　)

01 앙금 생성 반응에 대한 설명으로 옳은 것만을 〈보기〉에서 있는 대로 고른 것은?

──── 〈 보기 〉 ────

ㄱ. 전해질 수용액에 들어 있는 양이온과 음이온이 반응하면 모두 앙금을 생성한다.
ㄴ. 실제로 반응에 참여하여 앙금을 생성하는 이온은 알짜 이온이다.
ㄷ. 어떤 이온들이 반응하는지에 따라 앙금의 색깔이 다르다.

① ㄱ   ② ㄴ   ③ ㄷ   ④ ㄱ, ㄴ   ⑤ ㄴ, ㄷ

02 염화 나트륨에 대한 설명으로 옳은 것은?

① 염화 나트륨의 화학식은 Na_2Cl 이다.
② 염화 나트륨 1몰의 부피는 22.4 L 이다.
③ 염화 양이온과 나트륨 음이온이 결합한 물질이다.
④ 염화 나트륨을 겉불꽃 속에 넣으면 노란색의 불꽃색을 볼 수 있다.
⑤ 염화 나트륨 수용액을 질산 은 수용액과 섞으면 노란색 앙금이 생긴다.

03 아세트산의 화학식을 나타낸 것이다. ㉠과 ㉡에 들어갈 알맞은 화학식을 쓰시오.

· 아세트산의 시성식 : CH_3COOH
· 아세트산의 분자식 : ㉠(   )
· 아세트산의 실험식 : ㉡(   )

04 에탄올(C_2H_5OH)의 구조식이다. 빈칸에 알맞은 결합선을 그리시오.

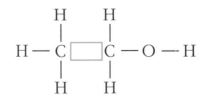

정답 및 해설 11 쪽

05 실험식을 결정하는 방법에 대한 설명 중 옳은 것은 ○표, 옳지 않은 것은 ×표 하시오.

(1) 실험식을 결정하기 위해서는 화합물을 구성하는 원소들의 질량비 또는 질량 백분율을 알아야 한다. ( )

(2) 원소 분석을 통해 화합물을 이루는 원소들의 분자량을 확인할 수 있다. ( )

(3) 화합물을 이루는 원소의 질량을 각각의 원자량으로 나누면 원자 수의 비를 구할 수 있다. ( )

06 암모니아(NH_3) 분자에 포함된 질소 원자(N)의 질량 백분율을 구하시오. (단, 질소의 원자량은 14 이고, 수소의 원자량은 1 이다.)

( ) %

07 〈보기〉는 분자식을 결정하는 방법을 순서대로 나열한 것이다. 이 중 옳지 <u>않은</u> 설명의 기호를 쓰시오.

─────〈 보기 〉─────
㉠ 원소 분석을 통해 물질의 실험식을 구한다.
㉡ 분자량 측정을 통해 물질의 분자량을 구한다.
㉢ 물질의 분자량을 실험식량으로 나누어 정수인 n 을 구한다.
㉣ 실험식을 n 으로 나누어 분자식을 구한다.

( )

08 표준 상태에서 밀도가 산소 기체의 $\frac{1}{2}$ 배인 기체 A 의 분자량은? (단, 산소의 원자량은 16 이다.)

① 2　　　② 8　　　③ 16　　　④ 18　　　⑤ 32

[유형 3-1] 물질의 구성 원소 확인 방법

화합물 X 를 구성하는 원소를 확인한 실험의 결과이다.

(가) 화합물 X 가 녹아 있는 수용액에 질산 은(AgNO₃) 수용액을 가했더니 노란색 앙금이 생성되었다.

(나) 화합물 X 가 녹아 있는 수용액에 질산 납(Pb(NO₃)₂) 수용액을 가했더니 노란색 앙금이 생성되었다.

(다) 화합물 X 를 백금선에 묻혀 겉불꽃 속에 넣었더니 주황색의 불꽃색이 나타났다.

| (가) | (나) | (다) |

이를 통해 알 수 있는 화합물 X 는 무엇인가?

① KI ② KCl ③ CaI₂ ④ CaCl₂ ⑤ NaCl

01 불꽃 반응에 대한 설명으로 옳은 것만을 〈보기〉에서 있는 대로 고른 것은?

〈 보기 〉

ㄱ. 모든 금속 원소는 고유의 불꽃색이 나타난다.
ㄴ. 염화 나트륨과 염화 칼륨의 불꽃색은 같다.
ㄷ. 동일한 금속 원소가 포함된 물질끼리는 불꽃색이 같다.

① ㄱ ② ㄴ ③ ㄷ ④ ㄱ, ㄴ ⑤ ㄱ, ㄷ

02 리튬, 스트론튬, 칼슘과 미지의 물질 A, 물질 B 의 선 스펙트럼을 나타낸 것이다. 물질 A 와 물질 B 에 공통으로 포함된 원소는 무엇인지 쓰시오.

리튬
스트론튬
칼슘

물질 A
물질 B

(   )

[유형 3-2] **화학식 1**

몇 가지 물질의 구조식을 나타낸 것이다.

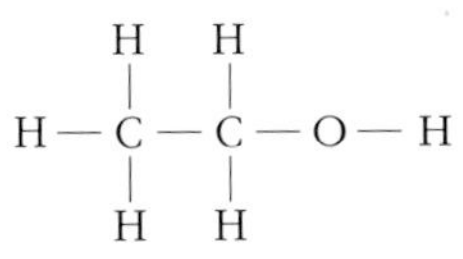

(가) 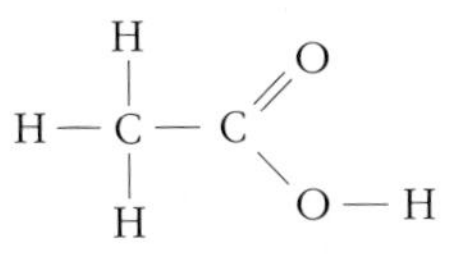   (나) 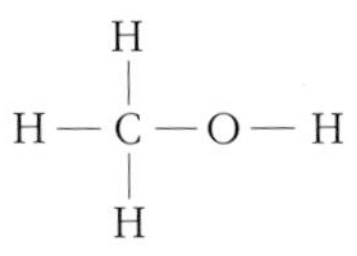   (다)

이에 대한 설명으로 옳은 것만을 〈보기〉에서 있는 대로 고른 것은?

⟨ 보기 ⟩

ㄱ. (가)의 분자식과 실험식은 같다.
ㄴ. (나)의 분자식은 CH_2O 이다.
ㄷ. (다)는 메탄올의 구조식이다.

① ㄱ   ② ㄴ   ③ ㄷ   ④ ㄱ, ㄴ   ⑤ ㄱ, ㄷ

03 화합물의 실험식이 같은 것을 바르게 짝지은 것은?

① CH_4O, $C_2H_4O_2$ ② CH_3COOH, $C_6H_{12}O_6$ ③ C_2H_4O, $C_2H_4O_2$
④ CH_3CHO, CH_2O ⑤ C_6H_6, C_2H_6

04 여러 가지 물질의 분자식과 작용기를 나타낸 것이다. 빈칸에 알맞은 시성식을 쓰시오.

물질	에탄올	아세트 알데하이드	아세트산
분자식	C_2H_6O	C_2H_4O	$C_2H_4O_2$
작용기	−OH (하이드록시기)	−CHO (포밀기)	−COOH (카복시기)
시성식	㉠( )	㉡( )	㉢( )

[유형 3-3] 화학식 2 - 실험식의 결정

원소 분석 장치를 이용하여 탄소(C), 수소(H), 산소(O)로 이루어진 화합물 X 180 mg 을 연소시켰더니 (B) 장치의 질량이 108 mg, (C) 장치의 질량이 264 mg 증가하였다.

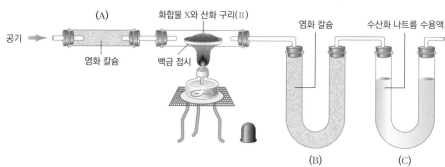

이에 대한 설명으로 옳은 것은?

① 증가한 (A) 장치의 질량은 생성된 물의 질량이다.
② 생성된 물과 이산화 탄소의 질량의 합은 180mg 이다.
③ 이 실험을 통해 물(H_2O) 264 mg 과 이산화 탄소(CO_2) 108 mg 이 생성되었다.
④ 증가한 (B) 장치의 질량과 증가한 (C) 장치의 질량의 차는 산화 구리(II)의 질량이다.
⑤ (C) 장치의 질량 변화를 통해 화합물 X 180 mg 에 포함된 탄소(C)의 질량을 알 수 있다.

05 위의 실험 결과를 이용하여 화합물 X 에 포함된 구성 원소의 질량을 구하시오. (단, 수소의 원자량은 1, 탄소의 원자량은 12, 산소의 원자량은 16 이다.)

(1) 탄소(C)의 질량 : (   ) mg
(2) 수소(H)의 질량 : (   ) mg
(3) 산소(O)의 질량 : (   ) mg

06 위 자료를 이용하여 화합물 X 의 실험식을 구한 것으로 옳은 것은?

① CHO
② C_2HO
③ CH_2O
④ CHO_2
⑤ C_2H_2O

[유형 3-4] 화학식 3 – 분자식의 결정

원소 분석 장치를 이용하여 탄소(C), 수소(H), 산소(O)로 이루어진 화합물 X 90 mg 을 연소시켰더니 (A) 장치의 질량이 54 mg, (B) 장치의 질량이 132 mg 증가하였다.

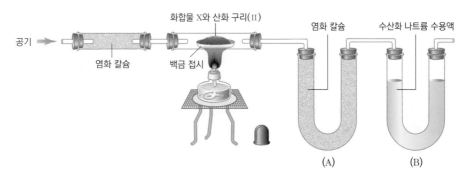

화합물 X 의 분자량이 180 이라면, 화합물 X 의 분자식으로 옳은 것은? (단, 수소의 원자량은 1, 탄소의 원자량은 12, 산소의 원자량은 16 이다.)

① CH_2O ② $C_2H_4O_2$ ③ $C_4H_6O_4$ ④ $C_6H_{12}O_6$ ⑤ $C_6H_{12}O_{12}$

07 다음에서 설명하는 물질의 분자식으로 옳은 것은?

> ·구성 원소는 탄소, 수소, 산소이다.
> ·구성 원소의 원자 수의 비는 탄소 : 수소 : 산소 = 1 : 2 : 1 이다.
> ·분자량이 실험식량의 2 배이다.

① CH_2O ② $C_2H_2O_2$ ③ $C_2H_4O_2$
④ $C_2H_6O_2$ ⑤ $C_6H_{12}O_6$

08 실험식이 C_2H_5 인 화합물 A의 밀도가 2.59 g/L (0℃, 1기압)일 때, 이에 대한 설명으로 옳은 것만을 〈보기〉에서 있는 대로 고른 것은? (단, 이 화합물은 0℃, 1기압에서 기체 상태로 존재한다. 수소의 원자량은 1, 탄소의 원자량은 12, 산소의 원자량은 16 이다.)

〈 보기 〉
ㄱ. 화합물 A의 분자량은 58 이다.
ㄴ. 화합물 A의 분자식은 C_4H_{10} 이다.
ㄷ. 0℃, 1기압에서의 밀도가 화합물 A 의 2 배인 화합물 B의 분자식은 C_8H_{20} 이다.

① ㄱ   ② ㄴ   ③ ㄷ   ④ ㄱ, ㄴ   ⑤ ㄱ, ㄷ

01 탄소 원자 6 개와 수소 원자 14 개를 모두 사용하여 만들 수 있는 분자의 개수는 몇 개인지 분자의 구조식과 함께 구하시오.

[한국 화학 올림피아드 기출 유형]

02 어떤 화합물의 구조식을 확인하기 위해 진행한 몇 가지 실험의 결과이다.

> · 연소 반응 실험에서 생성된 생성물의 원소 분석 결과 : 실험식은 C_2H_4O 이다.
> · 분자량 측정 결과 : 분자량은 44 이다. (단, 수소, 탄소, 산소의 원자량은 각각 1, 12, 16 이다.)
> · 작용기 확인 : 포밀기(—CHO)를 가지고 있다.

이 결과로부터 예측한 이 화합물의 구조식을 그리시오.

03 0℃, 1기압 에서 탄소(C), 수소(H), 미지의 원소(X)로 이루어진 서로 다른 기체 화합물 A, B, C, D 의 밀도와 질량 백분율 조성을 나타낸 것이다.

화합물	기체 밀도(g/L)	질량 백분율 조성		
		탄소(C)	수소(H)	미지의 원소(X)
A	4.30	12.7	3.20	84.1
B	7.80	6.90	1.20	91.1
C	11.3	4.80	0.40	95.8
D	14.8	3.60	-	96.4

화합물 A, B, C, D 의 분자식과 원소 X 의 평균 원자량을 구하시오. (단, 수소, 탄소의 원자량은 각각 1, 12 이다.)

[한국 화학 올림피아드 기출 유형]

정답 및 해설 13 쪽

04 스테아르산은 동식물계의 유지나 인지질에 많이 함유되어 있고, 천연 상태로 가장 많이 존재하는 지방산이다. 스테아르산은 탄소 76.1 %, 수소 12.7 % 로 구성되어 있고, 작용기로 카복시기를 가지고 있다. 스테아르산 그램분자량이 150 g/mol 보다는 크고, 300 g/mol 보다는 작다고 할 때, 스테아르산의 분자식은? (단, 수소, 탄소, 산소의 원자량은 각각 1, 12, 16 이다.)

[한국 화학 올림피아드 기출 유형]

05 어떤 염화 나트륨과 브로민화 나트륨 혼합물이 있다. 이 혼합물의 23.0 % (질량 백분율)가 나트륨 이라고 할 때, 이 혼합물에 포함된 염화 나트륨의 질량 백분율과 가장 가까운 값은? (단, Na, Cl, Br 의 원자량은 23, 35.5, 80 이다.)

[한국 화학 올림피아드 기출 유형]

① 10 %   ② 20 %   ③ 30 %   ④ 40 %   ⑤ 50 %

06 우리 인체는 물, 단백질, 지방, 무기 물질 등으로 구성되어 있다. 다음 그래프는 인체를 구성하는 원소의 질량 백분율을 나타낸 것이다.

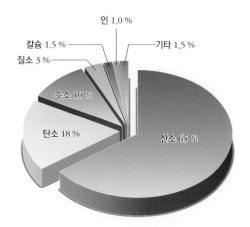

몸무게가 60 Kg 인 사람의 몸을 구성하는 원자의 총 수를 구하시오. (단, 기타 원소는 인에 포함시켜 계산한다. 아보가드로수는 6.02×10^{23} 이다. 수소의 원자량은 1, 탄소의 원자량은 12, 질소의 원자량은 14, 산소의 원자량은 16, 칼슘의 원자량은 40, 인의 원자량은 31 이다.)

스스로 실력 높이기

01 물질의 구성 원소 확인 방법에 대한 설명 중 옳은 것은 ○표, 옳지 않은 것은 ×표 하시오.

(1) Ag^+ 이온을 검출하기 위해서는 Cl^-, Br^-, I^- 이온 중 1개와 반응시킨다. ( )

(2) 모든 원소는 원소 고유의 스펙트럼을 갖는다. ( )

(3) 모든 금속은 불꽃 반응으로 금속 원소의 종류를 확인할 수 있다. ( )

02 NaCl 수용액과 NaI 수용액을 구별할 수 있는 방법으로 옳은 것만을 〈보기〉에서 있는 대로 골라 기호를 쓰시오.

─── 〈 보기 〉 ───
ㄱ. 수용액을 니크롬선에 묻혀 겉불꽃 속에 넣어서 불꽃색을 비교한다.
ㄴ. $AgNO_3$ 수용액을 넣어 생성되는 앙금의 색을 비교한다.
ㄷ. H_2CO_3 수용액을 넣어 생성되는 앙금의 색을 비교한다.

( )

03 분자식이 C_6H_6 인 벤젠의 실험식을 쓰시오.

( )

04 시성식이 CH_3CHO 인 아세트 알데하이드의 실험식을 쓰시오.

( )

05 구조식이 다음과 같은 물질의 시성식을 쓰시오.

$$H-\underset{\underset{H}{|}}{\overset{\overset{H}{|}}{C}}-\underset{\underset{H}{|}}{\overset{\overset{H}{|}}{C}}-\boxed{O-H}$$
작용기

( )

06 이산화 탄소(CO_2) 분자에 포함된 산소 원자(O)의 질량 백분율을 구하시오. (단, 탄소의 원자량은 12 이고, 산소의 원자량은 16 이다.)

( ) %

07 포도당을 이루는 원소는 탄소, 수소, 산소이다. 포도당의 실험식을 구하는 데 필요한 것만을 〈보기〉에서 있는 대로 고른 것은?

─── 〈 보기 〉 ───
ㄱ. 탄소, 수소, 산소의 원자량
ㄴ. 탄소, 수소, 산소의 질량비
ㄷ. 포도당의 분자량

① ㄱ　　　　② ㄴ　　　　③ ㄷ
④ ㄱ, ㄴ　　　⑤ ㄱ, ㄷ

08 원소 분석 실험 장치이다.

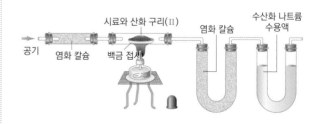

이 실험 장치에서 염화 칼슘이 흡수하는 물질은 무엇인지 쓰시오.

( )

09 같은 온도와 압력에서 부피가 같은 두 기체의 밀도비와 같은 것만을 〈보기〉에서 있는 대로 고른 것은?

> ─── 〈 보기 〉───
> ㄱ. 질량비　　　　ㄴ. 분자량비
> ㄷ. 분자 수비　　　ㄹ. 원자 수비

(　　　　　　)

10 표준 상태에서 어떤 기체 5.6 L 의 질량이 4 g 일 때, 이 기체의 분자량을 구하시오.

(　　　　　　)

Ⓑ

11 몇 가지 물질을 물에 녹여 수용액을 만들어 분류하기 위한 과정을 나타낸 모식도이다.

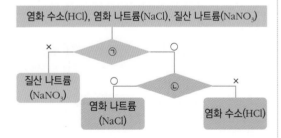

위 모식도의 ㉠과 ㉡에 들어갈 알맞은 말을 〈보기〉에서 골라 바르게 짝지은 것은?

> ─── 〈 보기 〉───
> ㄱ. $AgNO_3$ 수용액과 반응하여 앙금을 생성하는가?
> ㄴ. $Pb(NO_3)_2$ 수용액과 반응하여 앙금을 생성하는가?
> ㄷ. 불꽃 반응 시 불꽃색이 나타나는가?

	㉠	㉡
①	ㄱ	ㄴ
②	ㄱ	ㄷ
③	ㄴ	ㄱ
④	ㄴ	ㄷ
⑤	ㄷ	ㄱ

12 화합물 X 를 구성하는 원소를 확인한 실험 결과이다.

> ·화합물 X 가 녹아 있는 수용액에 질산 은($AgNO_3$) 수용액을 가했더니 흰색 앙금이 생성되었다.
> ·화합물 X 가 녹아 있는 수용액에 질산 납($Pb(NO_3)_2$) 수용액을 가했더니 아무 앙금도 생성되지 않았다.
> ·화합물 X 를 백금선에 묻혀 겉불꽃 속에 넣었더니 청록색의 불꽃색이 나타났다.

이를 통해 알 수 있는 화합물 X 는?

① $CuCl_2$　　　② CuI_2　　　③ CaI_2
④ $CaCl_2$　　　⑤ $NaCl$

13 리튬, 스트론튬, 칼슘과 이들이 혼합된 물질 A, 물질 B 의 선 스펙트럼을 나타낸 것이다.

이에 대한 설명으로 옳은 것만을 〈보기〉에서 있는 대로 고른 것은?

> ─── 〈 보기 〉───
> ㄱ. 물질 A는 리튬과 칼슘의 혼합물이다.
> ㄴ. 물질 B의 불꽃색은 빨간색으로 나타날 것이다.
> ㄷ. 물질 A와 물질 B는 동일한 금속 원소를 포함한다.

① ㄱ　　　　② ㄴ　　　　③ ㄷ
④ ㄱ, ㄴ　　⑤ ㄱ, ㄴ, ㄷ

14 포도당($C_6H_{12}O_6$)과 실험식이 같은 물질만을 있는 대로 고르시오.

① $C_2H_4O_2$　　② $HCHO$　　③ CHO
④ CH_3COOH　　⑤ C_2H_5OH

스스로 실력 높이기

[15-16] 몇 가지 물질의 화학식을 나타낸 것이다

물질	구조식	시성식	분자식
(가)	H–C–O–H (위아래 H)	CH_3OH	㉠
(나)	H–C–C–O–H (위아래 H)	C_2H_5OH	㉡
(다)	H–C–C=O, O–H	CH_3COOH	㉢

15 위 표에 대한 설명으로 옳지 않은 것은?

① ㉠은 CH_4O 이다.
② ㉡은 C_2H_6O 이다.
③ ㉢은 $C_2H_4O_2$ 이다.
④ (다)의 분자량은 실험식량의 2 배이다.
⑤ (가)~(다)는 모두 같은 작용기를 갖고 있다.

16 (가)~(다)를 완전 연소하는 경우 생성되는 화합물만을 있는 대로 고르시오.

① H_2 ② H_2O ③ O_2
④ CO ⑤ CO_2

[17-18] 원소 분석 장치를 나타낸 것이다.

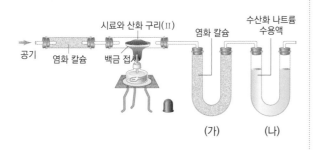

공기 염화 칼슘 백금 접시 시료와 산화 구리(II) 염화 칼슘 수산화 나트륨 수용액
(가) (나)

17 이 실험 장치에 대한 설명으로 옳은 것만을 〈보기〉에서 있는 대로 고른 것은?

〈 보기 〉

ㄱ. (가)는 생성된 물(H_2O)을 흡수하기 위한 것이다.
ㄴ. (나)는 생성된 산소(O_2)를 흡수하기 위한 것이다.
ㄷ. 연소 전 시료의 질량에서 연소 후 증가한 (가)의 질량과 증가한 (나)의 질량을 빼면 시료를 구성하는 산소(O)의 질량을 구할 수 있다.

① ㄱ ② ㄴ ③ ㄷ
④ ㄱ, ㄴ ⑤ ㄴ, ㄷ

18 이 실험 장치를 이용하여 탄소, 수소, 산소로 이루어진 화합물 180 mg 의 원소를 분석한 결과가 다음과 같다. 이 화합물의 분자량이 60 이라면 이 시료의 분자식으로 옳은 것은? (단, 수소의 원자량은 1, 탄소의 원자량은 12, 산소의 원자량은 16 이다.)

·화합물에 포함된 탄소의 질량은 72 mg 이다.
·화합물에 포함된 수소의 질량은 12 mg 이다.
·화합물에 포함된 산소의 질량은 96 mg 이다.

① CH_2O ② $C_2H_2O_2$
③ $C_2H_4O_2$ ④ $C_2H_6O_2$
⑤ $C_6H_{12}O_6$

C

19 구성 원소가 질소와 산소인 화합물 A, B, C, D 가 있다. 일정한 양의 질소와 결합하는 산소의 질량비는 $A : B : C : D = 1 : 2 : 3 : 4$ 이다. 화합물 B 의 분자식이 NO 일 때, 화합물 A의 실험식으로 옳은 것은? (단, 질소의 원자량은 14, 산소의 원자량은 16 이다.)

① N_2O ② N_2O_3 ③ N_2O_5
④ NO_2 ⑤ N_3O_2

정답 및 해설 **14** 쪽

20 다음 설명에 해당하는 물질의 분자식으로 옳은 것은?

> · 구성 원소는 탄소와 수소이다.
> · 구성 원소의 원자 수의 비는 탄소 : 수소 = 1 : 2이다.
> · 표준 상태에서 기체 상태로 존재하고, 이때 이 기체 11.2 L 의 질량이 14 g 이다.

① CH_2 ② C_2H_4 ③ C_2H_6
④ C_3H_6 ⑤ C_4H_8

21 탄소(C)와 수소(H)로 이루어진 화합물 (가)와 (나)에 대한 자료이다.

화합물	분자량	질량 백분율(%)	
		탄소(C)	수소(H)
(가)	28	85.71	14.29
(나)	42	85.71	14.29

이에 대한 설명으로 옳은 것만을 〈보기〉에서 있는 대로 고른 것은? (단, 수소의 원자량은 1, 탄소의 원자량은 12 이다.)

> 〈 보기 〉
> ㄱ. (가)의 분자식은 C_2H_4 이다.
> ㄴ. (가)와 (나)의 실험식은 같다.
> ㄷ. (가)와 (나)가 각각 1 g 씩 있을 경우, 그 안에 포함되어 있는 탄소 원자의 수는 (나)가 (가)보다 많다.

① ㄱ ② ㄴ ③ ㄷ
④ ㄱ, ㄴ ⑤ ㄴ, ㄷ

22 그림 (가)는 화합물 X 를 구성하는 원소들의 질량 백분율을 나타낸 것이고, 그래프 (나)는 0 ℃, 1 기압에서 기체 상태인 화합물 X 의 질량에 따른 부피를 나타낸 것이다.

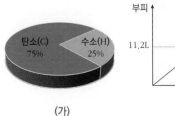

(가)   (나)

화합물 X 의 분자식을 쓰시오. (단, 수소의 원자량은 1, 탄소의 원자량은 12 이다.)

(   )

[23-24] 탄소(C), 수소(H), 산소(O)로 이루어진 화합물 X 의 화학식을 구하기 위한 실험이다.

> 〈 실험 과정 〉
> 1. (다) 장치와 (라) 장치의 질량을 측정한다.
> 2. 화합물 X 46 mg 을 산화 구리(II)와 함께 가열하여 완전 연소시킨다.
> 3. 반응 후 (다) 장치와 (라) 장치의 질량을 측정한다.

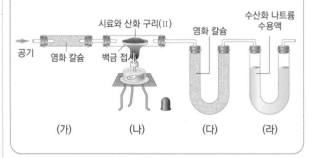

(가)   (나)   (다)   (라)

> 〈 실험 결과 〉

장치	연소 전 질량(mg)	연소 후 질량(mg)
(다)	50,024	50,078
(라)	30,350	30,438

23 화합물 X 에 포함된 구성 원소의 질량을 바르게 짝지은 것은?

	탄소(C)	수소(H)	산소(O)
①	12 mg	6 mg	28 mg
②	12 mg	12 mg	22 mg
③	24 mg	6 mg	16 mg
④	24 mg	12 mg	10 mg
⑤	36 mg	2 mg	8 mg

24 화합물 X 의 분자식으로 옳은 것은? (단, 화합물 X의 분자량은 46 이다.)

① CH_2O ② $C_2H_2O_2$
③ $C_2H_4O_2$ ④ C_2H_6O
⑤ $C_4H_{12}O_2$

심화

25 수소 원자는 원자가가 1 이어서 결합 방법이 한 가지밖에 없지만 탄소 원자는 원자가가 4 이므로 탄소 원자는 다음과 같이 결합 방법이 다양하다.

$$-\overset{|}{\underset{|}{C}}-, \quad >C=, \quad =C=, \quad -C\equiv$$

이와 관련하여 분자식이 C_2H_8 인 화합물이 존재할 수 없는 이유를 서술하시오.

[27-28] 탄소(C)와 수소(H)로 이루어진 어떤 기체 화합물의 원소 분석 결과를 나타낸 것이다. (단, 수소의 원자량은 1, 탄소의 원자량은 12 이다.)

원소	탄소(C)	수소(H)
질량	36 mg	8 mg

27 〈보기〉의 정보 중 하나를 골라 이 화합물의 분자식을 결정해야 한다면, 어떤 것을 선택할지 그 이유와 함께 서술하시오.

── 〈 보기 〉 ──

ㄱ. 0 ℃, 1 기압에서 기체 11.2 L 의 질량 : 22 g
ㄴ. 표준 상태에서 수소(H_2) 기체의 밀도 : 0.089 g/L
ㄷ. 화합물의 질량 : 44 mg

26 이온 결합 물질과 금속 결합 물질은 화학식을 어떻게 나타내는지 화학식의 종류를 쓰고, 그 이유를 서술하시오.

28 위의 정보들을 이용해서 이 화합물의 분자식을 결정하시오. (단, 과정과 함께 서술하시오.)

29 화합물의 분자식이 같다면 모두 같은 화합물인지 예를 들어 설명하시오.

31 이 실험에서 시료와 함께 있는 산화 구리(II)의 역할을 쓰고, 만약 시료가 완전 연소되지 않는다면 어떤 생성물이 발생하는지 서술하시오.

[30-32] 탄소(C), 수소(H), 산소(O)로 이루어진 화합물의 원소 분석 실험 장치를 나타낸 것이다.

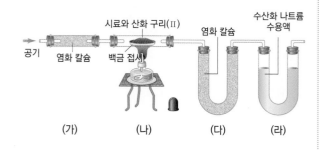

공기 / 염화 칼슘 / 시료와 산화 구리(II) / 백금 접시 / 염화 칼슘 / 수산화 나트륨 수용액

(가)　　(나)　　(다)　　(라)

32 (다)의 염화 칼슘관과 (라)의 수산화 나트륨 수용액관을 바꿔서 연결하면 어떤 문제가 발생하는지 서술하시오.

30 (가)에서 염화 칼슘관을 설치하는 이유는 무엇인지 서술하시오.

4강. 화학 반응식

1. 화학 반응의 종류   2. 화학 반응식   3. 화학 반응식의 의미   4. 화학 반응식의 양적 관계

1. 화학 반응의 종류

(1) 물질의 변화

① **물리 변화** : 물질의 특성은 변하지 않고 물질의 상태나 모양이 변하거나 용해되는 현상으로, 물리 변화가 일어날 때는 물질을 구성하는 분자의 종류는 변하지 않고, 분자의 배열만 변한다.

② **화학 변화** : 물질이 특성이 다른 새로운 물질로 변하는 현상으로, 화학 변화가 일어날 때는 물질을 구성하는 원자의 배열이 달라지므로 분자의 종류가 달라진다.

(2) 반응의 형태에 따른 분류

종류		정의	반응의 예
화합		두 가지 이상의 물질이 결합하여 새로운 물질을 생성하는 반응	황화 철 생성 반응❶ $Fe + S \rightarrow FeS$
분해	열분해	한 화합물이 두 가지 이상의 물질로 나누어지는 반응	탄산수소 나트륨의 열분해❷ $2NaHCO_3 \rightarrow Na_2CO_3 + CO_2\uparrow + H_2O$
	촉매 분해		과산화 수소의 촉매 분해❸ $2H_2O_2 \rightarrow 2H_2O + O_2$
	전기 분해		물의 전기 분해❹ $2H_2O \rightarrow 2H_2\uparrow + O_2\uparrow$
치환		화합물을 구성하는 성분 물질 중 일부가 다른 물질로 자리를 바꾸는 반응	금속과 산의 반응❺ $Mg + 2HCl \rightarrow MgCl_2 + H_2\uparrow$
복분해		두 종류의 화합물이 서로 성분의 일부를 바꾸어 두 종류의 새로운 화합물을 생성하는 반응	앙금 생성 반응❻ $2KI + Pb(NO_3)_2 \rightarrow PbI_2\downarrow + 2KNO_3$

개념확인 1

화학 반응의 종류에 대한 설명으로 옳은 것은 ○표, 옳지 않은 것은 ×표 하시오.

(1) 화학 반응의 형태에 따라 화합, 분해, 치환, 복분해로 분류할 수 있다.   (   )

(2) 마그네슘과 염산의 반응은 복분해에 속한다.   (   )

(3) 앙금 생성 반응은 두 종류의 화합물이 서로 성분의 일부를 바꾸어 두 종류의 새로운 화합물을 생성하는 반응이다.   (   )

확인 +1

화합물을 구성하는 성분 물질 중 일부가 다른 물질로 자리를 바꾸는 반응을 나타낸 모형이다. 이것은 화학 반응을 형태에 따라 분류했을 때, 무엇에 해당하는지 쓰시오.

(   )

---

❶ 황화 철 생성 반응

철과 황 혼합물을 가열하면 황화 철이 생성된다.

철 + 황 ─

❷ 탄산수소 나트륨의 열분해

탄산수소 나트륨을 열분해하면 탄산 나트륨과 이산화 탄소, 물이 생성된다. 석회수가 뿌옇게 흐려지는 것으로 이산화 탄소가 생성됨을 확인할 수 있다.

탄산수소 나트륨 / 석회수 / 뿌옇게 흐려짐

❸ 과산화 수소의 촉매 분해

촉매로 이산화 망가니즈를 사용하여 과산화 수소를 분해하면 물과 산소가 생성된다. 산소는 물에 녹지 않으므로 수상 치환으로 산소 기체를 포집한다.

과산화 수소 / 산소 / 이산화 망가니즈 / 물

❹ 물의 전기 분해

물을 전기 분해하면 수소 기체와 산소 기체가 1 : 2의 부피비로 발생한다.

수소 / 산소 / 물 + 수산화 나트륨 / 백금 전극 / (−) (+)

❺ 수소 기체 발생 반응

마그네슘과 묽은 염산이 반응할 때, 수소 기체가 발생하는데, 수소 기체는 불을 붙였을 때 폭발하는 특성을 이용하여 수소 기체 발생을 확인한다.

수소 기체 / 묽은 염산 / 수소 기체 / 마그네슘 조각

❻ 앙금 생성 반응

아이오딘화 이온과 납 이온이 반응하여 불용성 염(앙금)인 아이오딘화 납을 생성한다.

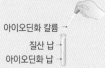

아이오딘화 칼륨 / 질산 납 / 아이오딘화 납

(2) 반응의 종류에 따른 분류

종류	정의	반응의 예
연소 반응[7]	물질이 산소와 반응하여 빛과 열을 내는 반응	메테인 연소 반응 $CH_4 + 2O_2 \rightarrow CO_2 + 2H_2O$
중화 미니 반응	산과 염기가 반응하여 물과 염이 생성되는 반응	염산과 수산화 나트륨의 중화 반응 $HCl + NaOH \rightarrow H_2O + NaCl$
산화·환원 반응[8]	반응물 사이에 전자가 이동하는 반응 연소 반응도 산화·환원 반응에 속함	구리 환원, 아연 산화 반응 $Cu^{2+} + Zn \rightarrow Cu + Zn^{2+}$
앙금 생성 반응	전해질 수용액을 혼합시킬 때 물에 녹지 않는 불용성 염(앙금)이 생성되는 반응	염화 은 생성 반응 $NaCl + AgNO_3 \rightarrow NaNO_3 + AgCl\downarrow$
기체 발생 반응	화학 반응으로 인해 기체가 생성되는 반응	수소 기체 발생 반응 $2HCl + Zn \rightarrow ZnCl_2 + H_2\uparrow$
이온화 반응	전해질이 물에 녹아 양이온과 음이온으로 해리되는 반응	염화 나트륨의 이온화 반응 $NaCl \rightarrow Na^+ + Cl^-$

(3) 열에너지의 출입에 따른 분류 : 반응 물질과 생성 물질의 에너지가 다르기 때문에 화학 반응에는 항상 에너지의 출입[9]이 발생한다.

종류	발열 반응	흡열 반응
정의	화학 반응이 일어나면서 열에너지를 방출하는 반응	화학 반응이 일어나면서 열에너지를 흡수하는 반응
반응 물질과 생성 물질의 에너지 비교	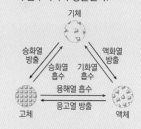 반응 물질 > 생성 물질	반응 물질 < 생성 물질
주변의 온도 변화[10]	주변의 온도가 높아진다.	주변의 온도가 낮아진다.
예	메테인 연소 반응 $CH_4 + 2O_2 \rightarrow CO_2 + 2H_2O + 열$	산화 수은 분해 반응 $2HgO + 열 \rightarrow 2Hg + O_2$

개념확인 2

정답 및 해설 16 쪽

반응물 사이에 전자의 이동이 있는 반응을 무엇이라고 하는지 쓰시오.

(   )

확인+2

여러 가지 화학 반응에 대한 설명 중 옳은 것은 ○표, 옳지 않은 것은 ×표 하시오.

(1) 산과 금속이 반응하여 수소 기체가 발생하는 반응은 치환이고, 기체 발생 반응에 속한다. (   )

(2) 전해질이 물에 녹아 양이온과 음이온으로 해리되는 반응은 이온화 반응이다. (   )

(3) 모든 화학 반응은 반응이 일어나면 열에너지를 방출한다. (   )

---

[7] 연소 반응에서의 산화·환원

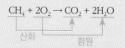

$$CH_4 + 2O_2 \rightarrow CO_2 + 2H_2O$$
산화   환원

메테인의 연소 반응에서 메테인은 산화(산소와 결합)되었고, 산소는 환원(수소와 결합)되었다.

[8] 산화·환원 반응의 의미

산화	환원
산소와 결합하는 반응	산소를 잃는 반응
화합물이 수소를 잃는 반응	화학물이 수소를 얻는 반응
화학 반응시 원자, 이온이 전자를 잃는 반응	화학 반응시 원자, 이온이 전자를 얻는 반응

[8] 산화·환원 반응의 동시성

산화·환원 반응은 반응 물질 사이의 전자 이동으로 일어나는 반응으로, 산화와 환원이 동시에 일어난다. 전자를 잃은 쪽을 산화되었다고 하고, 전자를 얻은 쪽을 환원되었다고 한다.

[9] 물리 변화에서의 열에너지 출입

물질의 상태 변화 과정에서 열이 흡수되거나 방출된다.

기체

승화열 방출   액화열 방출
승화열 흡수   기화열 흡수

융해열 흡수
응고열 방출

고체   액체

[10] 반응계와 주위

반응계는 반응이 직접 일어나는 영역이고, 주변은 반응계를 제외한 영역이다. 발열 반응이 일어날 때 반응계가 방출한 에너지는 주위의 에너지가 된다. 또한 흡열 반응이 일어날 때 반응계가 흡수한 에너지는 주변의 에너지로부터 공급받는 것이다.

미니사전

중화 [中 가운데 和 화하다] 산과 염기가 반응하여 서로의 성질을 잃음

2. 화학 반응식

(1) 화학 반응식 : 화학 반응에 참여하는 물질을 화학식으로 표시하고, 기호를 사용하여 화학 반응을 나타낸 것이다.

(2) 화학 반응식을 쓰는 방법

〈1단계〉

화살표(→)를 중심으로 반응물의 화학식은 왼쪽에, 생성물의 화학식은 오른쪽에 나타낸다. 반응물 또는 생성물이 두 가지 이상이면 '＋'로 물질들을 연결한다.

⬇

〈2단계〉

반응 전후 원자의 종류와 수가 같도록 계수[미니]를 맞춘다.❶ 이때 계수는 가장 간단한 정수비로 나타낸다. (단, 1은 생략한다.)

⬇

〈3단계〉

반응 물질과 생성 물질을 이루고 있는 원소의 종류별로 개수가 일치하는지 확인하고, 물질의 상태를 표시할 경우 화학식 뒤에 기호를 써서 표시한다. (단, 고체는 (s), 액체는 (l), 기체는 (g), 수용액은 (aq)이다.)❷

예 수소 기체와 산소 기체가 반응하여 물이 생성되는 반응

〈1단계〉
수소 기체 ＋ 산소 기체 → 물
$$H_2 + O_2 \rightarrow H_2O$$
반응물 　　　 생성물

⬇

〈2단계〉
① O의 개수가 반응물에는 2개, 생성물에는 1개이므로 생성물 H_2O의 계수를 2로 나타낸다.
$$H_2 + O_2 \rightarrow 2H_2O$$
② H의 개수가 반응물에는 2개, 생성물에는 4개이므로 반응물 H_2의 계수를 2로 나타낸다.
$$2H_2 + O_2 \rightarrow 2H_2O$$

⬇

〈3단계〉
① 수소(H)의 개수 : 반응물 4개, 생성물 4개　② 산소(O)의 개수 : 반응물 2개, 생성물 2개
③ 물질의 상태 : 2H₂ (기체) ＋ O₂(기체) → 2H₂O(액체)　⇒　$2H_2(g) + O_2(g) \rightarrow 2H_2O(l)$

개념확인3

암모니아 생성 반응의 화학식이다. ㉠, ㉡에 들어갈 알맞은 계수를 쓰시오.

$$N_2(g) + ㉠(\quad)H_2(g) \rightarrow ㉡(\quad)NH_3(g)$$

확인+3

숯(C)이 산소(O_2)와 반응하여 완전 연소되는 화학 반응식을 완성하시오. (단, 물질의 상태와 함께 나타낸다.)

(　　　　　　　　　　　　　)

---

❶ 화학 반응식의 계수 결정
화학 반응이 일어나는 동안 원자는 없어지거나 새로 생성되지 않는다. 따라서 반응 물질과 생성 물질을 구성하는 원자의 종류와 개수는 같아야 한다. 이를 이용해서 화학 반응식의 계수를 결정한다.

❷ 물질의 상태 표시
·고체(s) : solid
·액체(l) : liquid
·기체(g) : gas
·수용액(aq)
　: aqueous solution

화학 반응식의 화살표의 의미
·→ : 반응물이 생성물로 변화
·↑ : 기체 발생
·↓ : 앙금 생성

화학 반응 조건 표현
·반응에 필요한 촉매와 온도, 압력을 화학 반응식의 화살표 위, 아래에 나타낸다.
예 Fe_2O_3 촉매, 400~ 900℃, 300 기압에서 반응하는 NH_3 생성 반응식 :
$$N_2(g) + 3H_2(g) \xrightarrow[\text{400~900℃, 300기압}]{Fe_2O_3} 2NH_3(g)$$
·가열해야 하는 반응은 화학 반응식의 화살표 아래에 '△'로 나타낸다.
예 탄산수소 나트륨의 열분해 반응식 :
$$2NaHCO_3(s) \xrightarrow{\triangle} Na_2CO_3(s) + H_2O(l) + CO_2(g)$$

미니사전

계수 [係 매다 數 수] 반응식에서 반응물과 생성물의 화학식 앞에 써 놓은 숫자

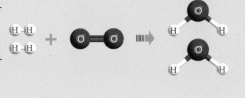

(3) 미정 계수법 미니 : 복잡한 화학 반응에서 방정식을 이용하여 화학 반응식의 계수를 정하는[3] 방법을 말한다.

> 〈에틸렌(C_2H_4) 연소 반응의 화학 반응식〉
> ❶ 에틸렌과 산소 기체가 결합하여 이산화 탄소와 물이 생성된다.
>   ➡ 반응물 : 에틸렌(C_2H_4), 산소 기체(O_2) 생성물 : 이산화 탄소(CO_2), 물(H_2O)
> ❷ C_2H_4 의 계수를 a, O_2 의 계수를 b, CO_2 의 계수를 c, H_2O 의 계수를 d 로 하여 화학 반응식을 쓴다. (단, a, b, c, d는 정수이다.)
>   ➡ $aC_2H_4 + bO_2 \rightarrow cCO_2 + dH_2O$
> ❸ 반응 전과 후의 각 원자의 수는 같아야 하므로 C, H, O의 원자의 수가 같아지도록 식을 세운다.
>   ➡ C : $2a = c$ … ㉠   H : $4a = 2d$ … ㉡   O : $2b = 2c + d$ … ㉢
> ❹ $a = 1$을 식에 대입하여 b, c, d 를 구한다.
>   ➡ ㉠ $2a = c$, $c = 2 \times 1 = 2$ ㉡ $4a = 2d$, $d = 4 \div 2 = 2$
>   ㉢ $2b = 2c + d$, $2b = 2 \times 2 + 2 = 6$, $b = 3$ ∴ $a = 1$, $b = 3$, $c = 2$, $d = 2$
> ❺ a, b, c, d 가 정수가 아닌 경우, 각 계수에 적당한 수를 곱하여 가장 간단한 정수로 만들어 준다.
> ❻ a, b, c, d를 화학 반응식에 대입해서 화학 반응식을 완성한다.(단, 1 은 생략한다.)
>   ➡ $C_2H_4(g) + 3O_2(g) \rightarrow 2CO_2(g) + 2H_2O(g)$

(4) 이온 반응식

(1) **이온화식** : 전해질이 물에 녹아 양이온과 음이온으로 되는 것을 이온화라고 하며, 이온화를 화학식으로 나타낸 것을 이온화식이라고 한다. 이온화식을 쓸 때는 이온의 전하와 각 이온의 계수를 나타내야 한다.

  예 $HCl \rightarrow H^+ + Cl^-$, $NaOH \rightarrow Na^+ + OH^-$, $Pb(NO_3)_2 \rightarrow Pb^{2+} + 2NO_3^-$

(2) **이온 반응식**[4] : 수용액 중에서 이온화하는 물질을 이온화식으로 나타낸 화학 반응식이다.
  예 염산과 수산화 나트륨의 화학 반응식 : $HCl(aq) + NaOH(aq) \rightarrow NaCl(aq) + H_2O(l)$
    염산과 수산화 나트륨의 이온 반응식 :
      $H^+(aq) + Cl^-(aq) + Na^+(aq) + OH^-(aq) \rightarrow Na^+(aq) + Cl^-(aq) + H_2O(l)$

(3) **알짜 이온 반응식** : 실제 반응에 참여하는 이온들만으로 나타낸 화학 반응식이다.
  ① **알짜 이온** : 반응에 실제로 참여한 이온
  ② **구경꾼 이온** : 반응에 실제로 참여하지 않고, 반응 전후 이온 상태 그대로 존재하는 이온
  예 염화 은 생성의 화학 반응식 : $NaCl(aq) + AgNO_3(aq) \rightarrow NaNO_3(aq) + AgCl(s)$
    염화 은 생성의 이온 반응식 :
      $Na^+(aq) + Cl^-(aq) + Ag^+(aq) + NO_3^-(aq) \rightarrow Na^+(aq) + NO_3^-(aq) + AgCl(s)$

      구경꾼 이온   알짜 이온

  ➡ 염화 은 생성의 알짜 이온 반응식 : $Ag^+(aq) + Cl^-(aq) \rightarrow AgCl(s)$

정답 및 해설 **16** 쪽

개념확인4

미정 계수법을 이용하여 에테인(C_2H_6)이 완전 연소되는 화학 반응식을 완성하시오.

> (   )C_2H_6 + (   )$O_2 \rightarrow$ (   )CO_2 + (   )H_2O

확인+4

이온 반응식에 대한 설명으로 옳은 것은 ○표, 옳지 않은 것은 ×표 하시오.

(1) 반응 전후 이온 상태 그대로 존재하는 이온을 알짜 이온이라고 한다.   (   )

(2) 이온 반응식에서 모든 이온의 상태 표시는 (aq)가 된다.   (   )

---

❸ 계수 결정

화학 반응식에서 계수를 결정할 때 보통 가장 많은 종류의 원소를 포함하고, 구성 원자의 수가 가장 많은 화학식의 계수를 '1'로 정하고 다른 물질의 계수를 구한다.

❹ 이온의 상태

전해질의 경우 수용액 상태에서 이온화되므로 화학 반응식의 상태 표시에서 (aq)를 사용한다.

미니사전

미정 계수법 [未 아니다 定 정해지다 係 매다 數 셈 法 방법] 항등식의 성질을 이용하여 여러 가지 식에서 정해지지 않은 계수를 구하는 방법

3. 화학 반응식의 의미

(1) 화학 반응식의 의미 : 화학 반응식을 통해 반응 물질과 생성 물질의 종류와 구성 원자 수, 몰 수의 비, 분자 수의 비, 부피의 비(기체의 경우), 질량비를 알 수 있다.

> · 계수의 비 = 몰 수의 비 = 분자 수의 비 = 기체의 부피비(온도와 압력 일정)
> · 물질의 질량비 = '계수 × 화학식량' 의 비

화학 반응식	반응 물질 $C_2H_4(g)$	$+$ $3O_2(g)$	$\rightarrow$	생성 물질 $2CO_2(g)$	$+$ $2H_2O(g)$
물질의 종류	에틸렌 기체	산소 기체		이산화 탄소 기체	수증기
원자의 종류	탄소, 수소 원자	산소 원자		탄소, 산소 원자	수소, 산소 원자
구성 원자 수	탄소 원자 2개 수소 원자 4개	산소 원자 6개		탄소 원자 2개 산소 원자 4개	수소 원자 4개 산소 원자 2개
몰 수의 비	1	3		2	2
분자 수의 비	1	3		2	2
기체의 부피비	1	3		2	2
화학식량 × 계수	$12 \times 2 + 1 \times 4 = 28$	$(16 \times 2) \times 3 = 96$		$\{12 + (16 \times 2)\} \times 2 = 88$	$\{(1 \times 2) + 16\} \times 2 = 36$
질량비	7	24		22	9

(2) 화학 반응식과 화학 법칙 : 화학 반응식의 '계수의 비 = 몰 수의 비 = 분자 수의 비 = (기체의) 부피비'가 성립하는 것으로 다음과 같은 화학 법칙이 성립함을 알 수 있다.

화학 반응식	반응 물질 $C_2H_4(g)$ + $3O_2(g)$		생성 물질 $\rightarrow 2CO_2(g)$ + $2H_2O(g)$		화학 반응이 일어날 때 성립하는 화학 법칙
몰 수의 비	1	3	2	2	
분자 수의 비	1	3	2	2	⇒ 아보가드로 법칙❶
기체의 부피비	1	3	2	2	⇒ 기체 반응 법칙❷
화학식량 × 계수	28	96	88	36	⇒ 질량 보존 법칙❸
질량비	7	24	22	9	⇒ 일정 성분비 법칙❹

❶ 아보가드로 법칙

기체의 종류에 관계없이 같은 온도와 압력에서 기체들은 일정한 부피 속에 같은 수의 분자가 들어 있다.

❷ 기체 반응 법칙

기체들이 반응하여 새로운 기체가 생성될 때, 반응하는 기체와 생성되는 기체의 부피 사이에는 일정한 정수비가 성립한다.

❸ 질량 보존 법칙

화학 변화가 일어날 때 반응 전 각 물질의 질량의 합은 반응 후 각 물질의 질량의 합과 같다.

❹ 일정 성분비 법칙

어떤 화합물을 구성하는 성분 원소의 질량 사이에는 항상 일정한 비가 성립한다.

[개념확인 5]

화학 반응식을 통해 알 수 있는 정보들이다. 빈칸에 '=' 또는 '≠'를 넣어 이들의 양적 관계를 완성하시오.

> 화학 반응식에서 계수의 비 (　　) 몰수의 비 (　　) 질량비

[확인+5]

화학 반응이 같은 온도와 압력에서 일어났을 때, 기체들의 부피비를 쓰시오.

> $CH_4(g) + 2O_2(g) \rightarrow CO_2(g) + 2H_2O(g)$　$CH_4 : O_2 : CO_2 : H_2O = (　) : (　) : (　) : (　)$

4. 화학 반응식의 양적 관계

(1) 화학 반응식을 이용한 질량 계산 : 화학 반응에서 반응 물질과 생성 물질 중 한 물질의 질량을 알면 다른 물질의 질량을 구할 수 있다.

〈메테인(CH_4) 32 g 이 완전 연소되었을 때 생성되는 이산화 탄소(CO_2)와 수증기(H_2O)의 질량 구하기〉

❶ 화학 반응식을 완성한다.
➡ $CH_4(g) + 2O_2(g) \rightarrow CO_2(g) + 2H_2O(g)$

❷ 메테인 32 g 의 몰 수를 구한다.
➡ CH_4 의 분자량 : $12 + (1 \times 4) = 16$ ➡ CH_4 32 g 의 몰 수 $= \dfrac{\text{질량}}{\text{분자량}} = \dfrac{32}{16} = 2$ 몰

❸ '계수의 비 = 몰 수의 비', '물질의 질량 = 몰 수 × 분자량'을 이용하여 생성되는 이산화 탄소(CO_2)와 수증기(H_2O)의 질량을 구한다.

	$CH_4(g)$	$+$	$2O_2(g)$	$\rightarrow$	$CO_2(g)$	$+$	$2H_2O(g)$
몰 수비 :	1	:	2	:	1	:	2
몰 수 :	2 몰		4 몰		2 몰		4 몰
분자량 :	16		32		44		18
물질의 질량 :	32 g		$4 \times 32 = 128$ g		$2 \times 44 = 88$ g		$4 \times 18 = 72$ g

➡ 생성되는 이산화 탄소(CO_2)의 질량 : 88 g , 생성되는 수증기(H_2O)의 질량 : 72 g

(2) 화학 반응식을 이용한 기체의 부피 계산

⑴ 모든 물질이 기체인 화학 반응 : 화학 반응에서 반응 물질과 생성 물질 중 한 기체의 부피를 알면 다른 기체의 부피를 구할 수 있다.

〈표준 상태에서 암모니아 기체(NH_3) 22.4 L 를 얻기 위해 필요한 질소 기체(N_2)의 부피 구하기〉

❶ 화학 반응식을 완성한다. ➡ $N_2(g) + 3H_2(g) \rightarrow 2NH_3(g)$

❷ '0℃, 1기압에서 모든 기체 1몰의 부피 = 22.4L '를 이용하여 암모니아(NH_3) 22.4 L 의 몰 수를 구한다.

➡ NH_3 22.4 L 의 몰 수 $= \dfrac{\text{부피(L)}}{22.4\ \text{L}} = \dfrac{22.4\ \text{L}}{22.4\ \text{L}} = 1$ 몰

❸ '계수의 비 = 몰 수의 비 = 기체의 부피비' 를 이용하여 반응하는 질소(N_2) 기체와 수소(H_2) 기체의 부피를 구한다.

	$N_2(g)$	$+$	$3H_2(g)$	$\rightarrow$	$2NH_3(g)$
몰 수비 :	1	:	3	:	2
몰 수 :	0.5 몰		1.5 몰		1 몰
기체의 부피 :	0.5×22.4 L = 11.2 L		1.5×22.4 L = 33.6 L		22.4 L

➡ 필요한 질소(N_2) 기체의 부피 : 11.2 L

⑵ 고체, 액체, 기체가 혼합되어 있는 화학 반응 : 화학 반응에서 반응 물질과 생성 물질 중 한 물질의 질량으로부터 다른 기체의 부피를 구할 수 있고, 어떤 기체의 부피로부터 다른 물질의 질량을 구할 수 있다.

정답 및 해설 **16** 쪽

개념확인6

메테인(CH_4) 16 g 이 완전 연소되었다면, 생성되는 이산화 탄소(CO_2)의 질량은 몇 g 인가?

(   ) g

확인+6

0 ℃, 1 기압에서 메테인(CH_4) 16 g 이 완전 연소되었다면, 생성되는 이산화 탄소(CO_2)의 부피는 몇 L 인가?

(   ) L

ᐧ 화학 반응 $A(s) + B(s) \rightarrow C(g)$ (0℃, 1기압)

A 물질의 질량을 이용해서 C 기체의 부피를 구하는 방법

① A 물질의 질량을 분자량으로 나누어 A의 몰 수를 구한다.
② 화학 반응식을 이용해 몰 수 비를 구한다.
③ C 기체의 몰 수를 구한다.
④ 'C 기체의 몰 수 × 22.4L'로 C 기체의 부피를 구한다.

C 기체의 부피을 이용해서 B 물질의 질량을 구하는 방법

① C 기체의 부피를 22.4L로 나누어 C의 몰 수를 구한다.
② 화학 반응식을 이용해 몰 수 비를 구한다.
③ B 물질의 몰 수를 구한다.
④ 'B 물질의 몰 수 × 분자량으로 B 물질의 질량을 구한다.

개념 다지기

01 화학 반응의 종류에 대한 설명 중 옳은 것은 ○표, 옳지 않은 것은 ×표 하시오.

(1) 염화 은 생성 반응은 복분해이고, 앙금 생성 반응이다. ( )

(2) 과산화 수소는 이산화 망가니즈를 촉매로 하여 물과 산소로 분해된다. ( )

(3) 흡열 반응이 일어나면 반응계를 제외한 주변의 온도는 높아진다. ( )

02 다음의 반응을 반응의 형태에 따라 분류하시오.

$$HCl + NaOH \rightarrow H_2O + NaCl$$

( )

03 물(H_2O)의 분해 반응을 화학 반응식으로 나타내시오. (단, 물질의 상태를 함께 표시한다.)

( )

04 ㉠~㉣에 들어갈 계수를 모두 더한 값을 구하시오. (단, 계수가 1 인 경우 1 을 쓴다.)

$$㉠(\quad)C_3H_8 + ㉡(\quad)O_2 \rightarrow ㉢(\quad)CO_2 + ㉣(\quad)H_2O$$

( )

정답 및 해설 17 쪽

05 화학 반응에서 $C_2H_4 : O_2 : CO_2 : H_2O$ 의 비가 $1 : 3 : 2 : 2$ 인 것으로 옳은 것만을 〈보기〉에서 있는 대로 고른 것은?

$$C_2H_4(g) + 3O_2(g) \longrightarrow 2CO_2(g) + 2H_2O(g)$$

〈 보기 〉
ㄱ. 분자수비   ㄴ. 부피비   ㄷ. 질량비

① ㄱ   ② ㄴ   ③ ㄷ   ④ ㄱ, ㄴ   ⑤ ㄱ, ㄷ

06 메테인(CH_4) 8 g 이 완전 연소되었다면, 생성되는 물(H_2O)의 질량은 몇 g 인가?

(   ) g

07 0 ℃, 1 기압에서 메테인(CH_4) 11.2 L 가 완전 연소되었다면, 메테인과 반응한 산소(O_2)의 부피는 몇 L 인가?

(   ) L

08 0 ℃, 1 기압에서 에테인(C_2H_6) 60 g 이 완전 연소되어 생성되는 이산화 탄소(CO_2)의 부피는?

① 11.2 L   ② 22.4 L   ③ 33.6 L   ④ 44.8 L   ⑤ 89.6 L

유형 익히기&하브루타

화학 반응의 종류

염화 나트륨 수용액과 질산 은 수용액을 반응시키는 모습을 나타낸 것이다.

이에 대한 설명으로 옳은 것만을 〈보기〉에서 있는 대로 골라 기호를 쓰시오.

〈 보기 〉
ㄱ. 흰색 앙금인 염화 은이 생성되는 앙금 생성 반응이다.
ㄴ. 반응의 형태는 복분해이다.
ㄷ. 이 화학 반응으로 기체가 생성된다.

(   )

01 마그네슘과 묽은 염산이 반응하는 모습이다. 이 반응을 반응의 형태에 따라 분류한 것과 반응의 종류에 따라 분류한 것을 바르게 짝지은 것은?

	반응의 형태에 따른 분류	반응의 종류에 따른 분류
①	화합	중화 반응
②	분해	중화 반응
③	치환	앙금 생성 반응
④	분해	기체 발생 반응
⑤	치환	기체 발생 반응

02 발열 반응과 흡열 반응에 대한 설명으로 옳지 않은 것은?

① 흡열 반응이 일어나면 반응계를 제외한 주위의 온도가 낮아진다.
② 흡열 반응은 반응 물질이 가진 화학 에너지가 열에너지로 전환된다.
③ 발열 반응과 흡열 반응 모두 반응계와 주위의 총 에너지는 일정하다.
④ 반응 물질의 에너지가 생성 물질의 에너지보다 큰 경우 발열 반응이 일어난다.
⑤ 반응 물질의 에너지가 생성 물질의 에너지보다 작은 경우 흡열 반응이 일어난다.

[유형 4-2] 화학 반응식

원소 A 와 B 의 화학 반응을 모형으로 나타낸 것이다.

● 원소 A
● 원소 B

이 반응을 화학 반응식으로 나타낸 것으로 옳은 것은?

① $3A + B \rightarrow A_3B$
② $A + 3B \rightarrow AB_3$
③ $2A + 6B \rightarrow 2AB_3$
④ $A + 4B \rightarrow AB_3 + B$
⑤ $2A + 8B \rightarrow 2AB_3 + 2B$

03 화학 반응식의 계수를 맞추어 완성하시오. (단, 계수가 1인 경우 1을 쓴다.)

(1) ( )C + ( )O_2 → ( )CO_2

(2) ( )H_2O_2 → ( )H_2O + ( )O_2

(3) ( )Mg + ( )HCl → ( )$MgCl_2$ + ( )H_2

04 뷰테인(C_4H_{10})이 완전 연소되는 화학 반응식을 완성하시오. (단, 물질의 상태 표시는 생략한다.)

( )

[유형 4-3] 화학 반응식의 의미

질소와 수소가 반응하여 암모니아를 생성하는 반응을 나타낸 모형과 이 반응의 화학 반응식이다.

질소 기체(N_2)   수소 기체(H_2)   암모니아(NH_3)

$$N_2(g) + 3H_2(g) \rightarrow 2NH_3(g)$$

이를 통해 알 수 없는 것은?

① 반응 물질과 생성 물질의 종류
② 반응 물질과 생성 물질 사이의 질량비
③ 반응 물질과 생성 물질 사이의 부피비
④ 반응 물질과 생성 물질 사이의 몰 수의 비
⑤ 반응 물질과 생성 물질을 이루는 원자의 종류

05 에틸렌(C_2H_4)가 연소되는 화학 반응식과 구성 원소들의 원자량이다.

$$C_2H_4(g) + 3O_2(g) \rightarrow 2CO_2(g) + 2H_2O(g)$$
탄소의 원자량 : 12, 수소의 원자량 : 1, 산소의 원자량 : 16

이것으로 설명할 수 있는 법칙을 〈보기〉에서 있는 대로 고른 것은?

〈 보기 〉
ㄱ. 기체 반응 법칙   ㄴ. 질량 보존 법칙   ㄷ. 일정 성분비 법칙

① ㄱ   ② ㄱ, ㄴ   ③ ㄱ, ㄷ   ④ ㄴ, ㄷ   ⑤ ㄱ, ㄴ, ㄷ

06 광합성으로 포도당이 합성되는 반응의 화학 반응식이다.

$$6CO_2(g) + 6H_2O(l) \rightarrow C_6H_{12}O_6(s) + 6O_2(g)$$

이에 대한 설명으로 옳지 <u>않은</u> 것은?

① 포도당은 탄소와 수소, 산소로 이루어져 있다.
② 포도당 1개를 생성하기 위해 물 6개가 필요하다.
③ 이산화 탄소와 물이 반응하여 포도당과 산소를 생성한다.
④ 포도당 1개를 생성하기 위해 이산화 탄소 6개가 필요하다.
⑤ 반응 물질과 생성 물질의 부피비 $CO_2 : H_2O : C_6H_{12}O_6 : O_2 = 6 : 6 : 1 : 6$ 이다.

[유형 4-4] 화학 반응식의 양적 관계

프로페인(C_3H_8)의 연소 반응식이다.

$$C_3H_8(g) + 5O_2(g) \rightarrow 3CO_2(g) + 4H_2O(g)$$

이에 대한 설명으로 옳은 것만을 〈보기〉에서 있는 대로 고른 것은? (단, 반응 전후의 온도와 압력은 0 ℃, 1 기압이고, 수소의 원자량은 1, 탄소의 원자량은 12, 산소의 원자량은 16, 아보가드로수는 6.02×10^{23} 이다.)

─────── 〈 보기 〉 ───────
ㄱ. 프로페인 22g을 연소시키면 이산화 탄소 66 g 이 생성된다.
ㄴ. 프로페인 44.8 L를 연소시키면 반응 후 생성되는 수증기의 부피는 89.6 L 이다.
ㄷ. 프로페인 44 g 이 모두 연소되기 위해서는 산소 분자 3.01×10^{24} 개가 필요하다.

① ㄱ   ② ㄴ   ③ ㄷ   ④ ㄱ, ㄴ   ⑤ ㄱ, ㄷ

07 포도당이 발효되어 에탄올과 이산화 탄소가 생성되는 화학 반응식이다.

$$C_6H_{12}O_6 \rightarrow 2C_2H_5OH + 2CO_2$$

포도당 270 g 을 발효시키면 에탄올은 몇 g 이 생성되는가? (단, 수소의 원자량은 1, 탄소의 원자량은 12, 산소의 원자량은 16 이다.)

(   ) g

08 아세틸렌(C_2H_2)의 연소 반응식이다.

$$aC_2H_2(g) + bO_2(g) \rightarrow cCO_2(g) + dH_2O(g)$$

0 ℃, 1 기압에서 아세틸렌 52 g 이 연소되었을 때, 생성되는 이산화 탄소의 부피는? (단, 수소의 원자량은 1, 탄소의 원자량은 12, 산소의 원자량은 16 이고, 각 계수 a, b, c, d 는 가장 간단한 정수이다.)

① 22.4 L   ② 44.8 L   ③ 67.2 L   ④ 89.6 L   ⑤ 112 L

01 탄소와 수소로만 이루어진 물질을 탄화 수소라고 하며, 탄화 수소의 종류로는 알케인, 알켄, 알카인이 있다. 그 중 알켄은 탄소 원자 사이에 이중 결합 한 개를 갖는 탄화 수소로, 알켄의 일반식은 C_nH_{2n}이다. 알켄 8.4 g 을 완전 연소시켰을 때 생성되는 물의 질량을 구하시오. (단, 수소의 원자량은 1, 탄소의 원자량은 12, 산소의 원자량은 16 이다.)

02 프로페인(C_3H_8) 1 몰과 산소(O_2) x 몰을 실린더에 넣고 완전 연소시키기 전과 완전 연소시킨 후의 물질의 조성을 나타낸 것이다.

구분	(A) 연소 전	(B) 연소 후
물질의 조성	C_3H_8 1 몰 O_2 x 몰	O_2 4 몰 CO_2 y 몰 H_2O z 몰

(A) 연소 전과 (B) 연소 후의 부피비와 밀도비를 구하시오. (단, 반응 전후 온도와 압력은 같고, 반응 물질과 생성 물질은 모두 기체이다.)

03 기체 A 와 B 가 반응하여 기체 C 를 생성하는 화학 반응식과 반응 전과 반응 후의 기체에 대한 정보를 나타낸 표이다.

$$A(g) + 2B(g) \rightarrow xC(g)$$

반응 전		반응 후	
A의 몰 수(몰)	B의 몰 수(몰)	A의 질량(g)	B의 질량(g)
10	㉠	0	30

반응 후 물질의 총 몰 수가 13 몰일 때, 다음 물음에 답하시오. (단, x 는 화학 반응식의 계수이다.)

(1) 반응 전 기체 B의 몰 수(㉠)을 구하시오.

(2) 기체 B의 분자량을 구하시오.

04 자동차 에어백에 쓰이는 아자이드화 나트륨(NaN_3)은 충격에 의한 전기 점화로 인해 폭발적으로 분해하여 아래의 화학 반응식과 같이 고체 나트륨과 질소 기체를 발생시킨다.

$$2NaN_3(s) \rightarrow 2Na(s) + 3N_2(g)$$

0 ℃, 1.5 기압에서 아자이드화 나트륨 130 g 이 완전 분해할 때 발생하는 질소 기체의 부피는? (단, 0 ℃, 1 기압에서 모든 기체의 부피는 22.4 L 이고, 기체의 부피는 압력에 반비례한다. 나트륨의 원자량은 23, 질소의 원자량은 14 이다.)

05 묽은 염산과 마그네슘 리본을 반응시키는 실험을 진행하였다.

〈 실험 과정 〉

묽은 염산
마그네슘
리본

물

1. 삼각 플라스크에 묽은 염산 50 mL 와 마그네슘 리본 2 cm 를 넣는다.
2. 위의 그림과 같이 마그네슘 리본이 묽은 염산과 반응하면서 발생하는 기체의 부피를 측정한다.
3. 마그네슘 리본의 길이를 4, 6, 8, 10, 12 cm 로 하여 각각 위의 과정을 반복한다.

〈 실험 결과 〉

마그네슘 리본의 길이(cm)	2	4	6	8	10	12
발생한 기체의 부피(mL)	20	40	60	80	100	100

(1) 마그네슘 리본의 길이가 1 cm 로 이 실험을 진행한다면 기체는 몇 mL 발생하는가?

(2) 마그네슘의 양이 충분하다면 묽은 염산 10 mL 당 발생하는 기체의 최대 부피는 몇 mL 인가?

(3) 이 반응의 화학 반응식을 쓰고, 다음 빈칸에 들어갈 알맞은 숫자를 쓰시오.

마그네슘 리본 1 cm 에 해당하는 마그네슘의 몰 수는 발생하는 기체 (   )mL에 해당하는 기체 분자의 몰 수와 같다.

06 암모니아(NH_3)는 질소(N_2)와 수소(H_2)로부터 합성되고, 요소($(NH_2)_2CO$)는 암모니아(NH_3)와 이산화 탄소(CO_2)로부터 합성된다. 이들의 화학 반응식은 다음과 같다.

> · 암모니아의 합성 : $N_2(g) + 3H_2(g) \rightarrow 2NH_3(g)$
>
> · 요소의 합성 : $2NH_3(g) + CO_2(g) \rightarrow (NH_2)_2CO(s) + H_2O(l)$

질소 비료를 만들기 위해 매달 900 kg 의 요소($(NH_2)_2CO$)를 생산하는 공장이 있다. 이 공장에서 매달 필요한 수소 기체의 최소 질량은 몇 kg 인가? (단, 수소의 원자량은 1, 탄소의 원자량은 12, 질소의 원자량은 14, 산소의 원자량은 16 이다.)

01 설명하는 화학 반응의 종류를 쓰시오.

> 두 종류의 화합물이 서로 성분의 일부를 바꾸어 두 종류의 새로운 화합물을 생성하는 반응
>

(   )

02 화학 반응의 종류에 대한 설명 중 옳은 것은 ○표, 옳지 않은 것은 ×표 하시오.

(1) 화학 반응은 반응의 형태에 따라 화합, 분해, 치환, 복분해로 분류할 수 있다. (   )

(2) 반응이 일어나면서 열에너지를 방출하는 반응을 흡열 반응이라고 한다. (   )

03 화학 반응식을 완성하시오.

(1) $N_2 + H_2 \rightarrow NH_3$

(2) $CH_4 + O_2 \rightarrow CO_2 + H_2O$

04 수소 기체와 산소 기체가 반응하여 액체인 물이 합성되는 반응의 화학 반응식에 각 물질들의 상태를 표시하여 나타내시오.

> $2H_2(\quad) + O_2(\quad) \rightarrow 2H_2O(\quad)$

05 미정 계수법을 이용하여 아세틸렌(C_2H_2)이 완전 연소되는 화학 반응식을 완성하시오.

> $(\quad)C_2H_2 + (\quad)O_2 \rightarrow (\quad)CO_2 + (\quad)H_2O$

06 묽은 염산과 수산화 나트륨 수용액의 중화 반응을 나타낸 이온 반응식이다. 이 이온 반응식의 알짜 이온을 모두 기호로 쓰시오.

> $\underset{\textcircled{\tiny ㄱ}}{H^+(aq)} + \underset{\textcircled{\tiny ㄴ}}{Cl^-(aq)} + \underset{\textcircled{\tiny ㄷ}}{Na^+(aq)} + \underset{\textcircled{\tiny ㄹ}}{OH^-(aq)}$
> $\rightarrow Na^+(aq) + Cl^-(aq) + H_2O(l)$

(   )

07 화학 반응에서 반응에 실제로 참여하지 않고, 반응 전후 이온 상태 그대로 존재하는 이온을 무엇이라 하는지 쓰시오.

(   )

08 메테인의 연소 반응식이다.

> $CH_4(g) + 2O_2(g) \rightarrow CO_2(g) + 2H_2O(g)$

위 화학 반응식만으로 알 수 없는 것은?

① 메테인과 산소의 질량비
② 메테인과 산소의 부피비
③ 반응 물질과 생성 물질의 상태
④ 반응 물질과 생성 물질의 종류
⑤ 메테인과 이산화 탄소의 몰 수비

[09-10] 물의 분해 반응을 화학 반응식으로 나타낸 것이다.

$$2H_2O(l) \rightarrow 2H_2(g) + O_2(g)$$

09 양적 관계가 $H_2O : H_2 : O_2 = 2 : 2 : 1$ 인 것을 〈보기〉에서 있는 대로 골라 기호를 쓰시오.

─────〈 보기 〉─────
ㄱ. 몰 수비   ㄴ. 부피비
ㄷ. 질량비   ㄹ. 밀도비

(   )

10 물을 전기 분해했더니 0 ℃, 1 기압에서 산소 기체 2.24 L 가 발생하였다. 분해된 물의 질량은 몇 g 인가? (단, 수소의 원자량은 1, 산소의 원자량은 16 이다.)

(   )g

11 과산화 수소의 분해 실험을 나타낸 것이다.

과산화 수소

이산화
망가니즈   물

이에 대한 설명으로 옳은 것만을 〈보기〉에서 있는 대로 고른 것은?

─────〈 보기 〉─────
ㄱ. 이 반응으로 인해 수소 기체가 발생한다.
ㄴ. 과산화 수소는 이산화 망가니즈와 반응한다.
ㄷ. 발생하는 기체는 물에 녹지 않는다.

① ㄱ   ② ㄴ   ③ ㄷ
④ ㄱ, ㄴ   ⑤ ㄱ, ㄷ

12 밀폐 용기 속에서 기체 A 와 기체 B 가 반응하여 기체 C 를 생성하는 반응을 모형으로 나타낸 것이다.

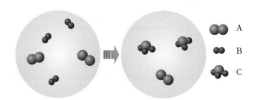

A
B
C

이 반응의 화학 반응식으로 옳은 것은?

① $3A(g) + B(g) \rightarrow 2C(g)$
② $A(g) + 3B(g) \rightarrow 2C(g)$
③ $2A(g) + 3B(g) \rightarrow 2C(g)$
④ $2A(g) + 3B(g) \rightarrow 3C(g)$
⑤ $2A_2(g) + 3B_2(g) \rightarrow 2AB_3(g) + A_2(g)$

13 에테인(C_2H_6)의 연소 반응을 나타내는 화학 반응식을 완성하는 과정을 단계별로 나타낸 것이다.

┌─────────────────────────┐
│ ㉠ $C_2H_6 + O_2 \rightarrow CO_2 + H_2O$ │
│ ㉡ $C_2H_6 + O_2 \rightarrow 2CO_2 + H_2O$ │
│ ㉢ $C_2H_6 + O_2 \rightarrow 2CO_2 + 3H_2O$ │
│ ㉣ $C_2H_6 + 3.5O_2 \rightarrow 2CO_2 + 3H_2O$ │
│ ㉤ $2C_2H_6 + 7O_2 \rightarrow 4CO_2 + 6H_2O$ │
└─────────────────────────┘

이에 대한 설명으로 옳지 <u>않은</u> 것은?

① ㉠은 생성 물질을 화살표 왼쪽에, 반응 물질을 화살표 오른쪽에 화학식으로 나타낸 것이다.
② ㉡은 반응 전후의 탄소 원자 수가 같도록 계수를 맞추는 과정이다.
③ ㉢은 반응 전후의 수소 원자 수가 같도록 계수를 맞추는 과정이다.
④ ㉣은 반응 전후의 산소 원자 수가 같도록 계수를 맞추는 과정이다.
⑤ ㉤은 계수를 가장 간단한 정수로 만들어주기 위한 과정이다.

14 화학 반응식의 계수의 합을 구하시오.

┌─────────────────────────┐
│ $C_6H_{12}O_6 + ($ $)O_2 \rightarrow ($ $)CO_2 + ($ $)H_2O$ │
└─────────────────────────┘

(   )

15 기체 A 와 B 가 반응하여 기체 C 를 생성하는 반응의 부피비를 나타낸 그림이다. 이 반응의 화학 반응식으로 옳은 것은?

① $A(g) + B(s) \rightarrow C(g)$
② $3A(g) + 2B(g) \rightarrow C(g)$
③ $3A(g) + B(g) \rightarrow 2C(g)$
④ $3A(g) + B(s) \rightarrow 2C(g)$
⑤ $3A(s) + B(g) \rightarrow 4C(g)$

[16-18] 뷰테인(butane) 가스가 들어 있는 가스통에는 뷰테인 가스의 함량이 220 g이라고 쓰여 있다. 뷰테인(C_4H_{10})의 연소 반응식은 다음과 같다.

$$aC_4H_{10}(g) + bO_2(g) \rightarrow cCO_2(g) + dH_2O(g)$$

다음 물음에 답하시오.(단, 수소의 원자량은 1, 탄소의 원자량은 12, 산소의 원자량은 16 이다.)

16 위의 화학 반응식의 계수의 합, $a + b + c + d$ 는?

① 15   ② 21   ③ 27
④ 33   ⑤ 39

17 뷰테인 가스통에 들어 있는 뷰테인 220 g 을 모두 연소시키기 위해 필요한 산소의 질량은?

① 약 440 g   ② 약 560.2 g   ③ 약 592.6 g
④ 약 684.4 g   ⑤ 약 790.4 g

18 뷰테인 가스통에 들어 있는 뷰테인 220 g 을 모두 연소시켰을 때 발생하는 이산화 탄소의 부피는? (단, 몰 수는 소수 둘째 자리에서 반올림하고, 연소 후 부피 측정은 0 ℃, 1 기압에서 진행한다.)

① 약 300.5 L   ② 약 340.5 L   ③ 약 380.5 L
④ 약 400.2 L   ⑤ 약 420.8 L

C

19 수소의 연소 반응을 나타낸 화학 반응식이다.

$$aH_2(g) + O_2(g) \rightarrow bH_2O(g)$$

이에 대한 설명으로 옳은 것만을 〈보기〉에서 있는 대로 고른 것은? (단, 공기 중 산소의 부피는 20 % 이고, 수소의 원자량은 1, 산소의 원자량은 16 이다.)

〈 보기 〉

ㄱ. a 와 b 의 합은 4 이다.
ㄴ. 0 ℃, 1 기압의 공기 112 L 로 연소시킬 수 있는 수소의 최대 부피는 22.4 L 이다.
ㄷ. 0 ℃, 1 기압의 공기 56 L 로 연소시킬 수 있는 수소의 최대 질량은 2 g이다.

① ㄱ   ② ㄴ   ③ ㄷ
④ ㄱ, ㄴ   ⑤ ㄱ, ㄷ

20 메테인의 연소 반응과 포도당의 연소 반응을 나타낸 화학 반응식이다.

$$CH_4(g) + aO_2(g) \rightarrow bCO_2(g) + cH_2O(g)$$
$$C_6H_{12}O_6(g) + aO_2(g) \rightarrow bCO_2(g) + cH_2O(g)$$

메테인과 포도당이 각각 1 몰씩 연소될 때 생성되는 이산화 탄소의 질량을 바르게 짝지은 것은? (단, 수소의 원자량은 1, 탄소의 원자량은 12, 산소의 원자량은 16 이다.)

	메테인 1몰 연소	포도당 1몰 연소
①	44 g	44 g
②	44 g	132 g
③	44 g	264 g
④	88 g	132 g
⑤	88 g	264 g

정답 및 해설 **20 쪽**

21 0 ℃, 1 기압에서 200 L 의 산소 기체(O_2)가 방전하여 생긴 오존(O_3)과 남은 산소의 혼합 기체의 부피는 160 L 이었다. 생성된 오존의 부피는?

① 80 L   ② 100 L   ③ 120 L
④ 140 L   ⑤ 160 L

[23-24] 실린더 속에 일산화 탄소와 산소 기체를 넣고, 반응시켰더니 남는 기체 없이 모두 반응하여 이산화 탄소 기체가 생성되었다. (단, 외부 압력과 온도는 일정하다.)

일산화 탄소
산소

23 반응이 일어나기 전 일산화 탄소와 산소의 부피비는?

① 1 : 1   ② 1 : 2   ③ 2 : 1
④ 1 : 3   ⑤ 3 : 2

22 과산화 수소의 분해 실험을 나타낸 것이다.

과산화 수소

이산화
망가니즈   물

이에 대한 설명으로 옳은 것만을 〈보기〉에서 있는 대로 고른 것은? (단, 실험은 0 ℃, 1 기압에서 진행되었으며, 수소의 원자량은 1, 산소의 원자량은 16 이다.)

──── 〈 보기 〉 ────
ㄱ. 이 반응의 화학 반응식은 $2H_2O_2 \rightarrow 2H_2O + O_2$ 이다.
ㄴ. 이 반응으로 기체 1 몰이 생성되기 위해서는 과산화 수소 34 g 을 분해시켜야 한다.
ㄷ. 과산화 수소 3.4 g 을 분해시켰을 때 발생하는 기체의 부피는 1.12 L 이다.

① ㄱ   ② ㄴ   ③ ㄷ
④ ㄱ, ㄴ   ⑤ ㄱ, ㄷ

24 이 실험에 대한 설명으로 옳은 것만을 〈보기〉에서 있는 대로 고른 것은?

──── 〈 보기 〉 ────
ㄱ. 실린더의 부피는 반응 전보다 반응 후가 더 크다.
ㄴ. 반응 후 실린더에 들어 있는 원자의 개수는 반응 전과 같다.
ㄷ. 실린더의 질량은 반응 전이 반응 후보다 더 크다.

① ㄱ   ② ㄴ   ③ ㄷ
④ ㄱ, ㄴ   ⑤ ㄱ, ㄴ, ㄷ

[25-26] 기체 A_2 와 B_2 가 반응하여 생성된 화합물 X 와 Y 를 구성하는 원소의 질량을 나타낸 것이다. 다음 물음에 답하시오. (단, 원소 A 와 B 는 임의의 원소이고, A 의 원자량은 14 이고, B의 원자량은 16 이다. 화합물 X 와 Y 의 분자는 성분 원소의 원자가 가장 간단한 정수비로 결합하여 이루어진다.)

화합물	A의 질량(g)	B의 질량(g)
X	7	8
Y	7	12

25 화합물 X 와 Y 의 분자식을 쓰시오.

26 기체 A_2, B_2 로부터 화합물 X 와 화합물 Y 가 생성되는 반응의 화학 반응식을 각각 쓰시오.

27 밀폐된 용기에 프로페인(C_3H_8) 22g과 산소 100g을 넣고, 프로페인을 완전 연소시켰다. 반응 후 남은 산소의 질량을 풀이 과정과 함께 구하시오. (단, 수소의 원자량은 1, 탄소의 원자량은 12, 산소의 원자량은 16 이다.)

28 마그네슘과 묽은 염산이 반응하는 모습이다. 이 반응의 화학 반응식을 쓰고, 반응의 종류를 반응의 형태에 따라 분류하시오.

29 염화 나트륨 수용액과 질산 은 수용액을 반응시키는 모습을 나타낸 것이다.

이 반응의 화학 반응식과 이온 반응식, 알짜 이온 반응식을 각각 쓰시오. (단, 물질의 상태를 함께 표시한다.)

30 메테인이 연소되는 반응식이다.

$$CH_4(g) \; + \; 2O_2(g) \; \rightarrow \; CO_2(g) \; + \; 2H_2O(g)$$

이 화학 반응식으로 질량 보존 법칙이 성립함을 설명하시오. (단, 수소의 원자량은 1, 탄소의 원자량은 12, 산소의 원자량은 16 이다.)

[31-32] 탄산 칼슘($CaCO_3$)의 화학식량을 구하기 위해 탄산 칼슘($CaCO_3$)과 묽은 염산(HCl)을 반응시키는 실험이다.

〈 실험 과정 〉

1. 탄산 칼슘 가루의 질량(w_1)을 측정한다.
2. 충분한 양의 10 % 염산을 삼각 플라스크에 넣고 질량(w_2)을 측정한다.
3. 질량을 측정한 탄산 칼슘을 10 % 염산에 조금씩 넣는다.
4. 반응이 완전히 끝난 후 용액이 들어 있는 삼각 플라스크의 질량(w_3)을 측정한다.

〈 실험 결과 〉

w_1	2 g
w_2	368.88 g
w_3	370.00 g

31 이 실험의 화학 반응식을 쓰시오. (단, 물질의 상태를 함께 나타낸다.)

32 이 실험에서 생성된 이산화 탄소의 부피를 구하시오. (단, 실험은 0 ℃, 1 기압에서 진행되었고, 사용한 10 % 염산의 양은 탄산 칼슘이 모두 반응하기에 충분하다. 수소의 원자량은 1, 탄소의 원자량은 12, 산소의 원자량은 16, 염소의 원자량은 35.5, 칼슘의 원자량은 40 이다.)

인류의 문명과 화학

불의 발견과 이용

불은 물질이 산소와 결합하는 화학 반응인 연소 반응에 의해 나타나는 에너지이다. 불의 발견은 인류 역사상 가장 획기적인 사건 중 하나로, 인류 문명의 역사는 불의 사용과 더불어 시작되었다고 보아도 무방하다. 인류가 처음으로 이용한 불은 바람에 의한 나무의 마찰이나 번개에 의해 발생한 자연 상태의 불이었지만, 차츰 나무나 부싯돌을 이용하여 스스로 불을 피워 이용하게 되었다. 인류는 불을 이용하여 토기와 유리 등 생활에 유용한 도구를 만들었고, 각종 금속의 제련하고 이용할 수 있게 되었다.

▲ 원시 인류와 불

철의 이용

철은 매장량이 구리보다 많지만 구리보다 반응성이 크다. 따라서 인류는 광석으로부터 순수한 금속을 얻기 쉬운 구리를 더 먼저 사용하기 시작했고, BC 3000 년 경부터 산화 철에서 철을 얻는 제련 방법이 발견된 후에야 철을 이용할 수 있었다. 철은 매장량이 많아 쉽게 구할 수 있었으므로 철제 무기와 농기구를 많이 만들 수 있었다. 이로 인해 고대 사회에 커다란 경제·사회적 변화가 나타났으며, 이 시기를 철기 시대라고 한다. 철을 제련하는 방법은 다음과 같다.

▲ 용광로

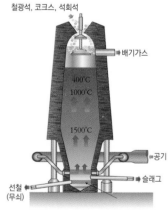

철광석, 코크스, 석회석

배기가스

400°C
1000°C

1500°C

공기

슬래그

선철
(무쇠)

▲ 철의 제련 과정

용광로에 철광석, 코크스(주성분 : C), 석회석($CaCO_3$)를 넣고 밑에서 뜨거운 공기를 불어 넣으면 용융 상태의 철을 얻을 수 있다. 용융 상태의 철은 밀도가 크므로 용광로의 아래쪽 출구로 분리되어 나오는데, 이렇게 얻어진 철을 선철(무쇠)이라고 한다.

· 코크스에 의해 철광석의 산화 철은 철로 환원된다.
$$2C + O_2 \rightarrow 2CO$$
$$Fe_2O_3 + 3CO \rightarrow 2Fe + 3CO_2$$
$$Fe_3O_4 + 4CO \rightarrow 3Fe + 4CO_2$$

· 철광석 중의 이산화 규소는 석회석과 반응하여 슬래그가 된다.
$$CaCO_3 \rightarrow CaO + CO_2$$
$$CaO + SiO_2 \rightarrow CaSiO_3(슬래그)$$

암모니아의 합성

질소는 생물의 생존과 성장에 필수적인 물질인 단백질과 유전과 관련된 중요 물질인 핵산을 이루는 주요 성분 원소이다. 대부분의 생물체는 공기 중의 질소 기체를 직접 흡수하여 이용하지 못하므로 질소는 생물체가 이용할 수 있는 형태로 전환되어야 한다. 공기 중의 질소 분자를 생물체가 활용할 수 있는 형태의 질소 화합물로 변환시키는 과정을 질소 고정이라고 한다. 질소 고정은 공기 중의 번개나 박테리아 또는 화학 공업적 공정에 의해 이루어진다.

▲ 번개에 의한 질소 고정 　　　　　　　▲ 뿌리혹 박테리아 질소 고정

산업 혁명 이후 급격한 인구 증가로 인해 식량 부족 문제가 대두되었고, 식량 생산량을 높이기 위해 질소 비료가 필요했고, 질소 비료 생산을 위해 질소로부터 암모니아를 합성할 수 있는 방법이 필요하였다. 독일의 화학자 하버는 암모니아의 합성이 공업적으로 가능하다는 것을 이론적으로 밝히고, 독일의 공학자 보슈와 함께 암모니아 합성에 필요한 최적의 온도, 압력, 촉매를 찾아 질소로부터 암모니아를 합성할 수 있는 하버-보슈법을 개발하였다. 이로 인해 질소 비료를 대량 생산할 수 있게 되면서 식량 생산량이 급격히 증가하게 되었다.

·암모니아 합성 반응식 : $N_2(g) + 3H_2(g) \rightarrow 2NH_3(g)$

·암모니아 합성 방법 : 400~600 ℃의 온도와 200~400기압의 압력에서 촉매를 사용하여 암모니아를 합성한다.

고압의 반응 용기에서 질소와 수소로부터 암모니아가 합성되며, 질소, 수소, 암모니아의 혼합 기체는 냉각 코일을 거치면서 끓는점이 높은 암모니아는 액화되어 분리되고, 반응하지 않은 질소와 수소 기체는 다시 반응 용기로 돌아가게 된다.

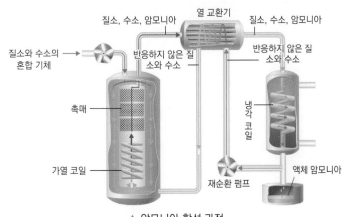

▲ 암모니아 합성 과정

Q1 화학 공업적 공정에 의해 이루어지는 질소 고정이 아닌 자연 상태에서 일어나는 질소 고정에 의해 자연계에서 질소가 순환하는 과정을 서술하시오.

Q2 암모니아 합성시 고온, 고압, 촉매가 필요한 이유는 무엇인지 서술하시오.

Project 1 - 논/구술

라부아지에의 화학 혁명

"우리는 사실에만 의존해야 한다. 사실이란 자연이 준 것이라서 속이지 않기 때문이다. 우리는 어떠한 경우에도 실험 결과에 따라 판단해야 한다. (억지로)진리를 찾으려고 하지 말고, 실험과 관찰이 주는 자연적인 길을 따라야 한다"

이 말을 남긴 인물은 1743년 8월 26일 태어난 프랑스 화학자, 앙투안 로랑 라부아지에(Antoine-Laurent Lavoisier, 1743~1794)이다. 객관적인 실험을 중시한 라부아지에는 '질량 보존 법칙' 등 중요한 업적을 많이 남겨 근대 화학의 아버지로 불린다.

▲ 눈이 약간 사시였던 라부아지에와 실험 장비들

재력가 라부아지에

라부아지에는 부유한 법률가인 아버지의 영향을 받아 법학 공부를 했지만 자연과학에 관심이 많았다. 처음에는 지질학자겸 광물학자로 활동했고, 이후 화학에 전념했다. 라부아지에는 과학 아카데미 입회 자격을 얻기 위해 실험실을 세웠으며, 1768년에는 연구 자금을 확보하기 위해 군주를 대신해서 세금을 걷는 사설 조합이었던 세금 징수 조합에 들어갔다. 이로 인해 그는 고가의 실험 장비를 구입하여 많은 실험들을 할 수 있었다.

질량 보존 법칙

라부아지에의 업적 중 우리에게 가장 많이 알려진 것은 질량 보존 법칙이다. 질량 보존 법칙은 화학 반응이 일어나기 전 물질들은 화학 반응 후 생성된 물질들로 변하기 때문에 물질이 소멸되거나 없던 물질이 생기지 않는다는 것으로 라부아지에 이전의 과학자들은 화학 실험을 할 때 대충 눈짐작으로 반응 물질과 생성 물질을 다뤘지만, 라부아지에는 정확한 양을 측정함으로써 객관적인 실험 결과를 이끌어 내었다. 1774년 정립된 이 법칙은 기초 과학의 근간이 되었다.

'산소'를 '산소'라 명명한 라부아지에

라부아지에는 1772년 기체 화학으로 눈을 돌린 라부아지에는 공기 중에서 인과 황을 태우면 무게가 늘어나는 것을 발견했다. 1774년 라부아지에는 프리스틀리에게서 '탈플로지스톤화된 공기'(플로지스톤 설이란 물질의 연소는 불타는 흙에 의해서 일어난다는 설)의 존재를 듣게 되고, 당시 라부아지에는 연소에 대해 연구하고 있었으므로 프리스틀리가 발견한 기체가 자신이 연구하던 연소와 관련되어 있다고 생각하여 이 기체의 정체를 밝혀내기 위해 추가적으로 실험을 진행하였다. 결국 그는 연소와 환원, 호

흡, 발효, 산성화 과정에 모두 그 기체가 관여한다는 사실을 알게 되었다. 처음에는 그 기체를 '호흡에 탁월한 공기'라고 불렀으며, 그 후 '산소(oxygen, 산성화 시키는 원리)'라는 이름을 붙이고 그것을 원소로 정의했다.

모두가 '물'을 '원소'라고 생각했을 때, '물'이 '원소'가 아니라고 한 라부아지에

1785년 2월 27일부터 3월 1일에 걸쳐 라부아지에는 물의 분석과 합성에 대한 실험을 진행했다. 그는 고열을 이용해 물을 수소와 산소로 분리하는 데 성공하였으며 반대로 수소와 산소 기체를 이용해 물을 합성해 보이기도 했다. 또 물을 생성하는 데 필요한 수소와 산소의 질량을 측정해 보이기도 했다. 이를 통해 라부아지에는 '물은 원소가 아닌 서로 다른 두 원소의 화합물'이라는 것을 밝혀냈다.

라부아지에 부인의 헌신

라부아지에가 근대 화학의 아버지가 될 수 있었던 것은 그의 아내 마리 폴즈의 헌신이 있었기 때문이다. 마리는 세금 징수 조합의 고위 간부의 딸이었다. 결혼 뒤 그녀는 남편의 연구를 보조하기 위해 영국에서 발간되는 논문과 보고서를 번역할 수 있도록 영어를 익혔다.

▲ 라부아지에와 그의 아내

▲ 라부아지에 부인이 그린 실험실 모습

또한 남편의 실험을 기록하고, 남편이 쓴 글에 들어갈 삽화를 그리기 위해 그림과 판화를 공부했으며 라부아지에가 세상을 떠난 뒤 남편의 연구를 정리하여 책으로 출간하였다. 이후 그녀는 영국의 물리학자 벤자민 톰슨과 재혼했다.

단두대의 이슬이 된 라부아지에

화학 혁명을 이룬 그임에도 불구하고 프랑스 혁명을 계기로 그의 인생은 바뀌었다. 프랑스 혁명 당시 세금 징수원들이 부패의 온상으로 몰리고, 특히 프랑스 혁명을 주도한 혁명가 장 폴 마라의 미움을 산 라부아지에는 51세의 나이에 사형을 선고받는다. 그는 사형 당하기 전 재판장에게 중요한 실험을 할 수 있도록 2주일만 재판을 연기해 달라고 요청했다. 하지만 재판장은 "프랑스 공화국은 과학자를 필요로 하지 않는다"는 말을 남기며 사형에 처했다. 그렇게 라부아지에는 단두대의 이슬로 삶을 마감하였다. 이를 두고 수학자이자 천문학자인 조제프 루이 라그랑주는 다음과 같은 말을 남겼다.

"그 머리를 싹둑 자르는 것은 한순간이지만, 그와 같은 머리가 우리에게 오는 데는 백 년도 더 걸릴 것이다."

Q3 라부아지에가 많은 업적을 남겨 위대한 화학자가 될 수 있었던 이유는 무엇이라고 생각하는지 자유롭게 서술하시오.

Q4 라부아지에 이전의 과학자들이 물을 원소라고 생각한 이유는 무엇이었을지 생각해 보자.

이산화 탄소 분자량 측정

준비물   드라이아이스, 망치, 목장갑, 삼각 플라스크, 유리판, 약수저, 눈금실린더, 전자 저울

실험 과정

① 공기로 채워진 플라스크에 유리판을 올려놓고 질량을 측정한다.

② 플라스크에 곱게 간 드라이아이스 한 수저를 넣는다.

③ 온도계로 플라스크 안의 온도를 측정한다.

④ 유리판으로 덮지 않은 플라스크에 넣은 드라이아이스가 모두 승화하여 보이지 않게 되면 조금 기다린 후 플라스크 내부의 온도가 실온과 같아 졌을 때 플라스크에 유리판을 올려놓고 질량을 측정한다. (이때, 플라스크 주변에 묻은 수분을 제거해 준다.)

⑤ 플라스크에 물을 채우고 물을 눈금실린더에 따라 부피를 측정한다.

실험 과정 이해하기

1. 드라이아이스가 승화할 때, 플라스크 바깥면에 수분이 생기는 이유는 무엇인가?

2. 플라스크에 넣은 드라이아이스가 모두 승화되는 동안 유리판으로 플라스크를 덮지 않고, 플라스크를 열어두는 이유는 무엇인가?

탐구 결과

1. 다음 표에 실험 결과를 기록한다.

구분	결과
처음 질량 (공기 + 플라스크 + 유리판)	
나중 질량 (CO_2 + 플라스크 + 유리판)	
대기압	
삼각플라스크 부피	
플라스크 내부 온도	

2. 다음 식을 이용하여 플라스크에 들어 있는 공기의 질량을 계산한다. (단, 실내 압력은 1.0 기압으로 가정하고, $R = 0.082$ L·atm/mol·K이며, 공기의 평균 분자량은 29g/mol이다.)

$$\text{압력(기압)} \times \text{부피(L)} = \frac{\text{공기의 질량}}{\text{공기의 평균 분자량}} \times R \times \text{온도(K)}$$

3. 실험 결과로부터 플라스크에 들어 있는 이산화 탄소의 질량을 계산한다.

4. 실험 결과를 다음 식에 대입하여 이산화 탄소의 분자량을 계산한다. (단, 실내 압력은 1.0 기압으로 가정하고, R = 0.082 L·atm/mol·K이다.)

$$\text{압력(기압)} \times \text{부피(L)} = \frac{CO_2\text{의 질량}}{CO_2\text{의 분자량}} \times R \times \text{온도(K)}$$

02

개성있는 원소

물질을 구성하는 원소는 몇 가지나 될까?

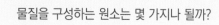

6강. 원자의 구조

1. 전자와 양극선의 발견

1. 전자와 양극선의 발견 2. 원자핵과 중성자의 발견
3. 원자의 구성 입자 4. 원자 번호와 동위 원소

(1) 전자의 발견 (톰슨, 1897년)

① **음극선** : 저압의 기체 방전관(음극선 관[1])에 높은 전압을 걸었을 때, (−)극에서 (+)극으로 직진하는 전자의 흐름으로, 1897년 톰슨[2]에 의해서 확인되었다.

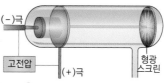

▲ 음극선[3]

② **톰슨[4]의 음극선 실험**

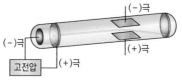

▲ 음극선의 전하 확인 1

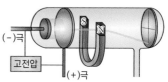

▲ 음극선의 전하 확인 2

음극선이 지나는 길에 전기장을 걸어주면 음극선이 (+)극으로 휘어진다. ➡ 음극선은 (−)전하를 띤다.[5]

음극선이 지나는 길에 자기장을 걸어주면 음극선이 휘어진다. ➡ 음극선은 (−)전하를 띤다,

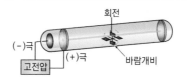

▲ 음극선이 질량을 가진 입자의 흐름임을 확인

▲ 음극선의 직진성 확인

음극선이 지나는 길에 바람개비를 놓아두면 바람개비가 회전한다. ➡ 음극선은 질량을 가진 입자이다.

음극선이 지나는 길에 장애물이 있으면, 그림자가 생긴다. ➡ 음극선은 직진한다.

(2) 양극선의 발견 (골트슈타인, 1886년)

① **양극선** : 양전하를 가진 입자의 흐름. 수소를 채운 음극선 관에서 최초로 발견되었다.

② **골트슈타인의 양극선 실험** : 낮은 압력의 수소 기체가 채워진 방전관의 한쪽 끝에는 양극판 ((+)극)을, 가운데에는 작은 구멍을 뚫어놓은 음극판((−)극)을 놓은 다음 높은 전압을 걸어주면 (+)극에서 (−)극으로 이동하는 입자의 흐름(양극선)이 발생한다.[6]

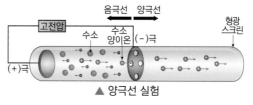

▲ 양극선 실험

③ **양성자의 발견(러더퍼드, 1919년)** : 양극선 실험에서 생성되는 수소 이온(H⁺)이 양성자라고 제안하였다.

[개념확인 1]

원자를 구성하는 입자 중 가장 먼저 발견된 입자는 무엇인가?　　　　　　　(　　　　　　　　)

[확인+1]

수소 기체를 넣은 음극선 관에서 발생하는 양극선이 양성자라고 제안한 과학자는 누구인가?
　　　　　　　　　　　　　　　　　　　　　　　　　　　　(　　　　　　　　)

왼쪽 여백 주석

❶ **음극선 관(cathode-ray tube)**

음극선 실험을 위해 제작된 고진공 상태의 방전관으로 가이슬러 관, 크룩스 관 등이 있다.

❷ **J. J. 톰슨(1856~1940)**

1897년 음극선 실험을 통해 전자를 발견한 공로를 인정받아 1906년 노벨 물리학상을 수상하였다.

❸ **음극선은 왜 빛이 날까?**

저압의 기체가 존재하는 방전관 양 끝에 전압을 걸어 줄 때 발생하는 빛(ray)은 음극선 자체가 내는 것이 아니라, 전자와 기체 분자의 충돌에 의해 전자의 에너지를 기체가 흡수한 후 이 에너지를 방출할 때 생기는 것이다. 기체 압력이 점점 더 낮아지면, 방전관을 구성하는 유리와 전자가 충돌하여 빛이 방출된다. 음극선은 전자의 흐름으로 눈에 보이지 않는다.

❹ **톰슨의 원자 모형**

톰슨은 양전하를 띤 공 모양의 원자에 박혀있던 음전하를 띤 입자(전자)가 튀어나와서 음극선이 발생한다고 생각하였다.

❺ **전자의 전하량 측정**

톰슨은 전자의 질량에 대한 전하량의 비(비전하)를 구했지만, 전자 1개의 질량과 전하는 알아내지 못했다. 이후 전자 1개의 전하값은 1906년 미국의 물리학자 밀리컨의 기름 방울 실험을 통해 측정되었다.

$$비전하 = \frac{e\ (전자\ 전하량)}{m\ (전자\ 질량)}$$

❻ **양극선이 발생하는 이유는?**

기체 방전관의 (−)극에서 튀어나온 높은 에너지의 전자가 방전관 내부의 기체와 충돌하면 기체를 구성하는 원자가 전자를 잃고 양이온이 되어 양극선이 발생한다.

2. 원자핵과 중성자의 발견

(1) 원자핵의 발견 (러더퍼드, 1911년)[1]

⑴ α(알파) 입자 : 원자 번호가 큰 원자핵은 원자핵 내부에서 양성자들 사이의 전기적인 반발력이 크게 작용하여 불안정하다. 이러한 원소들 중 특히 불안정하여 원자핵 붕괴를 하는 원소를 방사성 원소라고 하며, 원자핵 붕괴의 한 종류인 α 붕괴 과정에서 방출된 양성자 2 개와 중성자 2 개로 이루어진 입자(He^{2+})를 α 입자(α 선)라고 한다.

⑵ 러더퍼드의 α 입자 산란 실험 : 러더퍼드는 원자의 구조를 확인하고자 금박 표적 주위에 황화아연(ZnS)이 코팅된 형광막[2]을 원형으로 설치한 후, α 입자를 금박 표적에 쏘여 α 입자의 진로를 확인하였다.

① 금은 펴짐성(전성)이 큰 금속이기 때문에 얇게 펴서 α 입자가 통과하는 단면의 원자층을 최소화하기 위해 사용한다.

② 이때 방출되는 α 입자의 속력은 약 16000 km/s 정도로 광속의 5 % 수준이다.

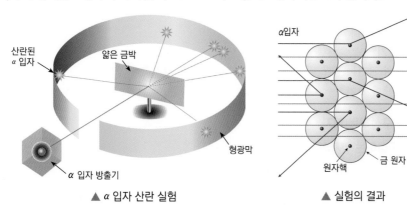

▲ α 입자 산란 실험　　　　　　　▲ 실험의 결과

⑶ 실험 결과 및 분석

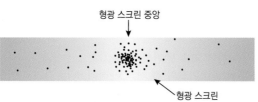

형광 스크린 중앙

형광 스크린

① 대부분의 α 입자는 금박을 통과하여 직진한다. ⇒ 원자의 대부분은 빈 공간이다.

② 극소수의 α 입자는 큰 각도로 산란된다. ⇒ 원자 중심에는 질량은 크지만 부피가 매우 작으며, α 입자와 전기적으로 반발하는 (+)전하를 띠는 입자가 존재한다.

⑷ 결론 : 원자의 대부분은 빈 공간이며, 원자의 중심에 크기는 매우 작지만 원자 질량의 대부분을 차지하고[3] (+)전하를 띠는 원자핵이 존재한다.

(2) 중성자의 발견 (채드윅, 1932년)

⑴ 러더퍼드의 예측 : 원자는 전기적으로 중성이므로 같은 수의 전자와 양성자를 가져야 하지만, 실험에 의하면 수소를 제외한 모든 원자들의 질량은 전자와 양성자의 질량을 합한 것보다 더 크게 측정된다. ⇒ 원자에는 양성자와 전자 외에 질량을 가진 또 다른 입자가 존재할 것이다.

⑵ 채드윅의 베릴륨(Be)에 대한 알파(α) 입자 충돌 실험 : 얇은 베릴륨(Be) 판에 α 입자를 충돌시키면 전하를 띠지 않는 입자가 방출된다. 채드윅은 이 입자를 중성자라고 하였다.

개념확인2　　　　　　　　　　　　　　　　　　　　정답 및 해설 **24** 쪽

알파(α) 입자 산란 실험을 통해 발견된 것은 무엇인가?　　　　　（　　　　　　　）

확인+2

수소를 제외한 모든 원자들의 질량이 전자와 양성자의 질량을 합한 것 보다 더 크게 측정된다는 점을 근거로 러더퍼드가 그 존재를 예측한 입자는 무엇인가?　　　　　（　　　　　　　）

---

[1] E. 러더퍼드 (1871~1937)

러더퍼드는 원자핵을 발견한 공로를 인정받아 1908년 노벨 화학상을 수상했다. 이 후 러더퍼드는 연구를 통해 수소 원자의 원자핵이 (+)전하의 단위입자인 양성자라고 제안하였다.

[2] 형광막 & 형광 물질

형광 물질은 X 선, α선과 같은 방사선, 음극선, 가시광선, 자외선 등에 의해 에너지를 흡수하여 들떴다가 가시광선을 방출하면서 바닥 상태로 되돌아 가는 물질을 말한다. 형광막에는 황화아연(ZnS) 등과 같은 형광 물질이 도포 되어있어 눈에 보이지 않는 방사선이나 음극선 등의 경로를 확인하는데 사용할 수 있다.

러더퍼드의 원자 모형

러더퍼드는 α입자 산란 실험 결과를 토대로 원자의 내부공간은 대부분 비어있으며 (+)전하를 띤 원자핵이 중심에 있고 전자가 원자핵 주위를 회전하는 태양계 모형을 제안하였다.

[3] 원자핵의 질량이 크다고 추론할 수 있는 이유

정지 해 있는 공에 비슷한 질량의 다른 공을 충돌시켰을 때, 충돌시킨 공은 절대 도로 튀어 나오지 않는다. 그러나 α입자는 원자핵에 충돌하여 180°에 가까운 매우 큰 각도로 산란되어 되튀어 나오므로 원자핵의 질량은 매우 크다고 볼 수 있다.

3. 원자의 구성 입자

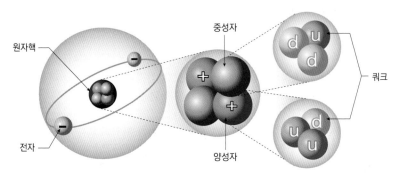

원자핵 / 중성자 / 전자 / 양성자 / d u d u / u d u / 쿼크

(1) 원자의 구조와 크기

⑴ 원자의 구조

① 원자는 (+)전하를 띠는 원자핵과 (−)전하를 띠는 전자로 이루어져 있다.
② 원자의 중심에 위치하는 원자핵은 (+)전하를 띠는 양성자와 전하를 띠지 않는 중성자로 이루어져 있다.

⑵ 원자의 크기[1]

① 원자의 크기는 매우 작으며, 원자의 종류에 따라 크기가 다르다.
② 원자핵의 크기[2]는 보통 원자 크기의 $\frac{1}{100000}$ 수준으로 원자 크기에 비해 매우 작다.

(2) 원자를 구성하는 입자

⑴ 원자를 구성하는 입자의 성질

원자를 구성하는 입자		기호	질량	상대 질량	전하량	상대 전하
원자핵	양성자	p, H^+	1.6726×10^{-24} g	1836	$+1.602 \times 10^{-19}$ C	$+1$
	중성자[3]	n	1.6749×10^{-24} g	1839	0	0
전자		e^-	9.1095×10^{-28} g	1	-1.602×10^{-19} C	-1

⑵ 기본 입자 : 물질을 구성하는 최소 단위의 입자

① 양성자는 두 개의 위(up) 쿼크와 한 개의 아래(down) 쿼크로 이루어져 있다.
② 중성자는 한 개의 위(up) 쿼크와 두 개의 아래(down) 쿼크로 이루어져 있다.
③ 전자는 더 이상 쪼개지지 않는 기본 입자이다.

기본 입자	종류			상대 전하
쿼크	위(up)	꼭대기(top)	맵시(charm)	$+\dfrac{2}{3}$
	아래(down)	바닥(bottom)	야릇한(strange)	$-\dfrac{1}{3}$
경입자 (렙톤)[4]	전자(e)	뮤온(μ)	타우(τ)	-1
	전자 중성미자(ν_e)	뮤온 중성미자(ν_μ)	타우 중성미자(ν_τ)	0

(개념확인3)

양성자와 중성자에 대한 설명이다. 괄호에 알맞은 수를 쓰시오.

(1) 양성자는 (　)개의 위(up) 쿼크와 (　)개의 아래(down) 쿼크로 이루어져 있다.
(2) 중성자는 (　)개의 위(up) 쿼크와 (　)개의 아래(down) 쿼크로 이루어져 있다.

(확인+3)

양성자와 중성자를 구성하고 있는 쿼크의 종류와 수를 참고하여 위(up) 쿼크와 아래(down) 쿼크 중 어떤 쿼크의 질량이 더 클지 예상하여 쓰시오.　　　　　(　　　　　)

① 원자의 질량

전자의 질량은 양성자와 중성자의 질량에 비해 매우 작은 값이기 때문에 원자의 질량을 결정하는 것은 양성자와 중성자의 질량이라고 볼 수 있다.

② 원자핵의 크기

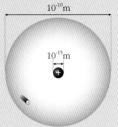

10^{-10} m
10^{-15} m

▲ 수소 원자의 크기

③ 중성자의 역할

중성자는 원자핵 속에서 양성자 사이의 정전기적 반발력을 무마하여 양성자들이 원자핵 속에서 단단히 뭉쳐있을 수 있도록 도와주어 원자핵을 안정화하는 역할을 한다.

④ 렙톤(lepton)의 어원

'렙톤'이라는 이름은 물리학자 레옹 로장펠드(Léon Rosenfeld)가 1948년 '작고, 얇다'는 의미의 그리스어 λεπτός(렙토스)를 어원으로 삼아 명명하였다. 이후 1970년대에 양성자보다 두 배나 무거운 타우 입자가 발견되어 모든 렙톤이 다 가벼운 것은 아니라는 사실이 밝혀졌다.

4. 원자 번호와 동위 원소

(1) 원자 번호

⑴ **원자 번호** : 원소의 종류에 따라 다르게 붙인 고유 번호
　① 원자핵 속의 양성자 수에 의해 원자의 종류가 결정되므로 양성자의 수를 원소의 원자번호
　　로 정하여 사용한다.
　② 동일한 원소의 원자들은 같은 수의 양성자 수를 가진다.

⑵ **질량수**❶
　① 질량수❶ = 양성자 수 + 중성자 수
　② 전자의 질량은 양성자나 중성자 질량에 비해 무시할 정도로 매우 작기 때문에 원자핵 속의
　　양성자 수와 중성자 수를 합하여 원자의 상대적인 질량을 표현할 수 있다.

(2) 원자의 표시 방법

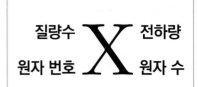

질량수 X 전하량	**예** 탄소 원자의 표시 방법 $^{12}_{6}\mathrm{C}$
원자 번호 　　　원자 수	**예** 나트륨 이온의 표시 방법 $^{23}_{11}\mathrm{Na}^{+}$

(3) 동위 원소❷ : 양성자 수는 같지만 중성자 수가 달라 질량수가 서로 다른 원소

　① 대부분의 원소들은 동위원소를 가지고 있다.
　② 동위 원소는 자연계에 일정한 비율로 존재한다.
　③ 동위 원소는 서로 같은 종류의 원소이다.

　예 수소의 동위 원소❸ : 자연계에 존재하는 대부분의 수소 원자들은 중성자 없이 양성자만 1개
　　가지고 있지만, 양성자와 중성자를 모두 갖고 있는 수소 원자들도 소량 존재한다.❹

[양성자 1개]　　[양성자 1개, 중성자 1개]　　[양성자 1개, 중성자 2개]
▲ 수소 ($^{1}_{1}\mathrm{H}$)　　▲ 중수소 ($^{2}_{1}\mathrm{H}$)　　▲ 삼중수소 ($^{3}_{1}\mathrm{H}$)

(4) 평균 원자량 : 동위 원소가 존재 하는 경우의 원자량은 각 동위 원소의 존재 비율을 고려한 평균 원자량으로 나타낸다.

　예 $_{17}\mathrm{Cl}$ 의 평균 원자량 : 자연계에는 원자량이 35 인 $^{35}_{17}\mathrm{Cl}$ 가 75.77 %, 원자량이 37 인 $^{37}_{17}\mathrm{Cl}$ 가
　　24.23 % 의 비율로 존재하기 때문에 평균 원자량은 다음과 같다.

$$_{17}\mathrm{Cl} \text{ 의 평균 원자량} = \frac{35 \times 75.77}{100} + \frac{37 \times 24.23}{100} ≒ 35.48 \Rightarrow \text{약 } 35.5$$

개념확인4　　　　　　　　　　　　　　　　　　　　　정답 및 해설 **24쪽**

$^{238}_{92}\mathrm{U}$ 원자의 중성자의 개수는 몇 개인지 쓰시오.

　　　　　　　　　　　　　　　　　　　　　　(　　　　　　　　　　)

확인+4

지구에는 원자량이 12 인 탄소 원자와 원자량이 13 인 탄소 원자가 일정 비율로 존재하고 있다. 탄소 원
자의 평균 원자량이 12.011 이라고 할 때, 원자량이 13 인 탄소 원자의 존재비는 몇 퍼센트(%) 인지 쓰시
오.

　　　　　　　　　　　　　　　　　　　　　　(　　　　　　　) %

---

❶ **질량수와 원자량**

질량수는 원자가 가지고 있는 양성자의 수와 중성자의 수를 단순히 더한 것이지만, 원자량은 질량수가 12인 탄소의 원자량이 12일 때, 원자들의 상대적 질량을 표기한 것이다.

❷ **동위 원소의 성질**

중성자는 원자의 화학적 성질에 거의 영향을 주지 않기 때문에 동위 원소들의 화학적 성질은 거의 같다. 그러나 질량이 다르므로 물리적 성질은 다르다.

❸ **수소의 동위 원소의 표기**

$^{1}_{1}\mathrm{H}$: Hydrogen (H)
$^{2}_{1}\mathrm{H}$: Deuterium (D)
$^{3}_{1}\mathrm{H}$: Tritium (T)

❹ **수소의 동위 원소의 존재비**

$^{1}_{1}\mathrm{H}$ (H) : 약 99.985%
$^{2}_{1}\mathrm{H}$ (D) : 약 0.015%
$^{3}_{1}\mathrm{H}$ (T) : 극 미량

○ **방사성 원소**

원소 중에는 안정하지 못하여 스스로 원자핵이 붕괴되는 핵 반응을 하면서 알파 (α)선, 베타(β)선, 감마 (γ)방사선 미니을 방출하는 원소들이 있다. 이러한 원소를 방사성 원소라고 한다.

$^{238}_{92}\mathrm{U} \rightarrow {}^{234}_{90}\mathrm{Th} + {}^{4}_{2}\mathrm{He}$
▲ α붕괴

미니사전

방사선 [放 내놓다 射 쏘다 線 줄, 선] 방사성 원소의 붕괴에 따라 물체에서 방출되는 입자나 전자기파. 프랑스의 물리학자 베크렐이 우라늄 화합물에서 발견한 것으로, 알파(α)선·베타(β)선·감마(γ)선이 있다.

01 음극선의 성질을 알아보기 위해 음극선의 진로 방향에 물체를 놓았더니 다음과 같이 그림자가 생겼다. 이 실험 결과를 통해 알 수 있는 음극선의 성질은?

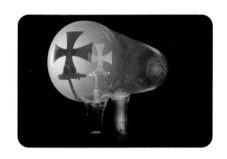

① 음극선은 직진한다.
② 음극선은 (+)전하를 띠고 있다.
③ 음극선은 (−)전하를 띠고 있다.
④ 음극선은 스스로 발광하는 입자의 흐름이다.
⑤ 음극선은 질량을 가지고 있는 입자의 흐름이다.

02 러더퍼드의 α입자 산란 실험이다. 이 실험을 통해 발견된 것은?

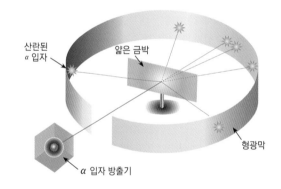

① 전자 ② 양성자 ③ 중성자 ④ 원자핵 ⑤ 쿼크

03 α입자와 같은 입자는?

① H^+ ② He^+ ③ He^{2+} ④ Ne^+ ⑤ Ar^{2+}

04 가장 무거운 입자는?

① 전자 ② 중성자 ③ 양성자 ④ 위 쿼크 ⑤ 아래 쿼크

정답 및 해설 **24 쪽**

05

원자의 구성 입자에 대한 설명이다. 옳은 것은 ○표, 옳지 않은 것은 ×표 하시오.

(1) 기본 입자는 물질을 구성하는 최소 단위의 입자로 더 이상 쪼개지지 않는다.　　　(　　)

(2) 모든 원자는 양성자, 중성자, 전자로 이루어져있다.　　　(　　)

(3) 양성자와 중성자는 두 개의 위(up) 쿼크와 한 개의 아래(down) 쿼크로 이루어져있다.

　　　(　　)

06

어떤 원자 X 의 핵전하량은 $+3.2 \times 10^{-18}$ C 이다. 전자 1개의 전하량이 -1.6×10^{-19} C 일 때, 원자 X 의 원자번호로 옳은 것은?

① 18　　　　② 19　　　　③ 20　　　　④ 21　　　　⑤ 22

07

어떤 원자 X~Z 의 원자 구조를 모형으로 나타낸 것이다. 이에 대한 설명으로 옳은 것만을 〈보기〉에서 있는 대로 고른 것은?

X　　　　　　Y　　　　　　Z

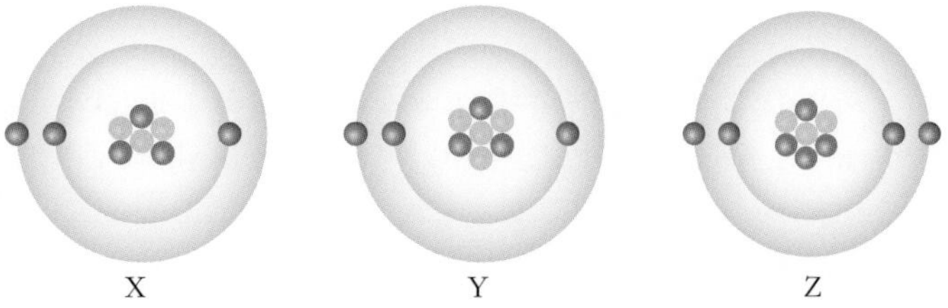

─── 〈 보기 〉 ───

ㄱ. X 와 Y 는 물리적 성질이 같다.
ㄴ. Y 와 Z 는 질량수가 같다.
ㄷ. X 와 Z 는 원자 번호가 같다.

① ㄱ　　　② ㄴ　　　③ ㄷ　　　④ ㄱ, ㄴ　　　⑤ ㄴ, ㄷ

08

수소와 산소의 동위 원소의 종류를 나타낸 표이다.

수소의 동위 원소	산소의 동위 원소
^1_1H　^2_1H　^3_1H	$^{16}_8O$　$^{18}_8O$

이에 대한 설명으로 옳은 것만을 〈보기〉에서 있는 대로 고른 것은?

─── 〈 보기 〉 ───

ㄱ. 분자량이 서로 다른 물 분자는 6 가지가 존재한다.
ㄴ. 분자량이 다르더라도 물 분자의 끓는점은 모두 동일하다.
ㄷ. $^{16}_8O$ 와 $^{18}_8O$ 의 화학적 성질은 동일하다.

① ㄱ　　　② ㄴ　　　③ ㄷ　　　④ ㄱ, ㄴ　　　⑤ ㄴ, ㄷ

유형 익히기 & 하브루타

양극선 실험 장치를 간단한 그림으로 표현한 것이다. 이 실험에 대한 설명으로 옳은 것만을 〈보기〉에서 있는 대로 고른 것은?

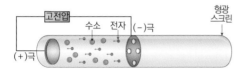

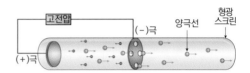

· 낮은 압력의 수소 기체가 들어 있는 방전관에 높은 전압을 걸어 주면 (−)극에서 음극선이 발생하여 (+)극 쪽으로 이동한다.

· 음극선을 이루는 전자가 수소 기체와 충돌하여 (+)전하를 띠는 입자의 흐름인 양극선이 발생한다.
· (−)극을 통과한 양극선은 형광 스크린에 충돌하여 반짝이는 점처럼 나타난다.

〈 보기 〉

ㄱ. 수소 기체 대신 헬륨 기체를 넣고 양극선 실험을 진행하여도 양극선이 발생한다.
ㄴ. 양극선을 이루는 입자는 음극선을 이루는 입자에 비해 비전하가 크다.
ㄷ. 양극선 실험을 통해 최초로 원자 내의 (+)전하를 띤 입자의 존재를 확인한 과학자는 러더퍼드이다.

① ㄱ   ② ㄴ   ③ ㄷ   ④ ㄱ, ㄴ   ⑤ ㄱ, ㄷ

01

톰슨의 음극선 실험이다.

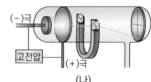

(가)   (나)

이에 대한 설명으로 옳은 것만을 〈보기〉에서 있는 대로 고른 것은?

〈 보기 〉

ㄱ. (가)의 결과로 음극선이 직진하는 입자의 흐름임을 알 수 있다.
ㄴ. (나)의 결과로 음극선을 구성하는 입자가 (−)전하를 띠고 있다는 것을 알 수 있다.
ㄷ. 전극을 구성하는 금속의 종류에 관계없이 (가), (나)의 실험 결과는 같다.

① ㄱ   ② ㄴ   ③ ㄷ   ④ ㄱ, ㄴ   ⑤ ㄴ, ㄷ

02

양극선 실험에 대한 설명으로 옳지 <u>않은</u> 것은?

① 양극선 실험에서 음극선을 관측할 수 있다.
② 양극선을 발견한 과학자는 골트슈타인이다.
③ 양극선은 방전관에 채워진 기체 양이온의 흐름이다.
④ 양극선 실험을 통해서는 중성자의 존재를 확인할 수 없다.
⑤ 기체 방전관에 수소 기체 대신 헬륨 기체를 넣고 실험한다면, 양극선의 비전하는 증가한다.

[유형 6-2] 원자핵과 중성자의 발견

α입자 산란 실험이다. 이 실험에 대한 설명으로 옳은 것만을 〈보기〉에서 있는 대로 고른 것은?

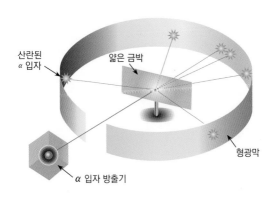

산란된
α 입자

얇은 금박

형광막

α 입자 방출기

― 〈 보기 〉 ―

ㄱ. 실험 결과 대부분의 α 입자는 큰 각도로 휘거나 튕겨 나왔다.

ㄴ. 위 실험 결과를 근거로 러더퍼드는 원자 중심에 (+)전하를 띤 입자가 존재한다고 주장하였다.

ㄷ. 위 실험을 통해 양성자가 발견되었다.

① ㄱ   ② ㄴ   ③ ㄷ   ④ ㄱ, ㄴ   ⑤ ㄱ, ㄴ, ㄷ

03 α 입자 산란 실험을 통해 다음 그림과 같은 결과를 얻었다. 이에 대한 해석으로 옳은 것만을 〈보기〉에서 있는 대로 고른 것은?

형광 스크린 중앙

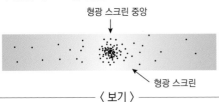

형광 스크린

― 〈 보기 〉 ―

ㄱ. 원자는 대부분 빈 공간으로 되어 있다.

ㄴ. 원자 내부의 (+)전하를 갖는 입자와 (−)전하를 갖는 입자의 수는 같다.

ㄷ. 원자 내부에는 크기가 작고 원자 질량의 대부분을 차지하는 입자가 존재한다.

① ㄱ   ② ㄴ   ③ ㄷ   ④ ㄱ, ㄴ   ⑤ ㄱ, ㄷ

04 원자를 구성하는 입자들이다. 기호를 이용하여 발견된 순서대로 나열하시오.

― 〈 보기 〉 ―

ㄱ. 원자핵   ㄴ. 중성자   ㄷ. 전자

(   ) → (   ) → (   )

[유형 6-3] 원자의 구성 입자

수소 원자의 구조를 모형으로 나타낸 것이다. 이에 대한 설명으로 옳은 것만을 〈보기〉에서 있는 대로 고른 것은?

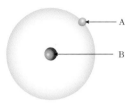

─────〈 보기 〉─────

ㄱ. 수소 원자를 구성하고 있는 A 와 B 는 모두 기본 입자이다.
ㄴ. A 입자와 B 입자 사이에는 정전기적인 인력이 작용한다.
ㄷ. B 입자는 더 작은 입자로 쪼갤 수 있다.

① ㄱ   ② ㄴ   ③ ㄷ   ④ ㄱ, ㄴ   ⑤ ㄴ, ㄷ

05 원자의 구성 입자에 대한 설명으로 옳은 것은?

① 양성자와 중성자의 질량은 똑같다.
② 모든 원자의 원자핵에는 중성자가 존재한다.
③ 모든 원자에서 양성자 수는 중성자 수와 같다.
④ 양성자 수와 중성자 수를 더한 값을 질량수라고 한다.
⑤ 원자가 양이온이 될 때 원자핵의 질량은 감소한다.

06 기본 입자에 대한 설명으로 옳은 것만을 〈보기〉에서 있는 대로 고른 것은?

─────〈 보기 〉─────

ㄱ. 뮤온과 타우는 경입자이다.
ㄴ. 양성자는 세 종류의 쿼크로 이루어져 있다.
ㄷ. 쿼크는 모두 (＋)전하를 띤다.
ㄹ. 위(up) 쿼크와 아래(down) 쿼크는 원자를 구성하는 입자이다.

① ㄱ, ㄴ   ② ㄴ, ㄷ   ③ ㄱ, ㄹ
④ ㄴ, ㄹ   ⑤ ㄱ, ㄷ, ㄹ

[유형 6-4] 원자 번호와 동위 원소

어떤 동위 원소 (가)와 (나)의 원자핵을 나타낸 것이다.

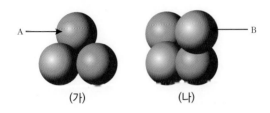

(가)   (나)

이에 대한 설명으로 옳은 것만을 〈보기〉에서 있는 대로 고른 것은?

〈 보기 〉

ㄱ. (가)와 (나)의 질량수는 같다.
ㄴ. A의 개수는 원자 번호와 같다.
ㄷ. B는 (+)전하를 띠는 입자이다.

① ㄱ   ② ㄴ   ③ ㄷ   ④ ㄱ, ㄴ   ⑤ ㄴ, ㄷ

07 수소의 동위 원소를 모형으로 나타낸 것이다.

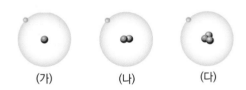

(가)   (나)   (다)

이에 대한 설명으로 옳은 것만을 〈보기〉에서 있는 대로 고른 것은?

〈 보기 〉

ㄱ. (가)와 (나)의 화학적 성질은 같다.
ㄴ. (나)는 (다)보다 핵전하량이 크다.
ㄷ. 원자 1개의 질량은 모두 같다.

① ㄱ   ② ㄴ   ③ ㄷ
④ ㄱ, ㄴ   ⑤ ㄴ, ㄷ

08 중성 원자 A, B, C 를 구성하는 입자 수를 나타낸 것이다.

구성 입자 ＼ 원자	A	B	C
양성자 수		1	2
중성자 수	2	2	1
전자 수	2		

이 중 화학적 성질이 서로 같은 원소를 옳게 짝지은 것은?

① A, B   ② A, C   ③ B, C
④ A, B, C   ⑤ 없다

01 톰슨의 음극선 실험에 관한 자료이다.

영국의 물리학자인 톰슨은 음극선 실험을 통하여 음극선이 단순한 광선이 아니라 전자의 흐름임을 알아내었다. 또한 전기장과 자기장에 의해 전자가 휘어지는 사실을 이용하여 전자의 비전하($\frac{e\,(전자\ 전하량)}{m\,(전자\ 질량)}$)가 1.76×10^8 C/g 임을 밝혀 내었다.

(-)극
고전압 (+)극
(-)극
(+)극
▲ 음극선 실험 1

(-)극
고전압
(+)극
▲ 음극선 실험 2

회전
(-)극
고전압 (+)극
바람개비
▲ 음극선 실험 3

(-)극
그림자
고전압 (+)극
▲ 음극선 실험 4

(1) 〈음극선 실험 3〉에서 바람개비가 회전하는 이유를 서술하시오.

(2) 톰슨은 전극을 구성하는 금속의 종류를 바꾸어가며 음극선 실험을 반복하였다. 그 결과, 음극선의 비전하는 항상 동일하게 측정되었다. 이를 통해 알 수 있는 사실을 음극선을 구성하는 입자와 관련지어 서술하시오.

(3) 음극선 실험을 통해 전자를 발견한 톰슨은 오른쪽 그림과 같은 원자 모형을 제시하였다. 실험을 통해 (+)전하를 띤 입자의 존재를 확인하지 못했음에도 불구하고, 톰슨이 원자에 (+)전하를 띤 부분이 있다고 생각한 이유는 무엇일지 서술하시오.

02 러더퍼드는 α입자 산란 실험의 결과에 대해 훗날 "40 cm 포탄을 발사했는데, 그 포탄이 얇은 종이 한장에 맞고 내 쪽으로 반사된 것 만큼이나 믿기지 않는 일이었다." 고 말하였다. 만일 톰슨의 주장대로 원자가 (+)전하를 띤 공 모양의 원자에 전자가 박혀 있는 구조였다면, 러더퍼드의 α입자 산란 실험의 결과는 어떻게 달라졌을지 예상되는 α입자의 경로를 그리시오.

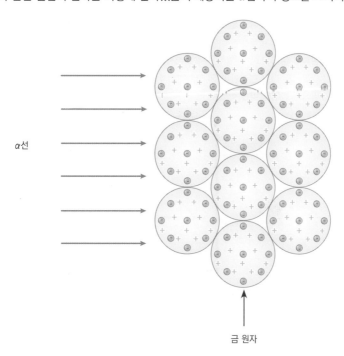

α선

금 원자

03 다음은 ${}^{1}_{1}H$ 와 ${}^{16}_{8}O$ 로 이루어진 얼음, ${}^{1}_{1}H$ 와 ${}^{16}_{8}O$ 로 이루어진 물, 그리고 ${}^{2}_{1}H$ 와 ${}^{16}_{8}O$ 로 이루어진 얼음이 함께 존재할 때의 모습이다. A~C 의 분자량을 각각 쓰고, 끓는점이 같은 물질을 짝지으시오.

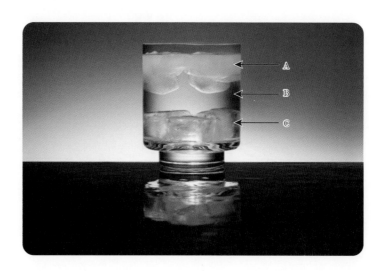

04 미국의 물리학자 밀리칸(R. A. Millikan)은 1906년 기름 방울 실험을 통해 전자 1 개의 실제 전하의 크기를 알아내었다. 주어진 자료를 참고하여 물음에 답하시오.

(A) 톰슨은 전자가 1 g 당 1.76×10^8 C 의 전하를 갖는다는 것을 알아내었으나, 그의 실험 결과만으로는 전자 1개의 실제 질량과 전하를 알아 낼 수는 없었다.

(B) X 선을 기름 방울에 쪼이면 일부 기름 방울에서 X 선으로부터 에너지를 얻은 전자가 튀어나가 (+)전하를 띤 기름 방울이 생성되고, 이때 튀어나온 전자를 얻어 (−)전하를 띤 기름 방울도 생성된다.

(C) 밀리컨은 다음 그림과 같은 장치에서 전극판 사이에 기름 방울을 분사한 후, 강한 X 선을 기름 방울에 쬐어 기름 방울이 전하를 띠게 하였다.

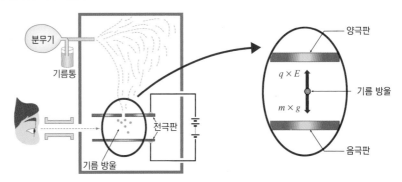

(D) 전극판 사이에 위치한 (−)전하를 띤 기름 방울의 연직 방향으로는 중력이 작용하고, 중력과 반대 방향으로는 정전기적 반발력이 작용한다. 따라서 전기장의 세기를 조절하면, 중력과 전기력이 평형을 이루게 되어 기름 방울이 공중에서 움직이지 않고 떠 있게 된다.

(E) 기름 방울에 작용하는 중력(F) = 기름 방울의 질량(m) × 중력 가속도(g)

기름 방울에 작용하는 전자기력(F) = 기름 방울의 전하량(q) × 전기장의 세기(E)

(1) 대훈이는 전자 1 개의 실제 질량을 알아보기 위해 기름 방울 실험을 진행하였다. 실험 결과 대훈이가 관찰한 (−)전하를 띤 기름 방울 A, B, C, D, E 의 평균 전하량은 다음과 같았다.

기름 방울	평균 전하량
A	4.86×10^{-19} C
B	6.48×10^{-19} C
C	1.62×10^{-19} C
D	3.24×10^{-19} C
E	1.62×10^{-19} C

이 자료를 근거로 전자 1 개의 전하량을 구하시오.

(2) (1)에서 구한 전자 1 개의 전하량을 이용하여 전자 1 개의 질량을 구하시오.

05

탄소 연대 측정법과 관련된 글이다. 주어진 자료를 참고하여 물음에 답하시오.

(A) 1960년 노벨화학상 수상자인 미국의 화학자 윌라드 리비(Willard Frank Libby)가 개발한 탄소 연대 측정법은 방사능 물질의 반감기를 이용해 과거 유물이나 자연물의 연대를 측정하는 방식이다. 탄소는 ^{12}C, ^{13}C, ^{14}C 의 세 가지 동위 원소로 존재하는데, 탄소를 함유하고 있는 대기 중의 이산화 탄소에는 ^{12}C, ^{13}C, ^{14}C 의 비율이 항상 일정하다. 따라서 이산화 탄소를 흡수하는 식물이나, 동물 내에서도 이 비율은 항상 일정하다. 그런데 ^{12}C와 ^{13}C 은 비교적 안정한 원소이므로 생물이 죽어도 그대로 남아 있는 반면, 방사성 원소인 ^{14}C 는 생물이 죽어 더 이상 대기 중의 이산화 탄소를 흡수하지 못할 경우 시간이 지나면 그 양이 점차 감소하게 된다. 그러므로 ^{12}C, ^{13}C 와 ^{14}C 의 비율을 정확히 측정하면 생명체의 사망 시기를 확인할 수 있다.

(B) 방사성 원소는 안정하지 못하기 때문에 원자핵이 붕괴되는 반응을 하게 되는데, 방사성 원소의 양이 반으로 줄어드는데 걸리는 시간을 반감기라고 한다. ^{14}C 의 반감기는 약 5730년이므로, 생물체가 사망한 경우, 생물체 내 존재하고 있던 ^{14}C 의 총량이 절반으로 줄어드는 데까지 약 5730년, $\frac{1}{4}$ 로 줄어드는 데까지 약 11460년 가량 걸린다고 볼 수 있다.

(C) 탄소의 동위 원소는 현재까지 15 종이 알려져 있으나 이 중 자연계에 존재하는 것은 ^{12}C, ^{13}C, ^{14}C 이며, 그 존재비와 반감기는 다음 표와 같다.

	^{12}C	^{13}C	^{14}C
존재비	약 98.93 %	약 1.07 %	약 10^{-10} %
반감기	안정함	안정함	5730년

(1) 탄소 연대 측정법으로는 연대 측정이 불가능한 것만을 〈보기〉에서 있는 대로 골라 기호로 쓰고, 그 이유를 서술하시오.

〈 보기 〉

ㄱ. 동검   ㄴ. 금관   ㄷ. 팔만대장경 목판   ㄹ. 명화

(2) 탄화미는 오랜 기간 동안 불에 타거나 화학적 변화가 일어난 쌀을 의미한다. 1988년 충북 청원에서 발견된 탄화미의 탄소 연대 측정 결과, 이 탄화미를 구성하는 탄소의 동위 원소 중 ^{12}C 와 ^{14}C 의 양의 비율($\frac{^{12}C}{^{14}C}$)과 그 해 수확한 쌀에 포함된 탄소의 동위 원소 중 ^{12}C 와 ^{14}C의 양의 비율($\frac{^{12}C}{^{14}C}$)의 상대값이 다음 표와 같았다. 이 탄화미는 발굴 시점으로부터 약 몇 년 전에 수확되었다고 추측할 수 있을지 서술하시오.

▲ 탄화미

	1988년 충북 청원에서 발견된 탄화미	1988년 가을에 수확한 쌀
$\frac{^{12}C}{^{14}C}$ 의 상대값	8	1

스스로 실력 높이기

01 그림과 같은 실험을 통해 발견된 입자에 대한 설명으로 옳은 것은 O표, 옳지 않은 것은 X표 하시오.

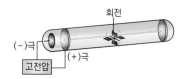

(1) 질량을 갖는다.   (   )

(2) 전하를 띤다.   (   )

(3) 스스로 빛을 낸다.   (   )

02 그림과 같은 실험을 통해 발견된 입자에 대한 설명으로 옳은 것은 O표, 옳지 않은 것은 X표 하시오.

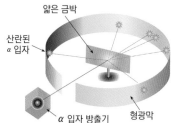

(1) 원자에 비해 부피가 매우 작다.   (   )

(2) 기본 입자의 한 종류이다.   (   )

(3) (+)전하를 띠는 입자이다.   (   )

03 다음 입자를 발견한 과학자의 이름을 쓰시오.

(1) 원자핵   (   )

(2) 전자   (   )

(3) 중성자   (   )

04 다음에서 설명하는 것이 무엇인지 쓰시오.

원소의 종류에 따라 다르게 붙인 고유 번호

(   )

05 빈 칸에 알맞은 말을 쓰시오.

원자 번호가 큰 원소의 원자핵은 원자핵 내부에서 양성자들 사이의 전기적인 반발력이 크게 작용하여 불안정하다. 이러한 원소들 중 특히 불안정하여 원자핵 붕괴를 하는 원소를 (   ) 원소라고 한다.

(   )

06 양성자 1개의 상대 전하를 +1 이라고 할 때, 다음 입자들의 상대 전하를 쓰시오.

(1) 전자   (   )

(2) 위(up) 쿼크   (   )

(3) 아래(down) 쿼크   (   )

(4) 중성자   (   )

(5) 전자 중성미자   (   )

07 원자에 대한 설명으로 옳은 것은 O 표, 옳지 않은 것은 X 표 하시오.

(1) 원자 번호는 양성자의 수와 같다.   (   )

(2) 원자는 기본 입자이다.   (   )

(3) 원자의 크기는 종류에 따라 다르다.   (   )

(4) 원자는 전기적으로 중성이다.   (   )

08 설명 중 옳은 것은 O 표, 옳지 않은 것은 X 표 하시오.

(1) 동위 원소들의 물리적 성질은 같지만 화학적 성질은 다르다.   (   )

(2) 같은 종류의 원자는 항상 같은 수의 중성자를 가진다.   (   )

(3) 양성자의 수와 중성자의 수를 더한 값을 질량수라고 한다.   (   )

[09-10] 원자 A, B 와 이온 C^{2-}, D^+ 에 대한 자료를 나타낸 것이다.

	A	B	C^{2-}	D^+
양성자 수	(가)	8	8	11
중성자 수	10	(다)	9	12
전자 수	8	(라)	10	(바)
질량 수	(나)	16	(마)	23

09 (가)~(바)에 알맞은 값을 구하시오.

(1) (가) : (   )   (2) (나) : (   )

(3) (다) : (   )   (4) (라) : (   )

(5) (마) : (   )   (6) (바) : (   )

10 A~D 중 화학적 성질이 같은 원소를 모두 고르시오.

(   )

Ⓑ

11 다음 실험에 대한 설명으로 옳은 것은?

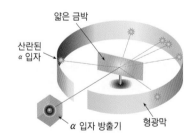

① α 입자는 스스로 빛을 낸다.
② α 입자는 전자와 충돌해서 튕겨 나온다.
③ 대부분의 α 입자는 금박을 그대로 통과한다.
④ 채드윅은 위 실험을 통해 중성자를 발견하였다.
⑤ 원자핵과 전자는 전하량의 크기가 같고, 부호는 반대이다.

12 원자를 구성하는 입자에 대한 설명으로 옳지 **않은** 것은?

① 전자는 질량이 없다.
② 중성자는 전하를 띠지 않는다.
③ 중성자를 가지지 않는 원자도 존재한다.
④ 양성자는 원자핵이 갖는 (+)전하의 단위 입자이다.
⑤ 원자를 구성하는 입자 중에서 가장 먼저 발견된 것은 전자이다.

[13-14] 그림 (가)는 음극선 실험 장치, (나)는 α 입자 산란 실험 장치를 나타낸 것이다. 다음 물음에 답하시오.

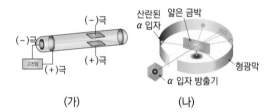

(가)   (나)

13 실험 (가), (나)에 대한 설명으로 옳은 것만을 〈보기〉에서 있는 대로 고른 것은?

〈 보기 〉

ㄱ. (가)의 실험 결과 발견된 입자는 질량을 가지지 않는다.
ㄴ. (가)와 (나)의 실험 결과 제시된 원자 모형에는 모두 전자가 존재한다.
ㄷ. (나)의 결과 원자핵은 양성자와 중성자로 이루어져 있다는 것을 알게 되었다.

① ㄱ   ② ㄴ   ③ ㄷ
④ ㄱ, ㄴ   ⑤ ㄱ, ㄷ

14 (나)의 실험 결과 소수의 α 입자가 큰 각도로 산란되는 것이 확인되었다. 이에 대한 이유를 설명한 것으로 옳은 것은?

① 원자에 전자가 존재하기 때문이다.
② 원자의 대부분이 빈 공간이기 때문이다.
③ α 입자가 탄성을 가진 입자이기 때문이다.
④ 원자 전체에 (+)전하가 고르게 분포하기 때문이다.
⑤ 원자 내부에 부피가 매우 작으나 질량이 크고 (+)전하를 띠는 입자가 존재하기 때문이다.

15 임의의 중성 원자 A~E 의 전자수를 $\dfrac{\text{중성자 수}}{\text{양성자 수}}$ 값에 따라 나타낸 것이다.

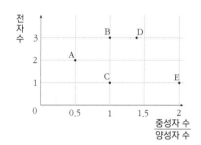

이에 대한 설명으로 옳은 것만을 〈보기〉에서 있는 대로 고른 것은?

─── 〈 보기 〉 ───
ㄱ. A 와 B 는 동위 원소이다.
ㄴ. C 와 E 는 화학적 성질이 같다.
ㄷ. 중성자 수는 E 가 D 의 2 배이다.

① ㄱ   ② ㄴ   ③ ㄷ
④ ㄱ, ㄴ   ⑤ ㄱ, ㄷ

16 어떤 원소의 이온을 기호로 표시한 것이다.

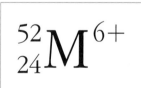

$$^{52}_{24}M^{6+}$$

이에 대한 설명으로 옳은 것만을 〈보기〉에서 있는 대로 고른 것은? (단, M 은 임의의 원소 기호이다.)

─── 〈 보기 〉 ───
ㄱ. 중성 원자 M 의 전자의 수는 24 개이다.
ㄴ. 이 이온은 중성자의 수 보다 전자의 수가 더 많다.
ㄷ. 이 이온의 중성자의 수는 양성자의 수와 같다.

① ㄱ   ② ㄴ   ③ ㄷ
④ ㄱ, ㄴ   ⑤ ㄱ, ㄷ

17 수소의 동위 원소가 $^{1}_{1}H$, $^{2}_{1}H$, $^{3}_{1}H$ 의 3 가지, 산소의 동위 원소가 $^{16}_{8}O$, $^{17}_{8}O$, $^{18}_{8}O$ 의 3 가지로 존재할 경우, 이로부터 생성되는 분자량이 서로 다른 물 분자는 모두 몇 가지인가?

(   ) 가지

18 어떤 원소의 동위 원소 A, B 의 원자핵을 그림으로 나타낸 것이다.

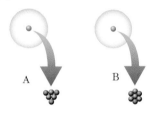

이에 대한 설명으로 옳은 것만을 〈보기〉에서 있는 대로 고른 것은? (단, A, B 는 임의의 원소 기호이다.)

─── 〈 보기 〉 ───
ㄱ. A 와 B 의 원자 번호는 4이다.
ㄴ. A 와 B 는 물리적 성질이 같다.
ㄷ. ● 은 중성자이다.

① ㄱ   ② ㄴ   ③ ㄷ
④ ㄱ, ㄴ   ⑤ ㄱ, ㄷ

19 그림 (가)와 (나)는 원자의 구성 입자를 발견한 실험을 나타낸 것이다.

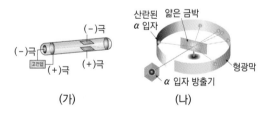

실험 (가)와 (나)를 통해 발견된 입자가 모두 표현되어 있는 모형으로 옳은 것만을 〈보기〉에서 있는 대로 고른 것은?

─── 〈 보기 〉 ───
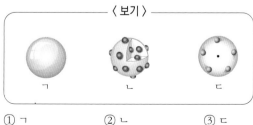

① ㄱ   ② ㄴ   ③ ㄷ
④ ㄱ, ㄴ   ⑤ ㄴ, ㄷ

C

20 원자를 구성하는 입자의 성질을 나타낸 것이다.

원자를 구성하는 입자		질량	전하량
원자핵	양성자	(가)	$+1.602 \times 10^{-19}$ C
	중성자	(나)	0
전자		(다)	(라)

이에 대한 설명으로 옳은 것만을 〈보기〉에서 있는 대로 고른 것은?

─── 〈 보기 〉 ───
ㄱ. (가)는 (나)와 같다.
ㄴ. (가)~(다) 중 가장 작은 값을 갖는 것은 (다)이다.
ㄷ. (라)는 -1.602×10^{-19} C 이다.

① ㄱ   ② ㄴ   ③ ㄷ
④ ㄱ, ㄴ   ⑤ ㄴ, ㄷ

21 자연계에 존재하는 염소 기체(Cl_2)의 분자량에 따른 존재 비율을 상댓값으로 나타낸 것이다.

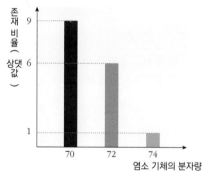

이에 대한 설명으로 옳은 것만을 〈보기〉에서 있는 대로 고른 것은?

─── 〈 보기 〉 ───
ㄱ. 염소의 동위 원소 중 가장 가벼운 원소의 원자량은 35이다.
ㄴ. 염소의 동위 원소는 2 가지이다.
ㄷ. 가장 가벼운 염소 원자와 가장 무거운 염소 원자는 자연계에 3 : 1 의 비율로 존재한다.

① ㄱ   ② ㄴ   ③ ㄷ
④ ㄱ, ㄴ   ⑤ ㄱ, ㄴ, ㄷ

22 표는 원소 A, B 에 대한 자료이다.

원소	동위 원소	원자량	평균 원자량
A	$^{10}_{5}A$	10.0	10.8
	$^{11}_{5}A$	11.0	
B	$^{35}_{17}B$	35.0	35.5
	$^{37}_{17}B$	37.0	

이에 대한 설명으로 옳은 것만을 〈보기〉에서 있는 대로 고른 것은? (단, A 와 B 는 임의의 원소이며, A 와 B 의 동위 원소는 표에 제시된 것만 존재한다고 가정한다.)

─── 〈 보기 〉 ───
ㄱ. 자연계에는 $^{10}_{5}A$ 가 $^{11}_{5}A$ 보다 많이 존재한다.
ㄴ. $^{35}_{17}B$ 와 $^{37}_{17}B$ 의 존재 비율은 1 : 1 이다.
ㄷ. $^{10}_{5}A$ 와 $^{11}_{5}A$ 의 화학적 성질은 같다.

① ㄱ   ② ㄴ   ③ ㄷ
④ ㄱ, ㄴ   ⑤ ㄴ, ㄷ

23 수소의 동위 원소 ^{1}H(H) 와 ^{2}H(D) 로 이루어진 2 가지 얼음 (가)와 (나)를 물(H_2O)에 넣었을 때의 모습이다.

얼음 (가)

얼음 (나)

이에 대한 설명으로 옳은 것만을 〈보기〉에서 있는 대로 고른 것은? (단, 얼음 (가)와 (나)의 분자식은 H_2O 와 D_2O 중 하나이다.)

─── 〈 보기 〉 ───
ㄱ. 얼음 (가)의 분자식은 H_2O 이다.
ㄴ. 얼음 (나)는 녹을 때 부피가 증가한다.
ㄷ. 얼음 (가)와 얼음 (나)의 녹는점은 동일하다.

① ㄱ   ② ㄴ   ③ ㄷ
④ ㄱ, ㄴ   ⑤ ㄱ, ㄷ

24 임의의 원자 A~E 의 원자 번호와 중성자 수를 나타낸 것이다.

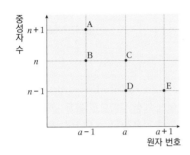

A~E 에 대한 설명으로 옳은 것만을 〈보기〉에서 있는 대로 고른 것은?

〈 보기 〉

ㄱ. A, C, E 의 질량수는 서로 같다.
ㄴ. B 와 D 는 동위 원소이다.
ㄷ. D 와 E 는 화학적 성질이 같다.

① ㄱ   ② ㄴ   ③ ㄷ
④ ㄱ, ㄴ   ⑤ ㄱ, ㄷ

심화

25 α입자 산란 실험에서 금($_{79}$Au)박 대신에 알루미늄($_{13}$Al)박에 α입자를 충돌시켰다면 실험 결과는 어떻게 되었을지 서술하시오.

〈α입자 산란 실험〉

26 금 원자를 향해 쏘아진 α입자를 그림으로 나타낸 것이다. A~C 중 산란각이 가장 클 것으로 예상되는 α입자를 고르고, 그 이유에 대해 서술하시오.

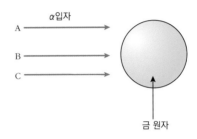

27 브로민 분자(Br_2)의 분자량에 따른 자연계에서의 존재 비를 나타낸 것이다.

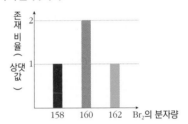

(1) 브로민(Br)의 동위 원소는 몇 가지인가?

(2) 자연계에 존재하는 브로민(Br) 동위 원소의 존재 비를 구하시오.

28 동위 원소 A 와 B 의 원자의 모형과 두 동위 원소에 대한 정보를 나타낸 표이다.

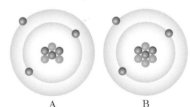

	A	B
원자량	6	(가)
존재 비율(%)	7 %	93 %

(1) (가)에 들어갈 알맞은 값은?

(2) A 와 B 를 구성하고 있는 쿼크 개수의 총합은?

(3) A 와 B 의 평균 원자량은?

(4) A 와 B 를 구성하고 있는 기본 입자 중에서 가장 무거운 입자는 무엇인가?

29 원자의 구조와 관련된 낱말 퍼즐이다. 빈칸에 알맞은 말을 쓰시오.

[가로 낱말]
1. 러더퍼드가 원자핵을 발견하게 된 계기가 된 실험
3. (+)전하를 띤 입자의 흐름
5. 전하의 양
7. 단위 질량당 전하의 양

[세로 낱말]
2. 물질을 구성하는 더 이상 쪼개지지 않는 가장 작은 입자
4. 전자를 발견하게 된 계기가 된 실험
5. 원자를 구성하는 입자 중 가장 가벼운 입자
6. 양성자 수 + 중성자 수

30 그림의 실험에서 발생한 입자 A 를 원소 기호를 이용하여 쓰고, 입자 A 를 구성하고 있는 기본 입자의 종류와 수를 쓰시오. (단, 이 실험에서 사용된 수소 기체는 질량수가 1 인 수소 원자로만 구성되어 있다.)

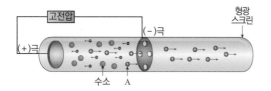

[31-32] 무한이는 분자량이 서로 다른 두 종류의 수소 기체를 구분하기 위하여 다음과 같은 실험을 하였다. 다음 물음에 답하시오.

〈 실험 과정 〉

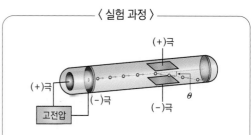

1. 낮은 압력의 수소 기체 A 가 채워진 방전관의 한 쪽 끝에는 (+)전극을, 가운데에는 작은 구멍을 뚫어 놓은 (−)전극을 설치한다.
2. 양극선이 지나는 길에 또 다른 (+)전극과 (−)전극을 설치하여 양극선이 (+)전극과 (−)전극 사이를 통과하도록 한다.
3. 방전관 내부에 수소 기체 A 대신 수소 기체 B를 넣고 동일한 실험을 반복한다.
4. 실험에 사용한 수소 기체 A 와 수소 기체 B 의 분자량은 다음과 같다.

수소 기체	분자량
A	2
B	4

31 위 실험에 대한 설명 중 옳지 <u>않은</u> 것을 〈보기〉에서 있는 대로 골라 바르게 고쳐 쓰시오.

〈 보기 〉

ㄱ. 방전관에 아르곤 기체를 넣고 위의 실험을 진행하면 양극선은 발생하지 않는다.
ㄴ. 방전관에 넣어주는 기체의 종류와 무관하게 양극선이 휘어지는 각도(θ)는 일정하다.
ㄷ. 수소 기체 B를 넣었을 때 발생한 양극선은 양성자이다.
ㄹ. 위 실험에서 음극선이 발생한다.

32 수소 기체 A 와 B 중 실험에서 발생한 양극선이 휘는 각도(θ)가 더 큰 것은 무엇인지 그 이유와 함께 서술하시오.

7강. 원소의 기원

1. 원자 내에 작용하는 힘

1. 원자 내에 작용하는 힘   2. 핵반응
3. 원소의 기원 1   4. 원소의 기원 2

(1) 자연계에 존재하는 4가지 힘 (기본 상호 작용[1])

상호 작용	상대적 크기(핵 안에서)	작용 범위
중력(만유인력)	10^{-36}	∞
전자기력	1	∞
강한 상호 작용(강력)	20	10^{-15} m
약한 상호 작용(약력)	10^{-7}	10^{-17} m

(1) 중력(만유인력)[2]
① 질량을 가진 두 물체 사이에 작용하는 힘으로 크기는 질량의 곱에 비례하고 거리에 반비례한다.
② 네 가지 기본 힘 중 가장 먼저 발견된 힘으로 인력으로만 작용한다.

(2) 전자기력[3]
① 전하들 사이에 작용하는 힘으로 크기는 전하량의 곱에 비례하고 거리에 반비례한다.
② 같은 종류의 전하를 띤 입자 사이에서는 반발력이, 서로 다른 종류의 전하를 띤 입자 사이에서는 인력이 작용한다.

(3) 강한 상호 작용(강한 핵력)
① 쿼크들 사이와 핵자(양성자, 중성자)들 사이에 작용하는 강한 인력
② 네 가지 기본 힘 중에서 가장 큰 힘으로 원자핵 규모의 매우 작은 범위에서만 작용한다.

(4) 약한 상호 작용(약한 핵력)
① 쿼크와 렙톤 사이의 붕괴와 포획에 관계된 힘 (β 붕괴에 관여한다.)
② 네 가지 기본 힘 중 가장 작은 범위에서 작용한다.

(2) 원자 내에 작용하는 힘 : 질량을 가진 각 입자 사이에는 중력이 공통으로 작용한다.

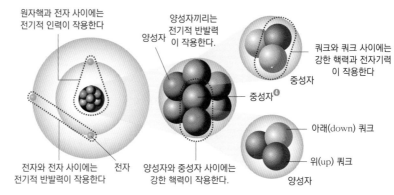

(1) 원자
① (+)전하를 띠는 원자핵과 (−)전하를 띠는 전자 사이에는 전기적 인력이 작용한다.
② (−)전하를 띠는 전자와 (−)전하를 띠는 전자 사이에는 전기적 반발력이 작용한다

(2) 원자핵
① 양성자와 양성자 사이에는 전기적 반발력이 작용한다.
② 양성자와 양성자, 양성자와 중성자, 중성자와 중성자 사이에는 강한 핵력이 작용한다.

(3) 양성자·중성자
① 양성자와 중성자를 구성하는 쿼크들 사이에는 강한 핵력과 전자기력이 작용한다.

개념확인1

다음의 4가지 기본 힘을 크기가 큰 것부터 작은 것 순으로 나열하시오.

> 전자기력, 강한 핵력, 중력, 약한 핵력

(   ) → (   ) → (   ) → (   )

확인+1

4가지 기본 힘 중에서 양성자와 양성자 사이에서 작용하는 힘은 몇 가지 인가?   (   ) 가지

---

❶ 기본 상호 작용(기본 힘)
자연계에는 중력, 전자기력, 강력, 약력의 4가지 기본 힘이 존재하며, 이들의 상호 작용으로 물질의 구성을 설명할 수 있다.

❷ 중력의 크기

$$F = G \times \frac{m_1 \times m_2}{r^2}$$

F : 중력
G : 중력 상수(만유인력 상수)
m_1, m_2 : 두 물체의 질량
r : 두 물체 사이의 거리

❸ 전자기력의 크기

$$F = k \times \frac{q_1 \times q_2}{r^2}$$

F : 전자기력
k : 비례 상수
q_1, q_2 : 두 물체의 전하량
r : 두 물체 사이의 거리

서로 다른 전하를 띤 두 입자 사이에서는 인력이 작용하고, 서로 같은 전하를 띤 입자 사이에서는 반발력이 작용한다.

◎ 전기력과 자기력
전하를 띤 물질 사이에 작용하는 힘을 전기력, 자성을 띤 물질 사이에 작용하는 힘을 자기력이라고 한다. 처음에는 전기력과 자기력이 별개의 힘이라고 여겼으나, 훗날 맥스웰이 전기력과 자기력을 전자기력이라는 하나의 힘으로 통합하였다.

❹ 중성자의 역할
중성자는 원자핵 내에서 양성자와 양성자 사이의 전기적 반발력에 의해 핵붕괴가 일어나지 않도록 인접한 양성자, 중성자와 강한 핵력으로 결합하여 원자핵을 안정화시키는 역할을 한다. 이로 인해 양성자가 2개 이상인 원자핵이 존재할 수 있다.

미니사전
핵자 [核 씨 子 아들] 원자핵을 구성하는 양성자, 중성자와 이들의 반입자의 총칭

2. 핵반응

(1) 방사성 동위 원소(방사성 원소)

⑴ **방사성 동위 원소** : 일부 동위 원소 중 원자핵이 불안정하여 스스로 방사선을 방출하면서 다른 종류의 원자핵으로 변하는 원소

⑵ **방사선** : 핵반응 시 방출되는 고에너지를 지닌 α 입자, β 입자, γ 선, X 선 등을 방사선이라고 한다.

⑶ **원자핵의 안정성**

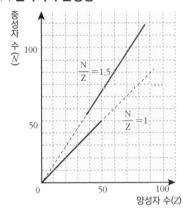

❶ 원자 번호가 1~10 인 원소 : 중성자 수와 양성자 수의 비율이 1 : 1 정도일 때 안정하다.

❷ 원자 번호가 70~80 인 원소 : 중성자 수와 양성자 수의 비율이 1.5 : 1 정도일 때 안정하다.

❸ 원자 번호 83 번, 질량수 209 이상의 무거운 원소는 안정한 원자핵이 될 수 없다.❶

❹ 원자 번호가 커질 때 중성자 수의 비율이 커지는 이유 : 양성자 수가 늘어남에 따라 양성자 사이의 전기적 반발력이 커지고, 강한 핵력으로 이 반발력을 극복하기 위해서는 중성자가 더 많이 필요하기 때문이다.

❺ 중성자와 양성자의 비율이 적당하지 않은 경우 원자핵이 불안정해져서 핵붕괴를 한다.

(2) 핵반응 : 원자핵이 분열하거나 서로 합쳐지는 반응

① 핵붕괴 : 불안정한 원자핵이 자발적으로 핵분열하는 반응

핵붕괴		
α 붕괴	원자 번호 83번 이상의 불안정한 원소에서 주로 일어나는 반응으로, 불안정한 원자핵은 α입자를 방출하면서 다른 종류의 원소로 바뀐다.	$^{238}_{92}U \rightarrow {}^{234}_{90}Th + {}^{4}_{2}He^{2+}$
β 붕괴	중성자 수가 양성자 수보다 지나치게 많은 원자핵은 중성자가 양성자, 전자(β입자), 반중성미자로 변하는 핵반응을 통해 안정한 원자핵으로 바뀐다.	$^{14}_{6}C \rightarrow {}^{14}_{7}N +$ 전자 + 반중성미자
γ 붕괴	핵붕괴 직후에 원자핵은 에너지를 많이 가진 상태(들뜬상태)로, 안정하지 않아 여분의 에너지를 전자기파의 형태로 방출하고 안정한 상태가 된다. 이때 내놓는 전자기파를 γ선이라 하고, 이 현상을 γ 붕괴라고 한다. γ선이 방출될때 원자핵을 구성하는 입자의 종류는 변하지 않는다.	$^{20}_{10}Ne^{*} \rightarrow {}^{20}_{10}Ne + \gamma$선 Ne^{*}는 에너지를 많이 가지고 있어 안정하지 않은 상태(들뜬 상태)의 네온 원자핵이다.

② 핵분열 : 원자핵에 중성자와 같은 입자가 충돌하여 2개 이상의 다른 원자핵으로 나누어 지는 반응이다.

⟮예⟯ 우라늄 235($^{235}_{92}U$)의 핵분열 : $^{235}_{92}U + {}^{1}_{0}n \rightarrow {}^{92}_{36}Kr + {}^{141}_{56}Ba + 3{}^{1}_{0}n +$ 에너지

③ 핵융합 : 초고온 상태에서 가벼운 원자핵들이 결합하여 무거운 원자핵이 되는 반응으로 많은 양의 에너지가 방출되는 반응이다.

⟮예⟯ 태양 중심부❷에서의 수소 핵융합 : $4{}^{1}_{1}H \rightarrow {}^{4}_{2}He + 2e^{+} +$ 에너지❸

개념확인2   정답 및 해설 **29 쪽**

핵붕괴에 대한 설명 중 옳은 것은 O 표, 옳지 않은 것은 X 표 하시오.

(1) 양성자를 83개 이상 갖는 원자는 모두 불안정한 원자이다.   (   )

(2) γ 붕괴가 일어나면 원자 번호가 증가한다.   (   )

확인+2

$^{238}_{92}U$이 α붕괴를 통해 α입자를 방출 한 후에 남은 원자의 질량수는 얼마인가?   (   )

---

❶ 원자 번호 83번, 질량수 209 이상의 안정한 원자핵이 존재하지 않는 이유

원자핵 내의 양성자 수가 지나치게 많아지게 되면 양성자 사이의 반발력은 커지는 데 비해 양성자와 중성자 사이의 거리가 멀어져 강한 핵력이 잘 작용하지 못하기 때문에 원자핵은 불안정해진다.

❷ 태양 중심에서의 수소 핵융합

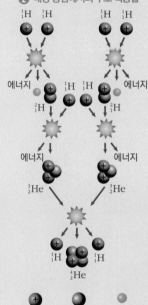

태양의 중심부는 온도, 밀도, 압력이 매우 높아서 수소가 헬륨이 되는 핵융합 반응이 일어난다.

⦁ 양전자(e^{+})

전자의 반입자로, 전기량, 질량, 스핀 등의 물리적인 특성은 전자와 같지만, 전자(e^{-})가 -1의 전하를 띠는 것과 달리 $+1$의 전하를 띠는 입자이다. 전자와 충돌하여 빛을 낸다.

⦁ 반입자

입자와 특성은 같으나 전하가 반대인 입자를 말하며 모든 입자들은 그들의 반입자를 갖는다. 대표적인 예로 전자(e^{-})의 반입자는 양전자(e^{+}), 중성미자(ν_{e})의의 반입자는 반중성미자($\bar{\nu}_{e}$)이다.

❸ 핵반응식

핵반응을 화학 반응식처럼 간단하게 나타낸 식이다. 원자핵은 원소 기호로 나타낸다.

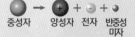

❶ 중성자 붕괴

중성자 → 양성자 + 전자 + 반중성미자

상대적으로 질량이 커서 불안정한 중성자의 붕괴가 일어나면 중성자는 양성자와 전자, 반중성미자로 바뀌는데, 이것은 β붕괴와 동일한 현상이다. 초기 우주에서는 중성자 붕괴가 빠르게 일어나 중성자 수에 비해 양성자 수가 많아지게 되었다. 이때 양성자 수와 중성자 수의 비는 약 7 : 1이 되었다.

❷ 우주 배경 복사

원자를 형성하기 전, 전자가 빛을 산란시켜 우주에서는 빛이 직진할 수 없었다.(불투명한 우주) 원자가 형성되면서 전자가 원자에 포획되어 빛이 직진할 수 있게 되어 퍼져나갔다.(투명한 우주) 이때의 빛이 우주 배경 복사로 현재 마이크로파 형태로 관측된다.

❸ 헬륨 원자핵의 합성

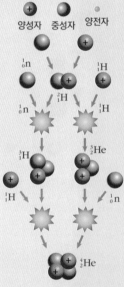

질량수 4인 헬륨 원자핵은 매우 안정하여 잘 분해되지 않고, 다른 양성자나 중성자와 결합하였다가도 다시 분해되어 헬륨 원자핵이 된다.

❹ 우주에 존재하는 수소 원자와 헬륨 원자의 총 질량비

우주 초기에 만들어진 수소 원자핵과 헬륨 원자핵의 개수비는 약 12 : 1이고, 헬륨 원자핵의 질량이 수소 원자핵의 질량보다 4배가량 무거우므로 수소 원자핵과 헬륨 원자핵의 총 질량비는 수소 : 헬륨 = 3 : 1이다.

3. 원소의 기원 1

(1) 대폭발(Big Bang) 우주론

(1) 빅뱅 우주론

　① 우주는 모든 질량과 에너지가 모인 한 점에서 거대한 폭발로 시작되었다는 이론이다.
　② 빅뱅 순간에 시간, 공간이 형성되고, 우주의 팽창이 일어나기 시작했다.
　③ 우주가 팽창함에 따라 우주 물질의 밀도와 온도는 낮아진다.

(2) 빅뱅과 빅뱅 이후의 우주의 진화

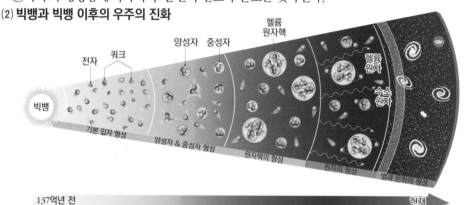

우주 나이	온도	사건
0초	초고온	약 137억년 전 우주를 이루는 모든 물질과 빛에너지는 한 점에 갇혀 초고온, 초고밀도의 상태에서 대폭발이 일어나 우주의 팽창이 시작
10^{-43} 초	10^{32} K	물질과 빛의 구별이 불분명하고 물질과 빛이 서로 변화하는 과정이 반복
10^{-35} 초	10^{27} K	6 종류의 쿼크와 6 종류의 경입자가 형성
10^{-6} 초	10^{13} K	쿼크가 강한 상호 작용에 의해 결합하여 양성자와 중성자를 형성 양성자와 중성자가 서로 변환되어 양성자와 중성자의 개수비가 1 : 1로 유지
10^{-1} 초	10^{10} K	양성자의 수가 중성자의 수보다 많아짐❶
3 분	10^{9} K	양성자와 중성자가 결합하여 헬륨 원자핵 형성
38만 년	3000 K	온도 하강으로 전자의 운동 에너지가 작아져 원자핵과 전자가 결합 ➡ 원자 형성 원자 생성으로 인해 물질과 빛이 분리되면서 우주가 투명해졌고❷ 빛이 퍼져나갔다.

(2) 가벼운 원소의 생성

(1) 양성자와 중성자의 형성

　① 쿼크와 렙톤은 우주 탄생 초기에 만들어졌으나 생성 당시에는 온도가 너무 높아 결합할 수 없었다.
　② 우주가 급팽창하면서 온도가 낮아지자 쿼크들 사이에 강한 핵력이 작용하여 양성자와 중성자가 형성되었다.

(2) 헬륨 원자핵의 합성

　① 초기 우주의 온도는 너무 높아 양성자와 중성자가 매우 빠르게 운동하였기 때문에 서로 결합할 수 없었다.
　② 계속된 우주 팽창으로 운동 속도가 느려진 양성자와 중성자 사이에 강한 핵력이 작용하여 중수소($_1^2$H), 삼중수소($_1^3$H), 헬륨 - 3($_2^3$He), 헬륨 - 4($_2^4$He)의 원자핵이 합성되었다. ❸

(3) 초기 우주에서의 핵 합성 중단 : 우주의 지속적인 팽창으로 인해 우주의 온도와 밀도가 감소하여 헬륨 원자핵이나 다른 원소의 원자핵의 합성이 중단되었다.

(개념확인 3)

우주에서 가장 먼저 생성된 원자의 원소 기호를 쓰시오. 　　　　　　　　　　　(　　　　　)

(확인+3)

우주가 팽창하면서 우주의 온도와 밀도는 각각 어떻게 변화하였는지 괄호 안에서 알맞은 말을 고르시오.

> 우주의 온도는 (증가 / 감소 / 일정)하였고, 우주의 밀도는 (증가 / 감소 / 일정)하였다.

4. 원소의 기원 2

(1) 원자의 형성

① 초기 우주에서 핵합성이 중단되었을 때 우주의 온도는 핵합성이 일어나기에는 낮고, 양성자나 헬륨 원자핵이 전자를 붙잡아 원자가 되기에는 온도가 너무 높았다.

② 우주 나이 38만 년경에 우주 온도가 3000 K 로 낮아지게 되면서 전자의 운동 속도가 느려져 전자가 원자핵과 결합할 수 있게 되었고 우주는 투명해졌다. ➡ 중성 원자 형성

③ **우주 공간에 존재하는 수소 원자핵과 헬륨 원자핵의 양** : 우주 초기에 만들어진 수소 원자핵과 헬륨 원자핵의 개수비는 12 : 1 이며[4], 관측 결과 이 비율은 현재까지도 거의 변하지 않았다.

(2) 무거운 원소의 생성

⑴ **별의 탄생과 진화**

❶ 성간 물질[5]의 밀도가 높은 지점에서 성간 물질(수소, 헬륨)이 중력에 의해 뭉쳐지기 시작한다.

❷ 중력 수축 에너지에 의해 중심부의 온도가 올라가 수소 핵융합 반응을 하는 별이 탄생한다.

❸ 별의 중심부에서 수소 핵융합 반응이 일어나 수소가 헬륨으로 바뀌고, 많은 에너지가 방출된다.

❹ 별의 내부에 핵융합이 가능한 수소가 모두 소모되면 별이 수축하여 중심부 온도가 상승한다.
➡ 온도가 충분히 상승하면 더 무거운 원소의 핵융합이 일어날 수 있다.[6]

❺ 질량이 충분히 큰 별의 중심부에서는 철($_{26}$Fe)까지 합성된다.[7]

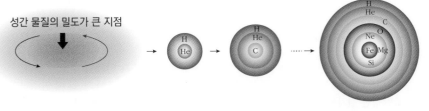

▲ **별의 탄생과 진화** 성간 물질이 뭉쳐져 별이 탄생하고 중력을 받아 수축하면서 별의 온도가 올라가 핵융합 반응이 일어난다.[8]

⑵ **초신성**

▲ 초신성 1054의 잔해인 게성운

① 질량이 매우 큰 별에서 더 이상 핵융합이 일어나지 않게 되면 별 전체가 중심을 향해 무너져 내리면서 대규모 폭발을 한다. 이렇게 폭발하는 별을 초신성이라고 한다.

② 초신성 폭발이 일어날 때 방출되는 에너지량은 별이 일생 동안 핵융합을 통해 방출하는 에너지 총량보다 크고, 폭발할 때의 온도와 압력은 별의 중심핵의 온도와 압력보다 높아 이때 철보다 무거운 금($_{79}$Au)이나 우라늄($_{92}$U) 같은 원소들이 만들어진다.

(3) 우주를 구성하는 원소[9]의 분포비

① **가벼운 원소** : 우주(또는 성간 물질) 전체 질량의 약 74 % 는 수소, 약 24 % 는 헬륨으로 되어 있다.

② **무거운 원소** : 산소, 탄소, 네온, 철, 질소, 규소, 황 등의 무거운 원소들은 그 양을 모두 합하여도 우주(또는 성간 물질) 전체 질량의 약 2 % 수준으로, 우주에 극히 소량 존재한다.

[개념확인4]   정답 및 해설 **29 쪽**

성간 물질 중 두 번째로 많이 존재하는 원소를 원소 기호로 쓰시오.

( )

[확인+4]

별의 내부에서 합성될 수 있는 가장 무거운 원소를 원소 기호로 쓰시오.

( )

⑤ 성간 물질

별과 별 사이에 분포해 있는 각종 물질로 수소와 헬륨이 주성분이다.

⑥ 핵융합과 온도

핵융합이 일어날 때 양성자들 사이의 강한 반발력을 이겨내기 위해 높은 온도가 필요하다. 따라서 무거운 원자핵이 만들어지는 핵융합 반응일수록 더 높은 온도에서 일어나며, 질량이 큰 별일수록 중심부의 온도가 높다.

⑦ 별에서 철보다 무거운 원소가 합성되지 않는 이유

철의 원자핵은 가장 안정한 원자핵이기 때문에 더 무거운 원자핵이 되는 핵융합이 일어나려면 에너지를 방출하는 대신 흡수해야 한다.

⑧ 별에 작용하는 힘의 평형

별은 성간 물질이 중력에 의해 뭉쳐져 형성되기 때문에 별의 중심 방향으로 수축하려고 하는 중력이 작용하고, 별의 중심부에서 발생하는 핵융합반응에 의해 중력과 반대 방향으로 팽창하려는 힘이 작용한다. 이 두 힘이 평형을 이루는 상태에서 별은 일정한 크기를 유지하면서 안정적으로 빛을 방출한다.

➡ 핵융합에 의해 발생한 팽창력
➡ 중력

⑨ 원소의 기원

· $_1$H, $_2$He, 소량의 $_3$Li : 초기 우주에서 생성
· $_2$He ~$_{26}$Fe : 별의 핵융합 반응에 의해 생성
· $_{26}$Fe보다 무거운 원소 : 초신성 폭발에 의해 생성

개념 다지기

01 자연계에 존재하는 4 가지 힘으로 옳지 <u>않은</u> 것은?

① 중력　　　② 마찰력　　　③ 전자기력　　　④ 강한 상호 작용　　　⑤ 약한 상호작용

02 강한 핵력이 작용하지 <u>않는</u> 경우는?

① 쿼크와 쿼크 사이　　　　　　　　　② 쿼크와 경입자 사이
③ 양성자와 양성자 사이　　　　　　　④ 양성자와 중성자 사이
⑤ 중성자와 중성자 사이

03 원자핵의 안정성에 대한 설명으로 옳은 것은?

① 원자 번호가 커지면 중성자 수에 비해 양성자 수가 많을수록 안정한 원소가 된다.
② 원자 번호가 83 번 이상인 원소는 중성자 수가 양성자 수의 2.5 배가 될 때 안정하다.
③ 불안정한 원자핵을 가진 방사성 원소들은 스스로 방사선을 방출하면서 핵붕괴를 한다.
④ 원자 번호가 1~10 인 원소는 중성자 수와 양성자 수의 비가 1.5 : 1 정도일 때 안정하다.
⑤ 원자 번호가 70~80인 원소는 중성자 수와 양성자 수의 비율이 1 : 1.5 정도일 때 안정하다.

04 세슘($^{137}_{55}\text{Cs}$)이 β붕괴하는 과정을 나타낸 것이다. 괄호 안에 들어갈 입자로 옳은 것은?

$$^{137}_{55}\text{Cs} \rightarrow (\quad) + e^- + \bar{\nu}_e$$

① $^{133}_{53}\text{I}$　　　　② $^{137}_{54}\text{Xe}$　　　　③ $^{137}_{55}\text{Cs}$　　　　④ $^{136}_{56}\text{Ba}$　　　　⑤ $^{137}_{56}\text{Ba}$

05 빅뱅에 대한 설명이다. 옳은 것은 ○표, 옳지 않은 것은 ×표 하시오.

(1) 우주가 팽창함에 따라 우주의 크기는 증가하지만 밀도는 변하지 않는다.　　　　(　　)
(2) 초기 우주의 온도는 매우 낮았다.　　　　(　　)
(3) 우주 탄생 초기에 6 종류의 쿼크와 6 종류의 경입자가 생성되었다.　　　　(　　)
(4) 우주 초기에 만들어진 수소 원자핵과 헬륨 원자핵의 개수비는 약 12 : 1 이다.　　　　(　　)
(5) 우주 초기에 만들어진 양성자 수와 중성자 수의 비는 약 3 : 1 이다.　　　　(　　)

06 〈보기〉의 입자들을 생성 시기가 빠른 순서대로 바르게 나열한 것은?

─────────〈 보기 〉─────────
ㄱ. 중수소 원자   ㄴ. 헬륨 원자핵
ㄷ. 중성자   ㄹ. 전자

① ㄴ-ㄱ-ㄷ-ㄹ   ② ㄷ-ㄴ-ㄱ-ㄹ   ③ ㄷ-ㄹ-ㄴ-ㄱ
④ ㄹ-ㄷ-ㄱ-ㄴ   ⑤ ㄹ-ㄷ-ㄴ-ㄱ

07 원소의 기원에 대한 설명으로 옳은 것만을 〈보기〉에서 있는 대로 고른 것은?

─────────〈 보기 〉─────────
ㄱ. 무거운 원소일수록 더 높은 온도에서 일어나는 핵융합 반응을 통해 생성된다.
ㄴ. 질량이 매우 큰 별의 중심부에서는 우라늄($_{92}U$) 원자가 합성될 수 있다.
ㄷ. 질량이 매우 큰 별에서 더 이상 핵융합이 일어나지 않게 되면 별 전체는 천천히 식어간다.

① ㄱ   ② ㄴ   ③ ㄷ   ④ ㄱ, ㄴ   ⑤ ㄴ, ㄷ

08 원소의 생성에 대한 설명이다. 옳은 것은 ○표, 옳지 않은 것은 ×표 하시오.

(1) 헬륨 원자핵은 별의 내부에서는 생성되지 않는다. ( )

(2) 무거운 원자핵이 만들어지는 핵융합 반응은 가벼운 원자핵이 만들어지는 핵융합 반응에 비해 더 높은 온도에서 일어난다. ( )

(3) 우주의 온도가 3000 K 으로 낮아졌을 때 헬륨 원자핵이 생성되었다. ( )

유형 익히기&하브루타

원자 내에 작용하는 힘

원자를 구성하고 있는 입자의 모습을 나타낸 것이다. 원자의 구성에 관여하고 있는 4가지 기본힘과 기본 입자에 대한 설명으로 옳은 것만을 〈보기〉에서 있는 대로 고른 것은?

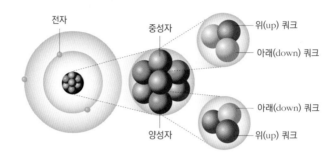

〈 보기 〉
ㄱ. 중성자와 양성자 사이에는 전자기력이 작용한다.
ㄴ. 위(up) 쿼크와 아래(down) 쿼크 사이에는 전자기력이 작용한다.
ㄷ. 안정한 원자핵이 형성될 수 있는 이유는 원자핵 내의 전기적 반발력보다 강한 핵력이 더 크게 작용하기 때문이다.

① ㄱ   ② ㄴ   ③ ㄷ   ④ ㄱ, ㄴ   ⑤ ㄴ, ㄷ

01 자연계에 존재하는 4 가지 기본 상호 작용에 대한 설명으로 옳은 것만을 〈보기〉에서 있는 대로 고른 것은?

〈 보기 〉
ㄱ. 약한 핵력과 강한 핵력은 원자핵 밖에서 더 강해진다.
ㄴ. β 붕괴에 관여하는 힘은 강한 핵력이다.
ㄷ. 중력은 작용 범위에 제한이 없다.

① ㄱ   ② ㄴ   ③ ㄷ
④ ㄴ, ㄷ   ⑤ ㄱ, ㄴ, ㄷ

02 원자핵을 구성하는 입자 (가)와 (나)를 나타낸 것이다. 주어진 정보를 이용하여 (가)와 (나)에 대한 설명으로 옳은 것만을 〈보기〉에서 있는 대로 고른 것은?

(가)   (나)

·(가)와 (나)는 쿼크 A 와 B 로 구성되어 있다.
·(가)는 전하를 띠는 입자이다.

〈 보기 〉
ㄱ. 쿼크 A는 (＋)전하를 띠고 있다.
ㄴ. (나) 입자는 전하를 띠지 않는다.
ㄷ. 쿼크 A와 쿼크 B 사이에는 강한 핵력이 작용한다.

① ㄱ   ② ㄴ   ③ ㄷ
④ ㄴ, ㄷ   ⑤ ㄱ, ㄴ, ㄷ

[유형 7-2] 핵 반응

β붕괴를 나타낸 것이다. 이에 대한 설명으로 옳은 것만을 〈보기〉에서 있는 대로 고른 것은?

중성자   양성자   A   반중성
미자

─────〈 보기 〉─────
ㄱ. 위의 반응에는 약한 핵력이 관여한다.
ㄴ. A는 전하를 띠지 않는 입자이다.
ㄷ. 위의 반응은 양성자 수에 비해 중성자 수가 많아 불안정한 원자에서 주로 일어난다.

① ㄱ   ② ㄴ   ③ ㄷ   ④ ㄱ, ㄷ   ⑤ ㄱ, ㄴ, ㄷ

03 다음과 같은 핵반응을 통해 생성된 입자 X 의 원자 번호와 질량수를 바르게 짝지은 것은?

$$^{137}_{55}Cs \rightarrow X + e^- + \bar{\nu}_e$$

	원자 번호	질량수
①	53	133
②	55	136
③	56	136
④	56	137
⑤	57	137

04 핵붕괴의 종류를 〈보기〉에서 찾아 기호로 쓰시오.

─────〈 보기 〉─────
ㄱ. α 붕괴   ㄴ. β 붕괴   ㄷ. γ 붕괴

(1) 중성자 수가 양성자 수보다 지나치게 많은 원자핵에서 주로 발생하는 핵붕괴 ( )

(2) 원자 번호가 2 감소하고, 질량수는 4만큼 감소하는 핵붕괴 ( )

(3) 원자핵의 종류가 변하지 않는 핵붕괴
( )

(4) 원자 번호가 1 증가하는 핵붕괴 ( )

[유형 7-3] 원소의 기원 1

빅뱅 과정을 나타낸 것이다. 이에 대한 설명으로 옳은 것만을 〈보기〉에서 있는 대로 고른 것은?

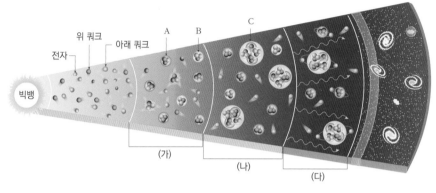

〈 보기 〉

ㄱ. A와 B는 처음에 그 개수가 거의 같았으나 점차 B보다 A의 수가 많아지게 되었다.
ㄴ. C는 우주에서 가장 풍부한 원소의 원자핵이다.
ㄷ. (가)~(다) 시기 중에서 (다) 시기의 온도가 가장 낮다.
ㄹ. (다) 시기에 우주에 존재하는 수소와 헬륨의 총 질량의 비는 1 : 4 이다.

① ㄱ, ㄴ   ② ㄱ, ㄷ   ③ ㄴ, ㄷ   ④ ㄴ, ㄹ   ⑤ ㄱ, ㄴ, ㄷ

05 양성자와 중성자의 결합에 의해 무거운 원자핵이 형성되는 과정을 나타낸 것이다.

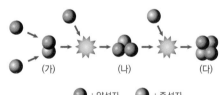

● : 양성자   ● : 중성자

이에 대한 설명으로 옳은 것만을 〈보기〉에서 있는 대로 고른 것은?

〈 보기 〉

ㄱ. (가)와 (나)는 원소 기호가 같다.
ㄴ. (나)와 (다)의 핵전하량은 같다.
ㄷ. (가)~(다)의 입자 중 가장 안정한 것은 (다)이다.

① ㄱ   ② ㄴ   ③ ㄷ
④ ㄱ, ㄴ   ⑤ ㄴ, ㄷ

06 우주 나이가 약 38만 년이 되던 시기에 대한 설명으로 옳은 것만을 있는 대로 고르시오.

① 빛이 직진할 수 없었다.
② 수소 원자가 생성되었다.
③ 양성자와 중성자가 결합하였다.
④ 우주의 온도는 약 3000 K 이었다.
⑤ 양성자 수는 중성자 수와 같았다.

[유형 7-4] **원소의 기원** 2

원소들을 생성 기원에 따라 바르게 분류한 것을 고르시오.

$$_1H \quad _2He \quad _6C \quad _7N \quad _{14}Si \quad _{16}S \quad _{26}Fe \quad _{47}Ag \quad _{79}Au \quad _{92}U$$

① 별이 생성되기 이전의 초기 우주에서 형성된 원소 : $_1H$, $_2He$, $_6C$
② 별이 생성되기 이전의 초기 우주에서 형성된 원소 : $_{16}S$, $_{26}Fe$, $_{47}Ag$
③ 별의 중심에서 핵융합을 통해서 형성될 수 있는 원소 : $_2He$, $_6C$, $_7N$, $_{14}Si$, $_{16}S$, $_{26}Fe$
④ 별의 중심에서 핵융합을 통해서 형성될 수 있는 원소 : $_{26}Fe$, $_{47}Ag$, $_{79}Au$, $_{92}U$
⑤ 초신성 폭발을 통해서만 형성될 수 있는 원소 : $_{26}Fe$, $_{47}Ag$, $_{79}Au$, $_{92}U$

07 별의 중심에서 일어나는 핵융합에 대한 설명으로 옳은 것만을 〈보기〉에서 있는 대로 고른 것은?

─────〈 보기 〉─────
ㄱ. 별의 내부에서 핵융합 반응이 일어날 때 많은 에너지가 흡수된다.
ㄴ. 질량이 큰 별에서는 질량이 가벼운 별에 비해 더 무거운 원자핵이 만들어질 수 있다.
ㄷ. 우라늄은 별의 중심에서 만들어질 수 있는 원자 번호가 가장 큰 원소이다.

① ㄱ   ② ㄴ   ③ ㄷ
④ ㄱ, ㄴ   ⑤ ㄴ, ㄷ

08 다음 중 옳은 것만을 〈보기〉에서 있는 대로 고른 것은?

─────〈 보기 〉─────
ㄱ. 우주 나이 38만년경, 우주의 온도가 약 3000 K 정도가 되었을 때 중성 원자가 생성되었다.
ㄴ. 질량이 큰 별일수록 중심부의 온도가 높아 더 무거운 원자핵의 생성이 가능하다.
ㄷ. 산소, 탄소, 네온 등 수소와 헬륨을 제외한 원소들은 그 양을 모두 합하면 성간 물질 전체 질량의 약 20 % 를 차지한다.

① ㄱ   ② ㄴ   ③ ㄷ
④ ㄱ, ㄴ   ⑤ ㄴ, ㄷ

01 자연계에는 중력, 강한 핵력, 약한 핵력, 전자기력의 4 가지 기본 힘이 존재한다. 이 힘들은 물질을 구성하는 원자의 형성 과정에서 매우 중요하게 작용한다.

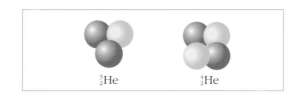

(1) 4 가지 기본 힘 중에서 양성자와 양성자 사이에 작용할 수 있는 힘을 모두 쓰시오.

(2) 중성자 1 개와 양성자 2 개로 이루어진 $^3_2$He이나 중성자 2 개와 양성자 2 개로 이루어진 $^4_2$He 은 존재하지만 중성자 없이 양성자 2 개로 이루어진 원자핵은 존재하지 않는다. 중성자 없이 양성자가 2 개 이상 결합한 원자핵이 존재하지 않는 이유를 양성자 사이에 작용하는 힘과 관련지어 서술하시오.

02 초기 우주의 온도와 압력은 별의 중심부보다 높았지만, 우주가 빠르게 팽창하면서 온도와 압력이 급격히 감소하여 우주 나이가 3 분 정도 되었을 때, 수소와 헬륨 같은 가벼운 원자핵만이 합성된 상태로 우주에서의 핵합성은 중단되었다. 이때 생성된 수소 원자핵과 헬륨 원자핵의 질량비는 약 3 : 1 정도로 추정되는데, 관측 결과 이 비율은 오늘날까지도 거의 변하지 않았다.

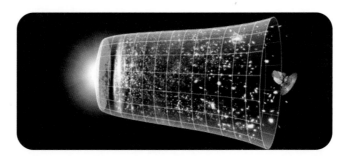

헬륨보다 무거운 원자핵은 대부분 별이 탄생한 이후 별의 중심부나 초신성 폭발 과정에서 생성되었는데, 성간 물질 중 수소와 헬륨을 제외한 무거운 원소가 차지하는 양은 성간 물질 전체 질량의 2 % 수준으로 매우 적다. 만일 우주의 팽창이 실제보다 느리게 진행되었다고 가정한다면, 별이 생성되기 이전의 초기 우주에서 합성된 원소의 구성 비율은 현재 관측 결과와 어떻게 달라졌을지 서술하시오.

03 양전자 방출 단층 촬영(PET)는 '양전자 방출'이라고 불리는 핵붕괴 반응을 이용한 영상 진단 방식이다. 양전자를 방출하는 방사성 원소를 결합한 의약품을 체내에 주입하게 되면 핵붕괴 결과 일정 시간 후 양전자(e^+)가 방출되게 되고, 방출된 양전자(e^+)는 체내의 전자(e^-)와 충돌하여 감마선을 방출한다. 이때 방출되는 감마선을 이용하면 암, 심장 질환, 뇌 검사 등에 필요한 영상 정보를 얻을 수 있게 된다. 주어진 자료를 참고하여 물음에 답하시오.

(A) 중성자와 양성자의 비율이 적당하지 않아 불안정한 원자핵은 핵붕괴하게 되는데, 핵붕괴 반응 중에서도 양전자 방출은 다음과 같이 표현할 수 있다

·양전자 방출 : $_1^1p$ + 에너지 → $_0^1n + e^+ + \bar{\nu}_e$

(B) 양전자(e^+)는 전자(e^-)와 물리적 특성은 거의 같지만 양전하를 가지고 있는, 전자의 반입자로 양전자와 전자가 충돌하면 감마선을 방출한다. 이때 방출되는 감마선을 검출하여 암, 심장 질환, 뇌 검사 등에 필요한 영상 정보를 얻을 수 있다.

(C) PET에 사용하는 방사성 동위 원소는 반감기가 짧고, 생체의 주요 구성 물질에 많이 포함된 원소인 $_6$C, $_7$N, $_8$O, $_9$F 등의 방사성 동위 원소를 사용한다.

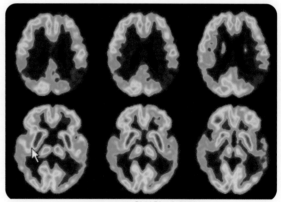

▲ PET로 촬영한 뇌 영상

(1) 다음 중 양전자 방출 단층 촬영(PET)에 사용될 수 있는 방사성 동위 원소의 $\dfrac{중성자\ 수}{양성자\ 수}$ 값의 범위로 옳은 것은?

① $\dfrac{중성자\ 수}{양성자\ 수} = 1$ ② $\dfrac{중성자\ 수}{양성자\ 수} < 1$ ③ $\dfrac{중성자\ 수}{양성자\ 수} > 1$ ④ $\dfrac{중성자\ 수}{양성자\ 수} = 0$

(2) (1)의 답을 고른 이유를 서술하시오.

04 다음 자료를 읽고 물음에 답하시오.

(A) 핵분열은 불안정한 원자핵이 비슷한 질량수를 갖는 두 개의 새로운 원자핵으로 나누어지면서 다량의 에너지를 방출하는 핵붕괴 반응이다. 원자력 발전의 원료로 많이 사용하는 $^{235}_{92}U$의 핵분열 반응은 다음과 같이 진행된다.

· $^{235}_{92}U$이 중성자와 충돌하면 $^{141}_{56}Ba$ 과 $^{92}_{36}Kr$ 등과 같이 두 개의 작은 원자핵으로 분열하면서 2~3개의 중성자와 다량의 에너지를 방출한다.

· 우라늄의 핵분열 반응 :

$$^{235}_{92}U + ^{1}_{0}n \rightarrow ^{141}_{56}Ba + ^{92}_{36}Kr + 3^{1}_{0}n + 에너지$$

$$^{235}_{92}U + ^{1}_{0}n \rightarrow ^{144}_{55}Cs + ^{90}_{37}Rb + 2^{1}_{0}n + 에너지$$

$$^{235}_{92}U + ^{1}_{0}n \rightarrow ^{143}_{54}Xe + ^{90}_{38}Sr + 3^{1}_{0}n + 에너지$$

(B) 원자력 발전 과정에서는 여러 가지 방사성 물질들이 생성된다. 우라늄의 핵분열 반응 후 생성된 $^{141}_{56}Ba$, $^{144}_{55}Cs$, $^{90}_{38}Sr$ 등은 모두 방사성 원소이다. 이렇게 핵분열 후 수명이 끝난 핵연료나 발전 시설물 등 원자력 발전 과정에서 발생하는 방사성 물질들을 방사성 폐기물이라고 하는데, 방사성 폐기물들은 일반적으로 다량의 방사능을 방출하며, 이 방사능은 인체에 큰 문제를 발생시킬 수 있기 때문에 그 양이 일정 수준 이하로 줄어들 때까지 별도의 장소에 완벽하게 격리시켜야 한다. 현재 수만 년에서 100만 년까지 안전하게 격리해야 하는 고준위 핵폐기물의 양은 전 세계적으로 25만 5천 톤이 넘는 것으로 알려져 있다.

(C) 2개 이상의 가벼운 원자핵이 서로 결합하여 더 무거운 원자핵이 되는 반응을 핵융합 반응이라고 한다. 현재 태양 중심부에서는 수소 원자핵을 연료로 하여 헬륨 원자핵이 생성되는 수소 핵융합 반응이 일어나고 있으며, 이때 방출되는 에너지로 인하여 태양은 밝게 빛난다.

· 태양 중심부에서 일어나는 수소 핵융합 반응 : $4^{1}_{1}H \rightarrow ^{4}_{2}He + 2e^+ + 에너지$

(D) 상온에서도 진행될 수 있는 핵분열 반응과는 달리 핵융합 반응을 일으키기 위해서는 태양의 중심부와 유사한 반응 조건이 필요하다. 그러나 엄청난 질량을 가진 태양의 중심부와 똑같은 조건을 재현하는 것은 쉽지 않아 핵융합 반응 중에서도 가장 반응률이 높고 상대적으로 저온(약 1억~2억℃)에서 발생할 수 있는 중수소(D, $^{2}_{1}H$)와 삼중수소(T, $^{3}_{1}H$)를 사용한 D-T 핵융합 반응에 대한 연구가 주로 이루어지고 있다. 이때 D-T 반응에 사용되는 삼중수소는 지구에 거의 존재하지 않기 때문에 리튬에 중성자를 충돌시켜 만들어낸다.

· D-T 반응 : $^{2}_{1}H + ^{3}_{1}H \rightarrow ^{4}_{2}He + ^{1}_{0}n + 에너지$

· 삼중수소의 생성 반응 : $^{6}_{3}Li + ^{1}_{0}n \rightarrow ^{4}_{2}He + ^{3}_{1}H + 에너지$

$$^{7}_{3}Li + ^{1}_{0}n \rightarrow ^{4}_{2}He + ^{3}_{1}H + ^{1}_{0}n + 에너지$$

(E) 중수소와 삼중수소가 핵융합을 하게 되면 중수소와 삼중수소가 혼합된 연료 1g당 석유 8톤의 에너지와 맞먹는 에너지를 얻을 수 있다. 이것은 1g의 우라늄으로 얻을 수 있는 에너지보다 약 4배가량 큰 에너지이다. 중수소는 바닷물 1000L 속에 30g이 들어있을 정도로 풍부하고 삼중수소는 리튬에 중성자를 충돌시켜 인공으로 만들어 낼 수 있어 핵융합이 실용화된다면 바닷물을 석유와 같이 에너지 자원으로 이용할 수 있게 될 것이다.

(F) 우리나라는 2007년 9월, 차세대형 초전도 핵융합 연구 장치인 KSTAR가 12년 만에 완공되어, 전 세계에서 6번째로 핵융합 장치 운영 국가가 되었다. 유럽과 일본에서는 2007년에 이미 핵융합 발전소의 개념 설계를 완료하였고, 2030년 첫 핵융합 발전소를 건설할 계획이라고 한다.

핵융합 에너지의 장점을 핵분열 에너지와 비교하여 서술하시오.

05 빅뱅 이후 우주는 계속해서 팽창하는 중이다. 과학자들은 물질들 사이의 중력이 우주가 팽창하는 방향과 반대로 작용하기 때문에 우주의 팽창 속도는 점차 느려질 것이라고 생각하였다. 다음은 우주가 감속 팽창할 때 우주의 미래를 예측해 그린 그래프이다.

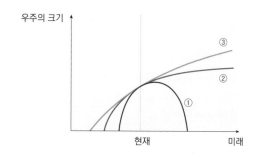

(1) ①, ②, ③ 가가의 경우에 우주가 팽창하려는 힘과 중력의 상대적인 크기를 비교하시오.

(2) ①, ②, ③에서 우주가 팽창하려는 힘의 크기가 같다면, 각각의 경우 현재 우주에 존재하는 물질의 밀도를 비교하시오.

06 초신성 폭발이 일어나면 별의 바깥 부분을 구성하고 있던 물질들은 폭발로 인해 흩어지지만, 별의 중심부는 강한 중력으로 수축하여 중성자 별이나 블랙홀이 된다. 주어진 자료를 참고하여 물음에 답하시오.

(A) β붕괴가 일어나면 중성자가 양성자, 전자, 반중성미자로 변화하지만 이와 반대로 전자 포획이라고 불리는 핵반응이 일어나면 양성자가 전자와 반응하여 중성자와 중성미자로 변화하기도 한다.

· β붕괴 : $^{14}_{6}C \rightarrow ^{14}_{7}N + e^- + \bar{\nu}_e$

· 전자 포획 : $^{26}_{13}Al + e^- \rightarrow ^{26}_{12}Mg + \nu_e$

(B) 질량이 큰 별의 중심부에 핵융합을 통해 만들어진 철이 축적되면 철보다 무거운 원소의 핵융합은 일어날 수 없기 때문에 핵융합에 의해 방출되는 팽창력이 감소하게 된다. 그러면 팽창력보다 상대적으로 크게 작용하는 중력에 의해 별은 급격히 수축하게 되는데 이 과정에서 온도와 압력이 급격히 증가하여 별에 남아있던 다른 원소들이 핵융합을 하면서 막대한 에너지를 방출하며 폭발한다. 이러한 현상을 초신성 폭발이라고 한다.

(C) 중성자 별의 내부는 크게 껍질과 지각, 외핵과 내핵으로 구분하여 볼 수 있으며, 중력이 가장 큰 내핵은 별에 존재하던 원자핵과 전자가 결합하여 생성된 중성자로만 이루어져 있다.

▲ 초신성 SN1054의 잔해인 게 성운 속 중성자 별인 게 펄서(Crab Pulsar)

(1) 중성자 별의 껍질은 온도가 매우 높아 결합하지 못한 원자핵과 전자로 구성되어 있다고 한다. 이 원자핵의 종류를 추론하여 이유와 함께 서술하시오.

(2) 어떤 별 X가 초신성 폭발하고 난 후 중성자 별이 되었다. 초신성 폭발 이전의 별 X와 초신성 폭발 이후 생성된 중성자 별의 밀도를 비교하시오.

01 자연계에 존재하는 4가지 힘에 대한 설명으로 옳은 것은 O표, 옳지 않은 것은 X표 하시오.

(1) β 붕괴에 관여하는 힘은 강한 핵력이다. (　　)

(2) 위 쿼크와 아래 쿼크 사이에는 전자기력이 작용한다. (　　)

(3) 양성자와 양성자 사이에는 강한 핵력이 작용하지 않는다. (　　)

(4) 태양과 지구 사이에는 중력이 작용한다. (　　)

02 다음에 해당하는 것을 〈보기〉에서 있는 대로 골라 기호로 쓰시오.

―――――〈 보기 〉―――――
ㄱ. 강한 핵력   ㄴ. 약한 핵력   ㄷ. 전자기력   ㄹ. 중력

(1) 질량을 가진 물체 사이에 작용하는 힘 (　　)
(2) 4가지 기본 힘 중 세기가 가장 큰 힘 (　　)
(3) 4가지 기본 힘 중 작용 범위가 가장 작은 힘
(　　)

03 강한 핵력에 의해 뭉쳐진 입자만을 〈보기〉에서 있는 대로 고르시오.

―――――〈 보기 〉―――――
ㄱ. 전자   ㄴ. 중성자   ㄷ. 양성자   ㄹ. He 원자핵

(　　　　)

04 방사성 동위 원소는 핵붕괴할 때 방사선을 방출한다. 방사선의 예로 적절한 것만을 〈보기〉에서 있는 대로 고르시오.

―――――〈 보기 〉―――――
ㄱ. α 입자   ㄴ. X 선   ㄷ. γ 선   ㄹ. β 입자

(　　　　)

05 다음에서 설명하는 반응은 무엇인지 쓰시오.

초고온 상태에서 가벼운 원자핵들이 결합하여 무거운 원자핵이 되는 반응으로 많은 양의 에너지가 방출된다.

(　　　　　) 반응

06 ㉠과 ㉡에 알맞은 숫자를 쓰시오.

원자 번호 (㉠　　)번, 질량수 (㉡　　) 이상의 무거운 원소는 안정한 원자핵을 가지지 못한다.

㉠ : (　　　)　　　㉡ : (　　　)

07 〈보기〉의 입자들을 생성된 순서대로 기호를 이용하여 나열하시오.

―――――〈 보기 〉―――――
ㄱ. 아래 쿼크　　　　ㄴ. 금 원자핵
ㄷ. 양성자　　　　　ㄹ. 헬륨 원자

(　　　) → (　　　) → (　　　) → (　　　)

08 옳은 것은 O표, 옳지 않은 것은 X표 하시오.

(1) 현재 우주에 존재하는 수소 원자핵과 헬륨 원자핵의 질량비는 약 3 : 1이다. (　　)

(2) 쿼크와 렙톤은 우주 탄생 초기에 만들어졌으나 생성 당시에는 온도가 너무 낮아 결합할 수 없었다.
(　　)

(3) 우주가 계속 팽창하면서 온도와 밀도가 낮아져 별이 탄생하기 전의 초기 우주에서는 헬륨보다 무거운 원자핵이 거의 만들어지지 못했다. (　　)

09 옳은 것은 O표, 옳지 않은 것은 X표 하시오.

(1) 성간 물질의 밀도가 낮은 곳에서 별이 탄생하였다.
( )

(2) 초신성 폭발시 방출되는 에너지량은 별이 일생 동안 핵융합을 통해 방출하는 에너지 총량보다 크다.
( )

(3) 초신성이 폭발할때 온도와 압력은 별의 중심핵보다 높다. ( )

10 다음에서 설명하는 것은 무엇인지 쓰시오.

> 별과 별 사이에 분포해 있는 각종 물질

( )

B

11 자연계에 존재하는 4가지 기본 힘에 대한 설명으로 옳지 <u>않은</u> 것은?

① 중력의 작용 범위는 매우 크다.
② 4가지 기본 힘 중 가장 큰 힘은 강한 핵력이다.
③ 양성자와 양성자 사이에는 전자기력이 작용한다.
④ 원자핵을 구성하는 양성자와 양성자 사이에 강한 핵력이 작용한다.
⑤ 4가지 기본 힘 중 가장 먼저 발견된 힘은 전자기력이다.

12 그림은 ^4_2He의 원자핵과, 원자핵을 구성하는 입자들 사이의 힘을 나타낸 것이다. 이에 대한 설명으로 옳은 것만을 〈보기〉에서 있는 대로 고른 것은? (단, 화살표는 힘의 방향을 의미할 뿐, 힘의 크기와 무관하며, 입자들 사이의 중력의 영향은 무시한다.)

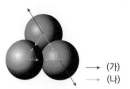

> ───────〈 보기 〉───────
> ㄱ. (가)는 (나)보다 더 큰 범위까지 작용한다.
> ㄴ. (가)는 (나)보다 힘의 크기가 더 세다.
> ㄷ. (나)의 힘은 원자핵과 전자 사이에서도 작용한다.

① ㄱ   ② ㄴ   ③ ㄷ
④ ㄱ, ㄴ   ⑤ ㄱ, ㄷ

13 다음의 반응에 대한 설명으로 옳은 것만을 〈보기〉에서 있는 대로 고른 것은?

$$4\,^1_1\text{H} \rightarrow \,^4_2\text{He} + 2e^+ + \text{에너지}$$

> ───────〈 보기 〉───────
> ㄱ. β 붕괴 반응이다.
> ㄴ. 위의 반응은 현재 태양의 중심에서 일어나고 있다.
> ㄷ. e^+ 입자는 전자이다.

① ㄱ   ② ㄴ   ③ ㄷ
④ ㄱ, ㄴ   ⑤ ㄴ, ㄷ

14 원자핵의 안정성과 핵반응에 대한 설명으로 옳은 것은?

① 핵붕괴가 일어나면 방사선이 방출된다.
② 양성자는 중성자 사이의 반발력을 완화시켜 준다.
③ 원자핵 내의 중성자 수가 많아지면 전기적 반발력이 커진다.
④ 중성자 수와 양성자 수의 비율이 2 : 1인 원소는 매우 안정하다.
⑤ 중성자와 양성자의 비율이 적당하지 않은 경우 원자핵이 불안정해서 핵융합을 한다.

15 다음은 우주의 진화 과정에서 발생한 중요한 반응 중 하나를 모형으로 나타낸 것이다.

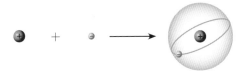

이에 대한 설명으로 옳은 것만을 〈보기〉에서 있는 대로 고른 것은?

〈 보기 〉
ㄱ. 이 반응이 처음 일어났을 때, 우주의 온도는 약 3000K이었다.
ㄴ. 이 반응에 의해 우주가 투명하게 되었다.
ㄷ. 이 반응이 일어났을 때 우주에 존재하는 수소 원자와 헬륨 원자의 총 개수비는 7 : 1이었다.

① ㄱ   ② ㄴ   ③ ㄷ
④ ㄱ, ㄴ   ⑤ ㄴ, ㄷ

16 빅뱅 이후, 우주에 존재하는 수소 원자핵과 헬륨 원자핵의 총 질량비가 3 : 1이 되었을 때, 우주에서의 핵합성 반응이 중단된 까닭으로 가장 적절한 것은?

① 우주가 팽창함에 따라 우주의 온도가 낮아지고, 밀도는 증가했기 때문이다.
② 우주가 팽창함에 따라 우주의 온도는 증가하고, 밀도는 감소했기 때문이다.
③ 우주가 팽창함에 따라 우주의 크기는 증가하고, 질량도 증가했기 때문이다.
④ 우주가 팽창함에 따라 우주의 크기는 증가하고, 질량은 감소했기 때문이다.
⑤ 우주가 팽창함에 따라 우주의 온도가 감소하고, 밀도도 감소했기 때문이다.

17 원소의 기원에 대한 설명으로 옳은 것만을 〈보기〉에서 있는 대로 고른 것은?

〈 보기 〉
ㄱ. 수소 원자핵과 헬륨 원자핵은 초기 우주에서 동시에 생성되었다.
ㄴ. 우라늄은 자연 상태에서 초신성 폭발을 통해서만 생성될 수 있는 원소이다.
ㄷ. 우주에 분포하는 원소들은 무거울수록 많이 존재한다.

① ㄱ   ② ㄴ   ③ ㄷ
④ ㄱ, ㄴ   ⑤ ㄴ, ㄷ

18 다음은 별의 내부에서 일어나는 핵융합 반응을 정리한 표이다.

핵반응	연료	생성 원소	반응 온도(K)
수소	수소	헬륨	1~3천 만
헬륨	헬륨	탄소	2 억
탄소	탄소	네온, 마그네슘, 나트륨	8 억
네온	네온	산소, 마그네슘	15 억
산소	산소	규소, 인, 황	20 억
규소	마그네슘, 규소, 황	철	30 억

이 표를 통해 알 수 있는 것으로 옳은 것은?

① 산소는 네온보다 무거운 원소이다.
② 온도가 높을수록 더 많은 종류의 원소가 생성된다.
③ 별의 크기가 클수록 더 무거운 원자핵이 합성된다.
④ 무거운 원소의 핵융합 반응일수록 반응 온도가 높다.
⑤ 별의 내부에서는 물질이 산소와 함께 연소되는 반응이 일어난다.

Ⓒ

19 그림은 어떤 원자의 양성자와 중성자를 나타낸 것이다.

중성자   양성자

이에 대한 설명으로 옳은 것만을 〈보기〉에서 있는 대로 고른 것은?

〈 보기 〉
ㄱ. (가)와 (나) 사이에는 전기적 인력이 작용한다.
ㄴ. 중성자 붕괴가 일어나도 질량은 변하지 않는다.
ㄷ. 원자핵을 구성하는 양성자와 중성자 사이에는 약한 핵력이 작용한다.

① ㄱ   ② ㄴ   ③ ㄷ
④ ㄱ, ㄴ   ⑤ ㄱ, ㄴ, ㄷ

20 반응 (가)와 (나)에 대한 설명으로 옳은 것만을 〈보기〉에서 있는 대로 고른 것은?

> (가) $4{}_1^1H \rightarrow {}_2^4He + 2e^+$ (나) $3{}_2^4He \rightarrow {}_6^{12}C + \gamma$

〈 보기 〉

ㄱ. (가)와 (나)는 핵붕괴 반응이다.
ㄴ. (나)는 별이 생성되기 이전 초기 우주에서 발생한 핵융합 반응이다.
ㄷ. (가)보다 (나)반응이 더 높은 온도에서 발생한다.

① ㄱ   ② ㄴ   ③ ㄷ
④ ㄱ, ㄴ   ⑤ ㄴ, ㄷ

21 다음은 빅뱅 이후 우주에서 헬륨 원자핵이 형성되는 과정을 나타낸 것이다.

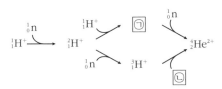

이에 대한 설명으로 옳은 것만을 〈보기〉에서 있는 대로 고른 것은?

〈 보기 〉

ㄱ. ㉠은 α 붕괴 과정에서 방출되는 입자이다.
ㄴ. ㉡은 전하를 띠지 않은 입자이다.
ㄷ. 위의 과정에 등장한 입자 중에서 단위 질량당 전하량의 값이 가장 큰것은 ${}_1^1H^+$ 이다.

① ㄱ   ② ㄴ   ③ ㄷ
④ ㄱ, ㄴ   ⑤ ㄴ, ㄷ

22 초기 우주에서 원자핵 합성이 중단되었을 때 우주 공간에 존재하는 입자에 대한 설명으로 옳은 것만을 〈보기〉에서 있는대로 고른 것은?

〈 보기 〉

ㄱ. 수소 원자핵이 가장 많이 존재한다.
ㄴ. 극소량의 리튬 원자핵도 생성되었다.
ㄷ. 전자는 모두 원자핵과 결합한 상태로 존재한다.
ㄹ. 우주 전체에 존재하는 헬륨 원자핵과 수소 원자핵의 질량비는 1 : 1 이었다.

① ㄱ, ㄴ   ② ㄱ, ㄷ   ③ ㄴ, ㄷ
④ ㄴ, ㄹ   ⑤ ㄷ, ㄹ

23 다음 보기는 물질을 구성하는 입자들이다. 각 입자들이 생성된 시기를 빠른 순서대로 나열한 것은?

〈 보기 〉

ㄱ. 전자   ㄴ. 탄소 원자핵   ㄷ. 중수소 원자핵
ㄹ. 양성자   ㅁ. 헬륨 원자   ㅂ. 금 원자핵

① ㄱ → ㄷ → ㄹ → ㄴ → ㅁ → ㅂ
② ㄱ → ㄷ → ㄹ → ㅁ → ㄴ → ㅂ
③ ㄱ → ㄷ → ㅁ → ㄴ → ㄹ → ㅂ
④ ㄱ → ㄹ → ㄴ → ㅁ → ㄷ → ㅂ
⑤ ㄱ → ㄹ → ㄷ → ㅁ → ㄴ → ㅂ

24 별에 대한 설명으로 옳은 것만을 〈보기〉에서 있는 대로 고른 것은?

〈 보기 〉

ㄱ. 별의 표면에서만 핵융합 반응이 일어날 수 있다.
ㄴ. 별은 성간 물질이 중력에 의해 뭉쳐져 형성된다.
ㄷ. 별에서 합성될 수 있는 원소 중 원자 번호가 가장 큰 것은 금이다.

① ㄱ   ② ㄴ   ③ ㄷ
④ ㄱ, ㄴ   ⑤ ㄱ, ㄷ

심화

25 다음은 안정한 원자핵의 양성자와 중성자 수를 비교하여 나타낸 그래프이다. 원자 번호가 커질수록 $\frac{N}{Z}$ 값이 증가하는 경향을 보이는 이유를 원자핵 내에서 중성자의 역할과 관련지어 서술하시오.

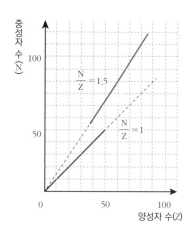

27 그림은 방사성 원소 A 의 핵붕괴 과정의 일부를 나타낸 것이다.

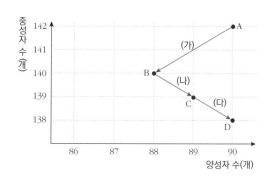

(1) (가) 과정은 어떠한 종류의 핵붕괴인가?

(   )

(2) (나) 과정은 어떠한 종류의 핵붕괴인가?

(   )

(3) A~D 중 동위 원소를 쓰시오.

(   )

(4) A~D 중 질량수가 같은 것을 쓰시오.

(   )

26 중성자와 양성자의 비율이 적당하지 않은 원자핵은 불안정하기 때문에 핵붕괴를 하게 된다. 양성자 수와 중성자 수를 고려하였을 때, 방사성 원소 (가)와 (나) 각각에서 우선적으로 발생할 것으로 생각되는 핵붕괴의 종류를 그 이유와 함께 서술하시오.

(가) $^{226}_{88}Ra$　　(나) $^{14}_{6}C$

28 만일 초기 우주에서 생성된 양성자와 중성자의 개수비가 6 : 1 이었다면, 이로부터 생성된 수소 원자핵과 헬륨 원자핵의 총 질량비를 쓰시오.

수소 원자핵 : 헬륨 원자핵 = (   ) : (   )

29 초기 우주에서 헬륨 원자핵의 핵합성 반응이 끝날 때쯤 많은 양의 양성자와 헬륨 원자핵이 존재함에도 불구하고 중성 원자가 만들어지지 못한 이유는 무엇이었을지 당시 우주의 환경과 관련지어 서술하시오.

31 무거운 별에서 더 이상 핵융합이 일어나지 않게 되었을 때, 별 전체가 무너져 내리면서 대규모 폭발이 일어나는 이유를 별에 작용하는 힘의 평형과 관련지어 서술하시오.

▲ 초신성 1054의 잔해인 게성운

30 초신성이 폭발할 때의 온도와 무거운 별의 중심부의 온도를 비교하시오.

32 수소와 헬륨 같은 가벼운 기체들은 성간 물질 전체 질량의 약 98 %를 차지하지만 지구 대기에는 거의 존재하지 않는다. 그 이유를 가벼운 기체와 지구 사이에 작용하는 힘과 관련지어 서술하시오.

8강. 원자 모형과 에너지 준위

1. 스펙트럼　　2. 수소 원자의 스펙트럼　　3. 보어의 원자 모형　　4. 원자 모형의 변천

1. 스펙트럼

(1) 전자기파[1] : 전기장과 자기장이 각각 시간에 따라 세기가 변하면서 공간으로 퍼져 나갈 때 발생하는 파동[2]

⑴ **전자기파의 종류** : 파장에 따라 구분한다.(1 nm(나노미터) = 10^{-9} m)

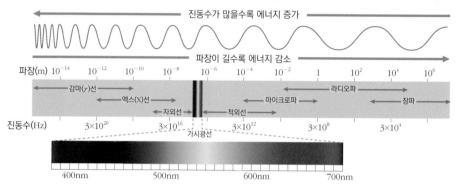

⑵ **전자기파의 속력과 에너지**
　① 전자기파의 속력[3] : 3×10^8 m/s(= 광속(c))
　② 전자기파의 에너지(E) = $h\nu = \dfrac{hc}{\lambda}$ (h: 플랑크 상수 = 6.626×10^{-34} J·s, λ: 파장, ν: 진동수)

(2) 스펙트럼

① **빛의 분산** : 여러 가지 파장이 섞인 빛을 분광기(프리즘)[4]에 통과시켰을 때 파장에 따라 빛이 분리되는 현상을 빛의 분산이라고 하며, 빛이 파장에 따라 굴절률[미니]이 다르기 때문에 나타나는 현상이다. 빛의 파장이 짧을수록 많이 굴절된다. 이때 나타나는 빛의 띠를 스펙트럼이라고 한다.

② **연속 스펙트럼 & 선 스펙트럼**

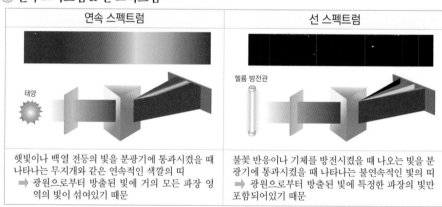

연속 스펙트럼	선 스펙트럼
햇빛이나 백열 전등의 빛을 분광기에 통과시켰을 때 나타나는 무지개와 같은 연속적인 색깔의 띠 ➡ 광원으로부터 방출된 빛에 거의 모든 파장 영역의 빛이 섞여있기 때문	불꽃 반응이나 기체를 방전시켰을 때 나오는 빛을 분광기에 통과시켰을 때 나타나는 불연속적인 빛의 띠 ➡ 광원으로부터 방출된 빛에 특정한 파장의 빛만 포함되어있기 때문

③ **방출 스펙트럼 & 흡수 스펙트럼**[5]

방출 스펙트럼	흡수 스펙트럼
많은 양의 에너지를 가지고 있는 물질이 방출하는 빛을 분광기에 통과시켰을 때 나타나는 스펙트럼	연속 스펙트럼을 가지는 빛이 어떤 물질을 통과할 때 그 물질에 특정 파장의 빛이 흡수되어 흡수선[6]이 나타난 스펙트럼

개념확인 1

다음 중 파장이 가장 긴 전자기파는?

① γ선　　② X선　　③ 자외선　　④ 적외선　　⑤ 가시광선

확인+1

백열 전등의 빛을 분광기에 통과시켰을 때 나타나는 무지개와 같은 연속적인 색의 띠를 무엇이라고 하는가?

(　　　　　　　　　)

---

❶ 전자기파와 빛

빛은 전자기파 중 가시광선 영역에 속한다.

❷ 파동의 표시

·파장(λ) : 파동에서 서로 이웃한 마루와 마루(골과 골) 사이의 거리

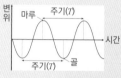

·주기(T) : 매질의 한 점이 한번 진동할 때 걸리는 시간
·진동수(ν) : 단위 시간당 파동의 진동이 일어나는 횟수

❸ 파동의 속력(v)

$$v = \frac{\lambda}{T} = \lambda\nu$$

$\begin{pmatrix} v : 파동의 속력 \\ \lambda : 파장 \\ T : 파동의 주기 \\ \nu : 파동의 진동수 \end{pmatrix}$

❹ 분광기와 프리즘

분광기는 빛을 분산시켜 스펙트럼을 계측하는 장치로 프리즘을 이용한 분광기가 주로 이용되며 프리즘은 빛을 굴절, 분산시키는 역할을 한다.

❺ 방출 스펙트럼과 흡수 스펙트럼

원소는 특정한 에너지만을 흡수하거나 방출할 수 있기 때문에 동일한 원소의 방출 스펙트럼의 방출선과 흡수 스펙트럼의 흡수선의 위치는 동일하고, 또한 스펙트럼을 분석하여 물질을 구성하는 원소의 종류를 확인할 수 있다.

❻ 흡수선

흡수 스펙트럼에 나타난 검은 선을 흡수선이라고 한다.

미니사전

굴절률 [屈 굽히다 折 꺾다 率 비율] 서로 다른 매질의 경계면을 통과하는 파동이 굴절되는 정도. 빛의 파장이 짧을수록 굴절되는 정도가 크다.

2. 수소 원자의 스펙트럼

(1) 스펙트럼과 에너지 : 방출되는 에너지가 연속적이면 연속적인 파장의 빛이 방출되기 때문에 연속 스펙트럼이, 방출되는 에너지가 불연속적이면[1] 불연속적인 파장의 빛이 방출되기 때문에 선 스펙트럼이 나타난다.

(2) 수소 원자의 스펙트럼 : 수소 기체를 방전관에 넣고 고전압으로 방전시키면 전자가 에너지를 흡수하여 들뜬상태[2]가 되었다가 다시 에너지를 방출하면서 상대적으로 안정한 상태가 된다. 이때 그 차이에 해당하는 에너지가 빛의 형태로 방출된다.

▲ 수소 방전관　　　　　　　▲ 수소 원자 스펙트럼

(3) 수소 원자 스펙트럼의 연구

① 수소 방전관에서 방출된 빛을 분광기에 통과시켰을 때 빨간색, 초록색, 파란색, 보라색의 불연속적인 선 스펙트럼이 나타난다는 것이 발견되었다.
② 발머(J. J. Balmer)[3]는 수소 원자의 선 스펙트럼을 이용하여 수소 원자가 방출하는 빛의 파장을 계산하는 식을 제안하였고, 이후 실험을 통해 가시광선뿐만 아니라 자외선과 적외선 영역에서의 수소 원자 선 스펙트럼도 발견하였다.

(4) 보어의 가설 : 보어(N. H. D. Bohr)는 수소 원자의 선 스펙트럼의 규칙성[4]을 설명하기 위해 수소 원자의 구조와 에너지 준위에 대한 가설을 제안하였다.

⑴ 전자는 원자 내에서 특정한 에너지 준위를 가진 원궤도를 빠르게 운동하고 있다.

① **전자껍질** : 전자가 원자핵 주위에서 원운동하는 불연속적인 궤도로, 원자핵에 가까운 것부터 K(n=1), L(n=2), M(n=3), N(n=4) …등의 기호를 사용하여 나타낸다. 이때 n을 주양자수라고 한다. 각 전자껍질의 전자는 특정 에너지만을 가지며 이것을 '전자의 에너지가 양자화되어 있다'라고 하였다.
② **에너지 준위(Energy levels)** : 원자, 분자, 원자핵 등이 가질 수 있는 에너지의 값
③ 수소 원자에서 각 전자껍질의 에너지 준위(E_n)는 주양자수에 의해 결정되며, 주양자수가 클수록 전자껍질의 에너지 준위는 높아진다.

⑵ 전자가 일정한 궤도를 돌고 있을 때는 에너지를 흡수하거나 방출하지 않지만, 전자가 에너지 준위가 다른 전자껍질로 전이할 때는 두 전자껍질의 에너지 준위 차이만큼의 에너지를 흡수하거나 방출한다.

바닥상태　　　들뜬상태　　　들뜬상태　　　바닥상태

개념확인 2

정답 및 해설 **34** 쪽

전자가 원자핵 주위에서 원운동하는 불연속적인 궤도를 무엇이라고 하는가?

(　　　　　)

확인+2

에너지 준위가 가장 낮은 전자껍질에 전자가 존재하는 상태를 무엇이라고 하는가?

(　　　　　)

① 에너지의 연속성과 불연속성

경사면에 떨어뜨린 공은 경사면의 모든 곳에 위치할 수 있기 때문에 위치 에너지가 경사면을 따라 연속적으로 변하지만, 계단에서 떨어뜨린 공은 공의 위치 에너지는 계단의 높이에 따라 불연속적으로 변한다. 계단 위의 공과 같이 원자에서 전자가 가질 수 있는 에너지가 불연속이면 몇 가지의 에너지 상태만 가능하므로 들뜬상태에서 바닥상태로 될 때 방출되는 에너지도 몇 가지만 가능하다.

▲경사면과 계단에서 떨어뜨린 공의 위치 변화

② 바닥상태와 들뜬상태

에너지 준위가 가장 낮은 전자껍질에 전자가 존재하는 상태를 바닥상태, 전자가 에너지를 흡수하여 에너지 준위가 높은 전자껍질에 존재하는 상태를 들뜬상태라고 한다.

③ 발머(J. J. Balmer)

스위스의 수학자, 물리학자. 1884년 수소 원자 스펙트럼의 규칙성을 발견하여 1897년 '발머의 공식'으로 정리하였다. 이는 수소 원자의 다른 스펙트럼을 발견하는 토대가 되었다.

④ 수소 원자의 선 스펙트럼의 규칙성

수소 원자의 선 스펙트럼에 규칙성이 있다는 것은 수소 원자 내 전자의 위치에 규칙성이 있다는 것을 의미한다.

3. 보어의 원자 모형

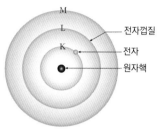

▲ 보어의 원자 모형

(1) 보어의 원자 모형

① 보어는 수소 원자의 스펙트럼에서 나타나는 규칙성을 설명하기 위해 원자 내부에서 전자의 에너지 준위가 양자화되어 있는 원자 모형을 제안하였다.

② 양자화 : 불연속적인 값만을 갖는 현상으로, 어떤 물리량이 고정된 최소 단위의 정수배에 해당하는 값만 가질 때 그 양이 '양자화되었다'고 한다.

(2) 수소 원자의 선 스펙트럼과 보어의 원자 모형

① 보어는 수소 원자의 스펙트럼이 불연속적인 선 스펙트럼인 것은 수소 원자의 전자껍질이 갖는 에너지 준위가 불연속적이기 때문이라고 생각했다.

② **보어 원자 모형과 수소 원자의 선 스펙트럼**
- 수소 원자의 선 스펙트럼에서 관찰되는 빛의 파장을 이용하여 수소 원자 전자껍질의 에너지 준위와 주양자수(n) 사이의 관계를 밝혀낼 수 있다.

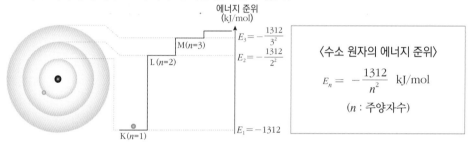

〈수소 원자의 에너지 준위〉

$$E_n = -\frac{1312}{n^2} \text{ kJ/mol}$$

(n : 주양자수)

예 각 전자껍질의 에너지 준위[1]

전자껍질	K(n=1)	L(n=2)	M(n=3)	N(n=4)	⋯	$n=\infty$
에너지 준위 (kJ/mol)	−1312	$-\dfrac{1312}{4}$	$-\dfrac{1312}{9}$	$-\dfrac{1312}{16}$	⋯	0

(3) 수소 원자의 스펙트럼 계열[2]

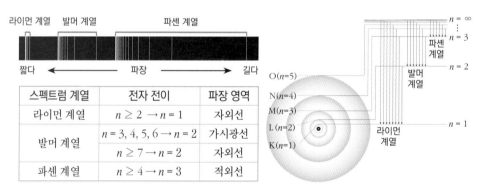

스펙트럼 계열	전자 전이	파장 영역
라이먼 계열	$n \geq 2 \rightarrow n = 1$	자외선
발머 계열	$n = 3, 4, 5, 6 \rightarrow n = 2$	가시광선
	$n \geq 7 \rightarrow n = 2$	자외선
파셴 계열	$n \geq 4 \rightarrow n = 3$	적외선

개념확인 3

다음 설명 중 옳은 것은 O표, 옳지 않은 것은 X표 하시오.

(1) 수소 원자에서 각 전자껍질의 에너지 준위(E_n)는 주양자수에 의해 결정된다. (   )

(2) 라이먼 계열의 스펙트럼은 파셴 계열의 스펙트럼보다 파장이 짧다. (   )

확인+3

어떤 궤도에서 다른 궤도로 전자가 이동하는 현상을 무엇이라고 하는가?

(   )

---

❶ 전자 전이[미니]와 에너지 출입

전자 전이가 일어날 때에는 에너지 준위 차이만큼의 전자기파 형태의 에너지 출입이 일어난다.

에너지 준위 차이는(ΔE)는 다음과 같이 계산할 수 있다.

$\Delta E = E_{\text{나중 궤도}} - E_{\text{처음 궤도}}$

이때 ΔE 가 양수라면 에너지 흡수, ΔE 가 음수라면 에너지 방출이 일어난다.

예 전자가 K 껍질에서 L 껍질로 전자 전이할 때

전자 전이가 일어날 때 에너지 준위의 차이만큼 에너지의 출입이 발생하므로

K(n=1)의 에너지 준위 :
$$E_1 = -1312 \text{kJ/mol}$$

L(n=2)의 에너지 준위 :
$$E_2 = -328 \text{kJ/mol}$$

$\Delta E = E_2 - E_1$
$= -328 - (-1312)$
$= 984 \text{ kJ/mol}$

K 껍질에서 L 껍질로 전자 전이가 일어날 때 984 kJ/mol의 에너지를 흡수한다.

❷ 수소 원자 스펙트럼 계열

$n' \rightarrow n$ 으로 전자 전이가 일어난다고 할 때 수소 원자 스펙트럼의 계열은 다음과 같이 분류된다. (단, n' 과 n 은 주양자수이며 $n' > n$ 이다.)

n	스펙트럼 계열
1	라이먼 계열
2	발머 계열
3	파셴 계열
4	브래킷 계열
5	푼트 계열
6	험프리 계열
7 이상	명명되지 않음

미니사전

전자 전이[電 번개 子 아들轉 구르다 移 옮기다] 어떤 궤도에서 다른 궤도로 전자가 이동하는 현상

4. 원자 모형의 변천

(1) 돌턴[1]의 원자 모형(1803년) : 단단한 공 모형

① 화학 반응에서 질량 보존 법칙, 일정 성분비 법칙 등을 설명하기 위해 제안되었다.
② 원자는 더이상 쪼갤 수 없는 단단한 공 모양이며, 원소의 종류에 따라 원자의 크기와 질량이 다르다.

돌턴의 원자 모형

(2) 톰슨의 원자 모형(1897년) : 푸딩 모형

① 음극선 실험의 결과를 설명하기 위해 제안되었다.
② 전체적으로 (+)전하를 띤 공 속에 (−)전하를 띤 전자가 군데군데 박혀있는 푸딩 모형

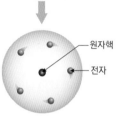

전자
(+) 전하를 띤 공

톰슨의 원자 모형

(3) 러더퍼드의 원자 모형(1911년) : 행성 모형

① α 입자 산란 실험 결과를 설명하기 위해 제안되었다.
② 원자 중심에 크기가 작고 밀도가 매우 큰 (+)전하를 가진 원자핵이 있고, 그 주위를 (−)전하를 띤 전자들이 돌고 있는 모형
③ 한계점 : 원자의 안정성과 수소 원자의 선 스펙트럼을 설명할 수 없다.[2]

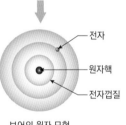

원자핵
전자

러더퍼드의 원자 모형

(4) 보어의 원자 모형[3](1913년) : 궤도 모형

① 수소 원자의 선 스펙트럼을 설명하기 위해 제안되었다.
② 전자는 원자핵 주위의 특정한 에너지 준위를 가진 궤도 상에서만 원운동하고 있으며, 전자가 에너지 준위가 다른 궤도로 전이할 때 그 차이만큼의 에너지를 흡수하거나 방출한다.
③ 한계점 : 전자가 2개 이상인 다전자 원자의 선 스펙트럼은 설명할 수 없다.

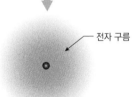

전자
원자핵
전자껍질

보어의 원자 모형

(5) 현대적 원자 모형 : 전자 구름 모형

① 다전자 원자의 스펙트럼과 전자의 파동성을 설명하기 위해 제안되었다.
② 전자의 정확한 위치는 알 수 없고, 특정 위치에서 전자가 발견될 확률을 계산하여 전자의 존재를 확률 분포로 나타낸 전자 구름 모형

전자 구름

현대적 원자 모형

▲ 원자 모형의 변천

---

❶ 돌턴의 원자설

돌턴은 원자설을 통해 물질은 더이상 쪼갤 수 없는 공 모양의 딱딱한 원자로 이루어져 있으며, 원자는 물질을 이루는 기본 단위로서 변하지 않는 완전한 것이라고 하였다.

❷ 러더퍼드의 원자 모형으로 설명할 수 없는 원자의 안정성

고전 물리학에 따르면 전하를 띠고 있는 전자가 원운동을 하면 전자기파를 방출해야 한다. 전자기파를 방출하면 전자는 에너지를 잃게 되고, 결국 운동 속도가 느려지면서 원자핵 쪽으로 끌려가 충돌하기 때문에 안정한 원자가 존재할 수 없다는 모순이 생긴다.

❸ 보어 원자 모형의 이용

보어 원자 모형은 전자의 위치를 특정할 수 없는 현대적 원자 모형에 비해 전자의 위치를 구체적으로 표현할 수 있기 때문에 옥텟 규칙이나 화학 결합을 설명할 때 많이 이용된다.

개념확인 4

정답 및 해설 **34** 쪽

수소 원자의 선 스펙트럼을 설명하기 위해 궤도 모형을 제시한 과학자는 누구인가?

(   )

확인+4

다음 설명 중 옳은 것은 O표, 옳지 않은 것은 X표 하시오.

(1) 보어의 원자 모형으로 헬륨 원자의 스펙트럼을 설명할 수 있다.   (   )
(2) 현대 원자 모형에서는 전자의 위치를 정확하게 알 수 없다고 본다.   (   )

01 전자기파에 포함되지 <u>않는</u> 것은?

① α 선   ② X 선   ③ 자외선   ④ 적외선   ⑤ 가시광선

02 빛에 대한 설명으로 옳은 것만을 있는 대로 고르시오.

① 파장이 길수록 에너지가 크다.
② 자외선은 적외선보다 에너지가 작다.
③ 빛의 진동수가 클수록 에너지가 작다.
④ 빛은 전자기파의 일종으로 파동의 성질을 갖는다.
⑤ 가시광선 영역에서는 파장에 따라 빛의 색이 달라진다.

03 스펙트럼에 대한 설명이다. 옳은 것은 ○표, 옳지 않은 것은 ×표 하시오.

(1) 빛은 파장에 따라 굴절되는 정도가 다르다.   (   )
(2) 불꽃 반응시 방출되는 빛을 프리즘에 통과시키면 연속 스펙트럼이 나타난다.   (   )
(3) 수소 방전관에서 방출되는 빛을 프리즘에 통과시키면 연속 스펙트럼이 나타난다. (   )
(4) 수소 원자의 스펙트럼 중 파셴 계열은 적외선 영역에서 나타난다.   (   )

04 설명하는 용어를 〈보기〉에서 찾아 기호로 답하시오.

〈 보기 〉
ㄱ. 파장   ㄴ. 주기   ㄷ. 진동수

(1) 단위 시간당 파동의 진동이 일어나는 횟수   (   )
(2) 매질의 한 점이 한 번 진동할 때 걸리는 시간   (   )
(3) 파동에서 서로 이웃한 마루와 마루 사이의 거리   (   )

05 보어의 원자 모형에 대한 설명으로 옳은 것은 ○표, 옳지 않은 것은 ×표 하시오.

(1) 수소 원자에서 전자껍질의 에너지 준위는 주양자수에 의해 결정된다.   (   )
(2) 원자핵에 가까워질수록 전자껍질의 에너지 준위는 높아진다.   (   )
(3) 수소 원자 스펙트럼이 선 스펙트럼으로 나타나는 이유를 설명할 수 있다.   (   )
(4) 보어는 원자 내부에서 전자의 에너지가 양자화되어 있다고 주장하였다.   (   )

06 수소 원자의 전자 전이를 나타낸 것이다. (가)~(다) 계열을 각각 알맞게 짝지은 것은?

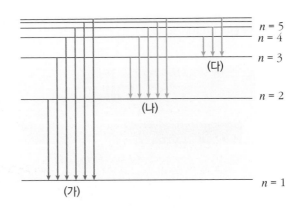

	(가)	(나)	(다)
①	발머 계열	파셴 계열	브래킷 계열
②	험프리 계열	파셴 계열	푼트 계열
③	파셴 계열	발머 계열	라이먼 계열
④	라이먼 계열	파셴 계열	발머 계열
⑤	라이먼 계열	발머 계열	파셴 계열

07 다음과 같은 전자 전이가 일어날 때 에너지를 방출하는 경우를 〈보기〉에서 있는 대로 고른 것은?

─── 〈 보기 〉 ───
ㄱ. K → L   ㄴ. M → K   ㄷ. N → O   ㄹ. N → M

① ㄱ, ㄴ   ② ㄱ, ㄷ   ③ ㄴ, ㄷ   ④ ㄴ, ㄹ   ⑤ ㄷ, ㄹ

08 〈보기〉의 원자 모형을 시대 순으로 기호를 이용하여 바르게 나열하시오.

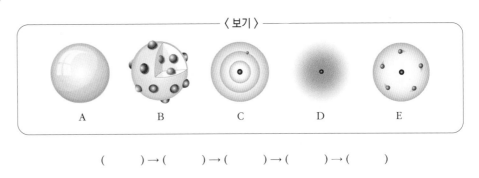

(   ) → (   ) → (   ) → (   ) → (   )

[유형 8-1] 스펙트럼

전자기파를 파장별로 구분하여 나타낸 것이다.

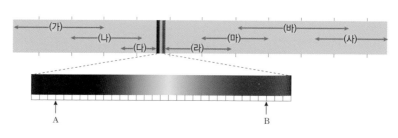

(1) (가)~(사)에 알맞은 전자기파를 〈보기〉에서 골라 기호로 쓰시오.

〈 보기 〉

ㄱ. 라디오파   ㄴ. 장파   ㄷ. X선   ㄹ. γ선   ㅁ. 자외선   ㅂ. 마이크로파   ㅅ. 적외선

(가) :   (나) :   (다) :   (라) :   (마) :   (바) :   (사) :

(2) A와 B에 해당하는 가시광선 중 굴절률이 더 작은 것은?

(   )

---

01 파동의 속력을 구하는 식이다. ㉠과 ㉡에 들어갈 말이 알맞게 짝지어진 것은?

$$파동의\ 속력(m/s) = \frac{㉠}{주기} = ㉠ \times ㉡$$

	㉠	㉡
①	파장	굴절률
②	파장	진동수
③	진동수	파장
④	굴절률	파장
⑤	파장	주기

02 서로 다른 종류의 스펙트럼이다. 스펙트럼 (가)와 (나)에 대한 설명으로 옳은 것만을 〈보기〉에서 있는 대로 고른 것은?

(가)

(나)

〈 보기 〉

ㄱ. (가)는 선 스펙트럼이다.
ㄴ. (나)는 방출 스펙트럼이다.
ㄷ. (가)와 (나)는 동일한 물질에 대한 스펙트럼이다.

① ㄱ   ② ㄴ   ③ ㄷ
④ ㄱ, ㄴ   ⑤ ㄱ, ㄷ

수소 원자의 스펙트럼

수소 방전관에서 방출된 빛을 분광기에 통과시켰을 때 나타난 스펙트럼이다. 이에 대한 설명으로 옳은 것만을 〈보기〉에서 있는 대로 고른 것은?

A   B   C   D

─────── 〈 보기 〉 ───────

ㄱ. 위의 스펙트럼은 라이먼 계열이다.
ㄴ. A~D 중 D 의 에너지가 가장 크다.
ㄷ. 수소 원자의 에너지 준위는 불연속적이다.

① ㄱ   ② ㄴ   ③ ㄷ   ④ ㄱ, ㄷ   ⑤ ㄱ, ㄴ, ㄷ

03 수소 원자의 스펙트럼에 대한 설명 중 옳은 것만을 〈보기〉에서 있는 대로 고른 것은?

─────── 〈 보기 〉 ───────

ㄱ. 수소 원자의 스펙트럼은 가시광선 영역에서만 나타난다.
ㄴ. 발머는 수소 원자의 스펙트럼을 이용하여 수소 원자가 방출한 빛의 파장을 계산하는 식을 제안하였다.
ㄷ. 방출되는 에너지가 연속적인 경우 연속적인 파장의 빛이 방출되기 때문에 선 스펙트럼이 나타난다.

① ㄱ   ② ㄴ   ③ ㄷ
④ ㄱ, ㄴ   ⑤ ㄱ, ㄷ

04 수소 방전관에서 관찰할 수 있는 스펙트럼의 일부이다. 이에 대한 설명으로 옳은 것만을 〈보기〉에서 있는 대로 고른 것은?

a   b

─────── 〈 보기 〉 ───────

ㄱ. a 는 b 보다 파장이 짧다.
ㄴ. 위의 스펙트럼은 발머 계열이다.
ㄷ. 방전관에 수소 기체를 더 넣으면 연속 스펙트럼이 나타난다.

① ㄱ   ② ㄴ   ③ ㄷ
④ ㄱ, ㄴ   ⑤ ㄱ, ㄷ

유형 익히기&하브루타

보어의 수소 원자 모형에서의 몇 가지 전자 전이를 나타낸 것이다. 이에 대한 설명으로 옳은 것만을 〈보기〉에서 있는 대로 고른 것은?

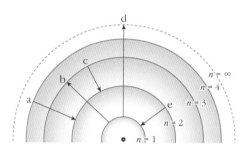

〈 보기 〉

ㄱ. a~e 중 파셴 계열에 해당하는 것은 1개이다.
ㄴ. 방출하는 빛의 에너지는 a 보다 e 가 더 크다.
ㄷ. 방출하는 빛의 파장은 c 와 e 가 같다.
ㄹ. d 에서 가장 큰 에너지를 흡수한다.

① ㄱ, ㄴ   ② ㄱ, ㄷ   ③ ㄴ, ㄷ   ④ ㄴ, ㄹ   ⑤ ㄴ, ㄷ, ㄹ

05

수소 원자 스펙트럼 중 가시광선 영역의 스펙트럼을 나타낸 것이다.

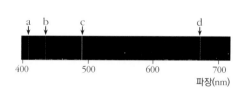

이에 대한 설명으로 옳은 것만을 〈보기〉에서 있는 대로 고른 것은?

〈 보기 〉

ㄱ. a~d 중 가장 에너지가 가장 큰 것은 a 이다.
ㄴ. c 는 전자가 $n=4 \rightarrow n=2$ 로 전이할 때 나타난다.
ㄷ. d 는 K 껍질에서 L 껍질로 전자가 전이할 때 나타난다.

① ㄱ   ② ㄴ   ③ ㄷ
④ ㄱ, ㄴ   ⑤ ㄴ, ㄷ

06

수소 원자에서 일어나는 전자 전이 a~d를 나타낸 것이다.

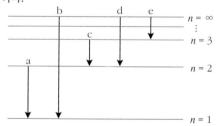

이에 대한 설명으로 옳은 것만을 〈보기〉에서 있는 대로 고른 것은?(단, 수소 원자의 에너지 준위 $E_n = -\dfrac{k}{n^2}$ kJ/mol 이다.)

〈 보기 〉

ㄱ. b에서 방출된 빛에너지는 a에서 방출된 빛에너지의 4배이다.
ㄴ. a 와 c 에서 각각 방출된 빛의 파장의 비는 5 : 27 이다.
ㄷ. a~e 에서 방출된 빛 중 진동수가 가장 큰 것은 b 이다.

① ㄱ   ② ㄴ   ③ ㄷ
④ ㄱ, ㄴ   ⑤ ㄴ, ㄷ

[유형 8-4] **원자 모형의 변천**

원자 모형들을 순서 없이 나열한 것이다.

A   B   C   D   E

(1) A~E 중 음극선 실험 결과를 설명할 수 있는 모형을 모두 고르시오.   (   )

(2) A~E 중 α 입자 산란 실험 결과를 설명할 수 있는 모형을 모두 고르시오.   (   )

07 2가지 원자 모형을 나타낸 것이다. 이에 대한 설명으로 옳은 것만을 〈보기〉에서 있는 대로 고른 것은?

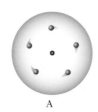 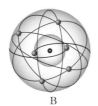

A   B

───── 〈 보기 〉 ─────

ㄱ. A와 B는 모두 α 입자 산란 실험의 결과를 설명할 수 있다.
ㄴ. A는 수소 원자의 선 스펙트럼을 설명할 수 있다.
ㄷ. B의 원자 모형을 제안한 과학자는 러더퍼드이다.

① ㄱ   ② ㄴ   ③ ㄷ
④ ㄱ, ㄴ   ⑤ ㄴ, ㄷ

08 현대적 원자 모형에 대한 설명으로 옳은 것만을 〈보기〉에서 있는 대로 고른 것은?

───── 〈 보기 〉 ─────

ㄱ. 수소 원자의 선 스펙트럼을 설명하기 위해 제안되었다.
ㄴ. 헬륨 원자의 선 스펙트럼은 설명할 수 없다.
ㄷ. 전자의 정확한 위치는 알 수 없다.

① ㄱ   ② ㄴ   ③ ㄷ
④ ㄱ, ㄴ   ⑤ ㄴ, ㄷ

01 태양은 매우 높은 온도에서 핵융합을 통해 다양한 파장의 빛을 방출하는 광원으로, 태양의 빛을 프리즘에 통과시키면 무지개와 같은 연속 스펙트럼이 나타난다. 그러나 1814년 독일의 프라운호퍼는 프리즘 앞에 볼록 렌즈를 놓고 태양의 스펙트럼을 망원경으로 확대해 본 결과 500여 개의 어두운 선이 나타나는 것을 관찰할 수 있었다. 오늘날 이 어두운 선을 프라운호퍼 선이라고 한다. 다음 물음에 답하시오.

▲ 프라운호퍼 선

(1) 태양의 스펙트럼에서 프라운호퍼 선이 나타나는 이유를 쓰시오.

(2) 프라운호퍼 선을 통해 알아낼 수 있는 것을 쓰시오.

02 주어진 자료를 참고하여 물음에 답하시오.

(A) 1911년 러더퍼드는 원자의 구조를 알아보기 위해 금박 표적 주위에 황화 아연(ZnS)이 코팅된 형광 막을 원형으로 설치한 후 금박 표적에 α입자를 쏘여 진로를 확인하는 실험을 하였다. 그 결과 원자의 중심에는 양전하를 띠고 밀도가 아주 높은 원자핵이 있고, 음전하를 띠는 전자가 원자핵 주위에서 원운동하고 있다는 원자 모형을 제시하였다.

(B) 1913년 보어는 수소 원자의 선 스펙트럼을 설명하기 위해 원자의 에너지 준위가 양자화되어 있는 원자 모형을 제안하였다. 보어의 가정에 따르면 전자는 특정한 에너지 준위를 갖는 궤도로 원운동하며, 전자가 궤도를 이동할 때 에너지를 흡수하거나 방출한다.

▲ 러더퍼드의 원자 모형

▲ 보어의 원자 모형

(1) 고전 물리학에 따르면 가속하는 전자는 빛을 방출하게 된다. 이 사실을 이용하여 러더퍼드의 원자 모형의 한계점을 설명하시오.

(2) 보어는 러더퍼드의 원자 모형의 한계점을 극복하기 위해 새로운 원자 모형을 제시하였다. 보어의 가정으로부터 수소 원자의 스펙트럼이 선 스펙트럼의 형태로 나타나는 이유를 설명하시오.

03 에메랄드는 그 광택이 아름다워 옛날부터 귀한 보석으로 여겨졌다. 그러나 그 값이 너무 비싸 오늘날에는 에메랄드와 비슷한 다른 보석들이 에메랄드를 대신하고 있다. 만일 에메랄드와 겉보기가 유사한 그린 토멀린, 차보라이트, 크롬 다이옵사이드가 에메랄드와 섞여 있어서 이 보석들의 종류를 스펙트럼으로 구분해야 한다면 방출 스펙트럼과 흡수 스펙트럼 중 어떤 스펙트럼을 이용하는 것이 적절할 지 그 이유와 함께 서술하시오.

▲ 에메랄드

▲ 그린 토멀린　　　　　▲ 차보라이트　　　　　▲ 크롬 다이옵사이드

04 다전자 원자의 방출 스펙트럼은 수소의 방출 스펙트럼과는 달리 선의 수가 많고, 여러 선들이 가까이 모여 무리를 지은 것처럼 보이는 선들이 군데군데 나타나는데, 보어의 원자 모형으로는 다전자 원자의 선 스펙트럼을 설명할 수 없다. 다음의 수소와 헬륨의 방출 스펙트럼을 참고하여 물음에 답하시오.

수소

헬륨

(1) 수소와 헬륨 원자의 스펙트럼 선의 위치가 다른 이유는 무엇인가?

(2) 전자가 1 개인 수소와 전자가 2개인 헬륨의 스펙트럼을 살펴보면 다전자 원자인 헬륨의 스펙트럼은 스펙트럼 선의 수가 더 많이 나타난다. 그 이유에 대해 서술하시오.

05 굴절 망원경에 태양빛을 감소시켜 주는 태양 필터를 장착한 후 디지털 카메라를 연결하면 (가)와 같은 태양의 사진을 얻을 수 있다. (나)의 사진은 미국 항공우주국(NASA)이 태양 활동 관측 위성 (SDO)을 이용하여 태양으로부터 방출되는 전자기파를 촬영한 후 공개한 태양의 사진이다.

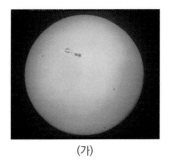

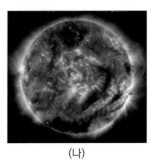

(가)   (나)

(가) 사진에는 평균 온도가 약 6000 K 인 광구와 그보다 온도가 약 2000 K 정도 낮은 흑점만이 나타나 있지만, (나) 사진에는 평균 온도가 100만~300만 K 에 달하는 태양의 대기인 코로나가 나타나 있다. 이처럼 (가) 사진과 (나) 사진에 나타난 태양의 모습이 다른 이유를 주어진 자료를 이용하여 서술하시오.

(A) 전자기파는 그 파장에 따라 분류할 수 있는데, 사람의 눈으로 볼 수 있는 영역의 전자기파는 가시광선 또는 빛이라고 부르며 그 외의 전자기파는 사람의 눈으로는 확인할 수 없다. 그렇기 때문에 가시광선을 제외한 다른 영역의 전자기파는 별도의 기기를 이용하여 검출한다.

(B) 적외선 카메라의 경우 사람의 눈으로는 확인할 수 없는 적외선을 감지하여 가시광선으로 바꾸어 주기 때문에 사람이 적외선을 간접적으로 볼 수 있게 해 준다.

▲ 적외선을 감지하여 영상화한 사진

(C) 태양은 핵융합을 통해 매우 큰 에너지를 방출하는 광원이다. 태양이 방출하는 전자기파는 γ선, X선, 자외선, 가시광선, 적외선, 전파 등으로 파장이 매우 다양하다.

06 수소 기체를 선기 방전시키면 불연속적인 스펙트럼이 나타난다. 다음은 수소의 선 스펙트럼 중 라이먼, 발머, 파셴 계열을 나타낸 것이다.

(1) A~C 에 각각 알맞은 계열의 이름을 쓰시오.

A :   B :   C :

(2) 다음 표는 이웃한 에너지 준위 차이를 나타낸 표이다. 표에 이웃한 에너지 준위 차이를 계산하여 쓰고, 수소 원자에서 주양자수가 증가함에 따라 에너지 준위 사이의 간격이 어떻게 변화하는지 서술하시오. (단, 수소 원자의 에너지 준위 $E_n = -\dfrac{k}{n^2}$ kJ/mol 이다.)

E \\ n	1 ~ 2	2 ~ 3	3 ~ 4	4 ~ 5
이웃한 에너지 준위 차이 $E_{n+1} - E_n$ (kJ/mol)				

(3) 만일 방전관 속의 수소 기체의 양을 늘린다면 수소 원자의 스펙트럼은 어떻게 될 지 쓰시오.

(4) 만일 방전관에 더 큰 전압을 걸어준다면 수소 원자 스펙트럼은 어떻게 될 지 쓰시오.

01 다음은 무엇에 관한 설명인지 쓰시오.

> 여러 가지 파장이 섞인 빛을 프리즘에 통과시켰을 때 파장에 따라 빛이 분리되는 현상

빛의 (   )

02 스펙트럼에 대한 설명으로 옳은 것은 O표, 옳지 않은 것은 X표 하시오.

(1) 수소 원자의 방출 스펙트럼은 연속 스펙트럼이다.

(   )

(2) 헬륨 원자와 수소 원자의 방출 스펙트럼은 동일하게 나타난다.   (   )

(3) 수소 원자의 방출 스펙트럼은 눈으로는 볼 수 없다.

(   )

03 보어 원자 모형에서 다음의 주양자수가 의미하는 전자 껍질의 기호를 쓰시오.

(1) $n = 1$ (   )

(2) $n = 3$ (   )

(3) $n = 5$ (   )

04 보어 원자 모형에 대한 설명으로 옳은 것은 O표, 옳지 않은 것은 X표 하시오.

(1) 전자가 일정한 궤도를 돌고 있을 때는 에너지 흡수와 방출이 반복적으로 일어난다.   (   )

(2) 보어는 수소 원자의 선 스펙트럼을 이용하여 수소 원자가 방출한 빛의 파장을 계산하는 식을 제안하였다.   (   )

(3) 수소 원자에서 전자껍질의 에너지 준위는 주양자수에 의해 결정된다.   (   )

05 빈칸에 들어갈 알맞은 말을 쓰시오.

> 불연속적인 값만을 갖는 현상으로, 어떤 물리량이 연속적으로 변하지 않고, 어떤 고정된 최소단위의 정수배에 해당하는 값만을 가질 때 그 양이 '(   )되었다.'고 한다.

(   )

06 수소 원자의 에너지 준위와 스펙트럼에 대한 설명으로 옳은 것은 O표, 옳지 않은 것은 X표 하시오.

(1) 수소 원자에서 주양자수가 클수록 에너지 준위가 높아진다.   (   )

(2) 수소 원자의 주양자수가 클수록 이웃한 두 전자 껍질의 에너지 차이는 커진다.   (   )

(3) 수소 원자의 동일한 스펙트럼 계열에서는 파장이 짧은 쪽으로 갈수록 스펙트럼 선의 간격이 좁아진다.   (   )

07 수소 원자에서 다음과 같이 전자 전이가 일어날 때 방출되는 빛은 어느 영역의 전자기파인지 쓰시오.

(1) $(n=7) \rightarrow (n=2)$ (   )

(2) $(n=4) \rightarrow (n=2)$ (   )

(3) $(n=5) \rightarrow (n=3)$ (   )

08 수소 원자에서 다음과 같이 전자 전이가 일어날 때 1몰 당 방출되는 에너지를 구하시오.(단, 수소 원자의 에너지 준위는 $E_n = -\dfrac{1312}{n^2} \text{kJ/mol}$ 이다.)

(1) $(n=\infty) \rightarrow (n=1)$ (   ) kJ/mol

(2) $(n=4) \rightarrow (n=2)$ (   ) kJ/mol

(3) $(n=2) \rightarrow (n=1)$ (   ) kJ/mol

09 그림과 같은 전자 전이가 일어날 때 알맞은 에너지의 출입을 고르시오.

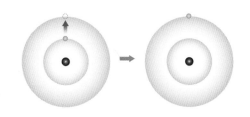

에너지가 (흡수 / 방출) 된다.

10 원자 모형 (가)와 (나)에 대한 설명으로 옳은 것은 O표, 옳지 않은 것은 X표 하시오.

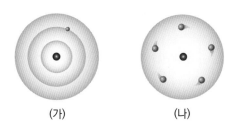

(가)   (나)

(1) (가)는 (나)보다 먼저 제시된 원자 모형이다.

( )

(2) (가)의 원자 모형으로 α 입자 산란 실험의 결과를 설명할 수 있다. ( )

(3) (나)의 원자 모형으로 수소 원자의 스펙트럼을 설명할 수 있다. ( )

B

11 수소 원자 방출 스펙트럼에 대한 설명으로 옳은 것은?

① 수소 원자의 방출 스펙트럼은 적외선 영역에서만 나타난다.
② 수소 원자의 방출 스펙트럼 중 가장 먼저 관찰된 것은 라이먼 계열이다.
③ 발머는 수소 원자가 방출한 빛의 파장을 계산하는 식을 제안하였다.
④ 수소 원자의 방출 스펙트럼을 설명하기 위해 러더퍼드의 원자 모형이 제안되었다.
⑤ 가시광선 영역에서는 빨간색, 주황색, 파란색, 보라색의 선 스펙트럼이 나타난다.

12 수소의 스펙트럼을 얻는 장치와 그 결과를 나타낸 것이다.

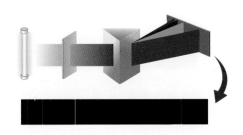

위 실험 결과로부터 알 수 있는 사실로 옳은 것만을 〈보기〉에서 있는 대로 고른 것은?

─── 〈 보기 〉 ───

ㄱ. 수소 원자의 에너지 준위의 간격은 일정하다.
ㄴ. 수소 원자의 에너지 준위는 불연속적이다.
ㄷ. 수소 원자는 빨간색, 초록색, 파란색, 보라색의 네 가지 색을 띤다.

① ㄱ   ② ㄴ   ③ ㄷ
④ ㄱ, ㄴ   ⑤ ㄴ, ㄷ

13 굴절률이 가장 큰 가시광선의 색을 고르시오.

① 빨간색   ② 주황색   ③ 노란색
④ 초록색   ⑤ 보라색

14 보어의 가설로 옳지 않은 것은?

① 주양자수가 클수록 전자껍질의 에너지 준위는 높아진다.
② 전자가 원자핵 주위를 원운동할 때에는 전자기파를 방출한다.
③ 전자는 원자핵 주위의 특정한 에너지를 갖는 궤도를 따라 원운동한다.
④ 수소 원자의 스펙트럼을 설명하기 위해 보어의 원자 모형이 제안되었다.
⑤ 전자가 원자핵 주위에서 원운동하는 불연속적인 궤도를 전자껍질이라고 한다.

스스로 실력 높이기

15 수소 원자의 스펙트럼 중 발머 계열의 스펙트럼을 나타낸 것이다.

이에 대한 설명으로 옳은 것만을 〈보기〉에서 있는 대로 고른 것은? (단, 수소 원자의 에너지 준위는 $E_n = -\dfrac{1312}{n^2}\,\text{kJ/mol}$ 이다.)

──── 〈 보기 〉 ────
ㄱ. a~d 중 a 의 진동수가 가장 크다.
ㄴ. b 와 c 에서 방출되는 에너지의 비는 25 : 28 이다.
ㄷ. d 는 전자가 $(n = \infty) \rightarrow (n = 2)$ 로 전이할 때 나타난다.

① ㄱ   ② ㄴ   ③ ㄷ
④ ㄱ, ㄴ   ⑤ ㄴ, ㄷ

16 수소 원자의 에너지 준위와 전자 전이 a~e를 나타낸 것이다.

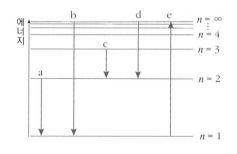

a~e에 대한 설명으로 옳은 것만을 〈보기〉에서 있는 대로 고른 것은?(단, 수소 원자의 에너지 준위 $E_n = -\dfrac{k}{n^2}\,\text{kJ/mol}$ 이다.)

──── 〈 보기 〉 ────
ㄱ. 방출되는 빛의 진동수는 b 가 가장 작다.
ㄴ. 방출되는 빛의 파장의 비는 a : c = 4 : 9이다.
ㄷ. a 와 d 에서 방출되는 에너지의 합은 e 에서 흡수하는 에너지와 같다.

① ㄱ   ② ㄴ   ③ ㄷ
④ ㄱ, ㄴ   ⑤ ㄴ, ㄷ

17 보어의 수소 원자 모형에서 몇 가지 전자 전이를 나타낸 것이다.

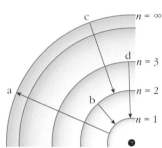

이에 대한 설명으로 옳은 것만을 〈보기〉에서 있는 대로 고른 것은?(단, 수소 원자의 에너지 준위는 $E_n = -\dfrac{1312}{n^2}\,\text{kJ/mol}$ 이다.)

──── 〈 보기 〉 ────
ㄱ. a의 전자 전이가 일어나면 수소 원자는 양이온이 된다.
ㄴ. b 와 c 에서 방출하는 빛의 파장의 비는 1 : 3 이다.
ㄷ. 방출하는 빛의 에너지는 d 가 b 의 2 배이다.

① ㄱ   ② ㄴ   ③ ㄷ
④ ㄱ, ㄴ   ⑤ ㄱ, ㄴ, ㄷ

18 여러 가지 원자 모형을 순서 없이 나타낸 것이다.

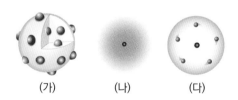

(가)   (나)   (다)

이에 대한 설명으로 옳은 것만을 〈보기〉에서 있는 대로 고른 것은?

──── 〈 보기 〉 ────
ㄱ. 원자 모형의 변천 과정을 순서대로 나열하면 (나) → (가) → (다)이다.
ㄴ. (다)의 원자 모형은 수소 원자 스펙트럼의 결과를 설명할 수 없다.
ㄷ. (가)~(다)의 원자 모형은 모두 음극선 실험의 결과를 설명할 수 있다.

① ㄱ   ② ㄴ   ③ ㄷ
④ ㄱ, ㄴ   ⑤ ㄴ, ㄷ

ⓒ

19 수소 원자의 주양자수(n)에 따른 에너지 준위와 전지 전이를 나타낸 것이다.

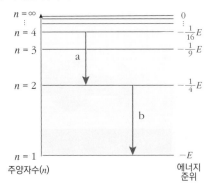

이에 대한 설명으로 옳은 것만을 〈보기〉에서 있는 대로 고른 것은?

〈 보기 〉

ㄱ. a 와 b 에서 방출되는 빛의 파장의 비는 4 : 1 이다.

ㄴ. a 와 b 에서 방출되는 빛의 에너지의 합은 $\frac{1}{16}E$ 이다.

ㄷ. 수소 원자의 스펙트럼에서 에너지가 $\frac{1}{4}E$ 인 스펙트럼 선은 관찰되지 않는다.

① ㄱ   ② ㄴ   ③ ㄷ
④ ㄱ, ㄴ   ⑤ ㄱ, ㄷ

20 수소 원자에서 주양자수가 n 인 전자껍질에서 주양자수가 2 와 1 인 전자껍질로 각각 전자 전이가 일어날 때 방출되는 빛의 파장을 나타낸 것이다. 이에 대한 설명으로 옳은 것은?

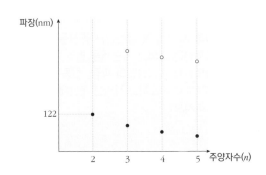

① ◦ 는 모두 자외선에 해당하는 파장이다

② ◦ 는 ● 보다 진동수가 더 큰 빛의 파장이다.

③ 전자 전이가 일어날 때 방출되는 에너지의 크기는 파장과 비례한다.

④ ● 는 주양자수가 1 인 전자껍질로 전자 전이가 일어날때의 파장을 나타낸 것이다.

⑤ $n = \infty \rightarrow n = 2$ 의 전자 전이가 일어날 때 방출되는 빛의 파장은 122 nm 보다 짧다.

21 (가)와 (나)는 수소 원자의 전자가 서로 다른 전자껍질에 위치한 상태를 그림으로 나타낸 것이다.

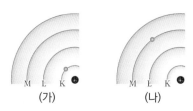

이에 대한 설명으로 옳은 것만을 〈보기〉에서 있는 대로 고른 것은?(단, 수소 원자의 에너지 준위 $E_n = -\frac{k}{n^2}$ kJ/mol 이다.)

〈 보기 〉

ㄱ. (가)는 들뜬상태이다.

ㄴ. 자외선을 흡수하면 (가)에서 (나)로 전자 전이가 일어날 수 있다.

ㄷ. (나)에서 전자가 $n = 2$ 인 껍질로 전이하면 $\frac{5k}{36}$ kJ/mol 의 에너지를 방출한다.

① ㄱ   ② ㄴ   ③ ㄷ
④ ㄱ, ㄴ   ⑤ ㄴ, ㄷ

22 그림 (가)는 보어의 원자 모형에서 수소 원자의 몇 가지 전자 전이를, (나)는 발머 계열의 수소 원자 선 스펙트럼을 나타낸 것이다.

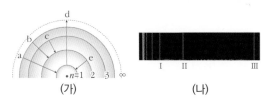

이에 대한 설명으로 옳은 것만을 〈보기〉에서 있는 대로 고른 것은?(단, 수소 원자의 에너지 준위 $E_n = -\frac{k}{n^2}$ kJ/mol 이다.)

〈 보기 〉

ㄱ. (가)의 a~e 중 (나)의 Ⅲ에 해당하는 것은 c 이다.

ㄴ. (가)의 a 와 b 에서 방출하는 파장의 비는 5 : 1 이다.

ㄷ. (가)의 e에서 방출하는 빛의 진동수는 (나)의 Ⅱ에 해당하는 빛의 진동수의 4 배이다.

① ㄱ   ② ㄱ, ㄷ   ③ ㄴ, ㄷ
④ ㄱ, ㄴ   ⑤ ㄱ, ㄴ, ㄷ

스스로 실력 높이기

심화

[23-24] 러더퍼드의 α입자 산란 실험에 대한 예측과 실험 결과에 대한 설명이다.

> α입자는 전자에 비해 질량이 매우 크고 아주 빠른 속도로 움직이므로 전자와 충돌해도 경로의 변화가 거의 없다. 따라서 ㉠α입자는 금박에 충돌시켜도 원자를 통과하면서 경로가 거의 휘지 않을 것으로 예상하였다. 그러나 실제 실험 결과는 러더퍼드의 예측과는 달리 ㉡ 크게 휘어지거나 튕겨나온 α입자가 있었다.

〈 보기 〉

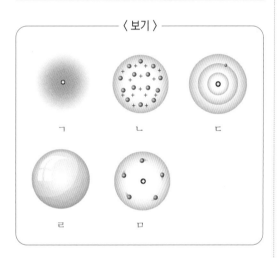

23 ㉠과 같은 예측의 기반이 된 원자 모형을 〈보기〉에서 고르시오.

① ㄱ   ② ㄴ   ③ ㄷ
④ ㄹ   ⑤ ㅁ

24 ㉡의 결과를 설명할 수 있는 원자 모형을 〈보기〉에서 있는 대로 고른 것은?

① ㄱ, ㄴ   ② ㄴ, ㄷ   ③ ㄷ, ㅁ
④ ㄴ, ㄷ, ㄹ   ⑤ ㄱ, ㄷ, ㅁ

25 수소의 스펙트럼을 얻는 장치와 그 결과를 나타낸 것이다. 이 스펙트럼을 통해 알 수 있는 수소 원자의 특징을 서술하시오.

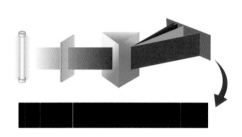

26 수소 원자의 선 스펙트럼에서 가시광선 영역과 자외선 영역을 모두 나타낸 것이다.

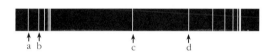

a~d 는 각각 어떤 전자 전이에 의한 것인지 쓰시오.

27 외출 시 피부에 닿는 가시광선을 차단하지는 않지만 자외선은 자외선 차단제을 발라 차단한다. 다음 표에 자외선과 가시광선의 파장, 진동수, 에너지의 크기를 부등호로 비교하고 자외선 차단제를 바르는 이유를 서술하시오.

파장	자외선 □ 가시광선
진동수	자외선 □ 가시광선
에너지	자외선 □ 가시광선

28 그림 (가)는 가시광선 영역의 수소 원자 스펙트럼을, (나)는 발머 계열의 스펙트럼이 나타나는 전자 전이 A~C 가 일어날 때 방출되는 에너지를 나타낸 것이다. 다음 물음에 답하시오.(단, 수소 원자의 에너지 준위 $E_n = -\dfrac{k}{n^2}$ kJ/mol 이다.)

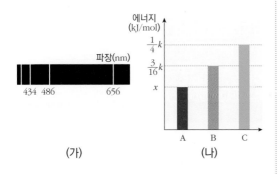

(가)　　　　(나)

(1) A 에서 방출되는 에너지 x 는 얼마인가?

(2) A~C 에서 일어나는 전자 전이를 쓰시오.

(3) A 와 B 의 파장을 쓰시오.

29 햇빛이나 백열 전등의 빛을 분광기에 통과시켰을 때, 무지개와 같은 연속 스펙트럼이 나타나는 이유는 무엇인지 서술하시오.

30 수소 원자 스펙트럼에서 파장이 짧은 쪽으로 갈수록 스펙트럼 선의 간격이 좁아진다는 것을 통해 알 수 있는 사실은 무엇인지 서술하시오.

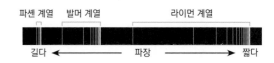

31 러더퍼드의 원자 모형의 한계점을 두 가지 서술하시오.

▲ 러더퍼드의 원자 모형

32 보어의 원자 모형과 현대적 원자 모형의 공통점과 차이점을 각각 2 가지 이상 서술하시오.

▲ 현대적 원자 모형　　▲ 보어의 원자 모형

9강. 오비탈

1. 보어의 원자 모형에 의한 전자 배치

1. 보어의 원자 모형에 의한 전자 배치 2. 오비탈과 양자수
3. 오비탈의 입체 모양   4. 오비탈의 에너지

(1) 보어의 원자 모형에 의한 전자 배치

① 전자는 에너지 준위가 낮은 전자껍질부터 차례대로 채워진다.
· 보어 원자 모형에서 각 전자껍질의 에너지는 주양자수에 의해 정해지며, 주양자수가 증가할수록 전자껍질의 에너지 준위가 높아진다.
② 각 전자껍질에 채워질 수 있는 최대 전자 개수 : $2n^2$

전자껍질	K	L	M	N
주양자수	1	2	3	4
최대 수용 전자 수($2n^2$)	2 개	8 개	18 개	32 개

③ 옥텟 규칙[1] : 보어 원자 모형에서 가장 바깥 전자 껍질에는 8 개 이상의 전자가 채워질 수 없다.

▲ 보어 원자 모형에서 여러 가지 원자들의 바닥 상태에서의 전자 배치

(2) 원자가 전자[2] : 바닥 상태의 전자 배치에서 가장 바깥쪽 전자껍질에 채워져 있는 전자(최외각 전자 미니) 중 화학 결합에 관여하는 전자.

원소	전자 배치	원자가 전자 수	원소	전자 배치	원자가 전자 수
$_1$H	K(1)	1	$_{11}$Na	K(2)L(8)M(1)	1
$_2$He	K(2)	0	$_{12}$Mg	K(2)L(8)M(2)	2
$_3$Li	K(2)L(1)	1	$_{13}$Al	K(2)L(8)M(3)	3
$_4$Be	K(2)L(2)	2	$_{14}$Si	K(2)L(8)M(4)	4
$_5$B	K(2)L(3)	3	$_{15}$P	K(2)L(8)M(5)	5
$_6$C	K(2)L(4)	4	$_{16}$S	K(2)L(8)M(6)	6
$_7$N	K(2)L(5)	5	$_{17}$Cl	K(2)L(8)M(7)	7
$_8$O	K(2)L(6)	6	$_{18}$Ar	K(2)L(8)M(8)	0
$_9$F	K(2)L(7)	7	$_{19}$K	K(2)L(8)M(8)N(1)	1
$_{10}$Ne	K(2)L(8)	0	$_{20}$Ca	K(2)L(8)M(8)N(2)	2

▲ 보어 원자 모형에 의한 전자 배치와 원자가 전자의 수[3]

개념확인 1

M 전자껍질에 최대로 채워질 수 있는 전자의 수는 몇 개인가?

(   ) 개

확인+1

주양자수가 n 인 전자껍질에 최대로 채워질 수 있는 전자의 수를 옳게 나타낸 것은?

① n ② $2n$ ③ n^2 ④ $2n^2$ ⑤ $2n^3$

---

1 옥텟 규칙(Octet rule)

원자핵 주위를 돌고 있는 전자 중 가장 바깥 전자껍질에 있는 전자는 8 개일 때 가장 안정하다는 규칙 (단, He 은 K 전자 껍질에 최대로 채워질 수 있는 전자가 2 개이므로 2 개의 전자가 채워진 상태가 안정한 상태이다.)

2 18족 원소의 원자가 전자 수

18족 원소의 가장 바깥 전자껍질에 채워진 전자는 8 개(He은 2 개)이지만 18 족 원소는 결합에 관여하는 전자가 없기 때문에 원자가 전자는 0이다.

3 최대 수용 전자 수와 원자가 전자의 수

M 전자껍질에는 최대 18개의 전자가 들어갈 수 있지만 $_{19}$K이나 $_{20}$Ca 의 전자 배치를 보면 M 전자껍질에 8개의 전자가 채워진 후 N 전자껍질에 전자가 채워진 것을 알 수 있다. 이것은 하나의 전자껍질이 에너지 준위가 서로 다른 부껍질로 이루어져 있기 때문이며, 에너지 준위가 낮은 부껍질에 전자가 먼저 채워지기 때문에 M 전자껍질이 다 채워지기 전에 N 전자껍질이 부분적으로 먼저 채워지는 현상이 발생한다.

미니사전

최외각 전자 [最 가장 외 바깥 殼 껍질 - 전자] 가장 바깥쪽 전자껍질에 채워진 전자

2. 오비탈과 양자수

(1) 현대적 원자 모형 : 현대 원자 모형에서는 원자 내의 전자의 정확한 위치와 속력은 알 수 없어 원자핵 주위에 전자가 존재하는 확률로 나타낸다.

⑴ **물질의 파동성** : 1924년 프랑스의 과학자 드 브로이(L. de Broglie)는 빛이 파동성과 입자성[1]을 모두 가지고 있다면 입자로 구성된 물질들도 파동의 성질을 가지고 있을 것이라고 제안하였다.

⑵ **불확정성 원리** : 1927년 독일의 과학자 하이젠베르크(W.K. Heisenberg)는 전자와 같이 질량이 매우 작고 빠르게 운동하는 입자는 입자성과 파동성을 모두 나타내기 때문에 운동량[2]과 위치를 동시에 정확히 측정할 수 없어 전자의 정확한 궤적을 알 수 없다고 제안하였다.
➡ 전자가 원궤도 운동을 한다고 할 수 없다.

⑶ **파동 방정식** : 1926년 슈뢰딩거(E. Schrödinger)는 원자 내부의 전자를 정상파(stationary wave)[3]와 같이 취급하여 전자의 상태를 나타내는 방정식[4]을 제안하였다. ➡ 파동 방정식의 풀이를 통해 원자핵 주위에서 전자가 존재할 공간의 확률과 에너지를 구할 수 있다.

(2) 오비탈의 정의

① **오비탈(orbital)** : 일정한 에너지의 전자가 원자핵 주위의 공간에 존재할 확률을 나타낸 함수로 궤도 함수라고도 한다.

② 오비탈은 매우 복잡한 수학적 함수나, 공간좌표상에 시각적으로 나타내면 전자가 분포할 가능성이 큰 공간의 모양과 크기를 알 수 있다. ➡ 원자의 경계가 뚜렷하지 않고 구름처럼 보여 현대적 원자 모형을 전자 구름 모형이라고도 한다.

(3) 오비탈과 양자수 : 현대 원자 모형에서는 양자수(quantum number)의 개념을 도입하여 오비탈의 특성을 나타낸다.

⑴ **주양자수(n)** : 오비탈의 크기 및 에너지를 결정하는 양자수로 1이상의 정수이다.

⑵ **방위 양자수(l)** : 오비탈의 모양을 결정하는 양자수로, 0부터 $(n-1)$까지의 정수이며 주로 $s, p, d, f \cdots$ 등의 문자를 사용하여 나타낸다. 부양자수, 각운동량 양자수라고도 한다.

⑶ **자기 양자수(m_l)** : 오비탈이 어떤 방향으로 존재하는지 나타내는 양자수로 $-l$ 부터 l 까지의 정수이다.

⑷ **스핀 양자수(m_s)** : 주양자수(n), 방위 양자수(l), 자기 양자수(m_l)와 독립된 값으로 전자의 스핀[5] 방향을 나타내기 위해 도입된 양자수이며, $+\frac{1}{2}$ 이나 $-\frac{1}{2}$ 의 값을 갖는다.

주양자수(n)	1	2			3					
전자껍질	K	L			M					
방위 양자수(l)	0	0	1		0	1			2	
오비탈 종류	s	s	p		s	p			d	
오비탈 표시	$1s$	$2s$	$2p$		$3s$	$3p$			$3d$	
자기 양자수(m_l)	0	0	-1　0　$+1$		0	-1　0　$+1$		-2　-1　0　$+1$　$+2$		
오비탈 방향	$1s$	$2s$	$2p_x$　$2p_y$　$2p_z$		$3s$	$3p_x$　$3p_y$　$3p_z$		$3d_{xy}$　$3d_{yz}$　$3d_{zx}$　$3d_{x^2-y^2}$　$3d_{z^2}$		
스핀 양자수(m_s)	$\pm\frac{1}{2}$	$\pm\frac{1}{2}$	$\pm\frac{1}{2}$　$\pm\frac{1}{2}$　$\pm\frac{1}{2}$		$\pm\frac{1}{2}$	$\pm\frac{1}{2}$　$\pm\frac{1}{2}$　$\pm\frac{1}{2}$		$\pm\frac{1}{2}$　$\pm\frac{1}{2}$　$\pm\frac{1}{2}$　$\pm\frac{1}{2}$　$\pm\frac{1}{2}$		

▲ 오비탈과 양자수

개념확인2　　　　　　　　　　　　　　　　　　　정답 및 해설 **40** 쪽

일정한 에너지의 전자가 원자핵 주위의 공간에 존재할 확률을 나타낸 함수를 무엇이라고 하는가?

(　　　　　　　　　　)

확인+2

불확정성 원리에 대한 설명으로 옳은 것은 ○표, 옳지 않은 것은 ×표 하시오

⑴ 전자의 운동량을 정확하게 알수록 위치를 정확하게 측정할 수 없다.　　　(　　　)

⑵ 전자의 위치를 정확하게 알수록 운동량을 정확하게 측정할 수 없다.　　　(　　　)

---

❶ 빛의 이중성

아인슈타인은 빛이 경우에 따라 입자로서의 특성을 보이기도 하고 파동으로서의 특성을 보이기도 한다고 주장하였다. 빛이 가지는 이러한 성질을 빛의 이중성이라고 한다.

❷ 운동량

물체의 질량과 속도의 곱으로 $kg \cdot m/s$의 단위를 사용하며, 양자역학에서는 물체의 운동을 위치의 운동량으로 설명한다.

◗ 파동과 입자

파동은 파장, 진동수, 주기, 진폭과 같은 물리량에 의해 설명되지만 입자는 질량, 위치, 운동량, 에너지와 같은 양으로 그 상태를 설명한다. 이때 파동은 양자화된 물리량을 가질 수 있지만, 입자가 가지는 에너지와 운동량은 연속된 값이어야 한다.

❸ 정상파(stationary wave)

정상파는 공간 내에서 임의의 방향으로 진행하는 파동인 진행파(progressive wave)와 대비되는 개념으로 진동의 마디점(node)이 고정된 파동이다. 양쪽 끝을 고정시킨 줄을 진동시키면 다음과 같은 정상파를 발생시킬 수 있다.

▲줄의 정상파

❹ 전자의 파동성-궤도 함수

입자가 갖는 에너지는 연속된 값이어야 하지만, 원자 내부에서 전자의 에너지 준위는 양자화되어 있으므로, 양자화된 물리량을 가질 수 있는 파동의 개념을 이용하여 전자의 상태를 나타낸다.

❺ 전자의 스핀

전자가 팽이처럼 자신의 축을 중심으로 회전하는 것을 스핀이라고 하며, 스핀 방향이 서로 다른 2가지 상태가 존재한다. 이때 시계 방향 자전이 $+\frac{1}{2}$, 반시계 방향 자전이 $-\frac{1}{2}$의 스핀 양자수를 갖고, 스핀 방향이 다른 전자의 상태는 화살표 방향 ↑, ↓로 나타낸다.

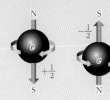

❶ 오비탈을 나타내는 기호

오비탈의 종류를 나타내는 문자 s, p, d, f 는 오비탈 모형이 제시되기 이전에 각 오비탈에서 나타나는 스펙트럼의 특징을 나타내기 위해 사용되었던 용어의 첫 글자를 따온 것이다.
s : sharp
p : principal
d : diffuse
f : fundamental

❷ 오비탈의 크기

오비탈의 크기는 전자를 발견할 확률이 90 % 가 되는 경계면으로 비교하는데, 주양자수가 클수록 오비탈의 크기도 커진다.

점밀도 그림 & 경계면 그림

원자핵 주위의 어느 곳에서든 전자가 존재할 수 있기 때문에 원자의 경계는 뚜렷하지 않다. 그러나 원자를 표현 할 때 임의의 한계는 필요하기 때문에 전자가 존재할 확률이 90 % 인 지점을 연결한 경계면으로 나타내기도 한다.

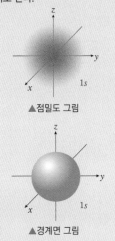

▲점밀도 그림

▲경계면 그림

❸ 오비탈의 마디

s 오비탈에서 전자가 존재할 확률이 0 인 지점을 방사상 마디(radial node)라고 하며, ns 오비탈은 $(n-1)$ 개의 방사상 마디를 가진다. p 오비탈에서 전자가 p_x 오비탈에 존재할 때 전자는 주로 x 축에서 존재하고 yz 평면 상에서는 존재하지 않는다. 이때 yz 평면을 각 마디(angular node)라고 한다. 하나의 p 오비탈은 $(n-2)$ 개의 방사상 마디를 가지며, 1 개의 각 마디를 가져 총 $(n-1)$ 개의 마디를 갖는다.

---

3. 오비탈의 입체 모양

(1) 오비탈의 표시 방법❶

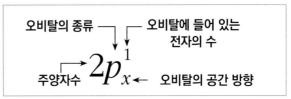

(2) 오비탈의 종류와 모양❷❸

⑴ s **오비탈**
① 모든 전자껍질에 존재하는 구형의 오비탈
② 방향에 관계없이 핵으로부터 같은 거리일 때 전자를 발견할 확률은 같다.

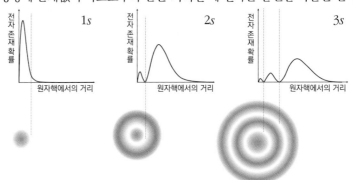

▲$1s$, $2s$, $3s$ 오비탈의 원자핵에서의 거리에 따른 전자 존재 확률

⑵ p **오비탈** : 주양자수가 2 이상인 경우에 존재하는 아령 모양의 오비탈
① x, y, z 축 상에 존재하며 방향에 따라 각각 p_x, p_y, p_z 3개가 존재한다.
② p_x, p_y, p_z 오비탈의 에너지 준위는 모두 동일하다.

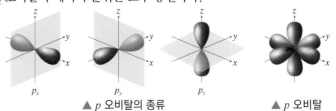

▲ p 오비탈의 종류　　　　　▲ p 오비탈

⑶ d **오비탈** : 주양자수가 3이상인 경우에 존재하는 네 잎 클로버 모양의 오비탈
① 방향에 따라 $d_{xy}, d_{yz}, d_{xz}, d_{x^2-y^2}, d_z$ 5개가 존재한다.
② $d_{xy}, d_{yz}, d_{xz}, d_{x^2-y^2}, d_z$ 오비탈의 에너지 준위는 모두 동일하다.

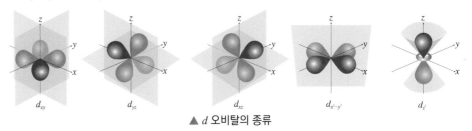

▲ d 오비탈의 종류

개념확인 3

d 오비탈은 방향에 따라 몇 개가 존재하는가?

(　　　　　) 개

확인+3

방향에 관계없이 핵으로부터 같은 거리일 때 전자를 발견할 확률이 같은 오비탈은?

(　　　　　) 오비탈

4. 오비탈의 에너지

(1) 오비탈[1]의 에너지

① 오비탈[2]의 에너지 준위는 주양자수(n)와 방위 양자수(l)에 의해 결정된다.

② 주양자수(n)는 원자핵과 전자 사이의 평균적인 거리와 관련되어 있으므로 주양자수(n)가 클수록 오비탈의 에너지 준위는 높아지는 경향이 있다.

(2) 수소 원자의 오비탈 에너지 준위 : 수소 원자는 1개의 전자를 가지기 때문에 오비탈의 에너지 준위는 주양자수(n)에 의해서만 결정된다.

$$1s < 2s = 2p < 3s = 3p = 3d < 4s = 4p = 4d = 4f < \cdots$$

▲ 수소 원자의 에너지 준위

(3) 다전자 원자의 오비탈 에너지 준위

$$1s < 2s < 2p < 3s < 3p < 4s < 3d < 4p < 5s < 4d < 5p < \cdots$$

▲ 다전자 원자의 에너지 준위

① 전자가 1개인 수소 원자는 전자 사이에 작용하는 반발력이 존재하지 않지만, 다전자 원자는 전자가 2개 이상인 원소이므로 전자 사이의 반발력이 존재하기 때문에 오비탈의 에너지 준위가 오비탈 종류의 영향을 받게 된다. 따라서 다전자 원자는 주양자수(n)와 방위 양자수(l)에 의해 에너지 준위가 결정된다.

② 일반적으로 다전자 원자에서 오비탈의 에너지 준위는 주양자수(n)와 방위 양자수(l)를 합한 값이 클수록 높고, 만약 주양자수(n)와 방위 양자수(l)를 합한 값이 같을 때에는 주양자수가 더 큰 오비탈의 에너지 준위가 높다.

(예) $3d$ 오비탈과 $4s$ 오비탈의 에너지 준위

· $3d$ 오비탈 : 주양자수($n=3$), 방위 양자수($l=2$) ➡ 주양자수(n) + 방위 양자수(l) = 5
· $4s$ 오비탈 : 주양자수($n=4$), 방위 양자수($l=0$) ➡ 주양자수(n) + 방위 양자수(l) = 4
➡ $3d$ 오비탈의 에너지 준위가 $4s$ 오비탈의 에너지 준위보다 높다.

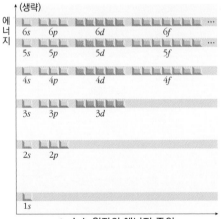

▲ 수소 원자의 에너지 준위

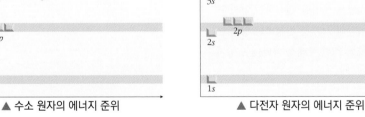

▲ 다전자 원자의 에너지 준위

정답 및 해설 **40** 쪽

【개념확인 4】

수소 원자의 오비탈의 에너지 준위를 결정하는 양자수는 무엇인가?

(   )

【확인+4】

다전자 원자의 오비탈 중 에너지 준위가 가장 높은 오비탈은?

① $2p$ ② $3s$ ③ $3p$ ④ $3d$ ⑤ $4s$

---

❶ 그림으로 오비탈과 전자를 나타내는 방법

1개의 오비탈은 1개의 네모 상자로, 전자는 화살표로 나타낸다.

↑↓	↑↓	↑↓	↑↓	↑
$1s$	$2s$		$2p$	

▲ $_9$F의 전자 배치

❷ 오비탈의 최대 수용 전자 수

1개의 오비탈에는 스핀 방향이 서로 반대인 전자가 최대 2개까지 들어갈 수 있으므로 s 오비탈에는 2개, p 오비탈에는 6개, d 오비탈에는 10개, f 오비탈에는 14개의 전자가 들어갈 수 있다.

01 보어 원자 모형을 이용한 각 원자의 바닥상태의 전자 배치로 옳은 것은?

① $_1$H : L(1)

② $_2$He : K(1)L(1)

③ $_{10}$Ne : K(2)L(8)

④ $_{10}$Ne : K(2)L(2)M(6)

⑤ $_{18}$Ar : K(2)L(8)N(8)

02 전자껍질에 채워질 수 있는 최대 전자 개수를 쓰시오.

(1) K(   )   (2) L(   )   (3) M(   )

03 현대적 원자 모형에 대한 설명이다. 옳은 것은 ○표, 옳지 않은 것은 ×표 하시오.

(1) 현대 원자 모형에서는 전자가 원자핵 주위를 원운동 한다. (   )

(2) 전자는 입자로서의 성질만을 가진다. (   )

(3) 전자의 운동량과 위치는 동시에 정확히 측정할 수 없다. (   )

04 다음에서 설명하는 양자수를 〈보기〉에서 찾아 기호로 답하시오.

〈 보기 〉
ㄱ. 주양자수   ㄴ. 방위 양자수   ㄷ. 자기 양자수   ㄹ. 스핀 양자수

(1) 오비탈의 방향을 나타내는 양자수 (   )

(2) 부양자수, 각운동량 양자수 (   )

(3) 오비탈의 모양을 결정하는 양자수 (   )

(4) 오비탈의 크기를 결정하는 양자수 (   )

(5) 전자의 스핀 상태를 나타내는 양자수 (   )

05 설명하는 오비탈을 쓰시오.

(1) 모든 전자껍질에 존재하는 오비탈 (   ) 오비탈

(2) 네 잎 클로버 모양의 오비탈 (   ) 오비탈

(3) x, y, z 축 상에 존재하는 아령 모양의 오비탈 (   ) 오비탈

06 원자의 에너지 준위를 비교한 것으로 옳은 것은?

① H : $1s < 2s < 3s < 2p < 3p < 4s \cdots$
② H : $1s = 2s = 2p = 3s = 3p = 4s \cdots$
③ He : $1s < 2s < 2p < 3s < 3p < 4s \cdots$
④ He : $1s < 2s = 2p < 3s = 3p < 4s \cdots$
⑤ C : $1s < 2s < 2p < 3s < 3d < 3p \cdots$

07 오비탈의 에너지 준위에 대한 설명으로 옳은 것만을 〈보기〉에서 있는 대로 고른 것은?

〈 보기 〉
ㄱ. 수소 원자의 에너지 준위는 주양자수(n)와 방위 양자수(l)에 의해 결정된다.
ㄴ. 일반적으로 다전자 원자에서 오비탈의 에너지 준위는 주양자수(n)와 자기 양자수(m_l)를 합한 값이 클수록 높다.
ㄷ. 다전자 원자에서 주양자수가 같을 때, s 오비탈보다 p 오비탈의 에너지 준위가 높다.

① ㄱ   ② ㄴ   ③ ㄷ   ④ ㄱ, ㄴ   ⑤ ㄴ, ㄷ

08 기호를 이용하여 오비탈을 표시한 것이다. ㉠~㉣ 이 나타내는 것을 옳게 짝지은 것은?

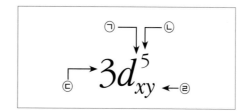

① ㉠ : 오비탈의 종류   ② ㉠ : 오비탈의 공간 방향
③ ㉡ : 주양자수   ④ ㉢ : 오비탈에 들어 있는 전자의 수
⑤ ㉣ : 오비탈의 모양

[유형 9-1] **보어의 원자 모형에 의한 전자 배치**

원자 (가)와 (나)의 바닥상태의 전자 배치를 보어 원자 모형으로 나타낸 것이다.

(가)

(나)

(1) 보어 원자 모형을 이용하여 (가)와 (나)의 전자 배치를 쓰시오.

(2) (가)와 (나)의 원자가 전자 수를 각각 쓰시오.

(3) (가)와 (나)의 전자 배치를 참고하여 다음 표를 알맞게 채우시오.

전자껍질	K	L	M	N
주양자수	㉠( )	㉡( )	㉢( )	㉣( )
최대 수용 전자 수	ⓐ( )	ⓑ( )	ⓒ( )	ⓓ( )

01 (가)와 (나)는 He 의 전자 배치를 보어 원자 모형으로 나타낸 것이다. 이에 대한 설명으로 옳은 것만을 〈보기〉에서 있는 대로 고른 것은?

(가)　　　　　(나)

〈 보기 〉

ㄱ. (가)는 바닥상태이다.
ㄴ. (가)에서 (나)로 될 때 에너지를 흡수한다.
ㄷ. (나)의 전자 배치는 K(2)L(1) 이다.

① ㄱ　　　　② ㄴ　　　　③ ㄷ
④ ㄱ, ㄴ　　　⑤ ㄱ, ㄷ

02 서로 다른 원자 (가), (나)의 전자 배치를 보어 원자 모형으로 나타낸 것이다. 이에 대한 설명으로 옳지 않은 것은?

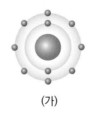
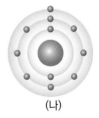

(가)　　　　　(나)

① (가)의 원자가 전자는 8개이다.
② (나)의 최외각 전자는 1개이다.
③ (가)의 전자 배치는 K(2)L(8)이다.
④ (가)는 옥텟 규칙을 만족하는 전자 배치를 갖는다.
⑤ (나)의 L 전자껍질에는 최대로 채워질 수 있는 전자가 모두 채워져 있다.

[유형 9-2] 오비탈과 양자수

오비탈의 종류와 양자수를 나타낸 표이다.

주양자수(n)	1	2		3	
오비탈 종류	(a)				(b)
방위 양자수(l)	(c)	1		1	(d)
자기 양자수(m_l)	0	0	(e)	0		(f)

(1) (a)와 (b)에 알맞은 오비탈의 종류를 쓰시오.

(2) (c)와 (d)에 알맞은 방위 양자수(l)를 쓰시오.

(3) (e)에 해당하는 수를 모두 더한 값을 쓰시오.

(4) (f)에 해당하는 수를 모두 쓰시오.

03 바닥상태의 베릴륨 원자의 전자 배치를 보어 원자 모형으로 나타낸 것이다. 전자 a와 b가 모양이 같은 오비탈에 존재하는 전자일 때, 전자 a와 b에 대한 양자수로 옳은 것은?

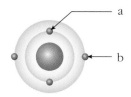

① a의 주양자수(n) : 2
② b의 주양자수(n) : 3
③ a의 방위 양자수(l) : 1
④ b의 방위 양자수(l) : 2
⑤ b의 자기 양자수(m_l) : 0

04 현대적 원자 모형에 대한 설명으로 옳은 것만을 〈보기〉에서 있는 대로 고른 것은?

─── 〈 보기 〉 ───
ㄱ. 현대 원자 모형에서는 원자 내의 전자의 정확한 위치와 속력을 알 수 있다.
ㄴ. 슈뢰딩거는 원자 내부의 전자를 정상파와 같이 취급하여 전자의 상태를 나타내는 방정식을 제안하였다.
ㄷ. 현대적 원자 모형은 원자의 경계가 뚜렷하지 않고 구름처럼 보여 전자 구름 모형이라고도 한다.

① ㄱ   ② ㄴ   ③ ㄷ
④ ㄱ, ㄴ   ⑤ ㄴ, ㄷ

유형 익히기&하브루타

[유형 9-3] **오비탈의 입체 모양**

두 종류의 오비탈 (가)와 (나)를 나타낸 것이다. 이에 대한 설명으로 옳은 것만을 〈보기〉에서 있는 대로 고른 것은?

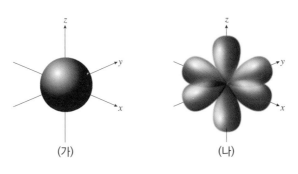

(가)   (나)

〈 보기 〉

ㄱ. (가)와 (나)는 모두 방향성이 없다.
ㄴ. (가)의 오비탈에 존재하는 전자는 원자핵 주위를 원운동한다.
ㄷ. (가)와 (나)의 경계면은 전자를 발견할 확률이 90 % 인 지점을 연결한 것이다

① ㄱ   ② ㄴ   ③ ㄷ   ④ ㄱ, ㄴ   ⑤ ㄴ, ㄷ

05 전자가 들어 있는 어떤 오비탈을 기호로 나타낸 것이다. 이에 대한 설명으로 옳은 것만을 〈보기〉에서 있는 대로 고른 것은?

$$2s^1$$

〈 보기 〉

ㄱ. 주양자수(n)는 1 이다.
ㄴ. 방향성이 없는 오비탈이다.
ㄷ. 위의 오비탈에는 전자가 2 개 들어 있다.

① ㄱ   ② ㄴ   ③ ㄷ
④ ㄱ, ㄴ   ⑤ ㄴ, ㄷ

06 어떤 오비탈을 점밀도 그림으로 나타낸 것이다. 이 오비탈에 대한 설명으로 옳은 것만을 〈보기〉에서 있는 대로 고른 것은?

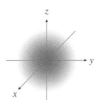

〈 보기 〉

ㄱ. 위의 오비탈은 구형이다.
ㄴ. 위의 오비탈에 존재하는 전자는 원운동한다.
ㄷ. 위의 그림은 전자 발견 확률이 90 % 인 지점을 연결하여 그린 그림이다.

① ㄱ   ② ㄴ   ③ ㄷ
④ ㄱ, ㄴ   ⑤ ㄱ, ㄷ

[유형 9-4] 오비탈의 에너지

여러 종류의 오비탈을 기호로 나타낸 것이다.

$$1s, \quad 2s, \quad 3p, \quad 3d, \quad 4p, \quad 4f, \quad 5s, \quad 5p$$

(1) 수소 원자에서 위의 오비탈의 에너지 준위를 등호와 부등호를 이용하여 작은 것부터 순서대로 나열하시오.

(   )

(2) 다전자 원자에서 위의 오비탈의 에너지 준위를 등호와 부등호를 이용하여 작은 것부터 순서대로 나열하시오.

(   )

07 어떤 원자의 오비탈의 에너지 준위를 나타낸 것이다. 이에 대한 설명으로 옳은 것만을 〈보기〉에서 있는 대로 고른 것은?

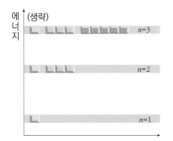

〈 보기 〉

ㄱ. 주양자수가 2인 전자껍질에는 전자가 최대 4개까지 채워질 수 있다.
ㄴ. 수소 원자의 에너지 준위를 그림과 같이 나타낼 수 있다.
ㄷ. 위의 그림에 나타난 오비탈의 방위 양자수(l) 중 가장 큰 값은 2 이다.

① ㄱ   ② ㄴ   ③ ㄷ
④ ㄱ, ㄴ   ⑤ ㄴ, ㄷ

08 오비탈의 에너지 준위에 대한 설명으로 옳은 것만을 〈보기〉에서 있는 대로 고른 것은?

〈 보기 〉

ㄱ. 주양자수는 오비탈의 에너지 준위에 큰 영향을 미치지 않는다.
ㄴ. 수소 원자의 에너지 준위는 부양자수에 의해서만 결정된다.
ㄷ. 다전자 원자는 오비탈의 에너지 준위가 오비탈 종류의 영향을 받는다.

① ㄱ   ② ㄴ   ③ ㄷ
④ ㄱ, ㄴ   ⑤ ㄴ, ㄷ

01 슈뢰딩거는 전자를 파동으로 다루어 전자의 상태를 나타내는 파동 방정식을 제안하였다. 슈뢰딩거가 제안한 이 방정식의 풀이를 통해 오비탈의 특성을 나타내는 양자수를 얻을 수 있다. K 전자껍질과 L 전자껍질 각각에 존재하는 오비탈의 주양자수, 방위 양자수, 자기 양자수, 스핀 양자수에 해당하는 숫자로 표를 알맞게 채우고, 4 가지 양자수가 의미하는 것을 그 아래에 각각 쓰시오.

전자껍질	K	L			
주양자수(n)					
방위 양자수(l)					
자기 양자수(m_l)					
스핀 양자수(m_s)					

· 주양자수 :

· 방위 양자수 :

· 자기 양자수 :

· 스핀 양자수 :

02

원자 내에서 전자의 위치를 정확하게 알 수는 없지만, 동일한 오비탈에 존재하는 전자가 서로 다른 두 가지 스핀 상태로 존재한다는 것은 스턴-게를라흐 실험을 통해 알려졌다. 주어진 자료를 읽고 물음에 답하시오.

(가) 1820년 4월 21일 덴마크의 과학자인 외르스테드는 실험 도중 전류가 흐를 때, 전선의 주변에 있던 나침반 바늘의 방향이 전류의 방향에 따라서 달라지는 것을 발견하였다. 이를 통해 외르스테드는 전류가 자기를 발생시킨다는 결론을 내렸다.

(나) 오른손 엄지손가락을 세우고 나머지 손가락들을 쥐었을 때, 전류가 엄지손가락 방향으로 흐르면 자기장은 나머지 네 손가락들이 가리키는 방향으로 발생하고(A), 전류가 나머지 네 손가락들이 가리키는 방향으로 흐르면 자기장은 엄지손가락 방향으로 발생한다.(B)

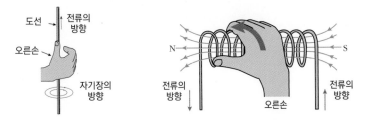

(A) 전류가 흐르는 직선 도선   (B) 전류가 흐르는 코일 주위의 자기장의 방향
주위의 자기장의 방향

(다) 원자 내부에서 전자의 위치를 정확하게 알 수는 없지만, 스턴-게를라흐 실험을 통해 동일한 오비탈에 존재하는 전자는 서로 다른 두 가지 스핀 상태로 존재 한다는 사실을 알게 되었다. 이때 전자가 시계 방향으로 자전하면 $+\frac{1}{2}$, 반시계 방향으로 자전하면 $-\frac{1}{2}$의 스핀 양자수를 갖는다.

(1) 전자가 스핀할 때는 원형 도선에 전류가 흐르는 것과 유사하게 전자 주위에 자기장이 발생한다. 위의 자료를 이용하여 다음과 같이 전자가 스핀할 때 그 주위에 놓인 나침반의 N 극과 S 극을 바르게 표시하시오.

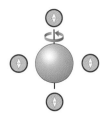

(2) 다음은 전자의 스핀을 입증한 스턴-게를라흐 실험을 그림으로 나타낸 것이다. 자석을 통과한 원자의 이동 경로를 추정하여 그리고, 이 실험에서 사용하기에 가장 적절한 원자의 종류를 이유와 함께 서술하시오.

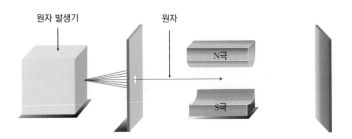

03 그림 (가)는 수소 원자의 $1s$ 오비탈에서 원자핵에서 일차원 상의 일정 거리만큼 떨어진 한 점에서 전자가 존재할 확률을, 그림 (나)는 수소 원자의 $1s$ 오비탈에서 원자핵에서 일정 거리만큼 떨어진 면에서 전자가 존재할 확률을 나타낸 그래프이다. (가)의 그래프와 (나)의 그래프의 형태가 다른 이유를 $1s$ 오비탈의 모양을 고려하여 서술하시오.

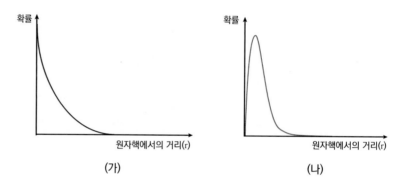

(가)   (나)

04

기체 상태인 어떤 원자의 에너지 준위를 나타낸 것이다.

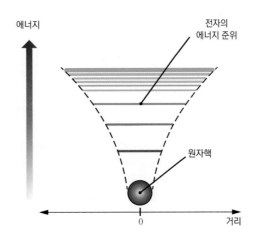

일반적으로 원자의 에너지 준위를 비교할 때는 기체 상태를 기준으로 한다. 주어진 자료를 참고하여, 액체나 고체 상태가 아닌 기체 상태로 원자의 에너지 준위를 비교해야 하는 이유를 서술하시오.

(A) 원자핵 주위에 존재하는 전자의 에너지 준위는 양자화되어 있기 때문에, 원자 내부의 전자는 원자의 종류에 따라 특정한 크기의 에너지만을 흡수하거나, 방출할 수 있다.

(B) 원자의 에너지 준위는 원자핵과 전자 사이의 인력과, 전자들 사이의 전기적 반발력에 의해 결정되는데, 전자가 1개인 수소 원자는 같은 전자껍질에 존재하는 오비탈의 에너지 준위가 같지만, 다전자 원자는 전자들 사이의 전기적 반발력의 영향으로 같은 전자껍질에 존재하는 오비탈이더라도 그 모양에 따라 에너지 준위가 다르다.

---

05 물질의 이중성이 과학기술에 이용된 대표적인 예로 전자 현미경을 들 수 있는데, 전자파(물질파)를 이용하는 전자 현미경은 광학 현미경에 비해 수 백 배 작은 물체를 식별할 수 있을 정도로 높은 분해능을 가질 수 있다. 주어진 자료를 읽고 물음에 답하시오.

(A) 분해능은 근접한 두 점을 식별할 수 있는 최단 거리로, 일반적으로 현미경의 분해능은 빛의 파장에 비례하고, 현미경의 렌즈의 구경에 반비례하기 때문에, 파장이 짧은 빛을 이용할 수록 더 짧은 거리를 식별할 수 있다. 광학 현미경의 분해능은 약 $200nm$, 일반적인 전자 현미경의 분해능은 약 $0.3nm$정도이다

$$분해능 \propto \frac{빛의\ 파장}{렌즈의\ 구경}$$

(B) 탄소 나노 튜브는 탄소 원자들이 육각형의 벌집 모양으로 서로 연결된 고분자 탄소 동소체로, 지름은 1nm ~ 수 십 nm 수준이지만, 현재까지 발견된 물질 중 가장 강력한 강도를 가지고 있는 물질이다. 현미경을 통해 탄소 나노 튜브를 식별할 수 있으려면 전자의 물질파 파장이 나노 튜브의 지름보다 짧아야 한다.

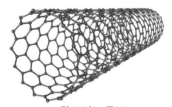

▲ 탄소 나노 튜브

(C) 전자 현미경의 내부는 전자가 가속되는 구간과 초점을 맞추어 주는 자기장 렌즈 구간으로 나누어진다. 가열된 필라멘트로부터 방출된 전자들은 가속 구간을 통과하면서 일정 수준의 운동량을 갖게 되며, 자기장 렌즈를 통과하는 과정에서 굴절되어 측정할 시료가 놓인 측정판에 도달하게 된다. 전자 현미경은 시료를 투과한 전자를 영상으로 얻는 방식인 투과 전자 현미경과 시료에 맞아 산란된 전자를 통해 영상을 얻는 방식인 주사 전자 현미경으로 구분된다.

(D) 물질의 질량과 파장의 관계는 다음과 같은 식으로 나타낼 수 있다.

$$\lambda = \frac{h}{mv}$$

(λ : 파장, m: 입자의 질량, v : 입자의 속도, h : 플랑크 상수 $= 6.6 \times 10^{-34} J \cdot s$)

전자 현미경을 사용하여 지름이 $1nm(10^{-9}m)$인 탄소 나노 튜브를 식별할 수 있으려면, 측정판에 도달한 전자의 속도는 최소 얼마 이상이 되어야 하는지 계산 과정과 함께 서술하시오. (단, $1J = 1kg \cdot m^2/s^2$이고, 전자의 질량은 $9 \times 10^{-31}kg$ 이다.)

06 수소 원자와 다전자 원자의 에너지 준위를 나타낸 그림이다. 전자가 1개인 수소 원자는 같은 전자 껍질에 존재하는 오비탈의 에너지 준위가 같지만, 다전자 원자는 전자들 사이의 전기적 반발력 때문에 주양자수가 같더라도 오비탈의 종류에 따라 에너지 준위가 다르다. 그림을 참고하여 물음에 답하시오.

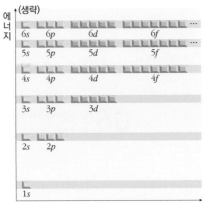

▲ 수소 원자의 에너지 준위

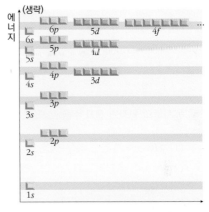

▲ 다전자 원자의 에너지 준위

(1) $_2He$이 전자를 잃어 $_2He^+$가 되었을 때, $_2He$와 $_2He^+$에서 L 전자껍질에 존재하는 오비탈의 에너지 준위를 비교하여 서술하시오.

(2) $_1H$와 $_2He^+$에서 $1s$ 오비탈의 에너지 준위를 비교하여 이유와 함께 서술하시오.

A

01 ○ 전자껍질에 최대로 채워질 수 있는 전자의 개수는?

( )개

02 원자들의 원자가 전자 수를 쓰시오.

(1) $_2$He ( )

(2) $_7$N ( )

(3) $_{12}$Mg ( )

03 파동 방정식에 대한 설명으로 옳은 것은 O표, 옳지 않은 것은 X표 하시오.

(1) 드 브로이가 제안하였다. ( )

(2) 원자 내부의 전자를 정상파와 같이 취급하여 전자의 상태를 나타내는 방정식이다. ( )

(3) 파동 방정식을 통해 전자의 위치를 알 수 있다.

( )

04 오비탈에 대한 설명으로 옳은 것은 O표, 옳지 않은 것은 X표 하시오.

(1) 양자수는 오비탈의 특성을 나타낸다. ( )

(2) 일정한 에너지의 전자가 원자핵 주위에 존재하는 위치를 나타낸 것이다. ( )

(3) 오비탈을 공간좌표상에 시각적으로 나타내면 원자의 경계가 뚜렷하지 않고 구름처럼 보인다.

( )

05 빈칸에 들어갈 알맞은 말을 쓰시오.

빛은 경우에 따라 입자로서의 특성을 보이기도 하고 파동으로서의 특성을 보이기도 한다. 빛이 갖는 이러한 성질을 빛의 ( ) 이라고 한다.

( )

06 오비탈의 양자수에 대한 설명으로 옳은 것은 O표, 옳지 않은 것은 X표 하시오.

(1) 주양자수 n은 1 이상의 정수이다. ( )

(2) 방위 양자수 l은 0부터 n 까지의 정수이다.

( )

(3) 방위 양자수는 부양자수 또는 각운동량 양자수라고도 한다. ( )

(4) 자기 양자수 m는 $-l$ 이상의 정수이다. ( )

07 s 오비탈에 대한 설명으로 옳은 것은 O표, 옳지 않은 것은 X표 하시오.

(1) $1s$ 오비탈과 $2s$ 오비탈은 구형이다. ( )

(2) $3s$ 오비탈에는 2개의 마디가 존재한다. ( )

(3) 모든 전자껍질에 존재하는 오비탈이다. ( )

08 다음의 오비탈은 무엇인가?

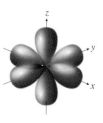

( ) 오비탈

09 다음의 오비탈에 최대로 배치될 수 있는 전자의 수는 몇 개인가?

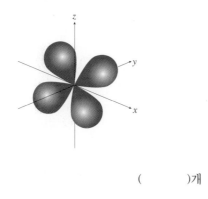

(   )개

10 오비탈에 대한 설명으로 옳지 <u>않은</u> 것은?

① p_x, p_y, p_z 오비탈의 에너지 준위는 모두 같다.
② d 오비탈에는 최대 10개의 전자가 들어갈 수 있다.
③ 수소 원자의 $2s$ 오비탈은 $2p$ 오비탈보다 에너지 준위가 낮다.
④ 다전자 원자는 전자 사이의 반발력때문에 오비탈의 에너지 준위가 오비탈 종류의 영향을 받는다.
⑤ 다전자 원자에서 주양자수와 방위 양자수를 합한 값이 같을 때, 주양자수가 더 큰 오비탈의 에너지 준위가 더 높다.

11 ㉠, ㉡에 들어갈 말이 옳게 짝지어진 것을 고르시오.

·하이젠베르크는 입자의 위치와 운동량을 동시에 정확하게 측정할 수 없다는 (㉠   )의 원리를 제시하였다.
·슈뢰딩거는 전자의 파동성을 나타내는 (㉡   ) 방정식을 제안하였다.

	㉠	㉡
①	이중성	전자
②	이중성	입자
③	상대성	질량
④	불확정성	확률
⑤	불확정성	파동

12 임의의 원자 A~D의 전자 배치를 나타낸 것이다. 이에 대한 설명으로 옳은 것만을 〈보기〉에서 있는 대로 고른 것은?

A : K(2)L(1)	B : K(1)L(2)
C : K(2)L(8)	D : K(2)L(8)M(2)

〈 보기 〉

ㄱ. A와 B의 양성자 수는 같다.
ㄴ. 원자가 전자 수가 가장 많은 것은 C이다.
ㄷ. C는 D보다 최외각 전자 수가 적다.

① ㄱ   ② ㄴ   ③ ㄷ
④ ㄱ, ㄴ   ⑤ ㄴ, ㄷ

13 수소 원자의 $1s$ 오비탈의 전자 구름 모형이다. 이에 대한 설명으로 옳은 것은?

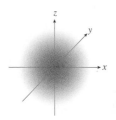

① 점 1개는 전자 1개를 나타낸다.
② 전자는 오비탈 내에서 원운동을 한다.
③ 점의 밀도가 클수록 전자를 발견할 확률이 높다.
④ 핵으로부터 거리가 멀어질수록 전자를 발견할 확률이 증가한다.
⑤ 핵으로부터의 거리가 같더라도 방향에 따라 전자를 발견할 확률이 다르다.

14 수소 원자에서 오비탈의 에너지 준위에 대한 설명으로 옳은 것만을 〈보기〉에서 있는 대로 고른 것은?

〈 보기 〉

ㄱ. 수소 원자의 에너지 준위는 주양자수, 방위 양자수, 자기 양자수에 의해 결정된다.
ㄴ. 수소 원자의 에너지 준위는 불연속적인 값을 갖는다.
ㄷ. 보어 원자 모형으로는 수소 원자의 에너지 준위를 설명할 수 없다.

① ㄱ   ② ㄴ   ③ ㄷ
④ ㄱ, ㄴ   ⑤ ㄴ, ㄷ

15 (가)~(라)는 L 전자껍질에 존재하는 오비탈을 나타낸 것이다.

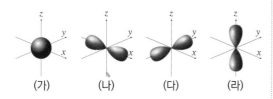

(가) (나) (다) (라)

이에 대한 설명으로 옳은 것만을 〈보기〉에서 있는 대로 고른 것은?

─── 〈 보기 〉───

ㄱ. 수소 원자에서 에너지 준위는 (가) < (나) 이다.

ㄴ. 다전자 원자에서 에너지 준위는 (다) < (라) 이다.

ㄷ. 각 오비탈에 최대로 채워질 수 있는 전자 수는 모두 같다.

① ㄱ   ② ㄴ   ③ ㄷ
④ ㄱ, ㄴ   ⑤ ㄴ, ㄷ

16 수소 원자의 $1s$ 오비탈과 $2s$ 오비탈의 모형을 나타낸 것이다.

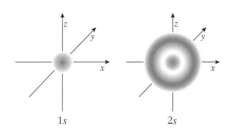

$1s$ $2s$

이에 대한 설명으로 옳은 것만을 〈보기〉에서 있는 대로 고른 것은?

─── 〈 보기 〉───

ㄱ. s 오비탈의 전자는 원자핵 주위에서 원운동을 한다.

ㄴ. $2s$ 오비탈의 전자가 $1s$ 오비탈로 전이할 때 자외선이 방출된다.

ㄷ. 각 오비탈에서 전자 구름이 진할수록 존재하는 전자가 많다.

① ㄱ   ② ㄴ   ③ ㄷ
④ ㄱ, ㄴ   ⑤ ㄴ, ㄷ

17 수소 원자의 $1s$, $2s$ 오비탈에서 전자가 발견될 확률을 핵으로부터의 거리에 따라 나타낸 것이다.

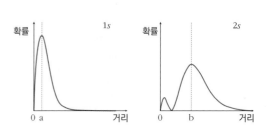

이에 대한 설명으로 옳은 것만을 〈보기〉에서 있는 대로 고른 것은?

─── 〈 보기 〉───

ㄱ. 핵으로부터의 거리 a와 b는 같다.

ㄴ. $2s$ 오비탈에는 전자가 발견될 확률이 0인 곳이 있다.

ㄷ. 오비탈에 채워질 수 있는 전자의 최대 개수는 $1s$ 와 $2s$가 같다.

① ㄱ   ② ㄴ   ③ ㄷ
④ ㄱ, ㄴ   ⑤ ㄴ, ㄷ

18 다전자 원자에서 오비탈의 에너지 준위를 나타낸 것이다.

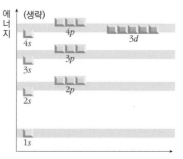

이에 대한 설명으로 옳은 것만을 〈보기〉에서 있는 대로 고른 것은?

─── 〈 보기 〉───

ㄱ. 주양자수가 클수록 에너지 준위가 높다.

ㄴ. 주양자수가 같을 때 오비탈의 에너지 준위는 $s < p < d$ 이다.

ㄷ. 주양자수가 4인 전자껍질에는 최대 8개의 전자가 채워질 수 있다.

① ㄱ   ② ㄴ   ③ ㄷ
④ ㄱ, ㄴ   ⑤ ㄴ, ㄷ

C

19 산소 원자의 전자 배치를 보어 원자 모형으로 나타낸 것이다.

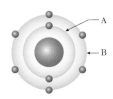

이에 대한 설명으로 옳은 것만을 〈보기〉에서 있는 대로 고른 것은?(단, A와 B는 산소 원자의 전자껍질이다.)

――――――――〈 보기 〉――――――――
ㄱ. 위 모형의 전자 배치는 K(2)M(6)이다.
ㄴ. A 전자껍질에는 1개의 오비탈이 존재한다.
ㄷ. B 전자껍질에 존재하는 오비탈의 에너지 준위는 모두 같다.

① ㄱ   ② ㄴ   ③ ㄷ
④ ㄱ, ㄴ   ⑤ ㄴ, ㄷ

20 수소 원자의 몇 가지 궤도 함수를 나타낸 것이다.

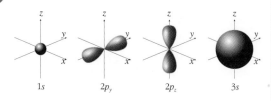

이에 대한 설명으로 옳은 것만을 〈보기〉에서 있는 대로 고른 것은?

(단, 수소 원자 에너지 준위 $E_n = -\dfrac{k}{n^2}$ kJ/mol)

――――――――〈 보기 〉――――――――
ㄱ. $2p_x$에서 $2p_y$로 전자가 전이될 때 에너지를 흡수한다.
ㄴ. $1s$와 $2p_y$의 에너지 차이와 $2p_z$와 $3s$의 에너지 차이의 비는 27 : 5이다.
ㄷ. $1s$에서 $2p_y$로 전이될 때와 $1s$에서 $2p_z$로 전이될 때 전이 에너지의 크기는 같다.

① ㄱ   ② ㄴ   ③ ㄷ
④ ㄱ, ㄴ   ⑤ ㄴ, ㄷ

21 그림 (가)는 수소 원자의 $1s$ 오비탈의 경계면 그림을, (나)는 $1s$ 오비탈에서 원자핵으로부터의 거리에 따른 전자 존재 확률을 나타낸 것이다.

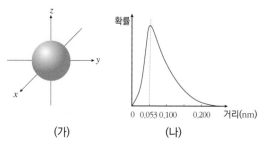

(가)   (나)

이에 대한 설명으로 옳은 것만을 〈보기〉에서 있는 대로 고른 것은?

――――――――〈 보기 〉――――――――
ㄱ. $1s$ 오비탈의 경계면은 핵으로부터 거리가 0.053nm 인 지점에 그려진다.
ㄴ. 원자핵으로부터 거리가 멀어질수록 전자 발견 확률이 커진다.
ㄷ. 오비탈의 경계면 밖에서 전자를 발견할 확률은 0 이 아니다.

① ㄱ   ② ㄴ   ③ ㄷ
④ ㄱ, ㄷ   ⑤ ㄴ, ㄷ

22 수소 원자에서 주양자수가 2인 경우 가능한 양자수가 짝지어진 것은? (단, 방위 양자수, 자기 양자수, 스핀 양자수는 각각 l, m_l, m_s 로 표시한다.)

	l	m_l	m_s
①	0	-1	$+\frac{1}{2}$
②	0	$-\frac{1}{2}$	$+\frac{1}{2}$
③	1	0	$+\frac{1}{2}$
④	1	$+\frac{1}{2}$	$-\frac{1}{2}$
⑤	2	$+4$	$-\frac{1}{2}$

23 $2p_x$ 오비탈을 나타낸 것이다.

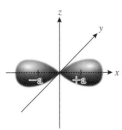

이에 대한 설명으로 옳은 것만을 〈보기〉에서 있는 대로 고른 것은?

─────── 〈 보기 〉 ───────

ㄱ. 수소 원자에는 $2p_x$ 오비탈이 존재하지 않는다.
ㄴ. +a인 지점과 −a인 지점에서 전자가 발견될 확률은 같다.
ㄷ. $2p$ 오비탈에 채워질 수 있는 최대 전자 수는 2개이다.

① ㄱ   ② ㄴ   ③ ㄷ
④ ㄱ, ㄴ   ⑤ ㄴ, ㄷ

24 수소 원자의 $2s$ 오비탈과 $2p$ 오비탈에서 전자가 원자핵으로부터의 거리에 따라 발견될 확률을 각각 나타낸 그래프이다.

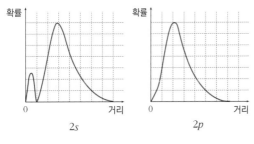

이에 대한 설명으로 옳은 것만을 〈보기〉에서 있는 대로 고른 것은?

─────── 〈 보기 〉 ───────

ㄱ. 에너지 준위는 $2s$ 오비탈과 $2p$ 오비탈이 같다.
ㄴ. 전자를 발견할 확률이 최대인 지점까지의 거리는 $2p$ 오비탈보다 $2s$ 오비탈이 크다.
ㄷ. $2p$ 오비탈에서 핵으로부터의 거리가 같으면 전자를 발견할 확률이 같다.

① ㄱ   ② ㄴ   ③ ㄷ
④ ㄱ, ㄴ   ⑤ ㄴ, ㄷ

25 현대 원자 모형에서 전자의 위치와 운동량을 동시에 정확히 파악할 수 없는 이유를 하이젠베르크의 불확정성의 원리와 관련지어 서술하시오.

26 수소 원자에서 주양자수가 3인 경우 가능한 양자수 의 조합을 (n, l, m_l)의 형태로 모두 쓰시오.(단, n은 주양자수, l은 방위 양자수, m_l은 자기 양자수이다.)

27 드 브로이는 빛이 입자성과 파동성을 모두 가지고 있는 것처럼 입자도 파동성을 가지고 있을 것이라고 생각하였다. 물질의 질량과 파장의 관계는 다음과 같은 식으로 나타낼 수 있다. 주어진 식을 참고하여 물음에 답하시오.(단, $1\,J = 1\,kg \cdot m^2/s^2$이다.)

$$\lambda = \frac{h}{mv}$$

(λ : 파장, m : 입자의 질량, v : 입자의 속도,
h : 플랑크 상수 $= 6.6 \times 10^{-34}\,J \cdot s$)

(1) 질량이 9×10^{-28}g인 전자가 1.32×10^{7}m/s로 운동할 때, 이 전자의 파장은 몇 m인가?

(2) 100g의 야구공이 50m/s로 운동할 때, 야구공의 파장은 몇 m인가?

28 파동의 개념을 이용하여 전자의 상태를 나타내는 이유를 쓰시오.

29 현대적 원자 모형에서는 전자의 위치와 속력은 알 수 없기 때문에 원자핵 주위에 전자가 존재하는 확률을 공간좌표상에 시각적으로 나타내어 표현한다. 이때 원자의 경계가 뚜렷하지 않고 구름처럼 보여 현대적 원자 모형을 전자 구름 모형이라고도 한다. 이렇게 경계가 뚜렷하지 않은 현대적 원자 모형에서 오비탈의 크기를 비교하는 방법을 쓰시오.

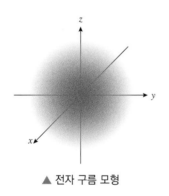

▲ 전자 구름 모형

30 보어 원자 모형에서의 '전자껍질'과 현대적 원자 모형에서의 '오비탈'의 차이점을 서술하시오.

▲ 현대적 원자 모형   ▲ 보어 원자 모형

31 다음 그림은 수소 원자와 다전자 원자의 에너지 준위를 나타낸 것이다.

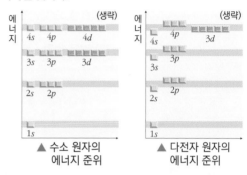

▲ 수소 원자의   ▲ 다전자 원자의
 에너지 준위   에너지 준위

수소 원자와 달리 다전자 원자에서는 같은 전자껍질에 존재하는 오비탈 사이의 에너지 준위에 차이가 나타난다. 그 이유를 서술하시오.

32 다음은 각 전자껍질에 최대로 채워질 수 있는 전자의 수에 대한 표이다. 물음에 답하시오.

전자껍질	K	L	M	N
주양자수	1	2	3	4
최대 수용 전자 수	(가)	(나)	18	(다)

(1) (가)~(다)에 알맞은 수를 쓰시오.

(2) 보어 원자 모형을 이용한 바닥상태인 $_{20}Ca$의 전자 배치는 K(2)L(8)M(8)N(2)이다. M 전자껍질에 최대로 채워질 수 있는 전자의 수와 $_{20}Ca$의 M 전자껍질에 채워진 전자의 수가 다른 이유를 쓰시오.

10강. 원자의 전자 배치

1. 전자 배치의 원리 1   2. 전자 배치의 원리 2
3. 이온의 전자 배치   4. 유효 핵전하

1. 전자 배치의 원리1

(1) 전자 배치의 원리 : 다전자 원자에서 오비탈에 전자가 채워지는 순서는 일정한 규칙에 따라서 정해진다. 이렇게 정해진 최저 에너지 상태의 전자 배치를 원자의 바닥상태의 전자 배치라고 한다.

(2) 쌓음 원리 : 전자는 에너지 준위가 낮은 오비탈부터 차례로 채워진다.❶

$$1s \rightarrow 2s \rightarrow 2p \rightarrow 3s \rightarrow 3p \rightarrow 4s \rightarrow 3d \rightarrow 4p \rightarrow 5s \rightarrow 4d \rightarrow 5p \rightarrow 6s \rightarrow 4f \rightarrow \cdots$$

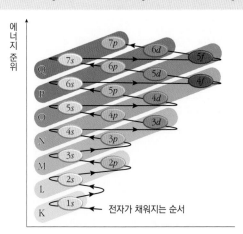

▲ 다전자 원자에서 오비탈에 전자가 채워지는 순서

❶ 다전자 원자의 에너지 준위

$1s < 2s < 2p < 3s < 3p < 4s$
$< 3d < 4p < 5s < 4d < 5p$
$< 6s < \cdots$

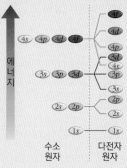

▲ 오비탈의 에너지 준위

(3) 파울리 배타[미니] **원리** : 1개의 오비탈에는 전자가 최대 2개까지 들어갈 수 있으며, 이때 두 전자의 스핀 방향은 서로 반대이어야 한다.

주양자수	K(n=1)	L(n=2)		M(n=3)			N(n=4)			
오비탈의 종류(l)❷	$1s$	$2s$	$2p$	$3s$	$3p$	$3d$	$4s$	$4p$	$4d$	$4f$
오비탈 수 (n^2)	↑↓ $1s$	↑↓ $2s$ ↑↓ ↑↓ ↑↓ $2p$		↑↓ $3s$ ↑↓ ↑↓ ↑↓ $3p$ ↑↓ ↑↓ ↑↓ ↑↓ ↑↓ $3d$			↑↓ $4s$ ↑↓ ↑↓ ↑↓ $4p$ ↑↓ ↑↓ ↑↓ ↑↓ ↑↓ $4d$ ↑↓ ↑↓ ↑↓ ↑↓ ↑↓ ↑↓ ↑↓ $4f$			
	1	4		9			16			
최대 수용 전자 수 ($2n^2$)	2	8		18			32			

❷ 오비탈의 최대 수용 전자 수

s 오비탈에는 최대 2개, p 오비탈에는 최대 6개, d 오비탈에는 최대 10개, f 오비탈에는 최대 14개의 전자가 채워질 수 있다.

예) $_3$Li의 전자 배치

↑↓ ↑
$1s$ $2s$
바닥상태의 전자 배치

↑↑ ↑
$1s$ $2s$
불가능한 전자 배치

↑↑↑
$1s$
불가능한 전자 배치

[개념확인 1]

전자는 에너지 준위가 낮은 오비탈부터 차례로 채워져야 한다는 것은 어떤 원리인지 쓰시오.

(   )

[확인+1]

1개의 오비탈에 들어갈 수 있는 전자는 최대 몇 개인지 쓰시오.

(   ) 개

미니사전

배타 [排 배척하다 他 다른] 다른 것을 배척하는 성질 혹은 경향

2. 전자 배치의 원리2

(1) 훈트 규칙 : 에너지 준위가 같은 오비탈이 여러 개 있을 때 가능한 홀전자❶ 수가 많아지도록 전자가 채워져야 한다.

(1) p 오비탈❷과 같이 에너지 준위가 같은 오비탈이 여러 개 있을 때, 각 오비탈에 전자가 1개씩 채워진 후에 전자쌍을 이루도록 배치한다.

(2) 전자들이 1개의 오비탈에 쌍을 이루어 배치되는 것보다 에너지 준위가 같은 여러 개의 오비탈에 각각 1개씩 배치되는 것이 전자 간의 반발력이 작아서 더 안정하다.

(3) **바닥상태와 들뜬상태의 전자 배치**❸

① 바닥상태의 전자 배치는 에너지가 가장 낮은 안정한 상태의 전자 배치이다.

② 들뜬상태의 전자 배치는 쌓음 원리 또는 훈트 규칙을 만족하지 않는 전자 배치로 전자가 에너지를 흡수하여 높은 에너지 준위의 오비탈로 전이된 상태이다.

예) $_6$C의 전자 배치

바닥상태의 전자 배치
홀전자 수 : 2 (안정)

들뜬상태의 전자 배치
홀전자 수 : 0 (불안정)

(2) 여러 가지 원자의 바닥상태의 전자 배치❹

원소	전자껍질과 오비탈						전자 배치	홀전자 수
	K	L		M		N		
	1s	2s	2p	3s	3p	4s		
$_1$H	↑						$1s^1$	1
$_2$He	↑↓						$1s^2$	0
$_3$Li	↑↓	↑					$1s^22s^1$	1
$_4$Be	↑↓	↑↓					$1s^22s^2$	0
$_5$B	↑↓	↑↓	↑				$1s^22s^22p^1$	1
$_6$C	↑↓	↑↓	↑ ↑				$1s^22s^22p^2$	2
$_7$N	↑↓	↑↓	↑ ↑ ↑				$1s^22s^22p^3$	3
$_8$O	↑↓	↑↓	↑↓ ↑ ↑				$1s^22s^22p^4$	2
$_9$F	↑↓	↑↓	↑↓ ↑↓ ↑				$1s^22s^22p^5$	1
$_{10}$Ne	↑↓	↑↓	↑↓ ↑↓ ↑↓				$1s^22s^22p^6$	0
$_{11}$Na	↑↓	↑↓	↑↓ ↑↓ ↑↓	↑			$1s^22s^22p^63s^1$	1
$_{12}$Mg	↑↓	↑↓	↑↓ ↑↓ ↑↓	↑↓			$1s^22s^22p^63s^2$	0
$_{13}$Al	↑↓	↑↓	↑↓ ↑↓ ↑↓	↑↓	↑		$1s^22s^22p^63s^23p^1$	1
$_{14}$Si	↑↓	↑↓	↑↓ ↑↓ ↑↓	↑↓	↑ ↑		$1s^22s^22p^63s^23p^2$	2
$_{15}$P	↑↓	↑↓	↑↓ ↑↓ ↑↓	↑↓	↑ ↑ ↑		$1s^22s^22p^63s^23p^3$	3
$_{16}$S	↑↓	↑↓	↑↓ ↑↓ ↑↓	↑↓	↑↓ ↑ ↑		$1s^22s^22p^63s^23p^4$	2
$_{17}$Cl	↑↓	↑↓	↑↓ ↑↓ ↑↓	↑↓	↑↓ ↑↓ ↑		$1s^22s^22p^63s^23p^5$	1
$_{18}$Ar	↑↓	↑↓	↑↓ ↑↓ ↑↓	↑↓	↑↓ ↑↓ ↑↓		$1s^22s^22p^63s^23p^6$	0
$_{19}$K	↑↓	↑↓	↑↓ ↑↓ ↑↓	↑↓	↑↓ ↑↓ ↑↓	↑	$1s^22s^22p^63s^23p^64s^1$	1
$_{20}$Ca	↑↓	↑↓	↑↓ ↑↓ ↑↓	↑↓	↑↓ ↑↓ ↑↓	↑↓	$1s^22s^22p^63s^23p^64s^2$	0

개념확인2

정답 및 해설 **45** 쪽

전자 배치의 규칙을 모두 만족하여 에너지가 가장 낮은 안정한 상태를 무엇이라 하는지 쓰시오.

( )

확인+2

$_{11}$Na 원자의 오비탈을 이용한 바닥상태 전자 배치를 쓰시오.

( )

옆단 주석

❶ **홀전자**

원자나 분자의 오비탈에서 쌍을 이루지 않은 전자를 말한다. $_7$N의 바닥상태 전자 배치에서 홀전자 (↑)는 3개이다.

| ↑↓ | ↑↓ | ↑ | ↑ | ↑ |

$1s$ $2s$ $2p$

▲ $_7$N의 바닥상태 전자 배치

❷ **p 오비탈과 바닥상태 전자 배치**

p 오비탈에는 p_x, p_y, p_z 오비탈이 있고, 이들의 에너지 준위는 같다. 따라서 어떤 오비탈에 전자가 먼저 배치되어도 에너지에 차이가 없다. 즉, 다음에 제시된 $_6$C의 전자 배치는 모두 바닥상태이다.

$1s$ $2s$ $2p_x$ $2p_y$ $2p_z$

㉠ | ↑↓ | ↑↓ | ↑ | ↑ | |

㉡ | ↑↓ | ↑↓ | ↑ | | ↑ |

㉢ | ↑↓ | ↑↓ | | ↑ | ↑ |

▲ $_6$C의 바닥상태 전자 배치

❸ **바닥상태와 들뜬상태의 전자 배치**

· 바닥상태는 전자 배치의 원리를 모두 만족하여 에너지가 가장 낮은 안정한 상태이다.

· 들뜬상태는 쌓음 원리 또는 훈트 규칙을 만족하지 않는 상태로 바닥상태보다 불안정한 상태이다.

· 파울리 배타 원리를 만족하지 않는 전자 배치는 불가능한 전자 배치이다.

❹ **예외적인 전자 배치**

다전자 원자의 오비탈 에너지 준위 순서에 의하면 $_{24}$Cr의 바닥상태의 전자 배치는 $1s^22s^22p^63s^23p^64s^23d^4$이다. 그러나 실제 전자 배치는 $1s^22s^22p^63s^23p^64s^13d^5$이다.

또한 $_{29}$Cu의 바닥상태의 전자 배치는 $1s^22s^22p^63s^23p^64s^23d^9$로 예상된다. 그러나 실제 전자 배치는 $1s^22s^22p^63s^23p^64s^13d^{10}$이다.

이러한 전자 배치가 일어나는 이유에 대해 여러 의견이 있지만 d 오비탈에 전자가 모두 채워지거나 절반만 채워지면 특별히 안정한 효과가 나타난다고 이해하면 된다.

3. 이온의 전자 배치

(1) 이온[1]의 전자 배치 : 원자는 가장 바깥 전자껍질에 비활성 기체와 같이 전자 8개(He은 2개)를 채우기 위해 이온이 된다.

(2) 양이온의 전자 배치 : 원자가 가장 바깥 전자껍질의 전자(원자가 전자)를 모두 잃고 안정한 양이온이 되면 전자 배치가 비활성 기체[2]와 같아진다.

예) 나트륨과 마그네슘 원자가 양이온이 되면 전자 배치가 비활성 기체인 네온과 같아진다.[3]

전자 1개 잃음 전자 2개 잃음

$1s^22s^22p^6$ $1s^22s^22p^63s^1$ $1s^22s^22p^6$ $1s^22s^22p^63s^2$ $1s^22s^22p^6$
$_{10}$Ne의 전자 배치 $_{11}$Na의 전자 배치 $_{11}$Na$^+$의 전자 배치 $_{12}$Mg의 전자 배치 $_{12}$Mg^{2+}의 전자 배치

▲ 비활성 기체인 Ne과 Na, Na$^+$, Mg, Mg^{2+}의 전자 배치

(3) 음이온의 전자 배치 : 원자가 전자[4][5]를 얻어 음이온이 될 때는 비어 있는 오비탈 중 에너지가 가장 낮은 오비탈부터 전자를 채워 비활성 기체와 전자 배치가 같아진다.

예) 플루오린과 산소 원자가 음이온이 되면 전자 배치가 비활성 기체인 네온과 같아진다.

전자 1개 얻음 전자 2개 얻음

$1s^22s^22p^6$ $1s^22s^22p^5$ $1s^22s^22p^6$ $1s^22s^22p^4$ $1s^22s^22p^6$
$_{10}$Ne의 전자 배치 $_9$F의 전자 배치 $_9$F$^-$의 전자 배치 $_8$O의 전자 배치 $_8$O^{2-}의 전자 배치

▲ 비활성 기체인 Ne과 F, F$^-$, O, O^{2-}의 전자 배치

원소	1s	2s	2p			3s	3p			4s	전자 배치	
$_3$Li	↑↓	↑									$1s^22s^1$	
$_3$Li$^+$	↑↓										$1s^2$	$_2$He과 같은 전자 배치
$_{19}$K	↑↓	↑↓	↑↓	↑↓	↑↓	↑↓	↑↓	↑↓	↑↓	↑	$1s^22s^22p^63s^23p^64s^1$	
$_{19}$K$^+$	↑↓	↑↓	↑↓	↑↓	↑↓	↑↓	↑↓	↑↓	↑↓		$1s^22s^22p^63s^23p^6$	$_{18}$Ar과 같은 전자 배치
$_{20}$Ca	↑↓	↑↓	↑↓	↑↓	↑↓	↑↓	↑↓	↑↓	↑↓	↑↓	$1s^22s^22p^63s^23p^64s^2$	
$_{20}$Ca^{2+}	↑↓	↑↓	↑↓	↑↓	↑↓	↑↓	↑↓	↑↓	↑↓		$1s^22s^22p^63s^23p^6$	$_{18}$Ar과 같은 전자 배치
$_{16}$S	↑↓	↑↓	↑↓	↑↓	↑↓	↑↓	↑↓	↑	↑		$1s^22s^22p^63s^23p^4$	
$_{16}$S^{2-}	↑↓	↑↓	↑↓	↑↓	↑↓	↑↓	↑↓	↑↓	↑↓		$1s^22s^22p^63s^23p^6$	$_{18}$Ar과 같은 전자 배치
$_{17}$Cl	↑↓	↑↓	↑↓	↑↓	↑↓	↑↓	↑↓	↑↓	↑		$1s^22s^22p^63s^23p^5$	
$_{17}$Cl$^-$	↑↓	↑↓	↑↓	↑↓	↑↓	↑↓	↑↓	↑↓	↑	↓	$1s^22s^22p^63s^23p^6$	$_{18}$Ar과 같은 전자 배치

▲ 여러 가지 원자와 이온의 전자 배치

개념확인3

이온의 전자 배치에 대한 설명으로 옳은 것은 ○표, 옳지 않은 것은 ×표 하시오.

(1) 원자가 원자가 전자를 모두 잃으면 비활성 기체의 전자 배치와 같아진다. ( )

(2) $_{20}$Ca이 안정한 양이온이 되면 Ne과 같은 전자 배치를 갖는다. ( )

확인+3

다음의 입자들 중 네온과 같은 전자 배치를 가지는 것만을 있는 대로 골라 쓰시오.

Na	Mg^{2+}	F	O^{2-}	( )

---

❶ 원자와 이온

전기적으로 중성인 원자가 전자를 잃으면 양이온이 되고, 전자를 얻으면 음이온이 된다.

❷ 비활성 기체

화학적으로 활발하지 못하여 화합물을 잘 만들지 못하는 기체이다. 헬륨(He), 네온(Ne), 아르곤(Ar) 등이 포함된다.

❸ 옥텟 규칙

원자가 이온이 되는 것은 원자의 전자 배치와 관련이 있다. 원자들이 전자를 잃거나 얻어서 18족 비활성 기체와 같이 가장 바깥 전자껍질에 전자 8개(단, He은 2개)를 채워 안정해지려는 경향을 옥텟 규칙이라 한다.

❹ 원자가 전자

바닥 상태의 전자 배치에서 가장 바깥쪽 전자껍질에 채워져 있는 전자 중 화학 결합에 관여하는 전자를 말한다. 비활성 기체의 경우 가장 바깥쪽 전자껍질에 채워진 전자는 8개(He은 2개)이지만 결합에 관여하는 전자가 없기 때문에 원자가 전자는 0이다.

❺ 원자가 전자와 에너지 준위

원자 번호 20번까지의 원소들의 경우 에너지가 가장 높은 오비탈의 전자가 원자가 전자이다. 그러나 원자 번호 21번 이상의 원소들 중 d 오비탈이나 f 오비탈에 전자가 부분적으로 채워지는 원소의 경우 에너지가 가장 높은 오비탈의 전자는 원자가 전자가 아니다.
예) $_{21}$Cr의 전자 배치
에너지가 가장 높은 오비탈의 전자
$1s^22s^22p^63s^23p^64s^13d^5$
원자가 전자

4. 유효 핵전하

(1) 유효 핵전하 : 전자에 작용하는 실질적인 핵전하이다.

① 수소 원자는 전자가 1개밖에 없으므로 원자핵과 전자 사이의 인력만 존재하고, 전자들 사이의 반발력이 없다. 따라서 수소 원자의 전자에 작용하는 유효 핵전하는 양성자 수에 의한 핵전하와 같은 +1이다.

② 다전자 원자에서는 전자에 작용하는 실질적인 핵전하를 따지기 위해 원자핵과 전자 사이의 인력외에 전자들 사이의 반발력도 고려해야 한다. 따라서 한 전자에 작용하는 유효 핵전하는 전자들 사이의 반발력에 의해 양성자 수에 의한 핵전하보다 작아진다.

(2) 가려막기 효과 (가리움 효과)[1] : 전자들 사이의 반발력에 의해 원자핵과 전자 사이의 실질적인 인력이 약해지는 현상이다.

① 다전자 원자에서 전자에 작용하는 유효 핵전하가 양성자 수보다 작아지는 이유는 다른 전자들에 의해 핵이 가려지기 때문이다.[2]

② 같은 전자껍질에 있는 전자들에 의한 가려막기 효과는 안쪽 전자껍질에 있는 전자들에 의한 가려막기 효과보다 작다.

> Z_{eff}(유효 핵전하) = Z(핵전하) − S(가려막기 상수)
> (S(가려막기 상수) : 모든 전자에 의한 가려막기 효과를 합한 값)

(3) 같은 주기에서 원자 번호에 따른 유효 핵전하[3] : 같은 주기[3]에서는 원자 번호가 커질수록 원자가 전자의 유효 핵전하가 증가한다.[4]

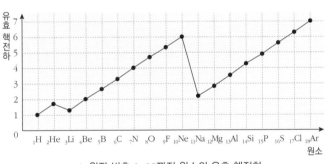

▲ 원자 번호 1~18까지 원소의 유효 핵전하

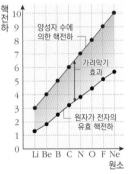

▲ 2주기 원소의 핵전하

(4) 전자 수에 따른 유효 핵전하 : 전자 수가 증가하면 전자들 사이의 반발력이 커지므로 유효 핵전하는 감소한다.

㉠ 플루오린(F) 원자가 전자를 얻어 플루오린화 이온(F^-)이 되면 전자 수가 증가하여 전자들 사이의 반발력이 커지므로 유효 핵전하가 감소한다. ➡ 유효 핵전하 : $_9F > _9F^-$

개념확인4

옳은 것은 ○표, 옳지 않은 것은 ×표 하시오.

(1) 양성자 수에 의한 핵전하가 유효 핵전하이다. ( )

(2) 가려막기 효과가 클수록 전자의 유효 핵전하는 크다. ( )

확인+4

염소 원자와 염화 이온 중 유효 핵전하가 더 큰 것은 어떤 것인지 쓰시오.

( )

---

❶ 가려막기 효과

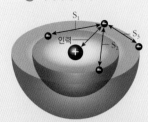

S_1, S_2는 안쪽 전자껍질에 존재하는 전자에 의한 가려막기 효과이며, S_3는 같은 전자껍질에 존재하는 전자에 의한 가려막기 효과이다.

$$S_1 = S_2 > S_3$$

❷ 가려막기 효과와 유효 핵전하

가려막기 효과로 인해 양성자 수에 의한 핵전하와 유효 핵전하의 차이가 생긴다. 또한 같은 주기에서는 원자 번호가 클수록 핵전하와 가려막기 효과가 커진다.

❸ 주기

원자 번호 순으로 원소들을 나열한 주기율표에서 가로줄을 주기라고 하며, 원자 번호 1번과 2번의 원소가 1주기, 원자 번호 3~10번의 원소가 2주기, 원자 번호 11~18번의 원소가 3주기 원소이다.

❹ 2s 오비탈과 2p 오비탈에서의 가려막기 효과와 에너지 준위

2s 오비탈과 2p 오비탈의 모양이 서로 달라 1s 오비탈에 의한 가려막기 효과가 다르다.

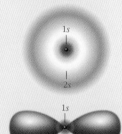

2p 오비탈의 전자들은 대부분 1s 오비탈의 전자 바깥쪽에 존재하므로, 1s 오비탈의 전자에 의한 가려막기 효과를 많이 받게 되어 유효 핵전하가 작아진다. 따라서 2s 오비탈보다 2p 오비탈의 에너지 준위가 더 큰 것이다.
이와 같은 원리로 주양자수(n)가 같을 때, 방위 양자수(l)가 클수록 에너지 준위(l)가 높아진다.
에너지 준위 : $ns < np < nd < nf$

개념 다지기

01 다음에 해당하는 원리나 규칙을 쓰시오.

(1) 1개의 오비탈에는 전자가 최대 2개까지 들어갈 수 있으며, 이때 두 전자의 스핀 방향은 서로 반대이어야 한다. ( )

(2) 전자는 에너지 준위가 낮은 오비탈부터 차례로 채워진다. ( )

(3) 에너지 준위가 같은 오비탈에 전자가 채워질 때에는 가능한 한 홀전자 수가 많아지도록 채워진다. ( )

02 〈보기〉에서 $_3$Li의 전자 배치를 바르게 나타낸 것을 고르시오.

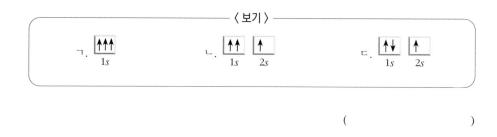

( )

03 빈 칸에 들어갈 알맞은 말을 고르시오.

(쌓음 원리 , 파울리 배타 원리 , 훈트 규칙)을(를) 만족하지 않는 전자 배치는 불가능한 전자 배치이다.

04 바닥상태의 탄소 원자의 전자 배치인 것만을 〈보기〉에서 있는 대로 고른 것은?

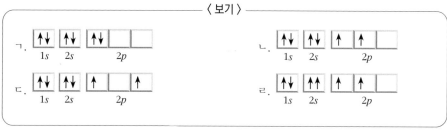

① ㄱ   ② ㄷ   ③ ㄱ, ㄴ   ④ ㄱ, ㄹ   ⑤ ㄴ, ㄷ

05

〈보기〉의 원소들의 바닥상태의 전자 배치에서 홀전자 수가 가장 많은 원소의 원소 기호를 쓰시오.

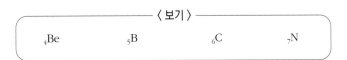

〈 보기 〉

$_4$Be　　　　$_5$B　　　　$_6$C　　　　$_7$N

(　　　　　　　　　)

06

어떤 원자의 전자 배치를 나타낸 모형이다.

이에 대한 설명으로 옳은 것만을 〈보기〉에서 있는 대로 고른 것은?

〈 보기 〉

ㄱ. 이 원소는 원자 번호가 11번인 나트륨이다.
ㄴ. 이 원소는 전자 1 개를 잃고 양이온이 된다.
ㄷ. 이 원소가 안정한 이온이 되면 아르곤과 같은 전자 배치를 이룬다.

① ㄱ　　　　② ㄴ　　　　③ ㄷ　　　　④ ㄱ, ㄴ　　　　⑤ ㄱ, ㄷ

07

빈 칸에 들어갈 알맞은 말을 각각 고르시오.

원자가 전자를 얻으면 전자들 사이의 반발력이 커지므로 유효 핵전하는 (증가 , 감소)한다.

08

최외각 전자의 유효 핵전하가 가장 큰 원자는?

① $_5$B　　　　② $_6$C　　　　③ $_8$O　　　　④ $_{10}$Ne　　　　⑤ $_{11}$Na

유형 익히기&하브루타

[유형 10-1] 전자 배치의 원리1

⊙~ⓒ 중 탄소(₆C) 원자의 바닥상태 전자 배치를 바르게 나타낸 것의 기호를 쓰시오.

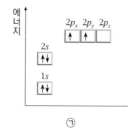
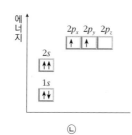
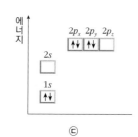

(   )

01 전자 배치의 원리에 대한 설명으로 옳은 것만을 〈보기〉에서 있는 대로 고른 것은?

〈 보기 〉

ㄱ. 전자가 1 개인 수소 원자의 경우 $2s$ 오비탈의 에너지 준위와 $2p$ 오비탈의 에너지 준위가 같다.

ㄴ. 다전자 원자의 경우 $1s \rightarrow 2s \rightarrow 2p \rightarrow 3s \rightarrow 3p \rightarrow 4s \rightarrow 3d \rightarrow 4p \cdots$ 순으로 전자를 채운다.

ㄷ. K 전자껍질과 L 전자껍질에 전자가 모두 채워지면, 채워진 전자의 수는 10개이다.

① ㄱ   ② ㄴ   ③ ㄷ   ④ ㄱ, ㄴ   ⑤ ㄱ, ㄴ, ㄷ

02 원자의 전자껍질 중 주양자수가 4 인 전자껍질에 들어갈 수 있는 최대 전자 수는?

① 2 개   ② 8 개   ③ 16 개   ④ 18 개   ⑤ 32 개

[유형 10-2] 전자 배치의 원리2

탄소 원자의 몇 가지 전자 배치를 나타낸 것이다.

	$1s$	$2s$	$2p_x$	$2p_y$	$2p_z$
A	↑↓	↑↑	↑	↑	
B	↑↓	↑↓	↑		↑
C	↑↓	↑↓		↑	↑
D	↑↓	↑↓	↑↓		

이에 대한 설명으로 옳은 것만을 〈보기〉에서 있는 대로 고른 것은?

〈 보기 〉

ㄱ. A 의 전자 배치는 파울리 배타 원리에 어긋난다.
ㄴ. B 에서 C 로 될 때 에너지가 방출된다.
ㄷ. D 의 전자 배치는 훈트 규칙을 만족하지 않으므로 불가능한 전자 배치이다.

① ㄱ   ② ㄴ   ③ ㄷ   ④ ㄱ, ㄴ   ⑤ ㄱ, ㄷ

03 Ne 원자의 전자 배치 (가)와 (나)에서 각 전자껍질에 있는 전자 수를 나타낸 것이다.

전자 배치	전자껍질		
	K	L	M
(가)	2	8	0
(나)	2	7	1

이에 대한 설명으로 옳은 것만을 〈보기〉에서 있는 대로 고른 것은?

〈 보기 〉

ㄱ. L 전자껍질에 존재하는 모든 오비탈은 에너지 준위가 같다.
ㄴ. (가)에서 전자가 들어 있는 오비탈의 수는 5개이다.
ㄷ. 전자 1개를 떼어 내는 데 필요한 최소 에너지는 (가)에서보다 (나)에서가 더 크다.

① ㄱ   ② ㄴ   ③ ㄷ   ④ ㄱ, ㄴ   ⑤ ㄱ, ㄷ

04 원자 번호 16번인 S의 바닥상태 전자 배치만를 있는 대로 고르시오.

[유형 10-3] 이온의 전자 배치

원소 A~D 에 대하여 안정한 이온의 전자 배치를 모형으로 나타낸 것이다.

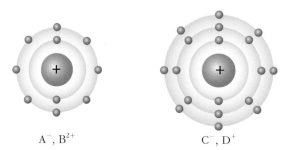

A^-, B^{2+} C^-, D^+

바닥상태의 중성 원자 A~D 에 대한 설명으로 옳은 것만을 〈보기〉에서 있는 대로 고른 것은? (단, A~D 는 임의의 원소 기호 이다.)

〈 보기 〉
ㄱ. 원자 번호는 D 가 C 보다 2 크다.
ㄴ. s 오비탈에 홀전자를 가지는 것은 B 와 D 이다.
ㄷ. 전자가 존재하는 전자껍질 수는 D 가 A 보다 1개 많다.

① ㄱ   ② ㄴ   ③ ㄷ   ④ ㄱ, ㄴ   ⑤ ㄱ, ㄴ, ㄷ

05 원자 또는 이온 A~D 의 구성 입자 수에 관한 자료의 일부이다.

원자 또는 이온	양성자 수	중성자 수	질량수	전자 수
A	16	—	36	18
B	—	18	36	18
C	—	22	40	18
D	20	20	—	18

A~D 에 대한 설명으로 옳은 것만을 〈보기〉에서 있는 대로 고른 것은? (단, A~D 는 임의의 원소 기호이다.)

〈 보기 〉
ㄱ. A~D 의 바닥상태의 전자 배치는 모두 $1s^2 2s^2 2p^6 3s^2 3p^6$ 이다.
ㄴ. A 는 −2 가의 음이온이고, B 는 중성 원자이다.
ㄷ. C 에서 전자가 존재하는 전자껍질 수는 3 이고, 홀전자는 1 개 있다.

① ㄱ   ② ㄴ   ③ ㄷ   ④ ㄱ, ㄴ   ⑤ ㄱ, ㄷ

06 원자나 이온의 바닥상태 전자 배치에서 전자가 존재하는 전자껍질 수가 가장 많은 것은?

① N^{3-} ② O^{2-} ③ Ne   ④ Na   ⑤ Mg^{2+}

[유형 10-4] 유효 핵전하

바닥상태인 원자 (가)~(다) 에 관한 자료이다.

원자	s 오비탈에 있는 전자 수	p 오비탈에 있는 전자 수	홀전자 수
(가)	a	6	1
(나)	4	3	b
(다)	3	c	d

이에 내한 설명으로 옳은 것만을 〈보기〉에서 있는 대로 고른 것은?

〈 보기 〉

ㄱ. $a + b + c + d = 10$ 이다.
ㄴ. (가)에서 전자가 들어 있는 오비탈 수는 4 개이다.
ㄷ. 원자가 전자의 유효 핵전하는 (나)가 (다)보다 더 크다.

① ㄱ   ② ㄴ   ③ ㄷ   ④ ㄱ, ㄴ   ⑤ ㄱ, ㄴ, ㄷ

---

07 2 주기 원소의 핵전하를 나타낸 것이다.

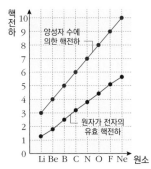

이에 대한 설명으로 옳은 것만을 〈보기〉에서 있는 대로 고른 것은?

〈 보기 〉

ㄱ. 같은 주기에서 핵전하는 원자 번호가 클수록 커진다.
ㄴ. 같은 주기에서 원자 번호가 클수록 가려막기 효과가 커진다.
ㄷ. 양성자 수에 의한 핵전하와 유효 핵전하가 차이나는 이유는 가려막기 효과 때문이다.

① ㄱ   ② ㄴ   ③ ㄷ
④ ㄱ, ㄴ   ⑤ ㄱ, ㄴ, ㄷ

---

08 나트륨 원자의 전자 배치를 모형으로 나타낸 것이다.

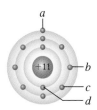

이에 대한 설명으로 옳은 것만을 〈보기〉에서 있는 대로 고른 것은?

〈 보기 〉

ㄱ. a 가 느끼는 유효 핵전하는 +11 보다 작다.
ㄴ. d 가 느끼는 유효 핵전하보다 c 가 느끼는 유효 핵전하가 더 크다.
ㄷ. c 에 영향을 주는 가려막기 효과는 b 가 d 보다 크다.

① ㄱ   ② ㄴ   ③ ㄷ
④ ㄱ, ㄴ   ⑤ ㄱ, ㄴ, ㄷ

01 d 오비탈이나 f 오비탈에 전자가 부분적으로 채워지는 원소를 전이 원소라고 한다. 전이 원소 중 하나인 $_{21}Sc$ 의 바닥상태 전자 배치는 다음과 같다.

따라서 $_{21}Sc$ 의 원자가 전자는 $4s$ 오비탈에 채워진 전자 2 개이다.

(1) $_{24}Cr$ 의 이론적인 전자 배치는 다음과 같다.

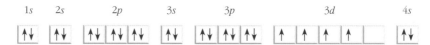

이 전자 배치를 따른다면 $_{24}Cr$ 의 원자가 전자는 2 개이다. 그러나 $_{24}Cr$ 의 실제 전자 배치에서 원자가 전자는 1 개이다. $_{24}Cr$ 의 실제 전자 배치를 아래에 나타내 보시오.

(2) $_{29}Cu$ 의 이론적인 전자 배치는 다음과 같다.

그러나 $_{29}Cu$ 의 실제 전자 배치에서 원자가 전자는 1 개이다. $_{29}Cu$ 의 실제 전자 배치를 아래에 나타내 보시오.

02 철($_{26}$Fe)의 바닥상태 전자 배치이다.

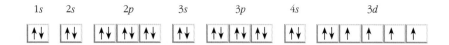

(1) $_{26}$Fe^{2+} 의 전자 배치를 오비탈로 나타내시오.

(2) $_{26}$Fe^{3+} 의 전자 배치를 오비탈로 나타내시오.

03 상자성과 반자성에 대한 설명이다.

$_7$N 원자의 바닥상태의 전자 배치에는 $1s^2 2s^2 2p_x^1 2p_y^1 2p_z^1$ 와 같이 짝짓지 않은 전자(홀전자)가 존재한다. 이와 같이 짝짓지 않은 전자의 존재는 물질이 자기장으로 끌려가는 성질을 갖게 한다. 이처럼 자기장으로 끌려가는 성질을 상자성(paramagnetic)이라 한다. 원자, 분자 또는 이온에서 한 개 이상의 짝짓지 않은 전자를 가진 물질을 상자성체라고 한다. 반면에 $_4$Be 의 전자 배치에는 $1s^2 2s^2$ 와 같이 모든 전자의 스핀이 쌍을 이루고 있다. 이렇게 짝짓지 않은 전자가 없는 물질은 자기장에 의해 약하게 반발하여 자기장에서 밀려나게 되는데 이러한 성질을 반자성(diamagnetic)이라 하고, 반자성을 가진 물질을 반자성체라고 한다.

〈보기〉의 원자가 모두 바닥상태라면, 상자성과 반자성으로 구분하시오.

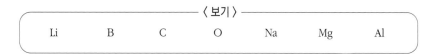

〈 보기 〉

Li　　B　　C　　O　　Na　　Mg　　Al

04 바닥상태인 어떤 원자가 가지는 오비탈을 나타낸 것이다. 이 원자의 홀전자 수가 0 일 때, 이 원자의 바닥상태의 전자 배치를 오비탈을 이용하여 나타내고, 원자 번호와 원소 기호를 쓰시오.

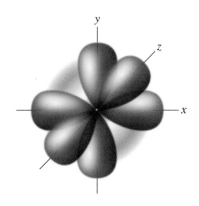

05 p 오비탈은 에너지 준위가 같지만 자기장에 대한 성질이 다른 p_x, p_y, p_z 오비탈로 되어 있고, 이들 각 오비탈에는 전자가 최대 2 개까지 채워질 수 있다. 이때 전자 1 개가 p 오비탈에 채워질 때에는 전자의 스핀 방향을 고려하지 않을 경우 다음과 같은 배치가 가능하다.

p_x	p_y	p_z		p_x	p_y	p_z		p_x	p_y	p_z
•					•					•

전자 2 개가 스핀 방향을 고려하지 않고 p 오비탈에 채워진다면, 가능한 배치를 모두 나타내시오.

10강. 원자의 전자 배치

06

1s 오비탈과 2s 오비탈, 2p 오비탈을 나타낸 것이다.

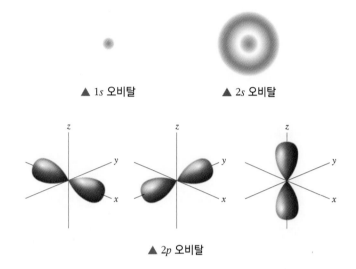

▲ 1s 오비탈   ▲ 2s 오비탈

▲ 2p 오비탈

다전자 원자에서 2s 오비탈보다 2p 오비탈의 에너지 준위가 더 높다. 그 이유가 무엇인지 가려막기 효과와 관련지어 서술하시오.

A

01 전자 배치의 원리에 대한 설명으로 옳은 것은 ○표, 옳지 않은 것은 ×표 하시오.

(1) 1개의 오비탈에는 전자가 1개씩 들어갈 수 있다. ( )

(2) 전자는 에너지 준위가 낮은 오비탈부터 차례로 채워진다. ( )

02 빈칸에 들어갈 알맞은 말을 쓰시오.

다전자 원자에서 오비탈에 전자가 채워지는 순서는 일정한 규칙에 따라서 정해진다. 이렇게 정해진 최저 에너지 상태의 전자 배치를 원자의 ( )의 전자 배치라고 한다.

03 어떤 원자의 전자 배치를 나타낸 것이다.

$1s$　　$2s$　　$2p_x$　$2p_y$　$2p_z$
↑↓　　↑↓　　↑　　　　↑

이에 대한 설명으로 옳은 것은 ○표, 옳지 않은 것은 ×표 하시오.

(1) 이 원소의 원자 번호는 6 이다. ( )

(2) 이 전자 배치는 들뜬상태의 전자 배치이다. ( )

(3) 훈트 규칙을 만족하지 않는 전자 배치이다. ( )

04 〈보기〉의 원소들의 바닥상태의 전자 배치에서 홀전자 수가 가장 많은 원소의 원소 기호를 쓰시오.

〈 보기 〉
$_9F$　　　　$_{11}Na$　　　　$_{15}P$　　　　$_{18}Ar$

( )

05 각 전자껍질에 포함되는 오비탈 수와 최대 수용 전자 수를 나타낸 것이다. ㉠~㉣에 들어갈 알맞은 숫자를 각각 쓰시오.

주양자수	K($n=1$)	L($n=2$)	M($n=3$)	N($n=4$)
오비탈 수	1	4	9	16
최대 수용 전자 수	㉠( )	㉡( )	㉢( )	㉣( )

06 바닥상태와 들뜬상태의 전자 배치에 대한 설명으로 옳은 것은 ○표, 옳지 않은 것은 ×표 하시오.

(1) 바닥상태의 전자 배치는 전자 배치의 규칙을 모두 만족한 전자 배치이다. ( )

(2) 들뜬상태의 전자 배치는 파울리 배타 원리를 만족하지 않는 전자 배치이다. ( )

07 글에서 설명하는 것이 무엇인지 쓰시오.

원자나 분자의 오비탈에서 쌍을 이루지 않은 전자를 말한다.

( )

08 네온과 같은 전자 배치를 이루는 것을 모두 고르시오.

Be^{2+}　　　　F^-　　　　Na^+

09 S_1~S_3 는 A 전자에 대한 가려막기 효과를 나타낸 것이다.

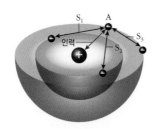

S_1~S_3 의 크기를 부등호를 이용하여 비교하시오.

$$S_1 \;\square\; S_2 \;\square\; S_3$$

10 ㉠, ㉡에 들어갈 알맞은 말을 고르시오.

같은 주기에서는 원자 번호가 클수록 원자가 전자의 유효 핵전하가 ㉠(증가 , 감소)한다.
중성 원자가 전자를 얻어 전자 수가 증가하면 전자들 사이의 반발력이 커지므로 유효 핵전하는 ㉡(증가 , 감소)한다.

B

11 플루오린 원자($_9$F)가 가질 수 <u>없는</u> 전자 배치는?

① $1s^2 2s^2 2p_x^2 2p_y^2 2p_z^1$
② $1s^2 2s^2 2p_x^2 2p_y^1 2p_z^2$
③ $1s^2 2s^2 2p_x^1 2p_y^2 2p_z^2$
④ $1s^2 2s^2 2p_x^3 2p_y^1 2p_z^1$
⑤ $1s^2 2s^1 2p_x^2 2p_y^2 2p_z^2$

12 다음의 전자 배치를 갖는 원자들 중 바닥상태 전자 배치에서 홀전자 수가 가장 많은 것은?

① $1s^2$
② $1s^2 2s^1$
③ $1s^2 2s^2 2p^2$
④ $1s^2 2s^2 2p^3$
⑤ $1s^2 2s^2 2p^5$

13 $_7$N의 몇 가지 전자 배치를 나타낸 것이다.

	$1s$	$2s$	$2p_x$	$2p_y$	$2p_z$
(가)	↑↓	↑↓	↑	↑	↑
(나)	↑↓	↑↓	↑↓		↑
(다)	↑↓	↑	↑↓	↑	↑

이에 대한 설명으로 옳은 것만을 〈보기〉에서 있는 대로 고른 것은?

〈 보기 〉

ㄱ. (가)는 들뜬상태의 전자 배치이다.
ㄴ. (나)는 훈트 규칙을 만족하지 못하는 전자 배치이다.
ㄷ. (다)는 파울리 배타 원리에 어긋난 전자 배치이다.

① ㄱ
② ㄴ
③ ㄷ
④ ㄱ, ㄴ
⑤ ㄱ, ㄷ

14 원자 또는 이온 A~D 의 구성 입자 수를 나타낸 것이다.

입자	양성자 수	중성자 수	질량수	전자 수
A	8	-	16	10
B	-	9	18	10
C	-	12	22	10
D	12	12	-	10

이 원소에 대한 설명으로 옳은 것만을 〈보기〉에서 있는 대로 고른 것은? (단, A~D 는 임의의 기호이고, A~D 의 전자 배치는 바닥상태이다.)

〈 보기 〉

ㄱ. A 의 전자 배치에는 홀전자가 2 개 있다.
ㄴ. A~D 중 D 의 원자 번호가 가장 크다.
ㄷ. A~D 중 이온인 것은 2 개이다.

① ㄱ
② ㄴ
③ ㄷ
④ ㄱ, ㄴ
⑤ ㄴ, ㄷ

15 주양자수(n)에 따른 오비탈의 종류와 수를 나타낸 것이다.

주양자수(n)	1	2	
오비탈의 종류	A	B	C
오비탈의 수	1	1	3

이에 대한 설명으로 옳은 것만을 〈보기〉에서 있는 대로 고른 것은?

─── 〈 보기 〉 ───
ㄱ. $_2$He 의 바닥상태 전자 배치에서 B 에 전자가 들어 있다.
ㄴ. $_3$Li 의 바닥상태 전자 배치에서 A 와 B 에 들어 있는 전자 수는 같다.
ㄷ. $_9$F 의 바닥상태 전자 배치에서 전자가 2 개씩 들어 있는 오비탈은 4 개이다.

① ㄱ   ② ㄴ   ③ ㄷ
④ ㄱ, ㄴ   ⑤ ㄱ, ㄷ

16 몇 가지 원자의 전자 배치를 나타낸 것이다.

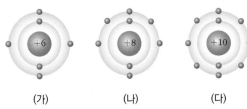

(가)   (나)   (다)

이에 대한 설명으로 옳은 것만을 〈보기〉에서 있는 대로 고른 것은?

─── 〈 보기 〉 ───
ㄱ. (가)의 유효 핵전하는 +6 보다 작다.
ㄴ. (가)~(다) 중 최외각 전자에 작용하는 가려막기 효과가 가장 크게 작용하는 것은 (가)이다.
ㄷ. (가)~(다) 중 최외각 전자가 느끼는 유효 핵전하는 (다)가 가장 크다.

① ㄱ   ② ㄴ   ③ ㄷ
④ ㄱ, ㄴ   ⑤ ㄱ, ㄷ

17 원자들의 바닥상태 전자 배치에서 '홀전자 수 × 전자껍질 수' 가 가장 큰 것은?

① Na   ② O   ③ F
④ Ne   ⑤ Mg

18 $_4$Be 의 원자가 전자가 느끼는 유효 핵전하는? (단, 안쪽 전자껍질에 있는 전자 1개에 의한 가려막기 상수는 0.85 이고, 같은 전자껍질에 있는 전자 1개에 의한 가려막기 상수는 0.35 이다.)

① 1.00   ② 1.35   ③ 1.70
④ 1.95   ⑤ 2.25

Ⓒ

19 바닥 상태의 2주기 원자 X~Z 에 대한 자료이다.

· X는 s 오비탈에 들어 있는 전자 수와 p 오비탈에 들어 있는 전자 수가 같다.
· Y는 홀전자 수와 가장 바깥 전자껍질에 있는 전자 수가 같다.
· Y와 Z의 전자가 들어 있는 오비탈 수의 합은 5 이다.

원자 X~Z 로 옳은 것은?

	X	Y	Z
①	C	Be	B
②	Be	Li	O
③	O	Li	B
④	F	N	C
⑤	O	Ne	Li

20 이온 A^{2+} 와 B^- 는 다음 그림과 같이 동일한 전자 배치를 갖는다.

$1s$	$2s$	$2p_x$	$2p_y$	$2p_z$
↑↓	↑↓	↑↓	↑↓	↑↓

바닥상태의 원자 A 와 B 에 대한 설명으로 옳은 것만을 〈보기〉에서 있는 대로 고른 것은? (단, A 와 B는 임의의 원소 기호이다.)

〈 보기 〉
ㄱ. 홀전자 수는 B 가 A 보다 많다.
ㄴ. 전자껍질 수는 A 가 B 보다 많다.
ㄷ. 전자가 들어 있는 오비탈은 A 가 B 보다 1 개 많다.

① ㄱ   ② ㄴ   ③ ㄷ
④ ㄱ, ㄴ   ⑤ ㄱ, ㄴ, ㄷ

[21-22] 바닥상태인 원자 (가)~(다) 에 관한 자료이다.

원자	s 오비탈에 있는 전자 수	p 오비탈에 있는 전자 수	홀전자 수
(가)	5	6	a
(나)	4	b	3
(다)	3	c	1

21 표의 a~c에 들어갈 숫자를 바르게 짝지은 것은?

	a	b	c
①	0	2	0
②	1	3	0
③	1	4	1
④	2	5	1
⑤	2	6	2

22 표에 대한 설명으로 옳은 것만을 〈보기〉에서 있는 대로 고른 것은?

〈 보기 〉
ㄱ. (가)에서 전자가 들어 있는 오비탈 수는 6개이다.
ㄴ. 원자가 전자에 작용하는 가려막기 효과는 (나)가 (다)보다 크다.
ㄷ. (가)와 (나)가 안정한 이온이 되었을 때, (가)이온과 (나)이온의 바닥상태 전자 배치는 같다.

① ㄱ   ② ㄴ   ③ ㄷ
④ ㄱ, ㄴ   ⑤ ㄱ, ㄴ, ㄷ

23 중성 원자 A~C 의 전자 배치를 나타낸 것이다.

	$1s$	$2s$	$2p_x$	$2p_y$	$2p_z$
A	↑				
B	↑↓	↑	↑	↑	↑
C	↑↓	↑↓	↑	↑	↑

이에 대한 설명으로 옳은 것만을 〈보기〉에서 있는 대로 고른 것은? (단, A~C 는 임의의 원소 기호이다.)

〈 보기 〉
ㄱ. A 에서 $2s$ 와 $2p$ 의 에너지 준위는 같다.
ㄴ. B 는 훈트 규칙을 만족하지 않는다.
ㄷ. C 에서 L 껍질에 존재하는 전자의 수는 3 개이다.

① ㄱ   ② ㄴ   ③ ㄷ
④ ㄱ, ㄴ   ⑤ ㄱ, ㄷ

24 2~3 주기 원소 A~E 의 바닥상태 전자 배치에서 '전자가 들어 있는 오비탈의 수'와 '원자가 전자 수 – 홀전자 수'를 나타낸 것이다.

원자	A	B	C	D	E
오비탈의 수	4	5	5	6	6
원자가 전자 수 – 홀전자 수	2	4	6	0	2

이에 대한 설명으로 옳은 것만을 〈보기〉에서 있는 대로 고른 것은? (A~E 는 임의의 원소 기호이다.)

〈 보기 〉
ㄱ. A 와 B 의 홀전자 수는 2 개이다.
ㄴ. C^- 의 바닥상태 전자 배치는 $1s^2 2s^2 2p^6$ 이다.
ㄷ. D 와 E 는 3 주기 원소이다.

① ㄱ   ② ㄴ   ③ ㄷ
④ ㄱ, ㄴ   ⑤ ㄱ, ㄴ, ㄷ

심화

25 $_6C$ 의 바닥상태 전자 배치이다.

	$1s$	$2s$	$2p_x$	$2p_y$	$2p_z$
	↑↓	↑↓	↑	↑	
	↑↓	↑↓	↑		↑
	↑↓	↑↓		↑	↑

이 3 개의 전자 배치가 모두 바닥상태의 전자 배치인 이유를 서술하시오.

26 여러 원자의 전자 배치를 나타낸 것이다.

─── 〈 보기 〉 ───
ㄱ. $_5B : 1s^22s^3$
ㄴ. $_{11}Na : 1s^22s^22p^63p^1$
ㄷ. $_{17}Cl : 1s^22s^22p^63s^23p^5$

각각이 어떤 상태의 전자 배치인지 이유와 함께 쓰고, 바닥상태의 전자 배치가 아닌 것은 바닥상태의 전자 배치로 나타내시오.

27 2 주기 원소의 핵전하를 나타낸 것이다.

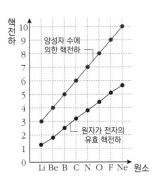

(1) 양성자 수에 의한 핵전하와 원자가 전자의 유효 핵전하가 차이나는 이유를 서술하시오.

(2) 원소의 원자 번호가 증가할수록 양성자 수에 의한 핵전하와 원자가 전자의 유효 핵전하가 차이가 커지는 이유를 서술하시오.

28 F 과 F^- 의 전자 배치를 나타낸 것이다.

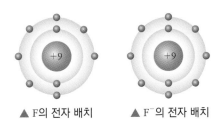

▲ F의 전자 배치　　▲ F^- 의 전자 배치

F 과 F^- 의 최외각 전자가 느끼는 유효 핵전하를 비교하고, 그 이유를 서술하시오.

29 어떤 원자 A 가 A^{2-} 로 되었을 때의 전자 수는 원자 번호가 n 인 원자 B 가 B^{3+} 로 되었을 때의 전자 수와 같다. 원자 A 의 원자 번호는 무엇인지 이유와 함께 쓰시오.

31 A^{2+} 의 바닥상태의 전자 배치는 M 껍질까지 가득 채워져 있다. 원자 A 의 원자 번호는 몇인지 이유와 함께 쓰고, A^{2+} 의 바닥상태 전자 배치에서 전자가 채워진 오비탈의 총 수를 쓰시오.

30 $_{30}Zn^{2+}$ 의 바닥상태 전자 배치를 오비탈을 이용하여 나타내시오.

32 전자 배치의 원리 중 하나인 훈트 규칙은 에너지 준위가 같은 오비탈이 여러 개 있을 때 가능한 홀전자 수가 많아지도록 전자가 채워져야 한다는 규칙이다. 훈트 규칙을 만족하지 않으면 들뜬상태의 전자 배치가 되는데, 그 이유를 서술하시오.

11강. 주기율과 주기율표

1. 주기율표의 변천   2. 주기율표
3. 주기율표의 주기와 족   4. 원자가 전자

1. 주기율표의 변천

(1) 되베라이너(J. W. Döbereiner)의 세 쌍 원소설(1829년)

① 화학적 성질이 비슷한 원소를 3 개씩 묶으면 중간 원소의 물리량은 첫 번째 원소와 세 번째 원소의 물리량의 평균값과 비슷하다.

원소	Ca	Sr	Ba	원소	Li	Na	K	원소	Cl	Br	I
원자량	40.1	87.6	137.3	원자량	7	23	39	원자량	35.5	80	127

② 화학적 성질이 비슷한 원소들의 관계를 발견함으로써 주기율표의 족의 기원이라고 할 수 있다.

(2) 뉼랜즈(J. A. Newlands)의 옥타브설(1865년)

① 원소들을 원자량이 증가하는 순서로 배열하면 여덟 번째 원소마다 화학적 성질이 비슷한 원소가 나타난다.[1]

② 여덟 번째마다 화학적 성질이 비슷한 원소들이 주기적으로 나타난다는 것으로 주기율표의 주기의 기원이라고 할 수 있다.

도 레 미 파 솔 라 시 도 레 미 파 솔 라 시 도 레   8 음마다 같은 음계가 나타남

Li Be B C N O F Na Mg Al Si P S Cl K Ca   8 개마다 물리적·화학적 성질이 비슷한 원소가 나타남

(3) 멘델레예프(D. L. Mendeleev)의 주기율표(1869년)

① 당시에 알려진 63 종의 원소들을 원자량이 증가하는 순서로 배열하여 비슷한 성질을 가지는 원소들이 주기적으로 나타나는 것을 발견하였다.[2] ➡ 원소의 주기율 발견함

② 가로줄을 몇 개의 주기로, 세로줄을 8개의 족으로 분류한 주기율표를 발표하였다.

③ 원소들을 원소의 원자량이 증가하는 순서로 배열하였을 때 원소의 성질이 주기율을 따르지 않을 경우 빈칸으로 남겼으며, 원소들을 주기에 맞게 나열하였다. ➡ 빈칸에 들어갈 아직 발견되지 않은 원소가 있을 것이라고 생각하고, 그 원소들의 성질까지 예측함[3]

④ **문제점** : 비활성 기체인 아르곤(Ar)의 발견으로 원자량의 순서와 주기율이 일치하지 않음을 알게 되었다. 원소들을 원자량 순으로 배열하면 아르곤 외에도 몇몇 원소들의 성질이 주기율을 따르지 않는다.[4]

(4) 모즐리(H. G. J. Moseley)의 주기율표(1913년)

① X 선 연구 결과로 원소들의 양성자 수를 결정하여 원소의 원자 번호를 처음으로 결정하였다.

② 원소들을 원자 번호 순으로 배열하여 현대 주기율표의 틀을 완성했다.

개념확인 1

멘델레예프의 주기율표에 대한 설명으로 옳은 것은 ○표, 옳지 않은 것은 ×표 하시오.

(1) 원소들을 원자량이 증가하는 순서로 배열하였다. ( )

(2) 표에 원소들을 나열할 때, 원소들의 성질이 주기적으로 나타나도록 빈칸 없이 나열하였다. ( )

(3) 멘델레예프의 원소 배열 순서에 따르면 $_{18}$Ar 이 $_{19}$K 보다 뒤에 위치한다. ( )

확인+1

원소들을 원자 번호 순으로 배열하여 현대 주기율표의 틀을 완성한 과학자는 누구인지 쓰시오.

( )

---

① 비활성 기체와 옥타브설

옥타브설이 나올 당시에는 네온, 아르곤과 같은 비활성 기체가 발견되지 않았으므로 여덟 번째마다 성질이 비슷한 원소가 나타났지만, 비활성 기체(18족 원소)의 존재가 확인되었으므로 아홉 번째마다 비슷한 성질이 나타난다.

② 멘델레예프의 원소 카드

멘델레예프는 당시까지 알려진 63개의 원소의 물리적·화학적 성질을 기록한 원소 카드를 만들고, 이 원소 카드를 여러 가지 방법으로 배열하면서 규칙성을 찾았다. 결국 원소들을 원자량에 따라 배열하면 여덟 번째 카드마다 화학적 성질이 비슷한 원소가 나타나는 것을 발견하였다.

▲ 멘델레예프의 주기율표

③ 멘델레예프의 예측

멘델레예프가 주기율표에서 빈칸으로 남겨두어 성질을 예측한 원소인 에카알루미늄은 1875년에 발견되어 갈륨(Ga)이라고 명명되었다. 갈륨은 멘델레예프가 예측한 것과 같이 녹는점이 낮아서 손에 올려놓으면 녹는다. 이 밖에도 에카규소는 1886년에 발견되어 저마늄(Ge)으로 명명되었다.

▲ 갈륨 금속

④ 원자량의 순서와 주기율이 맞지 않는 원소들

$_{18}$Ar : 39.95	$_{19}$K : 39.10
$_{27}$Co : 58.93	$_{28}$Ni : 58.70
$_{52}$Te : 127.6	$_{53}$I : 126.9

2. 주기율표

(1) 주기율 : 원소들을 원자 번호 순서대로 배열할 때 비슷한 성질을 갖는 원소가 주기적으로 나타나는 성질

(2) 주기율표 : 원소들을 원자 번호 순서대로 배열하되, 화학적 성질이 비슷한 원소들을 같은 세로 줄에 오도록 배열하여, 원소의 성질별로 분류가 가능하도록 만든 표이다.[1]

❶ 주기율표에 등재되는 원소

원소가 주기율표에 등재되기 위해서는 IUPAC(International Union of Pure and Applied Chemistry)에 의해 원소 이름과 원소 기호가 정해져야 한다.

(3) 주기율표의 원소

① $_1$H 부터 $_{92}$U 까지의 원소는 대부분 자연계에 존재한다.
② 원자 번호 93 번 이후의 원소는 모두 기존의 원소를 핵반응시켜 만든 인공 원소들이다.[2]
③ 인공 원소들은 대부분 방사성 원소로, 수명이 매우 짧아 수십만 분의 1초 정도만 존재한다.

● **원자 번호와 원자량**

원자 번호는 원자의 양성자 수와 같지만, 원자량은 양성자와 중성자의 질량이 모두 고려되고, 동위 원소의 존재비가 반영된 평균값으로 나타내므로 원자량 순서와 원자 번호 순서가 일치하지 않는 경우가 발생한다.

❷ 원자 번호가 113~118인 원소

$_{113}$Unt(Ununtrium)
$_{114}$Unq(Ununquadium)
$_{115}$Unp(Ununpentium)
$_{116}$Unh(Ununhexium)
$_{117}$Uns(Ununseptium)
$_{118}$Uno(Ununoctium)

인공적으로 합성하여 원자 번호 113~118인 원소들을 만들었으며, 그 성질이 연구되고 있는 중이다. 아직 IUPAC에 의해 이름이 확정되지 않아 주기율표에 등재되지 못했다.

개념확인2

정답 및 해설 50 쪽

원소들을 원자 번호 순서대로 배열할 때 비슷한 성질을 갖는 원소가 주기적으로 나타나는 성질을 무엇이라고 하는지 쓰시오.

(   )

확인+2

다음 설명 중 옳은 것은 ○표, 옳지 않은 것은 ×표 하시오.

(1) 원소의 이름과 원소 기호가 IUPAC 에 의해 정해져야 주기율표에 원소가 등재될 수 있다. (   )

(2) 현대의 주기율표는 원소들을 원자량 순서로 배열하였다. (   )

(3) 주기율표에 있는 원소는 자연계에 존재하는 원소이다. (   )

3. 주기율표의 주기와 족

(1) 주기 : 주기율표의 가로줄을 말하며, 1~7 주기로 구성된다.

① **주기율표의 종류**

> · **단주기형 주기율표** : 2 주기와 3 주기를 기준(3~12 족 제외)으로 만든 주기율표이다.
> · **장주기형 주기율표** : 4 주기와 5 주기를 기준(1~18 족 모두 포함)으로 만든 주기율표이다.
> · **최장주기형 주기율표** : 6주기와 7주기를 기준(란타넘족과 악티늄족 포함)으로 만든 주기율표이다.

② 주기는 한 원소의 전자껍질[1]의 수와 같다. 즉, 같은 주기에 속한 원소들은 모두 같은 수의 전자껍질을 갖는다.

③ **주기와 원소 수**

주기	1주기	2주기	3주기	4주기	5주기	6주기	7주기
최외각 전자껍질	K	L	M	N	O	P	Q
전자껍질 수	1	2	3	4	5	6	7
원소 수	2	8	8	18	18	32	미정
원소	$_1$H ~ $_2$He	$_3$Li ~ $_{10}$Ne	$_{11}$Na ~ $_{18}$Ar	$_{19}$K ~ $_{36}$Kr	$_{37}$Rb ~ $_{54}$Xe	$_{55}$Cs ~ $_{86}$Rn	$_{87}$Fr ~

④ 주기율표의 가로줄이 너무 길어지는 것을 방지하기 위하여 6주기와 7주기의 원소들 중 f 오비탈에 전자가 부분적으로 채워지는 원소는 란타넘족과 악티늄족으로 따로 떼어 내어 분류한다.

> · 6주기의 **란타넘족** : 4f 오비탈에 전자가 채워지는 원소로, $_{57}$La 부터 $_{71}$Lu 까지의 15개 원소이다.
> · 7주기의 **악티늄족** : 5f 오비탈에 전자가 채워지는 원소로, $_{89}$Ac 부터 $_{103}$Lr 까지의 15개 원소이다.

(2) 족 : 주기율표의 세로줄을 말하며, 1~18 족으로 구성된다.

① **동족 원소** : 같은 족에 속한 원소를 말한다. 동족 원소들은 원자가 전자 수(최외각 전자 수)가 같아 화학적 성질이 비슷하다.

② 1 족, 2 족, 13~18 족 원소가 속한 족의 일의 자리 숫자는 그 원소의 최외각 전자 수와 같다.

③ **족의 이름과 최외각 전자 수**

족	1 족[2]	2 족	13 족	14 족	15 족	16 족	17 족	18 족
이름	알칼리 금속	알칼리 토금속	알루미늄족	탄소족	질소족	산소족	할로젠 원소	비활성 기체
최외각 전자 수	1	2	3	4	5	6	7	8

개념확인3

다음 빈칸에 알맞은 말을 각각 쓰시오.

> 같은 주기에 속한 원소들은 모두 같은 수의 (   )을(를) 갖고, 같은 족에 속한 원소들은 모두 같은 수의 (   )을(를) 갖는다.

확인+3

리튬(Li), 나트륨(Na), 칼륨(K)은 몇 족 원소인지 쓰고, 최외각 전자 수를 쓰시오.

(   ) 족,   최외각 전자 수 : (   ) 개

---

❶ 원자의 전자껍질

원자핵 주위의 전자는 특정한 에너지를 가진 몇 개의 원궤도를 따라 돌고 있는데, 이 궤도를 전자껍질(electron shell)이라고 한다. 전자껍질은 원자핵에서 가장 가까운 것부터 K 전자껍질, L 전자껍질, M 전자껍질, N 전자껍질, O 전자껍질 등으로 부른다.

❷ 수소(H)

수소는 1족에 위치한 원소이지만 1족의 다른 원소들(Li, Na 등)의 알칼리 금속)과 전혀 다른 성질을 가지기 때문에 수소를 알칼리 금속으로 취급하지 않는다.

4. 원자가 전자

(1) 원자가 전자 : 바닥 상태의 전자 배치에서 가장 바깥쪽 전자껍질에 채워져 있는 전자이다.

① 원자가 전자는 화학 반응에 관련된 전자를 의미한다.

② **원자가 전자❶와 최외각 전자** : 1 족부터 17 족까지의 원소들은 원자가 전자 수와 최외각 전자❷ 수가 같지만 18 족 비활성 기체의 원자가 전자 수와 최외각 전자❸ 수는 다르다. 18족 비활성 기체의 경우 최외각 전자 수는 8(헬륨은 2) 이지만 원자가 전자 수는 0 이므로 화학적 활성[미니]이 거의 없다.

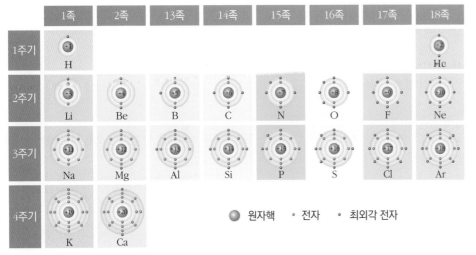

▲ $_1H \sim {}_{20}Ca$ 원소들의 바닥 상태에서의 전자 배치

③ 원소의 주기율이 존재하는 이유는 원자의 원자가 전자 수가 주기성을 나타내기 때문이다.

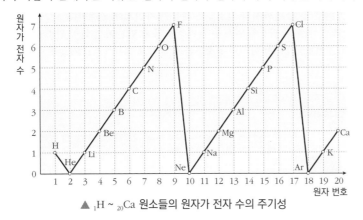

▲ $_1H \sim {}_{20}Ca$ 원소들의 원자가 전자 수의 주기성

개념확인4

정답 및 해설 **50** 쪽

원자가 전자에 대한 설명으로 옳은 것은 ○표, 옳지 않은 것은 ×표 하시오.

(1) 네온의 원자가 전자 수는 8개이다. ( )

(2) 원소의 화학적 성질은 원자가 전자 수의 영향을 받는다. ( )

(3) 원자의 원자가 전자 수가 주기성을 나타내므로 원소의 주기율이 존재한다. ( )

확인+4

원자가 전자 수와 최외각 전자 수가 다른 원소들은 몇 족의 원소인가?

( ) 족

---

❶ 3~11족 원소의 원자가 전자 수

3~11족 원소는 족에 상관없이 원자가 전자가 1개나 2개로 일정하다. 따라서 화학적 성질이 비슷하다.

❷ 1 2족 원소의 원자가 전자 수

12족 원소의 원자가 전자 수는 2개이다.

❸ 최외각 전자의 에너지

최외각 전자는 그 원자에서 에너지가 가장 높은 상태에 있는 전자이다. 따라서 원자가 이온이 되거나 다른 원자와 결합할 때 관여하게 된다.

● 이온의 형성과 원자가 전자

전기적으로 중성인 원자가 전자를 잃으면 양이온이 되고, 전자를 얻으면 음이온이 된다. 원자가 이온이 되는 것은 원자의 전자 배치와 관련이 있다. 알칼리 금속은 원자가 전자가 1개이므로 전자를 1개 잃어 +1의 양이온이 되고, 알칼리 토금속은 원자가 전자가 2개이므로 +2가의 양이온이 된다. 할로젠 원소는 원자가 전자가 7개이므로 전자를 1개 얻어 -1가의 음이온이 된다.

미니사전

활성 [活 생기가 있다 性 성질] 활동이 활발해지는 성질

01 주기율표에 대한 설명이다. 빈칸에 들어갈 알맞은 말을 순서대로 바르게 나열한 것은?

> 멘델레예프는 원소를 ㉠(　　　) 순으로, 모즐리는 원소를 ㉡(　　　) 순으로 나열하였다.

	㉠	㉡
①	원자량	원자 번호
②	전자 수	원소 기호
③	원자 번호	원자량
④	원자량	전자 수
⑤	원자 번호	알파벳

02 화학적 성질이 비슷한 원소를 3 개씩 묶으면 중간 원소의 물리량은 첫 번째 원소와 세 번째 원소의 물리량의 평균값과 비슷하다고 주장한 과학자는?

① 라부아지에 ② 되베라이너 ③ 뉼랜즈 ④ 멘델레예프 ⑤ 모즐리

03 주기율표에 대한 설명으로 옳지 <u>않은</u> 것은?

① 현대의 주기율표는 원소를 원자 번호 순서대로 배열하였다.
② 화학적 성질이 비슷한 원소들을 같은 가로줄에 오도록 배열하였다.
③ 원자 번호 1 번부터 92 번까지의 원소들은 대부분 자연계에 존재한다.
④ 원자 번호 93 번 이후의 원소들은 모두 핵반응을 통해 만들어진 인공 원소들이다.
⑤ 원자 번호 113 번부터 118 번까지의 원소들은 합성되었으나 아직 주기율표에 등재되지 않았다.

04 단주기형 주기율표이다.

	1족	2족	13족	14족	15족	16족	17족	18족
1주기	1 H 수소							2 He 헬륨
2주기	3 Li 리튬	4 Be 베릴륨	5 B 붕소	6 C 탄소	7 N 질소	8 O 산소	9 F 플루오린	10 Ne 네온
3주기	11 Na 나트륨	12 Mg 마그네슘	13 Al 알루미늄	14 Si 규소	15 P 인	16 S 황	17 Cl 염소	18 Ar 아르곤
4주기	19 K 칼륨	20 Ca 칼슘						

이에 대한 설명으로 옳은 것은?

① 18족 원소들은 원자가 전자 수가 8 개이다.
② 리튬, 나트륨, 칼륨의 전자껍질 수는 같다.
③ 같은 족 원소끼리는 원자핵의 전하량이 같다.
④ 탄소와 질소, 산소의 화학적 성질은 비슷하다.
⑤ 염소의 양성자 수는 17 개이고, 원자가 전자는 7 개이다.

05 주기율표의 주기에 대한 설명 중 옳은 것은 ○표, 옳지 않은 것은 ×표 하시오.

(1) 주기율표의 2 주기에 속한 원소의 최외각 전자껍질은 L 전자껍질이다. ( )
(2) 악티늄족은 주기율표의 7 주기에 속한다. ( )
(3) 주기율표의 6 주기에 속한 원소는 18 개이다. ( )

[06-07] 장주기형 주기율표이다.

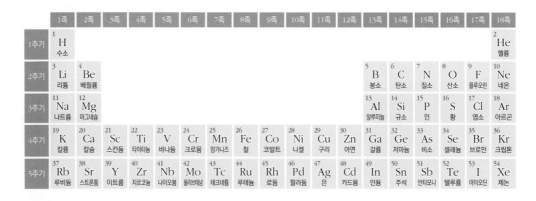

06 전자껍질은 3 개이고, 원자가 전자 수는 6 인 원소의 원소 기호를 쓰시오.

( )

07 위의 주기율표에 있는 원소 중 네온과 최외각 전자 수가 같은 원소의 이름을 모두 쓰시오.

( )

08 원소의 화학적 성질에 가장 큰 영향을 끼치는 것은?

① 원자량   ② 중성자 수   ③ 원자의 크기
④ 원자핵의 전하   ⑤ 원자가 전자 수

[유형 11-1] 주기율표의 변천

멘델레예프에 의해 만들어진 주기율표의 일부를 나타낸 것이다.

	1족	2족	3족	4족	5족	6족	7족	8족
1주기	H = 1							
2주기	Li = 7	Be = 9.4	B = 11	C = 12	N = 14	O = 16	F = 19	
3주기	Na = 23	Mg = 27	Al = 27.3	Si = 28	P = 31	S = 32	Cl = 35.5	
4주기	K = 39	Ca = 40	? = 44	Ti = 48	V = 51	Cr = 52	Mn = 55	Fe = 56, Co = 59 Ni = 59, Cu = 63
5주기	Cu = 63	Zn = 65	? = 68	? = 72	As = 75	Se = 78	Br = 80	

이에 대한 설명으로 옳은 것만을 〈보기〉에서 있는 대로 골라 기호로 쓰시오.

〈 보기 〉
ㄱ. 원소들을 원자량이 작은 것부터 순서대로 나열하였다.
ㄴ. 비활성 기체인 아르곤을 이 주기율표 규칙에 맞추어 나열했을 때 원소의 성질이 주기율을 따르지 않게 된다.
ㄷ. 그 당시 발견되지 않은 원소의 칸을 빈칸(물음표)으로 남겨놓고, 발견되지 않은 원소의 성질까지 예측하였다.

( )

01 되베라이너의 원소 분류 방법을 나타낸 것이다.

원소	Ca	Sr	Ba	원소	Li	Na	K	원소	Cl	Br	I
원자량	40.1	87.6	137.3	원자량	7	(가)	39	원자량	35.5	80	127

이에 대한 설명으로 옳은 것만을 〈보기〉에서 있는 대로 고른 것은?

〈 보기 〉
ㄱ. 현대 주기율표에서 이 세 쌍 원소들은 같은 주기에 속한다.
ㄴ. (가)에 들어갈 나트륨의 원자량은 23이다.
ㄷ. 세 쌍 원소들의 화학적 성질은 비슷하다.

① ㄱ   ② ㄴ   ③ ㄷ   ④ ㄱ, ㄴ   ⑤ ㄴ, ㄷ

02 영국의 뉴랜즈는 비활성 기체의 존재를 몰랐을 때, 원소들을 원자량 순서로 배열하면 여덟 번째 원소마다 화학적 성질이 비슷한 원소가 나타난다는 것을 발견하였다. 다음과 같이 비활성 기체를 제외하고, 원소들을 원자량의 순서로 배열하였을 때, 플루오린(F)과 성질이 비슷한 원소의 원소 기호를 쓰시오.

Li	Be	B	C	N	O	F	Na	Mg	Al	Si	P	S	Cl	K

( )

[유형 11-2] **주기율표**

현재 사용하고 있는 주기율표(장주기형 주기율표)이다.

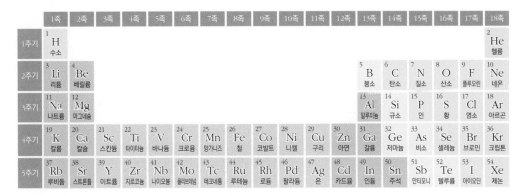

이에 대한 설명으로 옳은 것만을 〈보기〉에서 있는 대로 고른 것은?

〈 보기 〉

ㄱ. 원소들을 원자 번호 순서대로 나열하였다.
ㄴ. 1~3주기에서 가운데 빈 공간은 아직 발견되지 않은 원소들이 들어갈 자리이다.
ㄷ. 상온, 상압에서 동족 원소는 물질의 상태가 같다.

① ㄱ   ② ㄴ   ③ ㄷ   ④ ㄱ, ㄴ   ⑤ ㄱ, ㄷ

03 현재 사용하는 주기율표에 대한 설명으로 옳은 것만을 〈보기〉에서 있는 대로 고른 것은?

〈 보기 〉

ㄱ. 주기율표의 세로줄을 족이라고 한다.
ㄴ. 주기율표의 가로줄을 주기라고 한다.
ㄷ. 원소를 원자량 순으로 배열하였다.

① ㄱ   ② ㄴ   ③ ㄷ   ④ ㄱ, ㄴ   ⑤ ㄴ, ㄷ

04 주기율표에 대한 설명으로 옳지 <u>않은</u> 것은?

① 현재의 주기율표에는 7개의 주기, 18개의 족이 있다.
② 주기율표의 원소 나열 순서는 양성자 수 순서와 같다.
③ 주기율표에 있는 원소는 자연계에 존재하는 원소이다.
④ 주기율표를 이용해서 원소를 성질별로 분류할 수 있다.
⑤ IUPAC에 의해 원소 이름과 기호가 확정되어야 주기율표에 등재된다.

[유형 11-3] 주기율표의 주기와 족

현재 사용하고 있는 주기율표(장주기형 주기율표)이다.

	1족	2족	3족	4족	5족	6족	7족	8족	9족	10족	11족	12족	13족	14족	15족	16족	17족	18족
1주기	A																	B
2주기																		
3주기	C																D	
4주기								E										
5주기																	F	

이에 대한 설명으로 옳은 것만을 〈보기〉에서 있는 대로 고른 것은? (단, A~F는 임의의 원소 기호이다.)

― 〈 보기 〉 ―

ㄱ. A 원소와 C 원소의 화학적 성질은 비슷하다.
ㄴ. B 원소는 비활성 기체이고, D 원소는 할로젠 원소이다.
ㄷ. E 원자의 전자껍질 수는 4 개이고, F 원자의 전자껍질 수는 5 개이다.

① ㄱ   ② ㄴ   ③ ㄷ   ④ ㄱ, ㄴ   ⑤ ㄴ, ㄷ

05 주기율표의 일부를 나타낸 것이다.

	1족	2족	13족	14족	15족	16족	17족	18족
1주기	A							B
2주기		C					D	
3주기	E				F	G		

원소 A~G 중 최외각 전자 수가 가장 많은 원소는? (단, A~G 는 임의의 원소 기호이다.)

(   )

06 주기율표의 원소 A~G 에 대한 설명으로 옳지 <u>않은</u> 것은? (단, A~G 는 임의의 원소 기호이다.)

	1족	2족	13족	14족	15족	16족	17족	18족
1주기	A							B
2주기		C					D	
3주기	E				F			G

① 원소 A 와 E 의 원자가 전자 수는 같다.
② 원소 B 의 양성자 수는 2 개이다.
③ 원소 C 의 전자껍질 수는 2 개이다.
④ 원소 D 와 G 는 화학적 성질이 비슷하다.
⑤ 원소 F 의 최외각 전자 수는 15 개이다.

[유형 11-4] 원자가 전자

원자 번호 1번~20번까지의 원소들의 원자가 전자 수를 나타낸 것이다.

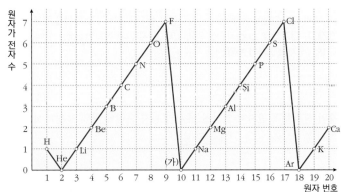

이에 대한 설명으로 옳은 것만을 〈보기〉에서 있는 대로 고른 것은?

─────〈 보기 〉─────
ㄱ. 원소의 주기율이 존재하는 이유는 원자의 원자가 전자 수가 주기성을 나타내기 때문이다.
ㄴ. 원소 (가)는 원자가 전자 수가 0이므로 화학적 활성이 거의 없다.
ㄷ. 주기율표에서 같은 족 원소들의 원자가 전자 수는 항상 같다.

① ㄱ   ② ㄴ   ③ ㄷ   ④ ㄱ, ㄴ   ⑤ ㄱ, ㄴ, ㄷ

07 어떤 원소의 바닥상태에서의 전자 배치를 나타낸 것이다. 이 원소에 대한 설명으로 옳은 것만을 〈보기〉에서 있는 대로 고른 것은?

─────〈 보기 〉─────
ㄱ. 이 원소의 양성자 수는 18 개이다.
ㄴ. 이 원소는 주기율표의 18 족에 속한다.
ㄷ. 이 원소의 원자가 전자 수는 8 개이다.

① ㄱ   ② ㄴ   ③ ㄷ   ④ ㄱ, ㄴ   ⑤ ㄴ, ㄷ

08 다음에 해당하는 원소는 몇 족 원소인가?

전기적으로 중성인 원자가 전자를 얻어 － 1가 의 음이온이 된다.

(   ) 족

01 전자가 11 개인 X 원자, 전자가 15 개인 Y 원자가 있다. 다음 물음에 답하시오. (단, X 와 Y 는 미지의 원소이다.)

> 원자 안에는 양성자 수와 같은 수의 전자가 원자핵 주위를 돌고 있기 때문에 원자는 전기적으로 중성이다. 전자는 원자 내의 전자껍질에 존재하고, 전자껍질은 원자핵에서 가장 가까운 것부터 K 전자껍질, L 전자껍질, M 전자껍질, N 전자껍질, O 전자껍질 등이 있다. 원자 안의 전자껍질에는 핵에 가장 가까운 순서로 각각 2, 8, 8, 18, 18, … 개의 전자가 채워진다.

(1) X 원자의 전자와 Y 원자의 전자를 아래의 원자 모형에 알맞게 칠하시오.

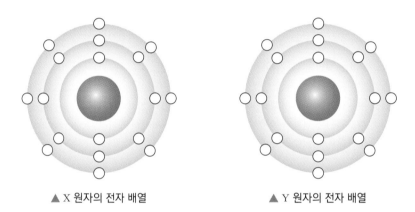

▲ X 원자의 전자 배열　　　　　　▲ Y 원자의 전자 배열

(2) 원소 X 와 Y 는 주기율표에서 몇 주기, 몇 족에 속하는지 각각 이유와 함께 서술하시오.

02

다음은 원자 번호가 큰 원소들에 대한 글이다.

원자 번호가 매우 큰 원소들은 원자핵 내의 전기적 반발력이 너무 커져서 불안정해진다. 이러한 원소들은 방사선을 방출하며 원자 번호가 더 작은 원소들로 쪼개지는 핵붕괴를 한다. 이러한 이유로 자연적으로 존재할 수 있는 원소 가운데 가장 원자 번호가 큰 원소는 우라늄($_{92}U$)과 플루토늄($_{94}Pu$)이다. 이보다 원자 번호가 큰 원소는 핵반응을 통해 만들어지며, 대부분 생성되는 즉시 핵붕괴한다. 현재 IUPAC에 의해 이름이 붙여진 원소는 111 개이지만, 합성이 보고된 원소들은 다음과 같다.

원자 번호	임시 원소 이름	임시 원소 기호	발견 연도	특징
112	Copernicium	Cn	1996년	Zn을 Pb에 충돌시켜 합성
113	Ununtrium	Uut	2004년	Zn을 Bi에 충돌시켜 합성
114	Ununquadium	Uuq	1998년	원하는 원소까지 도달 못함
115	Ununpentium	Uup	2000년	원하는 원소까지 도달 못함
116	Ununhexium	Uuh	2003년	원하는 원소까지 도달 못함
117	Ununseptium	Uus	미발견	-
118	Ununoctium	Uuo	2003년	원하는 원소까지 도달 못함

현재까지 주기율표는 7 주기 18 족까지만 있다. 그러나 원자 번호 119 번을 합성하는 순간 8 주기라는 새로운 주기가 시작된다. 다음은 아직 합성되지 않은 원소까지 포함한 확장형 주기율표이다.

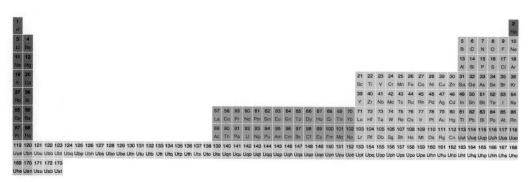

▲ 아직 합성되지 않은 원소까지 포함한 확장형 주기율표

확장형 주기율표에는 원자 번호 173 번인 원소까지만 포함되어 있다. 이론상으로 원자 번호 173 번 이후의 원소는 존재할 수가 없다고 한다. 따라서 이론상으로 가능한 가장 무거운 원소는 $_{173}Ust$ 가 된다. 이보다 무거운 원소가 존재할 수 없는 이유에 대해 전자껍질과 관련지어 서술하시오.

03 현재 사용하고 있는 주기율표(장주기형 주기율표)이다.

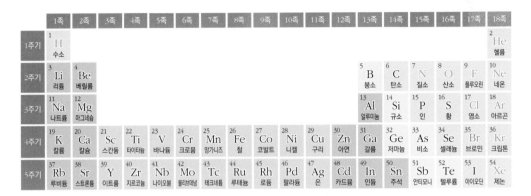

현재의 주기율표에서는 수소는 원자가 전자가 1 개이고, 전자껍질이 1 개이기 때문에 리튬 위에 배열한다. 그러나 이 배치는 원소를 화학적 성질별로 분류한 주기율표에서는 적절하지 않다고 볼 수 있다. 이러한 의견이 나오는 이유는 다음과 같다.

> 수소는 전자의 구조 면에서 알칼리 금속으로도 할로젠 원소로도 간주된다.
> 수소는 알칼리 금속과 마찬가지로 원자가 전자가 1 개이지만, 수소는 이온 결합할 때 할로젠 원소와 마찬가지로 − 1가 음이온이 되려는 성질이 있기 때문이다.

현재 IUPAC(국제 순수·응용 화학 연맹)에서는 수소의 위치는 왼쪽 끝이라는 견해를 보이고 있고, 미국 화학회 등에서는 수소를 중앙에 배치하는 서적을 출판하고 있다. 이와같이 주기율표에서 수소의 위치를 두고 여러 의견이 대립하고 있다. 이에 대한 각자의 의견을 서술하시오.

04 멘델레예프의 주기율표이다.

	1족	2족	3족	4족	5족	6족	7족	8족
1주기	H = 1							
2주기	Li = 7	Be = 9.4	B = 11	C = 12	N = 14	O = 16	F = 19	
3주기	Na = 23	Mg = 27	Al = 27.3	Si = 28	P = 31	S = 32	Cl = 35.5	
4주기	K = 39	Ca = 40	(가)	Ti = 48	V = 51	Cr = 52	Mn = 55	Fe = 56 Co = 59 Ni = 59 Cu = 63
5주기	Cu = 63	Zn = 65	? = 68	? = 72	As = 75	Se = 78	Br = 80	
6주기	Rb = 85	Sr = 87	?Yt = 88	Zr = 90	Nb = 94	Mo = 96	? = 100	Ru = 104 Rh = 104 Pd = 106
7주기	Ag = 108	Cd = 112	In = 113	Sn = 118	Sb = 122	Te = 125	J = 127	
8주기	Cs = 133	Ba = 137	?Di = 138	?Ce = 140				
9주기								
10주기			?Er = 178	?La = 180	Ta = 182	W = 186		Os = 195 Ir = 197 Pt = 198 Au = 199
11주기	Au = 199	Hg = 200	Tl = 204	Pb = 207	Bi = 208			
12주기				Th = 231		U = 240		

멘델레예프는 필요하면 일부 원소들을 순서에 맞지 않게 놓기도 하고, 원소의 원자량이 잘못되었을거라는 의미로 원자량 옆에 물음표를 표시했으며, 규칙에 맞는 원소가 없으면 빈칸으로 두기도 했다.

(1) 멘델레예프가 주기율표를 만들 당시에는 원자 번호가 따로 없었으므로 원자 번호 순으로 원소들을 나열할 수 없었다. 그럼에도 불구하고 현대의 주기율표와 매우 비슷하게 원소들이 나열되어 있다. 원소의 원자량 순서가 원소의 원자 번호 순서와 비슷한 이유를 서술하시오.

(2) (가)에 해당하는 원소의 대략적인 원자량을 쓰고, 그 이유를 서술하시오.

01 빈칸에 들어갈 알맞은 말을 쓰시오.

> 되베라이너는 화학적 성질이 비슷한 원소를 3개씩 묶으면 중간 원소의 물리량은 첫 번째 원소와 세 번째 원소의 물리량의 평균값과 비슷하다는 세 쌍 원소설을 제안했다. 이 세 쌍 원소는 현대 주기율표의 같은 (   ) 원소이다.

(   )

02 멘델레예프의 주기율표에 대한 설명 중 옳은 것은 ○표, 옳지 않은 것은 ×표 하시오.

(1) 당시에 알려진 63종의 원소들을 양성자 수 순서로 나열하였다. (   )

(2) 멘델레예프의 주기율표는 8개의 족으로 되어 있다. (   )

03 빈칸에 공통으로 들어갈 알맞은 말을 쓰시오.

> 모즐리는 원소의 (   )를 처음으로 결정하였고, 원소들을 (   ) 순으로 배열하여 현대 주기율표의 틀을 완성했다.

(   )

04 ㉠~㉡에 들어갈 알맞은 말을 쓰시오.

> · ㉠(   ) : 주기율표의 가로줄
> · ㉡(   ) : 주기율표의 세로줄

[05-07] 단주기형 주기율표이다.

	1족	2족	13족	14족	15족	16족	17족	18족
1주기	1 H							2 He
2주기	3 Li	4 Be	5 B	6 C	7 N	8 O	9 F	10 Ne
3주기	11 Na	12 Mg	13 Al	14 Si	15 P	16 S	17 Cl	18 Ar
4주기	19 K	20 Ca						

05 위 주기율표에 나와 있는 원소 중 네온(Ne)과 원자가 전자 수가 같은 원소의 원소 기호를 모두 쓰시오.

(   )

06 위 주기율표에 나와 있는 원소 중 전자껍질 수가 4개인 원소의 원소 기호를 모두 쓰시오.

(   )

07 산소의 최외각 전자껍질은 무엇인지 쓰시오.

(   ) 전자껍질

08 현재 사용하는 주기율표에는 몇 족, 몇 주기까지 있는지 쓰시오.

(   )족, (   )주기

09 원소의 화학적 성질을 주로 결정하는 것을 〈보기〉에서 골라 기호를 쓰시오.

〈 보기 〉
ㄱ. 원자량　　　　　ㄴ. 중성자 수
ㄷ. 원자가 전자 수　　ㄹ. 원자의 크기

(　　　　　　　)

10 주기율표의 1~18 족 원소 중 원자가 전자 수와 최외각 전자 수가 다른 원소는 몇 족 원소인지 쓰시오.

(　　　　　　　)족 원소

Ⓑ

11 주기율표와 과학자에 대한 설명으로 옳지 <u>않은</u> 것은?

① 모즐리는 원소의 원자 번호를 처음으로 결정하였다.
② 모즐리는 X 선 연구 결과로 원소들의 양성자 수를 결정하였다.
③ 되베라이너의 세 쌍 원소는 현대 주기율표에서 같은 족 원소이다.
④ 멘델레예프는 그 당시 발견되지 않았던 비활성 기체들의 성질까지 예측하였다.
⑤ 뉴랜즈는 원소들을 원자량이 증가하는 순서로 배열하여 화학적 성질이 비슷한 원소가 주기적으로 나타난다는 것을 발견했다.

12 주기율표의 같은 족에 속하는 원소들이 동일한 값을 갖는 것만을 있는 대로 고르시오.

① 질량수　　　　　② 전자껍질 수
③ 유효 핵전하　　　④ 원자가 전자 수
⑤ 최외각 전자 수

13 바닥상태의 $_{11}Na$ 원자가 가지는 전자껍질만을 있는 대로 고르시오.

① K 전자껍질　　　　② L 전자껍질
③ M 전자껍질　　　　④ N 전자껍질
⑤ O 전자껍질

14 주기율표에 대한 설명으로 옳은 것은?

① 현재의 주기율표에는 7개의 주기, 8개의 족이 있다.
② 현재의 주기율표에서 원소를 나열하는 순서는 원자가 전자 수 순이다.
③ 원자 번호가 100 번 이상인 원소들은 대부분 지구 내핵에 많이 존재한다.
④ 주기율표에서 같은 세로줄에 있는 원소는 모두 화학적 성질이 비슷하다.
⑤ 주기율표에서 같은 가로줄에 있는 원소는 모두 같은 수의 전자껍질을 갖는다.

15 플루오린, 브로민, 아이오딘은 모두 17 족 할로젠 원소이다. 이 원소들의 공통점으로 옳은 것만을 〈보기〉에서 있는 대로 고른 것은?

〈 보기 〉
ㄱ. 상온, 상압에서 홑원소 물질의 상태
ㄴ. 나트륨 원자 한 개와 이온 결합할 때 필요한 원자 수
ㄷ. 전자껍질 수

① ㄱ　　　　　② ㄴ　　　　　③ ㄷ
④ ㄱ, ㄴ　　　　⑤ ㄱ, ㄷ

C

[16-18] 현재 주기율표(장주기형 주기율표)이다. (단, A~G 는 임의의 원소 기호이다.)

족\주기	1	2	3	4	5	6	7	8	9	10	11	12	13	14	15	16	17	18
1	A																	B
2																		C
3	D																	E
4		F																
5																		G

16 위 주기율표의 원소 A 에 대한 설명으로 옳은 것만을 〈보기〉에서 있는 대로 고른 것은?

─────── 〈 보기 〉 ───────

ㄱ. 원소 A 의 원자가 전자 수는 원소 D 와 동일하다.
ㄴ. 원소 A 의 전자껍질 수는 원소 B 와 동일하다.
ㄷ. 원소 A 의 화학적 성질은 원소 D 와 비슷하다.

① ㄱ　　　　　② ㄴ　　　　　③ ㄷ
④ ㄱ, ㄴ　　　　⑤ ㄱ, ㄷ

17 위 주기율표의 원소 C 의 최외각 전자 수는?

① 0 개　　　　② 2 개　　　　③ 8 개
④ 10 개　　　　⑤ 18 개

18 위 주기율표에 대한 설명으로 옳은 것만을 〈보기〉에서 있는 대로 고른 것은?

─────── 〈 보기 〉 ───────

ㄱ. 원소 D 와 E 는 1 : 1 의 개수비로 이온 결합한다.
ㄴ. 원소 A~G 중 원소 G 의 전자껍질 수가 가장 많다.
ㄷ. 원소 F 는 알칼리 토금속으로 전자 2 개를 얻어 −2가의 음이온이 된다.

① ㄱ　　　　　② ㄴ　　　　　③ ㄱ, ㄴ
④ ㄱ, ㄷ　　　　⑤ ㄱ, ㄴ, ㄷ

19 세 쌍 원소인 리튬, 나트륨, 칼륨의 성질을 나타낸 것이다.

원소	원자 번호	산화물	염화물	원자량
리튬	3	Li_2O	ⓒ	7
나트륨	11	㉠	NaCl	23
칼륨	19	K_2O	KCl	ⓒ

이에 대한 설명으로 옳은 것만을 〈보기〉에서 있는 대로 고른 것은?

─────── 〈 보기 〉 ───────

ㄱ. ㉠에 들어갈 화합물은 Na_2O이다.
ㄴ. ⓒ에 들어갈 염화물은 LiCl이다.
ㄷ. ⓒ에 들어갈 숫자는 30이다.

① ㄱ　　　　　② ㄴ　　　　　③ ㄷ
④ ㄱ, ㄴ　　　　⑤ ㄱ, ㄷ

20 원자 번호 11~17 번까지 원소들의 원자 번호에 따른 성질 변화를 나타낸 것이다.

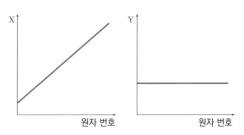

이에 대한 설명으로 옳은 것만을 〈보기〉에서 있는 대로 고른 것은?

─────── 〈 보기 〉 ───────

ㄱ. X 에 해당하는 성질은 전자껍질 수이다.
ㄴ. Y 에 해당하는 성질은 원자가 전자 수이다.
ㄷ. 원자 번호 11~17 번까지의 원소들은 모두 3주기 의 원소들이다.

① ㄱ　　　　　② ㄴ　　　　　③ ㄷ
④ ㄱ, ㄴ　　　　⑤ ㄱ, ㄷ

[21-24] 현재 주기율표(최장주기형 주기율표)이다.

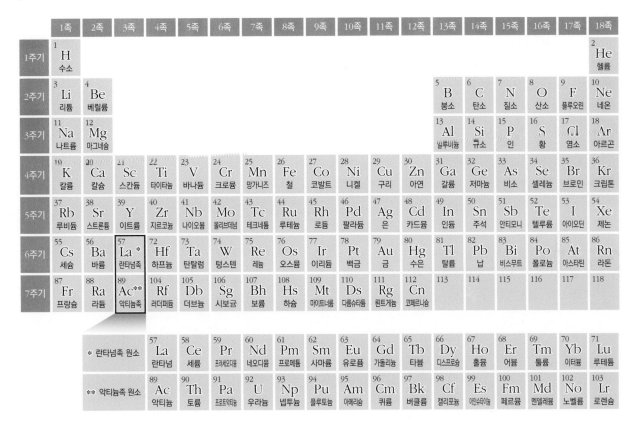

21 위 주기율표의 6 주기와 7주기 에 대한 설명으로 옳은 것만을 〈보기〉에서 있는 대로 고른 것은?

─────〈 보기 〉─────

ㄱ. 6주기의 란타넘족은 $4f$ 오비탈에 전자가 채워진다.

ㄴ. 7주기의 악티늄족은 $5f$ 오비탈에 전자가 채워진다.

ㄷ. 6주기에 속하는 원소의 개수는 32개이다.

① ㄱ   ② ㄴ   ③ ㄷ
④ ㄱ, ㄴ   ⑤ ㄱ, ㄴ, ㄷ

22 칼슘과 1 : 1 의 개수비로 이온 결합하는 원소만을 있는 대로 고르시오.

① O   ② Be   ③ F
④ K   ⑤ S

23 원소와 원소의 원자가 전자 수가 짝지어진 것으로 옳지 않은 것은?

① H - 1개   ② Ti - 4개   ③ Zn - 2개
④ Cl - 7개   ⑤ Kr - 0개

24 위 주기율표에 대한 설명으로 옳은 것만을 〈보기〉에서 있는 대로 고른 것은?

─────〈 보기 〉─────

ㄱ. 7 주기는 미완성 주기이다.

ㄴ. 동족 원소는 물리적 · 화학적 성질이 비슷하다.

ㄷ. 수소는 1족에 위치하지만 17 족 원소와 성질이 비슷하다.

① ㄱ   ② ㄴ   ③ ㄷ
④ ㄱ, ㄴ   ⑤ ㄱ, ㄷ

심화

[25-26] 멘델레예프에 의해 만들어진 주기율표의 일부를 나타낸 것이다.

	1족	2족	3족	4족	5족	6족	7족	8족
1주기	H = 1							
2주기	Li = 7	Be = 9.4	B = 11	C = 12	N = 14	O = 16	F = 19	
3주기	Na = 23	Mg = 27	Al = 27.3	Si = 28	P = 31	S = 32	Cl = 35.5	
4주기	K = 39	Ca = 40	? = 44	Ti = 48	V = 51	Cr = 52	Mn = 55	Fe = 56 Co = 59 Ni = 59 Cu = 63
5주기	Cu = 63	Zn = 65	? = 68	? = 72	As = 75	Se = 78	Br = 80	

25 멘델레예프의 주기율표와 현대의 주기율표의 원소 배열 순서에 차이가 있는 이유를 두 가지 이상 서술하시오.

26 멘델레예프는 아연(Zn) 다음으로 원자량이 큰 비소(As)를 아연 다음 칸에 배치하지 않고, 2칸을 비워 둔 후 5족에 비소(As)를 배치하였다. 그 이유에 대해 서술하시오.

27 뉼랜즈의 옥타브설이 발표될 당시에는 약 60종류의 원소의 존재만 확인되었고, 비활성 기체의 존재를 알지 못했다. 만약 그 당시에 비활성 기체 중 헬륨, 네온의 존재가 확인되었다면 옥타브설은 어떻게 수정되었을지 서술하시오.

28 원자가 전자가 원소의 화학적 성질을 주로 결정하는 이유에 대해 서술하시오.

[29-31] 원자 번호 1 번부터 20 번까지 원소들의 바닥상태에서의 전자 배치를 나타낸 것이다.

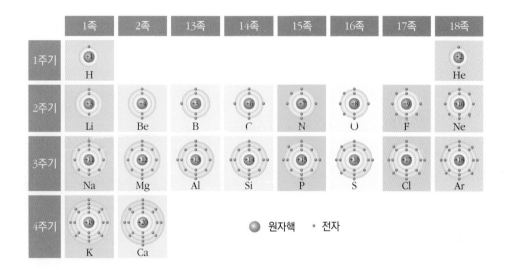

	1족	2족	13족	14족	15족	16족	17족	18족
1주기	H							He
2주기	Li	Be	B	C	N	O	F	Ne
3주기	Na	Mg	Al	Si	P	S	Cl	Ar
4주기	K	Ca						

● 원자핵   · 전자

29 위의 표와 관련지어 원소의 주기율이 존재하는 원인에 대해 서술하시오.

30 1족부터 17족까지의 원소들은 최외각 전자 수와 원자가 전자 수가 같지만 18족 원소의 최외각 전자 수는 원자가 전자 수와 다르다. 그 이유에 대해 서술하시오.

31 1족, 2족, 13족 원소들은 전자를 잃고 양이온이 되어 비활성 기체와 같은 전자 배치를 가지려는 경향을 갖는다. 나트륨 이온의 전자 배치는 어떤 원소의 바닥상태에서의 전자 배치와 같은지 쓰시오.

32 7주기까지 나타낸 주기율표의 란타넘족과 악티늄족 원소들의 공통점을 전자 배치와 관련지어 쓰시오.

12강. 주기율표와 원소

1. 주기율표와 전자 배치

(1) 주기율표와 원소의 바닥상태의 전자 배치

	1족	2족	3족	4족	5족	6족	7족	8족	9족	10족	11족	12족	13족	14족	15족	16족	17족	18족
1주기	1 H $1s^1$																	2 He $1s^2$
2주기	3 Li [He]$2s^1$	4 Be [He]$2s^2$											5 B [He] $2s^22p^1$	6 C [He] $2s^22p^2$	7 N [He] $2s^22p^3$	8 O [He] $2s^22p^4$	9 F [He] $2s^22p^5$	10 Ne [He] $2s^22p^6$
3주기	11 Na [Ne]$3s^1$	12 Mg [Ne]$3s^2$											13 Al [Ne] $3s^23p^1$	14 Si [Ne] $3s^23p^2$	15 P [Ne] $3s^23p^3$	16 S [Ne] $3s^23p^4$	17 Cl [Ne] $3s^23p^5$	18 Ar [Ne] $3s^23p^6$
4주기	19 K [Ar]$4s^1$	20 Ca [Ar]$4s^2$	21 Sc [Ar] $4s^23d^1$	22 Ti [Ar] $4s^23d^2$	23 V [Ar] $4s^23d^3$	24 Cr [Ar] $4s^13d^5$	25 Mn [Ar] $4s^23d^5$	26 Fe [Ar] $4s^23d^6$	27 Co [Ar] $4s^23d^7$	28 Ni [Ar] $4s^23d^8$	29 Cu [Ar] $4s^13d^{10}$	30 Zn [Ar] $4s^23d^{10}$	31 Ga [Ar] $4s^23d^{10}4p^1$	32 Ge [Ar] $4s^23d^{10}4p^2$	33 As [Ar] $4s^23d^{10}4p^3$	34 Se [Ar] $4s^23d^{10}4p^4$	35 Br [Ar] $4s^23d^{10}4p^5$	36 Kr [Ar] $4s^23d^{10}4p^6$
5주기	37 Rb [Kr]$5s^1$	38 Sr [Kr]$5s^2$	39 Y [Kr] $5s^24d^1$	40 Zr [Kr] $5s^24d^2$	41 Nb [Kr] $5s^14d^4$	42 Mo [Kr] $5s^14d^5$	43 Tc [Kr] $5s^24d^5$	44 Ru [Kr] $5s^14d^7$	45 Rh [Kr] $5s^14d^8$	46 Pd [Kr] $5s^04d^{10}$	47 Ag [Kr] $5s^14d^{10}$	48 Cd [Kr] $5s^24d^{10}$	49 In [Kr] $5s^24d^{10}5p^1$	50 Sn [Kr] $5s^24d^{10}5p^2$	51 Sb [Kr] $5s^24d^{10}5p^3$	52 Te [Kr] $5s^24d^{10}5p^4$	53 I [Kr] $5s^24d^{10}5p^5$	54 Xe [Kr] $5s^24d^{10}5p^6$
6주기	55 Cs [Xe]$6s^1$	56 Ba [Xe]$6s^2$	57 란타넘족	72 Hf [Xe] $6s^24f^{14}5d^2$	73 Ta [Xe] $6s^24f^{14}5d^3$	74 W [Xe] $6s^24f^{14}5d^4$	75 Re [Xe] $6s^24f^{14}5d^5$	76 Os [Xe] $6s^24f^{14}5d^6$	77 Ir [Xe] $6s^24f^{14}5d^7$	78 Pt [Xe] $6s^14f^{14}5d^9$	79 Au [Xe] $6s^14f^{14}5d^{10}$	80 Hg [Xe] $6s^24f^{14}5d^{10}$	81 Tl [Xe] $6s^2$ $4f^{14}5d^{10}6p^1$	82 Pb [Xe] $6s^2$ $4f^{14}5d^{10}6p^2$	83 Bi [Xe] $6s^2$ $4f^{14}5d^{10}6p^3$	84 Po [Xe] $6s^2$ $4f^{14}5d^{10}6p^4$	85 At [Xe] $6s^2$ $4f^{14}5d^{10}6p^5$	86 Rn [Xe] $6s^2$ $4f^{14}5d^{10}6p^6$
7주기	87 Fr [Rn]$7s^1$	88 Ra [Rn]$7s^2$	89 악티늄족	104 Rf [Rn] $7s^25f^{14}6d^2$	105 Db [Rn] $7s^25f^{14}6d^3$	106 Sg [Rn] $7s^25f^{14}6d^4$	107 Bh [Rn] $7s^25f^{14}6d^5$	108 Hs [Rn] $7s^25f^{14}6d^6$	109 Mt [Rn] $7s^25f^{14}6d^7$	110 Ds [Rn] $7s^15f^{14}6d^9$	111 Rg [Rn] $7s^15f^{14}6d^{10}$	112 Cn [Rn] $7s^25f^{14}6d^{10}$						

설명(중앙): 34 Se — 원자 번호와 원소 기호
[Ar] — [He] : $1s^2$
$4s^23d^{10}3p^4$ — [Ne] : $1s^22s^22p^6$
[Ar] : $1s^22s^22p^63s^23p^6$
전자가 채워지는 오비탈

란타넘족❶ 원소	57 La [Xe] $6s^24f^05d^1$	58 Ce [Xe] $6s^24f^15d^1$	59 Pr [Xe] $6s^24f^35d^0$	60 Nd [Xe] $6s^24f^45d^0$	61 Pm [Xe] $6s^24f^55d^0$	62 Sm [Xe] $6s^24f^65d^0$	63 Eu [Xe] $6s^24f^75d^0$	64 Gd [Xe] $6s^24f^75d^1$	65 Tb [Xe] $6s^24f^95d^0$	66 Dy [Xe] $6s^24f^{10}5d^0$	67 Ho [Xe] $6s^24f^{11}5d^0$	68 Er [Xe] $6s^24f^{12}5d^0$	69 Tm [Xe] $6s^24f^{13}5d^0$	70 Yb [Xe] $6s^24f^{14}5d^0$	71 Lu [Xe] $6s^24f^{14}5d^1$
악티늄족 원소	89 Ac [Rn] $7s^25f^06d^1$	90 Th [Rn] $7s^25f^16d^1$	91 Pa [Rn] $7s^25f^26d^1$	92 U [Rn] $7s^25f^36d^1$	93 Np [Rn] $7s^25f^46d^1$	94 Pu [Rn] $7s^25f^66d^0$	95 Am [Rn] $7s^25f^76d^0$	96 Cm [Rn] $7s^25f^76d^1$	97 Bk [Rn] $7s^25f^86d^1$	98 Cf [Rn] $7s^25f^{10}6d^0$	99 Es [Rn] $7s^25f^{11}6d^0$	100 Fm [Rn] $7s^25f^{12}6d^0$	101 Md [Rn] $7s^25f^{13}6d^0$	102 No [Rn] $7s^25f^{14}6d^0$	103 Lr [Rn] $7s^25f^{14}7p^1$

(2) 전자 배치의 주기성

① 주기율표에서 주기는 최외각 전자껍질에 해당하는 주양자수(n)와 같다.
② 같은 족 원소들의 원자가 전자는 주양자수만 다르고, s 오비탈과 p 오비탈에 대한 전자 배치가 같다.

〈 가장 바깥 전자껍질의 전자 배치 〉

1족	2족	3족	4족	5족	6족	7족	8족	9족	10족	11족	12족	13족	14족	15족	16족	17족	18족
ns^1	ns^2					ns^1 또는 ns^2						ns^2np^1	ns^2np^2	ns^2np^3	ns^2np^4	ns^2np^5	ns^2np^6

〈 원자가 전자 수 〉

1족	2족	3족	4족	5족	6족	7족	8족	9족	10족	11족	12족	13족	14족	15족	16족	17족	18족
1	2					1 또는 2						3	4	5	6	7	0

〈 전자가 채워지는 오비탈 〉

1족	2족	3족	4족	5족	6족	7족	8족	9족	10족	11족	12족	13족	14족	15족	16족	17족	18족
ns^1	ns^2	nd^1	nd^2	nd^3	nd^4	nd^5	nd^6	nd^7	nd^8	nd^9	nd^{10}	np^1	np^2	np^3	np^4	np^5	np^6
s 오비탈		d 오비탈										p 오비탈					

❶ **란타넘족과 악티늄족**
6주기의 란타넘족과 7주기의 악티늄족은 f 오비탈에 전자가 부분적으로 채워진다. 이들의 전자 배치에 대해서는 여러 가지 설이 있으며 아직 확정되어 있지 않다.

개념확인 1

주기율표와 전자 배치에 대한 설명으로 옳은 것은 ○표, 옳지 않은 것은 ×표 하시오.

(1) 같은 족 원소들은 주양자수가 같다.   (   )

(2) 같은 족 원소들은 s 오비탈과 p 오비탈에 대한 전자 배치가 같다.   (   )

확인+1

다음과 같은 전자 배치를 갖는 원소의 족과 주기는 각각 어떻게 되는가?

$$1s^22s^22p^63s^23p^1$$

(   ) 주기, (   ) 족

2. 전형 원소와 전이 원소

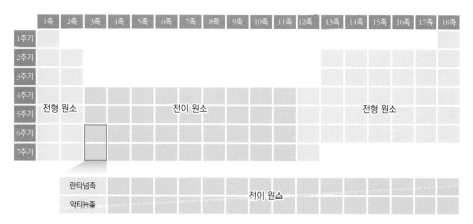

▲ 주기율표 상에서 전형 원소와 전이 원소

(1) 전형 원소(typical element)

① 최외각 전자껍질의 s 오비탈이나 p 오비탈에 전자가 채워지는 원소이다.
② 주기율표의 1 족, 2 족, 12~18 족 원소들을 의미한다.
③ 원자가 전자 수가 족 번호의 끝자리 수와 일치한다.
④ 같은 족 원소들은 화학적 성질이 비슷하다.
⑤ 대부분 일정한 산화수❷를 가질 수 있다.

(2) 전이 원소(transition elements)

① d 오비탈이나 f 오비탈에 전자가 부분적으로 채워지는 원소이다.
② 주기율표의 3~11 족 원소들을 의미한다.
③ 원자가 전자 수가 1 또는 2 로 일정하다. ➡ 화학적 성질이 비슷하다.
④ 여러 가지 산화수를 가질 수 있다.
⑤ 착이온❸을 잘 형성하여 수용액에서 색깔을 띠는 것이 많다.
⑥ 대부분 밀도가 큰 중금속이다.

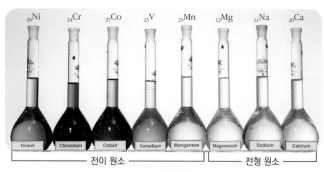

▲ 수용액 상태에서의 색깔

정답 및 해설 54 쪽

개념확인 2

d 오비탈이나 f 오비탈에 전자가 부분적으로 채워지는 원소를 무엇이라 하는지 쓰시오.

( )

확인+2

전형 원소에 대한 설명으로 옳은 것은 ○표, 옳지 않은 것은 ×표 하시오.

(1) 대부분 이온이 되었을 때 수용액에서 색깔을 띤다. ( )

(2) 원자가 전자 수가 1 또는 2 로 일정하다. ( )

(3) 최외각 껍질의 s 오비탈이나 p 오비탈에 전자가 채워진다. ( )

---

❶ 12족 원소

12족 원소는 d 오비탈과 f 오비탈을 꽉 채운 원소이므로 전형 원소에 속하지만, 원소의 특성이 전이 원소와 비슷하여 전이 원소로 구분하는 과학자도 있다.

❷ 산화수

산화수란 물질 중의 원자가 어느 정도 산화 또는 환원되었는지를 나타내는 수치이다. 전이 원소의 경우 원자가 전자뿐만 아니라 d 오비탈에 있는 전자도 반응에 참여하므로 여러 가지 산화수를 가질 수 있다. 예 구리의 산화수는 +2 또는 +1이다. → Cu^{2+}, Cu^+

❸ 전이 원소와 착이온

어떤 금속 이온에 분자나 이온이 배위 결합(미니)하여 생성되는 새로운 이온을 착이온이라고 한다. 전이 원소는 착이온을 잘 만든다.
예 구리 이온(Cu^{2+})와 물 분자(H_2O)가 배위 결합하여 착이온 $[Cu(H_2O)_4]^{2+}$ 를 형성한다.

미니사전

배위 결합 [配 짝짓다 位 자리하다 -결합] 공유하는 전자쌍을 한쪽의 원자가 일방적으로 제공하는 화학 결합

3. 금속 원소와 비금속 원소

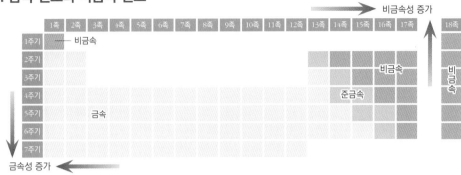

▲ 주기율표 상에서 금속 원소와 비금속 원소

(1) 금속(metal) 원소와 비금속(nonmetal) 원소 비교

구분	금속 원소❶	비금속 원소
정의	전자를 잃어 양이온이 되기 쉬운 원소 예) $Li \rightarrow Li^+ + e^-$	전자를 얻어 음이온이 되기 쉬운 원소 예) $F + e^- \rightarrow F^-$
주기율표에서의 위치	주기율표의 왼쪽과 가운데에 위치 (단, 수소는 제외)	주기율표의 오른쪽에 위치
열·전기 전도성	열과 전기가 잘 통한다.	열과 전기가 잘 통하지 않는다.
상온에서의 상태	고체(단, 수은(Hg)은 액체)	기체 또는 고체(단, 브로민(Br_2)은 액체)
산화물의 특징	물에 녹아 염기성을 나타낸다. 예) $CaO + H_2O \rightarrow Ca^{2+} + 2OH^-$	물에 녹아 산성을 나타낸다. 예) $NO_2 + H_2O \rightarrow NO_3^{2-} + 2H^+$
기타	· 산성 물질과 반응하여 수소 기체가 발생한다. · 환원력❷이 크다.	· 대체로 녹는점과 끓는점이 낮다. · 산화력❷이 크다.

(2) 준금속(semimetal)과 양쪽성(amphoteric) 원소❸

① **준금속 원소** : 금속과 비금속의 중간 성질을 갖는 원소로 B, Si, Ge, As 등이 포함된다.

② **양쪽성 원소** : 산·염기와 모두 반응하여 수소 기체를 발생시키거나 염과 물을 생성하는 원소로 Al, Zn, Pb, Sn 이 포함된다.

(3) 금속성과 비금속성

① **금속성**❹ : 양이온이 되기 쉬운 원소일수록 금속성이 크다. 주기율표에서 왼쪽 아래로 갈수록 금속성이 증가한다.

② **비금속성** : 음이온이 되기 쉬운 원소일수록 비금속성이 크다. 주기율표에서 오른쪽 위로 갈수록 비금속성이 증가한다. (단, 18 족 제외)

(개념확인3)

금속 원소와 비금속 원소에 대한 설명으로 옳은 것은 ○표, 옳지 않은 것은 ×표 하시오.

(1) 1족 원소는 모두 금속 원소이다. ( )

(2) 주기율표에서 18 족 원소의 비금속성이 가장 크다. ( )

(3) 전자를 잃기 쉬운 원소일수록 비금속성이 크다. ( )

(확인+3)

금속과 비금속의 경계에 위치하며, 금속과 비금속의 중간 성질을 갖는 원소를 무엇이라 하는지 쓰시오.

( )

---

❶ 그 밖의 금속 원소의 특징

대부분 끓는점과 녹는점이 비교적 높고, 광택이 있으며, 전성(펴짐성)과 연성(뽑힘성)를 갖는다.

❷ 산화와 환원

산화	환원
산소 얻음	산소 잃음
전자 잃음	전자 얻음
산화수 증가	산화수 감소

·산화력 : 다른 물질을 산화시키는 능력
·환원력 : 다른 물질을 환원시키는 능력

❸ 양쪽성 원소

·양쪽성 원소인 알루미늄과 산의 반응 : $2Al + 6HCl \rightarrow 2Al(Cl)_2 + 3H_2\uparrow$
·양쪽성 원소인 알루미늄과 염기의 반응 : $2Al + 6NaOH \rightarrow 2Na_3AlO_3 + 3H_2\uparrow$

❹ 18족 원소의 비금속성

18족 원소는 원자가 전자가 0이므로 화학 결합이나 반응에 참여하는 전자가 없다. 따라서 18 족 원소는 비금속에 속하는 원소이지만 음이온이 되기 어려워 비금속성이 없다. 또한 18족 원소는 1원자 분자를 형성한다.

4. 옥텟 규칙(여덟 전자 규칙)

(1) 비활성 기체의 전자 배치

① **비활성 기체** : 주기율표의 18 족에 속하는 원소로, He(헬륨), Ne(네온), Ar(아르곤), Kr(크립톤) 등이 포함된다.

② **비활성 기체의 전자 배치** : 가장 바깥 전자껍질에 전자가 모두 채워져 안정한 전자 배치를 이룬다. ➡ 화학적으로 안정하므로 다른 원자와 결합하려 하지 않는다.

He(헬륨) : $1s^2$　　　　Ne(네온) : $1s^22s^22p^6$　　　　Ar(아르곤) : $1s^22s^22p^63s^23p^6$

▲ 비활성 기체의 전자 배치

(2) 옥텟 규칙(여덟 전자 규칙)[1]

① **옥텟 규칙(octet rule)**[2] : 전형 원소들이 전자를 잃거나 얻어서 18족 비활성 기체와 같이 가장 바깥 전자껍질에 전자 8 개(단, He 은 2 개)를 채워 안정해지려는 경향

② **화학 결합과 옥텟 규칙** : 원자들은 전자를 주고받거나 공유하는 등의 화학 결합을 형성함으로써 옥텟 [미니] 규칙을 만족시키는 안정한 전자 배치를 이룬다.

·1족, 2족, 13족 원소 : 이온이 될 때 s 오비탈과 p 오비탈의 전자(원자가 전자)를 잃고 비활성 기체의 전자 배치와 같아지려는 경향이 있다.

$1s^22s^22p^63s^1$　　$1s^22s^22p^63s^2$　　$1s^22s^22p^63s^23p^1$　　$1s^22s^22p^6$

1족 원소 Na의　　2족 원소 Mg의　　13족 원소 Al의　　Ne, Na$^+$, Mg^{2+}, Al^{3+}의
전자 배치　　　　전자 배치　　　　전자 배치　　　　전자 배치

·16족, 17족 원소 : 이온이 될 때 전자를 얻어 p 오비탈을 채워서 비활성 기체의 전자 배치(ns^2np^6)와 같아지려는 경향이 있다.

$1s^22s^22p^4$　　$1s^22s^22p^5$　　$1s^22s^22p^6$

16족 원소 O의　　17족 원소 F의　　Ne, O^{2-}, F$^-$ 의
전자 배치　　　　전자 배치　　　　전자 배치

---

❶ 옥텟 법칙이 아닌 이유

옥텟 규칙에는 많은 예외들이 있기 때문에 옥텟 법칙이 될 수 없다. 그러나 화학 결합을 이해하고, 화학 반응을 예측하는데 매우 유용하게 쓰인다.

❷ 옥텟 규칙이 성립하는 이유

·1족, 2족, 13족 원소들은 상대적으로 원자가 전자의 유효 핵전하가 작다.(원자가 전자와 핵의 인력이 작다.) 따라서 원자가 전자가 약하게 붙어 있어 쉽게 떨어진다.

·16족, 17족 원소들은 상대적으로 유효 핵전하가 크기 때문에 전자를 떼어 내기 힘들고, 전자를 쉽게 끌어 당길 수 있다.

·18족 원소들은 유효 핵전하가 가장 크기 때문에 전자가 쉽게 떨어지지 않고, 다른 전자가 쉽게 들어가지도 못한다.

◦ **유효 핵전하**

전자가 실제로 느끼는 핵전하를 말한다. 유효 핵전하가 클수록 전자와 핵 사이에서 실질적으로 작용하는 인력이 크다. 같은 주기에서는 원자 번호가 증가할수록 유효 핵전하가 커진다.

정답 및 해설 **54** 쪽

개념확인 4

비활성 기체에 대한 설명으로 옳은 것은 ○표, 옳지 않은 것은 ×표 하시오.

(1) 가장 바깥 전자껍질에 전자가 8개이다. 　　　　　　　　　　　　　(　 　)

(2) 주기율표의 18족에 속하는 원소이다. 　　　　　　　　　　　　　　(　 　)

(3) 다른 원자와 잘 결합하지 않아 1원자 분자를 형성한다. 　　　　　　(　 　)

확인+4

전형 원소들이 전자를 잃거나 얻어서 18 족 비활성 기체와 같이 가장 바깥 전자껍질에 전자 8 개를 채워 안정해 지려는 경향을 무엇이라 하는지 쓰시오.

(　　　　　　　)

미니사전

옥텟(octet) '옥타(octa)'는 숫자 '8'를 의미한다. 화학에서 옥텟은 최외각 전자 8개를 의미하고, 음악에서 옥텟은 8중주를 의미한다.

01 다음과 같은 전자 배치를 갖는 원소에 대한 설명으로 옳지 <u>않은</u> 것은?

$$1s^2 2s^2 2p^6 3s^2 3p^2$$

① 14족 원소이다.
② 3주기 원소이다.
③ 원자 번호는 14번이다.
④ 원자가 전자가 2 개이다.
⑤ $1s^2 2s^2 2p^2$의 전자 배치를 갖는 원소와 화학적 성질이 비슷하다.

02 각각의 전자 배치를 갖는 원소가 주기율표에서 몇 족 원소인지 쓰시오.

전자 배치	$1s^2 2s^2 2p^6$	$1s^2 2s^2 2p^6 3s^2$	$1s^2 2s^1$
족	㉠( ) 족	㉡( ) 족	㉢( ) 족

03 다음에서 설명하는 특징을 가지는 원소를 무엇이라 하는지 쓰시오.

> 최외각 전자껍질의 s 오비탈이나 p 오비탈에 전자가 채워지는 원소로, 주기율표의 1 족, 2 족, 12~18 족 원소들을 의미한다.

(   )

04 전이 원소에 대한 설명으로 옳은 것만을 〈보기〉에서 있는 대로 고른 것은?

─── 〈 보기 〉 ───

ㄱ. 최외각 전자껍질의 d 오비탈이나 f 오비탈에 전자가 부분적으로 채워지는 원소이다.
ㄴ. 주기율표의 3~11 족 원소들을 의미한다.
ㄷ. 일정한 산화수를 가질 수 있다.

① ㄱ   ② ㄴ   ③ ㄷ   ④ ㄱ, ㄴ   ⑤ ㄱ, ㄷ

05 금속 원소와 비금속 원소에 대한 설명 중 옳은 것은?

① 비금속 원소는 환원력이 크다.
② 13족 원소는 모두 비금속 원소이다.
③ 금속 원소는 전자를 잃기 쉬운 원소이다.
④ 비금속성이 가장 큰 원소는 18족 원소이다.
⑤ 모든 원소는 금속 또는 비금속 원소로 구분할 수 있다.

06 금속 원소 특징으로 옳지 <u>않은</u> 것은?

① 전성과 연성이 있다.
② 열과 전기가 잘 통한다.
③ 산화물은 물에 녹아 산성을 나타낸다.
④ 대부분 상온에서 고체 상태로 존재 한다.
⑤ 산성 물질과 반응하면 수소 기체를 발생시킨다.

07 옥텟 규칙에 대한 설명으로 옳은 것만을 있는 대로 고르시오.

① 모든 원소들은 옥텟 규칙에 따라 화학 결합한다.
② 16족 원소들은 이온이 될 때 전자를 얻어 s 오비탈을 채운다.
③ 17족 원소들은 이온이 될 때 전자를 얻어 p 오비탈을 채운다.
④ 1족 원소들은 이온이 될 때 s 오비탈의 전자를 잃어 전자껍질 수가 줄어든다.
⑤ 3주기의 1족 원소가 이온이 되면 3주기의 18족 원소의 전자 배치와 같아진다.

08 어떤 입자의 전자 배치를 나타낸 모형이다. 이 전자 배치를 가질 수 있는 입자만를 있는 대로 고르시오.

① Ne　　② Ar　　③ O^{2-}
④ Mg^{2+}　　⑤ Na

[유형 12-1] 주기율표와 전자 배치

임의의 원소 X의 바닥상태의 전자 배치이다.

이에 대한 설명으로 옳은 것만을 〈보기〉에서 있는 대로 고른 것은?

〈 보기 〉

ㄱ. 이 원소는 3주기 15족 원소이다.

ㄴ. 원자가 전자가 5 개이다.

ㄷ. 원자 번호가 9번인 원소이다.

① ㄱ   ② ㄴ   ③ ㄷ   ④ ㄱ, ㄴ   ⑤ ㄱ, ㄷ

01 임의의 원소 A~D의 바닥상태의 전자 배치이다. 이에 대한 설명으로 옳은 것만을 〈보기〉에서 있는 대로 고른 것은?

A : $1s^2 2s^2 2p^4$	B : $1s^2 2s^2 2p^1$
C : $1s^2 2s^2 2p^6 3s^2 3p^4$	D : $1s^2 2s^2 2p^6 3s^2 3p^6 4s^2 3d^2$

〈 보기 〉

ㄱ. A와 B는 같은 주기 원소이다.

ㄴ. A와 C는 같은 족 원소이다.

ㄷ. C와 D는 같은 주기 원소이다.

① ㄱ   ② ㄴ   ③ ㄷ   ④ ㄱ, ㄴ   ⑤ ㄱ, ㄷ

02 장주기형 주기율표이다. 원소 A~G 중 가장 바깥 전자껍질의 전자 배치가 $ns^2 np^3$인 원소는 무엇인지 쓰시오. (단, A~G는 임의의 원소 기호이고, n은 주양자수이다.)

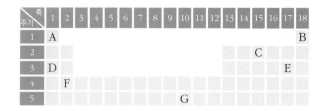

족 주기	1	2	3	4	5	6	7	8	9	10	11	12	13	14	15	16	17	18
1	A																	B
2															C			
3	D															E		
4		F																
5							G											

원소 (　　　　)

[유형 12-2] 전형 원소와 전이 원소

주기율표를 2개의 영역으로 나눈 것이다.

	1족	2족	3족	4족	5족	6족	7족	8족	9족	10족	11족	12족	13족	14족	15족	16족	17족	18족
1주기																		
2주기																		
3주기																		
4주기														A				
5주기	A																	
6주기					B													
7주기																		

(1) 원자가 전자 수가 족 번호의 끝자리 수와 일치하는 원소는 어디에 속하는가?

(   )

(2) d 오비탈이나 f 오비탈에 전자가 채워지는 원소는 어디에 속하는가?

(   )

03 전이 원소에 대한 설명으로 옳은 것만을 있는 대로 고르시오.

① 주기율표의 3~11족 원소들을 의미한다.
② 대부분 상온, 상압에서 기체 상태로 존재한다.
③ 다른 분자나 이온과 배위 결합하여 착이온을 잘 형성한다.
④ 최외각 전자껍질의 s 오비탈이나 p 오비탈에 전자가 채워진다.
⑤ 원자가 전자 수가 일정하지 않아 여러 가지 산화수를 가질 수 있다.

04 다음과 같은 전자 배치를 갖는 원소에 대한 설명으로 옳은 것만을 〈보기〉에서 있는 대로 고른 것은?

$$1s^2 2s^2 2p^6 3s^2 3p^6 4s^2 3d^{10} 4p^6$$

―――――― 〈 보기 〉 ――――――
ㄱ. 이 원소는 비활성 기체이다.
ㄴ. 이 원소는 전형 원소이다.
ㄷ. 이 원소의 원자가 전자는 8 개이다.

① ㄱ   ② ㄴ   ③ ㄷ   ④ ㄱ, ㄴ   ⑤ ㄱ, ㄷ

유형 익히기 & 하브루타

금속 원소와 비금속 원소

주기율표를 3 개의 영역으로 나눈 것이다.

	1족	2족	3족	4족	5족	6족	7족	8족	9족	10족	11족	12족	13족	14족	15족	16족	17족	18족
1주기	III																	III
2주기																		
3주기																II		
4주기						I												
5주기																		
6주기																		
7주기																		

이에 대한 설명으로 옳은 것만을 〈보기〉에서 있는 대로 고른 것은?

〈 보기 〉

ㄱ. 수소(H)와 리튬(Li)은 영역 I 에 속한다.
ㄴ. 영역 II 에 속하는 원소는 금속과 비금속의 구분이 명확하지 않은 원소이다.
ㄷ. 영역 III 에 속하는 18족 원소는 다른 족 원소보다 비금속성이 크다.

① ㄱ   ② ㄴ   ③ ㄷ   ④ ㄱ, ㄴ   ⑤ ㄱ, ㄷ

[05-06] 주기율표의 일부를 나타낸 것이다. (단, A~G 는 임의의 원소 기호이다.)

	1족	2족	13족	14족	15족	16족	17족	18족
1주기	A							B
2주기		C					D	
3주기	E			F	G			

05 이 주기율표에 대한 설명으로 옳은 것만을 〈보기〉에서 있는 대로 고른 것은?

〈 보기 〉

ㄱ. 원소 A, C, E는 모두 금속 원소이다.
ㄴ. 원소 A~G 중 원소 B의 비금속성이 가장 크다.
ㄷ. 원소 D는 전자를 얻어 음이온이 되기 쉽다.

① ㄱ   ② ㄴ   ③ ㄷ   ④ ㄱ, ㄴ   ⑤ ㄱ, ㄷ

06 이 주기율표에 나타낸 원소 A~E 중 한 원소에 대한 설명이다.

상온, 상압에서 고체 상태로 존재하며, 양이온이 되기 쉽다.
중성 원자의 전자껍질 수는 2 개이다.

이 설명에 해당하는 원소로 옳은 것은?

① A   ② B   ③ C   ④ D   ⑤ E

[유형 12-4] 옥텟 규칙

원소 A~E의 바닥상태의 전자 배치를 나타낸 것이다.

원소	오비탈				
	1s	2s	2p	3s	3p
A	↑↓	↑			
B	↑↓	↑↓	↑↓ ↑ ↑		
C	↑↓	↑↓	↑↓ ↑↓ ↑↓	↑	
D	↑↓	↑↓	↑↓ ↑↓ ↑↓	↑↓	↑↓ ↑↓ ↑
E	↑↓	↑↓	↑↓ ↑↓ ↑↓	↑↓	↑↓ ↑↓ ↑↓

이 중 이온이 될 때 음이온이 되는 원소만을 있는 대로 고르시오. (단, 원소 A~E는 임의의 원소이다.)

① A　　　　　② B　　　　　③ C　　　　　④ D　　　　　⑤ E

07 다음과 같은 전자 배치를 갖는 원자 중 이온이 될 때 양이온이 되는 것은?

① K(2)L(6)　　　　　　② K(2)L(8)
③ K(2)L(8)M(1)　　　　④ K(2)L(8)M(7)
⑤ K(2)L(8)M(8)

08 어떤 입자의 전자 배치를 나타낸 모형이다. 이 전자 배치를 가질 수 있는 입자만을 있는 대로 고르시오.

① $_2$He　　　　　② $_9$F$^-$　　　　　③ $_{10}$Ne
④ $_{17}$Cl$^-$　　　　⑤ $_{20}$Ca^{2+}

01 2주기에 속한 바닥상태 원자 A 와 B 에 대한 자료이다. (단, A와 B 는 임의의 원소 기호이다.)

> ·전자 수 비는 A : B = 1 : 2 이다.
> ·전자가 들어 있는 오비탈 수의 비는 A : B = 2 : 5 이다.

(1) A 는 주기율표에서 몇 족 원소인가?

(2) B 가 안정한 이온이 되었을 때의 전자 배치를 그리고, 전자가 들어 있는 p 오비탈 수를 쓰시오.

$1s$ $2s$ $2p$

02 이온화 에너지란 기체 상태의 원자 1 몰로부터 전자 1몰을 떼어 내어 $+1$가의 양이온 1 몰을 만드는 데 필요한 에너지(kJ/mol)를 말한다. 다음 표는 리튬(Li). 베릴륨(Be), 나트륨(Na)의 특징과 이온화 에너지를 비교하여 나타낸 것이다.

구분	리튬(Li)	베릴륨(Be)	나트륨(Na)	마그네슘(Mg)
양성자 수	3	4	11	12
전자 배치	$1s^22s^1$	$1s^22s^2$	$1s^22s^22p^63s^1$	$1s^22s^22p^63s^2$
전자껍질 수	2	2	3	3
이온화 에너지(KJ/mol)	520	899	496	738

(1) 같은 주기에서 이온화 에너지의 주기성을 서술하시오.

(2) 같은 족에서 이온화 에너지의 주기성을 서술하시오.

03 임의의 원소 X 에 대한 설명이다. 이 글을 읽고 물음에 답하시오.

> XH₃⁺에서 원소 X는 비활성 기체인 Ne 과 같은 전자 배치를 이룬다.

(1) 원소 X 의 원자가 전자 수는 몇 개인가?

(2) 원소 X의 바닥 상태의 전자 배치를 오비탈을 이용하여 나타내시오.

04 반도체에 대한 설명이다.

물질을 전기 전도도에 따라 분류하면 크게 도체, 반도체, 부도체로 나뉜다. 반도체는 순수한 상태에서 부도체와 비슷한 특성을 보이지만 불순물의 첨가에 의해 전기 전도도가 늘어나기도 하고 빛이나 열에너지에 의해 일시적으로 전기 전도성을 갖기도 한다.

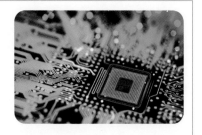

다음 주기율표의 원소 중 반도체가 될 수 있는 원소를 쓰고, 그렇게 생각하는 이유를 서술하시오.

	1족	2족	3족	4족	5족	6족	7족	8족	9족	10족	11족	12족	13족	14족	15족	16족	17족	18족
1주기	1 H 수소																	2 He 헬륨
2주기	3 Li 리튬	4 Be 베릴륨											5 B 붕소	6 C 탄소	7 N 질소	8 O 산소	9 F 플루오린	10 Ne 네온
3주기	11 Na 나트륨	12 Mg 마그네슘											13 Al 알루미늄	14 Si 규소	15 P 인	16 S 황	17 Cl 염소	18 Ar 아르곤
4주기	19 K 칼륨	20 Ca 칼슘	21 Sc 스칸듐	22 Ti 타이타늄	23 V 바나듐	24 Cr 크로뮴	25 Mn 망가니즈	26 Fe 철	27 Co 코발트	28 Ni 니켈	29 Cu 구리	30 Zn 아연	31 Ga 갈륨	32 Ge 저마늄	33 As 비소	34 Se 셀레늄	35 Br 브로민	36 Kr 크립톤

05 규소(Si)의 물리적·화학적 특성에 대한 글이다. 이 글을 읽고 물음에 답하시오.

규소는 실온에서 고체 상태로 존재하며, 녹는점은 1414 ℃, 끓는점은 3265 ℃로 비교적 높은 편이다. 고체 상태일 때보다 액체 상태일 때 밀도가 더 높으며, 물처럼 응고하면 부피가 더 커지는 성질이 있다. 열 전도율은 149 W/m · K로 비교적 높은 편이므로 단열 목적으로는 사용되지 않는다.

순수한 규소는 금강석과 같은 등축정계 구조를 가지고 있는데 이때 회색의 광택을 가지며, 상당히 단단하지만 부서지기 쉽다. 규소 원자의 원자가 전자는 4 개이며, $3p$ 오비탈에 2 개의 전자가 채워져 있다.

규소는 다른 원자와 공유할 수 있는 원자가 전자가 4 개인 원소로, 다양한 화학 결합을 할 수 있다. 탄소와 비슷하게 주로 4 개의 결합을 가지므로 적절한 조건 하에서 다양한 화합물을 만들 수 있다. 그러나 탄소와는 달리 전자를 추가로 더 공유하여 5 개나 6 개의 결합을 이루기도 한다.

▲ 규소(Si)

(1) 규소는 전형 원소인가, 전이 원소인가? 그렇게 생각하는 이유를 서술하시오.

(2) 위 글을 통해 알 수 있는 규소의 금속성에 대해 서술하시오.

(3) 위 글을 통해 알 수 있는 규소의 비금속성에 대해 서술하시오.

06 비금속 원소들은 원자가 전자를 내놓으려는 경향이 비슷하므로 전자를 주고받아 양이온이나 음이온이 되기 어렵다. 이러한 비금속 원소들은 서로 원자가 전자를 내놓아 전자쌍을 만들고, 이 전자쌍을 공유함으로써 안정한 18 족 원소의 전자 배치를 이루어 옥텟 규칙을 만족하면서 화학 결합을 형성한다. 다음 그림은 수소 원자가 공유 결합하여 수소 분자를 형성하는 모습을 모형으로 나타낸 것이다.

(1) 다음의 산소 원자 2 개가 공유 결합하여 산소 분자가 될 때는 어떻게 결합하여야 옥텟 규칙을 만족시킬 수 있는지 서술하시오. (단, 화합물을 구조식으로 나타내시오.)

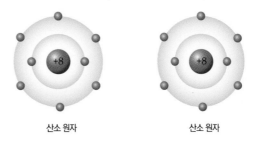

(2) 다음의 수소 원자 4 개, 탄소 원자 2 개, 산소 원자 2 개가 공유 결합하여 화합물을 형성할 때는 어떻게 결합하여야 옥텟 규칙을 만족시킬 수 있는지 서술하시오. (단, 화합물을 구조식으로 나타내시오.)

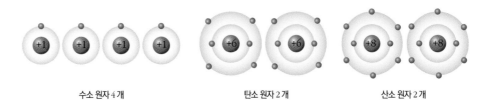

스스로 실력 높이기

A

01 다음과 같은 전자 배치를 갖는 원소는 몇 족 원소인지 쓰시오.

$$1s^2 2s^2 2p^6 3s^1$$

(   ) 족

02 다음과 같은 전자 배치를 갖는 원소에 대한 설명으로 옳은 것은 ○표, 옳지 않은 것은 ×표 하시오.

$$1s^2 2s^2 2p^6 3s^2 3p^4$$

(1) 3주기 원소이다.   (   )

(2) 원자가 전자가 4 개이다.   (   )

03 주기율표를 2개의 영역으로 나눈 것이다. 각 영역에 속한 원소는 무슨 원소인지 쓰시오.

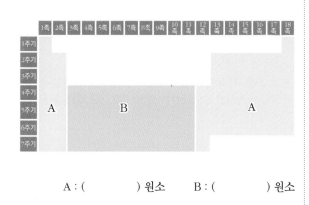

A : (   ) 원소   B : (   ) 원소

04 ㉠, ㉡을 알맞게 채우시오.

전형 원소는 최외각 전자겹질의 ㉠(   ) 오비탈이나 ㉡(   ) 오비탈에 전자가 채워지는 원소이다.

05 전자를 잃어 양이온이 되기 쉬운 원소를 무엇이라 하는지 쓰시오.

(   ) 원소

06 비금속 원소에 대한 설명으로 옳은 것은 ○표, 옳지 않은 것은 ×표 하시오.

(1) 대부분 열과 전기의 부도체이다.   (   )

(2) 대부분 산화력이 크다.   (   )

(3) 산화물은 물에 녹아 염기성을 나타낸다.

                                 (   )

07 금속과 비금속의 중간 성질을 갖는 원소를 무엇이라 하는지 쓰시오.

(   ) 원소

08 다음 원소들의 금속성을 비교하시오.

Li	Na	K

(>   >   )

정답 및 해설 **56** 쪽

09 전형 원소들이 전자를 잃거나 얻어서 18족 비활성 기체와 같은 전자 배치를 이루려는 경향을 무엇이라고 하는지 쓰시오.

(   )

10 원자 번호가 11번인 나트륨은 안정한 이온이 되면 어떤 중성 원자와 전자 배치가 같아지는지 원소 기호를 쓰시오.

(   )

Ⓑ

11 임의의 원소 X의 바닥상태의 전자 배치이다.

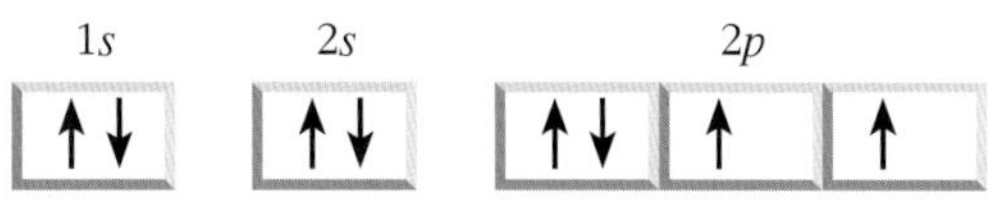

이에 대한 설명으로 옳은 것만을 〈보기〉에서 있는 대로 고른 것은?

─── 〈 보기 〉 ───
ㄱ. 이 원소는 14족 원소이다.
ㄴ. 이 원소는 2주기에 속한 원소이다.
ㄷ. 이 원소의 원자 번호는 8번이다.

① ㄱ   ② ㄴ   ③ ㄷ
④ ㄱ, ㄴ   ⑤ ㄴ, ㄷ

12 임의의 원소 A~D 의 바닥상태의 전자 배치이다. 이에 대한 설명으로 옳은 것만을 〈보기〉에서 있는 대로 고른 것은?

A : $1s^2 2s^1$ B : $1s^2 2s^2 2p^1$
C : $1s^2 2s^2 2p^6 3s^1$ D : $1s^2 2s^2 2p^6 3s^2 3p^1$

─── 〈 보기 〉 ───
ㄱ. A 와 B 는 같은 족 원소이다.
ㄴ. C 와 D 는 같은 주기 원소이다.
ㄷ. A~D 의 원자가 전자는 모두 1개이다.

① ㄱ   ② ㄴ   ③ ㄷ
④ ㄱ, ㄴ   ⑤ ㄱ, ㄷ

13 어떤 중성 원자의 전자 배치를 나타낸 것이다. 이 원자의 원소 기호는?

$1s^2 2s^2 2p^6 3s^2$

① Be   ② Ne   ③ Na
④ Mg   ⑤ Al

14 전형 원소와 전이 원소에 대한 설명으로 옳은 것은?

① 전형 원소는 대부분 일정한 산화수를 가질 수 있다.
② 전형 원소는 주기율표의 3~11족 원소들을 의미한다.
③ 전형 원소는 다른 분자나 이온과 배위 결합하여 착이온을 잘 형성한다.
④ 전이 원소는 최외각 전자껍질의 s 오비탈이나 p 오비탈에 전자가 채워진다.
⑤ 전이 원소는 원자가 전자 수가 1개부터 7개까지 일정하지 않다.

15 금속 원소와 비금속 원소를 비교한 것이다. 이 중 옳지 않은 것은?

구분	금속 원소	비금속 원소
①정의	양이온이 되기 쉬운 원소	음이온이 되기 쉬운 원소
②산화력과 환원력	환원력이 크다.	산화력이 크다.
③열·전기 전도성	있음	없음
④상온에서의 상태	대부분 고체	대부분 액체
⑤산화물의 특징	물에 녹아 염기성을 나타낸다.	물에 녹아 산성을 나타낸다.

16 주기율표를 3개의 영역으로 나눈 것이다.

이에 대한 설명으로 옳은 것만을 〈보기〉에서 있는 대로 고른 것은?

─── 〈 보기 〉 ───
ㄱ. 수소(H)는 영역 Ⅰ에 속한다.
ㄴ. 영역 Ⅱ에 속하는 원소는 준금속 원소이다.
ㄷ. 영역 Ⅲ에 속한 원소들은 모두 비금속성이 크다.

① ㄱ   ② ㄴ   ③ ㄷ
④ ㄱ, ㄴ   ⑤ ㄴ, ㄷ

17 다음과 같은 전자 배치를 갖는 원자 중 이온이 될 때 음이온이 되는 것은?

① K(2)
② K(2)L(1)
③ K(2)L(8)M(1)
④ K(2)L(8)M(3)
⑤ K(2)L(8)M(7)

18 다음 이온들의 공통점은?

$$Al^{3+} \qquad Mg^{2+} \qquad Na^{+} \qquad F^{-}$$

① 이온의 크기   ② 전자 배치
③ 양성자 수   ④ 중성자 수
⑤ 이온의 질량

Ⓒ

19 단주기형 주기율표이다.

	1족	2족	13족	14족	15족	16족	17족	18족
1주기	1 H							2 He
2주기	3 Li	4 Be	5 B	6 C	7 N	8 O	9 F	10 Ne
3주기	11 Na	12 Mg	13 Al	14 Si	15 P	16 S	17 Cl	18 Ar
4주기	19 K	20 Ca						

이에 대한 설명으로 옳은 것만을 〈보기〉에서 있는 대로 고른 것은?

─── 〈 보기 〉 ───
ㄱ. 위의 주기율표에 나타난 원소 중 금속성은 K이 가장 크다.
ㄴ. 비금속성이 가장 큰 원소는 He이다.
ㄷ. F는 Li과 1 : 1의 개수비로 이온 결합할 수 있다.

① ㄱ   ② ㄴ   ③ ㄷ
④ ㄱ, ㄴ   ⑤ ㄱ, ㄷ

20 원소 A~E의 전자 배치를 나타낸 것이다.

원소	오비탈				
	1s	2s	2p	3s	3p
A	↑↓	↑			
B	↑↓	↑	↑ □ □		
C	↑↓	↑↓	↑ □ □		
D	↑↓	↑↓	↑↓ ↑↓ ↑↓	↑↓	↑ □ □
E	↑↓	↑↓	↑↓ ↑↓ ↑↓	↑↓	↑↓ ↑↓ □

이 중 같은 족에 속하는 원소끼리 바르게 짝지은 것은? (단, 원소 A~E 는 임의의 원소이다.)

① A, B   ② A, C   ③ B, D
④ B, E   ⑤ C, D

21 주기율표의 일부를 나타낸 것이다.

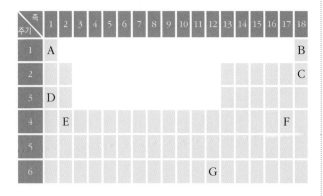

다음 (가)와 (나)에 해당하는 원소의 위치로 옳은 것은?

(가) : 비금속 원소이며, 1원자 분자를 형성하고, 전자 껍질 수가 1 개이다.
(나) : 금속 원소이고, 상온에서 액체 상태로 존재한다.

	(가)	(나)
①	A	C
②	A	G
③	B	D
④	B	G
⑤	C	D

22 어떤 중성 원자의 전자 배치를 나타낸 모형이다.

이 원자가 안정한 이온이 되었을 때와 같은 전자 배치를 가지는 것만을 있는 대로 고르시오.

① Ar ② K^+ ③ Ca
④ F^- ⑤ O^{2-}

[23-24] 주기율표의 일부를 나타낸 것이다. 다음 물음에 답하시오.

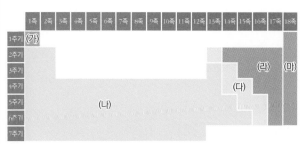

23 주기율표의 (마) 영역에 속한 원소에 대한 설명으로 옳은 것만을 〈보기〉에서 있는 대로 고른 것은?

〈 보기 〉

ㄱ. 모두 원자가 전자가 0 개인 원소이다.
ㄴ. 비금속 원소이지만 비금속성이 없다.
ㄷ. 같은 족 원소끼리 결합할 수 있다.

① ㄱ ② ㄴ ③ ㄷ
④ ㄱ, ㄴ ⑤ ㄱ, ㄴ, ㄷ

24 위 주기율표에 대한 설명으로 옳은 것만을 〈보기〉에서 있는 대로 고른 것은?

〈 보기 〉

ㄱ. (가) 원소의 바닥상태의 전자 배치는 $1s^1$이다.
ㄴ. (나)에 포함된 원소는 모두 전형 원소이다.
ㄷ. 비금속 원소는 (라)와 (마)에 속한 원소뿐이다.

① ㄱ ② ㄴ ③ ㄷ
④ ㄱ, ㄴ ⑤ ㄴ, ㄷ

25 원자 번호가 74번인 텅스텐(W)의 바닥상태의 전자 배치를 오비탈을 이용하여 나타내고, 텅스텐은 몇 주기, 몇 족 원소인지 서술하시오.

26 단주기형 주기율표이다.

	1족	2족	13족	14족	15족	16족	17족	18족
1주기	1 H							2 He
2주기	3 Li	4 Be	5 B	6 C	7 N	8 O	9 F	10 Ne
3주기	11 Na	12 Mg	13 Al	14 Si	15 P	16 S	17 Cl	18 Ar
4주기	19 K	20 Ca						

이 주기율표의 원소들 중 비금속성이 가장 큰 원소는 무엇인지 쓰고, 비금속성의 주기성에 대해 서술하시오.

[27-28] (가)와 (나)는 각각 원소 A 와 원소 B 가 중성 원자 또는 이온일 때의 전자 배치를 모형으로 나타낸 것이다. (단, 원소 A 와 B 는 서로 다른 임의의 원소이다.)

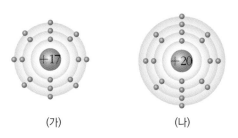

(가)   (나)

27 (가)와 (나)의 전자 배치를 오비탈을 이용하여 나타내고, (가)와 (나)가 중성 원자의 전자 배치인지, 이온의 전자 배치인지 서술하시오.

28 원소 A와 B가 이온 결합하여 생성되는 화합물의 화학식을 쓰시오.

29 물 분자를 나타낸 모형이다. 수소 원자 2개와 산소 원자 1 개가 결합하여 물 분자가 되는 원리를 옥텟 규칙과 관련지어 서술하시오.

30 전형 원소들이 전자를 잃거나 얻어서 18족 비활성 기체와 같은 전자 배치를 가지려는 경향을 옥텟 규칙이라고 한다. 전형 원소들이 이러한 경향을 가지는 이유에 대해 유효 핵전하와 관련지어 서술하시오.

31 원자 번호가 26번인 철(Fe)은 이온이 될 때, Fe^{2+}(제1철 이온)과 Fe^{3+}(제2철 이온) 등이 될 수 있다. 이것은 철이 여러 가지 산화수(2, 3, 4, 6)를 가질 수 있기 때문이다. 철이 이러한 특성을 가지는 이유를 전자 배치와 관련지어 서술하시오.

32 18족 원소들이 1 원자 분자로 존재하는 이유에 대해 서술하시오.

13강. 원소의 주기적 성질 Ⅰ

1. 원자 반지름　　2. 원자 반지름의 주기성
3. 이온 반지름　　4. 이온 반지름의 주기성

1. 원자 반지름

❶ 원자 반지름의 측정 기준이 필요한 이유

현대 원자 모형에서는 전자의 정확한 궤적은 알 수 없고, 원자핵 주위에 전자가 발견될 확률만을 나타내므로 원자의 크기를 정확히 측정할 수 없다. 따라서 원자 반지름을 정하는 기준이 필요하다.

▲ 현대 원자 모형

(1) 원자 반지름의 측정 기준❶ : 공유 결합 [미니] 반지름, 반데르발스 반지름

(2) 공유 결합 반지름(covalent radius)

① **비금속 원소** : 같은 종류의 원자로 이루어진 이원자 분자의 원자핵 사이 거리를 측정하여 그 거리의 반을 원자 반지름으로 정한다.

② **금속 원소** : 금속 결정에서 인접한 두 원자의 원자핵 사이 거리를 측정하여 그 거리의 반을 원자 반지름으로 정한다. ➡ 금속 결합 반지름

▲ 비금속 원소의 공유 결합 반지름

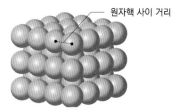

▲ 금속 원소의 금속 결합 반지름

(3) 반데르발스 반지름(Van der Waals radius)

① 다른 분자에 속해 있는 두 원자가 접근할 수 있는 최소 거리로 정한 원자 반지름

② 온도를 낮추어 분자를 결정 상태로 만든 후, 두 원자의 원자핵 사이 거리를 측정하여 그 거리의 반을 원자 반지름으로 정한다.

③ 같은 종류의 원자로 이루어진 이원자 분자의 원자 반지름을 측정하는 경우, 공유 결합 반지름보다 반데르발스 반지름이 훨씬 큰 값으로 측정된다.❷

❷ 공유 결합 반지름보다 반데르발스 반지름이 큰 이유

공유 결합을 형성할 때는 전자 구름이 겹쳐지므로 공유 결합 반지름은 실제의 반지름보다 작게 측정된다. 그러나 다른 분자에 속한 원자들이 가까워질 때는 전자 구름들 사이에 강한 전기적 반발력이 작용하므로 원자들이 약간 떨어지게 된다. 따라서 반데르발스 반지름은 실제의 반지름보다 크게 측정된다.

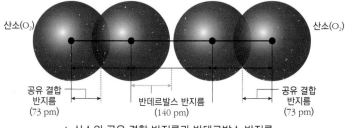

산소(O$_2$)　　　　　　　　　　　　　산소(O$_2$)

공유 결합 반지름 (73 pm)　　　반데르발스 반지름 (140 pm)　　　공유 결합 반지름 (73 pm)

▲ 산소의 공유 결합 반지름과 반데르발스 반지름

④ 비활성 기체의 경우, 다른 원자와 공유 결합을 하지 않으므로 공유 결합 반지름은 측정할 수 없지만 반데르발스 반지름은 측정이 가능하다.

(4) 원자 반지름에 영향을 끼치는 요인

① 전자껍질 수가 많을수록 원자 반지름이 증가한다. ➡ 원자핵과 최외각 전자 사이의 거리 멀어짐

② 유효 핵전하가 클수록 원자 반지름이 감소한다. ➡ 원자핵과 전자 사이의 인력 증가

③ 전자 수가 많을수록 원자 반지름이 증가한다. ➡ 전자 사이의 반발력 증가

[개념확인1]

원자 반지름에 대한 설명으로 옳은 것은 ○표, 옳지 않은 것은 ×표 하시오.

(1) 공유 결합을 하지 않는 금속 원소의 원자 반지름은 측정할 수 없다.　　　　　　(　　)

(2) 공유 결합 반지름보다 반데르발스 반지름이 더 크게 측정된다.　　　　　　　　(　　)

[확인+1]

공유 결합 반지름과 반데르발스 반지름 중 비활성 기체의 원자 반지름 측정에 이용할 수 있는 것은 무엇인지 쓰시오.　　　　　　　　　　　　　　　　　　　　　　　(　　)

미니사전

공유 결합 [共 함께 有 있다 結 맺다 合 합하다] 원자들이 각각 전자를 내놓아 전자쌍을 만들고 이를 서로 공유하여 결합하는 것

2. 원자 반지름의 주기성

(1) 같은 주기❶ : 원자 번호가 증가할수록 원자 반지름이 감소한다. ➡ 같은 주기의 원소들은 전자 껍질 수가 같지만, 원자 번호가 증가할수록 양성자 수가 많아져 유효 핵전하가 커지므로 원자 핵과 전자 사이의 인력이 증가하기 때문

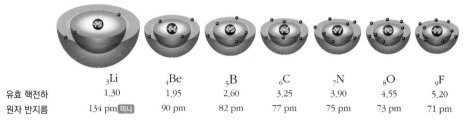

	$_3Li$	$_4Be$	$_5B$	$_6C$	$_7N$	$_8O$	$_9F$
유효 핵전하	1.30	1.95	2.60	3.25	3.90	4.55	5.20
원자 반지름	134 pm 미니	90 pm	82 pm	77 pm	75 pm	73 pm	71 pm

▲ 2주기 원소들의 유효 핵전하와 원자 반지름의 변화

(2) 같은 족❶ : 원자 번호가 증가할수록 원자 반지름이 증가한다. ➡ 같은 족에서는 원자 번호가 증가할수록 전자껍질 수가 많아져서 원자핵과 가장 바깥 전자껍질에 있는 전자와의 거리가 멀어지기 때문

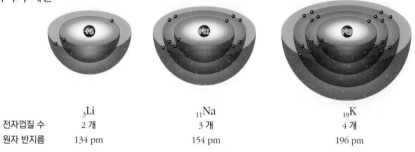

	$_3Li$	$_{11}Na$	$_{19}K$
전자껍질 수	2 개	3 개	4 개
원자 반지름	134 pm	154 pm	196 pm

▲ 1족 원소들의 전자껍질 수와 원자 반지름의 변화

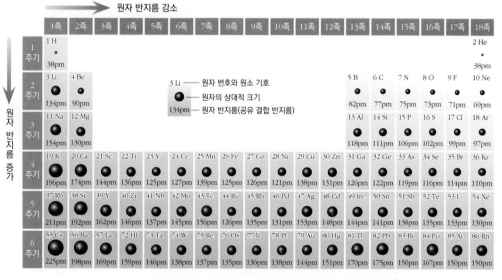

원자 반지름 감소 →

↓ 원자 반지름 증가

	1족	2족	3족	4족	5족	6족	7족	8족	9족	10족	11족	12족	13족	14족	15족	16족	17족	18족
1주기	1 H 38pm																	2 He 38pm
2주기	3 Li 134pm	4 Be 90pm											5 B 82pm	6 C 77pm	7 N 75pm	8 O 73pm	9 F 71pm	10 Ne 69pm
3주기	11 Na 154pm	12 Mg 130pm											13 Al 118pm	14 Si 111pm	15 P 106pm	16 S 102pm	17 Cl 99pm	18 Ar 97pm
4주기	19 K 196pm	20 Ca 174pm	21 Sc 144pm	22 Ti 136pm	23 V 125pm	24 Cr 127pm	25 Mn 139pm	26 Fe 125pm	27 Co 126pm	28 Ni 121pm	29 Cu 138pm	30 Zn 131pm	31 Ga 126pm	32 Ge 122pm	33 As 119pm	34 Se 116pm	35 Br 114pm	36 Kr 110pm
5주기	37 Rb 211pm	38 Sr 192pm	39 Y 162pm	40 Zr 146pm	41 Nb 137pm	42 Mo 145pm	43 Tc 156pm	44 Ru 126pm	45 Rh 135pm	46 Pd 131pm	47 Ag 153pm	48 Cd 148pm	49 In 144pm	50 Sn 141pm	51 Sb 138pm	52 Te 135pm	53 I 133pm	54 Xe 130pm
6주기	55 Cs 225pm	56 Ba 198pm	57 La 169pm	72 Hf 159pm	73 Ta 146pm	74 W 138pm	75 Re 137pm	76 Os 135pm	77 Ir 136pm	78 Pt 138pm	79 Au 144pm	80 Hg 151pm	81 Tl 170pm	82 Pb 175pm	83 Bi 150pm	84 Po 167pm	85 At 150pm	86 Rn 150pm

3 Li ── 원자 번호와 원소 기호
● ── 원자의 상대적 크기
134pm ── 원자 반지름(공유 결합 반지름)

▲ 주기율표에 따른 원소의 원자 반지름(공유 결합 반지름❷)

---

❶ **같은 주기, 같은 족의 공유 결합 반지름**

·같은 주기 : 원자 번호가 증가할수록 전자 수가 증가하여 전자 사이의 반발력이 증가하지만, 양성자 수 증가에 의한 유효 핵전하의 증가가 더 큰 영향을 끼치므로 원자 반지름이 감소한다.

원자핵과 전자 사이의 인력
$_3Li$

원자핵과 전자 사이의 인력
$_4Be$

·같은 족 : 원자 번호가 증가할수록 양성자 수 증가에 의해 유효 핵전하가 증가하지만, 전자 껍질 수의 증가가 더 큰 영향을 끼치므로 원자 반지름이 증가한다.

❷ **비활성 기체의 공유 결합 반지름**

비활성 기체의 경우 화합물이 존재하지 않아 공유 결합 반지름을 측정할 수 없다. 따라서 이웃 자료에서 예측하여 공유 결합 반지름을 구한다.

개념확인 2

정답 및 해설 58 쪽

같은 주기의 원소 K 과 Ca 중 원자 반지름이 더 큰 것은 무엇인지 쓰시오.

(   )

확인+2

원자 반지름에 대한 설명으로 옳은 것은 ○표, 옳지 않은 것은 ×표 하시오.

(1) 같은 족에서는 원자 번호가 클수록 원자 반지름이 증가한다.   (   )

(2) 같은 주기에서 유효 핵전하가 클수록 원자 반지름이 크다.   (   )

미니사전

pm 피코미터(picometer)
$1pm = 10^{-12} m$

미니사전

반발력 [反 반대하다 撥 일으
키다 力 힘] 두 물체가 서로
밀어내는 힘

3. 이온 반지름

(1) 양이온 반지름

① 양이온 반지름은 원자 반지름보다 작아진다. ➡ 중성 원자가 전자를 잃어 양이온이 되면 전자껍질 수가 감소하고, 유효 핵전하가 증가하기 때문

② 금속 원소는 전자를 잃어 양이온이 되기 쉽기 때문에 원자 반지름보다 이온 반지름이 작다.

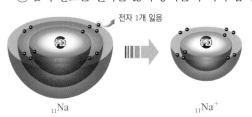

구분	Na	Na$^+$
양성자 수	11	11
전자 수	11	10
전자껍질 수	3 개	2 개
유효 핵전하	2.51	6.80
입자 반지름	154 pm	102 pm

▲ 나트륨 원자(Na)와 나트륨 이온(Na$^+$)의 비교

(2) 음이온 반지름

① 음이온 반지름은 원자 반지름보다 커진다. ➡ 중성 원자가 전자를 얻어 음이온이 되면 추가된 전자에 의해 전자 사이의 반발력[미니]이 증가하여 전자 구름이 커지므로 유효 핵전하가 감소한다.❶

② 비금속 원소는 전자를 얻어 음이온이 되기 쉽기 때문에 원자 반지름보다 이온 반지름이 크다.

❶ 전자 사이의 반발력과 유효 핵전하

다전자 원자에서 전자와 원자핵 사이의 인력은 전자 사이의 반발력에 의해 감소하므로(가려막기 효과) 전자 사이의 반발력이 커지면 전자가 실제로 느끼는 핵전하인 유효 핵전하는 작아진다.

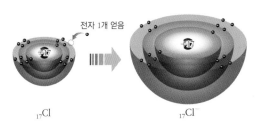

구분	Cl	Cl$^-$
양성자 수	17	17
전자 수	17	18
전자껍질 수	3 개	3 개
유효 핵전하	6.12	5.77
입자 반지름	99 pm	181 pm

▲ 염소 원자(Cl)와 염화 이온(Cl$^-$)의 비교

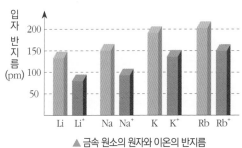

▲ 금속 원소의 원자와 이온의 반지름

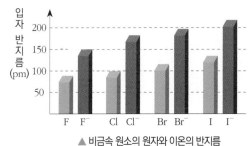

▲ 비금속 원소의 원자와 이온의 반지름

개념확인3

이온 반지름에 대한 설명으로 옳은 것은 ○표, 옳지 않은 것은 ×표 하시오.

(1) 금속 원소는 원자 반지름보다 이온 반지름이 더 작다. ( )

(2) Cl$^-$의 반지름이 Cl 중성 원자의 반지름보다 크다. ( )

(3) 비금속 원소가 음이온이 될 때 유효 핵전하는 증가한다. ( )

확인+3

빈 칸에 들어갈 알맞은 말을 쓰시오.

금속 원소는 전자를 잃어 양이온이 될 때, (   ) 수가 감소하기 때문에 원자 반지름보다 이온 반지름이 작다.

4. 이온 반지름의 주기성

(1) 같은 주기 : 원자 번호가 증가할수록 양이온의 반지름이나 음이온의 반지름은 작아진다.

➡ 유효 핵전하가 증가하여 원자핵과 전자 사이의 인력이 증가하기 때문 ❶

(2) 같은 족 : 원자 번호가 증가할수록 양이온의 반지름이나 음이온의 반지름은 커진다.

➡ 원자 번호가 증가할수록 이온의 전자껍질 수가 증가하기 때문

	1족	2족	13족	14족	15족	16족	17족
2주기	3 Li 134pm	4 Be 90pm	5 B 82pm	6 C 77pm	7 N 75pm	8 O 73pm	9 F 71pm
2주기	$_3Li^+$ 76pm	$_4Be^{2+}$ 45pm	$_5B^{3+}$ 27pm	$_6C^{4+}$❷ 16pm	$_7N^{3-}$ 146pm	$_8O^{2-}$ 140pm	$_9F^-$ 133pm
3주기	11 Na 154pm	12 Mg 130pm	13 Al 118pm	14 Si 111pm	15 P 106pm	16 S 102pm	17 Cl 99pm
3주기	$_{11}Na^+$ 102pm	$_{12}Mg^{2+}$ 72pm	$_{13}Al^{3+}$ 54pm	$_{14}Si^{4+}$ 40pm	$_{15}P^{3-}$ 212pm	$_{16}S^{2-}$ 182pm	$_{17}Cl^-$ 181pm

양이온 반지름 감소 → / 음이온 반지름 감소 →

양이온 반지름 증가 ↓ / 음이온 반지름 증가 ↓

● 원자 ● 양이온 ● 음이온

▲ 2주기와 3주기 원소의 원자 반지름과 이온 반지름

(3) 등전자 이온의 반지름

① **등전자 이온** 미니 : 전하의 종류와 관계없이 같은 수의 전자를 지니고 있는 이온

(예) · 2주기의 음이온과 3주기의 양이온은 등전자 이온이다.
➡ $_7N^{3-}$, $_8O^{2-}$, $_9F^-$, $_{11}Na^+$, $_{12}Mg^{2+}$ 의 전자 배치 : K(2)L(8)

· 3주기의 음이온과 4주기의 양이온은 등전자 이온이다.
➡ $_{15}P^{3-}$, $_{16}S^{2-}$, $_{17}Cl^-$, $_{19}K^+$, $_{20}Ca^{2+}$ 의 전자 배치 : K(2)L(8)M(8)

② 등전자 이온에서 원자 번호가 클수록 이온 반지름이 작아진다. ➡ 등전자 이온은 전자의 수가 같으므로 이온의 핵전하가 클수록 유효 핵전하가 증가하기 때문

(예) $_7N^{3-} > _8O^{2-} > _9F^- > _{11}Na^+ > _{12}Mg^{2+}$, $_{15}P^{3-} > _{16}S^{2-} > _{17}Cl^- > _{19}K^+ > _{20}Ca^{2+}$

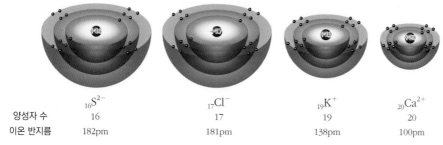

	$_{16}S^{2-}$	$_{17}Cl^-$	$_{19}K^+$	$_{20}Ca^{2+}$
양성자 수	16	17	19	20
이온 반지름	182pm	181pm	138pm	100pm

▲ K(2)L(8)M(8)의 전자 배치를 갖는 등전자 이온의 반지름의 변화

개념확인4

정답 및 해설 **58 쪽**

이온 반지름의 주기성에 대한 설명으로 옳은 것은 ○표, 옳지 않은 것은 ×표 하시오.

(1) 같은 족에서 원자 번호가 클수록 이온의 반지름이 크다.　　　　　　(　　)

(2) Li^+의 반지름보다 Be^{2+}의 반지름이 더 크다.　　　　　　　　(　　)

(3) Cl^-의 반지름보다 K^+의 반지름이 더 작다.　　　　　　　　　(　　)

확인+4

전하의 종류와 관계없이 같은 수의 전자를 지니고 있는 이온을 무엇이라 하는지 쓰시오.

(　　　　　　) 이온

---

❶ **같은 주기 원소의 양이온과 음이온의 반지름**

같은 주기에 속한 원소의 양이온 반지름보다 음이온 반지름이 항상 크다.

❷ **탄소 양이온**

탄소는 비금속에 속하지만 원자가 전자가 4개이므로 4가 양이온으로 가정하여 나타내었다.

미니사전

등전자 이온 [等 무리 電 전기 子 입자 -] 같은 수의 전자를 가지고 있어서 전자 배치가 같은 이온

개념 다지기

01 원자 반지름에 대한 설명으로 옳지 <u>않은</u> 것은?

① 비활성 기체의 공유 결합 반지름은 측정할 수 없다.
② 공유 결합 반지름보다 반데르발스 반지름이 더 크다.
③ 공유 결합 반지름은 실제 원자의 반지름보다 더 크게 측정된다.
④ 금속 원자의 반지름은 금속 결정 상태에서 원자핵 사이 거리의 반으로 정한다.
⑤ 원자 반지름을 정하는 기준에는 공유 결합 반지름과 반데르발스 반지름이 있다.

02 임의의 원소 A~C의 전자 배치를 나타낸 것이다.

원소	A	B	C
전자 배치	$1s^2 2s^1$	$1s^2 2s^2 2p^6 3s^1$	$1s^2 2s^2 2p^6 3s^2 3p^6 4s^1$

원소 A~C 중 원자 반지름이 가장 큰 것은 무엇인지 쓰시오.

(   )

03 빈 칸에 들어갈 알맞은 말을 각각 고르시오.

> 같은 족에서는 원자 번호가 큰 원소일수록 ㉠(전자껍질 , 양성자) 수가 많아지므로 원자 반지름이 ㉡(크다 , 작다).

04 원자 반지름에 대한 설명으로 옳은 것만을 〈보기〉에서 있는 대로 고른 것은?

〈 보기 〉
ㄱ. 같은 족에서 전자껍질 수가 많을수록 원자 반지름이 증가한다.
ㄴ. 같은 주기에서 유효 핵전하가 클수록 원자 반지름이 감소한다.
ㄷ. 같은 주기에서 원자 번호가 증가할수록 원자 반지름이 증가한다.

① ㄱ   ② ㄴ   ③ ㄷ   ④ ㄱ, ㄴ   ⑤ ㄱ, ㄷ

05 나트륨 중성 원자와 나트륨 이온을 비교한 표이다.

구분	Na	Na$^+$
양성자 수	11	11
전자 수	11	10
전자껍질 수	㉠	㉡
유효 핵전하	㉢	㉣
입자 반지름	㉤	㉥

이에 대한 설명으로 옳은 것만을 〈보기〉에서 있는 대로 고른 것은?

〈 보기 〉
ㄱ. ㉠보다 ㉡이 더 작다.
ㄴ. ㉢보다 ㉣이 더 크다.
ㄷ. ㉤보다 ㉥이 더 크다.

① ㄱ   ② ㄴ   ③ ㄷ   ④ ㄱ, ㄴ   ⑤ ㄱ, ㄷ

06 비금속 원소의 중성 원자와 이온의 반지름을 비교한 것이다.

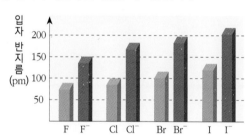

이에 대한 설명으로 옳은 것만을 〈보기〉에서 있는 대로 고른 것은?

〈 보기 〉
ㄱ. 비금속 원소는 원자 반지름보다 이온 반지름이 더 크다.
ㄴ. 원자 번호가 클수록 유효 핵전하가 크기 때문에 이러한 경향이 나타난다.
ㄷ. 같은 족 원소들은 원자 번호가 클수록 원자 반지름과 이온 반지름이 크다.

① ㄱ   ② ㄴ   ③ ㄷ   ④ ㄱ, ㄴ   ⑤ ㄱ, ㄷ

07 이온의 반지름이 가장 큰 것을 고르시오.

① $_{15}P^{3-}$ ② $_{16}S^{2-}$ ③ $_{17}Cl^-$ ④ $_{19}K^+$ ⑤ $_{20}Ca^{2+}$

08 입자의 반지름이 가장 큰 것을 고르시오.

① Li^+ ② O ③ O^{2-} ④ F^- ⑤ Mg^{2+}

[유형 13-1] 원자 반지름

산소 분자(O_2) 2 개가 인접해 있는 모습을 나타낸 것이다.

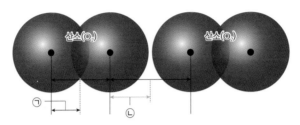

이에 대한 설명으로 옳은 것만을 〈보기〉에서 있는 대로 고른 것은?

— 〈 보기 〉 —

ㄱ. 공유 결합된 원자들의 전자 구름이 겹쳐지므로 실제 원자 반지름보다 ㉠이 작게 측정된다.
ㄴ. 같은 종류의 원자로 이루어진 이원자 분자의 원자 반지름을 측정하는 경우, ㉡은 ㉠보다 큰 값으로 측정된다.
ㄷ. 비활성 기체의 경우, ㉠은 측정 가능하지만 ㉡은 측정할 수 없다.

① ㄱ   ② ㄴ   ③ ㄷ   ④ ㄱ, ㄴ   ⑤ ㄱ, ㄷ

---

01 다음 원자 반지름에 대한 설명으로 옳은 것만을 〈보기〉에서 있는 대로 고른 것은?

— 〈 보기 〉 —

ㄱ. 공유 결합 반지름은 실제 원자의 반지름과 같다.
ㄴ. 분자가 1 개만 있다면 반데르발스 반지름은 측정할 수 있지만 공유 결합 반지름은 측정할 수 없다.
ㄷ. 금속 원소의 경우, 금속 결정에서 인접한 두 원자의 원자핵 사이 거리의 절반을 원자 반지름으로 정한다.

① ㄱ   ② ㄴ   ③ ㄷ   ④ ㄱ, ㄴ   ⑤ ㄱ, ㄷ

02 원자 반지름을 증가시킬 수 있는 요인만을 있는 대로 고르시오.

① 전자껍질 수 증가   ② 전자 수 증가
③ 유효 핵전하 증가   ④ 인접한 분자 수 증가
⑤ 원자핵과 전자 사이의 인력 증가

[유형 13-2] 원자 반지름의 주기성

다음 그래프는 원자 번호 11번부터 18번까지의 원소들의 원자 반지름과 원자가 전자의 유효 핵전하의 관계를 나타낸 것이다.

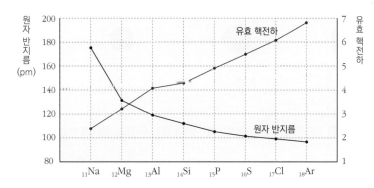

이 그래프를 통해 알 수 있는 것으로 옳지 <u>않은</u> 것은?

① 같은 주기에서 양성자 수가 증가할수록 원자 반지름이 감소한다.
② 같은 주기에서 원자 번호가 증가할수록 원자 반지름은 감소한다.
③ 같은 주기에서 원자 번호가 증가할수록 유효 핵전하는 증가한다.
④ 전자껍질 수가 같다면 유효 핵전하가 클수록 원자 반지름은 작다.
⑤ 최외각 전자 수가 같다면 전자껍질 수가 많을수록 원자 반지름은 크다.

03 주기율표의 일부를 나타낸 것이다.

	1족	2족	13족	14족	15족	16족	17족	18족
1주기								
2주기	A	B					C	
3주기	D						E	

이에 대한 설명으로 옳은 것만을 〈보기〉에서 있는 대로 고른 것은? (단, A~E 는 임의의 원소 기호이다.)

〈 보기 〉
ㄱ. A 보다 B 의 원자 반지름이 더 크다.
ㄴ. C 보다 E 의 원자 반지름이 더 크다.
ㄷ. C 보다 D 의 원자 반지름이 더 크다.

① ㄱ   ② ㄴ   ③ ㄷ   ④ ㄱ, ㄴ   ⑤ ㄴ, ㄷ

04 다음 (가)와 (나) 원소들을 원자 반지름의 크기 순으로 각각 나열하시오.

(가) N, O, F	(나) Li, Na, K

(가) : (   ) > (   ) > (   )   (나) : (   ) > (   ) > (   )

[유형 13-3] 이온 반지름

3주기 원소 A~C 의 원자와 각 원자가 안정한 이온일 때의 크기를 상대적으로 나타낸 것이다.

A   B   C

● 원자
◌ 이온

이에 대한 설명으로 옳은 것만을 〈보기〉에서 있는 대로 고른 것은? (단, A~C 는 임의의 원소 기호이다.)

〈 보기 〉

ㄱ. A 의 안정한 이온은 양이온이다.
ㄴ. B 와 C 는 전자를 얻어서 안정한 이온이 된다.
ㄷ. 원자 번호는 C 가 A 보다 크다.

① ㄱ   ② ㄴ   ③ ㄷ   ④ ㄱ, ㄴ   ⑤ ㄱ, ㄴ, ㄷ

05 주기율표의 일부를 나타낸 것이다.

	1족	2족	13족	14족	15족	16족	17족	18족
1주기	A							B
2주기		C	D				E	
3주기	F						G	

A~G 중 중성 원자가 안정한 이온이 되었을 때 반지름이 더 커지는 원소만을 있는대로 고르시오. (단, A~G 는 임의의 원소 기호이다.)

(   )

06 염소와 염화 이온을 비교하여 나타낸 것이다. 이에 대한 설명으로 옳지 <u>않은</u> 것은?

구분	Cl	Cl⁻
양성자 수	㉠	㉡
전자 수	㉢	㉣
전자껍질 수	㉤	㉥
유효 핵전하	㉦	㉧
입자 반지름	㉨	㉩

① ㉠은 ㉡과 같다.
② ㉢은 ㉣보다 작다.
③ ㉤은 ㉥과 같다.
④ ㉦은 ㉧보다 작다.
⑤ ㉨은 ㉩보다 작다.

[유형 13-4] **이온 반지름의 주기성**

원소 A~E 의 원자 반지름과 안정한 이온의 반지름을 나타낸 것이다.

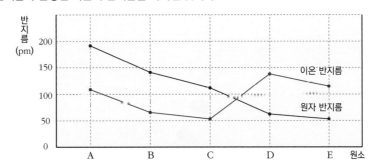

이에 대한 설명으로 옳은 것만을 〈보기〉에서 있는 대로 고른 것은? (단, A~E 는 각각 O, F, Na, Mg, Al 중 하나이다.)

---〈 보기 〉---
ㄱ. A, B, C 는 금속 원소이다.
ㄴ. A~E 중 D의 원자 번호가 가장 크다.
ㄷ. C 이온의 전자껍질 수가 D 이온의 전자껍질 수보다 많다.

① ㄱ   ② ㄴ   ③ ㄷ   ④ ㄱ, ㄴ   ⑤ ㄱ, ㄴ, ㄷ

07 반지름의 크기를 비교한 것으로 옳지 <u>않은</u> 것은?

① $Li > Li^+$
② $F < F^-$
③ $Na^+ > Mg^{2+}$
④ $N^{3-} < O^{2-}$
⑤ $Cl^- > K^+$

08 주기율표의 일부를 나타낸 것이다.

	1족	2족	13족	14족	15족	16족	17족	18족
1주기	A							
2주기	B						C	
3주기	D					E		

이에 대한 설명으로 옳은 것만을 〈보기〉에서 있는 대로 고른 것은? (단, A~E는 임의의 원소 기호이다.)

---〈 보기 〉---
ㄱ. A~E 중 원자 반지름은 A가 가장 작다.
ㄴ. C와 D가 안정한 이온이 되면 D 이온의 반지름이 C 이온의 반지름보다 크다.
ㄷ. A~E가 안정한 이온이 되면 E 이온의 반지름이 가장 크다.

① ㄱ   ② ㄴ   ③ ㄷ   ④ ㄱ, ㄴ   ⑤ ㄱ, ㄷ

01 두 개의 수소 원자가 결합하여 수소 분자를 이룰 때 원자핵 사이의 거리에 따른 에너지 변화를 나타낸 것이다.

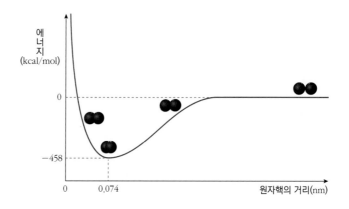

이 그래프에서 에너지를 높이는 힘과 에너지를 낮추는 힘은 각각 무엇인지 서술하시오.

02 이온 반지름을 결정하는 방법에 대한 글이다.

> 이온 반지름은 이온 결정에서 이온들의 중심 간 거리를 양이온과 음이온의 이온 반지름의 합으로 가정하여 계산한다. 예를 들어 화합물 MgO에서 Mg^{2+}과 O^{2-}의 핵간 거리가 0.205 nm 이고, O^{2-}의 반지름이 0.140 nm 라면 이를 이용하여 다음과 같이 Mg^{2+}의 이온 반지름을 계산할 수 있다.
> $$Mg^{2+}의\ 반지름 = 0.205\ nm - 0.140\ nm = 0.065\ nm$$

다음은 각 결정에서 인접한 양이온과 음이온 사이의 거리이다. RbBr 결정에서 인접한 이온 사이의 거리는 몇 nm 인지 a, b, c, d 를 이용하여 나타내시오.

| NaBr : a nm | RbCl : b nm | NaCl : c nm | KBr : d nm |

03 임의의 원소 A~E 중 원자 반지름이 가장 큰 원소와 안정한 이온의 반지름이 가장 큰 원소는 무엇인지 각각 쓰고, 그 이유를 서술하시오.

·원소 A 는 원자 번호가 산소보다 1 이 작다.

·원소 B 는 그 원자핵에 포함되어 있는 양성자의 수가 A 보다 2 개 많다.

·원소 C 는 주기율표에서 A 와 같은 주기에 있고, 가장 바깥 껍질에 존재하는 전자가 6 개이다.

·원소 D 는 그 원자핵에 포함되어 있는 양성자 수가 C 보다 3 개 많다.

·원소 E 는 C 보다 원자 번호 1 이 큰 원소의 동족 원소이고, D 와 같은 주기에 있다.

---

04 원소 A~D의 원자 반지름과 안정한 이온의 반지름을 나타낸 것이다.

원소	원자 반지름(pm)	이온 반지름(pm)
A	130	72
B	71	x
C	y	102
D	73	140

x 와 y 의 범위를 각각 쓰시오.(단, 원소 A~D 는 각각 O, F, Na, Mg 중 하나이다.)

05 원자 번호가 연속적인 원소 A~D 의 안정한 이온에 대한 자료이다. (단, A~D 는 임의의 원소 기호이고, 18족 원소는 제외한다.)

·이온의 크기는 다음과 같다.

A 이온   B 이온   C 이온   D 이온

·이온의 전자 배치는 모두 Ar 중성 원자의 전자 배치와 같다.
·A~D 의 이온 중 양이온은 두 개이다.

---

(1) 원자 반지름이 큰 순서대로 원소 기호를 나열하시오.

(2) B 와 C 로 이루어진 화합물은 공유 결합 화합물인가, 이온 결합 화합물인지 쓰고, 그 이유를 서술하시오.

06

다음 표는 3주기 원소 A~D의 원자가 전자의 유효 핵전하와 $\dfrac{\text{이온 반지름}}{\text{원자 반지름}}$ 을 나타낸 것이다. 표를 참고하여 다음 물음에 답하시오. (단, A~D는 임의의 원소 기호이고, 이온 반지름은 A~D가 가장 안정한 이온을 형성하였을 때의 반지름이다.)

원소	A	B	C	D
유효 핵전하	2.5	3.3	4.8	5.5
$\dfrac{\text{이온 반지름}}{\text{원자 반지름}}$	0.53	0.41	1.93	1.79

(1) 원자 번호가 가장 큰 원소와 가장 작은 원소는 무엇인지 각각 쓰고, 그 이유를 서술하시오.

(2) 원소 A~D 를 금속 원소와 비금속 원소로 구분하시오.

(3) 이온 반지름이 가장 큰 원소는 무엇인지 쓰고, 그 이유를 서술하시오.

스스로 실력 높이기

01 다음 빈칸에 들어갈 알맞은 말을 쓰시오.

> 같은 종류의 원자로 이루어진 이원자 분자의 원자 반지름을 측정하는 경우에는 공유 결합 반지름과 반데 르발스 반지름 중 (   ) 반지름이 더 큰 값으로 측정된다.

02 세 원소에 대한 설명으로 옳은 것은 ○표, 옳지 않은 것은 ×표 하시오.

> $_3Li$ $_4Be$ $_{11}Na$

(1) 리튬과 베릴륨 중 리튬의 원자 반지름이 더 크다.
(   )
(2) 리튬과 나트륨 중 리튬의 원자 반지름이 더 크다.
(   )

03 원자 반지름에 대한 설명으로 옳은 것은 ○표, 옳지 않은 것은 ×표 하시오.

(1) 같은 종류의 원자로 이루어진 이원자 분자의 원자 핵 사이 거리를 측정하여 그 거리의 반을 공유 결합 반지름이라 한다. (   )
(2) 비활성 기체는 공유 결합 반지름을 직접적으로 측정할 수 없다. (   )
(3) 같은 주기에서는 원자 번호가 증가할수록 원자 반지름이 증가한다. (   )

04 그림 (가)와 (나)는 Be 과 Mg 원자의 크기를 상대적으로 나타낸 것이다. (가)와 (나)가 나타내는 원자가 무엇인지 각각 원소 기호를 쓰시오.

(가)   (나)
(   )   (   )

05 어떤 원소의 중성 원자 상태와 안정한 이온 상태의 모습을 나타낸 것이다. 이 원소는 금속 원소인지 비금속 원소인지 쓰시오.

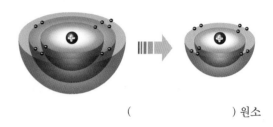

(   ) 원소

06 이온 반지름에 대한 설명으로 옳은 것은 ○표, 옳지 않은 것은 ×표 하시오.

(1) Br^-의 반지름은 Br 중성 원자의 반지름보다 크다.
(   )
(2) Na 의 유효 핵전하보다 Na^+의 유효 핵전하가 더 작다. (   )
(3) 금속 원소는 원자 반지름보다 이온 반지름이 작다. (   )

07 다음 빈칸에 들어갈 적절한 단어를 고르시오.

> 같은 주기에 속한 금속 원소의 양이온 반지름과 비금속 원소의 음이온 반지름을 비교하면 (양이온 , 음이온) 반지름이 항상 크다.

08 반지름이 가장 큰 것은 무엇인지 쓰시오.

> Li   Na Na^+

(   )

[09-10] 여러 가지 이온들을 나타낸 것이다. 다음 물음에 답하시오.

N^{3-}	O^{2-}	F^-	Na^+	Mg^{2+}

09 각 이온들의 전자 수는 각각 몇 개인지 쓰시오.

N^{3-}	O^{2-}	F^-	Na^+	Mg^{2+}
(　)개	(　)개	(　)개	(　)개	(　)개

10 위의 이온들 중 이온 반지름이 가장 큰 것은 무엇인지 쓰시오.

(　　　　　　　　　)

B

11 원자 반지름에 대한 설명으로 옳은 것은?

① 공유 결합을 하지 않는 원소는 원자 반지름 측정이 불가능하다.
② 같은 족의 원소는 원자 번호가 작을수록 원자 반지름이 크다.
③ 같은 주기의 원소는 원자 번호가 클수록 원자 반지름이 크다.
④ 반데르발스 반지름은 다른 분자에 속해 있는 두 원자가 접근할 수 있는 최소 거리로 정한 원자 반지름이다.
⑤ 같은 원자로 이루어진 이원자 분자의 원자 반지름을 측정하는 경우, 공유 결합 반지름보다 반데르발스 반지름이 작게 측정된다.

12 원자 반지름과 이온 반지름에 대한 설명으로 옳은 것만을 〈보기〉에서 있는 대로 고른 것은?

〈 보기 〉
ㄱ. 전자껍질 수가 같을 때 원자 번호가 증가할수록 원자 반지름이 감소한다.
ㄴ. 같은 주기에 속한 원소에서 음이온의 반지름은 양이온의 반지름보다 크다.
ㄷ. 금속 원소의 이온 반지름은 원자 반지름보다 작다.

① ㄱ　　　　　　② ㄴ　　　　　　③ ㄷ
④ ㄱ, ㄴ　　　　⑤ ㄱ, ㄴ, ㄷ

13 주기율표의 일부를 나타낸 것이다.

	1족	2족	13족	14족	15족	16족	17족	18족
1주기								
2주기	A	B					C	
3주기	D						E	

이에 대한 설명으로 옳은 것만을 〈보기〉에서 있는 대로 고른 것은? (단, A~E는 임의의 원소 기호이다.)

〈 보기 〉
ㄱ. A, B, C 중 A의 원자 반지름이 가장 크다.
ㄴ. A와 D 중 A의 원자 반지름이 더 크다.
ㄷ. D와 E 중 D의 원자 반지름이 더 크다.

① ㄱ　　　　　　② ㄴ　　　　　　③ ㄷ
④ ㄱ, ㄴ　　　　⑤ ㄱ, ㄷ

14 어떤 중성 원자의 바닥상태의 전자 배치를 나타낸 것이다.

$1s$　　$2s$　　　　$2p$
↑↓　　↑↓　　↑↓ ↑↓ ↑

이 원소에 대한 설명으로 옳은 것만을 〈보기〉에서 있는 대로 고른 것은?

〈 보기 〉
ㄱ. 이 원소는 중성 원자 반지름보다 안정한 이온의 반지름이 더 크다.
ㄴ. 이 원소가 안정한 이온이 되면 유효 핵전하는 감소한다.
ㄷ. 이 원소의 원자 반지름은 산소(O)의 원자 반지름보다 크다.

① ㄱ　　　　　　② ㄴ　　　　　　③ ㄷ
④ ㄱ, ㄴ　　　　⑤ ㄱ, ㄷ

15 3주기 원소 A~C 의 원자와 각 원자가 안정한 이온일 때의 크기를 상대적으로 나타낸 것이다.

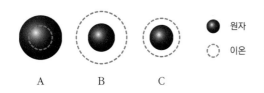

● 원자
⬭ 이온

A   B   C

이에 대한 설명으로 옳은 것만을 〈보기〉에서 있는 대로 고른 것은? (단, A~C 는 임의의 원소 기호이다.)

〈 보기 〉
ㄱ. A 는 금속 원소이다.
ㄴ. 원자 번호는 B 가 C 보다 작다.
ㄷ. 안정한 이온들의 전자껍질 수는 모두 같다.

① ㄱ   ② ㄴ   ③ ㄷ
④ ㄱ, ㄴ   ⑤ ㄱ, ㄴ, ㄷ

16 원소 A~E의 원자 반지름과 안정한 이온의 반지름을 나타낸 것이다.

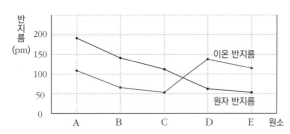

이에 대한 설명으로 옳은 것만을 〈보기〉에서 있는 대로 고른 것은? (단, A~E 는 각각 O, F, Na, Mg, Al 중 하나이다.)

〈 보기 〉
ㄱ. A 는 비금속 원소이다.
ㄴ. 알루미늄(Al)은 B 이다.
ㄷ. A~E 의 안정한 이온의 전자 수는 모두 동일하다.

① ㄱ   ② ㄴ   ③ ㄷ
④ ㄱ, ㄴ   ⑤ ㄴ, ㄷ

17 반지름의 크기를 비교한 것으로 옳지 <u>않은</u> 것은?

① $Be > Be^{2+}$ ② $Cl < Cl^-$
③ $Na^+ > Al^{3+}$ ④ $N^{3-} > F^-$
⑤ $Na^+ > O^{2-}$

18 유효 핵전하가 가장 큰 것은?

| Al^{3+} | Mg^{2+} | Na^+ | F^- |

① Al^{3+} ② Mg^{2+}
③ Na^+ ④ F^-
⑤ 모두 같다.

C

19 주기율표의 일부를 나타낸 것이다.

	1족	2족	13족	14족	15족	16족	17족	18족
1주기	A							
2주기	B					C	D	
3주기	E							

이에 대한 설명으로 옳은 것만을 〈보기〉에서 있는 대로 고른 것은? (단, A~E 는 임의의 원소 기호이다.)

〈 보기 〉
ㄱ. A~E 중 D 의 원자 반지름이 가장 크다.
ㄴ. C 가 안정한 이온이 되었을 때 반지름은 증가한다.
ㄷ. 안정한 D 이온의 반지름은 안정한 E 이온의 반지름보다 작다.

① ㄱ   ② ㄴ   ③ ㄷ
④ ㄱ, ㄴ   ⑤ ㄱ, ㄷ

20 다음 표는 원소 A~E 의 전자 배치를 나타낸 것이다.

원소	오비탈				
	1s	2s	2p	3s	3p
A	↑↓	↑			
B	↑↓	↑↓	↑↓ ↑ ↑		
C	↑↓	↑↓	↑↓ ↑↓ ↑		
D	↑↓	↑↓	↑↓ ↑↓ ↑↓	↑	
E	↑↓	↑↓	↑↓ ↑↓ ↑↓	↑↓	↑↓ ↑↓ ↑

원소 A~E 의 원자 반지름 또는 이온 반지름을 비교한 것으로 옳지 <u>않은</u> 것은? (단, A~E 는 임의의 원소 기호이고, 이온 반지름은 안정한 이온의 반지름이다.)

① A 원자 > B 원자   ② A 원자 < D 원자
③ B 이온 > C 이온   ④ C 이온 < D 이온
⑤ D 이온 < E 이온

[21-22] 2주기에 속한 임의의 원소 A~E 의 원자 반지름과 안정한 이온의 반지름을 나타낸 것이다. 다음 물음에 답하시오. (단, 원소 A~E 는 1족~17족에 속한 원소이다.)

원소	A	B	C	D	E
원자 반지름(pm)	134	90	75	73	71
이온 반지름(pm)	76	45	146	140	133

21 원소 A~E 중 금속성이 가장 큰 원소와 비금속성이 가장 큰 원소를 바르게 짝지은 것은?

	금속성이 가장 큰 원소	비금속성이 가장 큰 원소
①	A	C
②	A	E
③	B	C
④	B	E
⑤	C	A

22 원소 A~E에 대한 설명으로 옳은 것만을 〈보기〉에서 있는 대로 고른 것은?

〈 보기 〉
ㄱ. 금속 원소는 A 와 B 뿐이다.
ㄴ. C 가 안정한 이온이 될 때 전자껍질 수는 변하지 않지만 전자 사이의 반발력은 증가한다.
ㄷ. E_2는 상온, 상압에서 기체 상태로 존재한다.

① ㄱ   ② ㄴ   ③ ㄷ
④ ㄱ, ㄴ   ⑤ ㄱ, ㄴ, ㄷ

23 O, F, Na, Mg, Al 의 원자 반지름, 원자가 전자의 유효 핵전하, 안정한 이온의 반지름을 각각 나타낸 것이다.

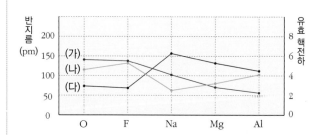

(가)~(다)에 해당하는 것을 바르게 짝지은 것은?

	(가)	(나)	(다)
①	이온 반지름	유효 핵전하	원자 반지름
②	원자 반지름	유효 핵전하	이온 반지름
③	이온 반지름	원자 반지름	유효 핵전하
④	유효 핵전하	원자 반지름	이온 반지름
⑤	원자 반지름	이온 반지름	유효 핵전하

24 임의의 원소 A~C 의 원자 또는 이온의 전자 배치를 모형으로 나타낸 것이다.

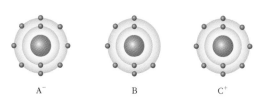

이에 대한 설명으로 옳은 것만을 〈보기〉에서 있는 대로 고른 것은?

〈 보기 〉
ㄱ. 양성자 수는 A 가 가장 많다.
ㄴ. 안정한 이온의 반지름은 B 가 가장 크다.
ㄷ. 원자 반지름은 C 가 가장 크다.

① ㄱ   ② ㄴ   ③ ㄷ
④ ㄱ, ㄴ   ⑤ ㄴ, ㄷ

심화

25 원자 반지름은 측정하는 기준에 따라 공유 결합 반지름과 반데르발스 반지름이 있다. 이처럼 원자 반지름을 측정할 때 측정 기준이 필요한 이유는 무엇인지 서술하시오.

26 산소의 공유 결합 반지름과 반데르발스 반지름을 나타낸 것이다.

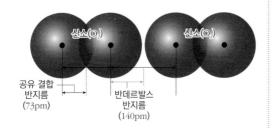

산소의 공유 결합 반지름보다 반데르발스 반지름이 더 크게 측정되는 이유는 무엇인지 서술하시오.

27 염소 원자가 전자 한 개를 얻어서 안정한 염화 이온이 되는 모습을 나타낸 것이다.

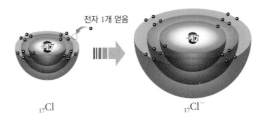

이 과정에서 입자의 반지름이 99 pm에서 181 pm으로 증가한다. 이렇게 반지름이 증가하는 이유를 서술하시오.

28 S^{2-}와 Ca^{2+}의 전자 배치와 상대적인 이온의 크기를 나타낸 것이다.

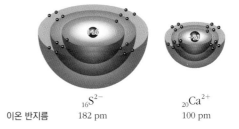

전자껍질의 수와 전자의 수가 같음에도 불구하고 이온의 반지름에 차이가 나는 이유를 서술하시오.

[29-30] 임의의 중성 원자 A~C 의 전자 배치를 나타낸 것이다. 다음 물음에 답하시오.

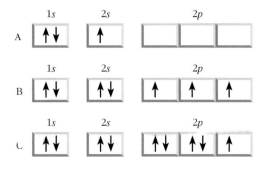

29 중성 원자 A~C 의 반지름의 크기를 부등호를 이용하여 쓰고, 그 이유를 서술하시오.

30 중성 원자 A~C 가 안정한 이온이 되었을 때의 이온식을 각각 쓰고, 이온 반지름의 크기를 비교하여 서술하시오.

31 원자 번호 11번부터 18번까지 원자의 상대적 크기를 나타낸 모형과 각 원소들의 원자 반지름이다.

11 Na	12 Mg	13 Al	14 Si	15 P	16 S	17 Cl	18 Ar
154pm	130pm	118pm	111pm	106pm	102pm	99pm	97pm

원자 번호 11번부터 18번까지의 원소들의 유효 핵전하와 원자 반지름의 상관 관계를 쓰시오. 또한 원자 번호가 증가함에 따라 양성자 수와 전자 수가 모두 증가함에도 불구하고 원자 반지름이 감소하는 이유를 서술하시오.

32 원자 반지름 또는 이온 반지름을 결정하는 요인을 나타낸 것이다.

> ㉠ 전자껍질 수
> ㉡ 전자 사이의 반발력
> ㉢ 핵전하량

㉠~㉢의 영향을 알아보기 위해 비교해야 할 입자를 〈보기〉에서 골라 각각 옳게 짝짓고, 그 이유를 서술하시오.

〈 보기 〉

ㄱ. K 과 K$^+$ ㄴ. Cl 과 Cl$^-$ ㄷ. K$^+$ 과 Cl$^-$

14강. 원소의 주기적 성질 Ⅱ

1. 이온화 에너지   2. 순차적 이온화 에너지
3. 전자 친화도와 전기 음성도   4. 화학적 성질의 규칙성

1. 이온화 에너지

(1) 이온화 에너지

① **이온화 에너지**[1] : 기체 상태[2]의 중성 원자 1 몰로부터 전자 1 몰을 떼어 내어 기체 상태의 +1 가의 양이온 1 몰로 만드는 데 필요한 에너지 ➡ 원자핵과 전자 사이의 인력이 클수록 이온화 에너지가 크다.

$$M(g) + E \rightarrow M^+(g) + e^- \quad (E : 이온화 에너지)$$

예 $Na(g)$에서 전자 1 몰을 떼어 내는 데 필요한 에너지는 496 kJ 이다.

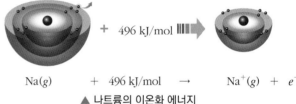

$$Na(g) \quad + \quad 496 \text{ kJ/mol} \quad \rightarrow \quad Na^+(g) \; + \; e^-$$

▲ 나트륨의 이온화 에너지

② 이온화 에너지가 작다. ➡ 전자를 떼어 내기 쉽다. ➡ 양이온이 되기 쉽다.
　이온화 에너지가 크다. ➡ 전자를 떼어 내기 어렵다. ➡ 양이온이 되기 어렵다.

(2) 이온화 에너지의 주기성

① **같은 주기** : 원자 번호가 클수록 이온화 에너지가 증가하는 경향이 있다. ➡ 양성자 수 증가로 인해 유효 핵전하가 증가하여 원자핵과 전자 사이의 인력이 증가하기 때문[3]
② **같은 족** : 원자 번호가 클수록 이온화 에너지가 감소한다. ➡ 전자껍질 수가 증가하여 원자핵과 전자 사이의 인력이 감소하기 때문

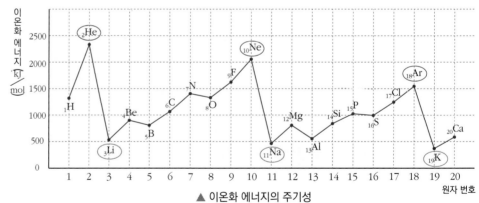

▲ 이온화 에너지의 주기성

③ 1족 원소는 같은 주기에서 이온화 에너지가 가장 작고, 18족 원소는 같은 주기에서 이온화 에너지가 가장 크다.

[개념확인 1]

이온화 에너지에 대한 설명으로 옳은 것은 ○표, 옳지 않은 것은 ✕표 하시오.

(1) 원자핵과 전자 사이의 인력이 클수록 이온화 에너지는 크다.   (   )

(2) 이온화 에너지가 큰 원소는 양이온이 되기 쉽다.   (   )

[확인+1]

같은 주기에서 이온화 에너지가 가장 작은 원소는 몇 족 원소인가?

(   )족 원소

---

❶ 이온화 에너지

중성 원자가 양이온이 될 때에는 원자핵과 전자 사이의 인력을 끊고 전자를 떼어 내야 하므로 에너지가 필요하다. 따라서 이온화 에너지는 항상 양의 값이다.

❷ 기체 상태와 이온화 에너지

액체 상태나 고체 상태에서는 양이온이 되는 데 필요한 에너지가 인접한 원자들의 영향을 받기 때문에 이온화 에너지는 기체 상태에서 정의된다.

❸ 이온화 에너지의 주기성의 예외

· Be(2족) > B(13족)

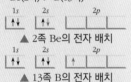

▲ 2족 Be의 전자 배치

▲ 13족 B의 전자 배치

에너지 준위가 낮은 s 오비탈보다 에너지 준위가 높은 p 오비탈에서 전자를 떼어 내는 것이 더 쉬우므로 13족 원소의 이온화 에너지가 2족 원소의 이온화 에너지보다 작다.

· N(15족) > O(16족)

▲ 15족 N의 전자 배치

▲ 16족 O의 전자 배치

16족 원소는 쌍을 이룬 전자 사이에 반발력이 작용하여 홀전자만 있는 15족 원소보다 전자를 떼어 내기 쉬우므로 16족 원소의 이온화 에너지가 15족 원소의 이온화 에너지보다 작다.

2. 순차적 이온화 에너지

(1) 순차적 이온화 에너지

① **순차**[미니]**적 이온화 에너지** : 기체 상태의 중성 원자에서 전자를 1개씩 차례로 떼어낼 때 각 단계에서 필요한 에너지이다.

② 전자를 1개 떼어낼 때 필요한 에너지를 제1 이온화 에너지(E_1)[1]라고 하며, 2 번째 전자, 3 번째 전자, … 떼어낼 때 필요한 에너지를 제2 이온화 에너지(E_2), 제 3 이온화 에너지(E_3), … 라고 한다.

$$M(g) + E_1 \rightarrow M^+(g) + e^- \quad (E_1 : \text{제1 이온화 에너지})$$
$$M^+(g) + E_2 \rightarrow M^{2+}(g) + e^- \quad (E_2 : \text{제2 이온화 에너지})$$
$$M^{2+}(g) + E_3 \rightarrow M^{3+}(g) + e^- \quad (E_3 : \text{제3 이온화 에너지})$$

③ 차수가 증가할수록 순차적 이온화 에너지가 증가한다. ($E_1 < E_2 < E_3 < E_4 < \cdots$) ➡ 이온화가 진행되면 전자 사이의 반발력은 감소하고, 원자핵과 전자 사이의 인력이 증가하기 때문

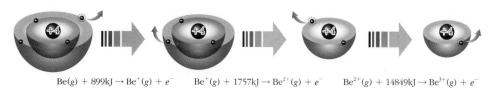

$$Be(g) + 899kJ \rightarrow Be^+(g) + e^- \qquad Be^+(g) + 1757kJ \rightarrow Be^{2+}(g) + e^- \qquad Be^{2+}(g) + 14849kJ \rightarrow Be^{3+}(g) + e^-$$
$$E_1 = 899kJ \qquad\qquad E_2 = 1757kJ \qquad\qquad E_1 = 14849kJ$$

▲ Be의 순차적 이온화 에너지[2]

(2) 순차적 이온화 에너지와 원자가 전자 수 : 순차적 이온화 에너지가 급격하게 증가하기 전까지
의 떼어 낸 전자 수가 원자가 전자 수이다. ➡ 원자가 전자를 모두 떼어 내고 안쪽 전자껍질에 있는 전자를 떼어 낼 때 이온화 에너지가 급격하게 증가하기 때문

원소	전자껍질			순차적 이온화 에너지(kJ/mol)[3]								
	K	L	M	E_1	E_2	E_3	E_4	E_5	E_6	E_7	E_8	E_9
$_{11}$Na	2	8	1	496 ≪	4562	6911	9543	13354	16613	20117	25496	28932
$_{12}$Mg	2	8	2	738	1451 ≪	7733	10542	13630	18020	21711	25661	31653
$_{13}$Al	2	8	3	578	1817	2745 ≪	11577	14842	18379	23326	27465	31853
$_{14}$Si	2	8	4	787	1577	3231	4356 ≪	16091	19805	23780	29287	33878
$_{15}$P	2	8	5	1012	1907	2914	4964	6274 ≪	21267	25431	29872	35905
$_{16}$S	2	8	6	1000	2252	3357	4556	7004	8496 ≪	27107	31719	36621
$_{17}$Cl	2	8	7	1251	2298	3822	5158	6542	9362	11018 ≪	33604	38600
$_{18}$Ar	2	8	8	1521	2666	3931	5771	7238	8781	11995	13842 ≪	40760

▲ 원자 번호 11에서 18까지 원소들의 순차적 이온화 에너지

(예) Na은 $E_1 ≪ E_2 < E_3 < E_4 < \cdots$ 이므로 원자가 전자 수가 1 이다. ➡ Na은 1족 원소이다.
Mg은 $E_1 < E_2 ≪ E_3 < E_4 < \cdots$ 이므로 원자가 전자 수가 2 이다. ➡ Mg은 2족 원소이다.
Al은 $E_1 < E_2 < E_3 ≪ E_4 < \cdots$ 이므로 원자가 전자 수가 3 이다. ➡ Al은 13족 원소이다.

개념확인2

정답 및 해설 63 쪽

기체 상태의 중성 원자에서 전자를 1개씩 차례로 떼어 낼 때 각 단계에서 필요한 에너지를 무엇이라 하는지 쓰시오.

( )

확인+2

순차적 이온화 에너지에 대한 설명으로 옳은 것은 ○표, 옳지 않은 것은 ×표 하시오.

(1) 순차적 이온화 에너지가 $E_1 ≪ E_2 < E_3 < E_4 < \cdots$ 인 원소는 2족 원소이다. ( )
(2) 순차적 이온화 에너지의 차수가 증가할수록 그 크기는 증가한다. ( )

---

❶ 제1 이온화 에너지

대부분 이온화 에너지라고 하면 제1 이온화 에너지를 의미한다.

❷ Be의 순차적 이온화 에너지

Be에서 전자가 1개씩 차례로 떨어져 나올 때, 생성된 이온의 전하량은 증가하고, 입자의 반지름은 작아지며, 순차적 이온화 에너지는 점차 증가한다.

❸ 족에 따른 원소의 순차적 이온화 에너지

·1족 : $E_1 ≪ E_2 < \cdots$
·2족 : $E_1 < E_2 ≪ E_3 < \cdots$
·13족 : $E_1 < E_2 < E_3 ≪ E_4 < \cdots$

미니사전

순차 [循 좇다 次 다음] 차례를 좇음

3. 전자 친화도와 전기 음성도

(1) 전자 친화도

(1) **전자 친화도** ❶ : 기체 상태의 중성 원자 1 몰이 전자 1 몰을 얻어 기체 상태의 −1 가의 음이온 1 몰이 될 때 방출하는 에너지 ➡ 원자핵과 전자 사이의 인력이 클수록 전자 친화도가 크다.

$$X(g) + e^- \rightarrow X^-(g) + E \quad (E : \text{전자 친화도})❷$$

· 전자 친화도가 크다. ➡ 전자를 얻기 쉽다. ➡ 음이온이 되기 쉽다.
　전자 친화도가 작다. ➡ 전자를 얻기 어렵다. ➡ 음이온이 되기 어렵다.

(2) **전자 친화도의 주기성**❸
　① **같은 주기** : 원자 번호가 클수록 대체로 증가한다. ➡ 양성자 수 증가로 인해 유효 핵전하가 증가하여 원자핵과 전자 사이의 인력이 증가하기 때문
　② **같은 족** : 원자 번호가 클수록 대체로 감소한다. ➡ 전자껍질 수가 증가하여 원자핵과 전자 사이의 인력이 감소하기 때문

(2) 전기 음성도

(1) **전기 음성도** : 두 원자의 공유 결합으로 생성된 분자에서 원자가 공유 전자쌍을 끌어당기는 힘의 세기를 상대적인 수치로 나타낸 것으로 전기적으로 (−)전하를 띠는 경향을 말한다.
　① 이온화 에너지가 클수록, 전자 친화도가 클수록 전기 음성도가 커지는 경향이 있다.❹
　② 플루오린(F)의 전기 음성도를 4.0 으로 정하고, 이 값을 기준으로 다른 원소들의 전기 음성도를 상대적으로 정하였다.❺

(2) **전기 음성도의 주기성**
　① **같은 주기** : 원자 번호가 클수록 대체로 증가한다. ➡ 양성자 수 증가로 인해 유효 핵전하가 증가하여 원자핵과 전자 사이의 인력이 증가하기 때문
　② **같은 족** : 원자 번호가 클수록 대체로 감소한다. ➡ 전자껍질 수가 증가하여 원자핵과 전자 사이의 인력이 감소하기 때문

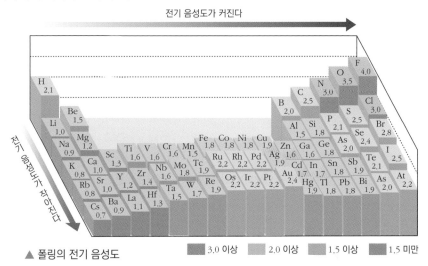

▲ 폴링의 전기 음성도

3.0 이상　2.0 이상　1.5 이상　1.5 미만

개념확인3

전기 음성도에 대한 설명으로 옳은 것은 ○표, 옳지 않은 것은 ×표 하시오.

(1) 같은 주기에서 전기 음성도는 원자 번호가 클수록 대체로 감소한다. 　　　(　　　)

(2) 플루오린의 전기 음성도를 기준으로 다른 원소들의 전기 음성도를 상대적으로 정하였다. (　　　)

확인+3

기체 상태의 중성 원자 1 몰이 전자 1 몰을 얻어 기체 상태의 −1 가의 음이온 1몰이 될 때 방출하는 에너지를 무엇이라 하는지 쓰시오.

(　　　　　　　　　　　)

---

❶ 전자 친화도

일반적으로 전자를 받아서 음이온이 될 때 원자핵과 전자 사이에 인력이 작용하여 에너지가 방출되므로 전자 친화도는 양수이다. (2족과 18족 제외)

❷ 염소의 전자 친화도

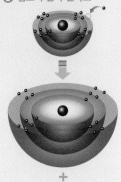

+
349 kJ/mol
$Cl(g) + e^-$
$\rightarrow Cl^-(g) + 349kJ/mol$
$Cl(g)$가 전자 1 몰을 얻어 음이온이 될 때 방출하는 에너지는 349 kJ 이다.

❸ 전자 친화도 주기성의 예외

·2족 원소는 전자 1개를 얻으면 에너지 준위가 높은 p 오비탈에 전자가 들어가야 해서 불안정해지므로 전자 친화도는 (−)값이 된다.

·15족 원소는 전자 1개를 얻으면 p 오비탈의 전자가 쌍을 이루게 되므로 짝지어진 전자 사이의 반발력으로 인해 불안정해지므로 전자 친화도가 작다.

·2주기 원소 중 N, O, F는 원자 반지름이 매우 작아 전자가 들어올 때 전자 사이 반발력이 커져 불안정해지기 때문에 3주기 원소인 P, S, Cl보다 전자 친화도가 작다.

·비활성 기체는 추가되는 전자에 대한 친화력이 없기 때문에 전자 친화도는 (−)값이 된다.

❹ 전자 친화도와 전기 음성도

전자 친화도는 중성 원자가 음이온이 되려는 정도이고, 전기 음성도는 결합을 이룬 상태에서 전자쌍을 끌어당기는 힘의 세기이므로 전기 음성도가 크다고 해서 반드시 전자 친화도가 큰 것은 아니다.

❺ 비활성 기체의 전기 음성도

18족 비활성 기체는 결합을 형성하지 않으므로 전기 음성도를 나타낼 수 없다.

4. 화학적 성질의 규칙성

(1) 알칼리 금속 : 주기율표의 1족에 속하는 금속 원소(단, 수소 제외)

(1) 알칼리 금속의 전자 배치 : 원자가 전자의 전자 배치가 모두 ns^1이다. ➡ 전자 1개를 잃으면 비활성 기체의 전자 배치를 갖게 되므로 +1가의 양이온이 되기 쉽다.

원소	바닥상태에서의 전자 배치	+1가의 양이온이 되었을 때의 전자 배치	
$_3$Li	$1s^2 2s^1$	$1s^2$	➡ $_2$He의 전자 배치
$_{11}$Na	$1s^2 2s^2 2p^6 3s^1$	$1s^2 2s^2 2p^6$	➡ $_{10}$Ne의 전자 배치
$_{19}$K	$1s^2 2s^2 2p^6 3s^2 3p^6 4s^1$	$1s^2 2s^2 2p^6 3s^2 3p^6$	➡ $_{18}$Ar의 전자 배치

(2) 알칼리 금속의 성질

① 같은 주기에서 이온화 에너지와 전자 친화도가 가장 작다. ➡ 양이온이 되기 쉽다.

② 반응성이 매우 크다. ➡ 자연 상태에서 다른 원소와 결합한 상태로 존재한다.

ㅤ(예) Li_2O, $NaCl$ 등

③ 물과 격렬하게 반응하여 수소 기체를 발생하고, 수용액은 강한 염기성이 된다.

ㅤ(예) $2K + 2H_2O \rightarrow 2KOH + H_2\uparrow$

(3) 알칼리 금속의 반응성❶

① 같은 족에서 원자 번호가 클수록 이온화 에너지가 감소하므로 전자를 잃기 쉬워 반응성이 커진다. ➡ Li < Na < K < Rb < ⋯

② 반응성이 클수록 물, 공기와 빠르게 반응하여 화합물을 형성하기 쉽다.

(2) 할로젠 원소 : 주기율표의 17족에 속하는 비금속 원소

(1) 할로젠 원소의 전자 배치 : 원자가 전자의 전자 배치가 모두 $ns^2 np^5$이다. ➡ 전자 1개를 얻으면 비활성 기체의 전자 배치를 갖게 되므로 −1가의 음이온이 되기 쉽다.

원소	바닥상태에서의 전자 배치	−1가의 음이온이 되었을 때의 전자 배치	
$_9$F	$1s^2 2s^2 2p^5$	$1s^2 2s^2 2p^6$	➡ $_{10}$Ne의 전자 배치
$_{17}$Cl	$1s^2 2s^2 2p^6 3s^2 3p^5$	$1s^2 2s^2 2p^6 3s^2 3p^6$	➡ $_{18}$Ar의 전자 배치
$_{35}$Br	$1s^2 2s^2 2p^6 3s^2 3p^6 4s^2 3d^{10} 4p^5$	$1s^2 2s^2 2p^6 3s^2 3p^6 4s^2 3d^{10} 4p^6$	➡ $_{36}$Kr의 전자 배치

(2) 할로젠 원소의 성질

① 같은 주기에서 이온화 에너지와 전자 친화도가 가장 크다. ➡ 음이온이 되기 쉽다.

② 반응성이 매우 크다. ➡ 자연 상태에서 대부분 화합물의 형태로 존재한다.

③ 상온에서 같은 종류의 원자 2개가 결합하여 2원자 분자로 존재한다. (예) F_2, Cl_2, Br_2, I_2

④ 알칼리 금속 또는 수소와 반응하여 이온 결합 물질이나 수소 화합물을 생성한다.

ㅤ(예) $2Na + Cl_2 \rightarrow 2NaCl$, $H_2 + Cl_2 \rightarrow 2HCl$

(3) 할로젠 원소의 반응성❷

① 원자 번호가 작을수록 전자 친화도가 증가하므로 전자를 얻기 쉬워 반응성이 커진다.

ㅤ➡ $F_2 > Cl_2 > Br_2 > I_2$

② 반응성이 클수록 알칼리 금속, 수소와 빠르게 반응하여 화합물을 형성하기 쉽다.

❶ **알칼리 금속의 반응**

알칼리 금속을 반응성이 매우 커서 공기 중의 산소, 또는 물과 격렬하게 반응한다. 따라서 알칼리 금속은 물, 산소와의 접촉을 막기 위해 밀봉하거나 석유나 액체 파라핀 속에 넣어 보관해야 한다.

▲ 알칼리 금속과 물의 반응

▲ 알칼리 금속의 보관

❷ F_2과 Cl_2의 반응성

할로젠 원소는 상온에서 2개의 원자가 결합한 2원자 분자로 존재하므로 원자 사이의 결합이 끊어져 원자 2개로 분리되어야 원자가 전자를 얻어 음이온이 될 수 있다. 전체적인 에너지를 보면 전자 친화도가 Cl이 F보다 크지만 반응성은 F_2가 Cl_2보다 크다.

개념확인 4

ㅤㅤㅤㅤㅤㅤㅤㅤㅤ정답 및 해설 **63** 쪽

알칼리 금속에 대한 설명으로 옳은 것은 ○표, 옳지 않은 것은 ×표 하시오.

(1) 같은 주기에서 이온화 에너지와 전자 친화도가 가장 크다. ㅤㅤㅤ(ㅤㅤ)

(2) 원자 번호가 클수록 반응성이 크다. ㅤㅤㅤㅤㅤㅤㅤㅤㅤㅤㅤ(ㅤㅤ)

확인+4

주기율표의 17족에 속하는 비금속 원소를 무엇이라 하는지 쓰시오.

ㅤㅤㅤㅤㅤㅤㅤㅤㅤㅤㅤㅤㅤㅤㅤㅤㅤ(ㅤㅤㅤㅤㅤ) 원소

01

이온화 에너지에 대한 설명으로 옳지 <u>않은</u> 것은?

① 이온화 에너지가 큰 원소는 양이온이 되기 어렵다.
② 같은 주기에서 18족 원소의 이온화 에너지가 가장 크다.
③ 같은 족에서는 원자 번호가 클수록 이온화 에너지가 증가한다.
④ 원자핵과 전자 사이의 인력이 클수록 이온화 에너지가 크다.
⑤ 같은 주기에서는 원자 번호가 클수록 이온화 에너지가 증가하는 경향이 있다.

02

임의의 원소 A~C 의 전자 배치를 나타낸 것이다.

원소	A	B	C
전자 배치	$1s^2 2s^1$	$1s^2 2s^2 2p^3$	$1s^2 2s^2 2p^6 3s^1$

원소 A~C 중 이온화 에너지가 가장 작은 것은 무엇인지 쓰시오.

(   )

03

어떤 원소의 순차적 이온화 에너지를 나타낸 것이다.

순차적 이온화 에너지(kJ/mol)								
E_1	E_2	E_3	E_4	E_5	E_6	E_7	E_8	E_9
496	4562	6911	9543	13354	16613	20117	25496	28932

이 원소는 몇 족 원소인지 쓰시오.

(   ) 족

04

순차적 이온화 에너지에 대한 설명으로 옳은 것만을 〈보기〉에서 있는 대로 고른 것은?

─── 〈 보기 〉 ───

ㄱ. 전자 1 mol 을 떼어 낼 때 필요한 에너지를 제 1 이온화 에너지라고 한다.
ㄴ. 순차적 이온화 에너지가 급격하게 증가할 때까지 떼어 낸 전자 수가 그 원자의 원자가 전자 수이다.
ㄷ. 중성 원자에서 전자가 1 개씩 차례로 떨어져 나올 때, 순차적 이온화 에너지는 점차 증가한다.

① ㄱ   ② ㄴ   ③ ㄷ   ④ ㄱ, ㄴ   ⑤ ㄱ, ㄷ

정답 및 해설 **63 쪽**

05 (가)와 (나)의 원소들의 전기 음성도의 크기를 옳게 비교한 것은?

(가) Li, Na, K	(나) N, O, F

	(가)	(나)
①	Li < Na < K	N < O < F
②	Li < Na < K	N > O > F
③	Li < Na < K	O < N < F
④	Li > Na > K	N > O > F
⑤	Li > Na > K	N < O < F

06 전자 친화도에 대한 설명으로 옳은 것만을 〈보기〉에서 있는 대로 고른 것은?

───── 〈 보기 〉 ─────

ㄱ. 기체 상태의 중성 원자 1 몰이 전자 1 몰을 잃어 기체 상태의 +1 가의 양이온 1 몰이 될 때 방출하는 에너지이다.
ㄴ. 전자 친화도가 큰 원소는 전자를 얻기 어렵다.
ㄷ. 같은 족 원소들의 전자 친화도는 원자 번호가 클수록 대체로 감소한다.

① ㄱ   ② ㄴ   ③ ㄷ   ④ ㄱ, ㄴ   ⑤ ㄱ, ㄷ

07 물, 공기와 가장 빠르게 반응하여 화합물을 형성하는 원소는?

① H   ② Li   ③ Na   ④ K   ⑤ Rb

08 할로젠 원소에 대한 설명으로 옳은 것만을 〈보기〉에서 있는 대로 고른 것은?

───── 〈 보기 〉 ─────

ㄱ. 원자가 전자의 진자 배치가 모두 ns^2np^5 이다.
ㄴ. 같은 주기에서 이온화 에너지와 전자 친화도가 가장 작다.
ㄷ. 원자 번호가 클수록 반응성이 커진다.

① ㄱ   ② ㄴ   ③ ㄷ   ④ ㄱ, ㄴ   ⑤ ㄱ, ㄷ

유형 익히기 & 하브루타

[유형 14-1] 이온화 에너지

원자 번호 1번부터 20번까지 원소들의 이온화 에너지를 나타낸 것이다.

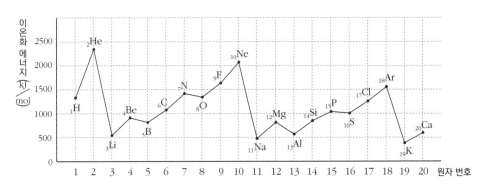

이에 대한 설명으로 옳은 것만을 〈보기〉에서 있는 대로 고른 것은?

── 〈 보기 〉 ──

ㄱ. 원자 번호 1번부터 20번까지 원소들 중 칼륨이 가장 양이온이 되기 쉽다.
ㄴ. 같은 주기의 원소들은 대체로 원자 번호가 클수록 이온화 에너지가 증가한다.
ㄷ. 같은 족 원소들은 원자 번호가 클수록 이온화 에너지가 증가한다.

① ㄱ   ② ㄴ   ③ ㄷ   ④ ㄱ, ㄴ   ⑤ ㄱ, ㄷ

01

이온화 에너지에 대한 설명으로 옳은 것만을 〈보기〉에서 있는 대로 고른 것은?

── 〈 보기 〉 ──

ㄱ. 이온화 에너지가 크면 양이온이 되기 쉽다.
ㄴ. 같은 주기에서 1족 원소의 이온화 에너지가 가장 작다.
ㄷ. 같은 주기에서 18족 원소의 이온화 에너지가 가장 크다.

① ㄱ   ② ㄴ   ③ ㄷ   ④ ㄱ, ㄴ   ⑤ ㄴ, ㄷ

02

나트륨과 칼륨을 비교했을 때 나트륨이 더 큰 값을 가지는 것은?

① 이온화 에너지   ② 원자가 전자 수
③ 전자껍질 수   ④ 금속성
⑤ 원자 반지름

[유형 14-2] 순차적 이온화 에너지

3주기 임의의 원소 A~C 에 대해 각각의 제 4 이온화 에너지를 100 으로 하여 순차적 이온화 에너지의 상댓값을 나타낸 것이다.

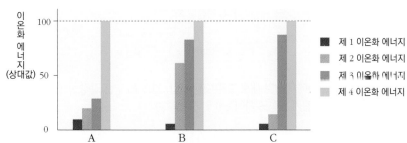

이에 대한 설명으로 옳은 것만을 〈보기〉에서 있는 대로 고른 것은?

〈 보기 〉
ㄱ. 제1 이온화 에너지는 B가 가장 작다.
ㄴ. 원자가 전자 수가 가장 많은 것은 B이다.
ㄷ. B의 제2 이온화 에너지는 L 전자껍질에서 전자를 떼어 낼 때 필요한 에너지이다.

① ㄱ   ② ㄴ   ③ ㄷ   ④ ㄱ, ㄴ   ⑤ ㄱ, ㄷ

03 어떤 원소의 순차적 이온화 에너지를 나타낸 것이다.

$E_1 = 578$ kJ/mol $E_2 = 1817$ kJ/mol $E_3 = 2745$ kJ/mol $E_4 = 11577$ kJ/mol

이 원소는 몇 족 원소인지 쓰시오.   (   ) 족

04 3주기에 속하는 원소 A~D 의 순차적 이온화 에너지를 나타낸 것이다.

원소	순차적 이온화 에너지(kJ/mol)				
	E_1	E_2	E_3	E_4	E_5
A	496	4562	6911	9543	13354
B	738	1451	7733	10542	13630
C	787	1577	3231	4356	16091
D	578	1817	2745	11577	14842

이에 대한 설명으로 옳은 것만을 〈보기〉에서 있는 대로 고른 것은? (단, A~D는 임의의 원소 기호이다.)

〈 보기 〉
ㄱ. A 는 1족 원소이다.
ㄴ. 바닥상태 전자 배치에서 홀전자 수는 B 가 A 보다 많다.
ㄷ. 기체 상태의 원자로부터 옥텟 규칙을 만족하는 양이온이 되는 데 필요한 에너지는 C 가 D 보다 크다.

① ㄱ   ② ㄴ   ③ ㄷ   ④ ㄱ, ㄴ   ⑤ ㄱ, ㄷ

[유형 14-3] 전자 친화도와 전기 음성도

원소 A~E 의 전기 음성도를 각각 a~e 라 하였을 때, 두 원소 간의 전기 음성도 차를 나타낸 것이다.

전기 음성도 차				
$|a-c|$	$|a-e|$	$|b-c|$	$|b-d|$	$|d-e|$
1.0	0.5	2.8	0.3	2.6

이에 대한 설명으로 옳은 것만을 〈보기〉에서 있는 대로 고른 것은? (단, 원소 A~E 는 각각 N, O, F, Na, Mg 중 하나이고, F 의 전기 음성도는 4.0 이며, F 와 O 의 전기 음성도 차이는 0.5 이다.)

〈 보기 〉
ㄱ. N 의 전기 음성도는 a 이다.
ㄴ. D 와 E 는 2 : 1 로 결합하여 안정한 화합물을 형성한다.
ㄷ. Ne 의 바닥상태 전자 배치를 가지는 이온 중 이온 반지름이 가장 큰 원소는 A 이다.

① ㄱ   ② ㄴ   ③ ㄷ   ④ ㄱ, ㄴ   ⑤ ㄱ, ㄴ, ㄷ

05 2주기 원소 A~D 의 원자 반지름과 전기 음성도를 나타낸 것이다.

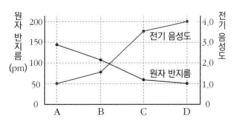

안정한 이온을 형성하였을 때의 C 의 이온 반지름이 B 의 이온 반지름보다 클 때, 이에 대한 설명으로 옳은 것만을 〈보기〉에서 있는 대로 고른 것은? (단, A~D 는 임의의 원소 기호이다.)

〈 보기 〉
ㄱ. A 의 안정한 이온은 네온(Ne)과 같은 전자 배치를 가진다.
ㄴ. B 가 안정한 이온을 형성할 때 전자껍질 수는 감소한다.
ㄷ. 안정한 이온의 반지름은 C 가 D 보다 크다.

① ㄱ   ② ㄴ   ③ ㄷ
④ ㄱ, ㄴ   ⑤ ㄴ, ㄷ

06 리튬이 나트륨보다 더 큰 값을 가지는 것만을 〈보기〉에서 있는 대로 고른 것은? (단, 이온 반지름은 안정한 이온의 반지름이다.)

〈 보기 〉
ㄱ. 이온 반지름   ㄴ. 전자 친화도
ㄷ. 전기 음성도   ㄹ. 제1 이온화 에너지

① ㄱ, ㄴ   ② ㄱ, ㄹ   ③ ㄴ, ㄷ
④ ㄱ, ㄴ, ㄷ   ⑤ ㄴ, ㄷ, ㄹ

정답 및 해설 **64 쪽**

[유형 14-4] 화학적 성질의 규칙성

주기율표에 알칼리 금속과 할로젠 원소 A~F 를 나타낸 것이다.

	1족	2족	13족	14족	15족	16족	17족	18족
1주기								
2주기	A						D	
3주기	B						E	
2주기	C						F	

이에 대한 설명으로 옳은 것만을 〈보기〉에서 있는 대로 고른 것은? (단, A~F 는 임의의 원소 기호이다.)

─── 〈 보기 〉 ───

ㄱ. 공기 중 산소와 반응하는 속도는 A > B > C이다.
ㄴ. A 와 반응하는 속도는 D_2가 E_2보다 빠르다.
ㄷ. D, E, F 는 상온에서 같은 종류의 원자 2개가 결합한 기체 상태로 존재한다.

① ㄱ   ② ㄴ   ③ ㄷ   ④ ㄱ, ㄴ   ⑤ ㄱ, ㄴ, ㄷ

07 중성 원자 A~E 의 바닥상태에서의 전자 배치를 나타낸 것이다.

원소	바닥상태에서의 전자 배치
A	$1s^2 2s^1$
B	$1s^2 2s^2 2p^5$
C	$1s^2 2s^2 2p^6 3s^1$
D	$1s^2 2s^2 2p^6 3s^2 3p^5$
E	$1s^2 2s^2 2p^6 3s^2 3p^6 4s^1$

이에 대한 설명으로 옳은 것만을 〈보기〉에서 있는 대로 고른 것은? (단, A~E 는 임의의 원소 기호이다.)

─── 〈 보기 〉 ───

ㄱ. A, C, E 는 물과 반응하여 수소 기체를 발생시킨다.
ㄴ. 전기 음성도는 B 가 가장 크다.
ㄷ. C 는 D 보다 이온화 에너지가 더 크다.

① ㄱ   ② ㄷ   ③ ㄱ, ㄴ
④ ㄱ, ㄷ   ⑤ ㄱ, ㄴ, ㄷ

08 Li, Na, K 의 성질에 대한 설명으로 옳은 것은?

① 반응성의 크기는 Li > Na > K 이다.
② 물과 반응한 수용액은 강한 산성이 된다.
③ 전자를 한 개 얻어 -1 가의 음이온이 되기 쉽다.
④ 상온에서 같은 종류의 두 원자가 결합하여 2원자 분자로 존재한다.
⑤ 각각의 원소들이 속한 주기의 다른 원소들과 비교했을 때, 이온화 에너지가 가장 작다.

01 원자 번호 20번까지의 원소들의 제 1 이온화 에너지를 나타낸 것이다.

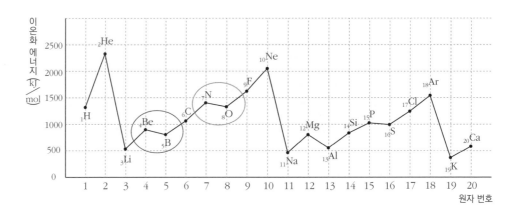

(1) 이온화 에너지는 같은 주기에서 원자 번호가 클수록 이온화 에너지가 증가하는 경향이 있다. 그러나 Be 과 B 의 경우 원자 번호가 더 작은 Be 이 B 보다 이온화 에너지가 더 크다. 그 이유가 무엇일지 전자 배치와 관련지어 서술하시오.

(2) N와 O의 경우에도 원자 번호가 더 작은 N가 O보다 이온화 에너지가 더 크다. 그 이유가 무엇일지 전자 배치와 관련지어 서술하시오.

02

원지 번호 20번까지의 원소들의 전자 친화도를 나타낸 것이다.

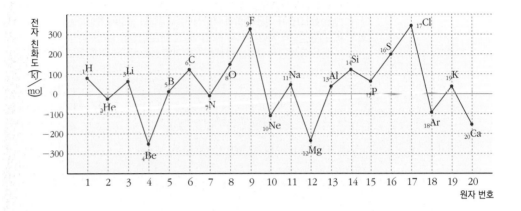

(1) 2족 원소인 Be, Mg, Ca 은 전자 친화도 값이 (−)이다. 그 이유를 서술하시오.

(2) 2주기 원소인 N, O, F 의 경우 3주기 원소인 P, S, Cl 보다 전자 친화도가 작다. 이러한 경향이 나타나는 이유는 무엇인지 서술하시오.

03　전기 음성도 차이와 결합의 종류에 대한 글이다.

> 대부분의 화합물은 전자들이 완전히 이동하는 이온 결합과 전자들을 동등하게 공유하는 무극성 공유 결합, 그리고 이온 결합과 무극성 공유 결합의 중간에 해당하는 극성 공유 결합으로 이루어져 있다. 전기 음성도의 차이가 매우 큰 원자들은 이온 결합을 형성하지만, 전기 음성도 차이가 비교적 작은 원자들은 극성 공유 결합을 형성하며, 전기 음성도 차이가 거의 없으면 무극성 공유 결합을 형성한다.
>
> | 전기 음성도 차이 | 결합 종류 |
> |:---:|:---:|
> | 0 ~ 0.4 | 무극성 공유 결합 |
> | 0.4 ~ 2.0 | 극성 공유 결합 |
> | 2.0 이상 | 이온 결합 |
>
> ▲ 전기 음성도 차이와 결합의 종류

다음 4가지 물질 중에서 결합의 극성이 가장 큰 물질을 쓰고, 그 이유를 서술하시오. (단, 전기 음성도는 Na : 0.9, H : 2.1, C : 2.5, Cl : 3.0 이다.)

H_2	Cl_2	HCl	NaCl

04　산소의 1차 전자 친화도와 2차 전자 친화도이다.

$$O(g) + e^- \rightarrow O^-(g) + 142 \, kJ/mol$$
$$O^-(g) + e^- \rightarrow O^{2-}(g) - 844 \, kJ/mol$$

옥텟 규칙에 의하면 O^{2-}가 O^- 보다 안정하다. 그런데 O^-가 전자를 하나 얻어서 O^{2-}가 되는 반응은 흡열 반응이다. 그 이유를 서술하시오.

05 2, 3주기 원소 A~D 로 이루어진 네 가지 이온 결합 물질에서 구성 원소의 전기 음성도 차이를 나타낸 것이다. 다음 물음에 답하시오. (단, A~D 는 임의의 원소 기호이고, A~D의 이온의 전자 배치는 Ne 과 같다.)

화학식	구성 원소의 전기 음성도 차이
AC	3.1
A_2D	2.6
BC_2	2.8
BD	㉠

(1) A~D 의 전기 음성도를 부등호로 비교하시오.

(2) 원소 A~D 가 몇 주기 원소인지 각각 쓰시오.

(3) ㉠에 들어갈 B 와 D 의 전기 음성도 차이는 얼마인가?

06 6개의 원소를 아래의 규칙에 따라 그림의 구안에 배치하려고 한다. 그림에 원소 기호를 알맞게 배치하시오.

Na	He	F	O	Mg	Cl

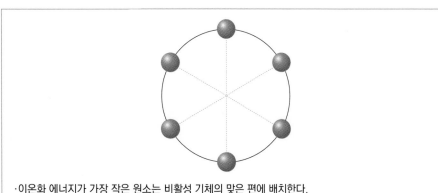

·이온화 에너지가 가장 작은 원소는 비활성 기체의 맞은 편에 배치한다.
·할로젠 원소는 비활성 기체 옆에 배치한다.
·전기 음성도가 가장 큰 원소는 물의 성분 원소의 맞은 편에 배치한다.

Ⓐ

01 이온화 에너지에 대한 설명으로 옳은 것은 ○표, 옳지 않은 것은 ×표 하시오.

(1) 기체 상태의 중성 원자 1 몰이 전자 1 몰을 얻어 기체 상태의 −1 가의 음이온 1몰이 될 때 방출하는 에너지이다. ( )

(2) 이온화 에너지가 작으면 양이온이 되기 쉽다. ( )

(3) 같은 주기에서 18족 원소의 이온화 에너지가 가장 크다. ( )

02 2주기에 속한 어떤 원소의 순차적 이온화 에너지의 크기를 나타낸 것이다.

$$E_1 \ll E_2 < E_3 < E_4 < \cdots$$

이에 대한 설명으로 옳은 것은 ○표, 옳지 않은 것은 ×표 하시오.

(1) 이 원소의 원자가 전자는 2개이다. ( )
(2) 이 원소는 금속 원소이다. ( )

03 다음에서 설명하는 것은 무엇인지 쓰시오.

두 원자의 공유 결합으로 생성된 분자에서 원자가 공유 전자쌍을 끌어당기는 힘의 세기를 상대적인 수치로 나타낸 것이다.

( )

04 같은 주기에서 원자 번호가 클수록 증가하는 경향이 있는 것만을 〈보기〉에서 있는 대로 고르시오.

〈 보기 〉
ㄱ. 원자 반지름   ㄴ. 제 1 이온화 에너지
ㄷ. 전기 음성도   ㄹ. 전자 친화도

( )

05 같은 족에서 원자 번호가 클수록 증가하는 경향이 있는 것만을 〈보기〉에서 있는 대로 고르시오.

〈 보기 〉
ㄱ. 원자 반지름   ㄴ. 제 1 이온화 에너지
ㄷ. 전기 음성도   ㄹ. 전자 친화도

( )

06 이온화 에너지에 대한 설명으로 옳은 것은 ○표, 옳지 않은 것은 ×표 하시오.

(1) 제 1 이온화 에너지보다 제 2 이온화 에너지가 더 작다. ( )

(2) 순차적 이온화 에너지가 급격히 증가하기 전까지의 전자 수가 원자가 전자 수이다. ( )

07 빈칸에 들어갈 적절한 단어를 고르시오.

전자 친화도가 크면 음이온이 되기 (쉽다 , 어렵다).

08 전기 음성도가 가장 큰 것은 무엇인지 쓰시오.

| F | Cl | Br |

( )

정답 및 해설 **66 쪽**

[09-10] 여러 가지 원소들을 나타낸 것이다.

Li	F	Na	Cl	K

09 위의 원소 중 원자가 전자의 전자 배치가 ns^1 인 원소의 원소 기호를 모두 쓰시오.

( )

10 위의 원소들 중 가장 빠르게 물과 반응하여 수소 기체를 발생시키는 원소의 원소 기호를 쓰시오.

( )

11 〈보기〉의 각 원소가 결합을 할 때, 각 원자가 공유 전자쌍을 끌어당기는 힘의 크기를 비교한 것으로 옳은 것만을 〈보기〉에서 있는 대로 고른 것은?

─── 〈 보기 〉 ───
ㄱ. B < C   ㄴ. O < F
ㄷ. Cl > F   ㄹ. P > N

① ㄱ   ② ㄴ   ③ ㄷ
④ ㄱ, ㄴ   ⑤ ㄷ, ㄹ

12 3주기 원소 A~D 에 대한 자료의 일부이다.

원소	A	B	C	D
유효 핵전하	2.5	3.3	4.8	5.5
이온 반지름 / 원자 반지름	(가)	0.41	1.93	1.79

이에 대한 설명으로 옳은 것만을 〈보기〉에서 있는 대로 고른 것은?

─── 〈 보기 〉 ───
ㄱ. (가)는 1 보다 작은 값이다.
ㄴ. A 의 전기 음성도가 가장 작다.
ㄷ. 제 1 이온화 에너지는 D 가 가장 크다.

① ㄱ   ② ㄴ   ③ ㄷ
④ ㄱ, ㄴ   ⑤ ㄱ, ㄴ, ㄷ

13 주기율표의 일부를 나타낸 것이다.

	1족	2족	13족	14족	15족	16족	17족	18족
1주기								
2주기	A	B					C	
3주기	D							

이에 대한 설명으로 옳은 것만을 〈보기〉에서 있는 대로 고른 것은? (단, A~D 는 임의의 원소 기호이다.)

─── 〈 보기 〉 ───
ㄱ. 원자 반지름은 A 가 B 보다 크다.
ㄴ. 이온화 에너지는 C 가 B 보다 크다.
ㄷ. 전기 음성도는 D 가 A 보다 크다.

① ㄱ   ② ㄴ   ③ ㄷ
④ ㄱ, ㄴ   ⑤ ㄴ, ㄷ

14 중성 원자 A~E 의 바닥상태에서의 전자 배치를 나타낸 것이다.

원소	전자 배치
A	$1s^2 2s^1$
B	$1s^2 2s^2 2p^5$
C	$1s^2 2s^2 2p^6 3s^1$
D	$1s^2 2s^2 2p^6 3s^2 3p^4$
E	$1s^2 2s^2 2p^6 3s^2 3p^5$

이에 대한 설명으로 옳은 것만을 〈보기〉에서 있는 대로 고른 것은? (단, A~E 는 임의의 원소 기호이다.)

─── 〈 보기 〉 ───
ㄱ. 원자 A 가 원자 B 보다 전자 1 개를 떼어 낼 때 필요한 에너지가 더 크다.
ㄴ. C 는 D 보다 전기 음성도가 작다.
ㄷ. D 와 E 가 결합했을 때 공유 전자쌍을 끌어당기는 힘의 세기는 D 가 E 보다 크다.

① ㄱ   ② ㄴ   ③ ㄱ, ㄴ
④ ㄱ, ㄷ   ⑤ ㄴ, ㄷ

15 3주기 원소 A 와 B 의 순차적 이온화 에너지를 나타낸 것이다.

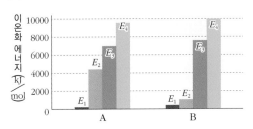

원소 A 가 원소 B 보다 큰 값을 가지는 것을 모두 고르시오.

① 전기 음성도
② 원자가 전자 수
③ 안정한 이온의 반지름
④ 원자가 전자에 대한 유효 핵전하
⑤ 바닥상태 전자 배치에서 홀전자 수

16 어떤 원소 A 의 순차적 이온화 에너지를 나타낸 것이다.

순차적 이온화 에너지(kJ/mol)				
E_1	E_2	E_3	E_4	E_5
738	1451	7733	10542	13630

원소 A에 대한 설명으로 옳은 것만을 〈보기〉에서 있는 대로 고른 것은?

───── 〈 보기 〉 ─────
ㄱ. 원소 A는 2족 원소이다.
ㄴ. 원소 A의 바닥상태 전자 배치에서 홀전자 수는 2개이다.
ㄷ. 원자 A의 반지름보다 A^{2+}의 반지름이 더 크다.

① ㄱ   ② ㄴ   ③ ㄷ
④ ㄱ, ㄴ   ⑤ ㄴ, ㄷ

17 할로젠 원소의 성질에 대한 설명으로 옳은 것만을 〈보기〉에서 있는 대로 고른 것은?

───── 〈 보기 〉 ─────
ㄱ. 원자 번호가 클수록 전자를 잃기 쉬워 반응성이 커진다.
ㄴ. 상온에서 같은 종류의 두 원자가 결합하여 2원자 분자로 존재한다.
ㄷ. 같은 주기에서 전자 친화도가 가장 작다.

① ㄱ   ② ㄴ   ③ ㄷ
④ ㄱ, ㄴ   ⑤ ㄴ, ㄷ

18 원소들의 전기 음성도의 크기를 비교한 것으로 옳지 <u>않은</u> 것은?

① H > Li   ② Na < Mg
③ Na > K   ④ N > O
⑤ F > Cl

C

19 원자 번호가 연속적으로 증가하는 원소 A~D 의 제 1, 제 2 이온화 에너지를 나타낸 것이다.

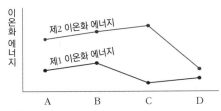

이에 대한 설명으로 옳은 것만을 〈보기〉에서 있는 대로 고른 것은? (단, A~D 는 임의의 원소 기호이고, 2주기와 3주기 원소이다.)

───── 〈 보기 〉 ─────
ㄱ. 원소 A 와 B 는 2주기 원소이다.
ㄴ. B 는 상온에서 1원자 분자로 존재한다.
ㄷ. C 의 제 2 이온화 에너지는 3s 오비탈에서 전자를 떼어 낼 때 필요한 에너지이다.

① ㄱ   ② ㄴ   ③ ㄷ
④ ㄱ, ㄴ   ⑤ ㄱ, ㄷ

20 원소 (가)~(마)를 구별하기 위한 자료이다.

┌─────────────────────────────────┐
· 바닥 상태 전자 배치의 홀전자 수 : (가) = (나)
· 원자가 전자 수 : (다) > (가) > (나)
· 제1 이온화 에너지 : (마) > (가)
└─────────────────────────────────┘

이에 대한 설명으로 옳은 것만을 〈보기〉에서 있는 대로 고른 것은?(단, 원소 (가)~(마) 는 각각 Li, C, N, O, F 중 하나이다.)

───── 〈 보기 〉 ─────
ㄱ. (라)는 Li 이다.
ㄴ. $\dfrac{\text{제2 이온화 에너지}}{\text{제1 이온화 에너지}}$는 (라)는 (가)보다 작다.
ㄷ. 전기 음성도는 (다)가 (나)보다 작다.

① ㄱ   ② ㄴ   ③ ㄷ
④ ㄱ, ㄴ   ⑤ ㄱ, ㄴ, ㄷ

[21-22] 3주기에 속한 임의의 원소 A 와 B 의 순차적 이온화 에너지를 나타낸 것이다.

원소	순차적 이온화 에너지(kJ/mol)								
	E_1	E_2	E_3	E_4	E_5	E_6	E_7	E_8	E_9
A	738	1451	7733	10542	13630	18020	21711	25661	31653
B	1251	2298	3822	5158	6542	9362	11018	33604	38600

21 원소 A 와 B 에 대한 설명으로 옳은 것만을 〈보기〉에서 있는 대로 고른 것은?

─── 〈 보기 〉 ───

ㄱ. 원소 A 의 원자가 전자 수는 3개이다.
ㄴ. 전자 친화도는 A 가 B 보다 크다.
ㄷ. 바닥상태에서 홀전자의 수는 B 가 A 보다 많다.

① ㄱ   ② ㄴ   ③ ㄷ
④ ㄱ, ㄴ   ⑤ ㄱ, ㄷ

22 기체 상태의 원자 A 와 B 가 Ne 과 같은 전자 배치를 이루기 위해 필요한 각각의 에너지를 바르게 짝지은 것은?

	A	B
①	2189 kJ/mol	39451 kJ/mol
②	9922 kJ/mol	73055 kJ/mol
③	20464 kJ/mol	73055 kJ/mol
④	31653 kJ/mol	38600 kJ/mol
⑤	131139 kJ/mol	111655 kJ/mol

[23-24] 2, 3주기 원소 A~D 에 대하여 플루오린(F)과의 전기 음성도 차이와 바닥상태 전자 배치에서 홀전자 수를 나타낸 것이다. (단, A~D 는 N, O, S, Cl 중 하나이다.)

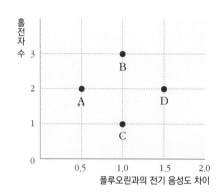

23 A~D 의 원소 기호를 바르게 짝지은 것은?

	A	B	C	D
①	N	O	S	Cl
②	O	N	Cl	S
③	O	N	S	Cl
④	S	N	O	Cl
⑤	Cl	S	N	O

24 A~D에 대한 설명으로 옳은 것만을 〈보기〉에서 있는 대로 고른 것은?

─── 〈 보기 〉 ───

ㄱ. 이온화 에너지는 A 가 D 보다 크다.
ㄴ. B 와 C 는 같은 족 원소이다.
ㄷ. 원자 반지름은 C 가 D 보다 크다.

① ㄱ   ② ㄴ   ③ ㄷ
④ ㄱ, ㄴ   ⑤ ㄱ, ㄷ

심화

25 이온화 에너지와 전자 친화도는 모두 기체 상태의 중성 원자를 기준으로 정의된다. 액체 상태나 고체 상태에서는 정의할 수 없는 이유는 무엇인지 서술하시오.

26 순차적 이온화 에너지가 급격하게 증가하기 전까지 떼어낸 전자 수가 원자가 전자 수와 같다. 이러한 관계가 성립되는 이유에 대해 서술하시오.

27 18족 비활성 기체의 제 1 이온화 에너지와 전자 친화도, 전기 음성도를 같은 주기의 원소들과 비교하여 서술하시오.

28 여러 가지 원소들의 순차적 이온화 에너지를 나타낸 것이다.

원소	순차적 이온화 에너지(kJ/mol)				
	E_1	E_2	E_3	E_4	E_5
$_{11}Na$	496	4562	6911	9543	13354
$_{12}Mg$	738	1451	7733	10542	13630
$_{13}Al$	578	1817	2745	11577	14842
$_{14}Si$	787	1577	3231	4356	16091
$_{15}P$	1012	1907	2914	4964	6274
$_{16}S$	1000	2252	3357	4556	7004
$_{17}Cl$	1251	2298	3822	5158	6542
$_{18}Ar$	1521	2666	3931	5771	7238

위와 같이 이온화 에너지가 모두 양의 값을 갖는 이유를 서술하시오.

[29-30] 3주기 원소 A 와 B 의 순차적 이온화 에너지를 나타낸 것이다. (단, A 와 B 는 임의의 원소 기호이다.)

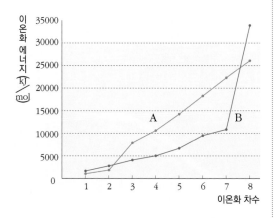

29 원소 A 와 B 의 전자 배치를 오비탈로 각각 나타내시오.

30 A 와 B 로 이루어진 안정한 화합물의 화학식은 무엇인지 쓰고, 그 이유를 서술하시오.

[31-32] 그래프 (가)는 원소 A~D 의 제 1 이온화 에너지를 나타낸 것이고, 표 (나)는 이들 원자의 바닥상태 전자 배치를 순서에 관계없이 나타낸 것이다. (단, A~D 는 임의의 원소 기호이다.)

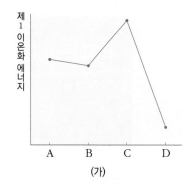

(가)

원소	오비탈				
	$1s$	$2s$	$2p$	$3s$	$3p$
㉠	↑↓	↑↓	↑↓ ↑↓ ↑↓		
㉡	↑↓	↑↓	↑↓ ↑ ↑		
㉢	↑↓	↑↓	↑ ↑ ↑		
㉣	↑↓	↑↓	↑↓ ↑↓ ↑↓	↑	

(나)

31 원소 A~D 에 해당하는 전자 배치를 ㉠~㉣에서 찾아 바르게 짝짓고, 그 이유를 서술하시오.

32 원소 A~D 중에서 제 2 이온화 에너지가 가장 큰 원소를 쓰고, 그 이유를 서술하시오.

Project 2 - 논/구술

반물질, 그것이 알고 싶다.

디랙(Paul A. Dirac)의 상상 속 물질인 반물질은 실재한다.

소설과 영화 때문에 유명해진 반물질

댄 브라운의 소설 『천사와 악마』에서는 CERN(유럽원자핵공동연구소)에서 반물질을 제조한 것으로 설정이 되어 있다. 영화에 등장하는 반물질 폭탄은 어마무시한 파괴력을 가지고 있다. 그렇다면 반물질이란 도대체 무엇일까?

디랙이 예측한 음의 에너지 상태의 전자

2단원에서 1개의 오비탈에는 전자가 최대 2개까지 들어갈 수 있으며, 이때 두 전자의 스핀 방향은 서로 반대여야 한다는 파울리 배타 원리를 배웠다. 즉, 전자는 같은

▲ 둘레 27km인 세계 최대 입자 가속기 LHC가 100m 지하에 건설되어 있는 CERN

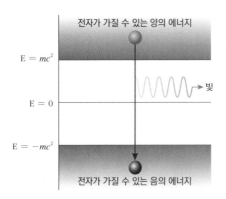

▲ 우주에 존재하는 전자의 에너지 상태

$E = mc^2$

$E = 0$

$E = -mc^2$

전자가 가질 수 있는 양의 에너지

빛

전자가 가질 수 있는 음의 에너지

상태에 여러 개가 있을 수 없다. 또한 높은 에너지 상태에 있는 전자는 낮은 에너지 상태가 비어 있을 경우, 두 에너지 차이에 해당하는 빛을 내면서 낮은 에너지 상태로 떨어져 버린다. 디랙은 1928년 우주에 양의 에너지를 가진 전자가 있다면, 그 전자는 순식간에 빛을 내놓고 에너지가 낮아져서 음의 에너지 상태가 된다고 상상했다. 전자가 하나가 아니라 수 억 개가 있어도 마찬가지이다. 이들의 에너지가 처음에 양이었다고 해도 결국에는 음의 에너지로 떨어질 것이다. 파울리 배타 원리에 따르면 한 상태에 전자가 여러 개 있을 수 없으므로 무한히 많은 전자들은 무한히 많은 음의 에너지 상태 중에서 각각의 상태마다 하나씩, 그리고 남김없이 모든 상태를 가득 채우게 된다.

과학에서는 이것을 '디랙의 바다'라고 부른다. 바닷물이 바다를 가득 채우듯 음의 에너지를 가진 전자가 온 우주를 가득 채우고 있기 때문이다. 디랙의 바다는 에너지가 가장 낮은 진공 상태이며, 우리는 이 상태를 우주에 아무 것도 없는 것과 같이 보게 된다고 생각했

다.

만약 이렇게 모든 음의 에너지 상태가 전자로 가득 차고도 전자가 하나 더 남는다면 그 최후의 전자는 음의 에너지를 가질 수 있을까? 파울리 배타 원리에 의해 그 전자는 음의 에너지를 갖지 못하고 양의 에너지를 가질 수밖에 없을 것이다. 이렇게 음의 에너지 쪽으로 떨어지지 못하고 양의 에너지 쪽에서 존재하는 전자들이 우리가 보는 전자들이다. 이런 전자들이 여러 개가 모여 우리 우주의 원자를 만들고, 분자, 생명체 등을 만드는 것이다.

디랙의 바다 속 구멍 - 양전자

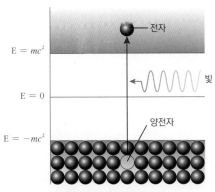
▲ 디랙의 바다와 양전자, 전자

디랙의 상상은 계속되었다. 낮은 에너지를 가지고 있던 전자가 빛을 흡수하여 높은 상태로 뛰어 오른다면? 즉, 진공 상태의 우주에 빛을 쪼여 준다면? 음의 에너지를 가지고 있던 전자 중에서 하나가 그 빛을 흡수하여 양의 에너지를 가지는 전자가 될 것이다. 그러면 음의 에너지 상태에는 구멍이 하나 생기고 양의 에너지 상태에는 전자가 하나 생길 것이다. 결과적으로 빛이 사라지고 전자 하나와 디랙의 바다 속 구멍이 생긴다. 물속의 공기 방울은 사실 물이 없는 구멍이고, 공기 방울이 움직인다는 것은 물이 이동한 자리에 새롭게 구멍이 생기는 것이다. 그러나 우리는 물이 없는 구멍이 움직이는 것과 같이 생각한다. 이와 같이 디랙의 바다에 생긴 구멍도 우리에겐 하나의 입자로 보일 것이다.

그렇다면 이 구멍의 에너지는 어떤 값을 갖는 것으로 관측될까? 음의 에너지가 비어 있는 것이므로 전하는 -(-)가 되어 양전하가 된다. 결국 이 구멍은 전자와 크기가 같고, 전하의 부호가 반대인 입자로 관측될 것이다. 디랙은 바로 이 입자를 전자의 반입자(반물질)인 양전자라고 했다. 즉, 디랙은 진공 상태의 우주에 빛이 들어오면 빛이 사라지면서 전자와 양전자가 쌍으로 생성(쌍생성-음전하를 가진 전자와 양전하를 가진 양전자가 생성되는 현상)된다고 생각했다. 이후 1932년 앤더슨이 우주에서 지구로 날아오는 입자들(우주선)을 관측하는 실험에서 질량이 전자와 같으면서 양전하를 띠는 입자인 양전자를 발견하게 되었다.

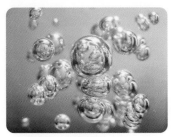
▲ 공기 방울

반물질은 우리 몸에서도 한 시간마다 180여 개가 생성된다.

양전자의 발견 이후 반물질은 우리 우주에 실제로 존재하는 물질이 되었다. 전자의 반입자인 양전자뿐만 아니라 모든 기본 입자에 대해 반입자가 존재한다는 사실도 알게 되었다. 전기적으로 중성인 입자 중에 어떤 것은 자기 자신이 반입자가 되기도 한다. (광자의 반입자는 자기 자신이다.)

인간은 음식물을 섭취하면서 자연에 존재하는 방사능 물질도 먹게 된다. 이 방사능 물질은 우리 몸에서 붕괴하면서 시간당 180개 정도의 양전자를 생성한다. 큰 병원에서 쉽게 찾아볼 수 있는 PET(양전자 방출 단층 촬영기)는 방사능 물질에서 나오는 양전자가 우리 몸 속의 전자와 쌍소멸(입자와 반입자가 충돌하여 질량이 소멸하면서 질량에 해당하는 에너지를 방출하는 현상)이 일어날 때 방출하는 빛을 이용하여 우리 몸 속을 관찰한다. 이렇게 디랙의 상상에서 시작된 반물질은 우리 곁에 실재한다.

Q1 만약 반물질을 충분히 모을 수만 있다면 순전히 반물질로만 구성된 태양이나 지구, '나'를 만들 수 있을지 생각해 보자. 그리고 반물질로 구성된 '나'를 만진다면 어떠한 현상이 일어날지 상상해 보자.

화학의 열쇠가 된
'멘델레예프의 주기율표'

카드 게임에서 떠올린 멘델레예프의 주기율표

1869년 러시아 상트페테르부르크 대학의 화학 교수였던 드미트리 멘델레예프(D. L. Mendeleev, 1834~1907)는 집필 중인 화학 교과서에서 원소를 어떻게 소개할지 고민하였다. 당시까지 발견된 원소는 63개였고, 성질이 닮은 원소들이 있다는 사실은 알려졌지만 아무도 명확하게 원소들을 정리하지 못하고 있었다. 어느 날 멘델레예프는 원소의 무게를 하트나 스페이드 등의 숫자가 커지도록 배열하는 카드 게임에 적용하여 생각해 보았다. 여러 번의 시도 끝에 멘델레예프의 원소 주기율표가 완성되었다.

▲ 멘델레예프가 1896년에 발표한 논문에 실린 주기율표

◀ 멘델레예프

멘델레예프의 주기율표가 뛰어나다고 평가하는 이유는 각 원소의 산화물이나 수소 화합물 등까지 검토했다는 것이다. 또한 '원자가(몇 개의 수소 원자(H)와 결합해서 수소 화합물이 되는가를 나타내는 값)'가 같은 원소를 원자량이 작은 순서로 배열했으며, 당시에 적당한 원소가 존재하지 않은 부분을 빈칸으로 두고, 거기에 들어가야 할 원자량과 성질을 예언했다는 것이다. 그러나 엄청난 업적을 남긴 과학자들이 그랬듯이 멘델레예프의 주기율표도 발표 당시에는 다른 과학자들로부터 인정받지 못했다.

새로운 원소가 발견되어 멘델레예프의 주기율표의 우수성이 증명되다.

멘델레예프가 예언한 원소가 실제로 발견되면서 과학계는 멘델레예프의 주기율표에 주목하게 되었다.

· 알루미늄(Al) 다음에는 에카알루미늄(Ea, 에카는 산스크리트어로 '하나'를 뜻한다. Ea은 '알루미늄 더하기 1'을 뜻한다.)이 들어가는데, 이 원소의 원자량을 68, 밀도를 $6.0g/cm^3$, 녹는점이 낮고, 산화물의 화학식은 Ea_2O_3, 염화물의 화학식은 $EaCl_3$라고 예언했다. 그리고 실제로 1875년 원자량 69.72, 밀도 $5.96g/cm^3$, 녹는점 30℃, 산화물의 화학식은 Ga_2O_3, 염화물의 화학식은 $GaCl_3$인 갈륨(Ga)이 발견되었다.

· 규소(Si) 다음에는 에카규소(Es)가 들어가는데, 이 원소의 원자량을 72, 밀도를 $5.5g/cm^3$, 녹는점이 높고, 산화물의 화학식은 EsO_2, 염화물의 화학식은 $EsCl_4$라고 예언했다. 그리고 실제로 1885년 원자량 72.61, 밀도 $5.323g/cm^3$, 녹는점 958℃, 산화물의 화학식은 GeO_2, 염화물의 화학식은 $GeCl_4$인 저마늄(Ge)이 발견되었다.

멘델레예프의 주기율표의 위기

1890년대에 '분광 분석'이라는 방법에 의해 네온(Ne)과 아르곤(Ar) 등 새 원소가 발견되었다. 이들은 당시 알려져 있던 어느 원소와도 다른 성질(원자가가 0이다.)을 가지고 있었기 때문에 과학자들에게서는 멘델레예프의 주기율표가 잘못되었다는 주장이 나오게 되었다. 그러나 주기율표에 새로운 세로줄을 추가함으로써 이 문제를 해결할 수 있게 되었다. 그래도 아직 주기율표에는 해결되지 않은 문제들이 남아있었다. 원소를 원자량의 순서대로 나열했을 경우 같은 성질의 원소가 같은 세로줄에 오지 않는다는 점과 주기율표의 빈칸의 존재는 그 당시에 그 누구도 해결할 수 없었다.

멘델레예프가 옳았다는 사실을 원자 구조로 증명하다.

이 눈제들은 20세기에 들어와서 설명될 수 있었다. 원자 내부에 있는 원자핵의 구조나 전자의 배치가 규명되면서 멘델레예프가 생각했던 원소의 성질은 '전자'로부터 기인한 것이라는 점이 밝혀졌다.

원자는 중성자와 양성자로 이루어지는 원자핵과 전자로 구성된다. 전자는 원자핵 주위에 전자 껍질에 존재한다. 원자의 가장 바깥쪽 껍질에 있는 전자가 산소나 수소와의 반응을 일으키는 장본인이고, 그 전자의 수가 원소의 화학적 성질을 결정한다. 멘델레예프가 주기율표를 발표했을 당시에는 원자의 구조가 알려져 있지 않았는데도 그의 뛰어난 통찰력으로 원소를 정확히 배열한 것이다. 멘델레예프는 자신의 주기율표에 대해 과학자들로부터 많은 지적을 받는 도중에도 다음과 같이 말했다.

▲ 탄소 원자의 구조

> "몇 가지 명료하지 않은 점들에 의심을 갖고는 있으나, 이 법칙의 보편성만큼은 아직까지 한 번도 의심하지 않았다. 이는 도저히 우연이 빚은 결과일 수 없기 때문이다."

주기율표는 130년 동안 끊임없이 개량되었다.

▲ 현재의 주기율표

멘델레예프가 주기율표를 작성한 당시에 알려졌던 원소는 63개, 현재는 112개로 늘어났다. 현재는 원소를 원자 번호(양성자 수) 순으로 배열하고, 원자가 전자 수가 같은 원소들을 같은 세로줄에 오도록 정렬하여, 1~18족, 1~7주기로 원소들을 배열한 장주기율표가 국제 표준으로 채택되어 있다. 주기율표는 130년 동안 과학이 진보하고, 새로운 원소가 발견되어 원소의 개수가 2배 가량 되었어도 크게 고치는 일 없이 화학의 가이드 맵으로서의 중요한 역할을 다하고 있다.

Q2 멘델레예프는 전자의 존재를 알지 못했다. 그러나 과학 기술이 발전하여 원자의 구조가 밝혀진 후에도 멘델레예프의 주기율표가 우수하다고 평가받을 수 있는 이유는 무엇이라 생각하는지 서술하시오.

Project 2 - 서술

21세기 최고의 전략 자원
'희토류'

2010년 9월 7일, 동중국해 일부 섬들을 둘러싼 중국과 일본 간의 영유권 분쟁에서 일본이 중국 선원을 구금시키자 중국은 일본에 대한 희토류 수출 금지라는 경제적 조치로 압박을 가했고 이에 일본은 체포했던 중국 선원을 곧장 석방한 사건이 있다. 영유권 분쟁을 둘러싼 2010년 9월의 외교전에서 중국의 일방적 승리를 이끈 희토류란 무엇일까?

레어 어스(rare earth) 원소, 희토류 원소

원자 번호 21 스칸듐($_{21}$Sc), 39 이트륨($_{39}$Y), 57 란타넘($_{57}$La)에서 71 루테튬($_{71}$Lu)까지 총 17개의 원소를 자연계에 매우 드물게 존재하는 금속 원소라 하여 희토류 원소(rare earth elements)라고 부른다. 이 원소들은 화학적으로 매우 안정하고, 건조한 공기에서도 잘 견디며, 열을 잘 전도하는 특징이 있으며, 상대적으로 탁월한 화학적 · 전기적 · 자성적 · 발광적 성질을 갖는다. 더욱이 같은 광물에서 동시에 채굴되는 경우도 많다. 희토류를 포함한 주기율표의 3족 원소들은 최근 여러 분야에서 다양하게 이용되기 때문에 주목되는 원소들이다. 희토류는 금속 원소이며, 희소 가치가 있기 때문에 희유 금속으로도 지정되어 있다. 희유 금속은 발광체, 자석, 고경도강 등을 만드는 데 없어서는 안되는 존재로 현대 과학의 비타민이라고도 불린다.

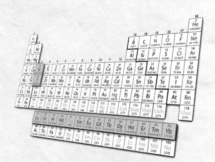

▲ 주기율표상의 희토류 원소

▲ 희토류 금속

희유 금속, 희토류

희토류가 희유 금속이라 불리는 것은 적은 존재량 때문만은 아니다. 희토류는 특정 나라에만 존재하며 분리 · 정제가 어렵다는 이유 등도 있다. 예를 들어 스칸듐은 *클라크 수 50위로, 수은(65위), 은(69위)보다 많이 존재하지만, 특정 지역에 매장되어 있지 않고, 넓은 지역에 걸쳐 저농도로 존재하기 때문에 채굴량도 적다.

* 지하 16km까지 존재하는 원소의 존재 비율을 중량의 백분율로 나타낸 수

희토류는 어디에 사용되는가?

희토류는 LCD · LED · 스마트폰 등의 IT 산업, 카메라 · 컴퓨터 등의 전자 제품, CRT · 형광 램프 등의 형광체 및 광섬유 등에 필수적일 뿐만 아니라 방사선 차폐 효과가 뛰어나기 때문에 원자로 제어제로도 널리 사용되고 있다. 특히 최근 희토류는 전기 및 하이브리드 자동차, 풍력 발전, 태양열 발전 등 저탄소 녹색 성장에 필수적인 영구자석 제작에 꼭 필요한 물질이다. 예를 들어, 전기 자동차 한 대를 움직이는 데 필요한 영구자석에는 희토류 원소가 약 1kg 가량 포함되어 있다.

▲ 영구자석

국가별 희토류 매장량과 생산량

미국 USGS의 2011년 자료에 의하면 세계 최대의 희토류 매장국은 중국으로 매장량은 약 5,500만 톤에 이른다. 희토류는 채굴 과정(mining), 분리 과정(separation), 정련 과정(refine), 그리고 합금화 과정(alloy)을 거쳐 수요자에게 공급되는데, 희토류의 분리, 정련 및 합금화 과정에는 고도의 기술력과 장기간

▲ 주요국 희토류 생산량과 매장량 현황 (단위 : t, 2011년 기준)

축적된 노하우가 필요할 뿐만 아니라, 이 과정에서 엄청난 공해 물질이 발생한다. 따라서 대부분의 선진국에서는 중국의 희토류 수입을 선호하고, 환경 보호 등을 위해 자국 내 희토류 생산을 점차적으로 중지하였고, 중국은 이를 이용해 희토류를 자원무기화하려는 모습을 보이고 있다. 희토류를 전량 수입에 의존하는 우리나라도 안정적인 희토류 수급을 위한 대책 마련이 시급한 상황이다.

Q1 우리나라가 안정적으로 희토류를 수급받기 위해서는 어떤 노력이 필요할지 서술하시오.

Q2 본인의 소지품 중 희토류가 포함된 제품은 무엇인지 찾아보고, 어떤 희토류가 사용된 것인지 알아보자.

memo

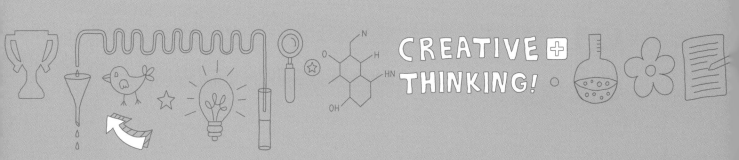

창의력과학
세페이드
표준 주기율표

부록

창 의 력 과 학

세페이드

3F. 화학(상) 개정2판
정답과 해설

무한상상 영재교육 연구소

〈온라인 문제풀이〉

[스스로 실력 높이기] 는 동영상 문제풀이를 합니다.

http://cafe.naver.com/creativeini

창의력과학 세페이드 문제풀이 바로가기

무한상상

세페이드 I 변광성은
지구에서 은하까지의
거리를 재는 기준별이
며 우주의 등대라고 불
린다.

창의력과학

세페이드

3F. 화학(상)
개정2판
정답 및 해설

1강. 물질의 분류

개념 확인   12~15 쪽

1. ②, ④   **2.** ②

3. 분자   **4.** (1) X (2) X (3) O

1. ② 혼합물은 두 가지 이상의 순물질이 섞여 있는 물질로 성분 물질의 특성을 모두 지닌다.
④ 화합물은 순물질에 속하므로 일정한 녹는점, 끓는점, 밀도 등을 가진다.
[바로알기] ① 홑원소 물질은 한 가지 원소로 이루어진 물질이다. 물(H_2O)는 두 가지 이상의 원소로 이루어진 물질인 화합물이다.
③ 순물질은 물리적인 방법으로는 분리할 수 없다.
⑤ 혼합물을 가열하면 상태 변화를 하는 동안에도 온도가 계속 높아지므로 가열 곡선에서 수평한 구간이 나타나지 않는다.

2. 일정 성분비 법칙은 설탕물과 같은 혼합물에서는 성립하지 않는다.

3. 게이뤼삭의 기체 반응 법칙은 기존 돌턴의 원자설만으로는 설명이 불가능했으나 아보가드로가 제시한 분자의 개념으로 기체 반응 법칙을 설명할 수 있었다.

4. [바로알기] (1) 헬륨(He)과 같이 1개의 원자로 이루어진 일원자 분자도 존재한다.
(2) 분자는 분자를 구성하는 성분 원자와는 다른 성질을 가진다.

확인+   12~15 쪽

1. 홑원소 물질   **2.** 32

3. 1 : 3 : 2   **4.** 고분자

1. 물질을 완전 연소시켰을 때 생성되는 물질이 한 가지인 것은 홑원소 물질이고, 두 가지 이상인 것은 화합물이다.

2. 이산화 탄소를 구성하는 탄소와 산소의 질량비가 3 : 8이고, 탄소와 산소가 반응하여 이산화 탄소가 생성되는 화학 반응식은 $C + O_2 \rightarrow CO_2$ 이므로 12 g의 탄소를 완전 연소시키기 위한 산소의 질량을 구하면 다음과 같다.
$$C : O = 3 : 8 = 12(g) : x(g)$$
$$\therefore x = 32 \ (g)$$

3. 질소 : 수소 : 암모니아 = 10L : 30L : 20L = 1 : 3 : 2

4. 고분자는 많은 수의 원자가 결합하여 이루어진 분자량이 큰 분자를 말한다.

개념 다지기   16~17쪽

01. (1) O (2) X (3) X   **02.** C   **03.** ㉠
04. ㉡   **05.** (1) O (2) X (3) O   **06.** ③
07. ④   **08.** ①, ②, ④

01. [바로알기] (2) 물질을 완전 연소시켜서 몇 종류의 생성 물질이 나오는지를 확인하면 홑원소 물질과 화합물을 구분할 수 있다. 연소 후 생성되는 물질이 한 가지이면 홑원소 물질이고, 두 가지 이상이면 화합물이다. 순물질 중 화합물도 생성 물질이 두 가지 이상이고, 혼합물도 생성 물질이 두 가지 이상이다.
(3) 화합물은 두 가지 이상의 원소로 이루어진 물질이다. 두 가지 이상의 순물질이 섞여 있는 물질은 혼합물이다.

02. 혼합물은 녹는점과 끓는점이 일정하지 않으므로 혼합물의 가열 곡선에서는 온도가 일정한 구간이 나타나지 않는다.

03. ㉠ 돌턴은 원자는 더 이상 쪼갤 수 없다고 했지만 과학과 기술의 발달로 원자는 원자핵, 양성자, 쿼크 등과 같이 더 작은 입자로 쪼갤 수 있게 되었다.

04. ㉡ 돌턴은 같은 종류의 원자는 크기와 질량이 같고, 다른 종류의 원자는 크기와 질량이 다르다고 했지만, 같은 종류의 원자이지만 질량이 다른 동위 원소가 발견되었다.

05. (2) [바로알기] 분자가 반응하여 원자 상태가 되면 그 물질의 성질을 잃게 된다.

06. 아보가드로 분자설은 돌턴의 원자설만으로는 설명이 불가능한 기체 반응 법칙을 설명하기 위해 만들어졌다.

07. 반응한 수소 기체 부피 : 반응한 산소 기체 부피 : 생성된 수증기 부피 = 10L : 5L : 10L = 2 : 1 : 2

08. 홑원소 물질은 한 가지 원소로 이루어진 물질이다. 따라서 일원자 분자인 헬륨(He), 이원자 분자인 산소(O_2), 삼원자 분자인 오존(O_3)이 홑원소 물질이다.

유형 익히기 & 하브루타   18~21쪽

[유형1-1] ⑤   **01.** ①   **02.** ③
[유형1-2] ⑤   **03.** ①, ②   **04.** ⑤
[유형1-3] ④   **05.** ②   **06.** 6.02×10^{23}
[유형1-4] ②   **07.** 이산화 탄소, 물, 포도당, 산소
           08. ④

[유형1-1] ㄱ. (가)는 한 종류의 원소로 이루어진 홑원소 물질이다.
ㄴ. [바로알기] (나)는 두 가지 이상의 원소로 이루어진 화합물이다.
ㄷ. 화합물을 완전 연소시키면 두 가지 이상의 물질이 생성된다.

01. ㄱ. 액체를 끓여서 끓는점이 일정하면 순물질이고, 일정하지 않으면 혼합물이다.
ㄴ. [바로알기] 밀도를 측정하는 것만으로는 순물질인지 혼합물인

지 알아낼 수는 없다.

ㄷ. [바로알기] 물과 잘 섞이는지 알아보는 것만으로 순물질인지 혼합물인지 구별할 수는 없다.

02. ③ [바로알기] 혼합물은 두 가지 이상의 순물질이 섞여 있는 것으로 두 종류 이상의 물질이 고르게 섞여있는 균일 혼합물도 있지만 고르게 섞여있지 않은 불균일 혼합물도 있다.

[유형1-2] 돌턴의 원자설은 질량 보존 법칙과 일정 성분비 법칙을 설명하기 위해 나온 가설이다. 돌턴의 원자설 중 원자는 없어지거나 새로 생기지 않으며, 다른 종류의 원자로 변하지 않는다는 내용이 질량 보존 법칙을 설명하고, 서로 다른 원자들이 일정한 개수비로 결합하여 새로운 물질이 만들어진다는 내용이 일정 성분비 법칙을 설명한다.

03. 탄소(C) 12g이 산소(O_2) 32g과 반응하여 완전 연소되면 이산화 탄소(CO_2) 44g이 생성되는 과정에서 반응 전 각 물질의 질량의 합은 반응 후 각 물질의 질량의 합과 같다는 질량 보존 법칙을 확인할 수 있고, 반응한 탄소와 산소, 그리고 생성된 이산화 탄소 사이에는 일정한 질량비가 성립하므로 일정 성분비 법칙을 확인할 수 있다.

04. 그림은 돌턴의 원자설 중 원자는 없어지거나 새로 생기지 않으며, 다른 종류의 원자로 변하지 않는다는 내용을 표현한 모형이다.

ㄱ. 화학 변화가 일어나도 물질을 이루는 원자의 종류와 수가 변하지 않기 때문에 질량 보존 법칙을 설명할 수 있다.

ㄴ. 연금술은 값싼 금속을 비싼 금으로 바꾸려는 시도였다. 원자는 다른 종류의 변하지 않는다는 돌턴의 원자설로 연금술이 불가능한 이유를 설명할 수 있다.

ㄷ. 핵반응이 일어날 경우 원자는 다른 원자로 변할 수 있으므로 이 모형에 해당하는 원자설 내용은 수정되어야 한다.

[유형1-3] 수소 기체와 질소 기체가 반응하여 암모니아 기체가 생성되는 반응의 화학 반응식은 $3H_2 + N_2 \rightarrow 2NH_3$이다.
반응한 수소 기체의 부피 : 반응한 질소 기체의 부피 : 생성된 암모니아 기체의 부피 = 3 : 1 : 2
따라서 수소 기체와 질소 기체를 각각 3L씩 혼합하여 완전히 반응시켰다면 수소 기체 3L와 질소 기체 1L가 반응하고, 암모니아 기체가 2L가 생성된다.

05. ㄱ. [바로알기] 기체 반응 법칙은 돌턴의 원자설만으로는 설명할 수 없다.

ㄴ. 아보가드로는 기체 반응 법칙을 설명하기 위해 분자의 개념이 도입한 분자설을 제안했다.

ㄷ. [바로알기] 기체가 일정한 부피비로 반응한다는 법칙이다.

06. 일정 성분비 법칙에 의해 이 반응에서 수소와 산소와 수증기의 부피비는 2 : 1 : 2이다. 따라서 반응한 수소 기체의 부피와 같은 부피의 수증기가 생성된다. 수소 기체 22.4L가 산소 기체와 모두 반응하면 22.4L의 수증기가 생성되고, 그 속에는 6.02×10^{23}개의 물 분자가 들어 있다.

[유형1-4] ㄱ. [바로알기] 온도가 증가하면 이산화 탄소 분자 사이의 거리가 멀어져 상태가 변하게 된다.

ㄴ. 이산화 탄소는 탄소 원자 한 개와 산소 원자 두 개로 이루어진 삼원자 분자이다.

ㄷ. [바로알기] 이산화 탄소는 탄소 원자와 산소 원자가 전자를 공유하여 결합한 분자이다.

07. 광합성 반응에 사용된 분자는 이산화 탄소, 물, 포도당, 산소

이다. 분자 수의 비는 이산화 탄소 : 물 : 포도당 : 산소 = 6 : 6 : 1 : 6이다. 또한 여기에 포함된 원소는 탄소, 산소, 수소이다.

08. ㄷ. [바로알기] 분자는 물질의 특성을 가지고 있는 가장 작은 입자로, 분자가 반응하여 원자 상태가 되면 그 물질의 성질을 잃게 된다. 분자는 1개이거나 2개 이상의 원자가 공유 결합하여 독립적으로 존재할 수 있는 입자이다.

창의력 & 토론마당　　　　　22~25쪽

01 와인을 가만히 놓아두면 침전물이 생긴다는 것은 물에 용해되지 않으며, 밀도가 물보다 큰 물질이 있다는 것이다. 따라서 거름 종이를 이용해서 와인을 여과시키면 침전물이 제거된 깨끗한 액체만 얻을 수 있다. 또한 와인을 분별 깔때기에 넣고 얼마 동안 가만히 놓아둔 후 침전물이 가라앉은 아래 부분만 받아내면 분별 깔때기에는 깨끗한 액체만 남게 된다.

02 A 화합물 : N_3H　　B 화합물 : NH_3　　C 화합물 : NH_2

해설 분자 내 원자의 개수 비를 구하기 위해 질량을 각 원자 질량으로 나누어 준다. 원자 질량비가 N : H = 14 : 1이므로

A 화합물 : $\dfrac{1}{14} : \dfrac{0.024}{1} ≒ 3 : 1 \rightarrow N_3H$

B 화합물 : $\dfrac{1}{14} : \dfrac{0.216}{1} ≒ 1 : 3 \rightarrow NH_3$

C 화합물 : $\dfrac{1}{14} : \dfrac{0.144}{1} ≒ 1 : 2 \rightarrow NH_2$

03 밀도는 단위 부피당 질량이므로 분자 질량이 클수록 밀도가 큰 기체이다. 분자 질량비는 수소 분자 : 산소 분자 : 염소 분자 = $(1 \times 2 = 2) : (16 \times 2 = 32) : (35.5 \times 2 = 71)$이므로 기체의 밀도는 염소 기체 〉 산소 기체 〉 수소 기체 순으로 크다.

해설 아보가드로 법칙에 따르면 기체의 종류에 관계없이 같은 온도와 압력에서 기체들은 일정한 부피 속에 같은 수의 분자가 들어 있다. 이는 같은 온도와 압력에서 모든 기체 분자들 사이의 평균 거리는 같고, 모든 기체 분자의 크기는 기체 분자가 차지하는 공간에 비해 매우 작기 때문이다.

04 화합물 X에서 수소의 질량 백분율 : 6%

해설 질량 보존 법칙에 따라 화합물 X의 질량은 생성된 이산화 탄소의 질량 + 생성된 물의 질량 - 반응한 산소의 질량 = 11.33 + 1.85 - 9.88 = 3.3g이다.
화합물 X에 포함된 탄소(C)는 생성된 이산화 탄소(CO_2)에 포함된 탄소가 되었으므로
화합물 X의 3.3g에 포함된 탄소의 질량

= 생성된 이산화 탄소의 질량 × $\dfrac{탄소의 원자량 \times 1}{이산화 탄소의 분자량}$

= $11.33 \times \dfrac{12}{44} = 3.1g$

화합물 X에 포함된 수소(H)는 생성된 물(H_2O)에 포함된 수소가 되었으므로

화합물 X의 3.3g에 포함된 수소의 질량

= 생성된 물의 질량 × $\dfrac{\text{수소의 원자량} \times 2}{\text{물의 분자량}}$

= $1.85 \times \dfrac{2}{18}$ = 0.2g

따라서 수소의 질량 백분율

($\dfrac{\text{화합물 X에서 수소가 차지하는 질량}}{\text{화합물 X의 질량}} \times 100$)은

$\dfrac{0.2}{3.3} \times 100 \fallingdotseq 6\%$

05 10 g 짜리 블록 (가)가 150 g 이 있으므로 블록 (가)는 15개 있는 것이고, 5 g 짜리 블록 (나)가 100 g 이 있으므로 블록 (나)는 20 개 있는 것이다. 이 두 블록은 1 : 3 의 개수비로 결합할 수 있으므로 (가) 블록을 6개 사용하고, (나) 블록은 18개 사용했을 때 ($\because$ 1 : 3 = 6 : 18) 가장 큰 질량을 갖는 모형을 만들 수 있다. 그 모형의 질량은 (10 g × 6) + (5 g × 18) = 150 g 이 된다.

06 막대 저울 중심 쪽으로 2 칸 앞으로 이동시킨다. 강철 솜 10 g 을 가열하였으므로 반응한 산소의 질량을 x 라고 하고 x 를 구하면 5 : 2 = 10 : x, x = 4 g 이다. 따라서 생성된 산화 철의 질량은 14 g (10 g + 4 g)이다. 막대 저울의 한 칸이 2 g 의 질량에 해당하므로 막대 저울 중심 쪽으로 2 칸 앞으로 이동시켜야 막대 저울이 수평을 이룰 수 있다.

스스로 실력 높이기   26~31쪽

01. 원자
02. (1) O (2) X (3) O
03. B
04. 질량 보존, 일정 성분비
05. 기체 반응 법칙
06. 수소, 4
07. 6.02×10^{23}
08. $C_6H_{12}O_6$
09. 암모니아(NH_3)
10. ㄱ, ㄴ
11. ①
12. ②
13. ④
14. ④
15. ⑤
16. ④
17. ③
18. ④
19. ⑤
20. ④
21. ①
22. ②
23. ⑤
24. ①
25. (해설 참조)
26. ⑤
27. (해설 참조)
28. ②
29. ③
30. 1, 2, 3, 4, 5
31. 2 : 1, 1 : 1, 2 : 3, 1 : 2, 2 : 5
32. ①

02. (2) [바로알기] 공기와 같이 두 종류 이상의 물질이 고르게 섞여 있는 물질은 균일 혼합물이다.

03. 혼합물은 끓고 있는 동안에도 온도가 계속 높아진다.

05. 질량 보존 법칙과 일정 성분비 법칙은 돌턴의 원자설로 설명이 가능하다 그러나 기체 반응 법칙은 돌턴의 원자설만으로는 설명이 불가능하고, 분자의 개념이 도입된 아보가드로의 분자설로 설명이 가능하다.

06. 일정 성분비 법칙에 따르면 수소와 산소가 반응하여 물을 합성하는 반응에서 수소와 산소의 질량비는 항상 1 : 8로 일정하다. 따라서 수소 4 g 과 산소 32 g 이 반응하고, 수소 4 g 은 반응하지 못하고 남게 된다.

07. 아보가드로 법칙에 따르면 기체의 종류에 관계없이 같은 온도와 압력에서 기체들은 일정한 부피 속에 같은 수의 분자가 들어 있다. 모든 기체는 0℃, 1기압 상태에서 22.4 L 속에 6.02×10^{23}개의 분자가 들어 있다.

09. 화합물은 두 가지 이상의 원소로 이루어진 물질이다. 따라서 질소 원자와 수소 원자로 이루어진 암모니아(NH_3)가 화합물이다.

10. ㄱ. 물 분자는 수소와 산소 원자로 이루어져 있다.
ㄴ. 물 분자는 수소 원자 2개, 산소 원자 1개, 총 3개의 원자로 이루어져 있다.
ㄷ. [바로알기] 물 분자는 두 가지 원소로 이루어진 화합물이다.

11. ㉠ 수소(H_2)는 홑원소 물질이고, 염화 수소(HCl)과 염화 나트륨(NaCl)은 화합물이다.
㉡ 염화 수소(HCl)는 공유 결합으로 이루어진 분자로 구성된 물질이고, 염화 나트륨은 이온 결합으로 이루어진 이온 결합 화합물이다.

12. ② [바로알기] 다른 종류의 원자는 크기와 질량이 다르다는 내용을 나타낸 모형이다. 그러나 동위 원소가 존재하므로 다른 원소일지라도 질량이 같을 수 있으므로 이 내용은 수정되어야 한다.
① ㉠은 원자는 더 이상 쪼갤 수 없다는 내용을 나타낸 모형이다. 그러나 원자는 원자핵과 전자, 쿼크 등과 같이 더 작은 입자로 쪼갤 수 있으므로 수정되어야 한다.
③ ㉢은 원자는 없어지거나 새로 생기지 않으며, 다른 종류의 원자로 변하지 않는다는 내용을 나타낸 모형이다. 이 내용은 질량 보존 법칙을 뒷받침한다.
④ ㉢으로 값싼 금속 원소를 금으로 바꾸려고 했던 연금술이 실패한 이유를 설명할 수 있다.
⑤ ㉣은 서로 다른 원자들이 일정한 개수비로 결합하여 새로운 물질이 만들어진다는 내용을 나타낸 모형으로 일정 성분비 법칙을 뒷받침한다.

13. 이산화 탄소를 구성하는 탄소와 산소의 질량비가 3 : 8이고, 탄소와 산소가 반응하여 이산화 탄소가 생성되는 화학 반응식은 C + O_2 → CO_2 이므로 15 g 의 탄소를 완전 연소시키기 위한 산소의 질량을 구하면 다음과 같다.
C : O_2 = 3 : 8 = 15(g) : x(g) $\therefore$ x = 40(g)
15 g 의 탄소를 완전 연소시키기 위한 산소의 질량이 40 g이므로 생성된 이산화 탄소의 질량은 15 + 40 = 55 g 이다.

14. 수소 기체와 산소 기체가 반응하여 수증기가 생성되는 경우 반응에 참여한 기체의 부피비 수소 : 산소 : 수증기 = 2 : 1 : 2 이다. 따라서 수소 기체 100 mL 와 산소 기체 50 mL 가 반응하여 수증기 100 mL 를 생성하고, 산소 기체 50 mL 가 남는다.

15. 수소 원자와 질소 원자의 질량비는 1 : 14 이고, 수소 원자 6개와 질소 원자 2개가 반응하므로 반응한 수소 기체의 질량은 6 g 이고, 반응한 질소 기체의 질량은 28 g 이고, 생성된 암모니아 기체의 질량은 6 + 28 = 34 g 이다.

따라서 질량비는 수소 기체 : 질소 기체 : 암모니아 기체 = 3 : 14 : 17 이다.

16. 수소 기체와 질소 기체가 반응하여 암모니아 기체가 생성되는 반응의 화학 반응식은 $3H_2 + N_2 \rightarrow 2NH_3$이다.
반응한 수소 기체의 부피 : 반응한 질소 기체의 부피 : 생성된 암모니아 기체의 부피 = 3 : 1 : 2

17. ③ [바로알기] 일정 성분비 법칙을 성명하기 위해 제안된 가설은 돌턴의 원자설이다.
①, ② 아보가드로는 기체 반응 법칙을 설명하기 위해 분자라는 개념을 도입한 분자설을 제안하였다.
④, ⑤ 아보가드로는 분자설에서 분자가 반응하여 원자 상태가 되면 그 물질의 성질을 잃게 되며, 기체의 종류에 관계없이 같은 온도와 압력에서 기체들은 일정한 부피 속에 같은 수의 분자가 들어 있다고 주장했다.

18. 광합성은 식물이 빛에너지를 이용하여 이산화 탄소와 물로부터 유기물과 산소를 얻는 과정이다.
ㄱ. 광합성 반응에 포함된 원소는 수소(H), 산소(O), 탄소(C)이다.
ㄴ. 홑원소 물질은 한 가지 원소로 이루어진 물질이다. 이 반응에 참여하는 물질 중 홑원소 물질은 산소(O_2)뿐이다.
ㄷ. [바로알기] 이 반응에 참여하는 이원자 분자로는 산소(O_2)뿐이다. 이산화 탄소(CO_2)와 물(H_2O)은 3개의 원자로 이루어진 삼원자 분자이다.

19. 물질 (가)를 완전 연소시킨다는 것은 산소(O_2)와 반응시킨 것이다.
ㄱ. 반응 후 물(H_2O)와 이산화 탄소(CO_2)가 생성되었으므로 물질 (가)에는 탄소 원자(C)와 수소 원자(H)가 들어 있다. 따라서 물질 (가)는 두 가지 이상의 원소로 이루어진 물질인 화합물이다.
ㄴ. [바로알기] 물질 (가)를 구성하는 원소로는 탄소(C), 수소(H)가 있고, 산소(O)도 포함되어 있을 수 있다. 물질 (가)가 4가지 이상의 원소로 이루어져 있다면 원자는 화학 반응을 통해 생성되거나 없어지지 않으므로 물과 이산화 탄소 외에 다른 생성물이 존재했어야 한다.
ㄷ. 반응시킨 물질 (가)의 질량과 반응된 산소(O_2)의 질량의 합이 생성된 물(H_2O)과 이산화 탄소(CO_2)의 질량의 합과 같으므로 물질 (가)의 질량은 생성된 물(H_2O)과 이산화 탄소(CO_2)의 질량의 합보다 작다.

20. 같은 종류의 한 가지 원소로 이루어져 있지만 입자의 조성이나 배열이 다른 물질들을 동소체라고 한다. 사방황과 단사황은 모두 황(S)으로 이루어진 물질로 동소체 관계이다. 동소체의 경우 같은 종류의 원소로 이루어진 물질이지만 서로 다른 물질이므로 색깔, 밀도, 녹는점, 단단한 정도 등이 모두 다르다. 따라서 이로부터 두 물질이 같은 원소로 되어 있음을 확인할 수는 없다. 그러나 연소 반응은 물질이 산소와 결합하는 반응이므로 같은 종류의 원소로 이루어진 물질은 완전 연소 시의 연소 생성물이 동일하다. 사방황과 단사황은 모두 황 원소 한 가지로 이루어진 물질이므로 완전 연소 시 연소 생성물은 이산화 황(SO_2)로 동일하다.

21. ㄱ. 수소와 산소의 질량의 합이 반응 후 생성물인 물과 남은 수소의 질량의 합과 같으므로 질량 보존 법칙을 확인할 수 있다.
ㄴ. 수소와 산소가 일정한 질량비(4 : 32 = 1 : 8)로 반응하였으므로 일정 성분비 법칙을 확인할 수 있다.
ㄷ, ㄹ. 반응물과 생성물의 부피 또는 실험이 일어난 곳의 온도와 압력, 반응물과 생성물의 밀도 등이 제시되어 있지 않으므로 기체 반응 법칙과 아보가드로 법칙을 확인할 수는 없다.

22. 모든 기체는 0℃, 1기압 상태에서 22.4L 속에 6.02×10^{23}개의 분자가 들어 있으므로 0℃, 1기압에서 일산화 탄소 22.4L에는 일산화 탄소 분자 6.02×10^{23}개가 들어 있다. 화학 반응식을 통해 산소 분자 1개와 일산화 탄소 분자 2개가 반응하여 이산화 탄소 분자 2개가 생성된다는 것을 알 수 있다. 따라서 일산화 탄소 분자 6.02×10^{23}개와 산소 분자 3.01×10^{23}개가 반응하여 6.02×10^{23}개의 이산화 탄소 분자를 생성시킨다.

23. ㄱ. 홑원소 물질이나 화합물을 순물질이라고 한다. 따라서 화합물인 (가)와 (나)는 순물질이다.
ㄴ. (다)는 홑원소 물질 2가지가 섞여 있는 혼합물이다.
ㄷ. (라)에 포함된 원소는 빨간색의 원소와 하얀색의 원소 두 가지이다.
ㄹ. (가)~(라)는 모두 독립적으로 존재할 수 있는 분자로 이루어져 있다.

24. 가열 곡선에서 온도가 일정한 구간이 나타났으므로 순물질의 가열 곡선이라는 것을 알 수 있다. 따라서 (가)와 (나)를 가열하는 경우 이와 같은 결과가 나타날 것으로 예상할 수 있다.

25. 답 같은 온도와 압력에서 모든 기체 분자들 사이의 평균 거리는 같고, 모든 기체 분자의 크기는 기체 분자가 차지하는 공간에 비해 매우 작기 때문이다.

26. ㄱ. [바로알기] 마그네슘 조각에 묽은 황산이 닿으면 수소 기체가 발생한다. $Mg + H_2SO_4 \rightarrow MgSO_4 + H_2 \uparrow$
ㄴ. 산화 구리(CuO)와 수소 기체(H_2)가 반응하여 산화 구리는 구리(Cu)로 환원되고, 물(H_2O)을 생성시킨다.
ㄷ. 생성된 수증기(H_2O)는 장치 (C)에서 물(H_2O)로 응결된다.

27. 답 장치 (B)의 처음 질량(ⓐ)에서 나중 질량(ⓑ)을 빼면 산소의 질량이 나온다. 생성된 물이 장치 (C)에서 응결되므로 장치 (C)의 나중 질량(ⓓ)에서 처음 질량(ⓒ)를 빼면 물의 질량이 나온다. 수소의 질량은 생성된 물의 질량에서 산소의 질량을 빼주면 된다. 따라서 수소와 산소의 질량비(수소 : 산소)는
(ⓓ-ⓒ)-(ⓐ-ⓑ) : ⓐ-ⓑ이다.

28. 질소 산화물의 질량은 반응물과 생성물의 질량이 주어지지 않았으므로 질량 보존의 여부는 알 수 없다.
질소 산화물을 이루는 질소의 질량과 산소의 질량 사이에 일정한 질량비가 존재하므로 일정 성분비 법칙을 확인할 수 있다. 물질들의 부피비를 알 수 없으므로 아보가드로 법칙과 샤를 법칙, 보일 법칙을 알 수 없다.

29.

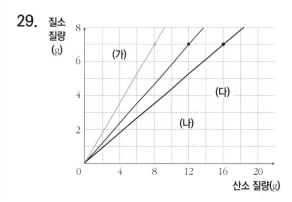

(가) 그래프를 통해 산소의 질량이 8 g 일 때 질소의 질량이 7 g 이라는 것을 알 수 있으므로, 이 질소 산화물을 이루는 원소의 질량비는 질소 : 산소 = 7 : 8 = 14 : 16 이다. 원자의 상대적 질량이 질소가 14 이고, 산소가 16 이므로, 질소와 산소의 개수비가 1 : 1 인

질소 산화물이라는 것을 알 수 있다. 따라서 NO 의 그래프라는 것을 알 수 있다.

(나) 그래프를 통해 산소의 질량이 12 g 일 때 질소의 질량이 7 g 이라는 것을 알 수 있으므로, 이 질소 산화물을 이루는 원소의 질량비는 질소 : 산소 = 7 : 12 = 28 : 48 이다. 원자의 상대적 질량이 질소가 14 이고, 산소가 16 이므로, 질소와 산소의 개수비가 2 : 3 인 질소 산화물이라는 것을 알 수 있다. 따라서 N_2O_3 의 그래프라는 것을 알 수 있다.

(다) 그래프를 통해 산소의 질량이 16 g 일 때 질소의 질량이 7 g 이라는 것을 알 수 있으므로, 이 질소 산화물을 이루는 원소의 질량비는 질소 : 산소 = 7 : 16 = 14 : 32 이다. 원자의 상대적 질량이 질소가 14 이고, 산소가 16 이므로, 질소와 산소의 개수비가 1 : 2 인 질소 산화물이라는 것을 알 수 있다. 따라서 NO_2 또는 N_2O_4 의 그래프라는 것을 알 수 있다.

30. 답

질소 산화물	질소 질량	산소 질량	질소 1g과 결합하는 산소의 질량비
산화 질소(Ⅰ)	28 g	16 g	$\dfrac{16}{28} = \dfrac{4}{7}$
산화 질소(Ⅱ)	14 g	16 g	$\dfrac{16}{14} = \dfrac{8}{7}$
산화 질소(Ⅲ)	28 g	48 g	$\dfrac{48}{28} = \dfrac{12}{7}$
산화 질소(Ⅳ)	14 g	32 g	$\dfrac{32}{14} = \dfrac{16}{7}$
산화 질소(Ⅴ)	28 g	80 g	$\dfrac{80}{28} = \dfrac{20}{7}$

따라서 5개의 질소 산화물에서 질소 1g과 결합하는 산소의 질량비는 (Ⅰ) : (Ⅱ) : (Ⅲ) : (Ⅳ) : (Ⅴ) = 4 : 8 : 12 : 16 : 20 = 1 : 2 : 3 : 4 : 5이다.

31. 답 원자의 상대적 질량이 질소는 14, 산소는 16 이므로 각 질소와 산소의 개수비는 다음과 같다.

질소 산화물	질소 질량	산소 질량	개수비 (N : O)
산화 질소(Ⅰ)	28 g	16 g	2 : 1
산화 질소(Ⅱ)	14 g	16 g	1 : 1
산화 질소(Ⅲ)	28 g	48 g	2 : 3
산화 질소(Ⅳ)	14 g	32 g	1 : 2
산화 질소(Ⅴ)	28 g	80 g	2 : 5

32. 구리 0.4 g 이 산소와 반응하여 산화물 0.5 g 을 생성하였으므로 반응한 산소는 0.1 g 이다. 따라서 구리와 산소는 4 : 1 의 질량비로 반응한다. 또한 마그네슘 0.3 g 이 산소와 반응하여 산화물 0.5 g 을 생성하였으므로 반응한 산소는 0.2 g 이다. 따라서 마그네슘과 산소는 3 : 2 의 질량비로 반응한다. 즉, 산소 1 g 과 반응하는 구리의 질량은 4 g 이고, 산소 1 g 과 반응하는 마그네슘의 질량은 1.5 g 이다.

2강. 몰과 아보가드로수

개념 확인   32~35쪽

1. (1) ○ (2) X (3) ○   **2.** 아보가드로수

3. 10   **4.** (1) X (2) ○ (3) ○

1. (1) 원자량, 분자량처럼 화학식량은 물질의 질량을 상대적으로 나타낸 값이다.
(2) [바로알기] 원자량의 기준은 탄소(^{12}C) 원자의 질량으로, 탄소 원자의 원자량을 12.00으로 정했다.

2. 아보가드로의 업적을 기려 1몰의 물질 속에 들어 있는 입자 수를 아보가드로수라 부른다. 아보가드로수는 6.02×10^{23}이다.

3. 물질의 몰 수 = $\dfrac{물질의\ 질량}{물질\ 1몰의\ 질량}$

따라서 이산화 탄소 440g은 $\dfrac{440g}{44g/mol}$ = 10몰이다.

4. (1) [바로알기] 같은 온도, 같은 압력에서 모든 기체 1몰의 부피는 22.4L이므로 수소 기체 1몰의 부피와 탄소 기체 1몰의 부피는 같다.
(2) 기체의 종류에 상관없이 모든 기체 1몰의 부피는 표준 상태(0℃, 1기압)에서 22.4L이다.
(3) 부피가 같다면 기체의 밀도비는 질량비와 같으므로 같은 온도와 압력에서 두 기체의 밀도비는 분자량의 비와 같다.

확인+   32~35쪽

1. 14.05   **2.** (1) ○ (2) ○ (3) X

3. 10, 20   **4.** 44.8

1. 원자량은 탄소(^{12}C) 원자의 질량을 12.00로 정하고, 이것을 기준으로 하여 다른 원자들의 상대적인 질량값을 원자량으로 정한다. 따라서 질소 원자의 원자량을 구하기 위해 질소 원자의 원자량을 x로 하면 다음과 같이 비례식을 세울 수 있다.
$1.99 \times 10^{-23} : 2.33 \times 10^{-23} = 12 : x$, $x ≒ 14.05$
따라서 질소 원자의 원자량은 14.05이다.

2. (1) 1몰은 입자 6.02×10^{23} 개를 묶음으로 나타내는 단위이다.
(2) 수소 분자(H_2)는 수소 원자(H) 2개로 이루어져 있으므로 수소 분자 1몰 6.02×10^{23} 개에는 수소 원자가 $2 \times 6.02 \times 10^{23}$ 개가 들어 있다.
(3) [바로알기] 염화 나트륨은 나트륨 이온과 염화 이온이 1 : 1의 비율로 결합해 있는 이온 결합 화합물이다. 따라서 염화 나트륨 2몰에는 나트륨 2몰과 염화 이온 2몰이 들어 있다.

3. 이산화 탄소 분자 한 개에는 탄소 원자 1개와 산소 원자 2개가 들어 있으므로 10몰의 이산화 탄소에는 탄소 원자 10 몰과 산소 원자 20 몰이 들어 있다.

4. 산소의 분자량은 32 이므로 산소 기체 64 g 은 산소 기체 2 몰이다. 따라서 0 ℃, 1 기압에서 산소 기체 2 몰의 부피는 2 몰 × 22.4 L/몰 = 44.8 L 이다.

01. (1) X (2) X (3) O

02. ㉠ 2.0 ㉡ 32.0 ㉢ 44.0 **03.** 4

04. (1) 180 (2) 0.1 **05.** (1) O (2) O (3) X

06. 6 **07.** ① **08.** ②

01. (1) [바로알기] 원자량이란 원자 1개의 실제 질량이 아닌, 어떤 원자를 기준으로 한 상대적인 질량을 말한다. 현재는 질량수 12인 탄소 원자의 질량을 12로 정하고, 이것을 기준으로 하여 다른 원자들의 상대적인 질량값을 원자량으로 정했다.
(2) [바로알기] 수소 원자의 원자량은 1이고, 산소 원자의 원자량은 16이다.

02. ㉠ 수소의 원자량은 1.0이므로 수소 원자 2개로 이루어진 수소 분자의 분자량은 $1.0 \times 2 = 2.0$이나.
㉡ 산소의 원자량은 16.0이므로 산소 원자 2개로 이루어진 산소 분자의 분자량은 $16.0 \times 2 = 32.0$이다.
㉢ 탄소의 원자량이 12.0이고, 산소의 원자량은 16.0이므로 탄소 원자 1개와 산소 원자 2개로 이루어진 이산화 탄소 분자의 분자량은 $12.0 + 16.0 \times 2 = 44.0$이다.

03. 물 분자(H_2O) 1개에는 수소 원자(H) 2 개와 산소 원자(O) 1 개가 들어 있다. 따라서 물 분자 1 몰에는 수소 원자 2(㉠)몰과 산소 원자 1(㉡)몰이 포함되어 있다. 염화 칼슘($CaCl_2$)은 칼슘 이온과 염화 이온이 1 : 2 의 비율로 결합한 화합물이므로 염화 칼슘 1 몰에는 염화 이온 2 (㉢)몰이 포함되어 있다.

04. (1) 포도당 한 분자는 탄소 6 개, 수소 12 개, 산소 6 개로 이루어져 있으므로 포도당의 분자량은 $12 \times 6 + 1 \times 12 + 16 \times 6 = 180$ 이다.
(2) 몰 수는 물질의 질량을 물질 1몰의 질량(그램분자량)으로 나누어 구할 수 있으므로 포도당 18 g 의 몰 수는 18 g ÷ 180 g/몰 = 0.1 몰이다.

05. (3) [바로알기] 원자량이 16인 산소(O)로 이루어진 산소 기체(O_2)의 분자량은 $16 \times 2 = 32$ 이므로 산소 기체 1 몰의 질량은 32 g 이다.

06. 이산화 탄소(CO_2) 분자 3.01×10^{23} 개는 0.5 몰이므로 여기에는 탄소 원자 0.5 몰이 포함되어 있다. 탄소 1 몰의 질량이 12 g 이므로 탄소 0.5 몰의 질량은 6 g 이다.

07. ①, ② 모든 기체들은 같은 온도와 압력에서 일정한 부피 속에 같은 수의 분자가 들어 있다. 특히, 0℃, 1기압에서 모든 기체 1몰의 부피는 22.4L이다. 이때의 질량을 분자량이라고 하며, 분자량은 기체의 종류에 따라 각각 다르다.
③ 표준 상태에서 기체의 부피는 기체의 몰 수 × 22.4L로 구할 수 있다.
④ 온도가 증가하면 기체의 부피는 커지고, 압력이 증가하면 기체의 부피는 작아진다.

08. ① 물(H_2O)의 분자량은 18이므로 36g의 물(H_2O)에는 물(H_2O) 분자가 2몰이 있는 것이다.
② 수소(H_2)의 분자량은 2이므로 10g에는 수소(H_2) 분자가 5몰이 있는 것이다.
④ 0℃, 1기압에서 산소(O_2) 기체의 부피가 22.4L라면 산소(O_2) 기체 1몰이 포함된 것이다.
⑤ 2.408×10^{24}개 ÷ 6.02×10^{23}개 = 4몰이다.

[유형 2-1] ④

01. ⑤ **02.** 1.007

[유형 2-2] (1) 암모니아 (2) 6.02×10^{24}개

03. ⑤ **04.** ②

[유형 2-3] ④ **05.** ㄱ **06.** 320

[유형 2-4] ② **07.** ① **08.** 이산화 탄소

[유형 2-1] (질량비) A 원자 : 탄소 원자 : B 원자
$= \frac{1}{12} : 1 : \frac{4}{3} = 1 : 12 : 16$이다. 따라서 원자량은 A 원자 1, 탄소 원자 12, B 원자 16이다. 화합물 A_2B_2의 분자량은 $1 \times 2 + 16 \times 2 = 34$이다. 원자량이 1인 원자는 수소 원자이고, 원자량이 16인 원자는 산소 원자이다.

01. ㄱ. 현재의 원자량은 질량수 12인 탄소 원자 ^{12}C의 질량을 12.00으로 정하고, 이것을 기준으로 하여 다른 원자들의 상대적인 질량값을 원자량으로 정한 것이다.
ㄴ. [바로알기] 수소 분자(H_2)는 수소 원자 2개가 결합한 것이므로 수소 분자의 분자량은 수소 원자(H)의 원자량의 2배이다.
ㄷ. 평균 원자량은 동위 원소의 존재 비율을 고려하여 구한 원자량이다.

02. 원자량은 탄소(^{12}C) 원자의 질량을 12.00으로 정하고, 이것을 기준으로 하여 다른 원자들의 상대적인 질량값을 원자량으로 정한다. 따라서 수소 원자의 원자량을 구하기 위해 수소 원자의 원자량을 x로 하면 다음과 같이 비례식을 세울 수 있다.
$1.99 \times 10^{-23} : 1.67 \times 10^{-24} = 12 : x$, x ≒ 1.007
따라서 수소 원자의 원자량은 1.007이다.

[유형 2-2] (1) 물 분자 10몰에는 수소 원자 20몰과 산소 원자 10몰이 있으므로 총 30몰의 원자가 들어 있다. 이산화 탄소 분자 10몰에는 탄소 원자 10몰과 산소 원자 20몰이 있으므로 총 30몰의 원자가 들어 있다. 암모니아 분자 10몰에는 질소 원자 10몰과 수소 원자 30몰이 들어 있으므로 총 40몰의 원자가 들어 있다. 따라서 원자의 개수가 가장 많은 분자는 암모니아이다.
(2) 물 분자 5몰에는 수소 원자 10몰이 들어 있다. 따라서 수소 원자의 개수는 $6.02 \times 10^{23} \times 10 = 6.02 \times 10^{24}$개이다.

03. 메테인(CH_4) 분자 3.01×10^{24}개는 메테인 분자가 5몰있는 것이다. 메테인 분자 한 개에 수소 원자가 4개 포함되어 있으므로 메테인 분자 5몰에는 수소 원자 20몰이 들어 있다.

04. 원자 1개의 질량은 원자 1몰의 질량을 아보가드로수로 나누어 구할 수 있다. 따라서 탄소(^{12}C) 1몰의 질량인 12.0g을 아보가드로수인 6.02×10^{23}개로 나누어 구할 수 있으므로 탄소(^{12}C) 원자 1개의 질량은 $\frac{12.0g}{6.02 \times 10^{23}개}$ 이다.

[유형 2-3] 포도당의 분자량은 $12 \times 6 + 1 \times 12 + 16 \times 6 = 180$이다. 따라서 포도당 90g에는 포도당 분자가 90g ÷ 180g/몰 = 0.5몰 존재한다. 포도당 한 분자에는 탄소 원자 6개, 산소 원자 6개가 존재하므로 포도당 0.5몰에는 탄소 원자 0.5몰 × 6 = 3몰과 산소 원자 0.5몰 × 6 = 3몰이 포함된다. 탄소 원자 3몰의 질량은 3몰 × 12g/몰 = 36g이고, 산소 원자 3몰의 질량은 3몰 × 16g/몰 = 48g이다.

05. ㄱ. 산소 기체(O_2)의 분자량은 $16 \times 2 = 32$이므로 산소 기체 3몰의 질량은 2몰 $\times$ 32g/몰 = 64g이다.

ㄴ. 물 분자(H_2O)의 분자량은 $1 \times 2 + 16 = 18$이고, 분자 1.204×10^{24}개는 (1.204×10^{24}개) $\div$ (6.02×10^{23}개/몰) = 2몰이다. 따라서 물 분자의 질량은 2몰 $\times$ 18g/몰 = 36g이다.

ㄷ. 수소 기체(H_2)의 분자량은 $1 \times 2 = 2$이므로 수소 기체 20몰의 질량은 20몰 $\times$ 2g/몰 = 40g이다.

06. 이산화 탄소의 분자량은 $12 + 16 \times 2 = 44$ 이므로 이산화 탄소 220 g 에는 220 g $\div$ 44 g/몰 = 5 몰의 이산화 탄소 분자가 들어 있다.

이산화 탄소 분자 한 개에는 산소 원자가 2 개 포함되므로 산소 원자는 10 몰이 존재하고, 산소 원자 10 몰의 질량은 10 몰 $\times$ 16 g/몰 = 160 g이다.

또한 물의 분자량은 $1 \times 2 + 16 = 18$ 이므로 물 180 g 에는 180 g $\div$ 18 g/몰 = 10 몰의 물 분자가 들어 있다. 물 분자 한 개에는 산소 원자가 1 개 포함되므로 산소 원자는 10 몰이 존재한다. 산소 원자 10 몰의 질량은 160 g 이므로 이산화 탄소 220 g 과 물 180 g 에 들어 있는 산소의 질량은 160 g + 160 g = 320 g 이다.

[유형 2-4] ㄱ. [바로알기] 0℃, 1기압에서 기체 A 의 부피가 22.4 L 이므로 기체 A 에는 분자 1몰이 존재한다. 따라서 ㉠은 6.02×10^{23}개이다. 또한 0℃, 1기압에서 기체 C 의 부피가 44.8 L이므로 기체 C 에는 분자 2 몰이 존재한다. 따라서 ㉢은 1.204×10^{24} 개이다.

ㄴ. 기체 B의 분자수가 6.02×10^{23} 개이므로 0℃, 1기압에서 기체 B의 부피는 22.4 L 이다.

ㄷ. [바로알기] 기체 A 와 C 는 다른 종류의 기체이므로 분자량이 다르다. 따라서 기체의 부피가 2배일지라도 질량은 2배가 아니다.

07. 0℃, 1기압에서 A_2O 기체 44.8 L 에 들어 있는 A_2O 분자의 몰 수는 44.8 L $\div$ 22.4 L/몰 = 2 몰이다. 따라서 A_2O의 그램 분자량은 36 g $\div$ 2 몰 = 18 g/몰이다. O 의 원자량이 16 이므로 A의 원자량 $\times$ 2 + 16 = 18 이다. 따라서 A 의 원자량은 1이다.

08. 같은 온도와 압력에서 기체의 부피는 모두 같으므로 기체의 밀도는 분자량에 비례한다. 따라서 수소(H_2)의 분자량 2, 암모니아(NH_3)의 분자량 17, 이산화 탄소(CO_2)의 분자량 44, 수증기(H_2O)의 분자량 18, 메테인(CH_4)의 분자량 16 으로 분자량이 가장 큰 이산화 탄소의 밀도가 가장 크다.

창의력 & 토론마당   42~45쪽

01 ^{1}H의 원자량을 10으로 정하였다면 수소보다 12배 무거운 탄소의 원자량은 120이 된다.

탄소 원자 1개의 질량은 1.9926×10^{-23}g이므로 탄소 120g 속에 들어 있는 탄소 원자의 수는

$$\frac{120g}{1.9926 \times 10^{-23}g/개} = 6.02 \times 10^{24}개 가 된다.$$

따라서 아보가드로수는 6.02×10^{24}이 된다.

02 화합물 (가)의 분자식은 XY이다. 화합물 (나)의 화학식은 X_2Y이고, (다)의 화학식은 XY_2이다. 따라서 화합물 (나)의 분자량은 $16 \times 2 + 14 = 46$이다.

해설 화합물 (가)~(다)는 원소 X와 Y로 이루어졌고, 화합물 (가)를 구성하는 원자 수는 2개이므로 화합물 (가)의 분자식은 XY이다. 또한 화합물 (나)와 화합물 (다)를 구성하는 원자 수는 3개이므로 (나)와 (다)의 분자식은 X_2Y 또는 XY_2이다. (가)의 분자식은 XY이고, (다)의 분자식을 XY_2라고 가정하고, X의 원자량을 x, Y의 원자량을 y라고 하면 다음 식이 성립한다.

$$x + y = 30 , x + 2y = 44$$

이 식을 풀면 x = 16, y = 14이다. X 의 원자량이 Y 의 원자량보다 크다는 조건에 부합하므로 (다)의 화학식은 XY_2 이고, (나)의 화학식은 X_2Y 이다. 따라서 화합물 (나)의 분자량은 $16 \times 2 + 14 = 46$ 이다.

03 표준 상태(0℃, 1기압)에서 기체 1몰의 부피는 22.4L 이므로 산소 560mL(0.56L)는 0.025몰이다. 화학 반응식에서 계수비는 $H_2O : H_2 : O_2 = 2 : 2 : 1$이고, 이것은 기체의 부피비이므로 물 0.05몰이 분해되어 수소 기체 0.05몰과 산소 기체 0.025몰이 생성되었다는 것을 알 수 있다.

물(H_2O)의 분자량이 $1 \times 2 + 16 = 18$이므로 분해된 물의 질량은 18g/몰 $\times$ 0.05몰 = 0.9g이고, 생성된 수소의 부피는 22.4L/몰 $\times$ 0.05몰 = 1.12L이다.

해설 화학 반응식에서 계수비는 분자 수의 비이며, 반응 물질과 생성 물질이 모두 기체일 때 분자 수의 비는 부피비이다.

04 메테인(CH_4) 한 분자에는 탄소 원자 1개, 수소 원자 4개, 총 5개의 원자가 들어 있다. 또한 물(H_2O) 한 분자에는 수소 원자 2개, 산소 원자 1개, 총 3개의 원자가 들어 있다. 메테인 한 분자는 물 분자 20개에 둘러싸이므로 메테인 수화물 입자 한 개에는 $5 + 3 \times 20 = 65$개의 원자가 포함된다. 따라서 메테인 수화물 1몰에는 $65 \times 6.02 \times 10^{23} = 3.913 \times 10^{25}$개의 원자가 포함된다.

05 반응에서 발생한 이산화 탄소가 공기 중으로 날아가므로 반응 후 감소된 질량은 생성된 이산화 탄소의 질량이다. 따라서 생성된 이산화 탄소의 질량은 ($w_1 + w_2$) - w_3이다. 화학 반응식에서 탄산 칼슘($CaCO_3$)과 이산화 탄소(CO_2)의 계수가 같으므로 반응한 탄산 칼슘과 생성된 이산화 탄소의 몰 수는 같다는 것을 알 수 있다. 따라서 다음과 같은 식이 성립한다.

$$\frac{반응한 탄산 칼슘의 질량}{탄산 칼슘의 화학식량} = \frac{생성된 이산화 탄소의 질량}{이산화 탄소의 화학식량}$$

$$\frac{w_1}{탄산 칼슘의 화학식량} = \frac{(w_1 + w_2) - w_3}{M}$$

따라서 탄산 칼슘의 화학식량은 다음과 같이 구할 수 있다.

$$\frac{M \times w_1}{(w_1 + w_2) - w_3}$$

06 각 실린더 안 기체의 부피는 각 실린더 안 기체의 몰 수에 비례한다.

(가) 탄소(C) 1몰, 산소(O_2) 1몰 반응 : 탄소(C) 1몰과 산소(O_2) 1몰이 모두 반응하여 이산화 탄소(CO_2) 1몰이 생성된다. 따라서 반응 후 실린더 안에 들어 있는 기체는 이산화 탄소(CO_2) 1몰이다.

(나) 메테인(CH_4) 0.75몰, 산소(O_2) 1몰 반응 : 메테인(CH_4) 0.5몰과 산소(O_2) 1몰이 반응하여 이산화 탄소(CO_2) 0.5몰과 물(H_2O) 0.5몰이 생성된다. 따라서 메테인(CH_4) 0.25몰은 반응하지 않고 남아있게 된다. 결국 반응 후 실린더 안에 있는 기체는 메테인(CH_4) 0.25몰과 이산화 탄소(CO_2) 0.5몰이므로 총 0.75몰이다.

(다) 철(Fe) 1.5몰, 산소(O_2) 1.5몰 반응 : 철(Fe) 1.5몰과 산소(O_2) 1몰이 반응하여 사산화삼철(Fe_3O_4) 0.5몰을 생성된다. 따라서 산소(O_2) 0.5몰은 반응하지 않고 남아있게 된다. 결국 반응 후 실린더 안에 있는 기체는 산소(O_2) 0.5몰이다.

각 실린더 안 기체의 부피비 = 몰 수비 = (가) : (나) : (다) = 1 : 0.75 : 0.5 = 4 : 3 : 2이다.

스스로 실력 높이기 46~51쪽

01. ㉠ 화학식량 ㉡ 탄소(C) **02.** (1) O (2) X
03. 35 **04.** ㉠ 2 ㉡ 1 ㉢ 1
05. 6.02×10^{23} **06.** 5 **07.** 3
08. 암모니아, 수소, 이산화 탄소 **09.** ㄱ, ㄴ, ㄷ
10. 0.76 **11.** ⑤ **12.** ① **13.** ② **14.** ⑤
15. (1) 12 (2) 16 (3) 44 **16.** ⑤ **17.** ③
18. ③ **19.** ⑤ **20.** ①, ④ **21.** ⑤
22. ② **23.** ② **24.** ⑤
25.~ 32. (해설 참조)

---

02. (2) [바로알기] 분자량은 분자 1개의 질량이 아닌 원자의 상대적인 질량값인 원자량을 더한 값이다.

03. ㉠ H_2O의 분자량은 $1 \times 2 + 16 = 18$ 이다.
㉡ NH_3의 분자량은 $14 + 1 \times 3 = 17$ 이다.

06. 몰 수는 물질의 질량을 물질 몰의 질량으로 나누어 구할 수 있다. 따라서 분자량이 18 인 물 90 g의 몰 수는 90 g ÷ 18 g/몰 = 5 몰이다.

07. 0 ℃, 1 기압에서 모든 기체 1 몰의 부피는 22.4 L 이다. 또한 기체의 몰 수는 기체의 부피를 22.4 L 로 나누어 주면 구할 수 있다. 따라서 산소 기체에는 산소 분자가 1 몰이 있고, 수소 기체에는 수소 분자가 2 몰이 있게 된다.

08. 0 ℃, 1기압에서 수소 22.4 L 에는 수소 분자(H_2) 1몰이 들어 있으므로 수소 원자 2 몰이 들어 있는 것이다. 암모니아(NH_3) 44.8 L 에는 암모니아 분자 2 몰이 들어 있으므로 질소 원자 2 몰

과 수소 원자 6 몰이 들어 있다. 이산화 탄소(CO_2) 11.2 L 에는 이산화 탄소 분자 0.5 몰이 들어 있으므로 탄소 원자 0.5 몰과 산소 원자 1 몰이 들어 있다. 따라서 원자의 수가 가장 많은 기체는 암모니아 〉 수소 〉 이산화 탄소 순이다.

09. 산소 기체(O_2) 1 몰과 질소 기체(N_2)는 분자 수와 원자 수, 그리고 부피가 동일하다. 산소 기체와 질소 기체의 질량이 다르므로 밀도는 다르다.

10. 암모니아의 분자량은 $14 + 1 \times 3 = 17$ 이다. 암모니아 의 부피가 11.2 L 이므로 암모니아 분자는 0.5 몰이 들어 있다. 암모니아 0.5 몰의 질량은 0.5 몰 × 17 g/몰 = 8.5 g 이다. 따라서 밀도는 8.5 g ÷ 11.2 L ≒ 0.76 g/L 이다.

11. ㄱ. 원자 A 와 원자 B 의 질량비는 A : B = 12 : 1 이므로 A 의 원자량이 12 라면 B 의 원자량은 1 이다.
ㄴ. [바로알기] 질량비 A : B는 12 : 1이고, A : C는 3 : 4 이므로 A : B : C = 12 : 1 : 16 이다. 따라서 C 의 원자량이 가장 크다.
ㄷ. B : C = 1 : 16이므로 C 의 원자량은 B 원자량의 16 배이다.

12. 원자는 크기와 질량이 매우 작은 입자이므로 질량수 12 인 탄소 원자의 질량을 12.00 으로 정하고, 이것을 기준으로 하여 다른 원자들의 상대적인 질량값을 원자량으로 정한다.

13. XO_2의 분자량이 X 의 원자량 + 16 × 2 = 44 이므로 X의 원자량은 12 이다. Y_2O의 분자량은 Y 의 원자량 × 2 + 16 = 18 이므로 Y의 원자량은 1 이다.

14. ⑤ 수소 원자 1 몰에는 수소 원자가 아보가드로수(6.02×10^{23})만큼 들어 있다.
[바로알기] ① 염화 칼슘($CaCl_2$) 1 몰에는 염화 이온 2 몰과 칼슘 이온 1 몰이 들어 있다.
② 염화 나트륨(NaCl) 2 몰에는 염화 이온 2 몰과 나트륨 이온 2 몰이 들어 있다.
③ 물(H_2O) 분자 1 몰에는 산소 원자 1 몰 들어 있으므로 산소 원자 6.02×10^{23} 개가 들어 있다.
④ 수소 분자 1 몰에는 수소 원자가 2 몰 들어 있으므로 수소 원자 1.204×10^{24} 개가 들어 있다.

15. (1) 원자 0.5 몰의 질량이 6 g 이므로 1몰의 질량은 6g × 2 = 12g이다.
(2) 0℃, 1기압에서 기체 1 몰의 부피가 22.4L이므로 부피가 11.2L 인 기체의 몰 수는 0.5몰이다. 0.5몰의 질량이 8g이므로 기체 Y의 분자량은 8 × 2 = 16이다.
(3) 분자 6.02×10^{24}개는 분자 10몰에 해당한다. 분자 10몰의 질량이 440g이므로 기체 Z의 분자량은 44이다.

16. ① 물(H_2O)의 분자량은 $1 \times 2 + 16 = 18$이므로 18g의 물에는 물 분자 1몰이 있다. 물 분자 1몰에는 수소 원자 2몰이 포함되어 있다.
② 0.5몰의 수소 분자(H_2)에는 1몰의 수소 원자가 포함되어 있다.
③ 6.02×10^{23}개는 1몰이므로 수소 원자가 1몰 존재한다.
④ 0℃, 1기압에서 5.6L에는 5.6L ÷ 22.4L/몰 = 0.25몰의 기체가 들어 있다. 메테인 한 분자에는 수소 원자 4개가 들어 있으므로 메테인(CH_4) 0.25몰에는 수소 원자 0.25몰 × 4 = 1몰이 포함되어 있다.
⑤ 0℃, 1기압에서 22.4L의 암모니아에는 암모니아(NH_3) 분자가 1몰 들어 있다. 암모니아 분자 한 개에는 수소 원자 3개가 들어 있으므로 수소 원자는 3몰 포함되어 있다.

17. 0℃, 1기압에서 기체의 밀도비는 기체의 분자량비와 같다. 따라서 O_2 의 분자량은 32 이므로 AO_2의 분자량을 y 라고 한다면,

O_2와 AO_2의 분자량비는 $32 : y = X : \frac{11}{8}X$와 같다. $y = 32 \times \frac{11}{8}$ 이므로 $y = 44$ 이다. AO_2의 분자량이 44 이므로 A의 원자량은 $44 - 16 \times 2 = 12$ 이다.

18. 같은 온도와 압력에서 기체들은 일정한 부피 속에 같은 수의 분자가 들어 있으므로 기체의 밀도비는 기체의 분자량비와 같다. 따라서 분자량이 가장 큰 분자의 밀도가 가장 크다.
① $1 \times 2 = 2$ ② $14 \times 2 = 28$ ③ $16 \times 2 = 32$ ④ $12 + 16 = 28$ ⑤ $14 + 1 \times 3 = 17$

19. ㄱ. 탄소 원자 4개와 A 원자 3개의 질량이 같으므로 다음과 같은 식이 성립한다.
$12 \times 4 = $ A의 원자량 $\times 3$, 따라서 A의 원자량은 16이다.
ㄴ. [바로알기] A의 원자량이 16이고, A 원자 7개와 B 원자 8개의 질량이 같으므로 다음과 같은 식이 성립한다.
$16 \times 7 = $ B의 원자량 $\times 8$,
따라서 B의 원자량은 14이고, B_2의 분자량은 $14 \times 2 = 28$이다.
ㄷ. 화합물 BA_2의 화학식량은 $14 + 16 \times 2 = 46$이다.

20. 분자수비는 몰 수비와 같다. 그리고 아보가드로 법칙에 의해서 몰 수비는 부피비와 같다.
② 분자량비는 $H_2 : N_2 : NH_3 = 2 : 28 : 17$이다.
③ 질량비는 $H_2 : N_2 : NH_3 = 2 \times 3 : 28 \times 1 : 17 \times 2 = 6 : 28 : 34 = 3 : 14 : 17$이다.
⑤ 같은 온도와 압력에서 기체들은 일정한 부피 속에 같은 수의 분자가 들어 있으므로 기체의 밀도비는 기체의 분자량비와 같다.

21. ㄱ. [바로알기] A의 밀도는 1g/mL이므로 부피가 1L일 때 질량은 1000g이다.
ㄴ. B 기체의 부피가 44.8L이므로 B 분자는 2몰이다. 따라서 B의 그램분자량은 $4g \div 2몰 = 2g/몰$이고, 분자량은 2이다.
ㄷ. C 기체의 부피가 11.2L이므로 C 분자 0.5몰 들어 있다. 따라서 질량은 $0.5몰 \times 44g/몰 = 22g$이다. 같은 온도와 압력에서 기체의 밀도비는 기체의 분자량비와 같으므로 C 기체의 밀도가 B 기체의 밀도보다 크다.

물질	상태	분자량	질량(g)	부피(L)	밀도(g/mL)
A	액체	18	1000	1	1.00
B	기체	2	4	44.8	-
C	기체	44	22	11.2	-

22. ㄱ. [바로알기] 온도와 압력이 같은 상태에서 기체의 부피가 2배 차이나므로 분자 수의 차이는 2배이다. 따라서 몰 수의 차이도 2배이다. 물질의 질량은 '몰 수 $\times$ 그램분자량'이므로 질량비 (가) : (나) $= 2 \times 28 : 1 \times 17 = 56 : 17$이다.
ㄴ. 분자 수비는 부피비와 같으므로 (가) : (나) $= 2 : 1$이다.
ㄷ. [바로알기] 밀도는 $\frac{질량}{부피}$이므로 기체의 밀도비 (가) : (나) $= \frac{56}{2} : \frac{17}{1} = 28 : 17$이다.
같은 온도와 압력에서 기체의 밀도비는 기체의 분자량비와 같다.

23. 수소 기체를 채운 플라스크의 질량이 30.6 g 이므로 수소 기체의 질량은 $30.6 g - 30 g = 0.6 g$ 이다. 수소 기체(H_2)의 분자량이 $1 \times 2 = 2$ 이므로 수소 기체 0.6 g 에는 수소 기체 $0.6 g \div 2 g/몰 = 0.3$ 몰 들어 있다. 0℃, 1기압에서 모든 기체 1 몰의 부피는 22.4 L 이므로 이 플라스크의 부피는 $0.3 몰 \times 22.4 L/몰 = 6.72 L$ 이다.

24. ㄱ. 플라스크의 부피는 6.72 L 이고, 0℃, 1기압에서 이 플라스크 속에는 기체 0.3몰이 들어갈 수 있다. X_2의 질량이 $39.6 g - 30 g = 9.6 g$ 이므로 X_2의 그램분자량은 $9.6g \div 0.3몰 = 32 g/몰$이다. 따라서 X_2의 분자량은 32 이다.

ㄴ. X_2의 분자량이 32 이므로 X의 원자량은 $32 \div 2 = 16$ 이다.
ㄷ. 이 플라스크에 질소 기체를 가득 채워도 질소 기체는 0.3몰만 들어갈 수 있으므로 플라스크 속의 질소 분자 수는 $0.3몰 \times 6.02 \times 10^{23}개/몰 = 1.806 \times 10^{23}개$이다.

25. 답 (가)는 분자량이 16 이므로 1 g 의 몰 수는 $\frac{1}{16}$ 몰이고, 분자 한 개를 구성하는 원자 수는 5개이므로 총 원자 수는 $\frac{5}{16}$몰이다.
(나)는 분자량이 17 이므로 1 g 의 몰 수는 $\frac{1}{17}$ 몰이고, 분자 한 개를 구성하는 원자 수는 4 개이므로 총 원자 수는 $\frac{4}{17}$몰이다.
$\therefore$ 1 g 에 있는 원자 수비 (가) : (나) $= \frac{5}{16} : \frac{4}{17} = 85 : 64$ 이다.

26. 답 같은 온도와 압력에서 기체의 부피는 기체의 분자 수에 비례하므로 기체의 몰 수에 비례한다. 10 g 의 몰 수를 각각 구하면 (가)는 $\frac{10}{16}$ 몰이고, (나)는 $\frac{10}{17}$ 몰이다. 따라서 기체 10g의 부피 비는 $\frac{10}{16} : \frac{10}{17} = 17 : 16$이다.

27. 답 문제의 조건 중 90℃, 1기압에서 기체 1몰의 부피는 30 L 라고 가정했으므로 A의 10 L 는 $\frac{1}{3}$ 몰에 해당하고, B 20 L 는 $\frac{2}{3}$ 몰에 해당한다. 물질 A 10 g 이 $\frac{1}{3}$ 몰이므로 물질 A 1몰의 질량(그램분자량)은 30 g 이다. 물질 B 는 10 g 이 $\frac{2}{3}$ 몰에 해당하므로 물질 B 1몰의 질량(그램분자량)은 15 g이다. 따라서 분자량은 A 가 B 의 2 배이다.

28. 답 요소($(NH_2)_2CO$)의 분자량이 $(14 + 1 \times 2) \times 2 + 12 + 16 = 60$ 이므로 요소 30 g 의 몰 수는 $30 g \div 60 g/몰 = 0.5$몰이다. 요소 한 분자에는 질소 원자가 2개 포함되므로 요소 0.5 몰 속 질소 원자의 몰 수는 $0.5 몰 \times 2 = 1$ 몰이다. 0℃, 1기압에서 산소 기체 1몰의 부피는 22.4 L 이다.

29. 답 같은 온도와 압력에서 기체의 밀도는 분자량에 비례한다.
(가) C_2H_4의 분자량은 $12 \times 2 + 1 \times 4 = 28$ 이다.
(나) C_3H_8의 분자량은 $12 \times 3 + 1 \times 8 = 44$ 이다.
(다) C_4H_8의 분자량은 $12 \times 4 + 1 \times 8 = 56$ 이다. 따라서 밀도가 가장 큰 기체는 (다)이다.

30. 답 (가) 0℃, 1기압에서 부피가 22.4 L 이므로 C_2H_4가 1 몰 들어 있다. C_2H_4 1 몰에 들어 있는 원자의 총 몰 수는 6몰이다.
(나) 질량이 66 g 이므로 $66 g \div 44 g/몰 = 1.5$ 몰이 들어 있다. C_3H_8 1.5 몰에는 원자가 총 $1.5몰 \times 11 = 16.5$ 몰 들어 있다.
(다) 1몰은 6.02×10^{23} 개이므로 C_4H_8이 0.5 몰 들어 있다. C_4H_8 0.5 몰에 들어 있는 원자의 총 몰 수는 $0.5 몰 \times 12 = 6$ 몰이다. 따라서 전체 원자 수는 (나) > (가) = (다) 순이다.

31. 답 표준 상태(0℃, 1기압)에서 기체 1몰의 부피는 22.4 L 이고, 이산화 탄소의 분자량은 44 이고, 일산화 탄소의 분자량은 28 이다. 따라서 이산화 탄소의 밀도는 $44 g \div 22.4 L ≒ 1.96 g/L$ 이고, 일산화 탄소의 밀도는 $28 g \div 22.4 L = 1.25 g/L$ 이다.

32. 답 이산화 탄소의 분자량은 $12 + 16 \times 2 = 44$ 이므로 이산화 탄소 660 g 에는 $660 g \div 44 g/몰 = 15$ 몰의 이산화 탄소 분자가 들어 있다. 이산화 탄소 분자 한 개에는 산소 원자가 2 개 포함되므로 산소 원자는 30 몰이 존재하고, 산소 원자 30 몰의 질량은 $30 몰 \times 16 g/몰 = 480 g$ 이다.
또한 물의 분자량은 $1 \times 2 + 16 = 18$ 이므로 물 90 g 에는 $90 g \div 18 g/몰 = 5$ 몰의 물 분자가 들어 있다. 물 분자 한 개에는 산소 원자가 1 개 포함되므로 산소 원자는 5 몰이 존재한다. 산소 원자 5 몰의 질량은 80 g 이다. 그러므로 이산화 탄소 660 g 과 물 90 g 에 들어 있는 산소의 질량은 $480 g + 80 g = 560 g$ 이다.

3강. 화학식

개념 확인   52~55쪽

1. (1) X (2) O   **2.** 실험식

3. 27.27   **4.** (1) O (2) O (3) X

1. [바로알기] (1) 특정 이온들끼리 반응하여 불용성 염인 앙금을 생성한다.

3. 이산화 탄소(CO_2)의 분자량 : $12 + 16 \times 2 = 44$
∴ 탄소 원자(C)의 질량 백분율(%) : $\frac{12}{44} \times 100 = 27.27$(%)

4. (3) [바로알기] 0℃, 1기압에서의 기체의 질량(w)과 부피(V)를 알아야 기체의 분자량을 아래의 식을 이용해서 구할 수 있다.
$$분자량(M) = 22.4 \times \frac{w}{V} \ (0℃, 1기압)$$

확인+   52~55쪽

1. 스펙트럼   **2.** (1) X (2) O

3. 염화 칼슘($CaCl_2$)   **4.** 44

2. (1) [바로알기] 분자를 이루는 원자 사이의 결합 모양과 배열 상태를 결합선을 이용하여 나타낸 식을 구조식이라고 한다.
(2) 메탄올의 실험식과 분자식은 CH_4O로 동일하다.

3. 염화 칼슘은 물을 잘 흡수한다. 따라서 염화 칼슘을 채운 관의 질량 변화를 통해 생성된 물의 질량을 알 수 있다.
4. 표준 상태에서 기체 1몰의 부피는 22.4L이다. 따라서 기체 A의 분자량은 $\frac{22.4}{11.2} \times 22 = 44$이다.

개념 다지기   56~57쪽

01. ⑤   **02.** ④   **03.** ㉠ $C_2H_4O_2$ ㉡ CH_2O

04. —   **05.** (1) O (2) X (3) O   **06.** 82.35

07. ㉣   **08.** ③

01. ㄱ. [바로알기] 전해질 수용액에 들어 있는 특정 양이온과 특정 음이온이 반응해야 앙금이 생성된다.
ㄴ. 앙금 생성 반응에서 실제로 반응에 참여하여 앙금을 생성하는 이온을 알짜 이온, 앙금 생성 반응에 참여하지 않는 이온을 구경꾼 이온이라고 한다.
ㄷ. 어떤 이온들이 반응하는지에 따라 앙금의 색이 다르다.

02. ④ 염화 나트륨에 포함된 나트륨 이온에 의해 불꽃 반응시 노란색의 불꽃색을 볼 수 있다.
[바로알기] ①, ③ 염화 나트륨은 염화 음이온과 나트륨 양이온이 1 : 1의 개수비로 결합한 물질로 화학식은 NaCl이다.
② 표준 상태에서 1몰의 부피가 22.4L인 것은 기체 물질이다.
⑤ 염화 나트륨 수용액을 질산 은 수용액과 섞으면 흰색 앙금($AgCl$)이 생성된다.

03. 시성식이 CH_3COOH이므로 원소별 개수를 나타낸 분자식

은 $C_2H_4O_2$이다. 그리고 원자의 수를 가장 간단한 정수의 비로 나타낸 실험식은 CH_2O 이다.

04. 탄소의 원자가가 4이므로 알맞은 결합선은 —(단일 결합)이다.

05. (2) [바로알기] 원소 분석을 통해 화합물을 이루는 원소들의 질량을 확인할 수 있다.
(3) 원소 분석을 통해 구한 원소들의 질량을 각각의 원자량으로 나누면 원자 수의 비를 구할 수 있으므로 화합물의 실험식을 결정할 수 있다.

06. 암모니아(NH_3)의 분자량은 $14 + 1 \times 3 = 17$이다. 따라서 질소 원자(N)의 질량 백분율(%)은 $\frac{14}{17} \times 100 = 82.35$(%)이다.

07. ㉣ [바로알기] 실험식에 n 을 곱하여 분자식을 구한다.

08. 아보가드로 법칙에 의하면 온도와 압력이 같은 두 기체는 일정한 부피 속에 같은 수의 분자가 들어 있으므로, 두 기체의 밀도비는 두 기체의 분자량 비와 같다. 따라서
$$\frac{기체 A의 밀도}{산소 기체의 밀도} = \frac{A의 분자량}{산소의 분자량} 이다.$$
기체 A의 분자량 = 산소의 분자량 $\times \frac{1}{2} = 32 \times \frac{1}{2} = 16$이다.

유형 익히기 & 하브루타   58~61쪽

[유형 3-1] ③   **01.** ③   **02.** 리튬

[유형 3-2] ⑤   **03.** ②   **04.** ㉠ C_2H_5OH

    ㉡ CH_3CHO ㉢ CH_3COOH

[유형 3-3] ⑤   **05.** (1) 72 (2) 12 (3) 96   **06.** ③

[유형 3-4] ④   **07.** ③   **08.** ④

[유형 3-1] (가)에서 질산 은($AgNO_3$) 수용액과 화합물 X가 반응하여 노란색 앙금을 생성하였으므로 화합물 X에는 Ag^+와 반응하여 노란색 앙금을 생성하는 Br^-($AgBr$: 연노란색) 또는 I^-(AgI : 노란색)가 속해 있다.
(나)에서 화합물 X가 질산 납($Pb(NO_3)_2$) 수용액과 반응하여 노란색 앙금을 생성하였으므로 화합물 X에는 I^-(PbI_2 : 노란색)가 포함되어 있다.
(다)에서 주황색의 불꽃색이 나타났으므로 화합물 X에는 칼슘 원소가 포함되었다. 따라서 화합물 X는 CaI_2이다.

01. ㄱ. [바로알기] 모든 금속가 고유의 불꽃색을 갖는 것은 아니다. 금속 원소를 겉불꽃에 넣었을 때 가시광선 영역의 빛을 내는 경우에만 불꽃색을 확인할 수 있다.
ㄴ. [바로알기] 염화 나트륨과 염화 칼륨을 이루는 금속 원소는 다르므로 불꽃색이 다르다. 염화 나트륨의 불꽃색은 나트륨으로 인해 노란색이고, 염화 칼륨의 불꽃색은 칼륨으로 인해 보라색이다.
ㄷ. 금속 원소에 따라 각각 고유한 불꽃색을 갖으므로 동일한 금속 원소가 포함된 물질끼리는 불꽃색이 같다.

02. 화합물의 선 스펙트럼에는 각 성분 원소의 선 스펙트럼이 모두 포함되어 나타나고, 원소에 따라 선 스펙트럼에 나타나는 선의 색깔이나 위치, 개수, 굵기가 모두 다르다. 따라서 물질 A와 물질 B에 공통으로 포함된 원소는 같은 위치에 같은 굵기로 나타나는 선을 확인하여 리튬(Li)임을 알 수 있다.

[유형 3-2] ㄱ. (가)는 분자식이 C_2H_6O인 에탄올이다. 에탄올은 분자식과 실험식이 같다. 에탄올의 작용기는 —OH이므로 시성식은 C_2H_5OH이다.

ㄴ. **[바로알기]** (나)는 분자식이 $C_2H_4O_2$인 아세트산이다. 아세트산의 실험식은 CH_2O이다. 아세트산의 작용기는 —COOH이므로 시성식은 CH_3COOH이다.

ㄷ. (다)는 분자식이 CH_4O인 메탄올이다. 메탄올은 분자식과 실험식이 같고, 작용기가 —OH이므로 시성식은 CH_3OH이다.

03. 각각의 분자식(시성식)과 실험식은 다음과 같다.
① $CH_4O \rightarrow CH_4O$, $C_2H_4O_2 \rightarrow CH_2O$
② $CH_3COOH \rightarrow CH_2O$, $C_6H_{12}O_6 \rightarrow CH_2O$
③ $C_2H_4O \rightarrow C_2H_4O$, $C_2H_4O_2 \rightarrow CH_2O$
④ $CH_3CHO \rightarrow C_2H_4O$, $CH_2O \rightarrow CH_2O$
⑤ $C_6H_6 \rightarrow CH$, $C_2H_6 \rightarrow CH_3$

04. 시성식은 물질을 이루는 분자의 특성을 알 수 있도록 작용기를 따로 구분하여 나타낸 식이다. 따라서 분자식에서 작용기에 해당하는 원자의 수를 제외하여 쓰고, 마지막 또는 중간에 작용기를 붙여주어 시성식을 완성한다.

[유형 3-3] ① **[바로알기]** 염화 칼슘($CaCl_2$)은 물(H_2O)을 잘 흡수한다. (A) 장치는 공기에 포함된 수증기를 제거하여 실험에 건조한 공기를 공급하여 연소 생성물인 물의 질량을 측정할 때 발생할 수 있는 오차의 원인을 제거하기 위함이다. 또한 건조한 산소를 공급시켜 시료가 완전 연소될 수 있도록 돕는다. 생성된 물(H_2O)은 (A) 장치의 염화 칼슘이 아닌 (B) 장치의 염화 칼슘에 흡수된다.
② **[바로알기]** 화합물 X는 산화 구리(II)의 산소(O_2)를 공급받아 완전 연소되므로 생성물의 질량의 합은 화합물 X와 산소(O_2)의 질량의 합과 같다. 따라서 생성물의 질량의 합이 화합물 X의 질량인 180mg보다 크다.
③, ⑤ 증가한 (B) 장치(염화 칼슘관)의 질량은 생성된 물(H_2O)의 질량과 같고, 증가한 (C) 장치(수산화 나트륨관)의 질량은 생성된 이산화 탄소(CO_2)의 질량과 같다. 따라서 생성된 물(H_2O)의 질량은 108mg이고, 생성된 이산화 탄소(CO_2)의 질량은 264mg이다. 이를 이용해서 다음과 같이 화합물 X를 구성하는 원소의 질량을 구할 수 있다.
화합물 X 180mg에 포함된 탄소(C)의 질량 = 생성된 이산화 탄소(CO_2) 264mg 속 탄소(C)의 질량
화합물 X 180mg에 포함된 수소(H)의 질량 = 생성된 물(H_2O) 108mg 속 수소(H)의 질량
화합물 X 180mg에 포함된 산소(O)의 질량 = 화합물 X 의 질량(180mg) - 화합물 X 180mg에 포함된 탄소(C)의 질량 - 화합물 X 180mg에 포함된 수소(H)의 질량
④ **[바로알기]** 검은색의 산화 구리(II)(CuO)는 가열에 의해 구리(Cu)로 환원되고, 산소(O_2)를 발생시킨다. 여기서 이 산소(O_2)는 시료가 불완전 연소되었을 때 발생하는 일산화 탄소(CO)를 완전히 산화시켜 CO_2와 H_2O만 생성되도록 해준다.

05. ·화합물 X 180mg에 포함된 탄소(C)의 질량 = 생성된 이산화 탄소(CO_2) 264mg 속 탄소(C)의 질량

= 이산화 탄소(CO_2)의 질량 $\times \dfrac{C의\ 원자량 \times 1}{CO_2의\ 분자량}$

= $264mg \times \dfrac{12}{12 + 16 \times 2} = 72mg$

·화합물 X 180mg에 포함된 수소(H)의 질량 = 생성된 물(H_2O) 108mg 속 수소(H)의 질량

= 물(H_2O)의 질량 $\times \dfrac{H의\ 원자량 \times 2}{H_2O의\ 분자량}$ = $108mg \times \dfrac{1 \times 2}{1 \times 2 + 16}$
= 12mg

·화합물 X 180mg에 포함된 산소(O)의 질량
= 화합물 X 의 질량 - 화합물 X 180mg에 포함된 탄소(C)의 질량 - 화합물 X 180mg에 포함된 수소(H)의 질량
= 180mg - 72mg - 12mg = 96mg

06. 화합물 X의 실험식을 구하기 위해 05번에서 구한 각 원소의 질량비를 각 원소의 원자량으로 나누어 화합물 X를 구성하는 원소들의 원자 수의 비를 구해야 한다.
탄소(C)의 질량 : 수소(H)의 질량 : 산소(O)의 질량
= 72 : 12 : 96
화합물 X를 구성하는 원소의 원자의 개수비는
$C : H : O = \dfrac{72}{12} : \dfrac{12}{1} : \dfrac{96}{16} = 6 : 12 : 6 = 1 : 2 : 1$
실험식은 물질을 이루는 원자의 수를 가장 간단한 정수의 비로 나타낸 것이므로 화합물 X의 실험식은 CH_2O이다.

[유형 3-4] ·화합물 X 90mg에 포함된 탄소(C)의 질량
= 생성된 이산화 탄소(CO_2) 132mg 속 탄소(C)의 질량

= 이산화 탄소(CO_2)의 질량 $\times \dfrac{C의\ 원자량 \times 1}{CO_2의\ 분자량}$

= $132mg \times \dfrac{12}{12 + 16 \times 2} = 36mg$

·화합물 X 90mg에 포함된 수소(H)의 질량 = 생성된 물(H_2O) 54mg 속 수소(H)의 질량

= 물(H_2O)의 질량 $\times \dfrac{H의\ 원자량 \times 2}{H_2O의\ 분자량} = 54mg \times \dfrac{1 \times 2}{1 \times 2 + 16}$
= 6mg

·화합물 X 90mg에 포함된 산소(O)의 질량
= 화합물 X 의 질량 - 화합물 X 90mg에 포함된 탄소(C)의 질량 - 화합물 X 90mg에 포함된 수소(H)의 질량
= 90mg - 36mg - 6mg = 48mg
따라서 구성 원소의 질량비는 탄소(C)의 질량 : 수소(H)의 질량 : 산소(O)의 질량 = 36 : 6 : 48이고, 화합물 X를 구성하는 원소의

원자의 개수비 $C : H : O = \dfrac{36}{12} : \dfrac{6}{1} : \dfrac{48}{16} = 3 : 6 : 3 = 1 : 2 : 1$
실험식은 물질을 이루는 원자의 수를 가장 간단한 정수의 비로 나타낸 것이므로 화합물 X의 실험식은 CH_2O이다.
실험식량과 분자량 사이에는 ㉠과 같은 관계가 성립하고, 실험식과 분자식 사이에는 ㉡과 같은 관계가 성립하므로 실험식과 분자량으로부터 분자식을 구할 수 있다.

$$n = \dfrac{분자량}{실험식량} \quad (단, n은\ 정수) \cdots ㉠$$

$$실험식 \times n = 분자식 \quad (단, n은\ 정수) \cdots ㉡$$

CH_2O의 실험식량은 $12 + 1 \times 2 + 16 = 30$이고, 이 물질의 분자량은

180이므로 $n = \dfrac{180}{30} = 6$이다.

따라서 분자식은 $CH_2O \times 6 \rightarrow C_6H_{12}O_6$이다.

07. 구성 원소가 C, H, O이고, 원자 수의 비가 $C : H : O = 1 : 2 : 1$이므로 실험식은 CH_2O이다. 그리고 분자량이 실험식량의 2배

이므로 $n = \dfrac{분자량}{실험식량} = 2$이다.

따라서 분자식은 $CH_2O \times 2 \rightarrow C_2H_4O_2$이다.

08. ㄱ. 모든 기체는 0℃, 1기압에서 1몰의 부피가 22.4L이다. 기체의 밀도는 기체 1L의 질량이므로 표준 상태에서 기체의 밀도를 이용해서 기체의 분자량을 구할 수 있다.
$$분자량(M) = 기체의\ 밀도 \times 22.4\ (0℃,\ 1기압)$$
따라서 이 화합물의 분자량은 $2.59 \times 22.4 = 58$이다.

ㄴ. 이 화합물의 실험식이 C_2H_5이므로 실험식량은 29이고, 분자량이 실험식량의 2배이므로 분자식은 $C_2H_5 \times 2 \rightarrow C_4H_{10}$이다.

ㄷ. [바로알기] 기체의 밀도비는 분자량비와 같으므로 0℃, 1기압에서의 밀도가 화합물 A의 2배인 화합물 B의 분자량은 $58 \times 2 = 116$이다. 그러나 화합물 B의 실험식을 알 수 없으므로 분자식을 결정할 수 없다.

창의력 & 토론마당   62~63 쪽

01 5개이다.

해설 분자식은 같으나 분자내에 있는 구성 원자의 연결 방식이나 공간 배열이 동일하지 않은 화합물을 이성질체라고 한다.

02

해설 실험식량과 분자량이 같으므로 이 화합물의 분자식은 $C_2H_4O_2$이다. —CHO의 작용기를 가지고 있고, 탄소 원자가 4, 산소 원자가 2, 수소 원자가 1을 만족하도록 결합선을 이용해서 나타낸다.

03

· 분자식

화합물 A : CH_3X , 화합물 B : CH_2X_2,

화합물 C : CHX_3 , 화합물 D : CX_4

· 원소 X의 평균 원자량 : 80.6

해설 기체의 밀도에 기체의 몰부피(22.4L/mol)를 곱하면 분자량이 구해진다.

화합물	기체 밀도 (g/L)	질량 백분율 조성			분자량	화합물 1mol에 들어 있는 원소의 질량		
		탄소 (C)	수소 (H)	원소 X		탄소(C)	수소 (H)	원소 X
A	4.30	12.7	3.20	84.1	96.3	12.2	3.08	81.0
B	7.80	6.90	1.20	91.1	174.7	12.1	2.10	161
C	11.3	4.80	0.40	95.8	253.1	12.1	1.01	242
D	14.8	3.60	-	96.4	331.5	11.9	-	320

탄소의 원자량은 12, 수소의 원자량은 3이고, 탄소의 원자가는 4, 수소의 원자가는 1이므로 화합물 A의 분자식은 CH_3X가 된다.(탄소 원자 1개와 수소 원자 3개가 결합하면 결합선은 1개만 남으므로 원소 X는 1개만 결합할 수 있다.) 따라서 원소 X의 원자량은 약 81이고, 이를 이용하여 다른 화합물의 분자식을 결정할 수 있게 된다. 화합물 B의 분자식은 CH_2X_2, 화합물 C의 분자식은 CHX_3, 화합물 D의 분자식은 CX_4가 된다. 원소 X의 평균 원자량은 다음과 같이 구할 수 있다.

$$\left(\frac{81.0}{1} + \frac{161}{2} + \frac{242}{3} + \frac{320}{4} \right) \div 4 = 80.6$$

따라서 원소 X의 평균 원자량은 80.6이다.

04 $C_{18}H_{36}O_2$

해설 스테아르산의 작용기가 카복시기이므로 스테아르산의 구성 원소는 탄소, 수소, 산소라는 것을 알 수 있다. 따라서 구성 원소의 질량 백분율은 탄소 76.1%, 수소 12.7%, 산소 11.2%가 된다. 스테아르산을 구성하는 원소의 질량비는 탄소(C)의 질량 : 수소(H)의 질량 : 산소(O)의 질량
$= 76.1 : 12.7 : 11.2$
스테아르산을 구성하는 원소의 원자 수의 비는

$$C : H : O = \frac{76.1}{12} : \frac{12.7}{1} : \frac{11.2}{1} \doteqdot 9 : 18 : 1$$ 이다.

따라서 스테아르산의 실험식은 $C_9H_{18}O$이다. 문제에서 스테아르산의 그램분자량이 150g/mol보다는 크고, 300g/mol보다는 작다고 했으므로 분자량이 142가 되는 $C_9H_{18}O$는 스테아르산의 분자식이 될 수 없다. 따라서 분자량이 284가 되는 $C_{18}H_{36}O_2$가 스테아르산의 분자식이다.

05 ① 10%

해설 NaCl의 실험식량은 $23 + 35.5 = 58.5$이고, NaBr의 화학식량은 $23 + 80 = 103$이다. 혼합물에서 NaCl이 차지하는

비율을 x라고 한다면, NaBr이 차지하는 비율은 $1 - x$이므로, 이 혼합물에서 나트륨이 차지하는 질량 백분율은

$(\dfrac{x \times 23}{58.5} + \dfrac{(1-x) \times 23}{103}) \times 100 = 23$ (%), x는 0.0394이다.

∴ 염화 나트륨의 질량 백분율은 3.94%이므로 이것과 가장 가까운 값은 ① 10%이다.

06 5.74×10^{27}개

해설 인체 60kg에 포함된 각 원소의 질량을 질량 백분율을 이용하여 구한 후 각 원소의 질량을 각 원소의 원자량으로 나누어 각 원소의 몰수를 구한다. 각 원소의 몰수를 모두 더하여 인체 60kg에 포함된 원자의 총 몰수를 구한 후 아보가드로수를 곱하여 60kg의 인체를 구성하는 원자의 총 수를 구한다.

원소	산소	탄소	수소	질소	칼슘	인	기타
질량비 (%)	65	18	10	3	1.5	1	1.5
질량 (kg)	$60 \times \dfrac{65}{100}$	$60 \times \dfrac{18}{100}$	$60 \times \dfrac{10}{100}$	$60 \times \dfrac{3}{100}$	$60 \times \dfrac{1.5}{100}$	$60 \times \dfrac{2.5}{100}$	
원자량	16	12	1	14	40	31	
몰수	2438	900	6000	129	23	48	

인체 60kg에 포함된 원자의 총 몰수는 9538몰이다. 따라서 60kg의 인체를 구성하는 원자의 총 수는 9538몰 × 6.02 × 10^{23}개/몰 = 5.74×10^{27}개이다.

스스로 실력 높이기 64~69 쪽

01. (1) O (2) O (3) X	**02.** ㄴ	**03.** CH
04. C_2H_4O	**05.** C_2H_5OH	**06.** 72.73
07. ④ **08.** 물(H_2O)	**09.** ㄱ, ㄴ	**10.** 16
11. ② **12.** ①	**13.** ⑤	
14. ①, ②, ④	**15.** ⑤	
16. ②, ⑤	**17.** ①	**18.** ③
19. ① **20.** ②	**21.** ④	**22.** CH_4
23. ③ **24.** ④	**25.~ 32.** (해설 참조)	

01. (3) [바로알기] 모든 금속 원소의 불꽃색이 나타나는 것은 아니다. 겉불꽃에 넣었을 때 가시광선 영역의 빛을 내는 경우에만 불꽃색을 확인할 수 있다.

02. ㄱ. [바로알기] NaCl 수용액과 NaI 수용액의 불꽃색은 모두 Na의 불꽃색인 노란색으로 나타난다.
ㄴ. NaCl 수용액을 $AgNO_3$ 수용액과 혼합하면 AgCl(흰색 앙금)이 생성되고, NaI 수용액을 $AgNO_3$ 수용액과 혼합하면 AgI(노란색 앙금)이 생성된다.
ㄷ. [바로알기] NaCl 수용액과 NaI 수용액 모두 H_2CO_3 수용액과 혼합되어도 앙금이 생성되지 않는다.

03. 실험식은 물질을 이루는 원자의 종류와 수를 가장 간단한 정수의 비로 나타낸 식이므로 C_6H_6의 실험식은 CH이다.

04. 시성식 CH_3CHO의 분자식은 C_2H_4O이다. 이것을 실험식으로 나타내도 C_2H_4O로 아세트 알데하이드는 실험식과 분자식이 동일하다.

05. 시성식은 물질을 이루는 분자의 특성을 알 수 있도록 작용기를 따로 구분하여 나타낸 식으로 구조식에서 작용기가 —OH 이므로 시성식은 C_2H_5OH(에탄올)이다.

06. 이산화 탄소(CO_2)의 분자량은 12 + 16 × 2 = 44이다. 따라서 산소 원자(O)의 질량 백분율(%)은 $\dfrac{16 \times 2}{44} \times 100 = 72.73$(%)이다.

07. 실험식을 구하기 위해서는 물질을 구성하는 원소의 질량비 또는 질량 백분율과 각 원소의 원자량을 알아야 한다.

08. 첫번째 염화 칼슘관에서는 공기에 포함된 물(H_2O)를 흡수하고, 두번째 염화 칼슘관에서는 생성된 물(H_2O)을 흡수한다.

09. 온도와 압력이 같은 두 기체는 일정한 부피 속에 같은 수의 분자가 들어 있으므로, 같은 온도와 압력에서 같은 부피의 두 기체의 밀도비도 두 기체의 분자량비와 같고, 두 기체의 질량비와 같다.

10. 표준 상태에서 기체 1몰의 부피는 22.4L이다. 따라서 기체 A의 분자량은 $\dfrac{22.4}{5.6} \times 4 = 16$이다.

11. ㉠ 질산 나트륨($NaNO_3$) 수용액은 ×로, 염화 수소(HCl)와 염화 나트륨(NaCl) 수용액은 ○로 나누어졌으므로 $AgNO_3$ 수용액과 반응하여 앙금을 생성했는지의 여부로 분류했다는 것을 알 수 있다. 염화 이온(Cl^-)은 은 이온(Ag^+)과 반응하여 흰색 앙금인 AgCl을 생성한다.
㉡ 염화 나트륨(NaCl) 수용액은 ○로, 염화 수소(HCl) 수용액은 ×로 나누어졌으므로 불꽃 반응시 불꽃색이 나타나는지의 여부로 분류했다는 것을 알 수 있다. 남은 물질의 원소 중 금속 원소인 나트륨만 불꽃 반응시 노란색의 불꽃색이 나타나므로 염화 나트륨(NaCl)만 불꽃색이 나타나게 된다.

12. 질산 은($AgNO_3$) 수용액과 화합물 X가 반응하여 흰색 앙금을 생성하였으므로 화합물 X에는 Ag^+와 반응하여 흰색 앙금을 생성하는 Cl^-(AgCl : 흰색)가 속해 있다. 화합물 X가 질산 납($Pb(NO_3)_2$) 수용액과 반응하여 앙금이 생성되지 않았으므로 화합물 X에는 Pb^{2+}와 반응해서 앙금을 생성시키는 이온이 들어 있지 않다는 것을 알 수 있다. 불꽃 반응시 청록색의 불꽃색이 나타났으므로 화합물 X에는 구리(Cu) 원소가 포함되었다.
따라서 화합물 X는 $CuCl_2$이다.

13. ㄱ. 물질 A의 스펙트럼은 리튬의 스펙트럼과 칼슘의 스펙트럼을 합친 것과 동일하다. 따라서 물질 A는 리튬과 칼슘의 혼합물이라는 것을 알 수 있다.
ㄴ. 물질 B의 스펙트럼은 리튬의 스펙트럼과 스트론튬의 스펙트럼을 합친 것과 동일하다. 따라서 물질 B는 리튬과 스트론튬의 혼합물이라는 것을 알 수 있다. 리튬과 스트론튬의 불꽃색이 모두 빨간색이므로 물질 B의 불꽃색은 빨간색일 것이다.
ㄷ. 물질 A와 물질 B에는 모두 리튬이 포함되어 있다.

14. 실험식은 물질을 이루는 원자의 수를 가장 간단한 정수의 비로 나타낸 식이다. 각각의 실험식은 다음과 같다. 포도당 ($C_6H_{12}O_6$) : CH_2O ① $C_2H_4O_2$: CH_2O ② HCHO : CH_2O ③ CHO : CHO ④ CH_3COOH : CH_2O ⑤ C_2H_5OH : C_2H_6O

15.

물질	구조식	시성식	분자식

(가)	$H-\overset{\overset{\displaystyle H}{	}}{\underset{\underset{\displaystyle H}{	}}{C}}-O-H$	CH_3OH	CH_4O
(나)	$H-\overset{\overset{\displaystyle H}{|}}{\underset{\underset{\displaystyle H}{|}}{C}}-\overset{\overset{\displaystyle H}{|}}{\underset{\underset{\displaystyle H}{|}}{C}}-O-H$	C_2H_5OH	C_2H_6O
(다)	$H-\overset{\overset{\displaystyle H}{	}}{\underset{\underset{\displaystyle H}{	}}{C}}-C\overset{\displaystyle O}{\underset{\displaystyle O-H}{}}$	CH_3COOH	$C_2H_4O_2$

④ (다)의 분자식은 $C_2H_4O_2$이고, 실험식은 CH_2O이므로 분자량은 실험식량의 2배이다.

⑤ [바로알기] 시성식을 통해 작용기를 알 수 있다. (가)와 (나)의 작용기는 —OH(하이드록시기)이고, (다)의 작용기는 —COOH(카복시기)이다.

16. (가)~(다) 모두 탄소, 수소, 산소로 이루어진 화합물이다. 이 화합물들을 완전 연소하면 물(H_2O)과 이산화 탄소(CO_2)가 생성된다.

17. ㄱ. (가)는 시료를 연소하여 생성된 물(H_2O)을 흡수하기 위한 장치이다.
ㄴ. [바로알기] (나)는 생성된 이산화 탄소(CO_2)를 흡수하기 위한 장치이다.
ㄷ. [바로알기] 연소 후 증가한 염화 칼슘관의 질량이 생성된 물의 질량과 같으므로 이를 통해 시료를 구성하는 수소(H)의 질량을 다음과 같이 구할 수 있다.
시료에 포함된 수소(H)의 질량
= 생성된 물(H_2O)에 포함된 수소(H)의 질량
= 물(H_2O)의 질량 $\times \dfrac{\text{H의 원자량} \times 2}{H_2O \text{의 분자량}}$
연소 후 증가한 수산화 나트륨관의 질량이 생성된 이산화 탄소의 질량과 같으므로 이를 통해 시료를 구성하는 탄소(C)의 질량을 구할 수 있다.
시료에 포함된 탄소(C)의 질량
= 생성된 이산화 탄소(CO_2)에 포함된 탄소(C)의 질량
= 이산화 탄소(CO_2)의 질량 $\times \dfrac{\text{C의 원자량} \times 1}{CO_2 \text{의 분자량}}$
시료에 포함된 산소(O)의 질량은 '시료의 질량 - 시료에 포함된 탄소(C)의 질량 - 시료에 포함된 수소(H)의 질량'으로 구할 수 있다.

18. 각 원소의 질량비를 각 원소의 원자량으로 나누어 화합물을 구성하는 원소들의 원자 수의 비를 구해야 실험식을 결정할 수 있다.
탄소(C)의 질량 : 수소(H)의 질량 : 산소(O)의 질량 = 72 : 12 : 96
화합물을 구성하는 원소의 원자 수의 비는
$C : H : O = \dfrac{72}{12} : \dfrac{12}{1} : \dfrac{96}{16} = 6 : 12 : 6 = 1 : 2 : 1$
실험식은 물질을 이루는 원자의 수를 가장 간단한 정수의 비로 나타낸 것이므로 화합물의 실험식은 CH_2O이다. 화합물 분자식이 60이고, 실험식량이 30이므로 분자식은 실험식 × 2이다.
따라서 이 화합물의 분자식은 $C_2H_4O_2$이다.

19. 일정량의 질소 원자와 결합하는 산소 원자의 질량비가 A : B : C : D = 1 : 2 : 3 : 4이고, B의 분자식이 NO이므로, 질소 원자 1개와 결합하는 산소 원자의 상대적 질량은 16이다. 따라서 질소 원자 1개와 결합하는 산소 원자의 상대적 질량은 A : B : C : D = 1 : 2 : 3 : 4 = 8 : 16 : 24 : 32이고, 질소 원자 1개와 결합하는 산소 원자의 개수비는 A : B : C : D = 0.5 : 1 : 1.5 : 2이다. 화합물 A의 경우 질소와 산소의 개수비가 1 : 0.5 = 2 : 1이므로 실험식은 N_2O이다.

20. 구성 원소의 비가 탄소 : 수소 = 1 : 2이므로 실험식은 CH_2이다. 표준 상태에서 11.2L의 질량이 14g이므로 분자량은 $\dfrac{22.4}{11.2} \times 14 = 28$이다. 실험식량은 $12 + 1 \times 2 = 14$이고, 분자량이 실험식량의 2배이므로 분자식은 $CH_2 \times 2 \rightarrow C_2H_4$이다.

21. ㄱ. (가)에 포함된 탄소 원자(C)와 수소 원자(H)의 질량비가 C : H = 85.71 : 14.29이므로,
원자의 개수비는 $C : H = \dfrac{85.71}{12} : \dfrac{14.29}{1} = 1 : 2$이다.
따라서 (가)의 실험식은 CH_2이고, 분자량은 28, 실험식량은 14이므로 분자식은 C_2H_4이다.
ㄴ. (가)와 (나)의 질량 백분율이 같으므로 (가)와 (나)의 실험식은 같다. (나)의 분자량은 42, 실험식량은 14이므로 분자식은 C_3H_6이다.
ㄷ. [바로알기] 탄소의 질량 백분율이 (가)와 (나)가 같으므로 1g에 포함된 탄소 원자의 수도 같다. 계산을 통해 확인한다면, 원자의 수는 원자의 몰수에 비례하고, 원자의 몰수는 분자의 몰수와 1 분자를 구성하는 원자의 수를 곱하여 구할 수 있다. 분자의 몰수는 $\dfrac{\text{질량}}{\text{분자량}}$으로 구한다. 따라서 (가) 1g에 포함되어 있는 탄소 원자의 몰수는 다음과 같다.
$$\dfrac{1}{28} \times 2 = \dfrac{1}{14} \text{ 몰}$$
(나) 1g에 포함되어 있는 탄소 원자의 몰수는 다음과 같다.
$$\dfrac{1}{42} \times 3 = \dfrac{1}{14} \text{ 몰}$$
따라서 1g에 포함되어 있는 탄소 원자의 수는 (가)와 (나)가 동일하다.

22. 화합물 X에서 탄소(C)와 수소(H) 질량비는 C : H = 75 : 25 = 3 : 1이므로 원자 수비는 $C : H = \dfrac{3}{12} : \dfrac{1}{1} = 1 : 4$이다.
따라서 화합물 X의 실험식은 CH_4이다. 표준 상태에서 기체 1몰의 부피는 22.4L이므로 기체 11.2L에는 0.5몰이 들어 있다. 기체 0.5몰의 질량이 8g이므로 화합물 X의 분자량은 16이다. 실험식량 또한 16이므로 분자식과 실험식 모두 CH_4이다.

23. (다) 장치는 염화 칼슘관이므로 연소 후 생성된 물(H_2O)을 흡수한 장치이다. 따라서 (다) 장치의 증가한 질량 54mg은 생성된 물의 질량이다. 또한 (라) 장치는 수산화 나트륨관이므로 연소 후 생성된 이산화 탄소(CO_2)를 흡수한 장치이다. 따라서 (라) 장치의 증가한 질량 88mg은 생성된 이산화 탄소의 질량이다.
· 화합물 X 46mg에 포함된 탄소(C)의 질량 = 생성된 이산화 탄소(CO_2) 88mg 속 탄소(C)의 질량
= CO_2 의 질량 $\times \dfrac{\text{C의 원자량} \times 1}{CO_2 \text{의 분자량}} = 88 \times \dfrac{12}{12 + 16 \times 2} = 24$mg
· 화합물 X 46mg에 포함된 수소(H)의 질량 = 생성된 물(H_2O) 54mg 속 수소(H)의 질량
= H_2O 의 질량 $\times \dfrac{\text{H의 원자량} \times 2}{H_2O \text{의 분자량}} = 54$mg $\times \dfrac{1 \times 2}{1 \times 2 + 16} = 6$mg
· 화합물 X 46mg에 포함된 산소(O)의 질량
= 화합물 X 의 질량 - 화합물 X 46mg에 포함된 탄소(C)의 질량 - 화합물 X 46mg에 포함된 수소(H)의 질량
= 46mg - 24mg - 6mg = 16mg

24. 화합물 X의 실험식을 구하기 위해 각 원소의 질량비를 각 원소의 원자량으로 나누어 화합물 X를 구성하는 원소들의 원자 수의 비를 구한다.
탄소(C)의 질량 : 수소(H)의 질량 : 산소(O)의 질량 = 24 : 6 : 16

화합물 X를 구성하는 원소의 원자 수의 비는

$$C : H : O = \frac{24}{12} : \frac{6}{1} : \frac{16}{16} = 2 : 6 : 1$$

∴ 화합물 X의 실험식은 C_2H_6O이다. 화합물 X의 분자량이 46이고, 실험식량도 46이므로 분자식은 $C_2H_6O \times 1 \rightarrow C_2H_6O$이다.

25. 답 원자가가 4인 탄소 원자 2개가 서로 결합하고 나면 탄소 원자 한 개당 결합선은 3개가 남는다. 그 결합선에 수소 원자가 모두 결합한다고 해도 수소 원자 2개는 결합하지 못하고 남게 된다. 따라서 C_2H_8의 분자식을 갖는 화합물은 존재할 수 없다.

26. 답 이온 결합 물질은 실험식으로 나타내고, 금속 결합 물질은 원소 기호로 나타낸다. 이온 결합 물질은 분자로 이루어진 물질이 아니라 양이온과 음이온 사이의 결합으로 이루어진 물질이므로 양이온과 음이온이 규칙적으로 배열하여 이온 결정을 만든다. 따라서 이온 결합 물질은 화합물을 구성하는 원자들의 결합 비율을 알려 주는 실험식으로 나타낸다. 금속 결합 물질은 수많은 금속 원소가 질서있게 결합되어 있으므로 원소 기호로 나타낸다.

27. 답 ㄱ. 분자식을 결정하기 위해서는 물질의 실험식과 분자량을 알아야 한다. 물질의 실험식은 원소의 질량비를 이용해서 결정할 수 있고, 0℃, 1기압에서 기체 11.2L의 질량이 22g인 것을 이용해서 분자량이 44인 것을 알 수 있다.

28. 답 구성 원소의 질량비가 탄소 : 수소 = 36 : 8이므로 구성

원소의 원자 수비는 $C : H = \frac{36}{12} : \frac{8}{1} = 3 : 8$이다.

∴ 이 화합물의 실험식은 C_3H_8이다. 표준 상태에서 11.2L의 질량

이 22g이므로 분자량은 $\frac{22.4}{11.2} \times 22 = 44$이다.

실험식량은 $12 \times 3 + 1 \times 8 = 44$이고, 분자량이 실험식량과 같으므로 분자식은 C_3H_8이다.

29. 답 분자식이 같아도 다른 화합물일 수 있다. 예를 들어 C_2H_6O의 분자식을 같는 화합물로는 에탄올(C_2H_5OH)과 메틸에테르(CH_3OCH_3)가 있다. 이와같이 분자식이 같아도 분자의 구조가 다르면 성질이 달라지므로 다른 화합물이 된다. 분자식은 같으나 분자 내에 있는 구성 원자의 연결 방식이나 공간 배열이 동일하지 않은 화합물을 이성질체라고 한다.

30. 답 실험에 건조 공기를 불어 넣어주기 위함이다. 공기에 습기가 포함되어 있으면 (다)염화 칼슘관의 질량을 더 증가시키므로 정확한 성분 분석이 어렵기 때문이다.

31. 답 산화 구리(Ⅱ)는 구리로 환원되면서 산소(O_2)를 발생시킴으로써 시료에 충분한 산소를 공급하여 시료의 완전 연소를 돕는다. 만약 시료가 불완전 연소된다면 물(H_2O), 이산화 탄소(CO_2)와 함께 일산화 탄소(CO) 또는 그을음(C) 등이 함께 생성된다. 검은색의 산화 구리(Ⅱ)(CuO)는 가열에 의해 구리(Cu)로 환원되고, 산소(O_2)를 발생시킨다. 여기서 이 산소(O_2)는 시료가 불완전 연소되었을 때 발생하는 일산화 탄소(CO)를 완전히 산화시켜 이산화 탄소(CO_2)와 물(H_2O)만 생성되도록 해준다. 산화구리(Ⅱ)는 다음과 같은 반응을 일으켜 시료의 완전 연소를 돕는다.
그을음(C)의 완전 연소 : $2CuO + C \rightarrow 2Cu + CO_2$
일산화 탄소(CO)의 완전 연소 : $CuO + CO \rightarrow Cu + CO_2$

32. 답 수산화 나트륨(NaOH)은 이산화 탄소(CO_2) 뿐만 아니라 물(H_2O)도 흡수한다. 따라서 수산화 나트륨 수용액관과 염화 칼슘관의 위치를 바꾸면 수산화 나트륨 수용액관에서 물과 이산화 탄소를 흡수하여 물의 질량과 이산화 탄소의 질량을 각각 구할 수 없어 화합물의 원소 분석이 어렵다.

4강. 화학 반응식

| 개념 확인 | 70~75 쪽 |

1. (1) O (2) X (3) O　　**2.** 산화·환원 반응

3. ㉠ 3　㉡ 2　　　　　**4.** 2, 7, 4, 6

5. =, ≠　　　　　　　**6.** 44

1. (2) [바로알기] 마그네슘과 염산이 반응하여 염화 마그네슘과 수소 기체를 생성하는 반응($Mg + 2HCl \rightarrow MgCl_2 + H_2\uparrow$)은 치환 반응에 속한다.

3. N의 개수가 반응물에는 2개, 생성물에는 1개이므로 생성물 NH_3의 계수를 2로 나타낸다.
$$N_2 + H_2 \rightarrow 2NH_3$$
H의 개수가 반응물에는 2개, 생성물에는 6개이므로 반응물 H_2의 계수를 3으로 나타낸다.
$$N_2 + 3H_2 \rightarrow 2NH_3$$

4. 에테인이 완전 연소되는 화학 반응식은 다음과 같이 완성한다.
ⅰ. 에테인과 산소가 결합하여 이산화 탄소와 물이 생성된다.
ⅱ. C_2H_6의 계수를 a, O_2의 계수를 b, CO_2의 계수를 c, H_2O의 계수를 d로 하여 화학 반응식을 쓴다.
→ $aC_2H_6 + bO_2 \rightarrow cCO_2 + dH_2O$
ⅲ. 반응 전과 후의 각 원자의 수는 같아야 하므로 C, H, O의 원자의 수가 같아지도록 식을 세운다.
→ C : 2a = c ⋯ ㉠
H : 6a = 2d ⋯ ㉡
O : 2b = 2c + d ⋯ ㉢
ⅳ. a = 1을 식에 대입하여 b, c, d를 구한다.
→ ㉠ 2a = c , c = 2 × 1 = 2
㉡ 6a = 2d , d = 6 ÷ 2 = 3
㉢ 2b = 2c + d, 2b = 2 × 2 + 3 = 7, b = 3.5
∴ a = 1, b = 3.5, c = 2, d = 3
ⅴ. a, b, c, d가 정수가 아닌 경우, 각 계수에 적당한 수를 곱하여 가장 간단한 정수로 만들어 준다.
→ a = 2, b = 7, c = 4, d = 6
ⅵ. a, b, c, d를 화학 반응식에 대입해서 화학 반응식을 완성한다.(단, 1은 생략한다.)
→ $2C_2H_6 + 7O_2 \rightarrow 4CO_2 + 6H_2O$

5. 화학 반응식에서 계수의 비 = 몰 수의 비 = 분자 수의 비 = 기체의 부피비(온도, 압력 일정) ≠ 질량비이다.

6. $CH_4(g) + 2O_2(g) \rightarrow CO_2(g) + 2H_2O(g)$
메테인과 이산화 탄소의 몰 수비가 1 : 1이므로 메테인 16g(1몰)이 연소되면 이산화 탄소 44g(1몰)이 생성된다.

| 확인+ | 70~75 쪽 |

1. 치환　　　　　　　　**2.** (1) O (2) O (3) X

3. $C(s) + O_2(g) \rightarrow CO_2(g)$　**4.** (1) X (2) O

5. 1, 2, 1, 2　　　　　　**6.** 22.4

2. (3) [바로알기] 화학 반응 중에는 화학 반응이 일어나면서 열에너지를 방출하는 발열 반응도 있고, 열에너지를 흡수하는 흡열 반응도 존재한다.

3. 반응물은 C와 O_2이고, 생성물은 CO_2이다.
$$C + O_2 \rightarrow CO_2$$
C의 개수가 반응물에는 1개, 생성물에도 1이므로 생성물 CO_2의 계수를 1로 한다.(단, 1은 생략)
O의 개수가 반응물에는 2개, 생성물에도 2개이므로 반응물 O_2의 개수를 1로 한다.(단, 1은 생략)
숯은 고체, 산소는 기체, 이산화 탄소는 기체이므로 각각의 분자식 뒤에 (s), (g), (g)를 붙여준다.

4. (1) [바로알기] 반응 전후 이온 상태 그대로 존재하는 이온은 반응에 실제로 참여하지 않았으므로 구경꾼 이온이라고 한다.

5. 온도와 압력이 일정하면 화학 반응식의 계수의 비는 기체의 부피비이다.

6. 메테인과 이산화 탄소의 몰 수비가 1 : 1이므로 메테인 16g(1 몰)이 연소되면 이산화 탄소 1몰이 생성된다. 모든 기체는 0℃, 1 기압에서 1몰의 부피가 22.4L이므로 생성되는 이산화 탄소의 부피는 22.4L이다.

개념 다지기	76~77 쪽
01. (1) O (2) O (3) X	**02.** 복분해
03. $2H_2O(l) \rightarrow 2H_2(g) + O_2(g)$	**04.** 13
05. ④ **06.** 18 **07.** 22.4	**08.** ⑤

01. (3) [바로알기] 흡열 반응이 일어나면 반응계에서 열에너지를 흡수하므로 반응계를 제외한 주변의 온도는 낮아진다.

02. 두 종류의 화합물이 서로 성분의 일부를 바꾸어 두 종류의 새로운 화합물을 생성하는 반응을 복분해라고 한다. 산과 염기의 중화 반응은 복분해이다.

03. 물은 수소 기체와 산소 기체로 분해된다.
$$H_2O \rightarrow H_2 + O_2$$
O의 개수가 반응물에는 1개, 생성물에는 2개이므로 반응물 H_2O의 계수를 2로 한다.
$$2H_2O \rightarrow H_2 + O_2$$
H의 개수가 반응물에는 4개, 생성물에는 2개이므로 생성물 H_2의 개수를 2로 한다.(단, 1은 생략)
$$2H_2O \rightarrow 2H_2 + O_2$$
물은 액체, 수소는 기체, 산소는 기체이므로 각각의 분자식 뒤에 (l), (g), (g)를 붙여 화학 반응식을 완성한다.
$$2H_2O(l) \rightarrow 2H_2(g) + O_2(g)$$

04. ⅰ. C_3H_8의 계수를 a, O_2의 계수를 b, CO_2의 계수를 c, H_2O의 계수를 d로 하여 화학 반응식을 쓴다.
→ $aC_3H_8 + bO_2 \rightarrow cCO_2 + dH_2O$
ⅱ. 반응 전과 후의 각 원자의 수는 같아야 하므로 C, H, O의 원자의 수가 같아지도록 식을 세운다.
→ C : $3a = c$ ⋯㉠ H : $8a = 2d$ ⋯㉡ O : $2b = 2c + d$ ⋯㉢
ⅲ. a = 1을 식에 대입하여 b, c, d를 구한다.
→ ㉠ $3a = c$, $c = 3 \times 1 = 3$ ㉡ $8a = 2d$, $d = 8 \div 2 = 4$
㉢ $2b = 2c + d$, $2b = 2 \times 3 + 4 = 10$, $b = 5$

∴ a = 1, b = 5, c = 3, d = 4
ⅳ. a, b, c, d를 화학 반응식에 대입해서 화학 반응식을 완성한다.
→ $C_3H_8 + 5O_2 \rightarrow 3CO_2 + 4H_2O$
∴ $a + b + c + d = 1 + 5 + 3 + 4 = 13$

05. 화학 반응식에서 계수의 비 = 몰 수의 비 = 분자 수의 비 = 기체의 부피비(온도, 압력 일정) ≠ 질량비이다.

06. $CH_4(g) + 2O_2(g) \rightarrow CO_2(g) + 2H_2O(g)$
메테인과 물의 몰 수비가 1 : 2이므로 메테인 8g(0.5몰)이 연소되면 물 18g(1몰)이 생성된다.

07. $CH_4(g) + 2O_2(g) \rightarrow CO_2(g) + 2H_2O(g)$
메테인과 산소의 몰 수비가 1 : 2이므로 메테인 11.2L(0.5몰)가 산소 22.4L(1몰)과 반응하여 완전 연소된다.

08. $2C_2H_6(g) + 7O_2(g) \rightarrow 4CO_2(g) + 6H_2O(g)$
C_2H_6의 분자량은 30이고, 에테인과 이산화 탄소의 몰 수비가 2 : 4이므로 에테인 60g(2몰)이 완전 연소되어 이산화 탄소 4몰이 생성된다. 이산화 탄소 4몰의 부피는 $4 \times 22.4 = 89.6$L

유형 익히기 & 하브루타	78~81 쪽
[유형 4-1] ㄱ, ㄴ **01.** ⑤ **02.** ②	
[유형 4-2] ②	
03. (1) 1, 1, 1 (2) 2, 2, 1 (3) 1, 2, 1, 1	
04. $2C_4H_{10} + 13O_2 \rightarrow 8CO_2 + 10H_2O$	
[유형 4-3] ② **05.** ⑤ **06.** ⑤	
[유형 4-4] ⑤ **07.** 138 **08.** ④	

[유형 4-1] 이 반응의 화학 반응식은
$$NaCl + AgNO_3 \rightarrow NaNO_3 + AgCl \downarrow$$
ㄱ. 염화 나트륨 수용액과 질산 은 수용액이 반응하면 질산 나트륨과 흰색 앙금인 염화 은을 생성한다. 따라서 이 반응은 앙금 생성 반응에 속한다.
ㄴ. 이 반응은 두 종류의 화합물이 서로 성분의 일부를 바꾸어 두 종류의 새로운 화합물을 생성하는 반응으로 복분해이다.
ㄷ. [바로알기] 이 화학 반응으로 기체는 생성되지 않는다.

01. 마그네슘과 염산이 반응하면 수소 기체가 발생한다.
$$Mg + 2HCl \rightarrow MgCl_2 + H_2 \uparrow$$
이 반응을 반응의 형태에 따라 분류하면 화합물을 구성하는 성분 물질 중 일부가 다른 물질로 자리를 바꾸는 반응이므로 치환이다. 또한 이 반응을 반응의 종류에 따라 분류하면 기체가 생성되는 반응이므로 기체 발생 반응에 속한다.

02. ② [바로알기] 발열 반응의 경우 반응 물질이 가진 화학 에너지가 열에너지로 전환되어 주변의 온도가 높아지고, 흡열 반응의 경우 주변의 열에너지가 생성 물질의 화학 에너지로 전환되어 주변의 온도가 낮아진다.
발열 반응은 반응 물질이 열을 방출하여 에너지가 더 작은 생성물이 되는 반응이다. 따라서 반응 물질의 에너지가 생성 물질의 에너지보다 크다. 반면에 흡열 반응은 반응 물질이 열을 흡수하여 에너지가 더 큰 생성물이 되는 반응이다. 따라서 생성 물질의 에너지가 반응 물질의 에너지보다 크다. 두 반응 모두 반응계와 주변의 총 에너지의 합은 일정하게 유지된다.

[유형 4-2] 원소 A와 원소 B의 화학 반응 모형으로부터 A 2개와 B 8개를 반응시키면 A 1개와 B 3개가 결합한 화합물 AB_3가 2개 생성되고, B가 2개 남는다는 것을 알 수 있다. 따라서 A와 B가 1 : 3의 비율로 반응해서 AB_3를 생성하므로, 반응물은 A와 B, 생성물은 AB_3이다. 즉, $A + 3B → AB_3$가 이 반응의 화학 반응식이다.

03. (1) $C + O_2 → CO_2$
탄소의 수가 반응물과 생성물에 각각 한 개씩이므로 C와 CO_2의 계수를 모두 1로 한다. 산소의 수가 반응물과 생성물에 각각 두 개씩이므로 O_2와 CO_2의 계수를 모두 1로 한다.
따라서 완성된 화학 반응식은 $1C + 1O_2 → 1CO_2$이다.
(2) $H_2O_2 → H_2O + O_2$
수소의 수가 반응물에 2개, 생성물에 2개이므로 H_2O_2와 H_2O의 계수를 1로 한다. 산소의 개수가 반응물에 2개, 생성물에 3개이므로 산소의 개수를 맞추기 위해 H_2O_2의 계수를 2, H_2O의 계수를 2, O_2의 계수를 1로 한다.
따라서 완성된 화학 반응식은 $2H_2O_2 → 2H_2O + 1O_2$
(3) $Mg + HCl → MgCl_2 + H_2$
마그네슘의 개수가 반응물에 1개, 생성물에 1개이므로 Mg와 $MgCl_2$의 계수를 1로 한다. 염소의 개수가 반응물에 1개, 생성물에 2개 있으므로 HCl의 계수를 2로 한다. 수소의 개수가 반응물에 2개, 생성물에 2개 있으므로 H2의 계수를 1로 한다.
따라서 완성된 화학 반응식은 $1Mg + 2HCl → 1MgCl_2 + 1H_2$이다.

04. ⅰ. C_4H_{10}의 계수를 a, O_2의 계수를 b, CO_2의 계수를 c, H_2O의 계수를 d로 하여 화학 반응식을 쓴다.
→ $aC_4H_{10} + bO_2 → cCO_2 + dH_2O$
ⅱ. 반응 전과 후의 각 원자의 수는 같아야 하므로 C, H, O의 원자의 수가 같아지도록 식을 세운다.
→ C : $4a = c$ ··· ㉠   H : $10a = 2d$ ··· ㉡   O : $2b = 2c + d$ ··· ㉢
ⅲ. a = 1을 식에 대입하여 b, c, d를 구한다.
→ ㉠ $4a = c$, $c = 4 × 1 = 4$ ㉡ $10a = 2d$, $d = 10 ÷ 2 = 5$
  ㉢ $2b = 2c + d$, $2b = 2 × 4 + 5 = 13$, $b = 6.5$
∴ $a = 1$, $b = 6.5$, $c = 4$, $d = 5$
ⅳ. a, b, c, d가 정수가 아닌 경우, 각 계수에 적당한 수를 곱하여 가장 간단한 정수로 만들어 준다.
→ $a = 2$, $b = 13$, $c = 8$, $d = 10$
ⅴ. a, b, c, d를 화학 반응식에 대입해서 화학 반응식을 완성한다.
→ $2C_4H_{10} + 13O_2 → 8CO_2 + 10H_2O$

[유형 4-3] 화학 반응 식을 통해 반응 물질과 생성 물질의 종류, 반응 물질과 생성 물질을 이루는 원자의 종류, 반응 물질과 생성 물질 사이의 몰 수의 비, 반응 물질과 생성 물질이 모두 기체인 경우 물질들 사이의 부피비를 알 수 있다. 화학 반응식의 계수의 비 = 몰 수의 비 = 분자 수의 비 = 기체의 부피비이다.
② **[바로알기]** 반응 물질과 생성 물질 사이의 질량비를 알기 위해서는 구성 원소의 원자량을 알아야 원자량을 이용해서 물질의 화학식량을 구할 수 있고, 화학 반응식의 계수와 물질의 화학식량을 곱한 값의 비가 물질들의 질량비와 같다.

05. 화학 반응식의 계수비는 물질들의 분자 수의 비와 같고, 기체의 부피비와 같다. 또한 화학 반응식을 통해 알 수 있는 분자수의 비로 아보가드로 법칙을 설명할 수 있고, 기체의 부피비로 기체 반응 법칙을 설명할 수 있다. 또한 원자량을 이용해 물질들의 화학식량을 구한 후, 화학식량에 계수를 곱하여 반응 물질의 질량은 생성 물질의 질량과 같다는 질량 보존 법칙을 설명할 수 있다. 질량비를 통해 화합물을 구성하는 성분 원소의 질량 사이에는 항상 일정한 비가 성립한다는 일정 성분비 법칙도 설명 가능하다.

06. 화학 반응식을 통해서 알 수 있는 것은 물질의 종류, 물질을 이루는 원자의 종류와 개수, 물질들의 몰 수의 비, 분자 수의 비이다. 또한 반응 물질과 생성 물질이 모두 기체이고, 온도와 압력이 일정한 경우 기체의 부피비를 알 수 있고, 물질을 이루는 원소의 원자량을 알고 있는 경우에는 물질들의 질량비를 알 수 있다.
⑤ **[바로알기]** 반응 물질과 생성 물질 중 반응 물질의 물과 생성 물질의 포도당은 기체가 아니므로 부피비를 알 수 없다.

[유형 4-4] $C_3H_8(g) + 5O_2(g) → 3CO_2(g) + 4H_2O(g)$
이 화학 반응식을 통해 반응 물질과 생성 물질의 몰 수비는
$C_3H_8 : O_2 : CO_2 : H_2O = 1 : 5 : 3 : 4$임을 알 수 있다.
ㄱ. C_3H_8의 분자량이 44이므로 C_3H_8 22g은 C_3H_8 0.5몰에 해당한다. C_3H_8과 CO_2의 몰 수비는 1 : 3이므로 C_3H_8 0.5몰이 연소되면 CO_2 1.5몰이 생성된다. CO_2의 분자량은 44이므로 생성되는 CO_2 1.5몰의 질량은 $44 × 1.5 = 66$g이다.
ㄴ. **[바로알기]** 0℃, 1기압에서 C_3H_8 44.8L는 C_3H_8 2몰이 있는 것이고, C_3H_8과 H_2O의 몰 수비는 1 : 4이므로 C_3H_8 2몰이 반응하면 H_2O 8몰이 생성된다. 따라서 H_2O는 $8 × 22.4L = 179.2L$가 생성된다.
ㄷ. C_3H_8의 분자량이 44이므로 C_3H_8 44g은 C_3H_8 1몰에 해당한다. C_3H_8과 O_2의 몰 수비는 1 : 5이므로 C_3H_8 1몰이 모두 연소되기 위해서는 산소 분자 5몰이 필요하다. 분자 1몰의 개수는 $6.02 × 10^{23}$개이므로 산소 분자 5몰의 분자 개수는 $3.01 × 10^{24}$개이다.

07. 포도당의 분자량은 180이므로 포도당 270g은 포도당 1.5몰에 해당한다.
$$C_6H_{12}O_6 → 2C_2H_5OH + 2CO_2$$
이 화학 반응식에서 포도당과 에탄올의 몰 수비는 1 : 2이므로 포도당 1.5몰이 발효되면 에탄올 3몰이 생성된다. 에탄올($C_2H_{12}O_6$)의 분자량은 46이므로 에탄올 3몰의 질량은 138g이다.

08. C_2H_2의 연소 반응식을 완성하기 위해 미정 계수법을 이용해서 계수를 결정한다.
ⅰ. $aC_2H_2 + bO_2 → cCO_2 + dH_2O$
반응 전과 후의 각 원자의 수는 같아야 하므로 C, H, O의 원자의 수가 같아지도록 식을 세운다.
→ C : $2a = c$ ··· ㉠   H : $2a = 2d$ ··· ㉡
O : $2b = 2c + d$ ··· ㉢
ⅱ. a = 1을 식에 대입하여 b, c, d를 구한다.
→ ㉠ $2a = c$, $c = 2 × 1 = 2$
㉡ $2a = 2d$, $d = 2 ÷ 2 = 1$
㉢ $2b = 2c + d$, $2b = 2 × 2 + 1 = 5$, $b = 2.5$
∴ $a = 1$, $b = 2.5$, $c = 2$, $d = 1$
ⅲ. a, b, c, d가 정수가 아닌 경우, 각 계수에 적당한 수를 곱하여 가장 간단한 정수로 만들어 준다.
→ $a = 2$, $b = 5$, $c = 4$, $d = 2$
ⅳ. a, b, c, d를 화학 반응식에 대입해서 화학 반응식을 완성한다.
→ $2C_2H_2 + 5O_2 → 4CO_2 + 2H_2O$
완성된 C_2H_2의 연소 반응식을 보면 물질 사이의 몰 수비는
$C_2H_2 : O_2 : CO_2 : H_2O = 2 : 5 : 4 : 2$이다.
C_2H_2의 분자량은 26이므로 C_2H_2 52g은 C_2H_2 2몰에 해당한다. C_2H_2와 CO_2의 몰 수비가 $C_2H_2 : CO2 = 2 : 4$이므로 C_2H_2 2몰이 연소되어 CO_2 4몰이 생성된다는 것을 알 수 있다.
따라서 생성되는 CO_2의 부피는 $4 × 22.4L = 89.6L$이다.

창의력 & 토론마당　　　82~85쪽

01

> 물 10.8g이 생성된다.

해설 C_nH_{2n}의 연소 반응식을 완성하기 위해 미정 계수법을 이용해서 계수를 결정한다.

ⅰ. $aC_nH_{2n} + bO_2 \rightarrow cCO_2 + dH_2O$

반응 전과 후의 각 원자의 수는 같아야 하므로 C, H, O의 원자의 수가 같아지도록 식을 세운다.

→ C : $na = c \cdots$ ㉠

H : $2na = 2d \cdots$ ㉡

O : $2b = 2c + d \cdots$ ㉢

ⅱ. $a = 1$을 식에 대입하여 b, c, d를 구한다.

→ ㉠ $na = c$, $c = n \times 1 = n$

㉡ $2na = 2d$, $d = 2n \div 2 = n$

㉢ $2b = 2c + d$, $2b = 2 \times n + n = 3n$, $b = 1.5n$

∴ $a = 1$, $b = 1.5n$, $c = n$, $d = n$

ⅲ. a, b, c, d를 화학 반응식에 대입해서 화학 반응식을 완성한다.

→ $C_nH_{2n} + 1.5nO_2 \rightarrow nCO_2 + nH_2O$

C_nH_{2n}의 분자량은 $12 \times n + 1 \times 2n = 14n$이다.

따라서 C_nH_{2n} 8.4g의 몰 수는 $\dfrac{8.4}{14n}$몰이다. 반응하는

C_nH_{2n}과 생성되는 H_2O의 몰 수비(=계수비)가

$C_nH_{2n} : H_2O = 1 : n$이므로 C_nH_{2n}이 $\dfrac{8.4}{14n}$몰 반응하면

생성되는 H_2O의 몰 수는 다음과 같이 구할 수 있다.

$C_nH_{2n} : H_2O = 1 : n = \dfrac{8.4}{14n} : \dfrac{8.4}{14n} \times n = \dfrac{8.4}{14n} : 0.6$

따라서 H_2O 0.6몰이 생성되고, H_2O의 분자량이 18이므로 생성되는 H_2O의 질량은 $18 \times 0.6 = 10.8g$이다.

02

> 부피비　　(A) : (B) = 10 : 11
> 밀도비는 (A) : (B) = 11 : 10

해설 프로페인을 완전 연소시킬 때의 화학 반응식은 다음과 같다. $C_3H_8(g) + 5O_2(g) \rightarrow 3CO_2(g) + 4H_2O(g)$

이 화학 반응식을 통해 반응 물질과 생성 물질의 몰 수비는 $C_3H_8 : O_2 : CO_2 : H_2O = 1 : 5 : 3 : 4$임을 알 수 있다. 즉, C_3H_8 1몰은 O_2 5몰과 반응하여 CO_2 3몰과 H_2O 4몰을 생성한다. 반응 전 C_3H_8 1몰은 모두 반응하여 연소 후에는 남지 않았으므로 다음과 같이 반응했다는 것을 알 수 있다.

구분	C_3H_8	O_2	CO_2	H_2O
연소 전 몰 수	1몰	x몰	–	–
반응	1몰	5몰	3몰	4몰
연소 후 몰 수	0몰	4몰	y몰	z몰

O_2의 경우 x몰 중 5몰이 반응하여 4몰이 남았으므로 다음과 같은 식이 성립한다.

$$x몰 - 5몰 = 4몰$$

따라서 반응 전 O_2의 몰 수 x는 9이고, y는 3, z는 4이다. 온도와 압력이 같을 때 기체의 부피는 몰 수에 비례하

므로 (A) 연소 전과 (B) 연소 후의 부피비는 (A) : (B) = 1 + 9 : 4 + 3 + 4 = 10 : 11이다. 또한 반응 전 질량과 반응 후 질량은 일정하므로 밀도는 부피에 반비례한다. 따라서 (A)와 (B)의 밀도비는 (A) : (B) = 11 : 10이다.

03

> (1) 23몰　　(2) 10

해설 (1) $A(g) + 2B(g) \rightarrow xC(g)$

화학 반응식에서 계수의 비는 물질들의 몰 수의 비이므로 몰 수의 비는 A : B : C = 1 : 2 : x이다.

반응 후 B가 30g 남아 있으므로 반응 전 A 10몰은 모두 반응한다는 것을 알 수 있다. A와 C의 몰 수비는 A : C = 1 : 2이므로 C의 계수 x가 2 이상이라면 A가 10몰 반응할 때 C의 몰 수는 20몰 이상이 된다. 문제에서 반응 물질의 총 몰 수는 13몰이라고 했으므로 C의 계수 x는 1이 되어야 한다. 따라서 화학 반응식은 $A(g) + 2B(g) \rightarrow C(g)$가 된다.

몰 수의 비는 A : B : C = 1 : 2 : 1이므로 A 10몰이 모두 반응하게 되면 반응 후 몰 수는 다음 표와 같다.

구분	A	B	C
반응 전 몰 수(몰)	10	㉠	0
반응(몰)	10	20	10
반응 후 몰 수(몰)	0	㉠ - 20	10

반응 후 총 몰 수가 13몰이므로 (㉠ - 20)몰 + 10몰 = 13몰이고, ㉠은 23몰이다.

(2) B는 23몰에서 20몰이 반응했으므로 반응 후 3몰이 남게 된다. 반응 후 B의 질량이 30g이므로 B의 분자량은 30 ÷ 3 = 10이다.

04

> 44.8L

해설 아지드화 나트륨(NaN_3)의 화학식량은 65이므로 아자이드화 나트륨 130g의 몰 수는 130 ÷ 65 = 2몰이다.

$$2NaN_3(s) \rightarrow 2Na(s) + 3N_2(g)$$

아자이드화 나트륨과 질소의 계수비는 2 : 3이므로, 아지드화 나트륨 2몰이 반응하면 3몰의 질소 기체가 생성된다. 0℃, 1기압에서 질소 기체 3몰의 부피는 3 × 22.4 = 67.2L이다. 기체의 부피는 압력에 반비례하므로 압력이 1.5기압이라면 부피는 67.2L ÷ 1.5 = 44.8L이다.

05

> (1) 10mL　　　　　　(2) 20mL
> (3) $Mg(s) + 2HCl(aq) \rightarrow MgCl_2(aq) + H_2(g)$, 10

해설 (1) 마그네슘을 묽은 염산과 반응시키면 수소 기체가 발생하게 된다. 묽은 염산 50mL를 마그네슘과 반응시켰을 때 마그네슘 리본의 길이 2, 4, 6, 8, 10cm까지는 발생하는 수소 기체의 부피가 20, 40, 60, 80, 100mL로 정비례로 증가한다. 따라서 묽은 염산 50mL를 마그네슘 리본과 반응시킬 때, 마그네슘 리본 1.0cm당 수소 기체 10mL가 발생함을 알 수 있다.

(2) 묽은 염산 50mL를 마그네슘 리본 10, 12cm와 반응시켰을 때 발생하는 수소 기체의 부피는 모두 100mL이다. 따라서 충분한 양의 마그네슘과 묽은 염산 50mL를 반응시켰을 때 발생하는 수소 기체의 최대 부피는

100mL이므로, 묽은 염산 10mL당 발생하는 수소 기체의 최대 부피는 20mL이다.

(3) 반응 물질은 마그네슘과 묽은 염산이고, 생성 물질은 염화 마그네슘과 수소 기체이다. 따라서 이 반응의 화학 반응식은 다음과 같다.

$$Mg(s) + 2HCl(aq) \rightarrow MgCl_2(aq) + H_2(g)$$

따라서 반응하는 마그네슘과 생성되는 수소 기체의 몰 수비는 1 : 1이다. 마그네슘 리본 1cm와 충분한 양의 묽은 염산이 반응하여 수소 기체 10mL가 생성되므로 마그네슘 리본 1cm에 해당하는 마그네슘의 몰 수는 수소 기체 10mL에 해당하는 수소 분자의 몰 수와 같다는 것을 알 수 있다.

06

90kg

해설 요소($(NH_2)_2CO$)의 분자량은 (14 + 2) × 2 + 12 +16 = 60이다. 따라서 매달 생산되는 요소 900kg의 몰 수는 $\dfrac{900kg \times 1000g/kg}{60g/몰}$ = 15,000몰이다. 화학 반응식에서 각 계수는 반응 물질과 생성 물질 사이의 몰 수비를 의미한다. 암모니아의 합성 반응식의 생성되는 암모니아의 계수와 요소의 합성 반응식에서 반응하는 암모니아의 계수가 같으므로 이 화학 반응식은 다음과 같이 정리할 수 있다.

$$N_2(g) + 3H_2(g) + CO_2(g) \rightarrow (NH_2)_2CO(s) + H_2O(l)$$

따라서 몰 수비는 N_2 : H_2 : CO_2 : $(NH_2)_2CO$: H_2O = 1 : 3 : 1 : 1 : 1이라는 것을 알 수 있으므로 매달 필요한 수소 기체의 몰 수는 매달 생산되는 요소의 몰 수의 3 배이다. 매달 생산되는 요소의 몰 수가 15000몰이므로 매달 필요한 수소 기체의 몰 수는 45000몰이다. 수소(H_2)의 분자량이 2이므로 매달 필요한 수소 기체의 최소 질량은 45000몰 × 2g/몰 = 90000g = 90kg이다.

01. 복분해   **02.** (1) O (2) X

03. (1) $N_2 + 3H_2 \rightarrow 2NH_3$ (2) $CH_4 + 2O_2 \rightarrow CO_2 + 2H_2O$

04. g, g, l **05.** 2, 5, 4, 2

06. ㉠, ㉣   **07.** 구경꾼 이온   **08.** ①

09. ㄱ   **10.** 3.6   **11.** ③   **12.** ②   **13.** ①

14. 18   **15.** ③   **16.** ④   **17.** ⑤   **18.** ②

19. ⑤   **20.** ③   **21.** ①   **22.** ⑤   **23.** ③

24. ②   **25.** 화합물 X : AB, 화합물 Y : A_2B_3

26.~ 31. (해설 참조)   **32.** 0.448L

02. (2) [바로알기] 반응이 일어나면서 열에너지를 방출하는 반응은 발열 반응이다.

03. (1) 질소의 원자 수를 맞추면 NH_3의 계수는 2가 된다. 또한 수소 원자의 수를 맞추면 H_2의 계수는 3이 된다.
(2) 수소의 원자 수를 맞추면 H_2O의 계수는 2가 되고, 산소 원자의 수를 맞추면 O_2의 계수는 2가 된다.

04. 물은 액체, 수소는 기체, 산소는 기체이므로 각각의 분자식 뒤에 (l), (g), (g)를 붙여 화학 반응식을 완성한다.
$$2H_2(g) + O_2(g) \rightarrow 2H_2O(l)$$

05. C_2H_2의 연소 반응식을 완성하기 위해 미정 계수법을 이용해서 계수를 결정한다.
ⅰ. $aC_2H_2 + bO_2 \rightarrow cCO_2 + dH_2O$
반응 전과 후의 각 원자의 수는 같아야 하므로 C, H, O의 원자의 수가 같아지도록 식을 세운다.
→ C : 2a = c … ㉠
H : 2a = 2d … ㉡
O : 2b = 2c + d … ㉢
ⅱ. a = 1을 식에 대입하여 b, c, d를 구한다.
→ ㉠ 2a = c , c = 2 × 1 = 2
㉡ 2a = 2d , d = 2 ÷ 2 = 1
㉢ 2b = 2c + d, 2b = 2 × 2 + 1 = 5, b = 2.5
∴ a = 1, b = 2.5, c = 2, d = 1
ⅲ. a, b, c, d가 정수가 아닌 경우, 각 계수에 적당한 수를 곱하여 가장 간단한 정수로 만들어 준다.
→ a = 2, b = 5, c = 4, d = 2
ⅳ. a, b, c, d를 화학 반응식에 대입해서 화학 반응식을 완성한다.
→ $2C_2H_2 + 5O_2 \rightarrow 4CO_2 + 2H_2O$

06. 알짜 이온은 반응에 실제로 참여한 이온이다.

08. 화학 반응식의 계수의 비 = 몰 수의 비 = 분자 수의 비 = 기체의 부피비이다.
① [바로알기] 반응 물질과 생성 물질 사이의 질량비를 알기 위해서는 구성 원소의 원자량을 알아야 한다.

09. 화학 반응식의 계수비(H_2O : H_2 : O_2 = 2 : 2 : 1)는 물질 사이의 몰 수비에 해당한다. 반응 물질과 생성 물질이 모두 기체라면 계수비가 부피비이지만 물의 분해 반응에서 물의 상태가 액체이므로 부피는 계수비와 다르다. 물질 사이의 질량비는 '계수

× 화학식량'의 비와 같다.

10. 0℃, 1기압에서 산소 기체 2.24L에는 2.24L ÷ 22.4L/몰 = 0.1몰의 산소 분자가 들어 있다. 화학 반응식을 통해 알 수 있는 물질들의 몰 수비가 $H_2O : H_2 : O_2 = 2 : 2 : 1$이므로 분해된 물의 몰 수는 0.2몰이다. 물의 분자량이 18이므로 분해된 물의 질량은 0.2 × 18 = 3.6g이다.

11. ㄱ. [바로알기] 과산화 수소가 분해되는 반응의 화학 반응식은 $2H_2O_2 \rightarrow 2H_2O + O_2$ 이 반응으로 인해 산소 기체가 발생한다.
ㄴ. [바로알기] 이산화 망가니즈는 과산화 수소가 빨리 분해되도록하는 촉매이므로 반응에 직접적으로 참여하지 않는다.
ㄷ. 발생하는 산소 기체는 물에 잘 녹지 않으므로 수상 치환을 통해 포집할 수 있다.

12. A 분자 한 개와 B 분자 3개가 반응하여 C 분자 2개가 생성되었다. 따라서 분자 수의 비는 A : B : C = 1 : 3 : 2이다. 분자 수의 비는 화학 반응식의 계수비와 같으므로 화학 반응식은 $A(g) + 3B(g) \rightarrow 2C(g)$이다.

13. ① [바로알기] ㉠은 반응 물질을 화살표 왼쪽에, 생성 물질을 화살표 오른쪽에 화학식으로 나타낸 것이다.

14. ⅰ. $C_6H_{12}O_6$(포도당)의 계수를 a, O_2의 계수를 b, CO_2의 계수를 c, H_2O의 계수를 d로 하여 화학 반응식을 쓴다.
→ $aC_6H_{12}O_6 + bO_2 \rightarrow cCO_2 + dH_2O$
ⅱ. 반응 전과 후의 각 원자의 수는 같아야 하므로 C, H, O의 원자의 수가 같아지도록 식을 세운다.
→ C : 6a = c ··· ㉠
H : 12a = 2d ··· ㉡
O : 6a + 2b = 2c + d ··· ㉢
ⅲ. a = 1을 식에 대입하여 b, c, d를 구한다.
→ ㉠ 6a = c , c = 6 × 1 = 6
㉡ 12a = 2d , d = 12 ÷ 2 = 6
㉢ 6a + 2b = 2c + d, 6 + 2b = 2 × 6 + 6 = 18,
 2b = 18 − 6 = 12, b = 6
∴ a = 1, b = 6, c = 6, d = 6
ⅳ. a, b, c, d를 화학 반응식에 대입해서 화학 반응식을 완성한다. (단, 계수가 1인 경우 표시를 생략한다.)
→ $C_6H_{12}O_6 + 6O_2 \rightarrow 6CO_2 + 6H_2O$
∴ 6 + 6 + 6 = 18

15. 반응 물질과 생성 물질이 모두 기체인 경우 화학 반응식의 계수비는 반응 몰 수비와 같고, 부피비와 같다. 따라서 부피비가 A : B : C = 3 : 1 : 2이므로 화학 반응식은 3A + B → 2C가 된다. 그리고 물질의 상태가 모두 기체이므로 화학 반응식은 $3A(g) + B(g) \rightarrow 2C(g)$가 된다.

16. ⅰ. $aC_4H_{10}(g) + bO_2(g) \rightarrow cCO_2(g) + dH_2O(g)$
반응 전과 후의 각 원자의 수는 같아야 하므로 C, H, O의 원자의 수가 같아지도록 식을 세운다.
→ C : 4a = c ··· ㉠
H : 10a = 2d ··· ㉡
O : 2b = 2c + d ··· ㉢
ⅱ. a = 1을 식에 대입하여 b, c, d를 구한다.
→ ㉠ 4a = c , c = 4 × 1 = 4
㉡ 10a = 2d , d = 10 ÷ 2 = 5
㉢ 2b = 2c + d, 2b = 2 × 4 + 5 = 13, b = 6.5
∴ a = 1, b = 6.5, c = 4, d = 5
ⅲ. a, b, c, d가 정수가 아닌 경우, 각 계수에 적당한 수를 곱하

여 가장 간단한 정수로 만들어 준다.
→ a = 2, b = 13, c = 8, d = 10
ⅳ. a, b, c, d를 화학 반응식에 대입해서 화학 반응식을 완성한다.
→ $2C_4H_{10}(g) + 13O_2(g) \rightarrow 8CO_2(g) + 10H_2O(g)$
따라서 a + b + c + d = 2 + 13 + 8 + 10 = 33이다.

17. 뷰테인(C_4H_{10})의 분자량은 12 × 4 + 1 × 10 = 58이므로 뷰테인 220g에 들어 있는 뷰테인 분자의 몰 수는 다음과 같이 구할 수 있다.
뷰테인 220g의 몰 수 = $\frac{220g}{58g/몰}$ ≒ 3.8몰

화학 반응식을 통해 C_4H_{10}과 O_2는 2 : 13의 몰 수의 비로 반응한다는 것을 알 수 있으므로 C_4H_{10} 3.8몰과 반응하는 산소의 몰 수는 3.8몰 × $\frac{13}{2}$ = 24.7몰이다. 산소의 분자량은 16 × 2 = 32이므로 뷰테인 3.8몰을 연소시키기 위해 필요한 산소의 질량은 24.7몰 × 32g/몰 ≒ 790.4g이다.

18. 뷰테인 220g의 몰 수는 3.8몰이고, 화학 반응식을 통해 C_4H_{10}과 CO_2의 몰 수비가 2 : 8 = 1 : 4라는 것을 알 수 있으므로 발생하는 CO_2의 몰 수는 3.8몰 × 4 = 15.2몰이다.
0℃, 1기압에서 기체 1몰의 부피는 22.4L이므로 발생하는 CO_2의 부피는 15.2몰 × 22.4L/몰 ≒ 340.5L이다.

19. ㄱ. 수소 기체와 산소 기체가 반응하여 수증기가 합성된다.
$$H_2(g) + O_2(g) \rightarrow H_2O(g)$$
O의 개수가 반응물에는 2개, 생성물에는 1개이므로 생성물 H_2O의 계수를 2로 한다.
$$H_2(g) + O_2(g) \rightarrow 2H_2O(g)$$
H의 개수가 반응물에는 2개, 생성물에는 4개이므로 반응물 H_2의 개수를 2로 한다.
$$2H_2(g) + O_2(g) \rightarrow 2H_2O(g)$$
ㄴ. [바로알기] 공기 중 산소의 부피는 20%이므로, 0℃, 1기압의 공기 112L에 들어 있는 산소의 양은 112L × 0.2 = 22.4L이다.
0℃, 1기압에서 산소 22.4L에는 산소 분자 1몰이 들어 있고, 수소와 산소의 반응 몰 수비는 $H_2 : O_2 = 2 : 1$이므로 최대로 반응할 수 있는 수소의 부피는 22.4 × 2 = 44.8L이다.
ㄷ. 0℃, 1기압의 공기 56L에 들어 있는 산소의 양은 56L × 0.2 = 11.2L이다. 0℃, 1기압에서 산소 11.2L에는 산소 분자 0.5몰이 들어 있고, 수소와 산소의 반응 몰 수비는 $H_2 : O_2 = 2 : 1$이므로 수소의 몰 수는 1몰이다.
수소의 분자량은 2이므로 최대로 반응할 수 있는 수소의 질량은 2 g이다.

20. 메테인의 연소 반응식 :
$CH_4(g) + 2O_2(g) \rightarrow CO_2(g) + 2H_2O(g)$
포도당의 연소 반응식 : $C_6H_{12}O_6 + 6O_2 \rightarrow 6CO_2 + 6H_2O$
메테인의 연소 반응식에서 CH_4와 CO_2의 계수비는 1 : 1이므로 CH_4 1몰이 연소되면 CO_2는 1몰 생성된다.
포도당의 연소 반응식에서 $C_6H_{12}O_6$와 CO_2의 계수비는 1 : 6이므로 $C_6H_{12}O_6$가 1몰 연소되면 CO_2는 6몰 생성된다.
이산화 탄소의 분자량은 44이므로 메테인 1몰 연소로 발생되는 이산화 탄소의 질량은 44g이고, 포도당 1몰 연소로 발생되는 이산화 탄소의 질량은 44 × 6 = 264g이다.

21. 산소가 반응하여 오존이 생성되는 반응의 화학 반응식을 완성한다.
$$O_2 \rightarrow O_3$$
O의 개수가 반응물에는 2개, 생성물에는 3개이므로 반응물 O_2의 계수를 3으로, 생성물 O_3의 계수를 2로 만든다.

$$3O_2(g) \rightarrow 2O_3(g)$$
반응물과 생성물이 모두 기체이므로 화학 반응식의 계수는 기체의 부피비와 같다.
200L의 산소를 반응시켰을 때 생성된 오존의 부피를 x라고 하면, 반응한 산소의 부피는 $\dfrac{3}{2}x$ 이다.
따라서 반응 후 남은 산소의 부피는 $200 - \dfrac{3}{2}x$ 이다.
생성된 오존과 남은 산소의 총 부피가 160L이므로
$200 - \dfrac{3}{2}x + x = 160$이고, 생성된 오존의 부피 x는 80L가 된다.

22. ㄱ. 과산화 수소가 분해되면 물과 산소가 생성된다. 이산화 망가니즈는 촉매로 반응에 참여하지 않는다. 따라서 화학 반응식은 $2H_2O_2 \rightarrow 2H_2O + O_2$이다.
ㄴ. [바로알기] 화학 반응식의 계수비는 몰 수비와 같다. 따라서 반응하는 과산화 수소와 생성되는 산소의 몰 수비는 $H_2O_2 : O_2 = 2 : 1$이다. 산소 기체 1몰이 생성되기 위해서는 과산화 수소 2몰이 분해되어야 하고, 과산화 수소의 분자량은 34이므로 과산화 수소 2몰의 질량은 68g이다.
즉, 과산화 수소 68g을 분해시켜야 산소 기체 1몰이 생성된다.
ㄷ. 과산화 수소 3.4g은 과산화 수소 0.1몰에 해당한다.
과산화 수소 0.1몰을 분해시키면 산소 기체는 0.05몰 발생하고, 0℃, 1기압에서 산소 기체 0.05몰의 부피는 0.05몰 × 22.4L/몰 = 1.12L이다.

23. 일산화 탄소(CO)와 산소(O_2)가 반응하여 이산화 탄소(CO_2)가 생성되는 화학 반응의 반응식은 다음과 같다.
$$2CO(g) + O_2(g) \rightarrow 2CO_2(g)$$
화학 반응식의 각 계수비는 반응 몰 수비이고, 기체의 부피비이므로 일산화 탄소와 산소의 부피비는 2 : 1이다.
반응 후 일산화 탄소와 산소는 남지 않았으므로 반응이 일어나기 전 일산화 탄소와 산소의 부피비는 2 : 1이다.

24. ㄱ. [바로알기] 아보가드로 법칙에 의하면 외부 압력이 일정할 때 기체의 부피는 기체의 몰 수(분자 수)에 비례하므로, 반응 물질의 총 부피와 생성 물질의 총 부피의 비는 2 + 1 : 2 = 3 : 2이다. 따라서 반응 전의 부피가 더 크다.
ㄴ. 화학 반응이 일어나도 반응 전후의 원자의 종류와 개수는 변하지 않는다.
ㄷ. [바로알기] 화학 반응이 일어나도 반응 전후의 원자의 종류와 개수는 변하지 않으므로 질량은 일정하다.(질량 보존 법칙)

25. 답 화합물 X를 구성하는 A, B 원자의 개수비는 A, B의 질량을 각 원소의 원자량으로 나누어 구할 수 있다.
따라서 화합물 X에서 A와 B의 개수비는 $A : B = \dfrac{7}{14} : \dfrac{8}{16} = 1 : 1$
따라서 실험식은 AB이고, 화합물 X의 분자는 성분 원소의 원자가 가장 간단한 정수비로 결합하여 이루어진다고 했으므로 실험식과 분자식이 같다. 따라서 화합물 X의 분자식은 AB이다.
화합물 Y를 구성하는 A, B 원자의 개수비는 A, B의 질량을 각 원소의 원자량으로 나누어 구할 수 있다.
따라서 화합물 Y에서 A와 B의 개수비는 $A : B = \dfrac{7}{14} : \dfrac{12}{16} = 2 : 3$
따라서 실험식은 A_2B_3이고, 화합물 Y의 분자는 성분 원소의 원자가 가장 간단한 정수비로 결합하여 이루어진다고 했으므로 실험식과 분자식이 같다. 따라서 화합물 Y의 분자식은 A_2B_3이다.

26. 답 반응물은 A_2와 B_2이고, 생성물은 각각 AB, A_2B_3이므로 화살표 왼쪽과 오른쪽에 각각 써준 후 양쪽의 원자수를 맞춰서 화학 반응식을 완성한다.
화합물 X의 생성 반응식 : $A_2 + B_2 \rightarrow 2AB$

화합물 Y의 생성 반응식 : $2A_2 + 3B_2 \rightarrow 2A_2B_3$

27. 답 프로페인을 완전 연소시킬 때의 화학 반응식은 다음과 같다.
$$C_3H_8(g) + 5O_2(g) \rightarrow 3CO_2(g) + 4H_2O(g)$$
이 화학 반응식을 통해 반응 물질과 생성 물질의 몰 수비는
$C_3H_8 : O_2 : CO_2 : H_2O = 1 : 5 : 3 : 4$
프로페인의 분자량은 44이므로 프로페인 22g은 프로페인 0.5몰에 해당한다. 즉, C_3H_8 0.5몰은 O_2 2.5몰과 반응하여 CO_2 1.5몰과 H_2O 2몰을 생성한다.
산소의 분자량은 32이므로 산소 2.5몰의 질량은 2.5 × 32 = 80g 이다. 따라서 산소 100g 중 80g은 반응하고, 20g은 남게 된다.

28. 답 $Mg(s) + 2HCl(aq) \rightarrow MgCl_2(aq) + H_2(g)$
HCl을 구성하는 H가 자리를 바꾸어 H_2가 되었으므로 치환에 속한다.

29. 답 염화 나트륨 수용액과 질산 은 수용액을 반응시키면 흰색 앙금인 염화 은(AgCl)이 생성된다. 이때의 화학 반응식, 이온 반응식, 알짜 이온 반응식은 각각 다음과 같다.
화학 반응식 : $NaCl(aq) + AgNO_3(aq) \rightarrow NaNO_3(aq) + AgCl(s)$
이온 반응식 :
$Na^+(aq) + Cl^-(aq) + Ag^+(aq) + NO_3^-(aq) \rightarrow Na^+(aq) + NO_3^-(aq) + AgCl(s)$
알짜 이온 반응식 : $Ag^+(aq) + Cl^-(aq) \rightarrow AgCl(s)$

30. 답 화학 반응식을 통해 알 수 있는 원자의 종류와 수를 비교해보면 탄소 1개, 수소 4개, 산소 4개로 반응 전후가 같다는 것을 확인할 수 있다. 반응 전후의 원자의 종류와 수가 같으므로 화학 반응이 일어날 때 반응 전 각 물질의 질량의 합은 반응 후 각 물질의 질량의 합과 같다는 질량 보존 법칙이 성립한다는 것을 알 수 있다.
또한 화학 반응식의 계수와 각 물질의 화학식량을 곱한 값은 메테인 1몰을 연소시키는 반응에서의 반응물과 생성물의 질량과 같다.
따라서 메테인 1몰을 연소시켰을 때 반응한 CH_4의 질량
= 분자량 × 계수 = 16 × 1 = 16g ,
메테인 1몰을 연소시켰을 때 반응한 O_2의 질량
= 분자량 × 계수 = 32 × 2 = 64g,
메테인 1몰을 연소시켰을 때 생성된 CO_2의 질량
= 분자량 × 계수 = 44 × 1 = 44g,
메테인 1몰을 연소시켰을 때 생성된 H_2O의 질량
= 분자량 × 계수 = 18 × 2 = 36g이므로
반응물의 총 질량 16g + 64g = 80g,
생성물의 총 질량 44g + 36g = 80g이다.
반응물의 총 질량과 생성물의 총 질량이 같으므로 질량 보존 법칙이 성립한다는 것을 알 수 있다.

31. 답 $CaCO_3(s) + 2HCl(aq) \rightarrow CaCl_2(aq) + CO_2(g) + H_2O(l)$

32. 답 반응에서 발생한 이산화 탄소가 공기 중으로 날아가므로 반응 후 감소된 질량은 생성된 이산화 탄소의 질량이다.
따라서 생성된 이산화 탄소의 질량은 $(w_1 + w_2) - w_3$이므로
2g + 368.88g - 370.00g = 0.88g이다.
이산화 탄소의 분자량은 12 + 16 × 2 = 44이므로
이산화 탄소의 몰 수는 0.88g ÷ 44g/몰 = 0.02몰이다.
모든 기체 1몰의 부피는 표준 상태에서 22.4L이므로 이산화 탄소 0.02몰의 부피는 0.02몰 × 22.4L/몰 = 0.448L이다.

5강. Project 1

Q1 공기 중의 질소는 번개와 같은 높은 에너지나 박테리아에 의해 생물이 사용할 수 있는 형태(암모늄 이온, NH_4^+)로 되고, 식물은 토양 속의 물에 녹아 있는 암모늄 이온이나 질산 이온의 형태로 질소를 흡수하여 식물성 단백질 형태로 전환시킨다. 동물은 식물이 합성한 단백질을 섭취하여 몸에 필요한 질소 성분을 얻는다. 동식물의 유해 속 질소 화합물은 탈질소 박테리아에 의해 질소로 분해되어 다시 토양이나 공기로 되돌아간다.

Q2 공기 중의 질소 기체는 삼중 결합을 한 대단히 안정된 기체이다. 두 질소 원자 사이의 결합은 섭씨 1000도 이상으로 가열해야 끊어질 정도로 강하다. 따라서 고온, 고압, 촉매하에서 질소 기체와 수소 기체가 반응하여 암모니아가 합성될 수 있다.

Q3 〈예시 답안1〉 어린 시절부터 부유해서 공부와 여러 실험을 할 수 있었기 때문에 많은 업적을 남길 수 있었다.
〈예시 답안2〉 객관적인 실험을 중시하였기 때문에 여러 실험의 자료가 남아있을 수 있었다. 그를 토대로 과학적 진리를 이끌어 낼 수 있었다.
〈예시 답안3〉 부인의 헌신이 있었기에 해외의 논문을 공부할 수 있었고, 실험이 모두 기록될 수 있었다. 그로 인해 후세에 라부아지에의 업적이 전해질 수 있었다.

Q4 모든 것이 생성될 수 있는 것, 삶의 필수적인 것, 움직일 수 있는 것, 변화할 수 있는 것, 주변에 많이 존재하는 것, 그 당시의 기술로 그 이상 쪼갤 수 없었던 것 등에 해당하는 물질이 물이라고 생각했기 때문에 물을 원소라고 생각했다.

[실험 과정 이해하기]

1. 드라이아이스가 승화하면서 주변의 열에너지를 흡수하여 주변의 온도는 하강하면서 플라스크가 차가워진다. 따라서 공기 중의 수증기가 플라스크 주변에서 물로 응결되기 때문에 플라스크 바깥면에 작은 물방울이 생기는 것이다.

2. 이산화 탄소의 분자량은 공기의 분자량보다 크므로, 이산화 탄소의 밀도가 공기보다 커서 이산화 탄소 기체가 공기를 밀어내고 플라스크 안을 채울 것이다. 따라서 이산화 탄소 기체에 의해 밀려난 공기가 빠져 나갈 수 있도록 플라스크를 덮지 않고 열어두는 것이다.

[탐구 결과]

1.

구분	결과
처음 질량 (공기 + 플라스크 + 유리판)	63.15g
나중 질량 (CO_2 + 플라스크 + 유리판)	63.25g
대기압	1atm
삼각플라스크 부피	133mL
플라스크 내부 온도	15℃

2. 공기의 평균 분자량은 29g/mol이고, 압력은 1기압, 온도는 15℃(288K), 삼각플라스크의 부피는 133mL(0.133L)이므로, 삼각플라스크 속 공기의 질량은 약 0.163g이다.

3. 플라스크 속 이산화 탄소의 질량 :
나중 질량 − (처음 질량 − 플라스크 속 공기의 질량)
= 63.25 − (63.15 − 0.163) = 0.263g

4. CO_2의 분자량(g/mol) = { CO_2의 질량(g) × R × 온도(K) } / { 압력(기압) × 부피(L) } = (0.263 × 0.082 × 288) / (1 × 0.133) ≒ 46.7(g/mol)

6강. 원자의 구조

개념 확인	100~103 쪽
1. 전자	**2.** 원자핵
3. (1) 2, 1 (2) 1, 2	**4.** 146개

1. 전자의 발견(1897년) → 양성자의 발견(1919년) → 중성자의 발견(1932년)

2. 러더퍼드는 α 입자 산란 실험을 통해 원자 중심에 밀도가 매우 크고 (+)전하를 띠는 원자핵이 존재한다고 하였다.

3. 양성자는 2개의 위 쿼크와 1개의 아래 쿼크로 이루어져 있고, 중성자는 2개의 위 쿼크와 2개의 아래 쿼크로 이루어져 있다.

4. $^{238}_{92}U$ 원자의 원자 번호는 92번으로 원자 번호는 양성자의 개수를 의미하므로 양성자의 수는 92개이고, 질량수는 양성자 수와 중성자 수의 합이므로 중성자 수는 238 − 92 = 146개이다.

확인+	100~103 쪽
1. 러더퍼드	**2.** 중성자
3. 아래(down) 쿼크	**4.** 1.1

1. 양극선을 발견해 낸 과학자는 골트슈타인이지만, 수소 기체를 넣은 방전관에서 발생하는 양극선이 양성자라고 제안한 사람은 러더퍼드이다.

2. 수소를 제외한 모든 원자들의 질량이 양성자와 전자의 질량을 합한 것보다 더 크게 측정되었다는 것은 원자에 양성자와 전자가 아닌 또 다른 입자(중성자)가 존재할 것이라고 예상하였다.

3. 아래(down) 쿼크 두 개와 위(up) 쿼크 한 개로 이루어진 중성자가 아래(down) 쿼크 한 개와 위(up) 쿼크 두 개로 이루어진 양성자에 비해 질량이 약간 더 크기 때문에 아래(down) 쿼크의 질량이 위(up) 쿼크의 질량보다 약간 더 무거울 것이라고 예상할 수 있다.

4. 원자량이 13인 탄소 원자가 x (%)존재한다고 가정하면, 원자량이 12인 탄소 원자는 (100 − x) (%) 존재한다고 볼 수 있다. 이때 탄소 원자의 평균 원자량을 구하는 식은 다음과 같이 나타낼 수 있다.

$$12.011 = \frac{12 \times (100 - x)}{100} + \frac{13 \times x}{100}$$

위의 식을 x에 관한 식으로 정리하면 원자량이 13인 탄소 원자의 존재비를 알 수 있다.

$$1201.1 = 12 \times (100 - x) + 13 \times x$$

$$\rightarrow 1201.1 = 1200 - 12x + 13x \qquad \therefore x = 1.1$$

개념 다지기	104~105 쪽
01. ① **02.** ④ **03.** ③ **04.** ②	
05. (1) O (2) X (3) X **06.** ③ **07.** ②	
08. ③	

01. 음극선은 직진하는 성질이 있기 때문에 음극선의 진로 방향에 물체를 놓게 되면 그림자가 생기게 된다.

02. 알파(α) 입자 산란 실험 결과를 통해 원자 내부에 (+) 전하를 띠고, 부피가 매우 작은 원자핵이 존재한다는 사실을 알게 되었다.

03. 알파(α) 입자는 두 개의 양성자와 두 개의 중성자가 결합하고 있는 입자로 헬륨의 원자핵(He^{2+})과 같은 입자이다.

04. 〈보기〉의 입자들의 질량을 비교하면 다음과 같다.

전자 〈 위 쿼크 〈 아래 쿼크 〈 양성자 〈 중성자

05. (1) 물질을 구성하는 최소 단위의 입자는 기본 입자이며, 더 이상 쪼개지지 않는다.
(2) [바로알기] 수소 원자는 양성자, 전자로 이루어져 있다.
(3) [바로알기] 양성자는 두 개의 위(up) 쿼크와 한 개의 아래(down) 쿼크로 이루어져 있지만, 중성자는 두 개의 아래(down) 쿼크와 한 개의 위(up) 쿼크로 이루어져 있다.

06. 전자 1개의 전하량이 -1.6×10^{-19} C일 때, 양성자의 전하량은 전자의 전하량과 크기가 같으므로 $+1.6 \times 10^{-19}$ C 이라고 할 수 있다. 따라서 원자 X의 핵전하량이 $+3.2 \times 10^{-18}$C 일 때, 이것은 양성자 20개의 전하량이므로, 원자 X의 원자핵에는 양성자가 20개 존재한다고 할 수 있다. 원자 번호는 원자가 가진 양성자의 수와 같으므로, 원자 X는 원자 번호 20번 Ca이다.

07. 원자는 전기적으로 중성이므로 원자 X, Y, Z의 전자의 수는 양성자의 수와 같다. 따라서 원자 X는 ^6_3Li, Y는 ^7_3Li, Z는 ^7_4Be 이다.
ㄱ. [바로알기] 원자 X와 Y는 동위 원소이므로 화학적 성질은 동일하지만 물리적 성질은 다르다.
ㄴ. Y는 ^7_3Li, Z는 ^7_4Be 이므로, 양성자 수와 중성자 수는 다르지만 질량수는 동일하다.
ㄷ. [바로알기] 원자 번호는 양성자의 수와 동일하므로, X와 Z의 원자번호는 다르다.

08. ㄱ. [바로알기] 제시된 수소와 산소의 동위 원소로 구성될 수 있는 물 분자는 다음과 같다.

물 분자의 종류	분자량	물 분자의 종류	분자량
^1_1H $^{16}_8O$ ^1_1H	18	^1_1H $^{18}_8O$ ^1_1H	20
^1_1H $^{16}_8O$ ^2_1H	19	^1_1H $^{18}_8O$ ^2_1H	21
^2_1H $^{16}_8O$ ^2_1H	20	^2_1H $^{18}_8O$ ^2_1H	22
^1_1H $^{16}_8O$ ^3_1H	20	^1_1H $^{18}_8O$ ^3_1H	22
^2_1H $^{16}_8O$ ^3_1H	21	^2_1H $^{18}_8O$ ^3_1H	23
^3_1H $^{16}_8O$ ^3_1H	22	^3_1H $^{18}_8O$ ^3_1H	24

이 중 서로 다른 분자량의 값은 18, 19, 20, 21, 22, 23, 24 총 7가지이다.
ㄴ. [바로알기] , ㄷ. 동위 원소로 이루어진 같은 종류의 물질은 화학적 성질은 동일하지만 끓는점과 같은 물리적 성질은 각각 다르다.

[유형 6-1] ㄱ. 낮은 압력의 기체가 들어 있는 방전관에 높은 전압을 걸어 주면 음극선을 이루는 전자가 방전관 내의 기체와 충돌하여 (+)전하를 띤 이온이 형성된다. 이때, 방전관 내에 헬륨 기체가 채워져 있다면, 양극선 실험 시 헬륨 기체의 양이온이 발생하게 되고, 이 헬륨 기체의 양이온이 (−)극으로 끌려가면서 양극선을 형성하게 된다.

ㄴ. [바로알기] 실험에서는 수소 기체를 이용하여 양극선을 발생시켰으므로, 양극선을 이루는 입자는 양성자이고, 양성자는 전자와 전하량은 동일하지만, 질량이 전자에 비해 매우 크기 때문에 단위 질량당 전하량, 즉 비전하 값은 양극선이 음극선에 비해 작다.

ㄷ. [바로알기] 양극선 실험을 통해 최초로 원자 내의 (+)전하를 띤 입자의 존재를 확인한 과학자는 골트슈타인이다. 다만, 골트슈타인은 (+)전하를 띤 입자, 즉 양극선의 정확한 정체를 파악한 것은 아니었다.

01. ㄱ. [바로알기] (가)의 결과로 음극선을 구성하는 입자가 질량을 가지고 있음을 알 수 있다.

ㄴ. (나)에서 음극선이 지나는 길에 자기장을 걸어주면 음극선이 휘어진다. 이때 휘어지는 방향을 통해 음극선이 (−)전하를 띤 입자임을 알 수 있다.

ㄷ. 원자에 포함된 전자의 특성은 원자의 종류와 관계없이 모두 동일하므로, 전극을 구성하는 금속의 종류에 관계없이 음극선을 구성하는 전자는 항상 같기 때문에, 전극을 구성하는 금속의 종류가 달라져도 (가), (나)의 실험 결과는 동일하다.

02. ① 수소나 헬륨 기체를 넣은 음극선 방전관에서 양극선이 형성된다.

②, ③ 양극선은 방전관에 채워진 기체 양이온의 흐름으로 골트슈타인이 발견하였다.

④ 양극선 실험에서는 중성자가 발견되지 않았다.

⑤ [바로알기] 방전관에 헬륨 기체를 넣고 음극선 실험을 진행 할 때 형성되는 양극선은 헬륨의 양이온(He^{2+})이고, 수소 기체일 때의 양극선은 양성자(H^+)이다. 헬륨의 양이온은 양성자에 비해 질량은 약 네 배 크고, 전하량은 약 두 배 크기 때문에 헬륨 양이온의 비전하 ($\frac{q\,(전하량)}{m\,(질량)}$)는 양성자의 비전하보다 작다.

[유형 6-2] ㄱ. [바로알기] 실험 결과 대부분의 α 입자는 금박을 투과하여 직진하였으나, 극소수의 α 입자가 큰 각도로 휘거나 팅겨 나왔다.

ㄴ. 대부분의 α 입자는 금박을 투과하였지만, 소수의 α 입자가 큰 각도로 산란된 것으로 보아 원자 대부분은 빈 공간이며, 원자 중심에 크기는 매우 작지만 원자 질량의 대부분을 차지하고 (+)전하를 띠는 원자핵이 존재한다고 제안하였다.

ㄷ. [바로알기] 이 실험을 통해 원자핵이 발견되었다.

03. 형광 스크린 상에 나타난 α 입자의 위치를 보면 대부분의 α 입자는 그대로 통과했으나 극히 일부분의 α 입자는 크게 휘거나 튀어 나왔다는 것을 알 수 있다.

ㄱ. 대부분의 α 입자는 금박을 그대로 통과하였으므로 원자 내부는 대부분 빈 공간이다.

ㄴ. [바로알기] α 입자 산란 실험은 원자핵의 존재를 밝혀낸 실험으로 이 실험의 결과를 통해 원자 내부에 존재하는 양성자의 수나, 전자의 수를 알아 낼 수는 없다.

ㄷ. 극히 일부의 α 입자가 크게 휘어지거나 튀어 나왔으므로 원자의 내부에는 크기가 작고, 원자 질량의 대부분을 차지하며, α 입자와 같은 종류의 전하를 띠는 입자가 존재한다.

04. ㄷ. 전자의 발견 (1897년) → ㄱ. 원자핵의 발견 (1911년) → ㄴ. 중성자의 발견 (1932년)

[유형 6-3] ㄱ. [바로알기] A는 전자이므로 기본 입자가 맞지만, B는 양성자로 기본 입자가 아니다. 기본 입자에는 쿼크와 경입자 (렙톤)이 있고, 전자는 6종류의 경입자 중 하나이다.

ㄴ. 전자는 (−)전하를 띠고, 양성자는 (+)전하를 띠므로 전자와 양성자 사이에는 정전기적인 인력이 작용한다.

ㄷ. 양성자는 기본 입자인 쿼크로 쪼갤 수 있다. 양성자는 두 개의 위(up) 쿼크와 한 개의 아래(down) 쿼크로 구성된다.

05. ④ 질량수는 양성자 수와 중성자 수를 더한 값이다.
[바로알기] ① 양성자보다 중성자의 질량이 약간 더 크다.
② 수소 원자(${}^{1}_{1}H$)의 원자핵에는 중성자가 존재하지 않는다.
③ 모든 원자에서 양성자와 전자의 수는 같지만, 양성자와 중성자의 수는 항상 같지는 않다.
⑤ 원자가 전자를 잃고 양이온이 되더라도 원자핵의 질량은 변하지 않는다.

06. ㄱ. 전자, 뮤온, 타우는 경입자이다.

ㄴ. [바로알기] 양성자는 두 개의 위(up) 쿼크와 한 개의 아래(down) 쿼크, 총 세 개(세 종류가 아닌)의 쿼크로 이루어져 있다.

ㄷ. [바로알기] 쿼크 중 위(up) 쿼크, 꼭대기(top) 쿼크, 맵시(charm) 쿼크는 (+)전하를 띠지만, 아래(down) 쿼크, 바닥(bottom) 쿼크, 야릇한(strange) 쿼크는 (−)전하를 띤다.

ㄹ. 쿼크는 원자를 구성하는 기본 입자이다.

[유형 6-4] (가)와 (나)는 동위 원소이므로 양성자 수는 동일하고 중성자 수는 다르다. 따라서 A는 양성자, B는 중성자이다.

ㄱ. [바로알기] (가)의 질량수는 3, (나)의 질량수는 4이므로 (가)와 (나)의 질량수는 다르다.

ㄴ. A는 양성자이므로, A의 개수는 원자 번호와 같다.

ㄷ. [바로알기] B는 중성자이므로 전하를 띠지 않는다.

07. ㄱ. 동위 원소는 화학적 성질이 같다.

ㄴ. [바로알기] 원자의 핵전하량은 원자핵의 양성자 수에 의해 결정되므로, 양성자 수가 동일한 (나)와 (다)의 핵전하량은 같다.

ㄷ. [바로알기] (가), (나), (다)의 질량수가 모두 다르기 때문에 원자 1개의 질량 역시 각각 다르다.

08. 원자는 전기적으로 중성이기 때문에 양성자 수와 전자 수가 같다. 따라서 중성 원자 A~C의 양성자 수와 중성자 수, 전자 수는 각각 다음 표와 같다.

구성 입자 \ 원자	A	B	C
양성자 수	2	1	2
중성자 수	2	2	1
전자 수	2	1	2

A와 C는 양성자 수가 동일하므로 같은 종류의 원소(동위 원소)이기 때문에 화학적 성질이 동일하다.

01

(1) 음극선에 의해 바람개비가 돌아가는 것은 음극선이 단순한 전자기파가 아니라, 질량을 가지고 있는 입자의 흐름이기 때문이다.

(2) 전극을 구성하는 금속의 종류를 바꾸어 실험을 반복하여도, 음극선이 방출되었고, 이때 방출된 음극선의 비전하 값이 항상 일정하게 측정되었기 때문에 금속의 종류가 달라도 음극선을 구성하는 입자는 모두 동일할 것이라고 생각하였을 것이다.

(3) 원자는 전기적으로 중성인 입자이다. 따라서 원자 내부에 (−)전하를 띤 입자가 존재한다면, 원자에는 (+)전하를 띤 부분도 함께 존재해야 한다. 그렇기 때문에 톰슨은 실험적으로 (+)전하를 띤 입자의 존재를 확인하지는 못했지만, 원자 내부에 (+)전하를 띤 부분이 존재할 것이라고 생각하였을 것이다.

> **해설** (1) 손전등에서 방출된 빛을 쏘여준 바람개비는 돌아가지 않는다. 손전등으로부터 방출되는 전자기파(빛)는 질량을 갖지 않기 때문이다. 반면 음극선을 쏘여준 바람개비는 회전하는데, 이것은 음극선이 질량을 가지는 입자로 구성되어 있다는 것의 증거가 된다. 질량을 가진 입자만이 운동 에너지를 가질 수 있고, 전달할 수 있기 때문이다.

02

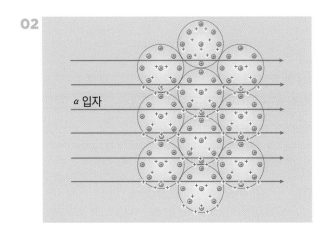

α 입자

> **해설** 톰슨의 원자 모형에서는 (+)전하를 띤 공 모양의 원자에 전자가 박혀있기 때문에 (+)전하를 띤 입자가 작은 부피 안에 밀집되어 있는 러더퍼드의 원자 모형에 비해 α 입자와 원자 내부의 (+)전하를 띠는 부분 사이의 반발력이 세지 않을 것이다. 또한 α 입자는 비교적 빠르게 운동하고 있으므로 만약 원자의 구조가 톰슨의 주장과 같았다면 대부분의 α 입자는 크게 산란되지 않고 금박을 투과했을 것이다. 이때, 약간의 산란을 일으킬 수 있다고 볼 수 있지만, 러더퍼드의 α 입자 산란 실험의 결과처럼 큰 각도로 산란되는 것은 불가능하다.

03

A의 분자량 : 18   B의 분자량 : 18   C의 분자량 : 20
끓는점이 동일한 물질은 A와 B이다.

> **해설** A, B, C 는 모두 분자식이 H_2O이지만, ^1_1H와 $^{16}_8O$ 로 이루어진 분자량이 18인 얼음은 ^1_1H와 $^{16}_8O$ 로 이루어진 분자량이 18인 물에 비해 밀도가 작아 물 위에 뜨는 반면, ^2_1H와 $^{16}_8O$ 로 이루어진 분자량이 20인 얼음은 물보다 밀도가 크기 때문에 물 위에 뜨지 못한다. 따라서 A는 ^1_1H와 $^{16}_8O$ 로 이루어진 분자량이 18인 얼음이고, B는 ^1_1H와 $^{16}_8O$ 로 이루어진 분자량이 18인 물이며, C는 ^2_1H와 $^{16}_8O$ 로 이루어진 분자량이 20인 얼음이라고 볼 수 있다.

이때 A와 B는 상태만 다른 동일한 물질이므로 끓는점이 같다.

04

(1) 약 1.62×10^{-19} C   (2) 약 9.20×10^{-28} g

(1) **해설** 기름 방울 A~E 실험을 통해 계산된 전하량 크기 순으로 나열하면 E < C < D < A < B 이다.

근사한 전하량을 가진 C와 D를 제외하고 전하량의 차이가 적게 나는 각 기름 방울의 전하량의 차이 값을 계산해 보면 보면 다음과 같다.

기름 방울	전하량 차이
D − E	1.62×10^{-19}C
D − C	1.62×10^{-19}C
A − D	1.62×10^{-19}C
B − A	1.62×10^{-19}C
전하량 차이의 평균 = 1.62×10^{-19}C	

기름 방울이 갖는 전하량 차이의 최솟값이 1.62×10^{-19}C 이므로 각 기름 방울의 전하량이 1.62×10^{-19}C의 배수라고 추론해 볼 수 있다. 따라서 $\dfrac{\text{기름 방울 전하량}}{\text{전자 전하}}$ 의 비가 가장 작은 기름 방울 E의 전하를 ($-e$)라고 할 때 각 기름 방울의 상대 전하의 크기를 표현해 보면 다음과 같다.

기름 방울	$\dfrac{\text{기름 방울 전하량}}{\text{전자 전하량}}$	전하
A	3	$-3e$
B	4	$-4e$
C	1	$-e$
D	2	$-2e$
E	1	$-e$

주어진 정보를 이용하여 계산된 전자 1개의 전하량은 약 1.62×10^{-19}C 이지만 공인된 전자의 전하량(e)은 1.60×10^{-19}C 이다.

(2) **해설** 톰슨의 실험 결과에 따르면 1g의 전자는 1.76×10^8C의 전하를 갖는다. 이 값은 전자의 비전하 값이다. 문제 (1)에서 계산한 전자 1개의 전하량은 약 1.62×10^{-19}C 이므로 전자 1개의 질량은 다음과 같이 계산할 수 있다.

$$비전하 = \frac{e\,(전자\ 전하량)}{m\,(전자\ 질량)} = 1.76 \times 10^8 \,C/g$$

따라서 전자 1개의 질량은 다음과 같다.

$$m = \frac{1.62 \times 10^{-19}}{1.76 \times 10^8} = 9.20 \times 10^{-28}\,g$$

*실제 전자의 전하량인 1.60×10^{-19} C를 이용하여 계산하면 전자 1개의 질량은 약 9.09×10^{-28} g 이다.

05 (1) ㄱ, ㄴ
동검은 금속인 구리와 주석으로, 금관은 금으로 만들었기 때문에 탄소 성분이 포함되어 있지 않아 탄소 연대 측정법을 이용할 수 없다. 그러나 목판이나 그림의 경우 탄소 성분을 포함하고 있어 탄소 연대 측정법으로 연대 측정이 가능하다.

(2) 1988년 충북 청원에서 발견된 탄화미에 비해 1988년 가을에 수확한 쌀에서의 $\frac{^{12}C}{^{14}C}$ 값이 $\frac{1}{8}$배라는 것은 ^{12}C의 양이 일정할 때, 탄화미의 ^{14}C의 양이 그 해 수확한 쌀에 비해 $\frac{1}{8}$로 감소했다는 것이다.

^{14}C의 반감기는 5730년으로 생물이 사망한 시점부터 5730년이 지나면 생물체 내의 ^{14}C의 양은 최초 시점의 50%가 되고 그로부터 다시 5730년이 지나면 25%이 되다. 한편 생물체 내의 ^{12}C의 양은 생물체 사후에도 크게 변하지 않는다. 따라서 이 탄화미는 반감기를 3번 거친 쌀로 (5730 × 3 = 17190), 발굴 시점으로 부터 약 17190년 전에 수확되었던 쌀이라고 볼 수 있다.

해설 (1) 탄소 연대 측정법을 사용하기 위해서는 탄소 성분을 포함한 물질을 사용해야 한다. 탄소 연대 측정법은 생물체가 죽고 나면 생물체가 더 이상 탄소를 섭취할 수 없게 되어 생물체 내에 존재하는 방사성 탄소(^{14}C)의 양이 줄어드는 특성을 이용한 방법으로 사실상 생물체로부터 유래한 물질의 연대 측정만이 가능하다. 탄소는 모든 생물에 공통적으로 존재하는 매우 중요한 원소이다.

스스로 실력 높이기   114~119 쪽

01. (1) ○ (2) ○ (3) X   **02.** (1) ○ (2) X (3) ○

03. (1) 러더퍼드 (2) 톰슨 (3) 채드윅

04. 원자 번호   **05.** 방사성

06. (1) - 1 (2) $+\frac{2}{3}$ (3) $-\frac{1}{3}$ (4) 0 (5) 0

07. (1) ○ (2) X (3) ○ (4) ○

08. (1) X (2) X (3) ○

09. (1) 8 (2) 18 (3) 8 (4) 8 (5) 17 (6) 10

10. A, B, C   **11.** ③   **12.** ①   **13.** ②

14. ⑤   **15.** ②   **16.** ①   **17.** 7   **18.** ③

19. ③   **20.** ⑤   **21.** ⑤   **22.** ③   **23.** ①

24. ①   **25.~ 32.** (해설 참조)

01. 음극선 실험을 통해 발견된 입자는 전자이다. 전자는 (−)전하를 띠며, 질량을 가지는 입자이나 스스로 빛을 낼 수는 없다.

02. α 입자 산란 실험을 통해 발견된 입자는 원자핵이다.
(1) 원자핵은 원자 전체 크기의 약 100,000분의 1 정도의 크기로, 원자에 비해 부피가 매우 작다.

---

(2) [바로알기] 원자핵을 구성하는 양성자와 중성자는 쿼크로 쪼개질 수 있기 때문에 원자핵이 기본 입자라고 할 수는 없다.
(3) 원자핵에는 양성자가 포함되어 있기 때문에 (+)전하를 띤다.

07. (2) [바로알기] 쿼크와 경입자는 기본 입자이나 원자는 더 작은 입자로 쪼개질 수 있으므로 기본 입자가 아니다.

08. (1) [바로알기] 동위 원소들의 화학적 성질은 같지만 물리적 성질은 다르다.
(2) [바로알기] 동위 원소는 같은 종류의 원자이지만 중성자의 수가 다르다.

09.

	A	B	C^{2-}	D^{+}
양성자 수	(가) 8	8	8	11
중성자 수	10	(다) 8	9	12
전자 수	8	(라) 8	10	(바)10
질량수	(나)18	16	(마)17	23

질량수는 양성자 수와 중성자 수를 더한 값이고, 원자는 전기적으로 중성이므로 양성자 수와 전자 수가 같아야 한다. 양이온은 원자가 전자를 잃어 (+)전하를 띤 입자이고, 음이온은 원자가 전자를 얻어 (−)전하를 띤 입자이므로 이온의 전하를 확인하면 몇 개의 전자를 얻고, 잃었는지 확인할 수 있다.

10. 양성자 수는 같지만 중성자 수가 다른 원소를 동위 원소라고 하며, 동위 원소들은 화학적 성질을 같지만 물리적 성질은 다르다.

11. ③ 대부분의 α 입자는 금박을 그대로 통과한다. 이를 통해 러더퍼드는 원자 내부가 대부분 빈 공간이라고 주장하였다.
[바로알기] ① α 입자는 스스로 빛을 낼 수 없다. α 입자가 형광막에 부딪히면, 형광막에 도포되어 있던 형광 물질이 발광한다.
② α 입자는 원자핵과 충돌하여 큰 각도로 산란된다.
④ 러더퍼드는 α 입자 산란 실험을 통해 원자핵을 발견하였다. 채드윅이 중성자를 발견한 실험은 베릴륨 원자핵에 대한 α 입자 충돌 실험이다.
⑤ 중성 원자가 아닌 경우 원자핵과 전자의 전하량은 서로 다르다. (부호는 서로 반대이다.)

12. ① [바로알기] 전자는 양성자나 중성자에 비해 질량이 매우 작지만 질량이 없는 것은 아니다.
③ $^{1}_{1}$H는 중성자를 가지지 않는다.

13. ㄱ. [바로알기] (가)의 실험 결과 발견된 입자는 전자로 양성자나 중성자에 비해 질량이 매우 작으나, 질량을 갖지 않는 것은 아니다.
ㄴ. (가)의 실험 결과 톰슨의 원자 모형이 제시되었고, (나)의 실험 결과 러더퍼드의 원자 모형이 제시되었다. 두 모형 모두 전자가 존재한다.
ㄷ. [바로알기] (나)의 결과 원자는 부피가 매우 작으나 원자 질량의 대부분을 차지하는 원자핵과 전자로 구성되어 있다는 것이 밝혀졌다. 원자핵이 양성자와 중성자로 이루어져 있다는 사실은 그 이후에 밝혀진 사실이다.

14. 대부분의 α 입자는 금박을 그대로 투과하지만 소수의 α 입자가 큰 각도로 산란되는 것으로 보아 원자 내부에는 (+)전하를 띠기 때문에 α 입자와 전기적으로 반발하고, 부피는 매우 작으며, 원자 질량의 대부분을 차지하는 입자(원자핵)가 존재한다고 추론할 수 있다.

15.

	A	B	C	D	E
중성자 수	1	3	1	4	2
양성자 수	2	3	1	3	1
전자 수	2	3	1	3	1

ㄱ. [바로알기] A와 B는 양성자 수가 다르므로 동위 원소가 아니다.

ㄴ. C와 E는 동위 원소이므로 화학적 성질이 같다.

ㄷ. [바로알기] D의 중성자 수는 4개, E의 중성자 수는 2개로, 중성자 수는 D가 E의 2배이다.

16. ㄱ. 중성 원자 M은 양성자의 수와 전자의 수가 같으므로 24개의 전자를 가진다.

ㄴ, ㄷ. [바로알기] 제시된 이온은 양성자 24개, 중성자 28개, 전자 18개를 갖고 있으므로 중성자의 수가 전자의 수보다 더 많고, 양성자의 수는 중성자의 수와 같지 않다.

17. 물 분자의 종류는 모두 18가지이나 이중 분자량이 서로 다른 것은 18, 19, 20, 21, 22, 23, 24로 모두 7가지이다.

물 분자(H_2O)의 종류	분자량	물 분자(H_2O)의 종류	분자량	물 분자(H_2O)의 종류	분자량
^1_1H $^{16}_8O$ ^1_1H	18	^1_1H $^{17}_8O$ ^1_1H	19	^1_1H $^{18}_8O$ ^1_1H	20
^1_1H $^{16}_8O$ ^2_1H	19	^1_1H $^{17}_8O$ ^2_1H	20	^1_1H $^{18}_8O$ ^2_1H	21
^2_1H $^{16}_8O$ ^2_1H	20	^2_1H $^{17}_8O$ ^2_1H	21	^2_1H $^{18}_8O$ ^2_1H	22
^1_1H $^{16}_8O$ ^3_1H	20	^1_1H $^{17}_8O$ ^3_1H	22	^1_1H $^{18}_8O$ ^3_1H	22
^2_1H $^{16}_8O$ ^3_1H	21	^2_1H $^{17}_8O$ ^3_1H	23	^2_1H $^{18}_8O$ ^3_1H	23
^3_1H $^{16}_8O$ ^3_1H	22	^3_1H $^{17}_8O$ ^3_1H	24	^3_1H $^{18}_8O$ ^3_1H	24

18. ㄱ, ㄷ. [바로알기] A와 B는 동위 원소이므로 양성자의 수가 같아야 한다. 따라서 A와 B가 모두 3개씩 가지고 있는 입자가 양성자이고, 나머지 입자가 중성자임을 알 수 있다. A와 B 모두 양성자는 3개 가지고 있으므로 원자 번호는 3이다.

ㄴ. [바로알기] A와 B는 동위 원소이므로 화학적 성질이 동일하고, 물리적 성질은 서로 다르다.

19. 실험 (가)를 통해서는 전자가, 실험 (나)를 통해서는 원자핵이 발견되었다. 따라서 〈보기〉 중 원자핵과 전자가 모두 표현되어 있는 ㄷ만 옳은 답이라고 할 수 있다.

20.

원자를 구성하는 입자		질량(g)	전하량(C)
원자핵	양성자	1.6726×10^{-24}	$+1.602 \times 10^{-10}$
	중성자	1.6749×10^{-24}	0
전자		9.1095×10^{-28}	-1.602×10^{-10}

ㄱ. [바로알기] 양성자의 질량은 중성자의 질량에 비해 약간 작다.

ㄴ. 양성자, 중성자, 전자 중 질량이 가장 작은 것은 전자이다.

ㄷ. 전자는 양성자와 전하의 크기는 같고 (−)전하를 띤다.

21. ㄱ. 가장 가벼운 염소 원자 2개가 결합한 염소(Cl_2) 기체의 분자량이 70이라고 볼 수 있으므로, 가장 가벼운 염소 원자의 원자량은 35이다.

ㄴ. 가장 무거운 염소 원자 2개가 결합한 염소(Cl_2) 기체의 분자량이 74라고 볼 수 있으므로, 가장 무거운 염소 원자의 원자량은 37이고, 가장 가벼운 염소 원자의 원자량 35와 더해보면 분자량 72인 염소(Cl_2) 기체를 형성할 수 있음을 알 수 있다. 따라서 염소의 동위 원소는 총 2가지이다.

ㄷ. 원자량이 35인 염소의 존재 비율을 x, 원자량이 37인 염소의 존재 비율을 $1-x$ 라고 할 때, 분자량이 70인 염소(Cl_2) 기체가 존재할 비율은 x^2, 분자량이 74인 염소(Cl_2) 기체가 존재할 비율은 $(1-x)^2$ 이라고 볼 수 있다. 그런데 분자량이 70인 염소(Cl_2) 기체와

분자량이 74인 염소(Cl_2) 기체의 존재 비가 9 : 1 이므로 $x^2 : (1-x)^2 = 9 : 1$, $x = \dfrac{3}{4}$, 따라서, $^{35}_{17}Cl$와 $^{37}_{17}Cl$의 존재 비율은 3 : 1이라고 할 수 있다.

22. ㄱ. [바로알기] 자연계에서 $^{10}_5A$ 의 존재 비율을 x 라고 하면, $\dfrac{10 \times x}{100} + \dfrac{11 \times (100-x)}{100}$ = 10.8 이므로 x = 20이다. 따라서 자연계에 존재하는 원소 A 중 20%는 $^{10}_5A$, 80%는 $^{11}_5A$ 이므로 자연계에는 $^{10}_5A$ 가 $^{11}_5A$ 보다 적게 존재한다.(A의 평균 원자량이 11에 가깝기 때문에 $^{11}_5A$ 의 존재비가 $^{10}_5A$ 의 존재비보다 크다.)

ㄴ. [바로알기] 자연계에서 $^{35}_{17}B$의 존재 비율을 y 라고 하면, $\dfrac{35 \times y}{100} + \dfrac{37 \times (100-y)}{100} = 35.5$이므로 y = 75이다. 따라서 자연계에 존재하는 원소 B 중 75%는 $^{35}_{17}B$, 25%는 $^{37}_{17}B$ 라고 할 수 있다. ∴ 자연계에서 $^{35}_{17}B$와 $^{37}_{17}B$의 존재 비율은 3 : 1이다.

ㄷ. 동위 원소의 화학적 성질은 같다.

23. ㄱ. 얼음 (가)는 물(H_2O) 보다 밀도가 작으므로 H_2O이다. 얼음 (나)는 물(H_2O) 보다 밀도가 크므로 D_2O 라고 볼 수 있다.

ㄴ. [바로알기] (나)는 D_2O 이지만, 얼 때 부피가 증가하는(녹을 때 부피가 감소하는) 것은 동일하다. 물이 얼 때 부피가 증가하는 것은 물의 구조적인 특성과 관련되어 있기 때문에 수소의 원자량에 의해 영향을 받는 현상이 아니다.

ㄷ. [바로알기] H_2O와 D_2O는 수소의 동위 원소로 구성되어있는 분자이므로, 물리적 특성인 녹는점이 다르다. 분자량이 더 큰 D_2O의 녹는점이 H_2O의 녹는점보다 약간 더 높다.

24. ㄱ. A~E의 질량수를 계산해보면 다음과 같다.

	A	B	C	D	E
원자 번호	$a-1$	$a-1$	a	a	$a+1$
중성자 수	$n+1$	n	n	$n-1$	$n-1$
질량수	$a+n$	$a+n-1$	$a+n$	$a+n-1$	$a+n$

따라서, A, C, E의 질량수는 같다.

ㄴ. [바로알기] B와 D는 원자 번호가 다르므로 동위 원소가 아니다.

ㄷ. [바로알기] D와 E는 원자 번호가 다르므로 동위 원소가 아니다. 따라서 화학적 성질이 다르다.

25. 답 알루미늄은 금에 비해 원자핵의 전하량이 작기 때문에 α 입자와 전기적 반발력이 적어 큰 각도로 산란되는 α 입자의 수가 상대적으로 적을 것이다.

26. 답 α 입자 B의 산란각이 가장 크다. 원자 중심에는 매우 작은 부피에 원자의 (+)전하가 밀집되어있는 원자핵이 존재하기 때문에 원자핵 근처로 접근하는 α 입자일수록 크게 산란될 것이다.

27. 답 (1) $^{79}_{35}Br$와 $^{81}_{35}Br$ 2가지 (2) $^{79}_{35}Br$와 $^{81}_{35}Br$의 자연계 존재 비율은 1 : 1 이다.

해설 (1) 가장 가벼운 브로민(Br) 원자 2개가 결합한 브로민 분자(Br_2)의 분자량이 158이라고 볼 수 있으므로, 가장 가벼운 브로민(Br) 원자의 원자량은 79이다.

그리고 가장 무거운 브로민(Br) 원자 2개가 결합한 브로민 분자(Br_2)의 분자량이 162라고 볼 수 있으므로, 가장 무거운 브로민 원자(Br)의 원자량은 81이라고 할 수 있다.

가장 가벼운 브로민 원자(Br)의 원자량 79와 가장 무거운 브로민 원자(Br)의 원자량 81을 더해보면 분자량 160인 브로민 분자(Br_2)를 형성할 수 있음을 알 수 있다.

따라서 브로민의 동위 원소는 원자량이 79인 브로민과 원자량이 81인 브로민으로, 총 2가지이다.

(2) 원자량이 79인 브로민($^{79}_{35}$Br)의 존재 비율을 x, 원자량이 81인 브로민($^{81}_{35}$Br)의 존재 비율을 $1 - x$ 라고 할 때, 분자량이 158인 브로민 분자(Br_2)의 존재 비율은 x^2, 분자량이 162인 브로민 분자(Br_2)의 존재 비율은 $(1 - x)^2$ 이라고 볼 수 있다.

그런데 분자량이 158인 브로민 분자(Br_2)와 분자량이 162인 브로민 분자(Br_2)의 존재 비가 1 : 1 이므로

$x^2 : (1 - x)^2 = 1 : 1$, $x = \frac{1}{2}$, $^{79}_{35}$Br와 $^{81}_{35}$Br의 존재 비율은 1 : 1이다.

28. 답 (1) 원자 모형상 A와 B의 질량수의 비는 6 : 7이므로 A의 원자량이 6이라면 B의 원자량은 7이다.
(2) A와 B의 양성자 수와 중성자 수의 총합은 13이고, 양성자와 중성자는 각각 세 개의 쿼크로 구성되어 있으므로 A와 B를 구성하고 있는 쿼크는 총 39개이다.
(3) 평균 원자량 $= \frac{6 \times 7}{100} + \frac{7 \times 93}{100} = 6.93$
(4) A와 B를 구성하고 있는 기본 입자는 위(up) 쿼크, 아래(down) 쿼크, 전자 세 종류이며 이 중 가장 무거운 입자는 아래(down) 쿼크이다.

29. 답

30. 답 수소 기체를 넣었을 때 발생한 양극선은 수소 이온(H^+)이고, 수소 이온은 양성자이다. 양성자는 업(up)쿼크 2개와 아래(down)쿼크 1개로 구성되어 있다.

31. 답 ㄱ. 방전관에 아르곤 기체를 넣고 위의 실험을 진행하면 양극선은 발생하지 않는다. → 방전관에 아르곤 기체를 넣고 위의 실험을 진행하여도 음극선에 의해 아르곤 원자가 +전하를 띠게 되므로 양극선이 발생한다.
ㄴ. 방전관에 넣어주는 기체의 종류와 무관하게 양극선이 휘어지는 각도(θ)는 일정하다. → 방전관에 넣어주는 기체의 종류에 따라 발생한 기체 양이온의 전하량과 질량이 다르기 때문에 양극선이 휘어지는 각도는 기체의 종류에 따라 영향을 받는다.
ㄷ. 수소 기체 B를 넣었을 때 발생한 양극선은 양성자이다. → 수소 기체 B는 중수소 원자로 이루어진 분자량 4의 수소 기체이므로 이때 발생한 양극선은 1개의 양성자와 1개의 중성자가 결합한 $^2H^+$입자이다.

32. 답 A 해설 수소 기체 A와 수소 기체 B로부터 생성된 수소 양이온의 전하량은 같으나 질량수는 다르기 때문에 질량수가 더 큰 B로부터 발생한 양극선보다 질량수가 더 작은 A로부터 발생한 양극선이 같은 전기장 내에서 더 크게 휜다.
수소 기체 A의 분자량이 더 작은 것으로 보아 수소 기체 B보다 수소 기체 A가 원자량이 더 작은 수소 원자로 이루어진 수소 기체라는 것을 알 수 있다. 수소 기체가 전자와 충돌하여 수소 양이온이 되었을 때 수소 기체 A와 수소 기체 B 모두 +1의 상대 전하를 갖는 수소 양이온이 생성되지만, 두 이온의 질량수는 다르기 때문에 질량수가 더 큰 B로부터 발생한 양극선보다 질량수가 더 작은 A로부터 발생한 양극선이 같은 전기장 내에서 더 크게 휜다.

7강. 원소의 기원

개념 확인 120~123 쪽

1. 강한 핵력, 전자기력, 약한 핵력, 중력
2. (1) O (2) X **3.** H **4.** He

2. (2) γ 붕괴가 일어나는 과정에서 γ선(에너지)이 방출되며, 원자핵을 구성하는 입자의 수는 변하지 않는다.

3. 쿼크들의 결합으로 생성된 양성자는 최초로 만들어진 수소 원자핵이라고 할 수 있다.

4. 성간 물질 중 그 양이 가장 많은 것은 수소, 두 번째로 많은 것은 헬륨이다.

확인+ 120~123 쪽

1. 3 **2.** 234 **3.** 감소, 감소 **4.** Fe

1. 양성자와 양성자 사이에는 전자기력, 강한 핵력, 중력이 작용한다.

2. α 붕괴가 일어나게 되면 He^{2+}입자(헬륨 원자핵)가 방출되므로 남은 원자의 질량수는 4만큼 감소하게 된다.

4. 철의 원자핵은 가장 안정한 원자핵이다.

개념 다지기 124~125 쪽

01. ② **02.** ② **03.** ③ **04.** ⑤
05. (1) X (2) X (3) O (4) O (5) X **06.** ⑤
07. ① **08.** (1) X (2) O (3) X

01. 자연계에 존재하는 4가지 힘은 중력, 전자기력, 강한 상호 작용(강한 핵력), 약한 상호 작용(약한 핵력)이다.

02. 강력(강한 상호 작용)은 쿼크와 쿼크사이 또는 쿼크로 이루어진 양성자, 중성자들 사이에 작용하는 강한 인력으로 경입자는 강력의 영향을 받지 않는다.

03. ③ 불안정한 원자핵을 가진 원소들은 스스로 핵붕괴를 하면서 방사선을 방출한다.
[바로알기] ① 원자 번호가 커지면 일반적으로 양성자 수에 비해 중성자 수가 많을수록 안정한 원소가 된다.
② 원자 번호가 83번 이상인 원소는 안정한 원자핵이 없다.
④ 원자 번호가 1~10인 원소는 중성자 수와 양성자 수의 비가 1 : 1 정도일 때 안정하다.
⑤ 원자 번호가 70~80인 원소는 중성자 수와 양성자 수의 비율이 1.5 : 1 정도일 때 안정하다.

04. $^{137}_{55}$Cs이 β붕괴를 하게 되면 중성자 1개가 양성자 1개, 전자 1개, 반중성미자 1개로 변화하므로 원자 번호는 1 증가하지만 질량수에는 변화가 없다.

05. (1) [바로알기] 우주가 팽창함에 따라 우주의 크기는 증가하지만 질량에는 큰 변화가 없으므로 밀도는 감소한다.
(2) [바로알기] 초기 우주의 온도는 매우 높았다.
(5) [바로알기] 우주 초기에 만들어진 양성자 수와 중성자 수의 비는 약 7 : 1이다.

06. 우주 탄생 초기에 기본 입자(전자, 쿼크 등)가 먼저 형성되고 시간이 지나고 우주의 온도가 낮아지면서 쿼크들이 결합하여 양성자, 중성자를 형성하였다. 양성자와 중성자가 결합한 입자 중 수소 원자핵, 삼중수소 원자핵, 헬륨 - 3 원자핵, 헬륨 - 4 원자핵 등을 만들었고, 빅뱅 후 38만 년이 지나서야 원자핵과 전자가 결합하여 중성 원자를 형성하였다. 따라서 〈보기〉의 입자들은 전자 → 중성자 → 헬륨 원자핵 → 중수소 원자 순으로 형성되었다.

07. ㄴ. [바로알기] 질량이 매우 큰 별이라도 별 내부에서 $_{26}Fe$보다 무거운 원자를 합성할 수 없다.
ㄷ. [바로알기] 질량이 매우 큰 별에서 더 이상 핵융합이 일어나지 않게 되면 별 전체가 무너져 내리면서 초신성 폭발이 일어난다.

08. (1) [바로알기] 헬륨은 별이 탄생하기 이전의 초기 우주에서도 생성되었지만, 별의 내부에서도 핵융합 반응으로 생성된다.
(3) [바로알기] 우주의 온도가 3000K으로 낮아졌을 때 중성 원자가 생성되었다.

유형 익히기 & 하브루타   126~129 쪽

[유형 7-1] ⑤	01. ③	02. ⑤
[유형 7-2] ④	03. ④	
	04. (1) ㄴ (2) ㄱ (3) ㄷ (4) ㄴ	
[유형 7-3] ②	05. ⑤	06. ②, ④
[유형 7-4] ③	07. ②	08. ④

[유형 7-1] ㄱ. [바로알기] 중성자와 양성자 사이에는 전자기력이 작용하지 않고, 강한 핵력이 작용한다.
ㄴ. 위(up) 쿼크는 (+)전하를, 아래(down) 쿼크는 (−)전하를 띠므로 위 쿼크와 아래 쿼크 사이에는 전자기력이 작용한다.
ㄷ. 원자핵 내에서 양성자와 양성자, 양성자와 중성자, 중성자와 중성자 사이에 작용하는 강한 핵력은 양성자와 양성자 사이의 전기적 반발력보다 크게 작용하여, 핵붕괴가 일어나지 않도록 한다.

01. ㄱ. [바로알기] 약한 핵력과 강한 핵력은 원자핵 크기 정도의 아주 짧은 거리에서만 작용할 수 있기 때문에 원자핵 밖에서는 작용할 수 없다.
ㄴ. [바로알기] β 붕괴에 관여하는 힘은 약한 핵력이다.
ㄷ. 중력은 질량을 가진 물체 사이에 작용하는 힘으로 작용 범위에 제한이 없다.

02. (가) 입자는 전하를 띠고 있으므로 양성자이고, 양성자는 2개의 위 쿼크와 1개의 아래 쿼크로 이루어져있으므로 쿼크 A가 위 쿼크, 쿼크 B가 아래 쿼크라는 것을 알 수 있다.

[유형 7-2] 제시된 반응은 중성자가 양성자로 변화하는 중성자 붕괴이며, 중성자 붕괴는 β 붕괴와 동일한 반응이다. 따라서 이 반응에는 약한 핵력이 관여하며 양성자 수에 비해 중성자 수가 많아 불안정한 원자에서 주로 일어난다. A는 −전하를 띠는 전자이다.

03. 핵붕괴 후 전자와 반중성미자가 생성되는 것으로 보아 $^{137}_{55}Cs$는 β 붕괴하였다는 것을 알 수 있다. β 붕괴가 일어나면 중성자 1

개가 양성자 1개와 전자, 반중성미자로 바뀌게 되므로 $^{137}_{55}Cs$의 원자 번호는 1 증가하고, 질량수는 변화가 없다.

04. (1) 양성자 수에 비해 중성자 수가 많아 불안정한 원자에서는 주로 β 붕괴가 발생한다.
(2) 원자 번호가 2 감소하고 질량수가 4 감소하는 핵붕괴는 α 붕괴이다.
(3) γ 붕괴는 들뜬 상태의 원자핵이 γ 선을 방출하면서 안정해지는 반응으로 원자핵의 종류는 변하지 않는다.
(4) β 붕괴가 일어나면 중성자가 양성자, 전자, 반중성미자로 변하므로 원자 번호가 1 증가하고, 질량수는 변하지 않는다.

[유형 7-3] A는 2개의 위(up) 쿼크와 1개의 아래(down) 쿼크로 이루어진 양성자, B는 1개의 위(up) 쿼크와 2개의 아래(down) 쿼크로 이루어진 중성자, C는 2개의 양성자와 2개의 중성자로 이루어진 ^4_2He 원자핵이다.
ㄱ. 초기 우주에는 양성자와 중성자의 수가 거의 같았으나 시간이 지나면서 중성자 붕괴가 빠르게 일어나 점차 중성자보다 양성자의 수가 많아지게 되었다.
ㄴ. [바로알기] 우주에서 가장 풍부한 원소는 수소이다.
ㄷ. 우주는 시간에 따라 계속 팽창하면서 그 온도가 낮아 졌으므로 (가)~(다)시기 중에서 (다)시기의 온도가 가장 낮다.
ㄹ. [바로알기] (다)시기에는 원자핵과 전자가 결합하여 중성 원자가 형성되었는데, 이때 우주에서 만들어진 수소와 헬륨의 총 질량 비는 3 : 1이다.

05. (가)는 ^1_1H, (나)는 ^3_2He, (다)는 ^4_2He이다.
ㄱ. [바로알기] (가)는 수소, (나)는 헬륨이므로 원소 기호는 다르다.
ㄴ. (나)와 (다)는 모두 양성자를 2개 가진 헬륨 원자핵이므로 핵 전하량은 같다.
ㄷ. (가)~(다) 중 가장 안정한 것은 ^4_2He의 원자핵인 (다)이다.

06. 우주 나이가 약 38만 년이 되었을 때, 우주의 온도는 약 3000K 수준으로 낮아져 중성 원자가 형성되었다.
① [바로알기] 우주에 존재하던 전자들이 원자핵과 결합하였으므로 빛이 직진할 수 있게 되었다.
③ [바로알기] 양성자와 중성자가 결합한 것은 우주 나이 3분 무렵의 일이다.
⑤ [바로알기] 양성자 수와 중성자 수가 같았던 시기는 빅뱅 초기, 우주 나이가 3분이 되기 이전이다.(우주 나이 10^{-6}초 무렵)

[유형 7-4] 초기 우주에서 형성된 원소 : $_1H$, $_2He$
초신성 폭발을 통해서만 형성될 수 있는 원소 : $_{47}Ag$, $_{79}Au$, $_{92}U$
초기 우주에서 형성된 원소는 $_1H$, $_2He$, $_3Li$(소량)으로 가벼운 원소이다. 별의 중심에서 핵융합을 통해 형성될 수 있는 원소는 $_2He$ ~$_{26}Fe$이고, $_{26}Fe$보다 무거운 원소는 질량이 매우 큰 별이 초신성 폭발할 때에만 생성될 수 있다.

07. ㄱ. [바로알기] 별의 내부에서 핵융합 반응이 일어날 때 많은 에너지가 방출된다.
ㄴ.질량이 큰 별은 질량이 가벼운 별에 비해 중심부 온도가 더 높게 올라가 더 무거운 원자핵을 합성할 수 있다.
ㄷ. [바로알기] 별의 중심에서 만들어질 수 있는 원자 번호가 가장 큰 원소는 철이다.

08. ㄱ. 우주 나이가 38만 년이 되기 이전에는 우주의 온도가 너무 높아 원자핵과 전자가 결합 할 수 없었으나, 우주 나이가 38만 년이 되었을 때, 우주의 온도가 3000K이 되면서 양성자나 헬륨 원자핵이 진자를 붙잡아 중성 원자가 생성되었다.
ㄴ. 질량이 큰 별일수록 중심부의 온도, 밀도, 압력이 높아 더 높은 온도에서 이루어지는 핵융합 반응도 일어날 수 있어서 더 무거운 원자핵의 생성이 가능하다.

ㄷ. [바로알기] 산소, 탄소, 네온 등 수소와 헬륨을 제외한 원소들은 그 양을 모두 합하면 성간 물질 전체 질량의 약 2 %를 차지한다.

창의력 & 토론마당   130~133 쪽

01 (1) 양성자와 양성자 사이에는 중력, 전기적 반발력(전자기력)과 강한 핵력이 작용한다.

(2) 양성자와 양성자 사이에는 중력, 전자기력, 강한 핵력이 모두 작용하지만 질량이 작은 양성자 사이에 작용하는 중력은 그 크기가 매우 작기 때문에 두 양성자가 결합한 원자핵의 형성에는 큰 영향을 미치지 않는다. 강한 핵력은 전자기력에 비해 월등히 강한 인력이지만 매우 작은 범위에서만 작용할 수 있기 때문에 강한 핵력이 작용하기 전에 먼 거리에서도 작용하는 전기적 반발력(전자기력)이 작용하여 두 개의 양성자는 강한 핵력이 작용하는 범위만큼 충분히 가까워질 수 없다. 그렇기 때문에 두 개 이상의 양성자로만 이루어진 원자핵은 존재할 수 없다.

[해설] 중성자는 양성자와 전기적 반발력이 작용하지 않지만, 강한 핵력은 작용하기 때문에 원자핵을 구성하는 입자들 사이의 결합이 안정적으로 유지될 수 있도록 한다.

02 우주의 팽창 속도가 실제보다 느리게 진행되었다고 가정한다면 실제 우주보다 우주의 온도는 천천히 낮아졌을 것이다. 그렇다면 더 무거운 원자핵의 합성이 일어날 수 있는 시간이 더 오래 지속되므로 헬륨이나 리튬 같이 수소보다 무거운 원소들의 질량비가 현재보다 컸을 것이다.

[해설] 우주는 매우 빠르게 팽창하여 양성자와 중성자가 결합하여 무거운 원자핵을 형성할 수 있는 시점이 되었을 때 입자들의 밀도와 온도가 너무 낮아진 상태가 되어 실질적으로 초기 우주에서는 수소와 헬륨 원자핵 정도밖에 합성되지 못했다.

03 (1) ② (2) 원자 번호가 1~10인 원소는 대부분 중성자 수가 양성자 수와 같을 때 안정하다. 그러나 양전자 방출 단층 촬영에 사용될 수 있는 방사성 동위원소는 핵붕괴해야 하는 원소이므로 안정하지 않은 원소여야 한다. 양전자 방출 반응의 경우 양성자가 중성자, 양전자, 중성미자로 변화하는 반응이므로 양성자가 중성자로 변화한 상태가 더 안정한 원소들이 주로 관여하는 핵반응이라고 추론할 수 있다. 그러므로 양전자 방출 반응에 관여하는 방사성 동위 원소는 양성자 수가 중성자 수보다 더 많은 원자핵을 갖고 있을 것이므로 양전자 방출 단층 촬영에 사용될 수 있는 방사성 동위 원소의 $\dfrac{중성자\ 수}{양성자\ 수}$가 1보다 작은 값을 가진 원소이다.

[해설] · 원자 번호가 1~10인 원소 : 중성자 수와 양성자 수의 비율이 1 : 1 정도일 때 안정하다.
· 원자 번호가 70~80인 원소 : 중성자 수와 양성자 수의 비율이 1.5 : 1 정도일 때 안정하다.
· 원자 번호 83번, 질량수 209 이상의 무거운 원소는 안정한 원자핵이 없다.

04 1. 우라늄을 이용한 원자력 발전의 경우 방사성 폐기물이 발생하기 때문에 안정성에 문제가 있지만 수소 핵융합 반응 후에는 방사성 폐기물이 발생하지 않는다.
2. 핵융합 반응이 핵분열 반응보다 단위 질량당 발생하는 에너지의 크기가 크기 때문에 수소 핵융합 반응을 이용하면 더 큰 에너지를 얻을 수 있다.
3. 핵분열 반응의 주된 원료인 우라늄은 지구에 매장되어있는 양이 한정되어 있지만, 핵융합 반응의 원료인 중수소의 양은 거의 무한하기 때문에 지속적인 사용이 가능하다.

05 (1) ① 우주가 팽창하는 힘 < 중력
② 우주가 팽창하는 힘 = 중력
③ 우주가 팽창하는 힘 > 중력
(2) ① > ② > ③

[해설] (1) ①은 우주가 팽창하는 힘보다 중력이 더 커서 팽창 속도가 느려지다가 결국 다시 수축하는 닫힌 우주, ②는 우주가 팽창하는 힘과 중력의 크기가 거의 같아서 팽창 속도가 느려지다가 결국 팽창이 거의 멈춰버리는 평탄한 우주, ③은 우주가 팽창하는 힘이 중력보다 커 팽창 속도는 느려지지만 계속해서 팽창하는 열린 우주를 나타낸 것이다.
(2) 중력의 크기는 물질의 질량이 클수록 크게 작용한다. 따라서 중력의 크기는 우주에 존재하는 물질의 질량의 영향을 받게 되는데 ②와 같이 우주가 팽창하는 힘과 중력의 크기가 거의 같을 때 우주의 밀도를 우주의 임계밀도라고 부르며, 우주의 임계밀도보다 우주의 밀도가 크다면 결국 우주에 존재하는 물질의 질량이 커, 그만큼 작용하는 중력이 커지게 되므로 우주는 결국 ①처럼 수축할 것이지만, 우주의 밀도가 우주의 임계밀도보다 작다면 우주가 팽창하는 힘이 중력보다 커, 팽창 속도가 느려지더라도 우주는 계속해서 팽창할 것이다.

06 (1) 초신성 폭발 과정에서 별의 바깥 부분은 흩어져 나가지만 별의 중심부는 수축하므로 중성자 별의 껍질은 별의 중심부에 존재하던 가장 안정한 원자핵인 철로 이루어져 있을 가능성이 가장 높다.
(2) 중성자 별의 밀도가 별 X의 밀도보다 클 것이다.

[해설] (1) 철의 원자핵은 모든 원자의 원자핵 중 가장 안정하기 때문에 별의 내부에서는 철보다 무거운 원자가 만들어지지 못한다.
(2) 핵융합이 일어나는 별에서는 무거운 원소일수록 별의 핵 근처에 존재한다. 그런데 초신성 폭발 과정에서 별 바깥쪽의 비교적 가벼운 원소들은 폭발과 함께 주변으로 흩어지고, 중심부의 무거운 원소들이 주로 모여있던 부분이 강한 중력으로 수축하면서 부피가 크게 감소하기 때문에 중성자 별의 밀도가 별 X의 밀도보다 클 것이다. (중성자 별의 지름은 약 16km~32km 수준으로 밀도가 매우 큰 천체이다. 일반적인 중성자 별의 밀도는 1cm³ 당 약 3억 톤 수준이다.)

01. (1) X (2) O (3) X (4) O

02. (1) ㄹ (2) ㄱ (3) ㄴ   **03.** ㄴ, ㄷ, ㄹ

04. ㄱ, ㄴ, ㄷ, ㄹ   **05.** 핵융합

06. ㉠ 83 ㉡ 209   **07.** ㄱ, ㄷ, ㄹ, ㄴ

08. (1) O (2) X (3) O

09. (1) X (2) O (3) O   **10.** 성간 물질

11. ⑤   **12.** ①   **13.** ②   **14.** ①   **15.** ④

16. ⑤   **17.** ②   **18.** ④   **19.** ①   **20.** ③

21. ③   **22.** ①   **23.** ⑤   **24.** ②

25.~ 32. (해설 참조)

01. (1) [바로알기] β 붕괴에 관여하는 힘은 약한 핵력이다.
(2) 위(up) 쿼크는 +2/3의 전하량, 아래 쿼크는 -1/3 의 전기량을 가지므로 서로 잡아당기는 전자기력이 작용한다.
(3) [바로알기] 양성자와 양성자 사이에도 강한 핵력은 작용할 수 있다.

02. (3) 약한 핵력은 4가지 기본 힘 중 작용 범위가 가장 작은 힘이다.

03. [바로알기] 전자는 경입자이며, 강한 핵력의 영향을 받지 않는다.

04. 핵반응시 방출되는 많은 에너지를 지닌 α 입자(α 선), β 입자(β 선), γ 선, X 선 등을 방사선이라고 한다.

06. 원자핵 내의 양성자 수가 지나치게 많아지게 되면 양성자 사이의 반발력은 큰 데 비해 양성자와 중성자 사이의 거리가 멀어져 강한 핵력이 잘 미치지 못하기 때문에 원자핵이 불안해 진다. 특히 양성자가 83개 이상이고 질량수가 209 이상의 무거운 원소는 안정한 원자핵을 가지지 못한다.

07. 초기 우주에서 입자들이 생성된 순서는 기본 입자 → 양성자, 중성자 → 중성자를 포함한 원자핵 → 원자라고 볼 수 있다. 그러나 우선적으로 수소 원자와 헬륨 원자가 생성된 이후에 별이 만들어 졌으므로 별의 중심부에서 핵융합을 통해 생성된 원소의 원자핵은 수소 원자나 헬륨 원자보다 최초 생성 시기가 늦으며, 특히 철 보다 무거운 금과 같은 원소의 원자핵은 초신성 폭발로 만들어졌기 때문에 금 원자핵은 원자가 아니지만 헬륨 원자보다 나중에 만들어졌다.

08. (1) 우주 초기에 만들어진 수소 원자핵과 헬륨 원자핵의 질량비는 약 3 : 1로 추정되는데, 관측 결과 현재 우주에 존재하는 수소 원자핵과 헬륨 원자핵의 질량비 역시 약 3 : 1이었다.
(2) [바로알기] 쿼크와 렙톤은 우주 탄생 초기에 만들어졌으나 생성 당시에는 온도가 너무 높아 결합할 수 없었다.

09. (1) [바로알기] 성간 물질들이 뭉쳐서 별이 되는 것이므로 별이 형성되는 곳은 성간 물질의 밀도가 커 중력이 크게 작용해야 한다.
(2), (3) 초신성 폭발시 방출되는 에너지량은 별이 일생동안 핵융합을 통해 방출하는 에너지 총량보다 크고, 온도와 압력은 별의 중심핵보다 높으므로 철보다 무거운 원자핵의 합성이 일어난다.

11. ⑤ [바로알기] 4가지 기본 힘 중 가장 먼저 발견된 힘은 중력이다.
① 중력이 작용하는 범위는 우주 전역으로 거의 무한대이다.
② 4가지 기본 힘 중 가장 큰 힘은 강한 핵력이다.
③, ④ 양성자와 양성자 사이에는 전자기력, 중력이 작용하며, 강한 핵력이 작용하여 원자핵을 구성한다.

12. ^3_2He는 양성자 2개, 중성자 1개로 이루어진 원자핵을 가진 원소이므로 핑크색은 양성자, 보라색은 중성자이다. 따라서 (가)는 양성자 사이에 작용하는 전기적 반발력(전자기력), (나)는 양성자와 중성자, 중성자와 중성자, 양성자와 양성자 사이에서 모두 작용할 수 있는 강한 핵력이라고 볼 수 있다.
ㄱ. 전자기력의 작용 범위는 제한이 없지만, 강한 핵력은 매우 짧은 범위 내에서만 작용할 수 있는 힘이다.
ㄴ. [바로알기] 강한 핵력 (나)는 전자기력 (가)보다 월등히 강한 힘이다.
ㄷ. [바로알기] 원자핵과 전자 사이에 작용하는 주된 힘은 전자기력이다.

13. ㄱ. [바로알기] 제시된 반응은 4개의 ^1_1H 원자핵이 ^4_2He 원자핵이 되는 핵융합 반응이다.
ㄴ. 태양 중심부에서는 이와 같은 핵융합 반응이 일어나고 있다.
ㄷ. [바로알기] e^+ 는 전자의 반입자인 양전자이다.

14. ① 에너지가 커서 불안정한 원자는 핵붕괴를 통해 에너지를 방사선 형태로 내보내고 안정해진다.
[바로알기] ② 중성자는 양성자 사이의 전기적 반발력을 강한 핵력의 작용으로 완화시켜 준다.
③ 원자핵 내의 양성자 수가 많아졌을때 전기적 반발력이 커진다.
④ 원자 번호가 1~10인 원소는 양성자 수와 중성자 수의 비율이 1 : 1 정도일 때, 원자 번호가 70~80인 원소는 양성자 수와 중성자 수의 비율이 1 : 1.5 정도일 때 안정하다.
⑤ 중성자와 양성자의 비율이 적당하지 않은 경우 원자핵이 불안정해서 핵붕괴를 한다.

15. ㄱ, ㄴ. 전자는 빛을 잘 산란시키기 때문에 전자가 원자핵에 붙잡혀 원자를 형성하기 전까지 우주에서는 빛이 직진할 수 없었지만 우주의 온도가 약 3000K이 되었을 때, 원자핵과 전자가 결합하면서 빛이 산란되지 않고 직진하여 외부로 퍼져나갔고 우주는 투명해졌다.
ㄷ. [바로알기] 중성 원자가 형성되었을때 우주에 존재하는 수소 원자와 헬륨 원자의 총 개수비는 약 12 : 1이었다.

16. 우주의 지속적인 팽창으로 인해 온도와 밀도가 감소하여 초기 우주에서의 핵합성이 중단되었다.

17. ㄱ. [바로알기] 양성자는 수소의 원자핵이라고 할 수 있으므로, 중성자와 양성자를 모두 가진 헬륨 원자핵보다 수소의 원자핵이 먼저 생성되었다.
ㄴ. 우라늄은 철보다 무거운 원소이며, 철보다 무거운 원소는 초신성 폭발을 통해서만 생성될 수 있다.
ㄷ. [바로알기] 우주에 분포하는 원소 중 가장 그 양이 많은 것은 수소이며 무거운 원소일수록 그 양이 적다.

18. ④ 제시된 표를 통해 무거운 원소일수록 더 높은 반응 온도에서 생성된다는 것을 알 수 있다.
[바로알기] ① 일반적으로 산소는 네온보다 원자 번호가 작고 안정한 원소이다.
② 온도가 높을수록 일반적으로 더 무거운 원자핵이 생성되지만, 그 종류가 많아지는 것은 아니다.

③ 일반적으로 별의 크기가 클수록 중심부의 온도가 높고, 중심부 온도가 높은 별일수록 더 무거운 원자핵이 합성되지만, 주어진 자료를 통해 별의 크기를 추론할 수 없기 때문에 답이라고 할 수 없다.
⑤ 별의 내부에서 일어나는 핵융합 반응을 '원자핵의 연소'라고도 표현하지만 이것은 산소와 반응한다는 것이 아니라 핵융합의 또 다른 표현이다.

19. (가)는 아래(down) 쿼크, (나)는 위(up) 쿼크이다.
ㄱ. 위 쿼크는 (+)전하를 띠고, 아래 쿼크는 (−)전하를 띠고 있으므로 (가)와 (나) 사이에는 전기적 인력이 작용한다.
ㄴ. [바로알기] 중성자 붕괴가 일어나면 질량수는 변하지 않지만 양성자보다 중성자의 질량이 조금 더 크기 때문에 질량은 감소한다.
ㄷ. [바로알기] 원자핵을 구성하는 양성자와 중성자 사이에는 강한 핵력이 작용한다.

20. ㄱ. [바로알기] (가)와 (나)는 핵융합 반응이다.
ㄴ. [바로알기] 탄소는 별의 중심에서 핵융합을 통해 만들어진 원소이다.
ㄷ. 무거운 원자핵일수록 더 높은 온도에서 핵융합 반응이 일어난다.

21. ㄱ. [바로알기] ⊙은 $_2^3\text{He}^{2+}$이다. α 붕괴 시 방출 입자는 α입자 $_2^4\text{He}^{2+}$이다.
ㄴ. [바로알기] ⓒ은 양성자($_1^1\text{H}^+$)이므로 (+)전하를 띠고 있다.
ㄷ. 단위 질량당 전하량의 값을 비교하기 위해서는 각각의 입자들의 전하량을 질량수로 나눈 값을 계산하면 된다. 결국 질량수가 작고 전하량이 큰 입자일수록 단위 질량당 전하량의 값이 크기 때문에 단위 질량당 전하량이 가장 큰 것은 $_1^1\text{H}^+$이다.

22. ㄱ. 초기 우주에서는 수소 원자핵(양성자)이 가장 많이 합성되었다.
ㄴ. 초기 우주에서 원자핵의 합성이 중단되기 전까지 수소 원자핵, 헬륨 원자핵, 극소량의 리튬 원자핵이 합성되었다.
ㄷ. [바로알기] 초기 우주에서는 온도가 높아 아직 전자와 원자핵이 안정하게 결합하여 원자를 형성할 수는 없었다.
ㄹ. [바로알기] 우주 전체에 존재하는 헬륨 원자핵과 수소 원자핵의 총 질량비는 1 : 3이었다.

23. 초기 우주에서 입자들이 생성된 순서는 기본 입자 → 양성자, 중성자 → 중성자를 포함한 원자핵 → 원자라고 볼 수 있다. 그러나 우선적으로 수소 원자와 헬륨 원자가 생성된 이후에 별이 만들어졌으므로 별의 중심부에서 핵융합을 통해 생성된 원소의 원자핵은 수소 원자나 헬륨 원자보다 나중에 생성되었다. 또한 초신성 폭발 과정에서만 생성될 수 있는 철보다 무거운 원소는 별의 중심에서 생성될 수 있는 원소들보다 생성 시기가 늦다. 따라서 전자(ㄱ) → 양성자(ㄹ) → 중수소 원자핵(ㄷ) → 헬륨 원자(ㅁ) → 탄소 원자핵(ㄴ) → 금 원자핵(ㅂ) 순으로 생성되었다.

24. ㄱ. [바로알기] 별에서의 핵융합은 별의 표면에서는 거의 일어나지 않고, 별에서도 온도가 높은 중심부에서 주로 일어난다.
ㄴ. 별은 성간 물질이 중력에 의해 뭉쳐져 형성된다.
ㄷ. [바로알기] 별에서 합성될 수 있는 원소 중 원자 번호가 가장 큰 것은 철이다.

25. 답 Z(양성자 수)가 증가함에 따라 $\dfrac{N}{Z}$값이 커진다는 것은 양성자 수가 증가함에 따라 상대적으로 중성자의 수가 점점 더 많아진다는 것이다. 중성자는 원자핵 내에서 양성자와 양성자 사이의 전기적 반발력에 의해 핵붕괴가 일어나지 않도록 인접한 양성자나 중성자와 강한 핵력으로 결합하여 원자핵을 안정시키는 역할을 한다. 따라서 양성자가 많아질수록 안정한 원자핵을 형성하기 위해 원자핵에 더 많은 중성자가 존재해야 한다.

26. 답 (가) 원자 번호가 83번 이상의 불안정한 원소에서는 주로 α 붕괴가 일어나기 때문에 $_{88}^{226}\text{Ra}$는 우선적으로 α 붕괴하여 $_2^4\text{He}^{2+}$(α 입자; 헬륨 원자핵)를 방출할 것이다.
(나) 원자 번호가 1~10인 원소들은 중성자 수와 양성자 수의 비율이 1 : 1 정도일 때 안정하지만 $_6^{14}\text{C}$은 양성자 수에 비해 중성자 수가 더 많기 때문에 핵붕괴시 우선적으로 β 붕괴하여 중성자가 양성자로 변하면서 전자를 방출할 것이다.

27. 답 (1) (가) 과정의 경우 양성자 수가 2개 감소하고 중성자 수도 2개 감소하였으므로 양성자 2개와 중성자 2개로 이루어진 α 입자가 방출되는 α 붕괴이다.
(2) (나) 과정의 경우 중성자 수가 1개 감소할 때 양성자 수가 1개 증가하였으므로 중성자가 양성자로 변화하는 β 붕괴라고 할 수 있다.
(3) 양성자 수는 동일하지만 중성자 수가 다른 원소가 동위 원소이므로 A와 D가 서로 동위 원소이다.
(4) 질량수는 양성자 수와 중성자 수의 합이다. B, C, D는 모두 양성자 수 + 중성자 수가 228로 같다.

28. 답 만일 초기 우주에서 생성된 양성자와 중성자의 개수비가 6 : 1이었다면 이로부터 수소 원자핵과 헬륨 원자핵이 생성되는 과정을 다음과 같이 표현할 수 있다.

이 과정에서 생성되는 중수소 원자핵이나, 삼중수소 원자핵, 헬륨-3 원자핵의 양은 워낙 적기 때문에 무시하면 최종적으로 초기 우주에서 생성된 수소 원자핵과 헬륨 원자핵의 개수비는 10 : 1이고, 총 질량비는 10 : 4 = 5 : 2 이다.

29. 답 당시 우주의 온도는 헬륨 원자핵이나 양성자가 쿼크로 분해되기에는 낮았지만, 전자와 원자핵이 결합하기에는 너무 높았기 때문에 중성 원자가 만들어지지 못했다.

30. 답 초신성이 폭발할 때는 철보다 원자 번호가 더 큰 원소의 합성이 가능해지는데, 양성자가 많은 원소일수록 핵합성 시 높은 온도와 압력이 필요하다. 그런데, 무거운 별의 중심부에서 합성될 수 있는 원자 번호가 가장 큰 원소는 철이므로 철보다 양성자가 더 많은 원소가 합성되는 초신성 폭발 시의 온도는 별의 중심부 온도보다 높다.

31. 답 별의 중심부에서 핵융합이 일어나지 않는다면 핵융합에 의해 발생한 팽창력이 감소하여 팽창력과 중력의 평형 상태가 깨져 중력에 의해 별이 무너지게 되는데, 이 과정에서 온도, 압력이 급상승하게 되어 초신성 폭발이 발생하게 된다.

32. 답 가벼운 기체와 지구 사이에 작용하는 중력은 상대적으로 무거운 기체와 지구 사이에 작용하는 중력보다 작아 수소와 헬륨 같은 가벼운 기체들은 지구 중력에서 벗어나 흩어지기 때문에 지구 대기에 많이 존재하지 않는다.

8강. 원자 모형과 에너지 준위

개념 확인　　　　　　　　　140~143 쪽

1. ④　　　　　　　**2.** 전자껍질

3. (1) ○ (2) ○　　　**4.** 보어

1. 전자기파는 비슷한 성질을 갖는 파장 별로 구분한다. 보기에 제시된 전자기파의 파장을 비교해 보면 적외선 > 가시광선 > 자외선 > X 선 > γ 선

3. (2) 라이먼 계열의 스펙트럼은 자외선 영역의 전자기파로 적외선 영역의 전자기파인 파셴 계열의 스펙트럼보다 에너지가 크고, 파장이 짧다.

확인+　　　　　　　　　　140~143 쪽

1. 연속 스펙트럼　　　　**2.** 바닥상태

3. 전자 전이　　　　　　**4.** (1) X (2) ○

4. (1) [바로알기] 보어의 원자 모형으로는 수소 원자 스펙트럼만 설명이 가능하고, 헬륨과 같은 다전자 원자의 스펙트럼은 설명할 수 없다.

개념 다지기　　　　　　　144~145쪽

01. ①　　　**02.** ④, ⑤

03. (1) ○ (2) X (3) X (4) ○

04. (1) ㄷ (2) ㄴ (3) ㄱ

05. (1) ○ (2) X (3) ○ (4) ○

06. ⑤　　　**07.** ④　　　**08.** A, B, E, C, D

01. α 선은 He²⁺ 입자로 전자기파에 해당하지 않는다.

02. ④ 빛은 전자기파로 파동이다.
⑤ 가시광선 영역의 빛의 색은 파장에 따라 달라진다.
[바로알기] ① 파장과 에너지는 반비례하므로 파장이 길수록 에너지가 작다.
② 자외선은 적외선보다 파장이 짧아서 에너지가 더 크다.
③ 빛의 진동수는 파장에 반비례하고 에너지와 비례하므로 진동수가 클수록 에너지가 더 커진다.

03. (1) 빛은 파장에 따라 두 매질 사이에서 굴절되는 정도가 다르다.
(2) [바로알기] 불꽃 반응은 금속을 태우는 것이므로 금속 고유의 선 스펙트럼이 나타난다.
(3) [바로알기] 수소 방전관에서 방출되는 빛은 수소 고유의 선 스펙트럼이다.
(4) 수소 원자의 스펙트럼 중 파셴 계열은 바깥 전자껍질에서 M 전자껍질로 전자가 전이할 때 나오는 스펙트럼으로 적외선 영역

에 속한다.

05. (2) [바로알기] 원자핵에서 멀어질수록 전자껍질의 에너지 준위는 높아진다.
(4) 보어는 원자 내부에서 전자는 가지는 에너지가 불연속적이라고 하였고, 이것이 전자의 에너지가 양자화되어 있다는 의미이다.

07. 높은 에너지 준위의 전자껍질(바깥 궤도)에서 낮은 에너지 준위의 전자껍질(안쪽 궤도)로 전자 전이가 일어날때 에너지가 방출된다. 수소 원자에서 각 전자 껍질의 에너지 준위는 주양자수에 의해 결정되며 주양자수가 클수록 전자껍질의 에너지 준위는 높아진다.

08. A. 돌턴의 원자 모형(1803년) - 공 모형
B. 톰슨의 원자 모형(1879년) - 푸딩 모형
C. 보어의 원자 모형(1913년) - 궤도 모형
D. 현대적 원자 모형 - 전자 구름 모형
E. 러더퍼드의 원자 모형(1911년) - 행성 모형

유형 익히기 & 하브루타　　　146~149 쪽

[유형 8-1] (1) (가) ㄹ (나) ㄷ (다) ㅁ (라) ㅅ
　　　　　　　(마) ㅂ (바) ㄱ (사) ㄴ
　　　　　　(2) B

　　　　　　　　　01. ②　　　**02.** ⑤

[유형 8-2] ③　　**03.** ②　　**04.** ④

[유형 8-3] ④　　**05.** ④　　**06.** ⑤

[유형 8-4] (1) A, B, C, E　　(2) A, B, E
　　　　　　　　　07. ①　　　**08.** ③

[유형 8-1] (2) 붉은색 가시광선은 보라색 가시광선에 비해 에너지가 작고 파장이 길다. 파장이 길수록 굴절률은 작아 매질의 경계면에서 적게 꺾인다. 굴절률이 작은 것은 붉은색 가시광선인 B 이다.

01. 파동은 한 주기 동안 한 파장만큼 진행하므로 파동의 속력(v)은 파장(λ)을 주기(T)로 나눈 값으로 구할 수 있고, 진동수와 주기는 서로 역수 관계이므로 진동수(ν)와 파장(λ)의 곱으로 나타낼 수도 있다.
$$v = \frac{\lambda}{T} = \lambda \nu$$

02. ㄱ. (가)는 검은 바탕에 밝은 선이 나타난 것으로 보아 방출 (선) 스펙트럼이다.
ㄴ. [바로알기] (나)는 밝은 바탕에 검은 선이 나타난 것으로 보아 흡수 (선) 스펙트럼이다.
ㄷ. 특정 원소가 흡수할 수 있는 에너지와 방출할 수 있는 에너지는 같기 때문에 동일한 원소의 방출 스펙트럼의 방출선과 흡수 스펙트럼의 흡수선은 동일한 위치에서 나타난다. (가)의 방출선이 나타난 위치와 (나)의 흡수선이 나타난 위치가 동일하기 때문에 (가)와 (나)는 스펙트럼의 종류는 다르지만, 동일한 물질에 대한 스펙트럼이라는 것을 알 수 있다.

[유형 8-2] ㄱ. [바로알기] 제시된 스펙트럼 선마다 고유의 색이 나타나 있으므로 수소 원자의 스펙트럼 중 가시광선 영역인 발머 계열의 스펙트럼이다.

ㄴ. [바로알기] 수소 원자에서 전자껍질의 에너지 준위는 주양자수가 커질수록 증가하며, 주양자수가 커질수록 이웃한 에너지 준위 차이가 감소하기 때문에 에너지가 큰 쪽으로 갈수록 스펙트럼 선의 간격이 좁아진다. 따라서 스펙트럼 선의 간격이 좁아지는 방향의 스펙트럼 선인 A가 D보다 에너지가 크고 파장이 짧은 빛이라는 것을 알 수 있다. 또한 보라색은 붉은색보다 파장이 짧고, 에너지가 큰 가시광선이다.
ㄷ. 수소 원자의 스펙트럼선이 불연속적인 선 스펙트럼인 것은 수소 원자의 에너지 준위가 불연속적이어서 수소 원자가 흡수하거나 방출하는 에너지의 크기가 특정되어 있기 때문이다.

03. ㄱ. [바로알기] 수소 원자의 스펙트럼은 가시광선 영역 뿐만 아니라 적외선, 자외선 영역에서도 나타난다.
ㄴ. 발머는 수소 원자의 선 스펙트럼을 이용하여 수소 원자가 방출한 빛의 파장을 계산하는 식을 제안하였다.
ㄷ. [바로알기] 방출되는 에너지가 연속적인 경우 연속적인 파장의 빛이 방출되기 때문에 연속 스펙트럼이 나타난다.

04. ㄱ. 보라색은 붉은색보다 파장이 짧고, 에너지가 큰 가시광선이다. 또한 수소 원자에서 전자껍질의 에너지 준위는 주양자수가 커질수록 증가하며, 주양자수가 커질수록 이웃한 에너지 준위 차이가 감소하기 때문에 에너지가 큰 쪽으로 갈수록 스펙트럼 선의 간격이 좁아진다. 따라서 스펙트럼 선의 간격이 좁아지는 방향의 스펙트럼 선인 a가 b보다 에너지가 크고 파장이 짧은 빛이라는 것을 알 수 있다.
ㄴ. 스펙트럼 선마다 고유의 색이 나타나 있으므로 수소 원자의 스펙트럼 중 가시광선 영역인 발머 계열의 스펙트럼이다.
ㄷ. [바로알기] 수소 원자가 흡수하거나 방출할 수 있는 에너지의 값은 수소 원자의 에너지 준위에 의해 정해져있으므로 수소 방전관에 수소 기체를 더 넣는다고 해서 스펙트럼의 형태가 바뀌지는 않는다.

[유형 8-3] (전자 전이) a : (n=4) → (n=2), b : (n=1) → (n=3)
c : (n=3) → (n=2), d : (n=1) → (n=∞), e : (n=2) → (n=1)
ㄱ. [바로알기] 파셴 계열에 해당하는 스펙트럼이 방출되기 위해서는 주양자수가 3보다 큰 전자껍질에서 주양자수가 3인 전자 껍질로 전자 전이가 일어나야 하므로 a~e 중 파셴 계열에 해당하는 스펙트럼은 없다.
ㄴ. a는 가시광선 영역의 전자기파(발머 계열)가 방출되는 전자 전이이고, e는 자외선 영역의 전자기파(라이먼 계열)가 방출되는 전자 전이이므로 e에서 방출되는 에너지가 a에서 방출되는 에너지보다 크다.
ㄷ. [바로알기] c에서는 가시광선 영역의 전자기파(발머 계열)가 방출되고, e에서는 자외선 영역의 전자기파(라이먼 계열)가 방출되므로 c보다 e에서 방출되는 빛의 파장이 더 짧다.
ㄹ. 에너지를 흡수하는 전자 전이는 에너지 준위가 낮은 전자껍질에서 높은 전자껍질로 이동하는 b와 d이며, 전자 전이가 일어날 때 전자껍질의 에너지 준위 차이 만큼의 에너지가 흡수, 방출되므로 b보다 에너지 준위 차가 큰 d에서 흡수하는 에너지가 더 크다.

05. 제시된 스펙트럼은 모두 가시광선 영역에 해당하므로 a~d는 모두 주양자수가 2보다 큰 전자껍질에서 주양자수가 2인 전자껍질로 전자 전이가 일어날 때 방출된 발머 계열 스펙트럼이다. 파장이 짧은 쪽으로 갈수록 스펙트럼 선의 간격이 좁아지므로 a~d에서 방출된 빛의 에너지는 a가 가장 크고 d가 가장 작다.(스펙트럼 선의 왼쪽으로 갈수록 파장이 짧고 에너지가 크다.) a선의 파장이 가장 짧고 선 네 개가 차례로 나타났으므로, 각 경우 전자 전이는 다음과 같다.

a : (n=6) → (n=2) b : (n=5) → (n=2)
c : (n=4) → (n=2) d : (n=3) → (n=2)

ㄱ. a~d 중 가장 에너지가 큰 것은 a이다.
ㄴ. c는 전자가 n = 4 → n = 2로 전이할 때 나타나는 스펙트럼이다.

ㄷ. [바로알기] d는 n = 3 → n = 2로 전자 전이가 일어날 때 방출된 스펙트럼이며, n = 3인 전자껍질은 M, n = 2인 전자껍질은 L로 표기하므로 M → L로 전자 전이가 일어날 때 방출된 스펙트럼 선이다.

06. (전자 전이) a : (n=2) → (n=1), b : (n=∞) → (n=1), c : (n=3) → (n=2), d : (n=∞) → (n=2), e : (n=∞) → (n=3)
ㄱ. [바로알기] a와 b에서 각각 방출되는 에너지 E_a와 E_b는 에너지 준위 차이 $\Delta E = E_{나중 궤도} - E_{처음 궤도}$이다. ($E_n = -\frac{k}{n^2}$)
$$\therefore E_a = E_1 - E_2 = -k - (-\frac{k}{4}) = -\frac{3k}{4}$$
$$E_b = E_1 - E_\infty = -k - 0 = -k$$
(이때 (−)부호는 에너지가 방출된다는 것을 의미한다.)
따라서 b의 에너지 E_b는 a의 에너지 E_a의 $\frac{4}{3}$배이다.
ㄴ. a와 c에서 각각 방출되는 에너지 E_a와 E_c는 다음과 같이 계산할 수 있다.
$$E_a = E_1 - E_2 = -k - (-\frac{k}{4}) = -\frac{3k}{4}$$
$$E_c = E_2 - E_3 = -\frac{k}{4} - (-\frac{k}{9}) = -\frac{5k}{36}$$
(이때 '−'부호는 에너지가 방출된다는 것을 의미한다.)
전자기파의 에너지 $E = \frac{hc}{\lambda}$ (h : 플랑크 상수, λ : 파장, c : 광속)
전자기파의 파장 $\lambda = \frac{hc}{E}$이므로 전자기파의 파장은 에너지와 반비례한다. 따라서 a의 파장 λ_a와 c의 파장 λ_c의 비는 에너지 크기의 역수의 비와 같다.
$$\lambda_a : \lambda_c = \frac{1}{E_a} : \frac{1}{E_c} = \frac{4}{3k} : \frac{36}{5k} = 5 : 27 \text{ 이다.}$$
ㄷ. a ~ e 에서 방출된 빛 중 에너지가 가장 큰 것은 에너지 준위 차이가 가장 큰 b 이다. $E = h\nu$로 에너지(E)와 진동수(ν)는 비례하므로, a ~ e 중 진동수가 가장 큰 것은 b에서 방출된 빛이다.

[유형 8-4] A: 현대적 원자 모형, B: 러더퍼드의 원자 모형, C:톰슨의 원자 모형, D: 돌턴의 원자 모형, E: 보어의 원자 모형
(1) 음극선 실험 결과를 설명하기 위해서는 전자가 존재하는 원자 모형이어야 한다. 따라서 전자가 나타나 있는 A, B, C, E 가 이에 해당한다.
(2) α 입자 산란 실험의 결과를 설명하기 위해서는 원자핵이 존재하는 원자 모형이어야 한다. 따라서 A, B, E 가 이에 해당한다.

07. A: 러더퍼드의 원자 모형 B: 보어의 원자 모형
ㄱ. 러더퍼드의 원자 모형과 보어의 원자 모형은 모두 원자핵이 존재하는 원자 모형이므로 α 입자 산란 실험의 결과를 설명할 수 있다.
ㄴ. [바로알기] 러더퍼드의 원자 모형으로는 수소 원자의 선 스펙트럼을 설명할 수 없어 보어의 원자 모형이 제안되었다.
ㄷ. [바로알기] B는 궤도 모형으로 보어가 제안하였다.

08. ㄱ. [바로알기] 현대적 원자 모형은 다전자 원자의 스펙트럼과 전자의 파동성을 설명하기 위해 제안되었다. 수소 원자의 선 스펙트럼을 설명하기 위해 제안된 것은 보어의 원자 모형이다.
ㄴ. [바로알기] 현대적 원자 모형으로는 다전자 원자의 스펙트럼을 설명할 수 있다.
ㄷ. 현대적 원자 모형에서는 불확정성 원리에 의해 원자의 정확한 위치를 결정할 수 없고, 원자의 정확한 궤도를 그릴 수 없으므로 특정 위치에서 전자가 발견될 확률을 계산하여 확률 분포 형태로 나타낸 전자 구름 모형이 제시된 것이다.

01 (1) 태양이 방출하는 빛의 일부가 태양 대기나 지구 대기 중의 기체 원자나 분자에 흡수되었기 때문에 흡수된 빛의 위치에 프라운호퍼 선(흡수선)이 나타난다.
(2) 태양빛이 통과하는 지구 대기와 태양 대기를 구성하는 물질의 종류와 양을 알 수 있다.

해설 (2) 원자나 이온, 분자는 그 종류에 따라 특정 파장의 빛만 흡수하므로 흡수선을 조사하면 태양빛을 흡수한 물질을 구성하는 원소의 종류, 흡수선의 두께로 원소의 양 등을 알아낼 수 있다.

02 (1) 전자기학 이론에 따르면 가속하는 전자는 전자기파를 방출한다. 따라서 러더퍼드의 원자 모형에서 전자가 원운동할 때, 전자는 전자기파를 방출해야 하고, 전자기파를 방출한 전자의 에너지는 점차 감소하기 때문에 전자는 원자핵과의 인력에 의해 끌려들어 가 결국 원자핵과 충돌하게 될 것이다. 이 경우 전자의 에너지는 점진적으로 감소하면서 전자기파를 방출하기 때문에 수소 원자의 선 스펙트럼을 설명할 수 없을 뿐만 아니라, 원자핵과 전자가 결국 충돌하게 되어 전자가 원자핵 주위를 지속적으로 원운동할 수 없으므로 안정한 원자가 존재할 수 없다는 문제가 발생한다.
(2) 보어의 가정에 따르면 보어 원자 모형에서 전자는 특정한 궤도에서 빛의 방출 없이 안정하게 원운동할 수 있고, 원자의 에너지 준위가 궤도 별로 결정되어 있기 때문에 각 궤도 별로 전자 전이가 일어날 때는 에너지 준위 차이에 해당하는 특정한 크기의 에너지를 가진 빛을 각각 방출하므로, 수소 원자의 스펙트럼에서 특정한 파장을 가진 불연속적인 선 스펙트럼이 나타난다.

해설 (2) 보어는 원자의 전자가 특정한 에너지 준위에서 전자기파 방출이 없는 원궤도 운동을 하며, 전자가 서로 다른 에너지 준위를 가진 궤도 사이를 이동할 때 그 차이에 해당하는 에너지를 흡수하거나 방출한다고 가정하였다.

03 흡수 스펙트럼을 이용하는 것이 가장 적절할 것이다. 위의 광물들은 녹색 빛을 띠고 있으나 투명하기 때문에 고온으로 가열하여 어떠한 빛을 방출하는 지 확인하는 것보다 현재 상태에서 전자기파 중 어떠한 파장의 빛을 흡수했는지 알 수 있는 흡수 스펙트럼을 확인하면 방출 스펙트럼을 이용하는 것보다 더 간단하게 보석의 종류를 구분할 수 있을 것이다.

해설 스펙트럼의 종류는 크게 연속 스펙트럼과 불연속적인 선 스펙트럼, 방출 스펙트럼과 흡수 스펙트럼으로 나눌 수 있는데, 각각의 물질이 방출하거나 흡수하는 에너지는 물질을 구성하는 원소에 따라 달라지기 때문에 스펙트럼 분석을 통해 물질의 종류를 구분할 수 있다. 방출 스펙트럼의 경우 많

은 양의 에너지를 흡수하여 그 온도가 매우 높은 물질이나, 핵융합을 통해 고온 상태에서 빛을 방출하는 별을 분석하는 데 적절한 방법이기 때문에 보석들의 방출 스펙트럼을 확인하기 위해서는 보석에 많은 양의 에너지를 가해서 가열해야 하고 이 과정에서 보석이 변성되거나 훼손될 가능성이 있다.

04 (1) 원자의 종류에 따라 전자의 에너지 준위가 다르기 때문에 방출되는 에너지의 크기가 달라 스펙트럼 선의 위치가 다르게 나타난다.
(2) 전자가 두 개인 헬륨에서는 전자껍질 속에 전자의 상대적인 위치에 따라 전자 사이에 작용하는 반발력의 크기가 달라져 수소에 비해 더 다양한 에너지 준위를 가진다. 따라서 헬륨은 방출 가능한 에너지가 수소보다 다양하여 수소보다 더 많은 스펙트럼 선이 나타난다.

05 태양이 방출하는 전자기파는 γ 선, X 선, 자외선, 가지광선, 적외선 등 다양하지만, 디지털 사진기를 통해 촬영하여 눈으로 식별이 가능한 것은 가시광선 영역의 전자기파 뿐이다. (나) 사진에는 광구면보다 훨씬 큰 에너지를 방출하는 코로나가 나타나있는 것으로 보아 가시광선보다 더 큰 에너지를 가지는 전자기파가 검출되었다고 볼 수 있다. 따라서 사진 (나)는 가시광선이 아닌 다른 파장의 전자기파를 검출하여 영상화하였기 때문에 가시광선 영역의 전자기파만 영상화 된 사진 (가)와 다른 태양의 모습이 나타난 것이다.

06 (1) A : 파셴 계열, B : 발머 계열, C : 라이만 계열
(2)

E ⟍ n	1~2	2~3	3~4	4~5	∞
$E_{n+1} - E_n$ (kJ/mol)	$\dfrac{3k}{4}$	$\dfrac{5k}{36}$	$\dfrac{7k}{144}$	$\dfrac{9k}{400}$	0

주양자수가 증가함에 따라 에너지 준위 사이의 간격은 점점 작아진다.
(3) 수소 원자가 흡수, 방출할 수 있는 에너지는 수소 원자의 에너지 준위에 의해 이미 정해져있는 고유의 값이기 때문에 수소 기체의 양을 늘린다고 하여도 수소 원자의 스펙트럼에는 변화가 없다.
(4) 수소 원자가 흡수, 방출할 수 있는 에너지는 수소 원자의 에너지 준위에 의해 이미 정해져있는 고유의 값이기 때문에 가해 주는 에너지를 증가시켜도 수소 원자의 스펙트럼에는 변화가 없다.

해설 (1) 라이만 계열의 에너지 준위 차가 더 크므로 스펙트럼 선의 간격이 넓다. C 라이만 계열의 가장 왼쪽 선의 에너지는 $\dfrac{3k}{4}$이며, 선과 선 사이의 에너지 차이가 크므로 선 사이의 간격이 가장 넓다. 반면 A 파셴 계열의 가장 왼쪽 선의 에너지는 $\dfrac{7k}{144}$이며 선과 선 사이의 에너지 차가 작으므로 선 사이의 간격이 발머 계열이나 라이만 계열에 비해 좁다.

스스로 실력 높이기　　　154~159 쪽

01. 분산

02. (1) X (2) X (3) X　　**03.** (1) K (2) M (3) O

04. (1) X (2) X (3) O　　　**05.** 양자화

06. (1) O (2) X (3) O

07. (1) 자외선 (2) 가시광선 (3) 적외선

08. (1) 1312 (2) 246 (3) 984　**09.** 흡수

10. (1) X (2) O (3) X　　**11.** ③　　**12.** ②

13. ⑤　**14.** ②　**15.** ②　**16.** ③　**17.** ④

18. ⑤　**19.** ①　**20.** ④　**21.** ⑤　**22.** ②

23. ②　**24.** ⑤　**25.~ 32.** 〈해설 참조〉

---

02. (1) [바로알기] 수소 원자의 스펙트럼은 불연속적인 선 스펙트럼이다.
(2) [바로알기] 헬륨 원자와 수소 원자의 스펙트럼은 다르다. 원자가 흡수, 방출할 수 있는 에너지의 크기는 원자마다 다르기 때문에 원자마다 고유의 스펙트럼이 나타난다.
(3) [바로알기] 수소 원자의 스펙트럼 중 발머 계열의 스펙트럼은 가시광선 영역에 속하기 때문에 눈으로 볼 수 있다.

04. (1) [바로알기] 보어 원자 모형에서 전자가 일정한 궤도를 돌고 있을 때는 에너지를 흡수하거나 방출하지 않는다.
(2) [바로알기] 수소 원자의 선 스펙트럼을 이용하여 수소 원자가 방출한 빛의 파장을 계산하는 식을 제안한 사람은 발머이다.
(3) 수소 원자의 전자껍질의 에너지 준위(E_n)는 주양자수(n)에 의해서 결정되는 데, $E_n = -\dfrac{1312}{n^2}$ (kJ/mol)이다.

06. (2) 수소 원자의 주양자수가 클수록 이웃한 두 전자 껍질의 에너지 차이는 작아진다. 그렇기 때문에 수소 원자 스펙트럼에서 파장이 짧은 쪽으로 갈수록 스펙트럼 선의 간격이 좁아진다.

07. (1) 발머 계열의 스펙트럼 중에서도 $n = 7 \rightarrow n = 2$ 로 전자 전이가 일어나는 경우에는 자외선 영역의 전자기파가 방출된다.

08. 전자 전이가 일어날 때 전자껍질의 에너지 준위 차이에 해당하는 에너지가 출입하므로, 1몰 당 방출되는 에너지는 다음과 같다.
에너지 준위 차이 $\varDelta E = E_{나중 궤도} - E_{처음 궤도}$ (kJ/mol)
(1) ($n=\infty$)→($n=1$) $\varDelta E = E_1 - E_\infty = -1312 - 0 = -1312$(kJ/mol)
(2) ($n=4$)→($n=2$) $\varDelta E = E_2 - E_4 = -\dfrac{1312}{4} - (-\dfrac{1312}{16}) = -246$(kJ/mol)
(3) ($n=2$)→ $n=1$) $\varDelta E = E_1 - E_2 = -1312 - (-\dfrac{1312}{4}) = -984$(kJ/mol)
이때 (-) 부호는 에너지가 방출된다는 것을 의미하므로 방출되는 에너지는 부호를 제외한 값을 쓴다.

09. 에너지 준위가 낮은 전자껍질에서 에너지 준위가 높은 전자껍질로 전자 전이가 일어날 때는 에너지 준위 차이만큼의 에너지가 흡수된다. 전자껍질의 에너지 준위는 핵에서 멀어질수록 크다.

10. (1) [바로알기] (가)는 보어의 원자 모형(1913년)인 궤도 모형, (나)는 러더퍼드의 원자 모형(1911년)인 행성 모형이다.

(2) (가)와 (나) 모두 원자핵이 나타나 있는 원자 모형이므로 (가), (나) 모두 α 입자 산란 실험의 결과를 설명할 수 있다.
(3) [바로알기] 러더퍼드의 원자 모형으로는 수소 원자의 선 스펙트럼을 설명할 수 없다.

11. ③ 발머는 수소 원자가 방출한 선 스펙트럼의 파장을 계산하는 식을 제안하였다.
[바로알기] ① 수소 원자의 스펙트럼은 적외선 영역뿐만 아니라 가시광선, 자외선 영역에서도 나타난다.
② 수소 원자 스펙트럼 중 가장 먼저 관찰된 것은 가시광선 영역에 해당하는 발머 계열이다.
④ 수소 원자의 스펙트럼을 설명하기 위해 보어의 원자 모형이 제안되었다.
⑤ 가시광선 영역에서는 빨간색, 초록색, 파란색, 보라색의 선 스펙트럼이 나타난다.

12. ㄱ. [바로알기] 제시된 스펙트럼은 가시광선 영역에 해당하며, 붉은색 빛은 보라색 빛에 비해 진동수가 작고, 파장이 길며 에너지가 작다. 수소 원자의 선 스펙트럼은 수소 원자 내의 전자껍질들 사이의 에너지 준위 차에 해당하는 빛의 파장들로 파장이 짧아질수록 간격이 좁아지는 것으로 보아 전자껍질의 에너지 준위 차에 해당하는 에너지 준위 간격은 주양자수가 증가할수록(핵에서 멀어질수록) 감소한다는 것을 알 수 있다.
ㄴ. 수소 원자의 에너지 준위가 불연속적이므로 전자껍질 간 전자 전이 과정에서 에너지가 빛의 형태로 출입하는 것이다.
ㄷ. [바로알기] 수소 원자 스펙트럼의 색은 수소 원자의 색이 아니라, 수소 원자가 방출한 빛의 파장에 따라 결정된다.

13. 자외선에 가까울수록 에너지가 크고 파장이 짧으며 굴절률이 크다.

14. ② [바로알기] 보어 원자 모형에서는 전자가 원자핵 주위의 특정 궤도에서 원운동할 때 에너지를 흡수하거나 방출하지 않는다.
① $E_n = -\dfrac{1312}{n^2}$ 이므로 주양자수 n이 클수록 에너지가 커진다.
③, ⑤ 보어의 가설에서 원자 주위를 전자가 안정된 상태로 돌기 위해서는 특정한 전자껍질에 전자가 존재해야 한다.
④ 수소 원자의 전자 전이에 의한 선 스펙트럼을 설명하기 위해 보어의 궤도 모형이 제안되었다.

15. 발머 계열이므로 다른 궤도의 전자가 $n=2$로 전이하는 것이다.
a와 b의 에너지 차가 가장 많이 나므로 a는 $n=3 \rightarrow n=2$ 전이이다.
a : ($n=3$)→ ($n=2$), b : ($n=4$) → ($n=2$), c : ($n=5$) → ($n=2$),
d : ($n=6$) → ($n=2$)
발머 계열에서 파장이 짧은 쪽으로 갈수록 에너지가 커지고, 스펙트럼 선의 간격이 좁아지므로 a~d 중 에너지가 가장 작은 것은 a이다.
ㄱ. [바로알기] a는 에너지가 가장 작은 스펙트럼 선이므로 진동수가 가장 작다.
ㄴ. b의 에너지 E_b와 c의 에너지 E_c는 다음과 같다.
에너지 준위 차이 $\varDelta E = E_{나중 궤도} - E_{처음 궤도}$
$E_b = E_2 - E_4 = -\dfrac{1312}{4} - (-\dfrac{1312}{16}) = -1312 \times \dfrac{3}{16}$
$E_c = E_2 - E_5 = -\dfrac{1312}{4} - (-\dfrac{1312}{25}) = -1312 \times \dfrac{21}{100}$
이때 에너지 값에 붙은 (−) 부호는 에너지 방출을 의미한다.
따라서 $E_b : E_c = 25 : 28$
ㄷ. [바로알기] d는 전자가 ($n=6$) → ($n=2$)로 전이할 때 나타난다.

16. a : ($n=2$) → ($n=1$), b : ($n=\infty$) → ($n=1$), c : ($n=3$) → ($n=2$),
d : ($n=\infty$) → ($n=2$), e : ($n=1$) → ($n=\infty$)

ㄱ. [바로알기] a~e 중 에너지가 방출되는 전자 전이는 a~d이고 이 중 a, b, d에서는 자외선, c에서는 가시광선 영역의 전자기파가 방출된다.

a에서 방출되는 에너지 E_a와 b에서 방출되는 에너지 E_b를 계산해 보면 다음과 같다. $\Delta E = E_{나중 궤도} - E_{처음 궤도}$

$$E_a = E_1 - E_2 = -k - (-\frac{k}{4}) = -\frac{3k}{4}$$

$$E_b = E_1 - E_\infty = -k - 0 = -k$$

전자기파의 에너지와 진동수는 비례하므로 방출되는 빛의 에너지가 가장 큰 것은 b이기 때문에 방출되는 빛의 진동수는 b가 가장 크다.

ㄴ. [바로알기] a와 c에서 방출되는 에너지를 각각 E_a, E_c라고 하면,

$$E_a = E_1 - E_2 = -k - (-\frac{k}{4}) = -\frac{3k}{4},$$

$$E_c = E_2 - E_3 = -\frac{k}{4} - (-\frac{k}{9}) = -\frac{5k}{36}$$

이때 '−' 부호는 에너지가 방출된다는 것을 의미한다.

전자기파의 에너지 $E = \frac{hc}{\lambda}$ (h : 플랑크 상수, λ : 파장, c :광속)

전자기파의 파장 $\lambda = \frac{hc}{E}$ 이므로 전자기파의 파장은 에너지와 반비례한다. 따라서 a의 파장 λ_a와 c의 파장 λ_c의 비는 에너지의 역수의 비와 같다.

$$\lambda_a : \lambda_c = \frac{1}{E_a} : \frac{1}{E_c} = \frac{4}{3k} : \frac{36}{5k} = 5 : 27$$

ㄷ. a와 d에서 방출되는 에너지를 각각 E_a, E_d라고 하면 $E_a = E_1 - E_2$, $E_d = E_2 - E_\infty$이므로 $E_a + E_d = E_1 - E_\infty = -k$ e에서 흡수하는 에너지 $E_e = E_\infty - E_1 = k$ 에너지량을 비교할 때는 절댓값을 비교한다. 따라서 a와 d에서 방출되는 에너지의 합은 e에서 흡수하는 에너지와 같다.

17. a : $(n=1) \rightarrow (n=\infty)$　　　　b : $(n=2) \rightarrow (n=1)$
　　　c : $(n=\infty) \rightarrow (n=2)$　　　d : $(n=3) \rightarrow (n=1)$

ㄱ. a의 전자 전이가 일어나면 전자가 원자로부터 완전히 떨어져 나가기 때문에 수소 원자는 H^+(수소 양이온)이 된다.

ㄴ. b와 c에서 방출되는 에너지를 각각 E_b, E_c 라고 하면

$$E_b = E_1 - E_2 = -1312 - (-\frac{1312}{4}) = -1312 \times \frac{3}{4}$$

$$E_c = E_2 - E_\infty = -\frac{1312}{4} - 0 = -\frac{1312}{4}$$

전자기파의 에너지 $E = \frac{hc}{\lambda}$ (h : 플랑크 상수, λ : 파장, c :광속)

전자기파의 파장 $\lambda = \frac{hc}{E}$ 이므로 전자기파의 파장은 에너지와 반비례한다. b의 파장 λ_b와 c의 파장 λ_c의 비는 에너지의 역수비이다.

따라서 $\lambda_b : \lambda_c = \frac{1}{E_b} : \frac{1}{E_c} = 1 : 3$ 이다.

ㄷ. [바로알기] b와 d에서 방출되는 에너지를 각각 E_b, E_d 라고 하면

$$E_b = E_1 - E_2 = -1312 - (-\frac{1312}{4}) = -1312 \times \frac{3}{4}$$

$$E_d = E_1 - E_3 = -1312 - (-\frac{1312}{9}) = -1312 \times \frac{8}{9}$$

따라서 방출하는 빛의 에너지는 d가 b의 $\frac{32}{27}(\frac{8}{9} \div \frac{3}{4})$배이다.

18. (가)는 톰슨의 원자 모형, (나)는 현대적 원자 모형, (다)는 러더퍼드의 원자 모형이다.

ㄱ. [바로알기] 원자 모형의 변천 과정을 순서대로 나열하면 (가) 톰슨의 원자 모형(1879년) → (다) 러더퍼드의 원자 모형(1911년) → (나) 현대적 원자 모형이다.

ㄴ. (다)의 모형은 전자 궤도를 나타내지 않으므로 전자 전이를 설명할 수 없어 수소 원자의 선스펙트럼 결과를 설명할 수 없다.

ㄷ. 전자가 표현된 원자 모형으로 음극선 실험의 결과를 설명할 수 있다. 현대적 원자 모형에서는 전자의 구체적인 위치를 나타낼 수는 없지만 전자가 존재하는 모형이므로 음극선 실험 결과를 설명할 수 있다.

할 수 있다.

19. a : $(n=4) \rightarrow (n=2)$　　　　b : $(n=2) \rightarrow (n=1)$

ㄱ. a와 b에서 방출되는 에너지를 각각 E_a, E_b라고 하면 에너지 준위 차이 $\Delta E = E_{나중 궤도} - E_{처음 궤도}$

$$E_a = E_2 - E_4 = -\frac{1}{4}E - (-\frac{1}{16}E) = -\frac{3}{16}E$$

$$E_b = E_1 - E_2 = -E - (-\frac{1}{4}E) = -\frac{3}{4}E$$

따라서 $E_a : E_b = 1 : 4$이다.

전자기파의 에너지 $E = \frac{hc}{\lambda}$ (h : 플랑크 상수, λ : 파장, c :광속)

전자기파의 파장 $\lambda = \frac{hc}{E}$ 이므로 전자기파의 파장은 에너지와 반비례한다. 따라서 a의 파장 λ_a와 b의 파장 λ_b의 비는 에너지 크기의 역수의 비와 같다.

$$\therefore \lambda_a : \lambda_b = \frac{1}{E_a} : \frac{1}{E_b} = 4 : 1$$

ㄴ. [바로알기] $E_a + E_b = \frac{3}{16}E + \frac{3}{4}E = \frac{15}{16}E$ 이다.

ㄷ. [바로알기] $(n=\infty) \rightarrow (n=2)$으로 전자 전이가 일어나면 $-\frac{1}{4}E - 0 = -\frac{1}{4}E$, 에너지가 $\frac{1}{4}E$인 빛이 방출된다.

20. ④ ◦의 가장 짧은 파장이 •의 가장 긴 파장보다 길다. 파장과 에너지는 반비례하므로 ◦는 주양자수가 2인 전자껍질로 전자 전이가 일어날 때의 파장을 표시한 것이고, •는 주양자수가 1인 전자껍질로 전자 전이가 일어날 때의 파장을 표시한 것이다.

[바로알기] ① ◦는 주양자수가 n인 전자껍질에서 주양자수가 2인 전자껍질로 전자 전이가 일어날 때 방출되는 빛의 파장이므로 가시광선 영역에 해당한다.

② ◦의 파장이 • 파장보다 더 길기 때문에 ◦이 •보다 에너지가 작은 빛의 파장이다. 에너지는 진동수와 비례하므로 ◦는 •보다 진동수가 더 작은 빛의 파장이다.

③ 전자 전이가 일어날 때 방출되는 에너지의 크기는 파장과 반비례한다.

⑤ 122nm는 $(n=2) \rightarrow (n=1)$의 전자 전이가 일어날 때 방출되는 빛의 파장이므로 자외선 영역에 해당하지만 $(n=\infty) \rightarrow (n=2)$의 전자 전이가 일어날 때는 가시광선 영역에 해당하는 빛이 방출되기 때문에 파장이 122nm보다 길다.

21. ㄱ. [바로알기] (가)는 에너지가 최저인 바닥상태이다.

ㄴ. 전자 전이가 일어날 때 전자껍질의 에너지 준위 차이에 해당하는 에너지가 흡수되거나 방출된다. (가)에서 (나)로 될 때 $(n=1) \rightarrow (n=3)$으로 전자 전이가 일어나므로 이때 흡수되는 에너지는 $(n=3) \rightarrow (n=1)$로 전자 전이가 일어날 때 방출되는 에너지와 같고, $(n=3) \rightarrow (n=1)$로 전자 전이가 일어날 때 자외선 영역의 전자기파가 방출되기 때문에 자외선을 흡수하면 (가)에서 (나)로 전자 전이가 일어날 수 있다.

ㄷ. 전자가 $(n=3)$인 (나)에서 $(n=2)$인 L 전자껍질로 전이할 때 방출되는 에너지 ΔE는 다음과 같다. $\Delta E = E_{나중 궤도} - E_{처음 궤도}$

$$\Delta E = E_2 - E_3 = -\frac{k}{4} - (-\frac{k}{9}) = -\frac{5k}{36}$$

22. a : $(n=4) \rightarrow (n=1)$,　b : $(n=4) \rightarrow (n=2)$, c : $(n=3) \rightarrow (n=2)$,
　　　d : $(n=1) \rightarrow (n=\infty)$,　e : $(n=2) \rightarrow (n=1)$,

ㄱ. 수소 원자 스펙트럼에서 파장이 짧은 쪽(에너지가 큰 쪽)으로 갈수록 스펙트럼 선의 간격이 좁아지므로 Ⅰ~Ⅲ 중 가장 에너지가 가장 작은 것은 Ⅲ이다. (나)는 발머 계열이므로 $n=2$로 전자 전이가 일어난다. Ⅰ~Ⅲ의 전자 전이는 다음과 같다.

Ⅰ : $(n=5) \rightarrow (n=2)$,　Ⅱ : $(n=4) \rightarrow (n=2)$,　Ⅲ : $(n=3) \rightarrow (n=2)$

ㄴ. [바로알기] (가)의 a와 b에서 방출되는 에너지가 각각 E_a, E_b

일 때

$$E_a = E_1 - E_4 = -k - (-\frac{k}{16}) = -\frac{15k}{16}$$

$$E_b = E_2 - E_4 = -\frac{k}{4} - (-\frac{k}{16}) = -\frac{3k}{16}$$

전자기파의 에너지 $E = \frac{hc}{\lambda}$ (h : 플랑크 상수, λ : 파장, c :광속)

전자기파의 파장 $\lambda = \frac{hc}{E}$ 이므로 전자기파의 파장은 에너지와 반비례한다. 따라서 a의 파장 λ_a와 b의 파장 λ_b의 비는 에너지 크기의 역수의 비와 같다.

$$\therefore \lambda_a : \lambda_b = \frac{1}{E_a} : \frac{1}{E_b} = 1 : 5$$

ㄷ. (가)의 e에서 방출되는 에너지 E_e와 (나)의 Ⅱ에서 방출되는 에너지 $E_Ⅱ$는 다음과 같다.

$$E_e = E_1 - E_2 = -k - (-\frac{k}{4}) = -\frac{3k}{4}$$

$$E_Ⅱ = E_2 - E_4 = -\frac{k}{4} - (-\frac{k}{16}) = -\frac{3k}{16}$$

전자기파의 에너지 $E = h\nu$ (h : 플랑크 상수, ν : 진동수)이므로, 전자기파의 에너지와 진동수는 비례한다. 따라서 (가)의 e에서 방출하는 빛의 진동수 ν_e와 (나)의 Ⅱ에서 방출하는 빛의 진동수 $\nu_Ⅱ$의 비는 에너지의 비와 같다.

$$\nu_e : \nu_Ⅱ = E_e : E_Ⅱ = 4 : 1$$

따라서, (가)의 e에서 방출하는 빛의 진동수는 (나)의 Ⅱ에 해당하는 빛의 진동수의 4배이다.

23. ㄱ. 현대적 원자 모형, ㄴ. 톰슨의 원자 모형, ㄷ. 보어의 원자 모형, ㄹ. 돌턴의 원자 모형, ㅁ. 러더퍼드의 원자 모형

ㄴ. 톰슨의 원자 모형은 (+)전하가 원자 전체적으로 퍼져있기 때문에 α입자와 전기적 반발력이 크게 작용하지 않는다. 때문에 러더퍼드는 톰슨의 원자 모형이 맞다면 α입자는 거의 산란되지 않을 것이라고 생각하였다.

24. 원자핵이 나타나있는 원자 모형(ㄱ, ㄷ, ㅁ)에서는 α 입자 산란 실험의 결과를 설명할 수 있다.

25. 답 수소 원자는 불연속적인 에너지 준위를 가지고 있다. (수소 원자는 정해진 크기의 에너지만을 흡수하거나 방출할 수 있다.)

해설 수소 기체를 방전관에 넣고 방전시키면 수소 원자가 에너지를 흡수하였다가 방출한다. 이때 각 전자껍질의 에너지 준위 차이에 해당하는 에너지가 흡수, 방출되는데 수소 원자의 스펙트럼은 불연속적인 선 스펙트럼이므로 수소 원자는 특정한 에너지만을 흡수하거나 방출할 수 있음을 알 수 있다. 따라서 수소 원자는 불연속적인 에너지 준위를 가지고 있다고 볼 수 있다.

26. 답 a : (n=3) → (n=2)   b : (n=4) → (n=2)
c : (n=2) → (n=1)   d : (n=3) → (n=1)

해설 수소 원자 스펙트럼에서 라이먼 계열은 전자 전이에 따른 에너지 변화가 발머 계열보다 커서 스펙트럼 선의 간격이 발머 계열보다 넓게 나타난다. 같은 계열에 속하는 스펙트럼 선들은 파장이 짧은 쪽(에너지가 큰 쪽)으로 갈수록 간격이 좁아지므로 a와 b는 가시광선 영역의 발머 계열이고, c와 d는 자외선 영역의 라이먼 계열 스펙트럼 선이다. 이때 a는 가시광선 영역의 전자기파 중 가장 파장이 길고, 에너지가 작은 스펙트럼 선이므로 (n=3) → (n=2)의 전자 전이이고, c는 자외선 영역의 전자기파 중 가장 파장이 길고, 에너지가 작은 스펙트럼 선이므로 (n=2) → (n=1)의 전자 전이이다.

27. 답 이유 : 자외선은 가시광선에 비해 에너지가 큰 전자기파이기 때문에 피부를 손상시킬 수 있어서 외출 시 자외선 차단제를 발라야 한다.

파장	자외선 < 가시광선
진동수	자외선 > 가시광선
에너지	자외선 > 가시광신

28. 답 (1) $\frac{5k}{36}$

(2) A : (n=3) → (n=2), B : (n=4) → (n=2), C : (n=∞) → (n=2)

(3) λ_A = 656nm, λ_B = 486nm

해설 (1), (2) (나)는 발머 계열의 스펙트럼이 나타나는 전자 전이를 나타낸 그래프로, 세로축이 에너지를 의미하므로 '−' 부호는 에너지가 방출된다는 것을 의미한다. 따라서 각각의 전자 전이에서 방출되는 에너지를 통해 A~C의 전자 전이를 알아낼 수 있다.

C가 (n=x) → (n=2)의 전자 전이라면

$$E_C = E_2 - E_x = -\frac{k}{4} - (-\frac{k}{x^2}) = -\frac{k}{4}, \text{따라서 x = ∞}$$

B가 (n=y) → (n=2)의 전자 전이라면

$$E_B = E_2 - E_y = -\frac{k}{4} - (-\frac{k}{y^2}) = -\frac{3k}{16}, \text{따라서 } y = 4$$

A의 전자 전이가 일어날 때 방출되는 에너지는 B에서 방출되는 에너지보다 작기 때문에 A는 n = 3 → n = 2의 전자 전이가 일어난다.

$$E_A = E_2 - E_3 = -\frac{k}{4} - (-\frac{k}{9}) = -\frac{5k}{36}$$

(3) (가)는 발머 계열의 수소 원자 스펙트럼이고, 수소 원자 스펙트럼에서 같은 계열에 속하는 스펙트럼 선들은 파장이 짧은 쪽으로 갈수록 간격이 좁아지므로 파장이 656nm인 스펙트럼 선은 (n=3) → (n=2)의 전자 전이(A)가 일어날 때 방출된 스펙트럼 선이고, 파장이 486nm인 스펙트럼 선은 (n=4) → (n=2)의 전자 전이(B)가 일어날 때 방출된 스펙트럼 선이다.

29. 답 광원으로부터 방출된 빛에 거의 모든 파장 영역의 빛이 섞여 있었기 때문에 색이 구분되지 않는 연속 스펙트럼이 나타난다.

30. 답 수소 원자에서 에너지 준위가 높아질수록 이웃한 두 전자껍질의 에너지 준위의 차이가 작아진다는 것을 알 수 있다.

31. 답 1. 수소 원자의 선 스펙트럼을 설명할 수 없다.
2. 원자의 안정성을 설명할 수 없다.

해설 고전 물리학에 따르면 전하를 띠고 있는 전자가 원운동을 하면 전자기파를 방출해야 한다. 전자기파를 방출한 전자는 에너지를 잃게 되고, 결국 운동 속도가 느려지면서 원자핵쪽으로 끌려가 충돌하기 때문에 안정한 원자가 존재할 수 없다는 모순이 생긴다.

32. 답 공통점 : 1. α 입자 산란 실험의 결과를 설명할 수 있다.
2. 원자의 에너지 준위가 양자화되어 있다.
3. 수소 원자 선 스펙트럼을 설명할 수 있다.
차이점 : 1. 보어 원자 모형으로는 다전자 원자의 스펙트럼을 설명할 수 없지만 현대적 원자 모형으로는 다전자 원자의 스펙트럼을 설명할 수 있다.
2. 보어 원자 모형에서는 전자가 원궤도 운동하고 있다고 보지만, 현대적 원자 모형에서는 전자의 위치를 특정할 수 없기 때문에 전자가 발견될 확률을 계산하여 확률 분포로 표시한다.

9강. 오비탈

개념 확인	160~163 쪽

1. 18　**2.** 오비탈(궤도 함수)　**3.** 5　**4.** 주양자수

1. 각 전자껍질에는 최대 $2n^2$개의 전자가 채워질 수 있다.

3. d 오비탈은 d_{xy}, d_{yz}, d_{xz}, $d_{x^2-y^2}$, d_z 5개가 존재하며 에너지 준위는 모두 같다.

확인+	160~163 쪽

1. ④　**2.** (1) O (2) O　**3.** s　**4.** ④

2. (1) 불확정성 원리에 따라 전자와 같이 질량이 작고 빠르게 움직이는 입자는 운동량과 위치를 동시에 정확히 알 수 없다.

4. 다전자 원자에서 에너지 준위는 주양자수와 방위 양자수를 합한 값이 클수록 높고, 만약 주양자수와 방위 양자수를 합한 값이 같을 때는 주양자수가 더 큰 오비탈의 에너지 준위가 더 높다.

개념 다지기	164~165 쪽

01. ③
02. (1) 2 (2) 8 (3) 18　**03.** (1) X (2) X (3) O
04. (1) ㄷ (2) ㄴ (3) ㄴ (4) ㄱ (5) ㄹ
05. (1) s (2) d (3) p
06. ③　　　**07.** ③　　　**08.** ①

01. ① $_1$H : K(1) ② $_2$He : K(2) ③ $_{10}$Ne : K(2)L(8)
④ $_{10}$Ne : K(2)L(8) ⑤ $_{18}$Ar : K(2)L(8)M(8)

02. (1) K 전자껍질의 주양자수(n)는 1, (2) L 전자껍질의 주양자수는 2, (3) M 전자껍질의 주양자수는 3이고, 각 전자껍질에 최대로 채워질 수 있는 전자의 수는 $2n^2$이다

03. (1) [바로알기] 현대 원자 모형에서는 원자 내의 전자의 정확한 위치와 속력은 알 수 없어 원자핵 주위에 전자가 존재하는 확률로 나타낸다.
(2) [바로알기] 전자는 입자성과 파동성을 동시에 가진다.
(3) 불확정성 원리에 의해 전자의 운동량과 위치는 동시에 정확히 측정할 수 없다.

06. 수소 원자의 에너지 준위는 주양자수(n)에 의해서 결정되지만, 다전자 원자의 에너지 준위는 주양자수(n)와 방위 양자수(l)에 의해 결정되며, 다전자 원자에서 에너지 준위는 주양자수(n)와 방위 양자수(l)를 합한 값이 클수록 높고, 주양자수와 방위 양자수를 합한 값이 같을 때는 주양자수(n)가 더 큰 오비탈의 에너지 준위가 높다.

H : $1s < 2s = 2p < 3s = 3p = 3d < 4s \cdots$
He, C : $1s < 2s < 2p < 3s < 3p < 4s < 3d \cdots$

07. ㄱ. [바로알기] 전자가 1개인 수소 원자는 원자핵과 전자 사이의 인력에 의해서 에너지 준위가 결정된다. 따라서 오비탈의 에너지 준위는 주양자수에 의해서만 결정된다.
ㄴ. [바로알기] 전자가 2개 이상인 원소에서는 전자 사이의 반발력이 존재하기 때문에 오비탈의 에너지 준위가 오비탈 종류의 영향을 받게 된다. 이때 다전자 원자에서 오비탈의 에너지 준위는 주양자수와 방위 양자수를 합한 값이 클수록 높고, 주양자수와 방위 양자수를 합한 값이 같을 때에는 주양자수가 더 큰 오비탈의 에너지 준위가 높다.
ㄷ. 다전자 원자에서 주양자수가 같을 때 방위 양자수가 클수록 에너지 준위가 높다.

08.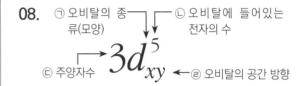
㉠ 오비탈의 종류(모양)　㉡ 오비탈에 들어있는 전자의 수
㉢ 주양자수　㉣ 오비탈의 공간 방향

유형 익히기 & 하브루타	166~169 쪽

[유형 9-1] (1) (가) : K(2)L(7)
　　　　　(나) : K(2)L(8)M(8)N(1)
(2) (가) : 7　(나) : 1
(3) ㉠ 1 ㉡ 2 ㉢ 3 ㉣ 4
　　ⓐ 2 ⓑ 8 ⓒ 18 ⓓ 32
　　　　　　01. ④　　　**02.** ①
[유형 9-2] (1) (a) s 오비탈　(b) d 오비탈
(2) (c) 0　(d) 2　　(e) 0
(4) $-2, -1, 0, +1, +2$
　　　　　　03. ⑤　　　**04.** ⑤
[유형 9-3] ③　　　**05.** ②　　　**06.** ①
[유형 9-4] (1) $1s < 2s < 3p = 3d < 4p = 4f < 5s = 5p$
(2) $1s < 2s < 3p < 3d < 4p < 5s < 5p < 4f$
　　　　　　07. ⑤　　　**08.** ③

[유형 9-1]

(1) 보어 원자 모형에서 원자핵에 근접한 전자껍질부터 K, L, M …로 나타내고, 각 전자껍질에 존재하는 전자의 개수는 괄호 안에 표기한다.
(2) 원자가 전자는 가장 바깥쪽 전자껍질에 채워져 있는 전자 중 화학 결합에 관여하는 전자로 결합을 하지 않는 18족 원소는 가장 바깥쪽 전자껍질에 전자가 8개(He은 2개) 채워져 있지만, 원자가 전자가 0이다.
(3) 주양자수(n)는 원자핵에 근접한 전자껍질부터 1, 2, 3…고 각 전자껍질에 최대로 채워질 수 있는 전자의 수는 $2n^2$이다.

전자껍질	K	L	M	N
주양자수	㉠ 1	㉡ 2	㉢ 3	㉣ 4
최대 수용 전자 수($2n^2$)	ⓐ 2개	ⓑ 8개	ⓒ 18개	ⓓ 32개

01. ㄱ. 보어 원자 모형을 이용하여 바닥상태의 원자의 전자 배

치를 할 때, 전자는 에너지 준위가 낮은 전자껍질부터 차례대로 채워지기 때문에 $_2$He의 안정한 전자 배치는 K(2)이다. (가)는 K(2) (나)는 K(1)L(1)의 전자 배치를 가지므로 (가)는 바닥상태, (나)는 들뜬상태라고 볼 수 있다.

ㄴ. (가)보다 (나)는 에너지가 많은 들뜬 상태이므로 (가)에서 (나)로 될 때 에너지는 흡수된다.

ㄷ. [바로알기] (나)의 전자 배치는 K(1)L(1)이다.

02. ① [바로알기] (가)는 옥텟 규칙을 만족하는 전자 배치를 갖는 18족 원자이므로, 가장 바깥쪽 전자껍질에 8개의 전자가 존재하지만, 이 전자들은 결합에 관여할 수 없기 때문에 원자가 전자는 0이다.

⑤ 주양자수가 2인 L 전자껍질에는 최대 8개의 전자가 채워질 수 있다.

[유형 9-2]

주양자수 (n)	1	2		3		
전자껍질	K	L		M		
오비탈 종류	(a) s	s	p	s	p	(b) d
방위 양자수(l)	(c) 0	0	1	0	1	(d) 2
자기 양자수(m_l)	0	0	(e) -1, 0, $+1$	0	-1, 0, $+1$	(f) -2, -1, 0, $+1$, $+2$

03. 전자 a는 $1s$ 오비탈, 전자 b는 $2s$ 오비탈에 존재하는 전자이다. 따라서 전자 a의 주양자수(n)는 1, 전자 b의 주양자수는 2, s 오비탈의 방위 양자수(l)는 0, 자기 양자수(m_l)는 0이다.

04. ㄱ. [바로알기] 현대 원자 모형에서는 원자 내의 전자의 정확한 위치와 속력을 동시에 알 수 없다.

ㄴ. 슈뢰딩거는 원자 내부의 전자의 운동을 정상파와 같이 취급하여 전자의 상태를 나타내는 파동 방정식을 세웠다.

ㄷ. 현대적 원자 모형은 전자 구름 모형이라고도 한다.

[유형 9-3] (가)는 s 오비탈, (나)는 p_x, p_y, p_z 이 모두 표현된 p 오비탈이다.

ㄱ. [바로알기] (가)는 방향성이 없지만 (나)는 방향에 따라 전자를 발견할 확률이 다르기 때문에 방향성이 있다.

ㄴ. [바로알기] 현대 원자 모형에서는 원자 내의 전자의 정확한 위치와 속력은 알 수 없어 원자핵 주위에 전자가 존재하는 확률로 나타낸다.

ㄷ. 현대 원자 모형에서 원자의 경계는 뚜렷하지 않으나 원자를 표현 할때 임의의 한계는 필요하기 때문에 전자가 존재할 확률이 90%인 지점을 연결한 경계면 그림으로 나타낸다.

05. ㄱ. [바로알기] 주양자수(n)는 2이다.

ㄴ. s 오비탈은 방향성이 없는 구형의 오비탈이다.

ㄷ. [바로알기] 위의 오비탈에는 전자가 1개 들어있다.

06. ㄱ. 그림의 오비탈은 s 오비탈로, 모든 전자껍질에 존재하는 구형의 오비탈이다.

ㄴ. [바로알기] 오비탈에 존재하는 전자의 정확한 궤적은 알 수 없다.

ㄷ. [바로알기] 위의 그림은 점밀도 그림이고 전자 발견 확률이 90%인 지점을 연결하여 그린 그림은 경계면 그림이다.

[유형 9-4] (1) 전자가 1개인 수소 원자의 에너지 준위는 주양자수에 의해서 결정된다. 따라서 주양자수가 클수록 오비탈의 에너지 준위가 높고, 오비탈의 종류가 다르더라도 주양자수가 같다면 오비탈의 에너지 준위는 같다.

(2) 전자가 2개 이상인 다전자 원자는 전자 사이의 반발력이 작용하기 때문에 주양자수(n)와 방위 양자수(l)에 의해 오비탈의 에너

지 준위가 결정되며, 다전자 원자에서 오비탈의 에너지 준위는 주양자수(n)와 방위 양자수(l)를 합한 값이 클수록 높고, 주양자수와 방위 양자수를 합한 값이 같을 때는 주양자수(n)가 더 큰 오비탈의 에너지 준위가 높다.

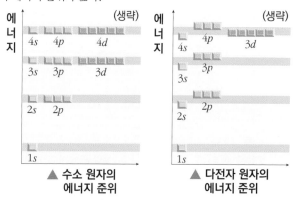

▲ 수소 원자의 에너지 준위   ▲ 다전자 원자의 에너지 준위

07. ㄱ. [바로알기] 주양자수(n)가 2인 전자껍질에는 오비탈이 4개 존재하고, 한 오비탈에는 전자가 최대 2개까지 채워질 수 있기 때문에, 전자가 최대 8개까지 채워질 수 있다.

ㄴ. 전자가 1개인 수소 원자의 에너지 준위는 주양자수(n)에 의해서 결정되기 때문에 주양자수(n)가 클수록 오비탈의 에너지 준위가 높고, 오비탈의 종류가 다르더라도 주양자수가 같다면 오비탈의 에너지 준위는 같다.

ㄷ. 위의 그림에 나타난 오비탈의 방위 양자수(l) 중 가장 큰 오비탈은 $3d$ 오비탈이며, 그 값은 2이다.

08. ㄱ. [바로알기] 오비탈의 에너지 준위는 원자핵과 전자 사이의 인력, 전자 사이의 반발력에 의해 결정되는데 주양자수는 원자핵과 전자 사이의 평균적인 거리와 관련되어 있으므로 주양자수가 클수록 오비탈의 에너지 준위는 높아지는 경향이 있다.

ㄴ. [바로알기] 전자가 1개인 수소 원자의 에너지 준위는 주양자수에 의해서 결정된다.

ㄷ. 전자가 2개 이상인 다전자 원자는 전자 사이의 반발력이 작용하기 때문에 주양자수(n)와 방위 양자수(l)에 의해 오비탈의 에너지 준위가 결정된다.

창의력 & 토론마당   170~175 쪽

01

전자껍질	K	L		
주양자수 (n)	1	2		
방위 양자수(l)	0	0	1	
자기 양자수(m_l)	0	0	-1	0	$+1$
스핀 양자수(m_s)	$+\frac{1}{2}$, $-\frac{1}{2}$	$+\frac{1}{2}$, $-\frac{1}{2}$	$+\frac{1}{2}$, $-\frac{1}{2}$	$+\frac{1}{2}$, $-\frac{1}{2}$	$+\frac{1}{2}$, $-\frac{1}{2}$

· 주양자수 : 전자껍질 종류

· 방위 양자수 : 오비탈의 종류(모양)

· 자기 양자수 : 오비탈의 방향

· 스핀 양자수 : 전자의 스핀 종류

02 (1) 전자는 (-) 전하이므로 전류의 방향은 회전 방향과 반대로 생각한다.

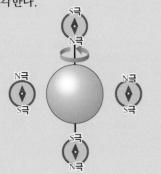

(2) 수소 원자, 스턴-게를라흐 실험에서는 전자 1개의 스핀 상태를 확인해야 하기 때문에 전자를 1개 가진 수소 원자를 사용하는 것이 가장 적절하다.

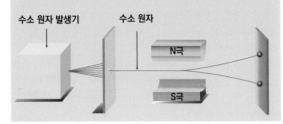

해설 (1) 그림과 같이 전자가 반시계 방향으로 회전하면 원형 고리에 시계 방향으로 전류가 흐르는 것과 유사하게 전자 주위에 자기장이 발생하기 때문에 전자의 윗 부분이 S극, 아랫 부분이 N극을 띠게 된다. 나침반의 N극이 자기장의 방향을 가리킨다.

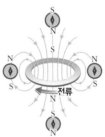

(2) 전자는 서로 다른 두 가지 스핀 상태로 존재하기 때문에 형성할 수 있는 자기장의 방향도 두 개이므로 자석을 통과한 후 자기장의 영향을 받아 직진하지 못하고 서로 다른 두 방향(위, 아래 방향)으로 경로가 휠 것이다.

03 그래프 (가)는 원자핵에서 일정 거리만큼 떨어진 한 점에서 전자가 존재할 확률을 나타낸 것이다. 실제 원자에서 원자핵으로부터 일정 거리(r)만큼 떨어진 면에 전자가 존재하는 확률을 구하기 위해서는 '한 점에서 전자가 존재할 확률'에 '해당 거리를 반지름으로 갖는 구의 표면적($4\pi r^2$)'을 곱해 주어야 한 점이 아닌, 실제 구면에서의 전자 존재할 확률을 구할 수 있다. 따라서 (나)의 그래프는 (가)의 그래프에 각 점에 반지름이 r인 구의 표면적($4\pi r^2$)을 곱해 얻은 값이므로 원자핵으로부터 일정 거리만큼 떨어진 구의 표면에서 전자가 존재할 확률을 나타낸 그래프이고, 실제로 전자의 존재 확률 분포라고 할 수 있다.

해설

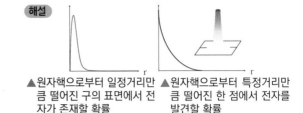

▲원자핵으로부터 일정거리만 큼 떨어진 구의 표면에서 전 자가 존재할 확률 ▲원자핵으로부터 특정거리만 큼 떨어진 한 점에서 전자를 발견할 확률

04 기체 상태일 때 원자들은 서로 떨어져 있어, 서로 영향을 주지 않지만, 액체나 고체 상태가 되면 원자들 사이의 간격이 가까워 인접한 원자들의 전자 사이에 전기적 반발력이 작용한다. 따라서 액체나 고체 상태의 원자에서는 인접한 원자들의 수, 간격 등에 의해 발생하는 전기적 반발력에 의해 기체 상태일 때보다 가질 수 있는 에너지 준위가 다양해지기 때문에 같은 원자라고 하더라도 에너지 준위가 다르게 나타날 수 있다. 그러므로 원자의 에너지 준위를 비교할 때, 원자핵과 전자 사이의 힘에 의해서만 에너지 준위가 결정될 수 있는 기체 상태를 기준으로 해야 한다.

05 물질파의 파장 $\lambda = \dfrac{h}{mv}$ 이므로 파장이 1nm(=10^{-9}m)이고, 질량 m이 9×10^{-31}kg인 전자의 속도 v는 다음과 같이 계산할 수 있다. (1 J = 1kg · m^2/s^2)

$v = \dfrac{h}{m\lambda}$ 이므로

$v = \dfrac{6.6 \times 10^{-34} \text{J} \cdot \text{s}}{9 \times 10^{-31} \text{kg} \times 10^{-9} \text{m}} = 7.3 \times 10^5 \text{m/s}$

그런데 지름이 1nm인 탄소 나노 튜브를 식별하기 위해서는 전자의 파장이 탄소 나노 튜브의 지름인 1nm보다 짧아야 하므로, 전자의 속도는 7.3×10^5m/s보다 빨라야 한다.

06 (1) $_2$He이 전자를 잃어 $_2$He$^+$가 되면, $_2$He$^+$에는 전자가 1개 존재하기 때문에 수소 원자와 마찬가지로 전자 사이에 반발력이 작용하지 않는다. 따라서 다전자 원자인 $_2$He은 2s 오비탈에 비해 2p 오비탈의 에너지 준위가 높지만, $_2$He$^+$에서는 2s 오비탈과 2p 오비탈의 에너지 준위가 같다.

(2) $_1$H와 $_2$He$^+$는 모두 전자를 1개 가진 입자이므로 전자 사이의 반발력은 오비탈의 에너지 준위에 영향을 미치지 않는다. 따라서 원자핵과 전자 사이의 인력이 더 강한 $_2$He$^+$의 1s 오비탈의 에너지 준위가 $_1$H의 1s 오비탈의 에너지 준위보다 더 낮을 것이다.

해설 (2) 핵과 전자 사이의 인력이 클수록 전자를 떼어내기 위해 더 많은 에너지가 필요하다. 따라서 핵과 전자 사이의 인력이 클수록 오비탈의 에너지 준위가 낮다.

스스로 실력 높이기　　　　176 ~181 쪽

01. 50　　**02.** (1) 0　(2) 5　(3) 2

03. (1) X　(2) O　(3) X

04. (1) O　(2) X　(3) O　　　**05.** 이중성

06. (1) O　(2) X　(3) O　(4) X

07. (1) O　(2) O　(3) O　　　**08.** p　　**09.** 2

10. ③　**11.** ⑤　**12.** ①　**13.** ③　**14.** ②

15. ③　**16.** ②　**17.** ⑤　**18.** ②　**19.** ②

20. ⑤　**21.** ③　**22.** ③　**23.** ②　**24.** ④

25.~ 32. 〈해설 참조〉

01. O 전자껍질은 주양자수(n)가 5이고, 각 전자껍질에는 최대 $2n^2$개의 전자가 채워질 수 있다.

02. (1) He의 최외각 전자는 2개이지만, 가장 바깥쪽 전자껍질이 꽉 찬 18족 원소이기 때문에 원자가 전자 수는 0이다.

03. (1) [바로알기] 파동 방정식은 슈뢰딩거에 의해 제안되었다.
(3) [바로알기] 파동 방정식에서는 원자핵 주위의 전자가 존재할 확률의 분포만 나타낼 수 있고, 전자의 정확한 위치는 알 수 없다.

04. (1) 양자수는 오비탈을 결정하고, 오비탈의 특성을 나타낸다.
(2) [바로알기] 오비탈은 일정한 에너지의 전자가 원자핵 주위에 존재할 확률의 분포를 나타낸 것이다.
(3) 오비탈을 공간좌표상에 시각적으로 나타내면 원자의경계가 뚜렷하지 않고 구름처럼 보여 전자 구름 모형이라고 한다.

06. (1) 주양자수 n은 1 이상의 정수이다.
(2) [바로알기] 방위 양자수 l은 0부터 $n-1$ 까지의 정수이다.
(4) [바로알기] 자기 양자수 m은 $-l$ 부터 $+l$ 까지의 정수이다.

07. s 오비탈은 구형이며 모든 전자껍질에 존재한다. $2s$ 오비탈은 1개, $3s$ 오비탈은 2개의 마디를 가진다.

08. 그림은 x, y, z 방향의 아령 모양의 p 오비탈을 같이 그려놓은 것이다.

09. 그림은 d_{xz} 오비탈이며, 한 오비탈에는 최대 2개의 전자가 채워질 수 있다.

10. ③ [바로알기] 수소 원자의 $2s$ 오비탈과 $2p$ 오비탈의 에너지 준위는 같다.
② d 오비탈은 방향에 따라 d_{xy}, d_{yz}, d_{xz}, $d_{x^2-y^2}$, d_{z^2} 5개가 존재하며, 한 오비탈에는 최대 2개의 전자가 채워질 수 있으므로, d 오비탈에는 최대 10개의 전자가 들어갈 수 있다.

12. ㄱ. 원자는 전기적으로 중성인 입자이므로 양성자와 전자의 수가 같다. 따라서 A와 B의 양성자 수는 3개이다.
ㄴ. [바로알기] C는 L 전자껍질에 8개의 전자가 채워진 원자로 옥텟 규칙을 만족하는 18족 원소이기 때문에 원자가 전자 수는 0이다.
ㄷ. [바로알기] C는 최외각 전자 수가 8, D는 최외각 전자 수가 2이기 때문에 C의 최외각 전자 수가 D의 최외각 전자 수보다 많다.

13. ③ 오비탈의 전자 구름 모형은 오비탈에서 전자가 존재할 확률을 점을 찍어 나타냈을 때 구름 모양으로 나타난다. 전자가 존재할 확률이 클수록 점의 밀도가 크다.
[바로알기] ① 전자 구름 모형에서 각 점은 전자가 존재할 확률을 의미한다.
② 오비탈 내에서 전자의 궤적은 알 수 없다.
④ 핵으로부터 거리가 멀어질수록 오비탈 내의 한 점에서 전자를 발견할 확률은 감소하고, 원자핵으로부터 일정 거리 떨어진 면에서 전자를 발견할 확률은 거리에 따라 다르기 때문에 핵으로부터 거리가 멀어질수록 전자를 발견할 확률이 증가한다고 볼 수 없다.
⑤ $1s$ 오비탈은 구형의 오비탈로 핵으로부터의 거리가 같다면 전자를 발견할 확률이 같다.

14. ㄱ. [바로알기] 전자가 1개인 수소 원자는 원자핵과 전자 사이의 인력에 의해서 에너지 준위가 결정된다. 따라서 오비탈의 에너지 준위는 주양자수에 의해서만 결정된다.
ㄴ. 오비탈마다 에너지가 다를 수 있으므로 수소 원자의 에너지 준위는 연속되지 않고 불연속적인 값을 갖는다.
ㄷ. [바로알기] 보어 원자 모형에서는 원자 내부에 존재하는 전자의 에너지 준위가 양자화되어있기 때문에 수소 원자의 에너지 준위를 설명할 수 있다.

15. (가) $2s$ 오비탈, (나) $2p_x$ 오비탈, (다) $2p_y$ 오비탈, (라) $2p_z$ 오비탈이다.
ㄱ. [바로알기] 수소 원자에서 에너지 준위는 주양자수에 의해 결정되므로 (가) = (나) 이다.
ㄴ. [바로알기] p_x, p_y, p_z 오비탈의 에너지 준위는 모두 같다.
ㄷ. 각 오비탈에 최대로 채워질 수 있는 전자 수는 모두 2개이다.

16. ㄱ. [바로알기] 원자 내의 전자의 궤적은 알 수 없다.
ㄴ. 수소 원자는 주양자수가 같은 오비탈의 에너지 준위가 모두 같기 때문에 $2s$ 오비탈의 전자가 $1s$ 오비탈로 전이할 때는 보어 원자 모형에서 L 전자껍질에서 K 전자껍질로 전자가 전이할 때와 같은 크기의 에너지가 방출될 것이다. 높은 에너지 준위의 전자껍질에서 K 전자껍질로 전자가 전이될 때는 자외선이 방출되며, 이때 방출되는 빛의 스펙트럼은 라이먼 계열에 해당한다.
ㄷ. [바로알기] 각 오비탈에서 전자 구름은 전자 존재 확률을 나타낸 것으로 전자 구름이 진할수록 전자가 존재할 확률이 높다.

17. ㄱ. [바로알기] 주양자수가 클수록 s 오비탈의 크기가 커지기 때문에 핵으로부터의 거리 a보다 b가 더 크다.(단, 오비탈의 크기를 비교할 때는 전자가 발견될 확률이 90 %인 지점을 연결한 경계면으로 비교하기 때문에 a와 b가 각각 오비탈의 반지름이라고 볼 수는 없다.)
ㄴ. $2s$ 오비탈에는 전자가 발견될 확률이 0인 마디가 존재한다.
ㄷ. 오비탈에 채워질 수 있는 전자의 최대 개수는 $1s$와 $2s$가 모두 2개로 같다.

18. ㄱ. [바로알기] $4s$ 오비탈은 $3d$ 오비탈보다 주양자수는 크지만, 에너지 준위는 낮다.
ㄴ. 다전자 원자의 에너지 준위는 주양자수(n)+방위 양자수(l)에 의해 결정된다. s 오비탈은 $l=0$, p 오비탈은 $l=1$, d 오비탈은 $l=2$이다.
ㄷ. [바로알기] 주양자수가 4인 전자껍질에는 $4s, 4p, 4d, 4f$의 오비탈이 존재하며, 이 오비탈의 총개수가 16개이므로, 최대 32개의 전자가 채워질 수 있다.

19. ㄱ. [바로알기] 위 모형의 전자 배치는 K(2)L(6)이다.
ㄴ. A 전자껍질은 K 전자껍질로 $1s$ 오비탈 1개만 존재한다.
ㄷ. [바로알기] B 전자껍질에는 $2s$ 오비탈과 $2p$ 오비탈이 존재하며, 다전자 원자이므로 $2s$ 오비탈보다 $2p$ 오비탈의 에너지 준위가 더 높다.

20. ㄱ. [바로알기] $2p_x$ 오비탈과 $2p_y$ 오비탈의 에너지 준위는 같기 때문에 $2p_x$에서 $2p_y$로 전자가 전이될 때 에너지의 출입은 없다.

ㄴ. $1s$와 $2p_y$의 에너지 차이는 수소 원자의 K 전자껍질과 L 전자껍질의 에너지 준위 차이와 같고, $2p_z$와 $3s$의 에너지 차이는 수소 원자의 L 전자껍질과 M 전자껍질의 에너지 준위 차이와 같으므로 다음과 같이 계산할 수 있다.

$$E_1 = -k \qquad E_2 = -\frac{k}{4} \qquad E_3 = -\frac{k}{9}$$

$1s$와 $2p_y$의 에너지 차이 : $E_2 - E_1 = -\frac{k}{4} - (-k) = \frac{3k}{4}$

$2p_z$와 $3s$의 에너지 차이 : $E_3 - E_2 = -\frac{k}{9} - (-\frac{k}{4}) = \frac{5k}{36}$

(단순히 에너지 준위의 차이를 계산할 때는 에너지가 준위가 큰 값에서 작은 값을 빼서 계산한다.)
$1s$와 $2p_y$의 에너지 차이 : $2p_z$와 $3s$의 에너지 차이

$= \frac{3k}{4} : \frac{5k}{36} = 27 : 5$이다.

ㄷ. $2p_y$ 오비탈과 $2p_z$ 오비탈의 에너지 준위는 같으므로 $1s$에서 $2p_y$로 전이될 때와 $1s$에서 $2p_z$로 전이될 때 전이 에너지의 크기는 같다.

21. ㄱ. [바로알기] 0.053nm은 바닥상태 수소 원자의 반지름이다. 오비탈의 경계면은 전자가 존재할 확률이 가장 큰 지점이 아니라 90%인 지점에 그린다.

ㄴ. [바로알기] 원자핵으로부터 거리가 멀어질 때 전자 존재 확률은 커졌다 작아진다.

ㄷ. 오비탈의 경계면은 전자 존재 확률이 90%인 지점에 그리기 때문에 경계면 밖에서 전자가 발견될 확률은 10%이다.

22. 주양자수가 2인 전자껍질에는 $2s$ 오비탈과 $2p$ 오비탈이 존재한다. 이때 l은 (0, 1), m_l은 (1, 0, -1), m_s는 $(+\frac{1}{2}, -\frac{1}{2})$이 존재한다.
① [바로알기] l이 0일 때 m_l은 0만 가능하며 이때에도 m_s은 $(+\frac{1}{2}, -\frac{1}{2})$이 모두 가능하다.

23. ㄱ. [바로알기] 수소 원자에도 $2p_x$ 오비탈은 존재한다. 원자가 가진 오비탈의 종류는 원자가 가진 전자의 수와는 무관하다.

ㄴ. $2p_x$ 오비탈은 x축 위에서는 원점에 대해 대칭 구조를 가지고 있으므로 x축 위에서 원점으로부터 떨어진 거리가 같은 두 지점 $(a, 0, 0)$과 $(-a, 0, 0)$의 전자 발견 확률은 같다.

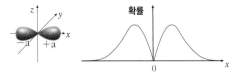

ㄷ. [바로알기] $2p$ 오비탈은 $2p_x$, $2p_y$, $2p_z$ 3개의 오비탈로 이루어져 있고, 각 오비탈 당 최대 2개의 전자가 채워질 수 있기 때문에 $2p$ 오비탈에는 최대 6개의 전자가 채워질 수 있다.

24. ㄱ. 수소 원자에서 주양자수가 같은 오비탈의 에너지 준위는 같으므로 $2s$ 오비탈과 $2p$ 오비탈의 에너지 준위는 같다.

ㄴ. 전자를 발견할 확률이 최대인 거리는 $2p$ 오비탈보다 $2s$ 오비탈이 크다.

ㄷ. [바로알기] $2p$ 오비탈은 s 오비탈처럼 구형이 아니므로 방향에 따라 전자 발견 확률이 다르다.

25. 전자와 같이 질량이 매우 작고 빠르게 운동하는 입자는 입자성과 파동성을 모두 나타내기 때문에 운동량과 위치를 동시에 정확히 측정할 수 없다.

26. **답** $(3, 0, 0)$, $(3, 1, -1)$, $(3, 1, 0)$, $(3, 1, +1)$, $(3, 2, -2)$, $(3, 2, -1)$ $(3, 2, 0)$ $(3, 2, +1)$ $(3, 2, +2)$

주양자수(n)	3		
전자껍질	L		
오비탈 종류	s	p	d
방위 양자수(l)	0	1	2
자기 양자수(m_l)	0	$-1, 0, +1$	$-2, -1, 0, +1, +2$

27. **답** (1) 약 5.6×10^{-11}m (2) 약 1.32×10^{-34}m

해설 (1) 질량이 9×10^{-28}g인 전자가 1.32×10^7m/s로 운동할 때, 이 전자의 물질파 파장은 다음과 같이 계산할 수 있다.

$$\lambda = \frac{h}{mv} = \frac{6.6 \times 10^{-34} \text{J} \cdot \text{s}}{9 \times 10^{-31} \text{kg} \times 1.32 \times 10^7 \text{m/s}} ≒ 5.6 \times 10^{-11}\text{m}$$

(2) 100g의 야구공이 50m/s로 운동할 때, 야구공의 파장은 다음과 같이 계산할 수 있다.

$$\lambda = \frac{h}{mv} = \frac{6.6 \times 10^{-34} \text{J} \cdot \text{s}}{0.1 \text{kg} \times 50 \text{m/s}} ≒ 1.32 \times 10^{-34}\text{m}$$

28. **답** 입자가 가지는 에너지는 연속된 값이어야 하지만, 원자 내부에서 전자의 에너지 준위는 양자화되어 있기 때문에 입자의 개념만으로는 전자를 설명할 수 없다. 전자는 입자성과 파동성을 모두 나타내므로, 양자화된 값을 가질 수 있는 파동의 개념을 이용하여 전자의 상태를 나타낸다.

29. **답** 전자를 발견할 확률이 90%가 되는 지점을 연결하여 경계면을 그린 다음, 그 경계면의 크기로 오비탈의 크기를 비교한다.

30. **답** 보어 원자 모형에서의 전자껍질은 전자가 원운동하는 궤도로 전자는 오로지 전자껍질에만 존재할 수 있고, 그 외의 공간에는 위치할 수 없다. 그러나 현대적 원자 모형에서는 전자의 위치를 특정할 수 없기 때문에 원자핵 주위에 전자가 존재할 공간을 확률로만 나타내는데, 이처럼 전자가 원자핵 주위에 존재하는 확률을 나타낸 함수를 오비탈이라고 하며, 따라서 오비탈에서는 전자의 정확한 위치를 알 수 없고, 전자가 존재할 확률이 90%인 지점을 연결한 경계면으로 그 형태를 나타내지만, 경계면 바깥쪽에서도 전자가 발견될 수 있다.

31. **답** 전자껍질의 에너지 준위는 전자와 원자핵 사이의 전기적 인력에 의해 나타나게 된다. 수소 원자는 양성자 1개와 전자 1개로 이루어져 있기 때문에 양성자와 전자 사이의 전기적 인력에 의해 에너지 준위가 결정되지만 다전자 원자의 경우 전자들 사이의 전기적 반발력이 작용하기 때문에 주양자수가 같더라도 오비탈의 종류에 따라 에너지 준위가 달라진다.

32. **답** (1) (가) : 2 (나) : 8 (다) : 32
(2) M 전자껍질에는 $3s$, $3p$, $3d$ 오비탈이 존재하며, 다전자 원자에서 $3d$ 오비탈은 $4s$ 오비탈보다 에너지 준위가 높다. 따라서 $_{20}$Ca에 전자가 배치될 때 상대적으로 에너지 준위가 낮은 오비탈에 전자가 먼저 채워지기 때문에 M 전자껍질이 다 채워지기 전에 N 전자껍질이 부분적으로 채워지는 현상이 발생한다.

10강. 원자의 전자 배치

개념 확인 182~185 쪽

1. 쌓음 원리   **2.** 바닥상태
3. (1) O (2) X   **4.** (1) X (2) X

3. (2) [바로알기] $_{20}$Ca이 안정한 양이온이 되면 $1s^2 2s^2 2p^6 3s^2 3p^6$의 전자 배치가 된다. 이는 $_{18}$Ar의 전자 배치와 같다.

4. (1) [바로알기] 수소 원자는 전자가 1개뿐이므로 양성자 수에 의한 핵전하가 유효 핵전하이지만 다전자 원자는 전자들 사이의 반발력에 의해 유효 핵전하가 양성자 수에 의한 핵전하보다 작다.
(2) [바로알기] 가림 효과가 클수록 전자의 유효 핵전하는 작다.

확인+ 182~185 쪽

1. 2   **2.** $1s^2 2s^2 2p^6 3s^1$
3. Mg^{2+}, O^{2-} **4.** 염소 원자(Cl)

3. $_{10}$Ne의 전자 배치는 $1s^2 2s^2 2p^6$이다. $_{11}$Na의 전자 배치는 $1s^2 2s^2 2p^6 3s^1$이고, $_9$F의 전자 배치는 $1s^2 2s^2 2p^5$이다.

4. 염소 원자(Cl)는 전자를 한 개 얻어 염화 이온(Cl^-)이 된다. 전자 수가 증가하면 전자들 사이의 반발력이 커지므로 유효 핵전하는 감소한다. 따라서 염소 원자(Cl)의 유효 핵전하가 염화 이온(Cl^-)의 유효 핵전하보다 더 크다.

개념 다지기 186~187 쪽

01. (1) 파울리 배타 원리 (2) 쌓음 원리 (3) 훈트 규칙
02. ㄷ   **03.** 파울리 배타 원리   **04.** ⑤
05. N   **06.** ④   **07.** 감소   **08.** ④

02. ㄱ과 ㄴ은 1개의 오비탈에 전자가 최대 2개까지 들어갈 수 있으며, 두 전자의 스핀 방향이 서로 반대이어야 한다는 파울리의 배타 원리에 어긋난다.

03. 쌓음 원리 또는 훈트 규칙을 만족하지 않는 상태는 바닥상태보다 불안정한 상태이지만 파울리 배타 원리를 만족하지 않는 전자 배치는 불가능한 전자 배치이다.

04. 바닥상태의 전자 배치는 쌓음 원리, 파울리 배타 원리 , 훈트 규칙을 모두 만족하는 전자 배치이다.
ㄱ. 훈트 규칙에 어긋난 전자 배치이다.
ㄴ. 쌓음 원리, 파울리 배타 원리, 훈트 규칙을 모두 만족하는 전자 배치이다.
ㄷ. p 오비탈에는 p_x, p_y, p_z 오비탈이 있고, 이들의 에너지 준위는 같다. 따라서 어떤 오비탈에 전자가 하나씩 먼저 배치되어도 에너지의 차이가 없다.
ㄹ. $2s$ 오비탈에 스핀 방향이 같은 전자가 2개 들어 있으므로 파울리 배타 원리에 어긋나는 전자 배치이기 때문에 불가능한 전자 배치이다.

05. $_4$Be : $1s^2 2s^2$ → 홀전자 수 : 0개
$_5$B : $1s^2 2s^2 2p^1$ → 홀전자 수 : 1개
$_6$C : $1s^2 2s^2 2p^2$ → 홀전자 수 : 2개
$_7$N : $1s^2 2s^2 2p^3$ → 홀전자 수 : 3개

06. 양성자 수에 의한 핵전하가 11+이고, 원자의 전자 수가 11개이므로 원자 번호가 11번인 나트륨이다. 나트륨의 전자 배치는 $1s^2 2s^2 2p^6 3s^1$이고, 원자가 전자 1개를 잃고 양이온이 되어 네온과 같은 $1s^2 2s^2 2p^6$의 전자 배치를 이룬다.

07. 원자가 전자를 얻으면 전자 수가 증가하여 전자들 사이의 반발력이 커진다. 따라서 유효 핵전하는 감소한다.

08. 같은 주기에서는 원자 번호가 클수록 원자가 전자의 유효 핵전하가 증가하지만, 다음 주기로 바뀔 때에는 원자가 전자의 유효 핵전하가 크게 감소한다. $_5$B, $_6$C, $_8$O, $_{10}$Ne은 모두 2주기 원소이고, $_{11}$Na은 3주기 원소이므로 이 원소들 중 Ne의 원자가 전자의 유효 핵선하가 가장 크다.

유형 익히기 & 하브루타 188~191 쪽

[유형 10-1] ㉠   **01.** ⑤   **02.** ⑤
[유형 10-2] ①   **03.** ②   **04.** ①, ③
[유형 10-3] ①   **05.** ④   **06.** ④
[유형 10-4] ③   **07.** ⑤   **08.** ①

[유형10-1] 바닥상태의 전자 배치가 되기 위해서는 쌓음 원리, 파울리 배타 원리, 훈트 규칙을 모두 만족해야 한다. 먼저 쌓음 원리에 의해 에너지 준위가 낮은 오비탈부터 전자를 채운다. ($1s →2s → 2p → 3s → 3p → 4s → 3d → 4p → 5s → 4d → 5p → 6s→ 4f → ⋯$) 파울리 배타 원리에 의해 오비탈에 전자가 채워질 때는 하나의 오비탈에 전자를 2개까지 채울 수 있다. 이때 한 오비탈에 채워지는 두 전자의 스핀 방향은 서로 반대가 되도록 한다. 마지막으로 훈트 규칙에 의해 에너지 준위가 같은 오비탈이 여러 개 있을 때, 홀전자의 수가 가장 많도록 전자를 배치한다.
㉠ $1s$ 오비탈에 전자를 2개 채우고, $2s$ 오비탈에 전자를 2개 채우고, $2p$ 오비탈에 홀전자가 많도록 전자를 배치했으므로 탄소 원자의 바닥상태 전자 배치가 된다.
㉡ $2s$ 오비탈에 전자 2개의 스핀 방향이 같으므로 파울리 배타 원리에 어긋난다. 따라서 불가능한 전자 배치이다.
㉢ $2s$ 오비탈에 전자를 채우지 않고, 에너지 준위가 더 높은 $2p$ 오비탈에 4개의 전자를 채웠으므로 쌓음 원리에 위배된다. 따라서 이 전자 배치는 들뜬상태의 전자 배치이다.

01. ㄱ. 전자가 1개인 수소 원자의 경우 오비탈의 에너지 준위는 오비탈의 종류에 관계없이 주양자수에 의해서만 결정된다.
ㄴ. 다전자 원자의 경우에는 주양자수뿐만 아니라 오비탈의 종류에 따라서도 에너지 준위가 달라진다. $1s → 2s → 2p → 3s → 3p → 4s → 3d → 4p → 5s → 4d → 5p → 6s → 4f → ⋯$순으로 전자가 채워진다.
ㄷ. K 전자껍질에는 전자가 2개까지 채워질 수 있고, L 전자껍질에는 전자가 8개까지 채워질 수 있다.

02. N 전자껍질에는 $4s$ 오비탈에 전자 2개, $4p$ 오비탈에 전자 6개, $4d$ 오비탈에는 전자 10개, $4f$ 오비탈에 전자 14개까지 채워질 수 있으므로 N 전자껍질에 들어갈 수 있는 최대 전자 수는 32개이다.

[유형 10-2]

	$1s$	$2s$	$2p_x$	$2p_y$	$2p_z$	
A	↑↓	↑↑	↑	↑		파울리 배타 원리에 위배
B	↑↓	↑↓			↑	바닥상태 전자 배치
C	↑↓	↑↑			↑	바닥상태 전자 배치
D	↑↓	↑↑		↑↓		훈트 규칙에 어긋남

ㄱ. A의 전자 배치는 $2s$ 오비탈에 스핀 방향이 같은 전자가 2개 들어 있으므로 파울리 배타 원리에 어긋나는 전자 배치이므로 불가능한 전자 배치이다.

ㄴ. [바로알기] p 오비탈에는 p_x, p_y, p_z 오비탈이 있고, 이들의 에너지 준위는 같다. 따라서 어떤 오비탈에 전자가 먼저 배치되어도 에너지에 차이가 없다. B와 C는 모두 바닥상태 전자 배치이므로 B에서 C로 될 때 에너지 방출은 없다. 들뜬 상태에서 바닥상태가 될 때 에너지가 방출된다.

ㄷ. [바로알기] D의 전자 배치는 훈트 규칙을 만족하지 않으므로 바닥상태보다 불안정한 들뜬 상태의 전자 배치이다.

03. [바로알기] ㄱ. 다전자 원자에서 오비탈의 에너지 준위는 주양자수뿐만 아니라 오비탈의 모양에도 영향을 받는다. L 전자껍질에는 $2s$ 오비탈과 $2p$ 오비탈이 존재하며 에너지 준위는 $2s < 2p$이다.

ㄴ. (가)에 전자가 들어 있는 오비탈은 K 전자껍질에 들어 있는 $1s$ 오비탈, L 전자껍질에 들어 있는 $2s$, $2p_x$, $2p_y$, $2p_z$ 오비탈이다. 따라서 총 5개의 오비탈에 전자가 들어 있다.

ㄷ. [바로알기] (나)는 (가)의 전자 배치에서 L 전자껍질의 전자 1개가 M 전자껍질로 전이된 들뜬상태의 전자 배치이다. 따라서 (나)의 M 전자껍질에 있는 전자는 바닥상태인 (가)의 L 전자껍질에 있는 전자보다 에너지가 높으므로 떼어내기 쉽다. 즉, 전자 1개를 떼어내는 데 필요한 최소 에너지는 (가)에서보다 (나)에서가 더 작다.

04. ①, ③ 쌓음 원리, 파울리 배타 원리, 훈트 규칙을 모두 만족하는 바닥상태의 전자 배치이다.

[바로알기] ② 에너지 준위가 같은 오비탈이 여러 개 있을 때 가능한 홀전자 수가 많아지도록 전자가 채워져야 한다는 훈트 규칙에 어긋나므로 들뜬 상태의 전자 배치이다.

④ $3s$ 오비탈에 전자가 1개만 채워진 상태로 $3p$ 오비탈에 전자가 채워졌으므로 훈트 규칙에 어긋난 들뜬 상태의 전자 배치이다.

⑤ $3s$ 오비탈에 스핀 방향이 같은 전자가 2개 들어 있으므로 파울리 배타 원리에 어긋나는 전자 배치이므로 불가능한 전자 배치이다.

[유형10-3]

A^-와 B^{2+}의 전자 배치가 $1s^2 2s^2 2p^6$이므로 원자 A의 바닥상태 전자 배치는 $1s^2 2s^2 2p^5$이고, 원자 B의 바닥상태 전자 배치는 $1s^2 2s^2 2p^6 3s^2$이다. 또한 C^-와 D^+의 전자 배치가 $1s^2 2s^2 2p^6 3s^2 3p^6$이므로, 원자 C의 바닥상태 전자 배치는 $1s^2 2s^2 2p^6 3s^2 3p^5$이고, 원자 D의 바닥상태 전자 배치는 $1s^2 2s^2 2p^6 3s^2 3p^6 4s^1$이다.

ㄱ. 원자 C의 바닥상태 전자 배치는 $1s^2 2s^2 2p^6 3s^2 3p^5$이므로 원자 번호는 17이고, 원자 D의 바닥상태 전자 배치는 $1s^2 2s^2 2p^6 3s^2 3p^6 4s^1$이므로 원자 번호는 19가 된다. 따라서 원자 번호는 D가 C보다 2 크다.

ㄴ. [바로알기] s 오비탈에 홀전자를 가지기 위해서는 전자 배치에 ns^1이 있어야 한다. 따라서 s 오비탈에 홀전자를 가지는 것은 D 뿐이다.

ㄷ. [바로알기] 전자가 존재하는 전자껍질 수는 A는 2개, B는 3개, C는 3개, D는 4개이다. 따라서 D가 A보다 2개 많다.

05.

원자 또는 이온	양성자 수	중성자 수	질량수	전자 수
A : S^{2-}	16	20	36	18
B : Ar	18	18	36	18
C : Ar	18	22	40	18
D : Ca^{2+}	20	20	40	18

ㄱ. A~D는 전자 수가 모두 18개이므로 바닥상태의 전자 배치는 $1s^2 2s^2 2p^6 3s^2 3p^6$이다.

ㄴ. A는 -2가 음이온, B와 C는 중성 원자, D는 $+2$가 양이온이다.

ㄷ. [바로알기] C의 전자껍질 수는 3이고, 홀전자는 없다.

06. ① N^{3-}의 바닥상태 전자 배치 : $1s^2 2s^2 2p^6$ → 전자껍질 수 : 2
② O^{2-}의 바닥상태 전자 배치 : $1s^2 2s^2 2p^6$ → 전자껍질 수 : 2
③ Ne의 바닥상태 전자 배치 : $1s^2 2s^2 2p^6$ → 전자껍질 수 : 2
④ Na의 바닥상태 전자 배치 : $1s^2 2s^2 2p^6 3s^1$ → 전자껍질 수 : 3
⑤ Mg^{2+}의 바닥상태 전자 배치 : $1s^2 2s^2 2p^6$ → 전자껍질 수 : 2

[유형10-4]

원자	s 오비탈에 있는 전자 수	p 오비탈에 있는 전자 수	홀전자 수
(가)	a (5)	6	1
(나)	4	3	b (3)
(다)	3	c (0)	d (1)

(가)는 바닥상태에서 p 오비탈에 전자가 6개 있으므로 3개의 $2p$ 오비탈에 전자가 모두 쌍을 이루어 채워져 있다. 따라서 홀전자 1개는 s 오비탈에 들어 있는 전자가 되므로 (가)의 전자 배치는 $1s^2 2s^2 2p^6 3s^1$이고, s 오비탈에 있는 전자 수는 5이다.

(나)는 바닥상태에서 s 오비탈에 있는 전자가 4개, p 오비탈에 있는 전자가 3개이므로 $1s$와 $2s$ 오비탈에 전자가 쌍을 이루어 채워져 있고, 3개의 $2p$ 오비탈에 전자가 각각 1개씩 채워져 있다. 따라서 (나)의 전자 배치는 $1s^2 2s^2 2p_x^1 2p_y^1 2p_z^1$이고, 홀전자 수는 3이다.

(다)는 바닥상태에서 s 오비탈에 있는 전자가 3개이므로 $1s$ 오비탈에 전자 2개가 채워져 있고, $2s$ 오비탈에 전자 1개가 채워져 있는 것이다. 따라서 (다)의 전자 배치는 $1s^2 2s^1$이고, p 오비탈에는 전자가 없고, 홀전자 수는 1이다.

ㄱ. [바로알기] $a + b + c + d = 5 + 3 + 0 + 1 = 9$이다.

ㄴ. [바로알기] (가)에서 전자가 들어 있는 오비탈은 $1s$, $2s$, $2p_x$, $2p_y$, $2p_z$, $3s$이므로 총 6개이다.

ㄷ. (나)는 원자 번호가 7인 질소이고, (다)는 원자 번호가 3인 리튬이므로 모두 2주기 원소이다. 같은 주기에서 원자 번호가 증가할수록 원자가 전자의 유효 핵전하가 증가한다. 따라서 원자 번호가 더 큰 (나)가 (다)보다 원자가 전자의 유효 핵전하가 크다.

07. 양성자 수가 1개 많아지므로 양성자 수에 의한 핵전하는 1이 증가하고, 전자 수도 1개 많아지므로 가려막기 효과도 증가한다. 하지만 양성자 수 증가에 따른 핵전하의 증가가 전자 수 증가에 따른 가려막기 효과보다 크기 때문에 원자가 전자의 유효 핵전하는 증가한다. 즉, 가려막기 효과로 인해 양성자 수에 의한 핵전하와 원자가 전자의 유효 핵전하의 차이가 생기며, 같은 주기에서는 원자 번호가 클수록 가려막기 효과도 커진다.

08. ㄱ. 다른 전자들에 의한 가려막기 효과로 인해 a가 느끼는 유효 핵전하는 양성자 수에 의한 핵전하인 $+11$보다 작다.

ㄴ. [바로알기] d가 c보다 안쪽 전자껍질에 있는 전자이다. 바깥 전자껍질에 있는 전자보다 안쪽 전자껍질에 있는 전자에 작용하는 유효 핵전하가 더 크므로 c가 느끼는 유효 핵전하보다 d가 느끼는 유효 핵전하가 더 크다.

ㄷ. [바로알기] b와 c는 같은 전자껍질에 있는 전자이고, d는 안쪽

전자껍질에 있는 전자이다. 같은 전자껍질에 있는 전자에 의한 가려막기 효과보다 안쪽 전자껍질에 있는 전자에 의한 가려막기 효과가 더 크다. 따라서 c에 영향을 주는 가려막기 효과는 d가 b보다 크다.

창의력 & 토론마당　　192~195 쪽

01 (1)

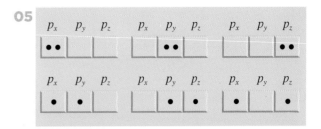

(2)

| $1s$ | $2s$ | $2p$ | $3s$ | $3p$ |
...

해설 다전자 원자의 오비탈 에너지 준위 순서에 의하면 $_{24}Cr$의 바닥상태의 전자 배치는 $1s^2 2s^2 2p^6 3s^2 3p^6 4s^2 3d^4$이다. 그러나 실제 전자 배치는 $1s^2 2s^2 2p^6 3s^2 3p^6 4s^1 3d^5$이다. 또한 $_{29}Cu$의 바닥상태의 전자 배치는 $1s^2 2s^2 2p^6 3s^2 3p^6 4s^2 3d^9$로 예상된다. 그러나 실제 전자 배치는 $1s^2 2s^2 2p^6 3s^2 3p^6 4s^1 3d^{10}$이다.
이러한 전자 배치가 일어나는 이유에 대해 여러 의견이 있지만 d 오비탈에 전자가 모두 채워지거나 절반만 채워지면 특별히 안정한 효과가 나타난다고 이해하면 된다.

02 (1) $1s^2 2s^2 2p^6 3s^2 3p^6 3d^6$
(2) $1s^2 2s^2 2p^6 3s^2 3p^6 3d^5$

해설 철 원자의 바닥상태 전자 배치 $1s^2 2s^2 2p^6 3s^2 3p^6 4s^2 3d^6$에서 원자가 전자는 $4s$ 오비탈의 전자 2개이다. 따라서 $4s$ 오비탈의 전자 2개를 먼저 잃고, 그 다음 $3d$ 오비탈의 전자를 잃는다.

03 상자성 : Li, B, C, O, Na, Al
반자성 : Mg

해설 Li의 전자 배치 : $1s^2 2s^1$ → 홀전자 1개 : 상자성
B의 전자 배치 : $1s^2 2s^2 2p^1$ → 홀전자 1개 : 상자성
C의 전자 배치 : $1s^2 2s^2 2p^2$ → 홀전자 2개 : 상자성
O의 전자 배치 : $1s^2 2s^2 2p^4$ → 홀전자 2개 : 상자성
Na의 전자 배치 : $1s^2 2s^2 2p^6 3s^1$ → 홀전자 1개 : 상자성
Mg의 전자 배치 : $1s^2 2s^2 2p^6 3s^2$ → 홀전자 0개 : 반자성
Al의 전자 배치 : $1s^2 2s^2 2p^6 3s^2 3p^1$ → 홀전자 1개 : 상자성

04 바닥상태 전자 배치가 $1s^2 2s^2 2p_x^2 2p_y^2 2p_z^2 (1s^2 2s^2 2p^6)$인 $_{10}Ne$이다.

해설 홀전자가 없으므로 $1s$ 오비탈과 $2s$ 오비탈이 있고, $2p_x$ 오비탈에 전자 2개, $2p_y$ 오비탈에 전자 2개, $2p_z$ 오비탈에 전자 2개가 존재한다. 따라서 전자가 총 10개인 원자 번호 10번 네온(Ne)이다.

05

p_x	p_y	p_z	p_x	p_y	p_z	p_x	p_y	p_z

p_x	p_y	p_z	p_x	p_y	p_z	p_x	p_y	p_z

06 $2s$ 오비탈과 $2p$ 오비탈의 모양이 달라 가려막기 효과가 다르기 때문이다. $2s$ 오비탈은 구형이므로 핵 근처에서의 전자 존재 확률이 크다. 반면에 $2p$ 오비탈은 아령형이며, 핵 근처에서 전자 존재 확률이 0이다. 따라서 $1s$ 전자들에 의한 가려막기 효과는 $2s$ 오비탈의 전자보다 대부분 $1s$ 오비탈의 전자 바깥쪽에 존재하는 $2p$ 오비탈의 전자들에게 더 큰 영향을 끼치게 된다. 따라서 다전자 원자에서 $2s$ 오비탈의 유효 핵전하가 $2p$ 오비탈의 유효 핵전하보다 더 크고, $2s$ 오비탈의 에너지 준위보다 $2p$ 오비탈의 에너지 준위가 더 높다.

해설

2s 오비탈의 전자들은 핵 근처에도 많이 존재하지만 2p 오비탈의 전자들은 대부분 1s 오비탈의 전자 바깥쪽에 존재하므로, 1s 오비탈의 전자에 의한 가려막기 효과를 많이 받아 에너지 준위가 높아진다.

스스로 실력 높이기　　196 - 201 쪽

01. (1) X (2) O　　**02.** 바닥상태
03. (1) O (2) X (3) X　　**04.** P
05. ㉠ 2 ㉡ 8 ㉢ 18 ㉣ 32　　**06.** (1) O (2) X
07. 홀전자　　**08.** F^-, Na^+
09. =, >　　**10.** ㉠ 증가0 ㉡ 감소
11. ④　**12.** ④　**13.** ②　**14.** ②　**15.** ③
16. ⑤　**17.** ②　**18.** ④　**19.** ③　**20.** ⑤
21. ②　**22.** ⑤　**23.** ①　**24.** ⑤
25.~ 32. 〈해설 참조〉

01. (1) [바로알기] 파울리 배타 원리에 의해 1개의 오비탈에는 전자가 최대 2개까지 들어갈 수 있으며, 이때 두 전자의 스핀 방향은 서로 반대이어야 한다.

03.

$1s$	$2s$	$2p_x$	$2p_y$	$2p_z$
↑↓	↑↓	↑		↑

전자가 6개이므로 원자 번호 6인 탄소의 전자 배치이다. 쌓음 원리와 파울리 배타 원리, 훈트 규칙을 모두 만족하는 전자 배치이므로 바닥상태의 전자 배치이다. p 오비탈에는 p_x, p_y, p_z 오비탈이 있고, 이들의 에너지 준위는 같다. 따라서 어떤 오비탈에 전자가 먼저 배치되어도 에너지에 차이가 없다.

04. $_9F : 1s^2 2s^2 2p^5 \rightarrow$ 홀전자 수 : 1개

$_{11}Na : 1s^2 2s^2 2p^6 3s^1 \rightarrow$ 홀전자 수 : 1개

$_{15}P : 1s^2 2s^2 2p^6 3s^2 3p^3 \rightarrow$ 홀전자 수 : 3개

$_{18}Ar : 1s^2 2s^2 2p^6 3s^2 3p^6 \rightarrow$ 홀전자 수 : 0개

05.

주양자수	K(n=1)	L(n=2)	M(n=3)	N(n=4)
오비탈 수 (n^2)	1	4	9	16
존재 오비탈	s	s, p	s, p, d	s, p, d, f
최대 수용 전자 수 ($2n^2$)	2	8	18	32

06. (2) [바로알기] 들뜬 상태의 전자 배치는 쌓음 원리 또는 훈트 규칙을 만족하지 않는 상태로 바닥상태보다 불안정한 상태이다. 파울리 배타 원리를 만족하지 않는 전자 배치는 불가능한 전자 배치이다.

08. $_4Be^{2+}$의 전자 배치 : $1s^2$ $_9F^-$의 전자 배치 : $1s^2 2s^2 2p^6$

$_{11}Na^+$의 전자 배치 : $1s^2 2s^2 2p^6$ $_{10}Ne$의 전자 배치 : $1s^2 2s^2 2p^6$

09. S_1, S_2는 안쪽 전자껍질에 존재하는 전자에 의한 가려막기 효과이며, S_3는 같은 전자껍질에 존재하는 전자에 의한 가려막기 효과이다. 같은 전자껍질에 있는 전자들에 의한 가려막기 효과는 안쪽 전자껍질에 있는 전자들에 의한 가려막기 효과보다 작다.

10. 같은 주기에서는 원자 번호가 클수록 원자가 전자의 유효 핵전하가 증가한다. 또한 원자에 전자가 추가되어 전자 수가 증가하면 전자들 사이의 반발력이 커지므로 유효 핵전하는 감소한다.

11. 플루오린(F)의 바닥상태 전자 배치는

① $1s^2 2s^2 2p_x^2 2p_y^2 2p_z^1$ 또는 ② $1s^2 2s^2 2p_x^2 2p_y^1 2p_z^2$ 이거나

③ $1s^2 2s^2 2p_x^1 2p_y^2 2p_z^2$이다.

⑤ $1s^2 2s^1 2p_x^2 2p_y^2 2p_z^2$은 플루오린의 들뜬상태의 전자 배치이다.

④ $1s^2 2s^2 2p_x^3 2p_y^1 2p_z^1$ 는 $2p_x$ 오비탈에 전자가 3개 들어 있는데, 1개의 오비탈에 최대로 들어갈 수 있는 전자 수는 2개이므로 불가능한 전자 배치이다.

12. 홀전자의 개수는 다음과 같다.

① $1s^2$: 0개   ② $1s^2 2s^1$: 1개

③ $1s^2 2s^2 2p^2 \rightarrow 1s^2 2s^2 2p_x^1 2p_y^1$: 2개

④ $1s^2 2s^2 2p^3 \rightarrow 1s^2 2s^2 2p_x^1 2p_y^1 2p_z^1$: 3개

⑤ $1s^2 2s^2 2p^5 \rightarrow 1s^2 2s^2 2p_x^2 2p_y^2 2p_z^1$: 1개

13. ㄱ. [바로알기] (가)는 쌓음 원리, 파울리 배타 원리, 훈트 규칙을 모두 만족하는 바닥상태의 전자 배치이다.

ㄴ. 훈트 규칙은 에너지 준위가 같은 오비탈이 여러 개 있을 때 가능한 홀전자 수가 많아지도록 전자가 채워져야 한다는 규칙이다. (나)는 $2p_x$ 오비탈에 전자 2개가 채워지고, $2p_y$ 오비탈에 전자가 한 개도 없으므로 훈트 규칙을 만족하지 못하는 전자 배치이다.

ㄷ. [바로알기] 파울리 배타 원리는 1개의 오비탈에 전자가 최대 2개까지 들어갈 수 있으며, 이때 두 전자의 스핀 방향은 서로 반대이어야 한다는 것이다. (다)의 전자 배치는 파울리 배타 원리는 만족하지만 쌓음 원리에 어긋난 들뜬상태의 전자 배치이다.

14.

입자	양성자 수	중성자 수	질량수	전자 수
A ($_8O^{2-}$)	8	8	16	10
B ($_9F^-$)	9	9	18	10

C ($_{10}Ne$)	10	12	22	10
D ($_{12}Mg^{2+}$)	12	12	24	10

ㄱ. [바로알기] A~D의 전자 배치는 모두 $1s^2 2s^2 2p^6$이다. 따라서 A~D의 전자 배치에는 홀전자가 없다.

ㄴ. 양성자 수가 원자 번호와 동일하므로 D의 원자 번호가 가장 크다.

ㄷ. [바로알기] A~D 중 이온인 것은 A, B, D로 총 3개이다.

15.

주양자수(n)	1	2	
오비탈의 종류	$1s$	$2s$	$2p$
오비탈의 수	1	1	3

ㄱ. [바로알기] $_2He$의 바닥상태 전자 배치는 $1s^2$이다. 따라서 B($2s$ 오비탈)에는 전자가 들어 있지 않다.

ㄴ. [바로알기] $_3Li$의 바닥상태 전자 배치는 $1s^2 2s^1$이다. 따라서 A($1s$ 오비탈)에 2개의 전자가 들어 있고, B($2s$ 오비탈)에 1개의 전자가 들어 있다.

ㄷ. $_9F$의 바닥상태 전자 배치는 $1s^2 2s^2 2p_x^2 2p_y^2 2p_z^1$이다. 따라서 전자가 2개씩 들어 있는 오비탈은 총 4개이다.

16. (가)~(다)는 모두 2주기 원소이다.

ㄱ. (가)의 유효 핵전하는 전자 사이의 반발력에 의해 양성자 수에 의한 핵전하인 +6보다 작다.

ㄴ. [바로알기] 같은 주기에서 원자 번호가 클수록 가려막기 효과가 커진다. 따라서 (다)의 가려막기 효과가 가장 크다.

ㄷ. 원자 번호가 증가할 때 양성자 수에 의한 핵전하가 증가하는 정도가 전자에 의한 가려막기 효과가 증가하는 정도보다 크기 때문에 같은 주기에서 원자 번호가 클수록 최외각 전자의 유효 핵전하가 증가한다. 따라서 (다)의 유효 핵전하가 가장 크다.

17.

원자	전자 배치	홀전자 수	전자껍질 수	홀전자 수 × 전자껍질 수
Na	$1s^2 2s^2 2p_x^2 2p_y^2 2p_z^2 3s^1$	1	3	3
O	$1s^2 2s^2 2p_x^2 2p_y^1 2p_z^1$	2	2	4
F	$1s^2 2s^2 2p_x^2 2p_y^2 2p_z^1$	1	2	2
Ne	$1s^2 2s^2 2p_x^2 2p_y^2 2p_z^2$	0	2	0
Mg	$1s^2 2s^2 2p_x^2 2p_y^2 2p_z^2 3s^2$	0	3	0

18. Be의 양성자 수는 4이므로 양성자 수에 의한 핵전하는 +4이다. Be은 $1s$ 오비탈에 전자가 2개 있고, $2s$ 오비탈에 전자가 2개 있다. 따라서 유효 핵전하 $Z_{eff} = Z$(양성자 수에 의한 핵전하) $- S$(가려막기 상수) $= 4 - (0.85 + 0.85 + 0.35) = 1.95$이다.

19. s 오비탈과 p 오비탈에 들어 있는 전자 수가 같은 2주기 원자 X는 O($1s^2 2s^2 2p^4$)이다. 또한 홀전자 수와 가장 바깥 전자껍질에 있는 전자 수가 같은 원자 Y는 Li($1s^2 2s^1$)이다. 그리고 Y와 Z의 전자가 들어 있는 오비탈 수의 합이 5가 되기 위해서는 Y는 Li이므로, 전자가 들어 있는 오비탈 수가 3개인 Z는 B($1s^2 2s^2 2p^1$)가 된다. 따라서 X는 O, Y는 Li, Z는 B이다.

20. 바닥상태의 원자 A의 전자 배치는 다음과 같다.

1s	2s	$2p_x$	$2p_y$	$2p_z$	3s
↑↓	↑↓	↑↓	↑↓	↑↓	↑↓

바닥상태의 원자 B의 전자 배치는 다음과 같다.

1s	2s	$2p_x$	$2p_y$	$2p_z$
↑↓	↑↓	↑↓	↑↓	

ㄱ. A의 홀전자 수는 0개이고, B의 홀전자 수는 1개이다.

ㄴ. A의 전자껍질 수는 3개이고, B의 전자껍질 수는 2개이다.

ㄷ. 전자가 들어 있는 오비탈의 수는 A 6개, B 5개이다.

21.

원자	s 오비탈에 있는 전자 수	p 오비탈에 있는 전자 수	홀전자 수
(가)	5	6	a (1)
(나)	4	b (3)	3
(다)	3	c (0)	1

(가)는 바닥상태에서 p 오비탈에 전자가 6개 있으므로 3개의 $2p$ 오비탈에 전자가 모두 쌍을 이루어 채워져 있다. 따라서 s 오비탈에 들어 있는 전자 중 홀전자가 존재한다. 즉, (가)의 전자 배치는 $1s^2 2s^2 2p^6 3s^1$이고, 홀전자 수는 1개이다.

(나)는 바닥상태에서 s 오비탈에 있는 전자가 4개이므로 s 오비탈에 전자가 모두 쌍을 이루어 채워져 있다. 따라서 홀전자는 모두 $2p$ 오비탈에 존재한다. 따라서 (나)의 전자 배치는 $1s^2 2s^2 2p_x^1 2p_y^1 2p_z^1$이고, p 오비탈에 있는 전자 수는 3개이다.

(다)는 바닥상태에서 s 오비탈에 있는 전자가 3개이므로 $1s$ 오비탈에 전자 2개가 채워져 있고, $2s$ 오비탈에 전자 1개가 채워져 있는 것이다. 따라서 (다)의 전자 배치는 $1s^2 2s^1$이고, p 오비탈에는 전자가 없다.

22.
ㄱ. (가)에서 전자가 들어 있는 오비탈은 $1s$, $2s$, $2p_x$, $2p_y$, $2p_z$, $3s$이므로 총 6개이다.

ㄴ. (나)는 원자 번호가 7인 질소이고, (다)는 원자 번호가 3인 리튬이므로 모두 2주기 원소이다. 같은 주기에서는 원자 번호가 증가할수록 가려막기 효과가 커진다. 또한 같은 주기에서 원자 번호가 증가할수록 원자가 전자의 유효 핵전하가 증가한다. 따라서 원자 번호가 더 큰 (나)가 (다)보다 가려막기 효과와 원자가 전자의 유효 핵전하가 크다.

ㄷ. (가)와 (나)가 안정한 이온이 되면 두 이온의 바닥상태 전자 배치는 모두 $1s^2 2s^2 2p^6$이다.

23.
ㄱ. A는 전자가 한 개인 수소 원자이다. 수소 원자에서 오비탈의 에너지 준위는 주양자수에 의해 결정되므로 $2s$와 $2p$의 에너지 준위는 같다.

ㄴ. [바로알기] B는 $2s$가 완전히 채워지지 않은 상태에서 $2p$에 전자가 배치되어 있으므로 쌓음 원리를 만족하지 않은 들뜬상태이며, 에너지 준위가 같은 오비탈이 여러 개 있을 때 가능한 홀전자 수가 많아지도록 전자가 채워져야 한다는 훈트 규칙은 만족하는 전자 배치이다.

ㄷ. [바로알기] C에서 L 껍질에 존재하는 전자의 수는 $2s$에 2개, $2p$에 3개로 총 5개이다.

24.
2~3주기 원소의 바닥상태에서 전자가 들어 있는 오비탈의 수와 원자가 전자 수, 홀전자 수는 다음과 같다.

원자	Li	Be	B	C	N	O	F	Ne
오비탈의 수	2	2	3	4	5	5	5	5
원자가 전자 수	1	2	3	4	5	6	7	0
홀전자 수	1	0	1	2	3	2	1	0
원자가 전자 수 - 홀전자 수	0	2	2	2	2	4	6	0

원자	Na	Mg	Al	Si	P	S	Cl	Ar
오비탈의 수	6	6	7	8	9	9	9	9
원자가 전자 수	1	2	3	4	5	6	7	0
홀전자 수	1	0	1	2	3	2	1	0
원자가 전자 수 - 홀전자 수	0	2	2	2	2	4	6	0

A는 탄소(C), B는 산소(O), C는 플루오린(F), D는 나트륨(Na), E는 마그네슘(Mg)이다.

ㄱ. A는 탄소(C)이고, B는 산소(O)이다. 이 둘의 홀전자 수는 모두 2개이다.

ㄴ. C는 플루오린(F)이므로 전자 하나를 받아 플루오린 이온(F^-)이 되면 네온(Ne)과 같은 전자 배치를 갖게 된다. 따라서 바닥상태의 전자 배치는 $1s^2 2s^2 2p^6$이다.

ㄷ. 전자가 들어 있는 오비탈 수가 6인 D와 E는 각각 나트륨(Na)과 마그네슘(Mg)으로 3주기 원소이다.

25. 답
p 오비탈에는 p_x, p_y, p_z 오비탈이 있고, 이들의 에너지 준위는 모두 같다. 따라서 어떤 오비탈에 전자가 먼저 배치되어도 에너지에 차이가 없기 때문에 모두 바닥상태의 전자 배치이다.

26. 답
ㄱ. $_5B : 1s^2 2s^3 \rightarrow$ 1개의 오비탈에는 전자가 최대 2개까지만 들어갈 수 있으므로 파울리 배타 원리에 위배돼 불가능한 전자 배치이다. $_5B$의 바닥상태 전자 배치는 $1s^2 2s^2 2p^1$이다.

ㄴ. $_{11}Na : 1s^2 2s^2 2p^6 3p^1 \rightarrow$ 전자는 에너지 준위가 낮은 오비탈부터 차례로 채워진다는 쌓음 원리를 만족하지 않으므로 들뜬상태의 전자 배치이다. $_{11}Na$의 바닥상태 전자 배치는 $1s^2 2s^2 2p^6 3s^1$이다.

ㄷ. $_{17}Cl : 1s^2 2s^2 2p^6 3s^2 3p^5 \rightarrow$ 쌓음 원리, 파울리 배타 원리, 훈트 규칙을 모두 만족하는 에너지가 가장 낮은 안정한 상태의 전자 배치이다.

27. 답
(1) 가려막기 효과로 인해 양성자 수에 의한 핵전하와 원자가 전자의 유효 핵전하의 차이가 생긴다.

(2) 같은 주기에서는 원자 번호가 클수록 가려막기 효과도 커지기 때문이다. 그러나 원자 번호가 증가할 때 양성자 수에 의한 핵전하가 증가하는 정도가 전자에 의한 가려막기 효과가 증가하는 정도보다 크기 때문에 같은 주기에서 원자 번호가 클수록 최외각 전자의 유효 핵전하가 증가한다.

28. 답
플루오린(F) 원자가 전자를 얻어 플루오린화 이온(F^-)이 되면 전자 수가 증가하여 전자들 사이의 반발력이 커지므로 최외각 전자가 느끼는 유효 핵전하가 감소한다.

29. 답
A의 원자 번호를 x라고 한다면 A^{2-}가 가지는 전자 수는 $(x + 2)$개이다. 원자 번호가 n인 B^{3+}가 가지는 전자 수는 $(n - 3)$개이다. $x + 2 = n - 3$이므로 $x = n - 5$이다. 따라서 A의 원자 번호는 $n - 5$이다.

30. 답
$_{30}Zn$의 전자 배치는 $1s^2 2s^2 2p^6 3s^2 3p^6 4s^2 3d^{10}$이다. 전자를 잃을 때는 가장 바깥 전자 껍질에 있는 전자부터 잃기 때문에 Zn은 $4s$ 오비탈의 전자를 잃고 $1s^2 2s^2 2p^6 3s^2 3p^6 3d^{10}$의 전자 배치를 가진 Zn^{2+}이 된다.

31. 답
A^{2+}의 전자 배치가 M 껍질까지 가득 채워졌다면 A^{2+}의 전자 배치는 K(2)L(8)M(18)이다. A^{2+}의 전자 수가 28개이므로 원자 A의 전자 수는 28 + 2 = 30개이다. 따라서 원자 번호는 30이다. A^{2+}의 바닥상태 전자 배치는 $1s^2 2s^2 2p^6 3s^2 3p^6 3d^{10}$이므로 전자가 채워진 오비탈의 총 수는 1 + 1 + 3 + 1 + 3 + 5 = 14개이다.

32. 답
같은 오비탈에 2개의 전자가 먼저 채워지면 전자 사이의 정전기적 반발력이 크게 작용하여 불안정해지기 때문에 훈트 규칙을 만족하지 않으면 들뜬상태의 전자 배치가 된다.

11강. 주기율과 주기율표

개념 확인   202~205 쪽

1. (1) O (2) X (3) O   **2.** 주기율

3. 전자껍질, 최외각(원자가) 전자

4. (1) X (2) O (3) O

---

1. (2) [바로알기] 멘델레예프는 표에 원소들을 나열할 때, 원자량이 증가하는 순서로 배열하되, 원소의 성질이 주기율을 따르지 않을 경우 빈칸으로 남겨놓으며 원소들을 주기에 맞게 나열하였다. 빈칸에 들어갈 원소는 아직 발견되지 않은 원소라고 생각하고, 그 원소들의 성질까지 예측하였다.

3. 같은 주기의 원소들은 전자껍질 수가 같고, 같은 족에 속한 원소들은 같은 수의 최외각(원자가) 전자를 가지기 때문에 화학적 성질이 비슷하다.

4. (1) [바로알기] 네온의 최외각 전자 수는 8개이지만 원자가 전자 수는 0개이다.

확인+   202~205 쪽

1. 모즐리   **2.** (1) O (2) X (3) X

3. 1, 1   **4.** 18

---

2. (2) [바로알기] 현대의 주기율표는 원소들을 원자 번호(양성자 수) 순서로 배열하였다.
(3) [바로알기] 주기율표에는 자연계에 존재하는 원소와 핵반응을 통해 만든 인공 원소가 모두 포함되어 있다.

3. 1족 원소들의 최외각 전자 수(원자가 전자 수)는 1개이다.

4. 18족 원소들은 비활성 기체이므로 최외각 전자 수는 8개(헬륨은 2개)이지만 원자가 전자 수는 0개이다.

개념 다지기   206~207 쪽

01. ①   **02.** ②   **03.** ②   **04.** ⑤

05. (1) O (2) O (3) X   **06.** S

07. 아르곤, 크립톤, 제논   **08.** ⑤

---

1. 멘델레예프는 원소를 원자량 순으로 나열했고, 모즐리의 원소를 원자 번호 순으로 나열함으로써 주기율표가 원자량 순으로 원소를 배열하였을 때 특정 원소들에서 원소의 주기율이 나타나지 않는 단점을 해결하였다.

2. 화학적 성질이 비슷한 원소를 3개씩 묶으면 중간 원소의 물리량은 첫 번째 원소와 세 번째 원소의 물리량의 평균값과 비슷하다는 세 쌍 원소설을 주장한 과학자는 되베라이너이다.

3. 주기율표는 원소들을 원자 번호 순서대로 배열하되, 화학적 성

질이 비슷한 원소들을 같은 세로줄에 오도록 배열하여, 원소의 성질별로 분류가 가능하도록 만든 표이다.

4. ⑤ 염소는 원자 번호가 17번으로 양성자 수가 17개이고, 17족이므로 원자가 전자는 7개이다.
[바로알기] ① 18족 원소들의 원자가 전자 수는 0개이다.
② 리튬, 나트륨, 칼륨은 1족 원소이다. 동족 원소끼리는 원자가 전자 수가 같다. 같은 주기에 속한 원소끼리 전자 껍질 수가 같다.
③ 원자핵의 전하량은 양성자 수에 비례하므로 원소마다 모두 다르다.
④ 탄소, 질소, 산소는 서로 같은 주기 원소이며, 같은 족에 속한 원소끼리 화학적 성질이 비슷하다.

5. [바로알기] (3) 주기율표의 6주기에 속한 원소는 란타넘족을 포함해서 $_{55}Cs$부터 $_{86}Rn$까지 총 32개이다.

6. 전자껍질 수가 3개이고, 원자가 전자가 6개이므로 3주기에 속한 원소 중 16족 원소이다.

7. 같은 족에 속한 원소의 최외각 전자 수는 같다. 네온은 18족 원소이므로 최외각 전자 수는 8개이고, 최외각 전자 수가 8개인 원소는 아르곤, 크립톤, 제논이다. 헬륨은 18족 원소이지만 최외각 전자가 2개이다.(첫번째 전자껍질에는 전자가 2개까지만 채워진다.)

8. 원자가 전자는 그 원자에서 에너지가 가장 높은 상태에 있는 전자로 원소의 화학적 성질을 주로 결정한다.

유형 익히기 & 하브루타   208~211 쪽

[유형 11-1] ㄱ, ㄴ, ㄷ   **01.** ⑤   **02.** Cl

[유형 11-2] ①   **03.** ④   **04.** ③

[유형 11-3] ⑤   **05.** D   **06.** ⑤

[유형 11-4] ⑤   **07.** ④   **08.** 17

[유형11-1] 멘델레예프는 그 당시까지 알려진 63종의 원소들을 원자량 순으로 나열하여 일정한 주기로 비슷한 성질의 원소가 나타나는 것을 발견하였다. 또한 원자량에 따른 원소의 성질이 주기율을 따르지 않을 경우 아직 발견되지 않은 원소가 존재할 것이라 생각하고, 주기율표에 빈칸(물음표)으로 남겨놓고, 발견되지 않은 원소의 성질까지 예측하였다. 그러나 비활성 기체인 아르곤(Ar)의 발견으로 원자량의 순서와 주기율이 일치하지 않음을 알게 되었다. 원소들을 원자량 순으로 배열하면 아르곤 외에도 몇몇 원소들의 성질이 주기율을 따르지 않는다.

01. ㄱ. [바로알기] (현대 주기율표에서 이 세 쌍 원소들은 같은 족에 속한다.
ㄴ. 세 쌍 원소들 중 가운데 원소의 원자량은 양쪽 원소들의 원자량의 평균값과 비슷하므로 리튬과 칼륨의 원자량의 평균값인 23이 나트륨의 원자량이 된다.
ㄷ. 되베라이너가 제안한 세 쌍 원소들의 화학적 성질은 비슷하다.

02. 여덟 번째 원소마다 화학적 성질이 비슷한 원소가 나타나므로 플루오린(F)과 성질이 비슷한 원소는 염소(Cl)이다.

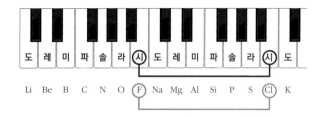

도 레 미 파 솔 라 **시** 도 레 미 파 솔 라 **시** 도

Li Be B C N O **F** Na Mg Al Si P S **Cl** K

[유형11-2] ㄱ. 현재 사용하고 있는 주기율표는 원소들을 원자 번호 순서대로 나열하되, 화학적 성질이 비슷한 원소들을 같은 세로줄에 오도록 배치하였다.

ㄴ. [바로알기] (1~3주기 사이에 빈 공간은 아직 발견되지 않은 원소들을 위해 비워둔 것이 아니라 원소들을 화학적 성질이 비슷한 원소들을 같은 세로줄에 오도록 배치하기 위해 생긴 것이다.

ㄷ. [바로알기] (같은 세로줄(족)의 원소라고 하더라도 상온, 상압에서의 홑원소 물질의 상태가 동일하지는 않다. 예를 들어 17족의 플루오린과 염소는 기체이고, 브로민은 액체, 아이오딘은 고체 상태로 존재한다.

03. ㄷ. [바로알기] (주기율표는 원소를 원자 번호 순으로 배열한 표이다. 특히, 화학적 성질이 비슷한 원소들을 같은 세로줄에 오도록 배치하였다. 주기율표의 세로줄은 족이라고 하고, 가로줄은 주기라고 한다.

04. ③ [바로알기] 원자 번호 92번까지의 원소는 대부분 자연계에 존재하는 원소이고, 93번 이후의 원소는 기존의 원소를 핵반응시켜 인공적으로 만든 원소이다.
① 현재의 주기율표는 7개의 주기, 18개의 족으로 되어 있다.
② 현재 사용하는 주기율표는 원소를 원자 번호 순서대로 나열한 것이므로 양성자 수 순서로 나열한 것과 같다.

[유형11-3] A는 수소(H), B는 헬륨(He), C는 나트륨(Na), D는 염소(Cl), E는 철(Fe), F는 아이오딘(I)이다.
ㄱ. [바로알기] 수소와 나트륨은 모두 1족에 있는 원소이지만 수소는 1족의 다른 원소(알칼리 금속)와 화학적 성질이 다르다.
ㄴ. 헬륨은 18족 원소로 비활성 기체이고, 염소는 17족 원소로 할로젠 원소이다.
ㄷ. 주기는 전자껍질 수와 같다. 따라서 4주기 원소인 철의 전자껍질 수는 4개, 5주기 원소인 아이오딘의 전자껍질 수는 5개이다.

05. 1족, 2족, 13~18족 원소가 속한 족의 일의 자리 숫자는 그 원소의 최외각 전자 수와 같다. 그러나 B, 원자 번호 2번인 헬륨의 최외각 전자 수는 2개이다. 즉, A와 E는 1개, B는 2개, C는 2개, D는 7개, F는 5개, G는 6개이다. 따라서 최외각 전자 수가 가장 많은 원소는 17족 원소인 D이다.

06. ⑤ [바로알기] 원소 F는 15족 원소로 최외각 전자 수는 5개이다.
① 원소 A와 원소 E는 모두 1족 원소로 원자가 전자 수가 1개이다.
② 주기율표는 원소를 원자 번호 순으로 나열한 것이다. 원자 번호는 원소의 양성자 수와 같다. 따라서 원소 B의 양성자 수는 2개이다.
③ 원소 C는 2주기에 속한 원소이므로 전자껍질 수가 2개이다.
④ 원소 D와 G는 17족 원소이므로, 할로젠 원소이다. 동족 원소끼리는 화학적 성질이 비슷하다.

[유형11-4] ㄱ. 원자가 전자는 바닥상태의 전자 배치에서 가장 바깥쪽 전자껍질에 채워져 있는 전자로, 화학적 성질과 관련된 전자를 의미한다. 원소의 원자가 전자 수는 표에서와 같이 주기성이 나타난다. 이것이 원소의 주기율이 존재하는 이유이다.
ㄴ. 원소 (가)는 $_{10}Ne$(네온)으로, 네온은 18족 비활성 기체이다. 따

라서 최외각 전자 수는 8개이지만 다른 원자와 화학적으로 반응할 수 있는 원자가 전자 수는 0개이다. 따라서 화학적 활성이 거의 없다.
ㄷ. 주기율표에서 원소들은 원자가 전자 수가 같은 원소들을 같은 족에 배치되었으므로 같은 족 원소들의 원자가 전자 수는 항상 같다.

07. 바닥상태에서의 전자 배치를 보았을 때, 전자의 수가 총 18개이므로 이 원소의 양성자 수도 18개이다. 최외각 전자 수가 8개이므로 주기율표의 18족에 속하는 원소라는 것을 알 수 있다.
ㄷ. [바로알기] 18족 원소의 최외각 전자 수는 8개이고, 원자가 전자 수는 0개이다.

08. 이온이 될 때 전자를 잃거나 얻는 전자의 수로 주기율표 상의 주기를 알 수 있다. 17족 원소의 원자가 전자는 7개이므로 다른 원자로부터 전자 한 개를 얻어 −1가의 음이온이 된다.

창의력 & 토론마당　　　212~215 쪽

01
(1)

＋11　　　　＋15

▲ 원소 X의 전자 배열　　▲ 원소 Y의 전자 배열

(2) 원소 X는 3주기, 1족에 속하는 원소이고, 원소 Y는 3주기 15족에 속하는 원소이다.

해설 X는 전자가 11개이고, 전기적으로 중성인 원자이므로 양성자의 수가 11개이고, 원자 번호는 11번인 원소이다. X 원자의 전자 11개를 전자껍질에 배치해 보면 K 전자껍질에 2개, L 전자껍질에 8개, M 전자껍질에 1개가 채워진다. 따라서 가장 최외각 전자껍질에 있는 전자가 1개가 되므로 원자가 전자는 1개이고, 전자껍질 수는 3개가 된다. 주기율표에서 전자껍질 수가 3개인 주기는 3주기 이고, 원자가 전자가 1개인 족은 1족이므로 원소 X는 3주기, 1족 원소인 나트륨($_{11}Na$)이다.
Y는 전자가 15개이고, 전기적으로 중성인 원자이므로 양성자의 수가 15개이고, 원자 번호는 15번인 원소이다. Y 원자의 전자 15개를 전자껍질에 배치해 보면 K 전자껍질에 2개, L 전자껍질에 8개, M 전자껍질에 5개가 채워진다. 따라서 가장 최외각 전자껍질에 있는 전자가 5개가 되므로 원자가 전자는 5개이고, 전자껍질 수는 3개가 된다. 주기율표에서 전자껍질 수가 3개인 주기는 3주기 이고, 원자가 전자가 5개인 족은 15족이므로 원소 X는 3주기, 15족 원소인 인($_{15}P$)이다.

02 원자의 크기의 이론적인 상한선은 최외각 전자껍질의 지름에 좌우된다. 원자 번호가 173 번이 넘는다면 원소의 전자는 173 개 이상이고, 그렇게 된다면 최외각 전자껍질의 지름이 너무 커져서 그 전자껍질에 있는 전자는 빛보다 더 빠르게 움직여야만 한다. 따라서 이론적으로 원자 번호 173 번 이상의 원소는 존재할 수 없다.

해설 실제로는 원자 번호가 126번만 되더라도 매우 짧은 순간밖에 존재할 수 없다. 따라서 이보다 원자 번호가 더 큰 원소는 존재하기 힘들다.

03 〈예시 답안1〉 수소의 원자가 전자는 1개이므로 수소는 1족 가장 위(주기율표 왼쪽 가장 위)에 위치해야 한다고 생각한다.
〈예시 답안2〉 수소의 화학적 성질은 할로젠 원소와 비슷하고, 주기율표는 원소를 화학적 성질별로 분류할 수 있도록 만든 표이므로 수소는 1주기 17족에 위치해야 한다고 생각한다.

04 (1) 원자 번호는 원자의 양성자 수와 같고, 원자량은 양성자 수와 중성자 수를 더한 값과 동위 원소의 존재비를 고려한 평균값이다. 동위 원소의 존재를 무시한다면 대부분의 원소는 양성자 수와 중성자 수가 거의 같으므로 원자량은 양성자 수의 약 2배이다. 따라서 원자량 순서와 원자 번호 순서가 완벽히 일치하지는 않지만 거의 비슷한 것이다.
(2) 이 주기율표는 원소를 원자량의 크기 순서로 나열한 것이므로 (가)에 해당하는 원소의 원자량은 Ca과 Ti의 원자량의 평균값이다. 따라서 이 원소의 대략적인 원자량은 $(40 + 48) \div 2 = 44$이다.

해설 멘델레예프가 주기율표에서 빈칸으로 남겨두어 성질을 예측한 원소인 에카알루미늄은 1875년에 발견되어 갈륨(Ga)이라고 명명되었다. 갈륨은 멘델레예프가 예측한 것과 같이 녹는점이 낮아서 손에 올려놓으면 녹는다. 이 밖에도 에카규소는 1886년에 발견되어 저마늄(Ge)으로 명명되었다.

스스로 실력 높이기 216~221 쪽

01. 족   **02.** (1) X (2) O
03. 원자 번호(양성자 수)   **04.** ㉠ 주기 ㉡ 족
05. He, Ar   **06.** K, Ca   **07.** L
08. 18, 7   **09.** ㄷ   **10.** 18   **11.** ④
12. ④   **13.** ①, ②, ③   **14.** ⑤   **15.** ②
16. ④   **17.** ③   **18.** ③   **19.** ④   **20.** ③
21. ⑤   **22.** ①, ⑤   **23.** ②   **24.** ⑤
25.~ 32. 〈해설 참조〉

---

02. (1) [바로알기] 멘델레예프는 당시에 알려진 63종의 원소들을 원자량 순으로 나열하였다.

05. 같은 족 원소끼리는 원자가 전자 수가 같다. 네온은 18족 원소이므로 원자가 전자 수가 0개이고, 헬륨과 아르곤 역시 원자가 전자 수가 0개이다.

06. 주기는 한 원소의 전자껍질의 수와 같다. 따라서 전자껍질 수가 4개인 원소는 4주기의 원소이다.

07. 산소는 2주기 원소이다. 따라서 전자껍질 수가 2개이고, 최외각 전자껍질은 L 전자껍질이다. 전가껍질은 원자핵에서 가까운 것부터 K, L, M, N, O, P, Q 전자껍질이라 부른다.

08. 현재 주기율표에는 112개의 원소가 등재되어 있다. 따라서 18족, 7주기까지 있다. 만약 원자 번호 119번 이상의 원소가 확정된다면 주기율표는 8주기로 확장되어야 한다.

09. 원자가 전자는 바닥상태의 전자 배치에서 가장 바깥쪽 전자 껍질에 채워져 있는 전자로, 그 원자에서 에너지가 가장 높은 상태에 있는 전자이다. 따라서 화학적 성질을 주로 결정한다.

10. 1족부터 17족까지의 원소들은 원자가 전자 수와 최외각 전자 수가 같지만 18족 비활성 기체의 원자가 전자 수와 최외각 전자 수는 다르다. 18족 비활성 기체의 경우 최외각 전자 수는 8개(헬륨은 2개)이지만 원자가 전자 수는 0개이므로 화학적 활성이 거의 없다.

11. ④ [바로알기] 멘델레예프의 주기율표가 나올 당시(1869년)에는 비활성 기체의 존재를 알지 못할 때였다. 멘델레예프는 갈륨, 저마늄 등 그 당시 발견되지 않은 원소들의 성질까지 예측하였지만 비활성 기체는 예측하지 못하였고, 1894년에 영국의 레일리와 램지가 비활성 기체인 아르곤을 발견하여 이 원소가 멘델레예프의 주기율을 따르지 않는다는 것을 밝혀냈다.
①, ② 모즐리는 X선 연구 결과로 원소들의 양성자 수를 결정하여 원소의 원자 번호를 처음으로 결정하였다. 그리고 원소를 원자 번호 순으로 나열하여 현대 주기율표의 틀을 완성했다.
③ 되베라이너는 화학적 성질이 비슷한 원소를 3개씩 묶어 이들 사이의 관계를 발견하였다. 되베라이너의 세 쌍 원소는 현대 주기율표에서 같은 족에 속한다.

12. 주기율표의 같은 족에 속하는 원소들의 원자가 전자 수는 동일하다. 18족 원소의 경우 He의 최외각 전자 수는 2이지만 Ne, Ar 등의 최외각 전자 수는 8이다.

13. K 전자껍질에는 전자가 2개 들어가고, L 전자껍질에는 전자가 8개 들어가고, M 전자껍질에는 전자가 8개 들어간다. 원자 번호가 11번인 나트륨은 전자를 11개 갖고 있으므로 K 전자껍질에 2개, L 전자껍질에 8개, M 전자껍질에 1개의 전자가 들어간다.

14. ⑤ 주기율표에서 같은 가로줄(주기)에 속한 원소들은 모두 같은 수의 전자껍질을 갖는다. 주기는 한 원소의 전자껍질의 수와 같다.
[바로알기] ① 현재의 주기율표에는 7개의 주기, 18개의 족이 있다.
② 현재의 주기율표에서 원소를 나열하는 순서는 원자 번호(양성자 수) 순이다.
③ 원자 번호 93번 이후의 원소는 모두 기존의 원소를 핵반응시켜 만든 인공 원소들이다.
④ 주기율표에서 같은 세로줄(족)에 있는 원소는 원자가 전자 수가 같아 대부분 화학적 성질이 비슷하다. 그러나 주기율표의 첫 번째 세로줄에 위치한 원소 중 수소는 다른 알칼리 금속과 화학적 성질이 매우 다르다.

15. ㄱ. [바로알기] 같은 족 원소는 원자가 전자 수가 같으므로 화학적 성질이 비슷하다. 그러나 같은 온도와 압력에서 홑원소 물질의 상태는 동일하지 않다. 상온, 상압에서 F_2의 상태는 기체이고, Br_2의 상태는 액체, I_2의 상태는 고체이다.
ㄴ. 17족 원소는 원자가 전자가 7개이므로 전자를 1개 얻어 -1가의 음이온이 된다. 따라서 나트륨 원자와 이온 결합할 때 17족 원소는 모두 1 : 1의 개수비로 결합한다.
ㄷ. [바로알기] 플루오린은 2주기, 브로민은 4주기, 아이오딘은 5주기에 속하는 원소이므로 전자껍질 수는 모두 다르다.

16. 원소 A는 수소, 원소 B는 헬륨, 원소 C는 네온, 원소 D는 나

트륨, 원소 E는 염소, 원소 F는 칼슘, 원소 G는 아이오딘이다.

ㄱ. 원소 A와 같은 세로줄에 위치한 원소 D는 원자가 전자 수가 1개로 동일하다.

ㄴ. 원소 A와 원소 B는 모두 1주기에 속한 원소이므로 전자껍질 수는 1개로 동일하다.

ㄷ. [바로알기] 수소는 1족에 위치한 원소이지만 1족의 다른 원소(알칼리 금속)과는 화학적 성질이 매우 다르다.

17. 18족 원소의 최외각 전자 수는 8개이고, 원자가 전자 수는 0개이다.

18. ㄱ. 원소 D는 1족 알칼리 금속이고, 원소 E는 17족 할로젠 원소이므로, 원소 D는 +1가 양이온이 되고, 원소 E는 −1가 음이온이 된다. 따라서 원소 D와 E는 1 : 1의 개수비로 이온 결합한다.

ㄴ. 원소의 전자껍질 수는 주기와 같다. 따라서 원소 A~G 중 원소 G의 전자껍질 수가 가장 많다.

ㄷ. [바로알기] 원소 F는 2족 알칼리 토금속이고, 전자 2개를 잃어 +2가의 양이온이 된다.

19. 되베라이너는 화학적 성질이 비슷한 원소를 3개씩 묶어 세쌍 원소로 정했다. 이 세 쌍 원소는 현대 주기율표에서 같은 족 원소이다.

㉠ 리튬과 칼륨 모두 산소와 결합한 원자 수의 비가 2 : 1이므로 나트륨 역시 2 : 1로 결합하여 Na_2O가 된다.

㉡ 나트륨과 칼륨 모두 염소와 결합한 원자 수의 비가 1 : 1이므로 리튬 역시 염소와 1 : 1로 결합하여 LiCl을 형성한다.

㉢ [바로알기] 세 쌍 원소에서 중간 원소의 원자량은 첫 번째 원소와 세 번째 원소의 원자량의 평균값이므로 리튬의 원자량과 칼륨의 원자량의 평균값이 나트륨의 원자량이 되어야 한다. 따라서 (7 + ㉢) ÷ 2 = 23이므로 칼륨의 원자량은 39이다.

20. ㄱ, ㄷ. 원자 번호 11~17번까지 원소들은 모두 3주기 원소이다. 같은 주기에서는 원자 번호가 증가할 수록 원자가 전자 수(X)가 증가한다.(18족 제외)

ㄴ. 같은 주기에서는 원자 번호가 증가해도 전자껍질 수(Y)는 일정하다.

21. ㄱ. 주기율표의 가로줄이 너무 길어지는 것을 방지하기 위하여 6주기와 7주기의 원소들 중 f 오비탈에 전자가 부분적으로 채워지는 원소는 란타넘족과 악티늄족으로 따로 떼어 내어 분류한다. 6주기의 란타넘족은 $4f$ 오비탈에 전자가 채워지는 원소로, $_{57}La$부터 $_{71}Lu$까지의 15개 원소이다.

ㄴ. 7주기의 악티늄족은 $5f$ 오비탈에 전자가 채워지는 원소로, $_{89}Ac$부터 $_{103}Lr$까지의 15개 원소이다.

ㄷ. 6주기에 속하는 원소는 원자 번호 55번인 세슘부터 원자 번호 86번인 라돈까지 총 32개이다.

22. 칼슘은 2족 알칼리 토금속이므로 전자 2개를 잃어 +2가 양이온이 된다. Ca^{2+}와 1 : 1로 이온 결합하는 물질은 2가 음이온이다. 16족 산소족 원소들은 전자 2개를 얻어 −2가 음이온이 된다. 칼슘과 산소의 이온 반응식은 $Ca^{2+} + O^{2-} \rightarrow CaO$이고, 칼슘과 황의 이온 반응식은 $Ca^{2+} + S^{2-} \rightarrow CaS$이다.

23. ② [바로알기] 타이타늄(Ti)은 4족 원소로 원자가 전자 2개이다. 3~11족 원소의 원자가 전자는 1개나 2개로 일정하다.
① 수소(H)는 1족 원소로 원자가 전자 1개이다.
③ 아연(Zn)은 12족 원소로 원자가 전자 2개이다.
④ 염소(Cl)는 17족 할로젠 원소로 원자가 전자 7개이다.
⑤ 크립톤(Kr)은 18족 비활성 기체로 원자가 전자 0개이다.

24. ㄱ. 7주기는 미완성 주기로, 원자 번호 113~118번인 원소들은 인공적으로 합성해서 만들어져 그 성질이 연구되고 있으나 아직 IUPAC에 의해 원소의 이름이 확정되지 않아 주기율표에 등재되지 않았다.

ㄴ. [바로알기] 동족 원소는 화학적 성질이 비슷하지만 물리적 성질은 다르다.

ㄷ. 수소는 원자가 전자가 한 개이므로 1족에 위치하지만 17족 원소와 성질이 비슷하다.

25. **답** 1. 멘델레예프의 주기율표가 발표될 당시에 알려진 원소는 63종 뿐이었다. 특히 비활성 기체는 발견되지 않았었기 때문에 멘델레예프의 주기율표에는 8족까지만 있지만 현대의 주기율표에는 18족까지 있다.
2. 멘델레예프는 원소들을 원자량이 증가하는 순서로 나열하였고, 현대의 주기율표는 원소들을 원자 번호 순서로 나열하였다. 원자 번호는 원자의 양성자 수와 같지만, 원자량은 양성자 수와 중성자 수를 더한 값에 따라 결정되고, 동위 원소의 존재비를 고려한 평균값으로 나타내므로 원소들이 배열된 순서가 다른 부분이 있다.

26. **답** 비소(As)의 성질이 붕소(B)와 알루미늄(Al) 또는 탄소(C)와 규소(Si)와 비슷하지 않았기 때문이다. 멘델레예프는 주기율표를 만들 때 비슷한 성질을 갖는 원소를 같은 세로줄에 배치하였다.

27. **답** 뉴랜즈의 옥타브설은 원소들을 원자량이 증가하는 순서로 배열하면 여덟 번째 원소마다 화학적 성질이 비슷한 원소가 나타난다는 것이다. 만약 옥타브설이 발표될 당시에 헬륨과 네온의 존재가 확인되었다면 He - Li - Be - B - C - N - O - F - Ne - Na - Mg - Al - Si - P - S - Cl 순서로 원소가 나열되었을 것이고, 아홉 번째 원소마다 화학적 성질이 비슷한 원소가 나타난다고 수정되었을 것이다.

28. **답** 원자가 전자는 그 원자에서 에너지가 가장 높은 상태에 있는 전자이다. 따라서 원자가 이온이 되거나 다른 원자와 결합할 때 관여하기 때문에 원자가 전자가 원소의 화학적 성질을 주로 결정한다.

29. **답** 같은 족 원소들은 원자가 전자 수가 같고, 같은 주기 안에서 원자 번호가 증가할수록 원자가 전자 수가 증가한다. 즉, 원자의 원자가 전자 수가 주기성을 나타내기 때문에 원소의 주기율이 존재한다.

30. **답** 최외각 전자는 바닥상태의 전자 배치에서 가장 바깥 껍질에 채워지는 전자를 말하고, 원자가 전자는 그 전자 중 화학 반응에 참여하는 전자를 말한다. 따라서 18족 비활성 기체의 경우 화학적 활성이 거의 없으므로 최외각 전자 수는 8개(헬륨은 2개)이지만 원자가 전자 수는 0개이다.

31. **답** 나트륨은 최외각 전자 한 개를 잃고, Na^+가 되어 네온(Ne)과 같은 전자 배치를 갖게 된다.

32. **답** f 오비탈에 전자가 부분적으로 채워지는 원소이다.
해설 6주기의 란타넘족은 $4f$ 오비탈에 전자가 채워지는 원소로, $_{57}La$부터 $_{71}Lu$까지의 15개 원소이다. 7주기의 악티늄족은 $5f$ 오비탈에 전자가 채워지는 원소로, $_{89}Ac$부터 $_{103}Lr$까지의 15개 원소이다.

12강. 주기율표와 원소

1. (1) X (2) O   **2.** 전이 원소
3. (1) X (2) X (3) X   **4.** (1) X (2) O (3) O

1. (1) [바로알기] 같은 주기 원소들의 주양자수가 같다.

3. (1) [바로알기] 1족 원소 중 수소는 비금속 원소이다.
(2) [바로알기] 주기율표에서 오른쪽 위로 갈수록 비금속성이 증가한다. 그러나 18족 원소는 비금속성이 없다.
(3) [바로알기] 전자를 잃기 쉬운 원소일수록 양이온이 되기 쉬운 원소이므로 금속성이 크다.

4. (1) [바로알기] 비활성 기체 중 헬륨은 가장 바깥 전자껍질에 전자가 2개이다.

1. 3, 13   **2.** (1) X (2) X (3) O
3. 준금속 원소   **4.** 옥텟 규칙(여덟 전자 규칙)

1. 주양자수가 3이고, 최외각 전자껍질의 전자 수가 3개이므로 3주기, 13족 원소(Al)이다.

2. (1) [바로알기] 전형 원소는 이온이 되었을 때 수용액에서 색깔을 띠지 않는다.
(2) [바로알기] 전형 원소의 원자가 전자 수는 족 번호의 끝자리 수와 일치한다.
(3) 전형 원소는 최외각 전자껍질의 s 오비탈이나 p 오비탈에 전자가 채워지는 원소이다.

01. ④   **02.** ㉠ 18 ㉡ 2 ㉢ 1
03. 전형 원소   **04.** ④   **05.** ③
06. ③   **07.** ③, ④   **08.** ①, ③, ④

1. ④ [바로알기] 최외각 전자 수가 4개이므로 원자가 전자 수도 4개이다.
①, ② $1s^22s^22p^63s^23p^2$의 전자 배치를 갖는 원소는 주양자수가 3이므로 3주기 원소이고, 최외각 전자 수가 4개($3s^23p^2$)이므로 14족 원소이다.
③ 전자의 개수가 총 14개이므로 원자 번호가 14번인 Si의 전자 배치라는 것을 알 수 있다.
⑤ $1s^22s^22p^2$의 전자 배치를 갖는 원소도 원자가 전자 수가 4개인 14족 원소(C)이므로 화학적 성질이 비슷하다.

2. ㉠ $1s^22s^22p^6$의 전자 배치를 갖는 원소의 원자가 전자는 2s와 2p 오비탈에 채워진 전자이므로 2주기 18족 원소이다.
㉡ $1s^22s^22p^63s^2$의 전자 배치를 갖는 원소의 원자가 전자는 3s 오비

탈에 채워진 전자이므로 3주기 2족 원소이다.
㉢ $1s^22s^1$의 전자 배치를 갖는 원소의 원자가 전자는 2s 오비탈에 채워진 전자이므로 2주기 1족 원소이다.

4. ㄱ. 전이 원소는 최외각 전자껍질의 d 오비탈이나 f 오비탈에 전자가 부분적으로 채워지는 원소이다.
ㄴ. 주기율표의 3~11족 원소들이 포함된다.
ㄷ. [바로알기] 전이 원소의 원자가 전자 수는 1개 또는 2개로 일정하다. 그러나 원자가 전자뿐만 아니라 d 오비탈에 있는 전자도 반응에 참여하므로 여러 가지 산화수를 갖는다.

5. ③ 금속 원소는 전자를 잃고, 양이온이 되기 쉬운 원소이다.
[바로알기] ① 비금속 원소는 산화력이 크다.
② 13족 원소 중 붕소는 준금속 원소이고, 나머지 원소는 금속 원소이다.
④ 18족 원소는 비금속 원소이지만 매우 안정하여 비금속성이 없다.
⑤ 원소 중에는 붕소, 규소와 같이 금속과 비금속의 구분이 명확하지 않은 준금속 원소도 있다.

6. ③ [바로알기] 금속 원소의 산화물은 물에 녹아 염기성을 나타낸다.

7. ③ 17족 원소들의 경우에는 이온이 될 때 전자를 얻어 p 오비탈을 채워서 비활성 기체의 전자 배치와 같아지려는 경향이 있다.
④ 1족, 2족, 13족 원소의 경우 이온이 될 때 s 오비탈의 전자를 잃는다. 따라서 전자 껍질 수가 줄어들게 된다.
[바로알기] ① 원소들이 화학 결합을 할 때는 옥텟 규칙을 따르지 않는 경우도 존재한다. 보통 3주기 이상의 원소의 경우에는 옥텟 규칙을 따르지 않는다.
② 16족 원소들은 이온이 될 때 전자를 얻어 p 오비탈을 채운다.
⑤ 3주기 1족 원소인 나트륨 원자가 전자 한 개를 잃고 Na^+이 되면 Na^+의 전자 배치는 2주기의 18족 원소 네온의 전자 배치와 같아진다.

8. 전자 껍질이 2개이고, 가장 바깥 전자껍질에 전자가 8개인 안정한 전자 배치이므로 이 전자 배치를 가질 수 있는 입자는 2주기 비금속 원소의 이온과 2주기의 비활성 기체, 3주기의 금속 원소의 이온이다. 따라서 Ne, O^{2-}, F^-, Na^+, Mg^{2+}, Al^{3+}가 그림과 같은 전자 배치를 가질 수 있다.

[유형 12-1] ③	**01.** ④	**02.** C
[유형 12-2] (1) A (2) B		
	03. ①, ③	**04.** ④
[유형 12-3] ②	**05.** ③	**06.** ③
[유형 12-4] ②, ④	**07.** ③	**08.** ④, ⑤

[유형 12-1] 원소 X의 바닥상태의 전자 배치는 $1s^22s^22p^5$이다.
ㄱ. [바로알기] 이 원소의 전자껍질 수는 2개이고, 원자가 전자가 7개($2s^22p^5$)이므로 2주기 17족 원소이다.
ㄴ. [바로알기] 원자가 전자는 7개이다.
ㄷ. 이 중성 원자의 전자가 총 9개이므로 원자 번호가 9번인 플루오린(F)이다.

01. ㄱ. A와 B의 전자껍질 수는 2개이므로 둘 다 2주기 원소이다.

ㄴ. A와 C의 원자가 전자는 6개(A : $2s^2 2p^4$, C : $3s^2 3p^4$)이므로 같은 16족 원소이다.

ㄷ. [바로알기] C의 전자껍질 수는 3개($3s^2 3p^4$), D의 전자 껍질 수는 4개($4s^2$)이다. 따라서 C는 3주기, D는 4주기 원소이다.

02. 가장 바깥 전자껍질의 전자 배치가 $ns^2 np^3$인 원소는 원자가 전자가 5개이므로 15족 원소이다. 따라서 15족 원소인 원소 C의 바닥상태의 전자 배치는 $1s^2 2s^2 2p^3$이다.

[유형 12-2]
다음은 주기율표를 전형 원소와 전이 원소로 나눈 것이다.

(1) 전형 원소는 최외각 전자껍질의 s 오비탈이나 p 오비탈에 전자가 채워지는 원소로, 주기율표의 1족, 2족, 12~18족 원소들을 의미한다. 이들의 원자가 전자 수는 족 번호의 끝자리 수와 일치한다.
(2) 전이 원소는 최외각 전자껍질의 d 오비탈이나 f 오비탈에 전자가 채워지는 원소로, 주기율표의 3~11족 원소들을 의미한다. 이들의 원자가 전자 수는 족 번호와 상관없이 1개 또는 2개로 일정하다.

03. ① 전이 원소는 주기율표의 3~11족 원소들을 의미한다.
③ 다른 분자나 이온과 배위 결합하여 착이온을 잘 만든다.
[바로알기] ② 대부분 상온, 상압에서 고체 상태로 존재한다.
④ 최외각 전자껍질의 d 오비탈이나 f 오비탈에 전자가 채워진다.
⑤ 원자가 전자 수는 1개 또는 2개로 일정하다. 그러나 원자가 전자뿐만 아니라 d 오비탈에 있는 전자도 반응에 참여하므로 여러 가지 산화수를 가질 수 있다.

04. 전자 배치가 $1s^2 2s^2 2p^6 3s^2 3p^6 4s^2 3d^{10} 4p^6$인 원소는 전자껍질 수가 4개이고, 최외각 전자가 8개($4s^2 4p^6$)인 원소이다.
ㄱ. 최외각 전자가 8개, 원자가 전자가 0개인 원소이므로 18족 비활성 기체이다.
ㄴ. 이 원소는 18족 원소이므로 전형 원소이다.
ㄷ. [바로알기] 비활성 기체의 최외각 전자는 8개이지만 원자가 전자는 0개이다.

[유형 12-3] 영역 Ⅰ의 원소는 금속 원소이고, 영역 Ⅱ의 원소는 준금속 원소, 영역 Ⅲ의 원소는 비금속 원소이다.
ㄱ. [바로알기] 수소(H)는 비금속 원소로 영역 Ⅱ에 속하고, 리튬(Li)은 금속 원소로 영역 Ⅰ에 속한다.
ㄴ. 영역 Ⅱ에 속하는 원소는 금속과 비금속의 구분이 명확하지 않은 준금속 원소이다.
ㄷ. [바로알기] 영역 Ⅲ에 속하는 18족 원소는 비금속 원소이지만 원자가 전자가 0개이므로 음이온이 되기 어려워 비금속성이 없다.

05. 주기율표를 금속, 준금속, 비금속 원소로 구분하면 다음과 같다.

	1족	2족	13족	14족	15족	16족	17족	18족
1주기	A							B
2주기			C					D
3주기	E					F	G	

금속 원소 / 준금속 원소 / 비금속 원소

ㄱ. [바로알기] 원소 A는 비금속 원소이고, C와 E는 금속 원소이다.
ㄴ. [바로알기] 원소 B는 비금속 원소이지만 옥텟 규칙을 만족하는

비활성 기체로 비금속성이 없다.
ㄷ. 원소 D는 비금속 원소이므로 전자를 얻어 음이온이 되기 쉽다.

06. 상온, 상압에서 고체 상태로 존재하고, 양이온이 되기 쉽다면 금속 원소이다. 따라서 원소 A~E 중 C와 E만 해당된다. 또한 중성 원자의 전자껍질 수가 2개이므로 2주기 원소이다. 따라서 이 설명에 해당하는 원소는 C이다.

[유형 12-4] A : $1s^2 2s^1$ → 원자가 전자 1개 → 1족 원소
B : $1s^2 2s^2 2p^4$ → 원자가 전자 6개 → 16족 원소
C : $1s^2 2s^2 2p^6 3s^1$ → 원자가 전자 1개 → 1족 원소
D : $1s^2 2s^2 2p^6 3s^2 3p^5$ → 원자가 전자 7개 → 17족 원소
E : $1s^2 2s^2 2p^6 3s^2 3p^6$ → 원자가 전자가 없음 → 18족 원소
16족(B), 17족(D) 원소는 이온이 될 때 전자를 얻고 p 오비탈을 채워 음이온이 된다.

07. ① K(2)L(6) : 가장 바깥 전자껍질에 배치되어 있는 전자가 6개이므로 원자가 전자가 6개인 16족 원소이다. 16족 원소는 이온이 될 때 전자 2개를 얻어서 음이온이 된다.
② K(2)L(8) : 가장 바깥 전자껍질에 배치되어 있는 전자가 8개이므로 원자가 전자가 0개인 18족 원소이다. 18족 원소는 화학적으로 안정하여 거의 이온이 되지 않는다.
③ K(2)L(8)M(1) : 가장 바깥 전자껍질에 배치되어 있는 전자가 1개이므로 원자가 전자가 1개인 1족 원소이다. 1족 원소는 이온이 될 때 전자 1개를 잃어서 양이온이 된다.
④ K(2)L(8)M(7) : 가장 바깥 전자껍질에 배치되어 있는 전자가 7개이므로 원자가 전자가 7개인 17족 원소이다. 17족 원소는 이온이 될 때 전자 1개를 얻어서 음이온이 된다.
⑤ K(2)L(8)M(8) : 가장 바깥 전자껍질에 배치되어 있는 전자가 8개이므로 원자가 전자가 0인 18족 원소이다.

08. 전자 껍질이 3개이고, 가장 바깥 전자껍질에 전자가 8개인 안정한 전자 배치이므로 이 전자 배치를 갖을 수 있는 입자는 3주기 비금속 원소의 이온과 3주기의 비활성 기체, 4주기의 금속 원소의 이온이다. 따라서 Ar, S^{2-}, Cl^-, K^+, Ca^{2+}, Ga^{3+}가 이 전자 배치를 가질 수 있다.

창의력 & 토론마당   232~235 쪽

01

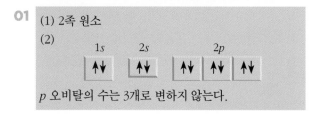

(1) 2족 원소
(2)
p 오비탈의 수는 3개로 변하지 않는다.

[해설] 원소 A와 B가 2주기 원소이므로 원소 A와 B가 될 수 있는 원자 번호는 3번부터 10번까지이다. 전자 수 비는 A : B = 1 : 2이므로 (A, B)는 (3번, 6번), (4번, 8번), (5번, 10번)이다. 전자가 들어 있는 오비탈 수의 비는 A : B = 2 : 5이므로, A는 $1s$와 $2s$ 오비탈에 전자가 들어 있는 2족 원소이다. 따라서 원소 A는 원자 번호가 4번인 원소이고, B는 원자 번호가 8번인 원소이다.
(1) A의 전자 배치는 $1s^2 2s^2$이므로 원자가 전자 수는 2개이다. 따라서 2족 원소이다.
(2) 원자 번호 8번인 16족 원소(B)가 안정한 이온이 되면 전자 2개를 얻어 −2가의 음이온이 된다. 전자가 채워질 때는 비어 있는 오비탈 중 에너지 준위가 가장 낮은 오비탈부터 전자가 들어간다.

02

(1) 같은 주기 원소인 리튬(Li)과 베릴륨(Be) 그리고 나트륨(Na)과 마그네슘(Mg)를 비교해 보았을 때, 같은 주기의 원소에서는 원자 번호가 증가할수록 이온화 에너지는 커진다.
(2) 같은 족 원소인 리튬(Li)과 나트륨(Na) 그리고 베릴륨(Be)과 마그네슘(Mg)을 비교해 보았을 때, 같은 족의 원소에서는 원자 번호가 증가할수록 이온화 에너지가 작아진다.

해설 같은 주기에서 원자 번호가 큰 원소일수록 양성자 수가 많아져서 유효 핵전하가 커지기 때문에 원자핵과 최외각 전자 사이의 정전기적 인력이 증가하여 전자가 원자핵에 강하게 결합되므로 전자를 떼어 내기가 어렵게 된다. 따라서 같은 주기에서 원자 번호가 증가할수록 이온화 에너지가 커진다. 같은 족에서는 원자 번호가 큰 원소일수록 전자껍질 수가 증가하여 원자핵과 전자 사이의 정전기적 인력이 약해지기 때문에 전자를 떼어 내기가 쉬워진다. 따라서 같은 족에서 원자 번호가 증가할수록 이온화 에너지가 작아진다.

03

(1) 6개　　　　　(2) $1s^2 2s^2 2p^4$

해설 (1) X와 원자가 전자가 1개인 수소 원자 3개가 결합한 화합물에서 전자 한 개를 잃으면 최외각 전자가 8개인 비활성 기체 Ne과 같은 전자 배치를 이룬다. 따라서 XH_3^+에서 X의 원자가 전자 수를 x라 하면, 다음과 같은 식을 만들 수 있다.
$$3 + x - 1 = 8$$
즉, 원자가 전자 수(x)는 6이다.
(2) 네온은 2주기 18족 원소이고, X는 원자가 전자가 6개이다. 따라서 원소 X는 2주기 16족 원소라는 것을 알 수 있다. 그러므로 원소 X의 전자 배치는 $1s^2 2s^2 2p^4$이다.

04

붕소(B), 규소(Si), 저마늄(Ge), 비소(As)
이유 : 금속은 대부분 도체이고, 비금속은 대부분 부도체이다. 따라서 반도체가 될 수 있는 것은 금속과 비금속의 중간 성질을 갖는 준금속이다. 준금속은 다중 결합을 하므로, 결합 수가 한개 적은 원소나 한개 많은 원소와 결합하면 결합 후 남는 전자나 양공이 자유전자의 역할을 하여 전기 전도성을 갖게 된다. 주기율표의 원소 중 준금속은 붕소(B), 규소(Si), 저마늄(Ge), 비소(As)이다.

해설 주기율표상에 14족에 위치하는 저마늄(Ge), 규소(Si) 등이 대표적인 반도체이다. 과거에는 저마늄(Ge)이 주로 사용되었지만 현재는 실리콘(규소, Si)에 13족의 붕소(B)나 15족의 인(P)등을 첨가하여 사용하는 화합물 반도체나 갈륨 비소(GaAs)나 인듐인(InP) 등이 쓰이기도 한다. 순수한 반도체는 14족 원소로 이루어져 모든 전자가 공유 결합을 이룬다. 여기에 15족 원소를 첨가하면 잉여 전자가 발생하여 n형 반도체가 되며, 13족 원소를 첨가하면 전자가 부족하게 되어 정공으로 이루어진 p형 반도체가 된다.

05

(1) 규소는 $3p$오비탈에 전자를 2개 채운 14족 원소이므로 전형 원소이다.
(2) 규소의 금속성 : 녹는점과 끓는점이 비교적 높다. 열전도율이 높은 편이다. 회색의 광택을 띤다.

(3) 규소의 비금속성 : 부서지기 쉽다. 다른 원자와 전자를 공유하여 공유 결합을 이룬다.

06

(1) O=O, 산소 원자의 원자가 전자는 6개이므로 각각의 산소 원자가 원자가 전자 중 2개의 전자를 내놓아 산소 원자 2개가 4개의 전자(2개의 전자쌍)를 공유한다. 즉, 산소 원자 2개는 이중 결합을 이루어 각 원자의 최외각 전자가 8개가 되도록 한다.
(2) 수소 원자 4개, 탄소 원자 2개, 산소 원자 2개가 모두 옥텟 규칙을 만족하기 위해서 다음과 같이 결합할 수 있다.

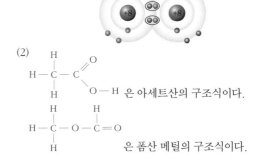

해설 (1) 공유 전자쌍은 두 원자가 공유하는 전자쌍이고, 전자쌍 2개 또는 3개를 공유하는 결합을 이중 결합 또는 삼중 결합이라고 한다. 산소는 다음과 같이 이중 결합한다.

(2) (산소 구조식) 은 아세트산의 구조식이다.

(폼산 메틸 구조식) 은 폼산 메틸의 구조식이다.

스스로 실력 높이기　　　　236 ~241 쪽

01. 1　　　**02.** (1) O (2) X
03. A : 전형, B : 전이　　　**04.** ㉠ $s(p)$ ㉡ $p(s)$
05. 금속　　　**06.** (1) O (2) O (3) X
07. 준금속　　　**08.** K, Na, Li
09. 옥텟 규칙(여덟 전자 규칙)　**10.** Ne　**11.** ⑤
12. ②　**13.** ④　**14.** ①　**15.** ④　**16.** ②
17. ⑤　**18.** ②　**19.** ⑤　**20.** ⑤　**21.** ④
22. ①, ②　　　**23.** ④　**24.** ①
25.~ 32. 〈해설 참조〉

01. 가장 바깥 전자껍질에 전자가 한 개이므로 원자가 전자가 1개인 1족 원소이다.

02. (1) $1s^2 2s^2 2p^6 3s^2 3p^4$의 전자 배치를 갖는 원소는 전자껍질이 3개이고, 3주기 16족 원소이다.
(2) [바로알기] 원자가 전자가 6개($3s^2 3p^4$)인 원소이다.

06. (1) 비금속 원소는 대부분 열과 전기의 부도체이다.
(2) 다른 물질로부터 전자를 빼앗아 산화시키면서 스스로 환원되기 쉬우므로 대부분 산화력이 크다.
(3) [바로알기] 비금속 원소의 산화물은 물에 녹아 산성을 나타낸다.

08. 같은 족 원소 중에서 금속성은 원자 번호가 클수록 크다.

10. 원자 번호가 11번인 나트륨은 원자가 전자 한 개를 잃고, 비활성 기체인 Ne과 같은 전자 배치를 이루려는 경향이 있다.

11. $1s^2 2s^2 2p^4$의 전자 배치를 갖는 원소는 전자껍질이 2개이고, 원자가 전자가 6개($2s^2 2p^4$)인 원소이다. 따라서 2주기 16족 원소이고 원자 번호는 8번인 산소(O)이다.

12. ㄱ. [바로알기] A와 B는 모두 전자껍질이 2개이고 같은 2주기에 속한 원소이지만 A는 1족, B는 3족 원소이다.
ㄴ. C와 D는 모두 전자껍질이 3개로 같은 3주기에 속한 원소이다.
ㄷ. [바로알기] A의 원자가 전자는 1개, B의 원자가 전자는 3개, C의 원자가 전자는 1개, D의 원자가 전자는 3개이다.

13. $1s^2 2s^2 2p^6 3s^2$의 전자 배치를 갖는 중성 원자는 전자가 총 12개이므로 양성자 수가 12개이다. 따라서 이 원소는 원자 번호가 12번인 마그네슘이다.

14. ① 전형 원소는 대부분 일정한 산화수를 가질 수 있다. 예를 들어 리튬 원자가 가질 수 있는 산화수는 1이고, 탄소 원자가 가질 수 있는 산화수는 4이다.
[바로알기] ② 전형 원소는 주기율표의 1족, 2족, 12~18족 원소들을 의미한다.
③ 착이온을 잘 형성하는 것은 전이 원소이다.
④ 전이 원소는 최외각 전자껍질의 d 오비탈이나 f 오비탈에 전자가 부분적으로 채워지는 원소이다.
⑤ 전이 원소는 원자가 전자 수가 1개 또는 2개로 일정하다. 다만 원자가 전자 뿐만아니라 d 오비탈에 있는 전자도 화학 반응에 참여하므로 여러 가지 산화수를 가질 수 있다.

15. 금속 원소는 상온에서 대부분 고체 상태이다. 단, 수은은 액체 상태로 존재한다. 비금속 원소는 상온에서 대부분 기체 또는 고체 상태이다. 단, 브로민(Br_2)은 액체 상태이다.

16. [바로알기] ㄱ. 수소는 영역 Ⅲ에 속하는 비금속 원소이다.
ㄴ. 영역 Ⅱ에 속하는 원소는 금속과 비금속의 중간 성질을 갖는 준금속 원소이다.
ㄷ. [바로알기] 영역 Ⅲ에 속한 원소 중 18족 원소는 비활성 기체로 비금속성이 없다.

17. ① K(2) : K 전자껍질에 전자가 2개이므로 이 원소는 비활성 기체인 헬륨(He)이다. 헬륨은 화학적으로 안정하여 이온이 되려하지 않는다
② K(2)L(1) : 가장 바깥 전자껍질에 배치되어 있는 전자가 1개이므로 원자가 전자가 1개인 1족 원소이다. 1족 원소는 이온이 될 때 전자 1개를 잃어서 양이온이 되어 18족 원소와 같은 전자 배치를 이룬다.
③ K(2)L(8)M(1) : 가장 바깥 전자껍질에 배치되어 있는 전자가 1개이므로 원자가 전자가 1개인 1족 원소이다.
④ K(2)L(8)M(3) : 가장 바깥 전자껍질에 배치되어 있는 전자가 1개이므로 원자가 전자가 3개인 13족 원소이고, 전자껍질이 3개인 3주기 원소 알루미늄(Al)이다. 알루미늄은 이온화할 때 전자 3개를 잃고, 네온과 같은 전자 배치를 이룬다.
⑤ K(2)L(8)M(7) : 가장 바깥 전자껍질에 배치되어 있는 전자가 7개이므로 원자가 전자가 7개인 17족 원소이다. 17족 원소는 이온이

될 때 전자 1개를 얻어서 음이온이 되어 18족 원소와 같은 전자 배치를 이룬다.

18. ② Al^{3+}, Mg^{2+}, Na^+, F^-의 공통점은 모두 네온의 전자 배치와 같은 $1s^2 2s^2 2p^6$의 전자 배치를 가진다는 것이다.
[바로알기] ① Al^{3+}, Mg^{2+}, Na^+, F^-는 같은 전자껍질과 전자 수를 가지나 핵의 양성자의 수가 많을수록 전자와의 인력이 강해져서 이온의 크기가 감소한다.
③, ④, ⑤ Al^{3+}, Mg^{2+}, Na^+, F^-는 각각 양성자 수(원자 번호), 중성자 수가 다르므로 질량도 서로 다르다.

19. ㄱ. 금속성은 주기율표에서 왼쪽 아래로 갈수록 금속성이 증가한다. 따라서 이 주기율표에서 K의 금속성이 가장 크다.
ㄴ. [바로알기] 18족 원소는 비금속에 속하는 원소이지만 음이온이 되기 어려워 비금속성이 없다.
ㄷ. 옥텟 규칙에 의해 F는 이온이 될 때 전자를 한 개 얻어 −1가 음이온이 되고, Li은 이온이 될 때 전자를 한 개 잃어 +1가 양이온이 된다. F^-와 Li^+는 1 : 1의 개수 비로 이온 결합하여 LiF를 형성한다.

20. A : $1s^2 2s^1$의 전자 배치를 가지므로 1족 원소이다.
B : $1s^2 2s^1 2p^1$의 전자 배치를 가지므로 $2s$ 오비탈의 전자가 $2p$ 오비탈로 전이한 들뜬 상태이다. 따라서 이 원소의 바닥상태의 전자 배치는 $1s^2 2s^2$이고, 2족 원소이다.
C : $1s^2 2s^2 2p^1$의 전자 배치를 가지므로 13족 원소이다.
D : $1s^2 2s^2 2p^6 3s^2 3p^1$의 전자 배치를 가지므로 13족 원소이다.
E : $1s^2 2s^2 2p^6 3s^2 3p^5$의 전자 배치를 가지므로 17족 원소이다.

21. 비금속 원소이며, 1원자 분자를 형성하는 것은 18족 비활성 기체이다. 그 중 전자껍질 수가 1개인 것은 B(헬륨)이다. 금속 원소 중 상온에서 액체 상태로 존재하는 것은 G(수은)이다.

22. 중성 원자의 원자가 전자가 7개이므로 이 원자는 이온이 될 때 전자를 한 개 얻어서 총 전자 수가 18개인 −1가의 음이온이 된다.
전자 배치 : K(2)L(8)M(8)
① Ar : 전자 수 18개, 전자 배치 : K(2)L(8)M(8)
② K^+ : 전자 수 18개, 전자 배치 : K(2)L(8)M(8)
③ Ca : 전자 수 20개, 전자 배치 : K(2)L(8)M(8)N(2)
④ F^- : 전자 수 10개, 전자 배치 : K(2)L(8)
⑤ O^{2-} : 전자 수 10개, 전자 배치 : K(2)L(8)

23. (마) 영역에 속한 원소는 비활성 기체이다. 따라서 원자가 전자가 0개이고, 비금속에 속하는 원소이지만 음이온이 되려는 성질이 없어 비금속성이 없다.
ㄷ. [바로알기] 비활성 기체는 화학적으로 매우 안정하여 어떤 원자와도 결합하려하지 않아 1원자 분자로 존재한다.

24. ㄱ. (가) 원소는 원자 번호 1번인 수소이다. 따라서 이 원소의 바닥상태의 전자 배치는 $1s^1$이다.
ㄴ. [바로알기] (나)에 포함된 원소 중 3족부터 11족까지는 전이 원소이다.
ㄷ. [바로알기] 비금속 원소는 (가), (라), (마)에 속한 원소이다.

25. 답 텅스텐의 전자 배치는
$1s^2 2s^2 2p^6 3s^2 3p^6 4s^2 3d^{10} 4p^6 5s^2 4d^{10} 5p^6 6s^2 4f^{14} 5d^4$이다.
따라서 텅스텐은 6주기, 6족 원소인 전이 금속이다.

26. 답 비금속성이 가장 큰 원소는 원자 번호가 9번인 플루오린(F)이다. 비금속성이 없는 18족을 제외하면, 비금속성은 같은 주기에서 오른쪽으로 갈수록 커지고, 같은 족에서 위쪽으로 갈수록 커지게 된다.

27. 답 (가)의 전자 배치 : $1s^2 2s^2 2p^6 3s^2 3p^6$
(나)의 전자 배치 : $1s^2 2s^2 2p^6 3s^2 3p^6 4s^2$
(가)는 양성자 수가 17개이고, 전자가 18개이므로 −1가의 음이온의 전자 배치이다. (나)는 양성자 수가 20개이고, 전자가 20개이므로 중성 원자의 전자 배치이다.

28. 답 원소 A는 −1가의 음이온이 될 수 있고, 원소 B는 2족 원소이므로 +2가의 양이온이 될 수 있다. 따라서 원소 A와 원소 B는 2 : 1의 개수비로 이온 결합하게 되므로 A_2B가 생성된다.

29. 답 산소 원자 1개는 수소 원자 2개와 각각 1쌍씩의 전자를 공유하여 옥텟 규칙을 만족하고 있다. 즉, 3개의 원자(H-O-H)가 공유 결합함으로써 수소 원자는 헬륨 원자의 전자 배치와 같아지고, 산소 원자는 네온 원자의 전자 배치와 같아진다.

30. 답 18족 원소의 경우 같은 주기의 원소들 중 유효 핵전하가 가장 크기 때문에 전자가 떨어지려고 하지 않는다. 또한 전자를 얻는 경우 그 전자는 그 다음 전자겹질에 들어가야 하는데, 이때 유효 핵전하가 급격히 작아지므로 전자가 들어가기 어렵다. 따라서 18족 원소는 전자를 얻거나 잃으려고 하지 않기 때문에 화학적으로 안정하다. 18족을 제외한 전형 원소들은 18족 원소와 같은 전자 배치를 이루었을 때 18족 원소와 같이 안정해질 수 있다.

31. 답 철의 전자 배치는 $1s^2 2s^2 2p^6 3s^2 3p^6 4s^2 3d^6$으로 전이 원소이다. 전이 원소는 에너지 준위가 매우 높은 d 오비탈에 전자가 채워지는 원소이다. 따라서 원자가 전자뿐만 아니라 d 오비탈에 있는 전자도 화학 반응에 참여할 수 있기 때문에 여러 가지 산화수를 가질 수 있다.

32. 답 18족 원소들은 원자가 전자가 0이므로 화학 결합이나 반응에 참여하는 전자가 없다. 따라서 다른 원자와 결합하지 않고, 1원자 분자로 존재하게 된다.

13강. 원소의 주기적 성질 Ⅰ

개념 확인   242~245 쪽

1. (1) X (2) O   **2.** K
3. (1) O (2) O (3) X   **4.** (1) O (2) X (3) O

1. (1) [바로알기] 공유 결합을 하지 않는 금속 원소는 금속 결정에서 인접한 두 원자의 원자핵 사이 거리를 측정하여 그 거리의 반을 원자 반지름으로 정한다.

2. 같은 주기에서 원자 번호가 증가할수록 원자 반지름은 감소한다. 따라서 $_{19}$K의 원자 반지름이 $_{20}$Ca의 원자 반지름보다 크다.

3. (3) [바로알기] 비금속 원소가 음이온이 될 때 추가된 전자에 의해 전자 사이의 반발력이 증가하여 전자 구름이 커지므로 유효 핵전하는 감소한다.

4. (2) [바로알기] 같은 주기에서 원자 번호가 증가할수록 양이온의 반지름은 작아진다. 따라서 Li^+의 반지름이 Be^{2+}의 반지름보다 더 크다.

확인+   242~245 쪽

1. 반데르발스 반지름   **2.** (1) O (2) X
3. 전자겹질   **4.** 등전자

1. 비활성 기체는 다른 원자와 공유 결합을 하지 않으므로 반데르발스 반지름을 측정한다.

2. (2) [바로알기] 같은 주기에서 원자 번호가 증가할수록 양성자 수가 많아져 유효 핵전하가 커지므로 원자핵과 전자 사이의 인력이 증가한다. 따라서 같은 주기에서 원자 번호가 커질수록 유효 핵전하가 커지므로 원자 반지름이 작아진다. 또한 원자 반지름은 전자 반발력의 크기가 클수록 커진다.

개념 다지기   246~247 쪽

01. ③   **02.** C   **03.** ㉠ 전자겹질 ㉡ 크다
04. ④   **05.** ④   **06.** ⑤
07. ①   **08.** ③

01. ③ [바로알기] 공유 결합을 할 때에는 전자 구름이 겹쳐지므로 공유 결합 반지름은 실제 원자의 반지름보다 더 작게 측정된다.
① 비활성 기체의 경우 화합물이 존재하지 않아 공유 결합 반지름을 측정할 수 없다. 따라서 이웃 자료에서 예측하여 공유 결합 반지름을 구한다.
② 반데르발스 반지름은 분자나 원자가 최대로 접근했을 때 서로 다른 원자의 원자핵 간 거리의 절반으로 정하므로 전자 구름이 겹친 상태에서 원자핵 간 거리의 절반인 공유 결합 반지름보다 크다.
④ 금속 원자의 반지름은 금속 결정 상태에서 이웃한 원자의 원자핵 간 거리의 절반으로 정한다.
⑤ 원자 반지름의 측정 기준에는 공유 결합 반지름과 반데르발스 반지름이 있다.

02. A$(1s^2 2s^1)$는 2주기 1족 원소이고, B$(1s^2 2s^2 2p^6 3s^1)$는 3주기 1족 원소이고, C$(1s^2 2s^2 2p^6 3s^2 3p^6 4s^1)$는 4주기 1족 원소이다. 같은 족에서는 원자 번호가 클수록 전자겹질 수가 증가하므로 원자 반지름이 증가한다. 따라서 4주기 1족 원소인 C의 원자 반지름이 가장 크다.

04. ㄱ. 같은 족에서 원자 반지름은 전자겹질 수가 많을수록 증가한다.
ㄴ. 같은 주기에서 유효 핵전하가 클수록 감소한다.
ㄷ. [바로알기] 같은 주기에서 원자 번호가 증가할수록 유효 핵전하가 커지므로 원자 반지름이 감소한다.

05.

구분	Na	Na$^+$
양성자 수	11	11
전자 수	11	10
전자겹질 수	㉠ 3개	㉡ 2개
유효 핵전하	㉢ 2.51	㉣ 6.80
입자 반지름	㉤ 154pm	㉥ 102pm

금속 원소가 전자를 잃고 양이온이 될 때에는 전자겹질 수가 감소하므로 원자 반지름보다 이온 반지름이 더 작다.

06. ㄴ. [바로알기] 중성 원자가 전자를 얻어 음이온이 되면 추가된 전자에 의해 전자 사이의 반발력이 증가하여 전자 구름이 커지므로 유효 핵전하가 감소하기 때문에 음이온 반지름은 원자 반지

름보다 커진다. 따라서 비금속 원소는 원자 반지름보다 이온 반지름이 크다.
원자 번호가 클수록 유효 핵전하가 커지는 경우는 같은 주기 원소의 원자 반지름을 비교할 때 타당하다.

07. 등전자 이온에서 원자 번호가 클수록 이온 반지름이 작아진다. 등전자 이온은 전자의 수가 같으므로 이온의 핵전하가 클수록 유효 핵전하가 증가하기 때문에 이온 반지름의 크기는 $_{15}P^{3-}$ 〉 $_{16}S^{2-}$ 〉 $_{17}Cl^-$ 〉 $_{19}K^+$ 〉 $_{20}Ca^{2+}$ 순으로 크다.

08. 같은 주기에서 원자 번호가 클수록 이온 반지름은 작아지는데, 양이온 반지름보다 음이온 반지름이 항상 크다. 따라서 Li^+보다 O^{2-}와 F^-의 이온 반지름이 더 크고, F^-보다 O^{2-}의 이온 반지름이 더 크다. 등전자 이온에서는 원자 번호가 클수록 이온 반지름이 작다. 따라서 Mg^{2+}보다 O^{2-}의 이온 반지름이 더 크다. 산소 원자(O)반지름보다 O^{2-}의 이온 반지름이 더 크다.

유형 익히기 & 하브루타		248~251 쪽
[유형 13-1] ④	**01.** ③	**02.** ①, ②
[유형 13-2] ⑤	**03.** ⑤	
	04. (가) N, O, F (나) K, Na, Li	
[유형 13-3] ⑤	**05.** E, G	**06.** ④
[유형 13-4] ①	**07.** ④	**08.** ⑤

[유형 13-1] ㉠은 같은 종류의 원자로 이루어진 이원자 분자의 원자핵 사이 거리를 측정하여 그 거리의 반을 원자 반지름으로 정한 공유 결합 반지름이다. ㉡은 다른 분자에 속해 있는 두 원자가 접근할 수 있는 최소 거리로 정한 원자 반지름인 반데르발스 반지름이다.
ㄱ. 공유 결합을 형성할 때는 전자 구름이 겹쳐지므로 공유 결합 반지름 ㉠은 실제의 원자 반지름보다 작게 측정된다.
ㄴ. 다른 분자에 속한 원자들이 가까워질 경우, 전자 구름들 사이에 강한 반발력이 작용하므로 원자들이 약간 떨어지게 되므로 반데르발스 반지름 ㉡은 실제 반지름보다 크게 측정된다. 따라서 같은 종류의 원자로 이루어진 이원자 분자의 원자 반지름을 측정하는 경우, 반데르발스 반지름 ㉡은 공유 결합 반지름 ㉠보다 큰 값으로 측정된다.
ㄷ. [바로알기] 비활성 기체의 경우, 다른 원자와 공유 결합을 하지 않으므로 공유 결합 반지름은 측정할 수 없지만 반데르발스 반지름은 측정이 가능하다.

01. ㄱ. [바로알기] 공유 결합 반지름은 실제 원자의 반지름보다 작다. 공유 결합이 형성될 때 전자 구름이 겹쳐지기 때문이다.
ㄴ. [바로알기] 분자가 1개만 있다면 분자 내의 원자핵 사이 거리를 측정하여 그 거리의 반을 원자 반지름으로 정하는 공유 결합 반지름을 측정할 수 있다. 반데르발스 반지름은 다른 분자에 속해 있는 두 원자의 원자핵 사이 거리를 측정하여 그 거리의 반을 원자 반지름으로 정하므로 분자가 1개만 있는 경우 측정할 수 없다.
ㄷ. 금속 원소의 경우, 금속 결정에서 인접한 두 원자의 원자핵 사이 거리의 절반을 원자 반지름으로 정한다.(금속 결합 반지름)

02. ① 전자껍질 수가 많을수록 원자핵과 최외각 전자 사이의 거리가 멀어지므로 원자 반지름은 증가한다.
② 전자 수가 많을수록 전자 사이의 반발력이 증가하므로 원자 반지름이 증가한다.
③, ⑤ [바로알기] 유효 핵전하가 클수록 원자핵과 전자 사이의 인

력이 증가한다. 원자핵과 전자 사이의 인력이 증가하면 서로 잡아 당기는 힘이 강해져 원자 반지름이 감소한다.
④ [바로알기] 인접한 분자 수가 증가해도 실제 원자의 반지름에는 변화가 없다.

[유형 13-2] 원자 번호 11번부터 18번까지의 원소들은 모두 3주기의 원소들이다. 따라서 전자껍질 수가 3개로 동일하다.
⑤ [바로알기] 전자껍질 수에 따른 같은 족에서의 원자 반지름의 주기성은 이 그래프만으로는 알 수 없다.
①, ②, ③ 같은 주기에서는 원자 번호가 클수록 전자 수가 증가하여 원자 반지름을 크게 하는 전자 사이의 반발력이 증가하지만, 양성자 수 증가에 의한 유효 핵전하의 증가가 더 큰 영향을 미치므로 원자 반지름은 작아진다.
④ 같은 주기에서 유효 핵전하가 큰 원소일수록 원자 반지름은 작다.

03. ㄱ. [바로알기] 같은 주기에서 원자 번호가 증가할수록 양성자 수가 많아져 유효 핵전하가 커지므로 원자 반지름이 감소한다.
ㄴ. 같은 족에서 원자 번호가 증가할수록 전자껍질 수가 많아져 원자 반지름이 증가한다.
ㄷ. 주기율표에서 왼쪽 아래로 갈수록 원자 반지름이 증가한다.

04. (가)는 같은 2주기 원소이므로 원자 번호가 증가할수록 유효 핵전하가 증가하므로 원자 반지름이 작아진다.
따라서 질소(N) 〉 산소(O) 〉 플루오린(F) 순이다.
(나)는 같은 1족 원소이므로 원자 번호가 증가할수록 전자껍질 수가 증가하므로 원자 반지름이 크다.
따라서 칼륨(K) 〉 나트륨(Na) 〉 리튬(Li) 순이다.

[유형 13-3] A는 원자의 크기보다 이온의 크기가 더 작으므로 전자를 잃고 양이온이 되기 쉬운 원소라는 것을 알 수 있다. 중성 원자가 전자를 잃어 양이온이 되면 전자껍질 수가 감소하고, 유효 핵전하가 증가하기 때문에 양이온 반지름은 원자 반지름보다 작아진다. B와 C는 원자의 크기보다 이온의 크기가 더 크므로 전자를 얻어 음이온이 되기 쉬운 원소라는 것을 알 수 있다. 중성 원자가 전자를 얻어 음이온이 되면 추가된 전자에 의해 전자 사이의 반발력이 증가하여 전자 구름이 커지므로 유효 핵전하가 감소한다. 이로인해 음이온 반지름은 원자 반지름보다 커진다.
ㄱ. A는 원자 반지름보다 이온 반지름이 더 작으므로 A의 안정한 이온은 양이온이다.
ㄴ. B와 C는 원자 반지름보다 이온 반지름이 더 크므로 전자를 얻어서 안정한 음이온이 된다.
ㄷ. 같은 주기에서 원자 번호가 증가할수록 원자 반지름은 작아진다. 따라서 원자 번호는 C 〉 B 〉 A 순이다.

05. 이온 반지름이 원자 반지름보다 더 큰 원소는 비금속 원소이다. 비금속 원소는 전자를 잃고 안정한 음이온이 되는데, 음이온 반지름은 원자 반지름보다 커진다. A~G 중 비금속 원소는 E, G이다. B는 화학적으로 안정한 비활성 기체로 이온이 되기 힘들다.

06.

구분	Cl	Cl⁻
양성자 수	㉠ 17	㉡ 17
전자 수	㉢ 17	㉣ 18
전자껍질 수	㉤ 3개	㉥ 3개
유효 핵전하	㉦ 6.12	㉧ 5.77
입자 반지름	㉨ 99pm	㉩ 181pm

염소 원자는 전자 한 개를 얻어 음이온이 되면 추가된 전자에 의해 전자 사이의 반발력이 증가하여 전자 구름이 커지므로 유효 핵전하가 감소한다. 따라서 원자 반지름보다 이온 반지름이 더 크다.

[유형 13-4] ㄱ. A, B, C는 이온 반지름이 원자 반지름보다 작은 금속 원소로 Na, Mg, Al 중 하나이다. 또한 D와 E는 이온 반지름이 원자 반지름보다 큰 비금속 원소로 O와 F 중 하나이다. 같은 주기에서 원자 반지름의 크기는 원자 번호가 클수록 감소하고, A~C는 모두 3주기 원소이므로 A는 Na, B는 Mg, C는 Al이다. 또한 D와 E는 모두 2주기 원소이므로 D는 O, E는 F이다.

ㄴ. **[바로알기]** D는 산소이므로 원자 번호가 가장 작다. A~E의 이온은 등전자 이온으로 등전자 이온에서 원자 번호가 클수록 이온 반지름이 작다.

ㄷ. **[바로알기]** 3주기에 속한 금속 원소는 안정한 이온이 될 때 전자를 잃고, 전자껍질 수가 2개로 감소한다. 그리고 2주기에 속한 비금속 원소는 전자를 안정한 이온이 될 때 전자를 얻지만, 전자껍질 수는 2개로 변함이 없다. 따라서 C 이온의 전자껍질 수와 D 이온의 전자껍질 수는 같다.

07. ① $_3Li$과 $_3Li^+$의 핵전하량은 같고 전자껍질 수는 $_3Li$이 $_3Li^+$보다 많으므로 반지름의 크기는 $_3Li$ > $_3Li^+$이다.

② $_9F$과 $_9F^-$은 핵전하량과 전자껍질 수가 같고, 전자 수가 더 많은 $_9F^-$에서 전자 사이의 반발력이 더 크므로 반지름의 크기는 $_9F$ < $_9F^-$이다.

③ 같은 주기의 원소에서 원자 번호가 증가할수록 양이온의 반지름은 작아진다. 따라서 반지름의 크기는 $_{11}Na^+$ > $_{12}Mg^{2+}$이다.

④ **[바로알기]** 같은 주기의 원소에서 원자 번호가 증가할수록 음이온의 반지름은 작아진다. 따라서 반지름의 크기는 $_7N^{3-}$ > $_8O^{2-}$이다.

⑤ $_{17}Cl^-$와 $_{19}K^+$의 전자 배치는 K(2)L(8)M(8)로 같은 등전자 이온이다. 등전자 이온에서 원자 번호가 클수록 이온 반지름이 작아진다. 따라서 반지름의 크기는 $_{17}Cl^-$ > $_{19}K^+$이다.

08. ㄱ. 원자 반지름은 주기율표에서 왼쪽 아래로 갈수록 커지므로 A의 원자 반지름이 가장 작다.

ㄴ. **[바로알기]** C와 D가 안정한 이온이 되면 K(2)L(8)로 전자 배치가 같은 등전자 이온이 된다. 등전자 이온에서는 원자 번호가 작은 이온의 반지름이 더 크므로 C 이온의 반지름이 D 이온의 반지름보다 더 크다.

ㄷ. 이온의 반지름은 같은 주기에서는 원자 번호가 증가할수록 작아지고, 같은 족에서는 원자 번호가 증가할수록 커진다. 또한 같은 주기에 속한 원소의 양이온 반지름보다 음이온 반지름이 항상 크다. 따라서 A~E가 안정한 이온이 되면 E 이온의 반지름이 가장 크다.

창의력 & 토론마당　　　　252~255 쪽

01 에너지를 높이는 힘은 두 원자핵 사이의 반발력과 전자 사이의 반발력이다. 에너지를 낮추는 힘은 원자핵과 전자 사이의 인력이다.

해설 원자 사이의 거리가 가까워지면 에너지가 감소하고, 멀어지면 증가한다. 두 원자핵 사이의 반발력과 전자 사이의 반발력, 원자핵과 전자 사이의 인력의 합력이 최소가 되는 두 핵간 거리를 공유 결합 길이라고 하며, 이 공유 결합 길이의 반을 공유 결합 반지름이라 한다. 이 그래프에서 에너지가 최소가 되는 두 핵간 거리는 0.074nm이므로 수소 원자의 반지름은 0.037nm이다.

02 $b + a - c$ (nm)

해설 결합 길이를 l이라 하고, 이온 반지름을 r이라고 한다면 $l_{RbBr} = r_{Rb^+} + r_{Br^-} = r_{Rb^+} + r_{Cl^-} + r_{Na^+} + r_{Br^-} - (r_{Na^+} + r_{Cl^-}) = l_{RbCl} + l_{NaBr} - l_{NaCl} = b + a - c$

03 주기율표에서 왼쪽 아래로 갈수록 원자 반지름은 증가한다. 따라서 원자 반지름이 가장 큰 원소는 3주기 1족 원소인 D이다.

이온 반지름은 전자껍질 수가 많을수록 크고, 같은 주기에서는 원자 번호가 증가할수록 이온 반지름은 작아지지만 음이온의 반지름이 양이온의 반지름보다 크다. 따라서 안정한 이온의 반지름이 가장 큰 것은 3주기 17족 원소인 E이다.

해설 원소 A는 질소(N), 원소 B는 플루오린(F), 원소 C는 산소(O), 원소 D는 나트륨(Na), 원소 E는 염소(Cl)이다. 원소 A는 전자 3개를 얻어 네온과 같은 전자 배치를 이루는 안정한 음이온이 된다. 원소 B는 전자 1개를 얻어 네온과 같은 전자 배치를 이루는 안정한 음이온이 된다. 원소 C는 전자 2개를 얻어 네온과 같은 전자 배치를 이루는 안정한 음이온이 된다. 원소 D는 전자 1개를 잃고 네온과 같은 전자 배치를 이루는 안정한 양이온이 된다. 원소 E는 전자 1개를 얻어 아르곤과 같은 전자 배치를 이루는 안정한 음이온이 된다.

04

$140pm > x > 102pm, \qquad y > 130pm$

해설 O, F, Na, Mg 중 Na과 Mg은 3주기 금속 원소이고, O와 F는 2주기 비금속 원소이다. A는 원자 반지름이 이온 반지름보다 크므로 금속 원소이고, D는 이온 반지름이 원자 반지름보다 크므로 비금속 원소이다. B는 D보다 원자 반지름이 작으므로 B는 F, D는 O이다. 또한 C는 A보다 이온 반지름이 크므로 C는 Na, A는 Mg이다.

A~D 이온은 모두 Ne의 전자 배치를 가지므로 등전자 이온이고, 등전자 이온은 원자 번호가 작을수록 이온의 반지름이 크므로 이온 반지름은 $D^{2-}(_8O^{2-})$ > $B^-(_9F^-)$ > $C^+(_{11}Na^+)$ > $A^{2+}(Mg^{2+})$ 순으로 크다. 따라서 B 이온의 반지름인 x의 범위는 $140pm > x > 102pm$이다.

또한 원자 반지름은 전자껍질 수가 많을수록 크고, 같은 주기에선 원자 번호가 작을수록 크므로 원자 반지름은 $C(_{11}Na)$ > $A(_{12}Mg)$ > $D(_8O)$ > $B(_9F)$ 순으로 크다. 따라서 $y > 130pm$이다.

05 (1) B > A > D > C

(2) A와 B는 금속 이온이고, C와 D는 비금속 이온이므로 B와 C로 이루어진 화합물은 이온 결합 화합물이다.

해설 A~D 이온은 아르곤과 같은 전자 배치를 이루므로 등전자 이온이고, 등전자 이온에서 원자 번호가 클수록 이온 반지름이 작아지고, A~D 이온 중 양이온은 2개이므로 A는 칼슘(Ca), B는 칼륨(K), C는 염소(Cl), D는 황(S)이다.

(1) 원자 반지름은 주기율표에서 왼쪽 아래로 갈수록 커진다.

(2) 이온 결합은 양이온과 음이온 사이의 정전기적 인력으로 이루어지는 것이므로 양이온이 되기 쉬운 원소(금속성이 큰 원소)와 음이온이 되기 쉬운 원소(비금속성이 큰 원소) 사이에서 잘 형성된다.

공유 결합은 원자가 전자를 내어 놓는 정도가 비슷한 원자들이 각각 전자를 내어놓아 전자쌍을 만들고 이 전자쌍을 서로 공유하여 결합하는 것으로, 비금속 원소 사이에서 잘 형성된다.

06 (1) 같은 주기에서 원자 번호가 증가할수록 원자가 전자의 유효 핵전하가 증가하므로 원자 번호는 A < B < C < D이다. 따라서 원자 번호가 가장 큰 원소는 D이고, 가장 작은 원소는 A이다.
(2) 금속 원소는 A와 B이고, 비금속 원소는 C와 D이다.
(3) A와 B 이온은 네온(Ne)과 같은 전자 배치(K(2)L(8))를 이루고, C와 D 이온은 아르곤(Ar)과 같은 전자 배치(K(2)L(8)M(8))를 이룬다. 따라서 전자 껍질 수가 더 많은 C와 D 이온의 반지름이 A와 B 이온의 반지름보다 더 크다. 또한 등전자 이온에서 원자 번호가 증가할수록 이온 반지름이 작아지므로 이온 반지름은 C 이온 > D 이온 > A 이온 > B 이온이다.

해설 (2) A와 B의 $\frac{이온 반지름}{원자 반지름}$이 0.53과 0.41로 1보다 작으므로 이온 반지름보다 원자 반지름이 크다는 것을 알 수 있다 따라서 A와 B는 이온이 될 때 전자껍질 수가 감소하여 반지름이 작아지는 금속 원소이다.

C와 D의 $\frac{이온 반지름}{원자 반지름}$이 1.93과 1.79로 1보다 크므로 원자 반지름보다 이온 반지름이 크다는 것을 알 수 있다. 따라서 C와 D는 이온이 될 때 전자가 추가되어 전자 사이의 반발력이 증가해 반지름이 증가하는 비금속 원소이다.

스스로 실력 높이기　256~261쪽

01. 반데르발스　**02.** (1) O (2) X
03. (1) O (2) O (3) X
04. (가) Mg (나) Be
05. 금속　**06.** (1) O (2) X (3) O
07. 음이온　**08.** Na
09. 10, 10, 10, 10, 10　**10.** N^{3-}　**11.** ④
12. ⑤　**13.** ⑤　**14.** ④　**15.** ④　**16.** ④
17. ⑤　**18.** ①　**19.** ②　**20.** ④　**21.** ②
22. ⑤　**23.** ①　**24.** ⑤
25. ~ **32.** 〈해설 참조〉

02. (2) [바로알기] 리튬과 나트륨은 같은 족 원소로 원자 번호가 증가할수록 원자 반지름이 증가한다. 원자 번호가 증가할수록 전자 껍질 수가 많아져서 원자핵과 최외각 전자와의 거리가 멀어지기 때문이다.

03. (3) [바로알기] 같은 주기의 원소들은 전자껍질 수가 같지만 원자 번호가 증가할수록 양성자 수가 많아져 유효 핵전하가 커지므로 원자핵과 전자 사이의 인력이 증가하기 때문에 원자 번호가 증가할수록 원자 반지름이 감소한다.

04. 베릴륨과 마그네슘은 같은 족 원소이므로 원자 번호가 증가할수록 원자 반지름이 증가한다. 따라서 원자 반지름이 더 큰 (가)가 마그네슘, 더 작은 (나)가 베릴륨을 나타낸다.

05. 전자를 잃고 안정한 양이온이 되었으므로 금속 원소이다. 중성 원자가 전자를 잃어 양이온이 되면 전자껍질 수가 감소하고, 유효 핵전하가 증가하여 양이온 반지름은 원자 반지름보다 작아진다.

06. (2) [바로알기] Na 중성 원자가 전자를 잃고 Na^+이 되면 전자껍질 수가 감소하고, 유효 핵전하가 증가한다.

08. 같은 족 원소 중에서 금속성은 원자 번호가 클수록 크고, 금속 원소의 양이온 반지름은 원자 반지름보다 작다.

10. 등전자 이온에서 원자 번호가 작을수록 이온 반지름이 크다.

11. ④ 반데르발스 반지름은 다른 분자에 속해 있는 두 원자가 접근할 수 있는 최소 거리로 정한 원자 반지름으로 온도를 낮추어 분자를 결정 상태로 만든 후, 두 원자의 원자핵 사이 거리를 측정하여 그 거리의 반을 원자 반지름으로 정한다.
[바로알기] ① 공유 결합을 하지 않는 원소는 금속 결합 반지름이나 반데르발스 반지름 측정으로 원자 반지름 측정이 가능하다.
② 같은 족의 원소는 원자 번호가 클수록 원자 반지름이 크다.
③ 같은 주기의 원소는 원자 번호가 클수록 원자 반지름이 작다.
⑤ 같은 종류의 원자로 이루어진 이원자 분자의 원자 반지름을 측정하는 경우, 공유 결합 반지름보다 반데르발스 반지름이 더 큰 값으로 측정된다.

12. ㄱ. 전자껍질 수가 같은 원소는 같은 주기에 속한 원소이다. 같은 주기에 속한 원소는 원자 번호가 증가할수록 원자 반지름이 감소한다.
ㄴ. 같은 주기에 속한 원소의 양이온 반지름보다 음이온 반지름이 항상 크다. 양이온이 될 때는 전자껍질 수가 감소하기 때문이다.
ㄷ. 금속 원소는 전자를 잃어 안정한 양이온이 되므로 이온 반지름은 원자 반지름보다 작다.

13. 같은 주기에서는 원자 번호가 증가할수록 원자 반지름이 감소하고, 같은 족에서는 원자 번호가 증가할수록 원자 반지름이 증가한다.
ㄱ. A, B, C는 같은 2주기 원소이므로 원자 번호가 작을수록 원자 반지름이 크다.
ㄴ. [바로알기] A와 D는 같은 족 원소이므로 원자 번호가 클수록 원자 반지름이 크다. 따라서 D의 원자 반지름이 더 크다.
ㄷ. D와 E는 같은 주기 원소이므로 원자 번호가 작을수록 원자 반지름이 크다.

14. 이 원소는 전자 수가 9개인 플루오린($_9F$)이다. 플루오린은 전자 한 개를 얻어 안정한 음이온이 된다.
ㄱ. 비금속 원소는 중성 원자의 반지름보다 안정한 상태의 음이온의 반지름이 더 크다.
ㄴ. 비금속 원소가 전자 한 개를 얻어 음이온이 되면 추가된 전자에 의해 전자 사이의 반발력이 증가하여 전자 구름이 커지므로 유효 핵전하가 감소한다.
ㄷ. [바로알기] 플루오린은 산소와 같은 주기에 속한 원소이다. 같은 주기의 원소는 원자 번호가 증가할수록 양성자 수가 많아져 유효 핵전하가 커진다. 따라서 원자 반지름이 감소한다.

15. ㄱ. A는 안정한 이온이 될 때 반지름이 감소하므로 안정한 이온이 될 때 양이온이 되는 금속 원소라는 것을 알 수 있다.
ㄴ. 같은 주기에서 원자 번호가 증가할수록 양이온의 반지름이나 음이온의 반지름은 작아진다. 따라서 원자 번호는 B가 C보다 작다.
ㄷ. [바로알기] A는 이온이 될 때 전자껍질 수가 감소하고, B와 C는 이온이 될 때 전자껍질 수의 변화없이 전자만 추가되므로 A의 전자껍질 수가 B와 C의 전자껍질 수보다 하나 적다.

16. ㄱ, ㄴ. [바로알기] A, B, C는 이온 반지름이 원자 반지름보다 작은 금속 원소로 Na, Mg, Al 중 하나이다. 또한 D와 E는 이온 반지름이 원자 반지름보다 큰 비금속 원소로 O와 F 중 하나이다. 같은 주기에서 원자 반지름의 크기는 원자 번호가 클수록 감소하고, A~C는 모두 3주기 원소이므로 A는 Na, B는 Mg, C는 Al이다. 또한 D와 E는 모두 2주기 원소이므로 D는 O, E는 F이다.

ㄷ. 3주기의 비금속 원소가 안정한 이온이 되면 네온(Ne)과 같은 전자 배치(K(2)L(8))를 이루고, 2주기의 비금속 원소 또한 안정한 이온이 되면 네온(Ne)과 같은 전자 배치를 이룬다. 따라서 A~E의 안정한 이온은 전자 수가 모두 10개로 동일한 등전자 이온이다.

17. ⑤ [바로알기] $_{11}Na^+$와 $_8O^{2-}$의 전자 배치는 K(2)L(8)로 같은 등전자 이온이다. 등전자 이온에서 원자 번호가 클수록 이온 반지름이 작아진다. 따라서 반지름의 크기는 $_8O^{2-} > {}_{11}Na^+$이다.
① $_4Be$과 $_4Be^{2+}$의 핵전하량은 같고 전자껍질 수는 $_4Be$이 $_4Be^{2+}$보다 많으므로 반지름의 크기는 $_4Be > {}_4Be^{2+}$이다.
② $_{17}Cl$과 $_{17}Cl^-$은 핵전하량과 전자껍질 수가 같고, 전자 수가 더 많은 $_{17}Cl^-$에서 전자 사이의 반발력이 더 크므로 반지름의 크기는 $_{17}Cl < {}_{17}Cl^-$이다.
③ 같은 주기의 원소에서 원자 번호가 증가할수록 양이온의 반지름은 작아진다. 따라서 반지름의 크기는 $_{11}Na^+ > {}_{13}Al^{3+}$이다.
④ 같은 주기의 원소에서 원자 번호가 증가할수록 음이온의 반지름은 작아진다. 따라서 반지름의 크기는 $_7N^{3-} > {}_9F^-$이다.

18. $_{13}Al^{3+}$, $_{12}Mg^{2+}$, $_{11}Na^+$, $_{10}F^-$의 공통점은 모두 네온의 전자 배치와 같은 $1s^2 2s^2 2p^6$의 전자 배치를 갖는다는 것이다. 따라서 이 이온들은 모두 등전자 이온이다. 등전자 이온은 이온의 핵전하가 클수록 유효 핵전하가 증가하기 때문에 원자 번호가 클수록 이온의 반지름이 작아진다.

19. ㄱ. [바로알기] 원자 반지름은 주기율표의 왼쪽 아래로 갈수록 커진다. 따라서 E의 원자 반지름이 가장 크다.
ㄴ. C는 비금속 원소로 안정한 이온(−2가 음이온)이 되어 반지름이 증가한다.
ㄷ. [바로알기] 안정한 D 이온과 안정한 E 이온의 전자 배치는 K(2)M(8)로 등전자 이온이다. 등전자 이온은 원자 번호가 작을수록 반지름이 크다. 따라서 안정한 D 이온의 반지름이 안정한 E 이온의 반지름보다 크나.

20. A : $1s^2 2s^1$의 전자 배치를 가지므로 2주기 1족 금속 원소이다.
B : $1s^2 2s^2 2p^4$의 전자 배치를 가지므로 2주기 16족 비금속 원소이다.
C : $1s^2 2s^2 2p^5$의 전자 배치를 가지므로 2주기 17족 비금속 원소이다.
D : $1s^2 2s^2 2p^6 3s^1$의 전자 배치를 가지므로 3주기 1족 금속 원소이다.
E : $1s^2 2s^2 2p^6 3s^2 3p^5$의 전자 배치를 가지므로 3주기 17족 원소이다.
④ [바로알기] C 이온과 D 이온은 등전자 이온이다. 등전자 이온은 원자 번호가 클수록 이온 반지름이 작다. 따라서 C 이온의 반지름이 더 크다.
① A와 B는 같은 2주기 원소이므로 원자 번호가 더 작은 A의 원자 반지름이 더 크다.
② A와 D는 같은 1족 원소이므로 원자 번호가 더 큰 D의 원자 반지름이 더 크다.
③ B와 C는 같은 2주기 비금속 원소이다. 같은 주기 음이온은 원자 번호가 클수록 반지름이 작다. 따라서 B 이온의 반지름이 더 크다.
⑤ D와 E는 같은 3주기 원소이고, D는 안정한 양이온이 되고, E는 안정한 음이온이 된다. 같은 주기에 속한 원소의 양이온 반지름보다 음이온 반지름이 항상 크다.

21. A와 B는 이온 반지름이 원자 반지름보다 작으므로 금속 원소이고, C, D, E는 이온 반지름이 원자 반지름보다 크므로 안정한 음이온을 가지는 비금속 원소이다. 같은 주기에서 원자 번호가 증

가할수록 원자 반지름이 감소한다. 따라서 A의 원자 번호가 가장 작고, E의 원자 번호가 가장 크다.
A는 B보다 주기율표 상에서 더 왼쪽에 위치하고, 가장 오른쪽에 위치하는 원소는 E이다. 금속성은 주기율표에서 왼쪽 아래로 갈수록 커지고, 비금속성은 주기율표에서 오른쪽 위로 갈수록 커진다. (단, 18족 제외) 따라서 금속성이 가장 큰 원소는 A이고, 비금속성이 가장 큰 원소는 E이다.

22. ㄱ. A와 B는 중성 원자에서 안정한 이온이 될 때 반지름이 감소하므로 금속 원소이고, C~E는 중성 원자에서 안정한 이온이 될 때 반지름이 증가하므로 비금속 원소이다.
ㄴ. C는 비금속 원소이므로 안정한 이온이 될 때 전자껍질 수의 변화는 없다. 그러나 추가된 전자에 의해 전자 사이의 반발력이 증가하여 반지름이 증가한다.
ㄷ. E는 2주기 비금속 원소 중 가장 원자 번호가 큰 원소이다.(단, 18족 제외) 2주기 비금속 원소는 탄소($_6C$), 질소($_7N$), 산소($_8O$), 플루오린($_9F$)이다. 따라서 표에 나타낸 2주기 비금속 원소는 C~E 3가지이므로 E는 산소($_8O$) 또는 플루오린($_9F$)이다. 산소(O_2)와 플루오린(F_2) 모두 상온, 상압에서 기체 상태로 존재한다.

23. O와 F는 2주기 비금속 원소이고, Na, Mg, Al은 3주기 금속 원소이다.
(가)는 O에서 Al로 갈수록 크기가 점점 감소한다. O, F, Na, Mg, Al의 안정한 이온은 모두 네온(Ne)과 같은 전자 배치를 갖는다. 따라서 이들의 안정한 이온은 등전자 이온이므로 원자 번호가 클수록 이온 반지름이 감소한다. 따라서 (가)는 이온 반지름을 나타낸 것이다.
(나)는 O에서 F로 갈 때 증가하고, Na에서 크게 감소한 후 Na에서 Al로 갈 때 다시 점차 증가한다. 유효 핵전하는 전자껍질 수가 많을수록, 핵전하량이 작을수록 작다. 따라서 (나)는 유효 핵전하를 나타낸 것이다.
(다)는 O에서 F로 갈 때 감소하고, Na에서 크게 증가한 후 Na에서 Al로 갈 때 다시 점차 감소한다. 원자 반지름은 전자껍질 수가 많을수록 크고, 전자껍질 수가 같을 때는 원자가 전자의 유효 핵전하가 작을수록 크다. 따라서 (다)는 원자 반지름을 나타낸 것이다.

24. ㄱ. [바로알기] A^-의 전자 수가 10개이므로 중성 원자의 전자 수는 9개이다. 따라서 A는 원자 번호가 9번인 원소이고, 양성자 수는 9개이다. B의 전자 수가 8개이므로 B는 원자 번호기 8번인 원소이고, 양성자 수는 8개이다. C^+의 전자 수가 10개이므로 중성 원자의 전자 수는 11개이다. 따라서 C는 원자 번호가 11번인 원소이고, 양성자 수는 11개이다.
ㄴ. A~C의 안정한 이온은 모두 전자 수가 10개인 등전자 이온이다. 등전자 이온은 원자 번호가 클수록 이온 반지름이 작아진다. 따라서 원자 번호가 가장 작은 B의 이온 반지름이 가장 크다.
ㄷ. 원자 반지름은 주기율표에서 왼쪽 아래로 갈수록 커진다. 따라서 원자 번호 11번인 C의 원자 반지름이 가장 크다.

25. 답 원자 내 전자의 위치를 오비탈로 나타내고, 원자핵으로부터 멀어질수록 전자의 존재 확률은 작아지지만 0이 되는 것은 아니므로 원자의 크기를 정확히 측정할 수 없기 때문이다.

26. 답 공유 결합을 형성할 때는 전자 구름이 겹쳐지므로 공유 결합 반지름은 실제의 반지름보다 작게 측정된다. 그러나 다른 분자에 속한 원자들이 가까워질 경우, 전자 구름들 사이에 강한 전기적 반발력이 작용하므로 원자들이 약간 멀어지게 된다. 따라서 반데르발스 반지름은 실제의 반지름보다 크게 측정된다.

27. 답 중성 원자가 전자를 얻어 음이온이 되면 추가된 전자에 의해 전자 사이의 반발력이 증가하여 전자 구름이 커지므로 유효 핵전하

가 감소한다. 따라서 중성 원자가 음이온이 될 때 반지름이 커진다.

28. **답** 등전자 이온의 전자의 수는 같지만 (이온의)핵전하가 다르기 때문이다. 이온의 핵전하가 클수록 유효 핵전하가 증가하기 때문에 이온 반지름은 작아진다.

29. **답** A의 전자 배치는 $1s^2 2s^1$이므로 2주기 1족 원소이고, B의 전자 배치는 $1s^2 2s^2 2p^3$이므로 2주기 15족 원소이다. C의 전자 배치는 $1s^2 2s^2 2p^5$이므로 2주기 17족 원소이다. 같은 주기에서 원자 번호가 클수록 유효 핵전하가 커지므로 원자 반지름은 작아진다. 따라서 원자 반지름의 크기는 A > B > C이다.

30. **답** A는 2주기 1족 원소이므로 전자 1개를 잃고 A^+가 되어 안정해진다. B는 2주기 15족 원소이므로 전자 3개를 얻어서 B^{3-}가 되어 안정해진다. C는 2주기 17족 원소로 전자 1개를 얻어서 C^-가 되어 안정해진다. 같은 주기에 속한 원소의 양이온 반지름이나 음이온의 반지름은 원자 번호가 증가할수록 작아지고, 같은 주기에 속한 음이온 반지름이 양이온 반지름보다 항상 크므로 이온 반지름의 크기는 $B^{3-} > C^- > A^+$ 순으로 크다.

31. **답** 원자 번호 11번부터 18번까지의 원소들은 모두 3주기 원소이다. 같은 주기에서 원소의 유효 핵전하가 커질수록 원자 반지름은 작아진다. 같은 주기에서 원자 번호가 증가할수록 전자 수가 증가하여 전자 사이의 반발력이 증가하지만, 양성자 수 증가에 의한 유효 핵전하의 증가가 더 큰 영향을 끼치므로 원자핵과 전자 사이의 인력이 증가하여 원자 번호가 증가할수록 원자 반지름이 감소한다.

32. **답** ㉠ - ㄱ, ㉡ - ㄴ, ㉢ - ㄷ
이유 ㉠ 전자껍질 수의 영향은 핵전하량의 크기가 같고, 전자껍질 수만 다른 K과 K^+의 반지름을 비교하면 된다.
㉡ 전자 사이의 반발력의 영향은 핵전하량과 전자껍질 수가 같지만 전자 수가 다른 Cl과 Cl^-의 반지름을 비교하면 된다.
㉢ 핵전하량의 영향은 전자 수 동일하여 전자껍질 수와 전자 사이의 반발력은 같고, 핵전하량만 다른 등전자 이온의 크기를 비교해야 한다. 따라서 K^+와 Cl^-를 비교하면 된다.

14강. 원소의 주기적 성질 Ⅱ

개념 확인   262~265 쪽

1. (1) O (2) X   **2.** 순차적 이온화 에너지
3. (1) X (2) O   **4.** (1) X (2) O

1. (1) 원자핵과 전자 사이의 인력이 클수록 전자를 떼어내기 어려우므로 이온화 에너지가 커진다.
(2) [바로알기] 이온화 에너지가 큰 원소는 전자를 떼어 내기 어려우므로 양이온이 되기 어렵다.

3. (1) [바로알기] 같은 주기에서 원자 번호가 클수록 유효 핵전하가 증가하여 원자핵과 전자 사이의 인력이 증가하므로 전기 음성도는 대체로 증가한다.

4. (1) [바로알기] 알칼리 금속은 1족 원소로 같은 주기에서 전자를 떼어내기가 가장 쉬우므로 같은 주기에서 이온화 에너지와 전자 친화도가 가장 낮다.

확인+   262~265 쪽

1. 1   **2.** (1) X (2) O
3. 전자 친화도   **4.** 할로젠

1. 1족 원소는 같은 주기에서 이온화 에너지가 가장 작고, 18족 원소는 같은 주기에서 이온화 에너지가 가장 크다.

2. (1) [바로알기] 순차적 이온화 에너지가 $E_1 \ll E_2 < E_3 < E_4 < \cdots$ 으로 2번째 전자를 떼어낼 때 필요한 에너지가 급격히 증가했으므로 이 원소는 1족 원소이다.

개념 다지기   266~267 쪽

01. ③   **02.** C   **03.** 1   **04.** ⑤
05. ⑤   **06.** ③   **07.** ⑤   **08.** ①

01. ③ [바로알기] 같은 족에서는 원자 번호가 클수록 원자핵과 전자 사이의 인력이 작아 전자를 떼어내기 쉬우므로 이온화 에너지가 감소한다.
① 이온화 에너지가 큰 원소는 전자를 떼어낼 때 에너지가 많이 필요하므로 양이온이 되기 어렵다.
② 같은 주기에서는 18족 원소의 전자를 떼어내기가 가장 어렵다.
④ 원자핵과 전자 사이의 인력이 클수록 전자를 떼어낼 때 에너지가 많이 필요하다.
⑤ 같은 주기에서는 원자 번호가 증가할수록 유효 핵전하가 증가하므로 전자를 떼어내기가 어려워진다.

02. $1s^2 2s^1$의 전자 배치를 가지는 원소는 2주기 1족인 Li이고, $1s^2 2s^2 2p^3$의 전자 배치를 가지는 원소는 2주기 15족인 N이고, $1s^2 2s^2 2p^6 3s^1$의 전자 배치를 가지는 원소는 3주기 1족인 Na이다. 이 중 전자를 떼어내기가 가장 쉬운 원소는 전자껍질 수가 가장 많고, 1족인 Na(C)이다.

03. 순차적 이온화 에너지가 $E_1 \ll E_2 < E_3 < E_4 < \cdots$이므로 1족 원소이다. 1족 원소는 가장 바깥 전자껍질에 전자가 1개 존재하여 E_1에서 E_2로 될 때 에너지가 급격히 증가한다.

04. ㄱ. 전자 1mol을 떼어 낼 때 필요한 에너지를 제1 이온화 에너지(E_1)라고 하며, 2번째 전자, 3번째 전자 …떼어낼 때 필요한 에너지를 제2 이온화 에너지(E_2), 제3 이온화 에너지(E_3), …라고 한다.
ㄴ. [바로알기] 순차적 이온화 에너지가 급격하게 증가하기 전까지 떼어낸 전자 수가 원자가 전자 수이다.
ㄷ. 이온화가 진행되면 전자 사이의 반발력은 감소하고, 원자핵과 전자 사이의 인력이 증가하기 때문에 순차적 이온화 에너지가 증가한다.

05. 전기 음성도는 같은 주기에서 원자 번호가 클수록 대체로 증가한다. 같은 족에서는 원자 번호가 클수록 대체로 감소한다. 따라서 같은 족 원소인 Li, Na, K의 전기 음성도 크기는 Li > Na > K 순이고, 같은 주기 원소인 N, O, F는 N < O < F 순이다.

06. ㄱ. [바로알기] 전자 친화도는 기체 상태의 중성 원자 1몰이 전자 1몰을 얻어 기체 상태의 −1가의 음이온 1몰이 될 때 방출하는 에너지이다.

ㄴ. [바로알기] 전자 친화도가 큰 원소는 전자를 얻기 쉬워 음이온이 되기 쉽다.

ㄷ. 같은 족 원소들의 전자 친화도는 원자 번호가 클수록 전자껍질이 많아져 원자핵과 전자 사이의 인력이 감소하므로 전자 친화도가 대체로 감소한다.

07. 알칼리 금속은 원자 번호가 클수록 이온화 에너지가 감소하므로 전자를 잃기 쉬워 반응성이 커진다. 따라서 Li < Na < K < Rb < … 순으로 반응성이 크다.

08. ㄱ. 할로젠 원소의 원자가 전자는 모두 7개로 원자가 전자의 전자 배치가 ns^2np^5이다.

ㄴ. [바로알기] 같은 주기 원소 중에서 유효 핵전하가 가장 크므로 전자를 떼어내기가 가장 어려워 이온화 에너지가 가장 크며, 유효 핵전하가 가장 커서 원자핵과 전자 사이의 인력이 가장 크므로 전자 1개를 얻어 방출하는 에너지인 전자 친화도가 가장 크다.

ㄷ. [바로알기] 대체적으로 원자 번호가 작을수록 전자 친화도가 증가하므로 전자를 얻기 쉬워 반응성이 커진다.(F와 Cl은 예외적으로 Cl이 전자 친화도가 더 크나 반응성은 F가 더 크다.)

[유형 14-1] ㄱ. 이온화 에너지가 작으면 전자를 떼어 내기 쉬우므로 양이온이 되기 쉽다. 따라서 그래프에 나타낸 원자 번호 1번부터 20번까지 원소들 중 칼륨이 가장 이온화 에너지가 작으므로 양이온이 되기 가장 쉽다.

ㄴ. 원자 번호 3번인 Li부터 10번인 Ne은 같은 2주기 원소이다. 또한 원자 번호 11번인 Na부터 18번인 Ar은 같은 3주기 원소이다. 같은 주기의 원소들은 대체로 원자 번호가 클수록 이온화 에너지가 증가하는 경향을 보인다.

ㄷ. [바로알기] 같은 족 원소인 Li, Na, K의 이온화 에너지를 비교하면 원자 번호가 클수록 이온화 에너지는 감소한다. 또한 같은 족 원소인 He, Ne, Ar의 이온화 에너지를 비교해도 원자 번호가 클수록 이온화 에너지는 감소한다.

01. ㄱ. [바로알기] 이온화 에너지가 크면 전자를 떼어 내기 어려워 양이온이 되기 어렵다.

ㄴ. 같은 주기에서 원자 번호가 클수록 양성자 수가 증가하기 때문에 유효 핵전하가 증가하여 원자핵과 전자 사이의 인력이 증가하므로 이온화 에너지가 증가하는 경향이 있다. 따라서 같은 주기에서 원자 번호가 가장 작은 1족 원소의 이온화 에너지가 가장 작다.

ㄷ. 같은 주기에서 원자 번호가 가장 큰 18족 원소의 이온화 에너지가 가장 크다.

02. 나트륨과 칼륨은 같은 1족 원소이고, 나트륨이 칼륨보다 원자 번호가 더 작다.

① 같은 족에서 원자 번호가 클수록 이온화 에너지는 작아진다. 따라서 이온화 에너지는 나트륨이 더 큰 값을 갖는다.

② 같은 족 원소는 원자가 전자 수가 같다. 나트륨과 칼륨은 모두 1족 원소이므로 원자가 전자 수가 1개이다.

③ 나트륨은 3주기 1족 원소이고, 칼륨은 4주기 1족 원소이므로 전자껍질 수는 칼륨이 더 많다.

④ 금속성은 같은 족에서 원자 번호가 클수록 크다. 따라서 칼륨의 금속성이 더 크다.

⑤ 전자껍질 수가 더 많은 칼륨의 원자 반지름이 더 크다.

[유형 14-2] 순차적 이온화 에너지가 급격히 증가하기 직전의 차수가 원자가 전자 수와 동일하다. 따라서 원자가 전자 수는 A는 3, B는 1, C는 2이다. 즉, A는 13족, B는 1족, C는 2족 원소이다.

ㄱ. 제1 이온화 에너지는 같은 주기일 때 원자 번호가 클수록 증가하므로 1족 원소인 B가 가장 작다.

ㄴ. [바로알기] 원자가 전자 수가 가장 많은 것은 A이다.

ㄷ. B의 전자 배치는 K(2)L(8)M(1)이므로 B의 제2 이온화 에너지는 L 전자껍질에서 전자를 떼어 낼 때 필요한 에너지이다.

03. 순차적 이온화 에너지가 $E_1 < E_2 < E_3 \ll E_4$이므로 이 원소는 원자가 전자 수가 3개인 13족 원소이다.

04. ㄱ. 순차적 이온화 에너지의 변화로 보아 A는 1족, B는 2족, C는 14족, D는 13족 원소이다.

ㄴ. [바로알기] A는 1족 원소이므로 원자가 전자 수가 1개, 홀전자 수는 1개이다. B는 2족 원소이므로 원자가 전자 수는 2개, 홀전자 수는 0개이다. 따라서 바닥상태 전자 배치에서 홀전자 수는 A가 B보다 더 많다.

ㄷ. 안정한 양이온은 C가 +4이고, D는 +3이다. 따라서 기체 상태의 원자로부터 안정한 양이온이 되는 데 필요한 에너지는 C는 787 + 1577 + 3231 + 4356 = 9951(kJ/mol)이고, D는 578 + 1817 + 2745 = 5140(kJ/mol)이다.

[유형 14-3]

전기 음성도 차				
|a − c|	|a − e|	|b − c|	|b − d|	|d − e|
1.0	0.5	2.8	0.3	2.6

주어진 원소 N, O, F, Na, Mg 중 금속은 Na, Mg이고, 비금속은 N, O, F이다. 주어진 원소를 전기 음성도의 크기 순으로 나열하면 F>O>N>Mg>Na이다. F의 전기 음성도가 4.0이고, F와 O의 전기 음성도 차가 0.5이므로 O의 전기 음성도는 3.5이다.

주어진 표를 보면 ｜b − c｜, ｜d − e｜는 상대적으로 큰 값이고, ｜a − c｜, ｜a − e｜, ｜b − d｜는 상대적으로 작은 값을 갖는다. 같은 주기에서 금속과 금속, 비금속과 비금속 사이의 전기 음성도 차이보다 금속과 비금속 사이의 전기 음성도 차이가 더 크다. 따라서 ｜b − c｜, ｜d − e｜는 금속과 비금속의 전기 음성도 차이고, ｜a − c｜, ｜a − e｜, ｜b − d｜는 금속과 금속 또는 비금속과 비금속의 전기 음성도 차이이다. 그러므로 A, C, E가 같은 종류이고, B와 D가 같은 종류이므로 A, C, E는 각각 비금속인 N, O, F 중 하나이고, B와 D는 금속인 Na, Mg 중 하나이다.

｜a − c｜〉｜a − e｜이므로 A와 C는 주어진 비금속 원소 중 전기 음성도가 가장 큰 F와 가장 작은 N 중 하나이고, E는 전기 음성도가 중간인 O이다. ｜b − d｜는 0.3이므로 Mg과 Na의 전기 음성도 차는 0.3이다. 또한 산소의 전기 음성도 e는 금속 원소의 전기 음성도 d보다 크므로 ｜d − e｜= e − d = 2.6이고, e = 3.5이므로 d = 0.9이다.

B가 Mg이고, D가 Na이라면, d = 0.9이고, ｜b − d｜는 0.3이므로 b = 1.2이다. ｜b − c｜= c − b = 2.8이므로 c = 4.0이 되어 C가 F, A가 N이 된다.

만약 B가 Na이고, D가 Mg라면, d = 0.9이고, ｜b − d｜는 0.3이므로 b = 0.6이다. ｜b − c｜= c − b = 2.8이므로 c = 3.4가 되는데, 이 경우 ｜a − c｜= 1.0의 조건에 맞지 않기 때문에 성립하지 않는 가정이 된다.

따라서 A는 N, B는 Mg, C는 F, D는 Na, E는 O이다.

ㄱ. A는 N이므로 N의 전기 음성도는 a이다.

ㄴ. D는 Na, E는 O이므로 D와 E는 2 : 1로 결합하여 안정한 화합

물은 $D_2E(Na_2O)$를 형성한다.

ㄷ. N, O, F, Na, Mg는 모두 안정한 이온이 되었을 때 Ne의 바닥 상태 전자 배치를 갖는 등전자 이온이다. 등전자 이온의 반지름은 원자 번호가 증가할수록 작아진다. 따라서 이 이온들 중 이온 반지름이 가장 큰 원소는 $_7$N인 A이다.

05.

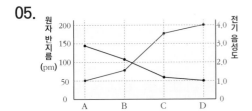

같은 2주기에서 원자 번호가 증가할수록 전기 음성도가 증가하므로 원자 번호는 A < B < C < D이다. 원자 번호가 큰 C의 이온이 B의 이온보다 이온 반지름이 크므로 B의 이온은 양이온이고, C의 이온은 음이온이다. 따라서 A와 B는 금속 원소이고, C와 D는 비금속 원소이다.

ㄱ. [바로알기] A는 양이온을 형성하는 2주기 금속 원소이므로 안정한 이온은 He과 같은 전자 배치를 갖는다.

ㄴ. B는 양이온을 형성하는 금속 원소이므로 안정한 이온을 형성할 때 전자껍질 수가 2개에서 1개로 감소한다.

ㄷ. C와 D의 안정한 이온은 Ne과 같은 전자 배치를 갖는 등전자 이온이다. 따라서 원자 번호가 클수록 이온 반지름이 크다. 즉, 원자 번호가 더 작은 C의 이온 반지름이 D의 이온 반지름보다 크다.

06. 리튬과 나트륨은 같은 1족 원소이고, 원자 번호는 나트륨이 리튬보다 크다. 같은 족에서 원자 번호가 클수록 전자껍질 수가 증가하여 원자핵과 전자 사이의 인력이 감소한다.

ㄱ. 같은 족에서 이온 반지름은 원자 번호가 클수록 크다. 리튬의 이온 반지름 < 나트륨의 이온 반지름

ㄴ. 같은 족에서 전자 친화도는 원자 번호가 클수록 대체로 감소한다. 리튬의 전자 친화도 > 나트륨의 전자 친화도

ㄷ. 같은 족에서 전기 음성도는 원자 번호가 클수록 대체로 감소한다. 리튬의 전기 음성도 > 나트륨의 전기 음성도

ㄹ. 같은 족에서 원자 번호가 클수록 이온화 에너지가 감소한다. 리튬의 제1 이온화 에너지 > 나트륨의 제1 이온화 에너지

[유형14-4] A, B, C는 알칼리 금속으로 각각 Li, Na, K이다. D, E, F는 할로젠 원소로 각각 F, Cl, Br이다.

ㄱ. [바로알기] 알칼리 금속은 원자 번호가 클수록 이온화 에너지가 감소하므로 전자를 잃기 쉬워 반응성이 커진다. 따라서 공기 중 산소와 반응하는 속도는 A < B < C이다.

ㄴ. 할로젠 원소는 알칼리 금속 또는 수소와 반응하여 이온 결합 화합물이나 수소 화합물을 생성한다. 또한 원자 번호가 작을수록 전자 친화도가 증가하므로 전자를 얻기 쉬워 반응성이 커진다. 따라서 D_2가 E_2보다 빠르게 A와 반응한다.

ㄷ. [바로알기] 할로젠 원소는 상온에서 두 원자가 결합하여 F_2, Cl_2, Br_2, I_2와 같이 2원자 분자로 존재한다. 상온에서 각각의 상태는 F_2와 Cl_2는 기체, Br_2는 액체, I_2는 고체 상태이다.

07. A는 2주기 1족 원소인 Li, B는 2주기 17족 원소인 F, C는 3주기 1족 원소인 Na, D는 3주기 17족 원소인 Cl, E는 4주기 1족 원소인 K이다.

ㄱ. A, C, E는 1족 알칼리 금속이므로 물과 반응하여 수소 기체를 발생하고, 수용액은 강한 염기성이 된다.

ㄴ. 같은 주기에서 원자 번호가 클수록 양성자 수 증가로 인해 유효 핵전하가 증가하여 원자핵과 전자 사이의 인력이 증가하기 때문에 전기 음성도는 원자 번호가 클수록 증가한다. 또한 같은 족에서 원자 번호가 클수록 전자껍질 수가 증가하여 원자핵과 전자 사이의 인력이 감소하기 때문에 전기 음성도는 원자 번호가 클수록 감소한다. 따라서 18족을 제외하고 주기율표에서 오른쪽 제일 위

에 있는 B 플루오린(F)의 전기 음성도가 가장 크다.(18족은 전기 음성도 나타낼 수 없다.)

ㄷ. [바로알기] C와 D는 같은 3주기 원소이고, 같은 주기에서 이온화 에너지는 원자 번호가 클수록 증가하는 경향이 있다. 따라서 C보다 원자 번호가 큰 D의 이온화 에너지가 더 크다.

08. ⑤ 알칼리 금속은 같은 주기에서 이온화 에너지와 전자 친화도가 가장 작다. 따라서 양이온이 되기 쉽다.

[바로알기] ① Li, Na, K은 모두 알칼리 금속이다. 알칼리 금속은 원자 번호가 클수록 이온화 에너지가 감소하므로 전자를 잃기 쉬워 반응성이 커진다. 따라서 반응성의 크기는 Li < Na < K이다.

② 알칼리 금속은 물과 격렬하게 반응하여 수소 기체를 발생하고, 수용액은 강한 염기성이 된다.

③ 알칼리 금속은 전자를 1개 잃으면 비활성 기체와 같은 전자 배치를 갖게 되므로 +1가의 양이온이 되기 쉽다.

④ 알칼리 금속은 반응성이 매우 크므로 같은 종류의 원자들과 금속 결합한 상태로 존재하거나 자연 상태에서 다른 원소와 이온 결합한 상태로 존재한다.

창의력 & 토론마당　　　　　　　　**272~275 쪽**

01 (1) Be의 전자 배치는 $1s^2 2s^2$이고, B의 전자 배치는 $1s^2 2s^2 2p^1$이다. 에너지 준위가 낮은 s 오비탈보다 에너지 준위가 높은 p 오비탈에서 전자를 떼어내는 것이 더 쉬우므로 13족 원소인 B의 이온화 에너지가 2족 원소인 Be의 이온화 에너지보다 작다.
(2) N의 전자 배치는 $1s^2 2s^2 2p^3$이고, O의 전자 배치는 $1s^2 2s^2 2p^4$이다. 16족 원소는 p 오비탈에서 쌍을 이룬 전자 사이에 반발력이 작용하여 p 오비탈에 홀전자만 있는 15족 원소보다 전자를 떼어 내기 쉽다. 따라서 16족 원소인 O의 이온화 에너지가 15족 원소인 N의 이온화 에너지보다 작다.

해설

(1)

(2)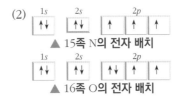

02 (1) 2족 원소의 전자 배치는 ns^2이다. 여기에 전자 1개가 더 추가되면 그 전자는 에너지 준위가 높은 p 오비탈에 채워져야 한다. 이렇게 되면 에너지를 흡수하여 이온이 불안정해지므로 전자 친화도는 (−)값이 된다.
(2) 2주기 원소인 N, O, F의 원자 반지름이 매우 작으므로 음이온이 될 때 전자가 들어오면 전자 간 반발력이 매우 커져 이온이 불안정해지기 때문이다.

해설 전자 친화도란 기체 상태의 중성 원자 1몰이 전자 1몰을 얻어 기체 상태의 −1가의 음이온 1몰이 될 때 방출하는 에너지이다. 전자 친화도가 가장 작은 2족 원소들은 음이온이 되기가 가장 어렵다. 또한 15족 원소의 경우 전자를 얻으면 전자가 쌍을 이루게 되므로($np^3 → np^4$) 짝지어진 전자 사이의 반발력 때문에 불안정해진다. 18족 비활성 기체의 경우, s 오비탈과 p 오비탈에 전자가 모두 채워져 있으므로 전자가 추가되면 에너지가 높은 전자껍질로 전자가 들어가야 하므로 이온이 불안정해진다.

03 NaCl, H_2와 Cl_2는 무극성 공유 결합이고, HCl은 H와 Cl의 전기 음성도 차이가 0.9이므로 극성 공유 결합이다. NaCl은 Na와 Cl의 전기 음성도 차이가 2.1로 가장 크기 때문에 NaCl의 결합의 극성이 가장 크다.

해설 무극성 공유 결합은 전기 음성도 차이가 작아 동등하게 전자를 공유하고, 극성 공유 결합은 동등하지 않은 전자 공유로 결합한다. 이온 결합은 전기 음성도 차이가 크므로 전자가 이동하게 된다.

04 O^-에 전자가 들어올 때 전자 간 반발력이 매우 커져 O^{2-} 이온이 불안정해지기 때문에 흡열 반응을 한다.

해설 산소의 1차 전자 친화도는 (+) 값이고, 2차 전자 친화도는 (−) 값이므로 이온이 불안정해진다는 것을 알 수 있다. 순차적 전자 친화도는 이온화 에너지와 달리 일정한 경향성이 거의 없다.

05 (1) C > D > B > A
(2) A : 3주기 원소, B : 3주기 원소,
   C : 2주기 원소, D : 2주기 원소
(3) 2.3

해설 (1), (2) 이온 결합 물질의 화학식에서 금속 원소의 원소 기호를 앞에, 비금속 원소의 원소 기호를 뒤에 나타낸다. 또한 주기가 작은 비금속 원소일수록 전기 음성도가 커지고, 주기가 큰 금속 원소일수록 전기 음성도가 작아진다. 따라서 A와 B는 3주기 금속 원소이고, C와 D는 2주기 비금속 원소이다.
전기 음성도 차이를 비교하면 A와 C의 전기 음성도 차이가 3.1이고, A와 D의 전기 음성도 차이가 2.6이므로 C가 D보다 전기 음성도가 더 크다는 것을 알 수 있다. 또한 A와 C의 전기 음성도 차이가 3.1이고, B와 C의 전기 음성도 차이가 2.8이므로 A가 B보다 전기 음성도가 더 작다는 것을 알 수 있다.
(3) C의 전기 음성도가 A보다는 3.1만큼 크고, B보다는 2.8만큼 크므로 B의 전기 음성도는 A보다 0.3만큼 크다. 또한 D의 전기 음성도가 A보다 2.6만큼 크므로 D는 B보다 2.3만큼 크다.

06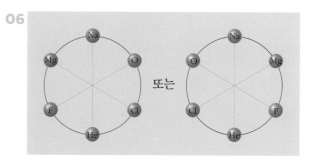

또는

해설 이온화 에너지가 가장 작은 원소는 Na이고, 비활성 기체는 He이다. 할로젠 원소는 F와 Cl이다. 전기 음성도가 가장 큰 원소는 F이다. 물은 H와 O로 이루어진 분자이다. 주어진 원소에는 H가 포함되지 않았으므로 전기 음성도가 가장 큰 원소 F는 O의 맞은 편에 배치한다.

스스로 실력 높이기   276~281 쪽

01. (1) X (2) O (3) O   **02.** (1) X (2) O
03. 전기 음성도   **04.** ㄴ, ㄷ, ㄹ
05. ㄱ   **06.** (1) X (3) O   **07.** 쉽다
08. F   **09.** Li, Na, K   **10.** K
11. ④   **12.** ⑤   **13.** ④   **14.** ②
15. ③, ⑤   **16.** ①   **17.** ②   **18.** ④
19. ④   **20.** ①   **21.** ③   **22.** ①   **23.** ②
24. ①   **25.~ 32.** 〈해설 참조〉

01. (1) [바로알기] 이온화 에너지란 기체 상태의 중성 원자 1몰이 +1가 양이온 1몰이 될 때 흡수하는 에너지이다.

02. (1) [바로알기] 순차적 이온화 에너지가 급격하게 증가하기 전까지의 전자 수가 원자가 전자 수이다. 따라서 순차적 이온화 에너지가 $E_1 ≪ E_2 < E_3 < E_4 < \cdots$인 원소는 1족 원소이다.

04. 같은 주기에서 원자 번호가 클수록 양성자 수 증가로 인해 유효 핵전하가 증가하여 원자핵과 전자 사이의 인력이 증가하기 때문에 원자 반지름은 감소하고, 제1 이온화 에너지는 증가하고, 전기 음성도와 전자 친화도도 증가한다.

05. 같은 족에서 원자 번호가 클수록 전자껍질 수가 증가하여 원자핵과 전자 사이의 인력이 감소하기 때문에 원자 반지름은 증가하고, 제1 이온화 에너지와 전기 음성도, 전자 친화도는 감소한다.

06. (1) [바로알기] 차수가 증가할수록 순차적 이온화 에너지가 증가한다.

07. 전자 친화도가 크면 전자를 얻기 쉽다. 따라서 음이온이 되기 쉽다.

08. F, Cl, Br은 같은 17족 원소이다. 같은 족에서 원자 번호가 클수록 전자껍질 수가 증가하여 원자핵과 전자 사이의 인력이 감소하기 때문에 전기 음성도는 감소한다.

09. 원자가 전자의 전자 배치가 ns^1인 원소는 알칼리 금속이다.

(단, 수소는 제외)

10. 물과 격렬하게 반응하여 수소 기체를 발생시키는 것은 알칼리 금속의 성질이다. 알칼리 금속 중에서도 원자 번호가 클수록 반응성이 커진다. 따라서 Li, Na, K 중 가장 빠르게 물과 반응하는 원소는 K이다.

11. 두 원자의 공유 결합으로 생성된 분자에서 원자가 공유 전자쌍을 끌어당기는 힘의 세기를 상대적인 수치로 나타낸 것이 전기 음성도이다.
ㄱ. B와 C는 같은 2주기 원소이다. 같은 주기에서 전기 음성도는 원자 번호가 클수록 대체로 증가한다. 따라서 C의 전기 음성도가 B보다 크다.
ㄴ. O와 F는 같은 2주기 원소이다. 따라서 원자 번호가 더 큰 F의 전기 음성도가 O의 전기 음성도보다 크다.
ㄷ. [바로알기] Cl와 F는 같은 17족 원소이다. 같은 족에서 원자 번호가 클수록 전기 음성도는 대체로 감소한다. 따라서 F의 전기 음성도가 Cl보다 크다.
ㄹ. [바로알기] N과 P는 같은 15족 원소이다. 따라서 원자 번호가 더 작은 N의 전기 음성도가 P보다 크다.

12. ㄱ. 같은 주기의 원소인 경우 원자 번호가 증가할수록 양성자 수가 증가하여 유효 핵전하가 증가한다. 원자 번호는 A < B < C < D이다.
B의 $\frac{이온 반지름}{원자 반지름}$ = 0.41로 1보다 작은 값이므로 B는 금속 원소이다.
A가 B보다 원자 번호가 작고, 같은 주기이므로 A역시 금속 원소이다.
따라서 A의 $\frac{이온 반지름}{원자 반지름}$ 은 1보다 작은 값이다.
ㄴ. 같은 주기에서 원자 번호가 증가할수록 전기 음성도는 증가한다. 따라서 원자 번호가 가장 작은 A의 전기 음성도가 가장 작다.
ㄷ. 같은 주기에서 원자 번호가 증가할수록 제1 이온화 에너지는 증가한다. 따라서 원자 번호가 가장 큰 D의 제1 이온화 에너지가 가장 크다.

13. ㄱ. A와 B는 같은 주기의 원소이다. 같은 주기에서 원자 번호가 클수록 원자 반지름은 작아진다. 따라서 A의 원자 반지름이 B보다 크다.
ㄴ. B와 C는 같은 주기의 원소이다. 같은 주기에서 이온화 에너지는 원자 번호가 클수록 증가하는 경향이 있다. 따라서 C의 이온화 에너지가 B보다 크다.
ㄷ. [바로알기] A와 D는 같은 족의 원소이다. 같은 족에서 전기 음성도는 원자 번호가 클수록 감소한다. 따라서 A의 전기 음성도가 D보다 크다.

14. ㄱ. [바로알기] A는 2주기 1족 원소이고, B는 2주기 17족 원소이다. 따라서 A의 이온화 에너지가 B보다 더 작으므로 중성 원자에서 전자 한 개를 떼어 내는 데 필요한 에너지가 더 작아 쉽게 양이온이 된다.
ㄴ. C는 3주기 1족 원소이고, D는 3주기 16족 원소이므로 전기 음성도는 D가 더 크다.
ㄷ. [바로알기] D는 3주기 16족 원소이고, E는 3주기 17족 원소이다. E가 D보다 전기 음성도가 더 크므로 D와 E가 결합했을 때 공유 전자쌍을 끌어당기는 힘의 세기는 E가 D보다 크다.

15. ② 순차적 이온화 에너지가 급격히 증가하기 직전의 차수가 원자가 전자 수이다. 따라서 원자가 전자 수는 A는 1, B는 2이므로 A는 1족 원소, B는 2족 원소이다.
①, ④ 같은 3주기 원소이고, 원자 번호는 B가 A보다 더 크다. 원자 번호가 클수록 양성자 수 증가로 인해 유효 핵전하가 증가하여 원자핵과 전자 사이의 인력이 증가하기 때문에 A보다 B의 전기 음성도가 더 크다.
③ A와 B는 같은 주기의 원소이고, 두 원소 모두 금속 원소이다. 같은 주기의 금속 원소는 원자 번호가 클수록 이온 반지름은 작아

진다. 따라서 A^+의 반지름이 B^{2+}의 반지름보다 크다.
⑤ A는 1족 원소이므로 원자가 전자 수는 1개, 홀전자 수는 1개이다.($3s^1$) B는 2족 원소이므로 원자가 전자 수는 2개, 홀전자 수는 0개이다.($3s^2$) 따라서 바닥상태 전자 배치에서 홀전자 수는 A가 B보다 더 많다.

16. ㄱ. 순차적 이온화 에너지가 급격히 증가하기 직전의 차수가 원자가 전자 수와 같으므로 원자가 전자 수는 2개이고, A는 2족 원소이다.
ㄴ. [바로알기] 원소 A의 바닥상태 전자 배치에서 홀전자 수는 0개이다.(ns^2)
ㄷ. [바로알기] 원소 A는 2족 원소이므로 금속 원소이다. 금속 원소는 전자를 잃으면서 전자껍질 수가 감소하고, 안정한 양이온이 된다. 따라서 원자 반지름보다 이온 반지름이 더 작다.

17. ㄱ. [바로알기] 할로젠 원소는 원자 번호가 작을수록 전자 친화도가 증가하므로 전자를 얻기 쉬워 반응성이 커진다.
ㄴ. 상온에서 같은 종류의 두 원자가 결합하여 F_2, Cl_2와 같은 2원자 분자로 존재한다.
ㄷ. [바로알기] 할로젠 원소는 같은 주기에서 유효 핵전하가 가장 크므로(비활성 원소 제외)전자 친화도와 이온화 에너지가 가장 커서 음이온이 되기 쉽다.

18. 전기 음성도는 같은 주기에서는 원자 번호가 클수록 대체로 증가하고, 같은 족에서는 원자 번호가 클수록 대체로 감소한다. 또한 금속 원소보다 비금속 원소의 전기 음성도가 훨씬 크다.
① H의 전기 음성도는 2.1이고, Li의 전기 음성도는 1.0이다. (비금속과 금속)
② Na의 전기 음성도는 0.9이고, Mg의 전기 음성도는 1.2이다. (같은 주기)
③ Na의 전기 음성도는 0.9이고, K의 전기 음성도는 0.8이다. (같은 족)
④ N의 전기 음성도는 3.0이고, O의 전기 음성도는 3.5이다. (같은 주기)
⑤ F의 전기 음성도는 4.0이고, Cl의 전기 음성도는 3.0이다. (같은 족)

19. ㄱ. 원소 C의 경우 제2 이온화 에너지가 제1 이온화 에너지보다 급격하게 커지므로 3주기 1족 원소라는 것을 알 수 있다. 원소 A~D는 원자 번호가 연속적으로 증가하므로 A는 2주기 17족 원소, B는 2주기 18족 원소, C는 3주기 1족 원소, D는 3주기 2족 원소이다.
ㄴ. B는 2주기 18족 원소이므로 비활성 기체이다. 비활성 기체는 옥텟 규칙을 만족하므로 결합하지 않고, 상온에서 1원자 분자로 존재한다.
ㄷ. [바로알기] C는 3주기 1족 원소이므로 전자 배치는 $1s^2 2s^2 2p^6 3s^1$이다. 따라서 제1 이온화 에너지는 3s 오비탈에서, 제2 이온화 에너지는 2p 오비탈에서 전자를 떼어낼 때 필요한 에너지이다.

20. 원자가 전자 수는 Li은 1개, C는 4개, N은 5개, O는 6개, F는 7개이다.
바닥상태 전자 배치의 홀전자 수는 Li은 1개 C는 2개, N은 3개, O는 2개, F는 1개이다.
바닥상태 전자 배치의 홀전자 수가 (가) = (나)이고, 원자가 전자 수가 (다) > (가) > (나)이므로 (가)와 (나)는 Li과 F 또는 C와 O이다. (가)와 (나)가 Li과 F라면 F보다 원자가 전자 수가 많은 (다)는 존재하지 않으므로 (가)와 (나)는 C와 O이다. 따라서 원자가 전자 수를 비교하면 (다)는 F, (가)는 O, (나)는 C이다.
제1 이온화 에너지가 (마) > (가)이므로 (마)는 O보다 제1 이온화 에너지가 큰 N이고, 남은 (라)는 Li이다.
ㄱ. (라)는 Li이다.
ㄴ. [바로알기] Li은 원자가 전자 수가 1이므로 제1 이온화 에너지보다 제2 이온화 에너지가 훨씬 더 크다. 따라서 원자가 전자 수가 6개인 O보다 $\frac{제2 이온화 에너지}{제1 이온화 에너지}$ 가 더 크다.

ㄷ. [바로알기] 같은 주기에서 전기 음성도는 원자 번호가 클수록 크다. 따라서 (다) F의 전기 음성도가 (나) C보다 크다.

21. ㄱ. [바로알기] 순차적 이온화 에너지가 급격히 증가하기 직전의 차수가 원자가 전자 수이므로 원소 A의 원자가 전자 수는 2개이고, 2족 원소이다. 원소 B는 원자가 전자 수는 7개이고, 17족 원소이다.
ㄴ. [바로알기] 전자 친화도는 같은 주기에서 원자 번호가 클수록 크다. 따라서 전자 친화도는 3주기 2족 원소인 A보다 3주기 17족 원소인 B가 더 크다.
ㄷ. A의 전자 배치는 $1s^22s^22p^63s^2$이고, B의 전자 배치는 $1s^22s^22p^63s^23p^5$이다. 따라서 A의 바닥상태에서 홀전자의 수는 0개이고, B의 바닥상태에서 홀전자의 수는 1개이다.

22. A가 Ne과 같은 전자 배치를 이루기 위해서는 전자 2개를 떼어 내야 하므로 필요한 에너지는 738 + 1451 = 2189(kJ/mol)이다. B가 Ne과 같은 전자 배치를 이루기 위해서는 전자 7개를 떼어 내야 하므로 필요한 에너지는 1251 + 2298 + 3822 + 5158 + 6542 + 9362 + 11018 = 39451(kJ/mol)이다.

23. 바닥상태 전자 배치에서 홀전자 수가 1인 C는 Cl($1s^22s^22p^63s^23p^5$)이고, 2인 A와 D는 각각 O($1s^22s^22p^4$)와 S($1s^22s^22p^63s^23p^4$)중 하나이다. 또한 바닥상태 전자 배치에서 홀전자 수가 3인 B는 N($1s^22s^22p^3$)이다.
플루오린은 전기 음성도가 가장 큰 원소(4.0)이므로 A~D는 모두 플루오린의 전기 음성도보다 작다. 같은 족에서 원자 번호가 클수록 전기 음성도가 작으므로 플루오린과의 전기 음성도 차이가 더 작은 A가 O이고, D가 S이다.

24. A는 O, B는 N, C는 Cl, D는 S이므로 A와 B는 2주기 원소이고, C와 D는 3주기 원소이다.
ㄱ. 같은 족에서 이온화 에너지는 원자 번호가 작을수록 크다. 따라서 원자 번호가 더 작은 A(O)가 D(S)보다 이온화 에너지가 더 크다.
ㄴ. [바로알기] B(N)는 15족 원소이고, C(Cl)는 17족 원소이다.
ㄷ. [바로알기] 원자 반지름은 같은 주기에서는 원자 번호가 작을수록 크다. 따라서 원자 번호가 더 큰 C(Cl)가 D(S)보다 원자 반지름이 더 작다.

25. 답 액체 상태나 고체 상태에서는 인접한 원자들의 영향으로 양이온이 되는 데 필요한 에너지가 달라지기 때문에 이온화 에너지와 전자 친화도는 기체 상태에서 정의된다.

26. 답 원자가 전자를 모두 떼어 내고 안쪽 전자껍질에 있는 전자를 떼어 낼 때 원자핵과 전자 사이의 인력이 매우 크므로 이온화 에너지가 급격하게 증가하기 때문이다.

27. 답 같은 주기에서 18족 비활성 기체의 제1 이온화 에너지가 가장 크다. 또한 대부분 다른 원소는 전자 친화도 값이 양수이지만 18족 비활성 기체는 추가되는 전자에 대한 친화력이 없기 때문에 (−)값을 갖는다. 18족 비활성 기체는 다른 원자와 결합을 형성하지 않으므로 전기 음성도를 나타낼 수 없다.

28. 답 원자핵과 전자 사이의 인력을 끊고 전자를 떼어 내야 하므로 중성 원자가 양이온이 될 때는 에너지가 필요하다. 따라서 이온화 에너지는 항상 양의 값을 갖는다.

29. 답 순차적 이온화 에너지가 급격히 증가하기 직전의 차수가 원자가 전자 수이므로 원소 A는 원자가 전자가 2개인 2족 원소이다. 따라서 A의 전자 배치는 $1s^22s^22p^63s^2$이다. 또한 원소 B

는 원자가 전자가 7개인 17족 원소이므로 B의 전자 배치는 $1s^22s^22p^63s^23p^5$이다.

30. 답 A는 금속 원소이고, B는 비금속 원소이므로 이 두 원소는 이온 결합을 형성하여 안정한 화합물이 된다. A는 +2가 이온이 되고, B는 −1가 이온이 되므로 A와 B는 1 : 2의 개수비로 이온 결합하여 화합물 AB_2를 형성한다.

31. 답 전자 배치에서 ㉠은 2주기 18족 원소이고, ㉡은 2주기 16족 원소, ㉢은 2주기 15족 원소, ㉣은 3주기 1족 원소이다. 이온화 에너지는 주기율표에서 오른쪽 위에 있는 원소일수록 크므로 3주기 1족 원소인 ㉣은 이온화 에너지가 가장 작은 D이다. 16족인 ㉡은 p 오비탈에서 쌍을 이룬 전자 사이에 반발력이 작용하여 홀전자만 있는 15족 원소보다 전자를 떼어내기 쉬우므로 15족인 ㉢보다 이온화 에너지가 작다. 따라서 이온화 에너지 크기는 ㉡ < ㉢ < ㉠이고, 그래프 (가)에서 이온화 에너지가 B < A < C이므로 A는 ㉢, B는 ㉡, C는 ㉠, D는 ㉣이다.

32. 답 제2 이온화 에너지가 가장 큰 것은 원자가 전자가 1개인 1족 원소 D이다. D의 제2 이온화 에너지는 원자가 전자 1개를 떼어 내고 안쪽 전자껍질에 있는 전자 1개를 떼어 낼 때의 이온화 에너지이므로 순차적 이온화 에너지가 급격하게 증가하기 때문이다.

15강. Project 2

Q1 만약 반물질을 충분히 모을 수만 있다면 순전히 반물질로만 구성된 태양이나 지구, 나아가서는 '나'와 구조는 똑같고, 물질만 반물질로 바뀐 또 다른 나를 만들 수 있을지도 모른다. 그리고 반물질로 구성된 '나'를 만진다면 쌍소멸이 일어나 손이 닿는 즉시 순식간에 자신의 몸이 에너지로 바뀔 것이다.

Q2 멘델레예프는 전자의 존재는 알지 못했지만 각 원소의 산화물이나 수소 화합물까지 고려하여 '원자가'가 같은 원소를 원자량이 작은 순서로 배열했기 때문이다. '원자기'는 원자가 전자의 개수에 의해 설정되기 때문에 원자의 구조가 밝혀진 후에도 멘델레예프가 원소를 나열한 방식이 옳았다는 것이 다시 입증된 것이다.

Q1 외교적으로 중국과 우호 관계를 유지하고, 국내외 희토류 광산을 직접 개발하는 기술을 연구하며, 희토류 분리 및 합금화 과정에서 발생하는 공해 물질을 최소화할 수 있는 방법을 개발하는 등의 대책 마련이 필요하다. 희토류가 포함된 제품을 재활용하여 희토류를 재사용할 수 있는 기술을 개발한다.

Q2 〈예시 답안〉 휴대 전화 배터리에 희토류인 란탄이 사용되었다.

memo

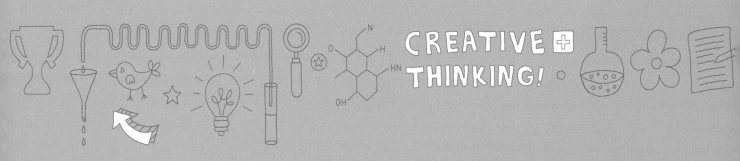

Memo

Memo